凝聚态物理学丛书·典藏版

晶体位错理论基础

（第一卷）

杨顺华 著

科学出版社

北京

内 容 简 介

位错理论起源于用弹性体中位错的行为来解释晶体的范性性质，尔后发展成为晶体缺陷理论的一个重要独立部分．现代位错理论已是金属力学性质微观理论的基础，位错与固体各种结构敏感的物理性质都有相当的联系，在理论上也取得了若干新进展．本书内容是位错理论的基础，分为两卷出版．第一卷主要论述位错的经典弹性理论、点阵理论以及特定具体点阵中位错的精细结构；第二卷介绍位错与点缺陷的相互作用，位错攀移理论，位错集合与位错间界，位错在固体物理性质中的作用，大形变问题及一些新进展．

本书可作为大专院校金属物理、固体及固体理论方面的高年级学生和研究生的教学用书或参考书；也可供有关方面的教师和研究人员参考.从事金属及其他材料研究和开发的科技人员阅读本书也是十分有用的．

图书在版编目(CIP)数据

晶体位错理论基础．第一卷/杨顺华著．—北京：科学出版社，1998.12 (2017.1 重印)

（凝聚态物理学丛书 ： 典藏版）

ISBN 978-7-03-000547-2

Ⅰ. ①晶… Ⅱ. ①杨… Ⅲ. 晶体化学—位错理论 Ⅳ. ①O77

中国版本图书馆 CIP 数据核字(2017)第 002216 号

科学出版社出版

北京东黄城根北街 16 号

邮政编码：100717

http://www.sciencep.com

北京厚诚则铭印刷科技有限公司印刷

科学出版社发行　各地新华书店经销

*

1998 年 12 月第 一 版　开本：850×1168 1/32

2017 年 1 月印　刷　印张：19 3/4

字数：511 000

定价：158.00 元

(如有印装质量问题，我社负责调换)

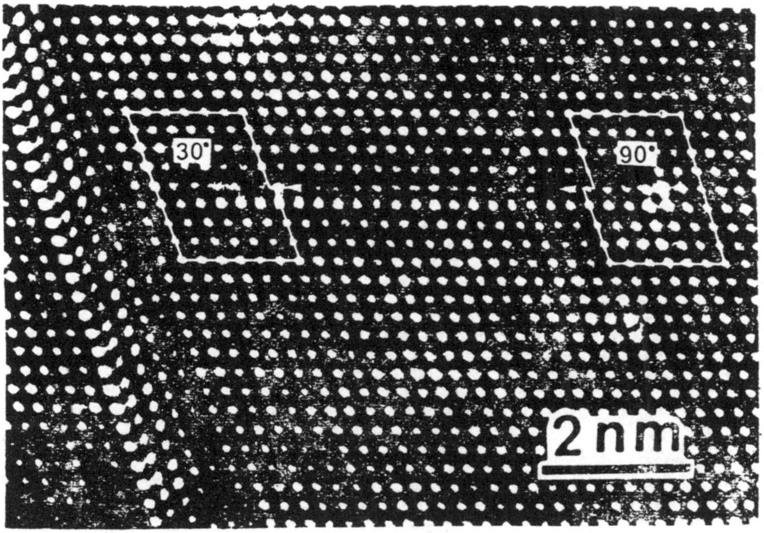

ZnS 的高分辨像. 左边有一个三层的微孪晶；中间有一个横向的层错片，其左端是 30° 不全位错，右端是 90° 不全位错。

承郭可信教授惠赠。

《凝聚态物理学丛书》出版说明

以固体物理学为主干的凝聚态物理学，通过半个世纪以来的迅速发展，已经成为当今物理学中内容最丰富、应用最广泛、集中人力最多的分支学科．从历史的发展来看，凝聚态物理学无非是固体物理学的向外延拓．由于近年来固体物理学的基本概念和实验技术在许多非固体材料中的应用也卓有成效，所以人们乐于采用范围更加广泛的“凝聚态物理学”这一名称．

凝聚态物理学是研究凝聚态物质的微观结构、运动状态、物理性质及其相互关系的科学．诸如晶体学、金属物理学、半导体物理学、磁学、电介质物理学、低温物理学、高压物理学、发光学以及近期发展起来的表面物理学、非晶态物理学、液晶物理学、高分子物理学及低维固体物理学等都是属于它的分支学科，而且新的分支尚在不断迸发．还有，凝聚态物理学的概念、方法和技术还在向相邻的学科渗透，有力地促进了材料科学、化学物理学、生物物理学和地求物理学等学科的发展．

研究凝聚态物质本身的性质和它在各种外界条件（如力、热、光、气、电、磁、各种微观粒子束的辐照乃至各种极端条件）下发生的变化，常常可以发现多种多样的物理现象和效应，揭示出新的规律，形成新的概念，彼此层出不穷，内容丰富多彩，这些既体现了多粒子体系的复杂性，又反映了物质结构概念上的统一性．所有这一切不仅对人们的智力提出了强有力的挑战，更重要的是，这些规律往往和生产实践有着密切的联系，在应用、开发上富有潜力，有可能开辟出新的技术领域，为新材料、元件、器件的研制和发展，提供牢固的物理基础．凝聚态物理学的发展，导致了一系列重要的技术突破和变革，对社会和科学技术的发展将发生深远的影响．

为了适应世界正在兴起的新技术革命的需要，促进凝聚态物理学的发展，并为这一领域的科技人员提供必要的参考书，我们特组织了这套《凝聚态物理学丛书》,希望它的出版将有助于推动我国凝聚态物理学的发展,为我国的四化建设做出贡献.

主　编　葛庭燧
副主编　冯　端

序　　言

固体材料的力学微观研究开始在20世纪20年代，著名的学者有苏联的 Иоффе，英国的 A. A. Griffith，德国的 U. Dehlinger，F. Zwyker 和 A. Goertz 等人．到了30年代，这门学科的研究趋向成熟，匈牙利之 E. Orowan，德国之 M. Polanyi，英国之 G. I. Taylor 不期于 1934 年各自发表论文，正确地描述晶体中微观缺陷的图象，阐明它的物理概念． Taylor 文中设想这种缺陷在晶体中成为列阵时可计算晶体的加工硬化与实验相比较，这是材料力学中将微观结构与宏观实测联系起来的初次尝试．Taylor 将这种缺陷命名为 dislocation．1956 年，由 J. W. Menter，P. B. Hirsch 在电子显微镜中观察到这种晶体中缺陷的形态结构与 Taylor 所设想的丝毫无异． 自此众议纷纭者咸为缄默． 位错学说于以成立，在固体物理学中成为一个重要的领域*．

初，柯俊同志 1953 年从英国归来，我去前门旅舍访问，谈及 dislocation 事，两人都觉得学说新成立，应定个译名，以利此学说在中国推广，因而推敲此缺陷之由来和图象，试译为位错，以后逐渐为大家所认可．然而迫于当时的形势，学习和研究位错理论和实验工作还难于开展．

1960 年吴有训先生应伦敦皇家学会邀请访问英国归来，吴先生告诉我们:“20 世纪 50 年代英国的物理学研究最大成就之一就是发展了位错理论和实验工作，他们以此为自豪。”当时国内的政治形势也有所转变。于是 1960 年 8 月在长春举行全国性的晶体缺陷讨论会．会议文集由科学出版社 1962 年出版，这就是现在所见的《晶

---

* 较详细的历史过程见本书引论。

体缺陷与金属强度》上、下两册．当时距 Taylor 等三人首创位错学说已有28年之久了．

自然晶体或人造晶体的结构不可能十分完美，缺陷的存在是不可避免的．科学工作者的任务就是要研究它的结构、形态以及它的由来．位错是晶体中主要缺陷之一．它也存在于非晶态和连续介质中．缺陷之存在并非对物质都是有害的．半导体中需要掺进微量元素以成结，金属强化之一途即为加工增加位错．50年代末有若干科学家主张制造完全没有位错的晶体以达到晶体的理想强度，结果事与愿违，徒劳无功而罢．我国有句成语“格物以致知”，意思是研究事物的目的在于明白它的道理，又说“万物皆备于我”，明白了事物的道理就要利用它为我所用．这难道不是今日科技工作者的职责么?!

自20世纪60年代以来，我国科技工作者很快地熟悉位错理论，进行基础研究的多所创见，应用固体材料工业中去帮助解决生产中问题的更是所在多有．国外位错专著亦有多种介绍到国内，有一些译成我国文字．至于以我国文字详细论述位错理论的仅见冯端教授等所著《金属物理》(第一版 1964，科学出版社)*中一大章．缺乏以自己研究心得普遍论述位错这一学科的书籍，读者引以为憾．北京钢铁学院教授杨顺华同志对于位错理论研究有年，且有教学经验，又对于固体物理各分支学科有广博深邃的了解．朋友们早已劝他写这本书，前年方始执笔，现已成稿，全书分两卷出版，共约八十万字．至于作者对写作此书的意图，材料的取舍，在本书的《前言》中已详述的了，毋需在此重复．

这是我国科学工作者以自己的观点撰写的第一部论述位错学说的专著，距长春第一次讨论会已20余年，去位错学说创建之年已半个世纪．思之能无慨叹！

钱临照

---

* 修订版，《金属物理学》，第一卷(1987)第七章．

前　　言

本书谨献给金属物理方面的读者，也献给固体物理方面的读者.

位错理论的发展与晶体力学性质的微观理论有着极密切的联系，但它们是两个不同的课题.本书主要在于阐述位错理论的基础，至于若干有关晶体力学性质的问题是作为问题的提出及理论的应用去处理.随着力学性质的实验和理论的发展，肯定还会要以位错及其它晶体缺陷的基本理论为依据，提出更多精细具体的微观模型和机制，应用于说明或预测晶体力学性质的各种现象.这显然是一个广大的研究领域.但本书只是表述位错理论基础，而无意深入涉及后面这个重要的、广泛的、实际的工作领域，这应是另一部专著的主题.

另一方面，位错作为一种实际存在于晶体之中的结构缺陷，也有人把它看作是晶体中的一种拓扑性元激发，它与固体中其它类型的元激发，例如电子和声子，必定发生不容忽视的相互作用；从而对于，例如，固体的电学性质、磁学性质、超导电性质，以及光学性质等产生一定程度的影响.过去固体物理学家对位错不甚重视，或者说位错理论未引起多数固体物理学家的理解和重视.但随着学科的发展，这种情况正在发生改变，阐明位错对于各种固体物理性质的影响的工作日益积累增多.本书笔者希望在这个方向上，即在引起国内的固体物理学家们对位错及其他晶体缺陷的注意和兴趣的方向上做一点初步的工作，并给他们提供有关位错的必要的基础知识.

笔者于二十余年前曾和钱临照教授编写过一篇题为《晶体中位错理论的基础》的长篇总结论文.内容比较偏重于基本概念和几何结构方面.尔后，即有编写一本较全面的位错理论专书的想法．奈以人事变迁，岁月蹉跎，至今方能着笔．

本书计划分为第一、二卷两卷．第一卷处理位错理论最基本的内容，即弹性理论和几何理论．第二卷包含更广泛深入的若干课题，即点缺陷与位错的相互作用和位错动力学，各种位错集合组态，点阵转变，位错与固体的物理性质，向错，大形变问题，以及一些新的发展．

本书力求成为在读者的研究工作中是有用的，或者说，希望当读者在自己的研究课题中需要作有关定量计算或分析时能够实际应用本书所论述的方法和导出的公式，希望能缩短读者检索研读原始文献与进入自己课题之间的距离．笔者无意在科技出版物目录中增加一本普及位错学说的教材．

本书是在钱临照教授和冯端教授指导、关怀与鼓励之下编写的，并承冯端教授全文审阅，提出极其宝贵的意见，笔者在此表示深切感谢．

柯俊教授、郭可信教授、马如璋教授、肖纪美教授、肖治纲同志、田中卓同志等对本书提出了重要意见，给予了热情支持．没有他们的支持，本书是不可能完成的，笔者表示衷心感谢．

杨顺华

目　　录

引　　论

“位错”对于本书的大多数读者应该已经不是完全陌生的了[1,2].

位错是晶体中的一类结构缺陷. 结构缺陷的出现会改变晶体(固体)的拓扑性质,所以位错属于拓扑缺陷.

晶体是一种有序的凝聚态物质，有序态可以用某种有序参量来描述. 若在一些实空间区域内有序态遭到严重破坏，那里的有序参量将发生突变,或甚至出现奇异性,这些区域就是缺陷，这是有序物质中缺陷的一般定义. 有序物质中缺陷的实例很多，例如晶体点阵空位,间隙原子,位错,超导体和超流体的量子涡旋线,晶体中的堆垛层错,有序合金中的反相畴界,铁磁体中的磁畴壁和铁电体中的电畴界等. 现今缺陷在凝聚态物理中所起的重要作用愈来愈引人注目,关于缺陷的研究也愈来愈丰富发展.

我们在本书中将局限于讨论位错这一类特定的缺陷，也将涉及位错与其他种类缺陷和元激发的相互作用. 我们的论述将着重于位错的基础理论方面，关于实验观察和理论的应用应是另一些专著的主题.

位错概念的发端可追溯至本世纪初，自从把这个概念模型引入固体物理领域至今也已经历了半个世纪，早已从比较直观粗略的观念进展到非常抽象精致的理论. 关于位错的诸多方面的研究工作和文献数量极大,浩若烟海,在篇幅有限的两卷书里要将这些成果和进展详尽地反映无遗是没有可能的. 因此，我们只希望能概述这个领域中重大课题的处理方法和若干结果.

由于现代物理学极其迅速的发展，各个领域多样的相互影响与渗透，使得任何方面的一部专论都不可避免地具有局限性. 不过我们将尽力作到使本书能为读者准确提供位错研究中最必要的知识，使读者了解这个领域的发展过程和现状，并提出笔者对于发展动向的粗浅评议和见解。

早在二十世纪初期，Volterra，Weingarten 和 Somigliana 等意大利学派的弹性力学家们就在连续介质弹性力学中引入了位错的概念[3]。连续弹性介质中的位错可以产生多值的应力场，它们也是内应力的来源。位错的引入是传统古典弹性力学的一个发展，在 Love 的标准著作 "The Mathematical Theory of Elasticity" 一书中对这一课题也曾进行过阐述[4]。

几乎与此同时，物理学家对晶体的范性行为开始了细致的研究。1913 至 1914 年，Baker[5] 和 Andrade[6] 分别观察到在经过拉伸的钠、钾和汞、铅、锡单晶体表面上呈现出鱼鳞状的条纹，这就是以后所称的滑移带。继此以后，许多科学家对金属和离子晶体的范性进行了大量的工作[7]，我国学者钱临照先生关于体心立方金属钠、钾和钼的研究是这方面先驱的开创性工作[8]。为了说明晶体范性行为的微观机理，在 1928 和 1929 年，Prandtl[9] 和 Dehlinger[10] 分别提出晶体滑移过程中诸原子以类似于所谓位错的晶体缺陷组态作集体运动的观念。至 1934 年，Taylor[11]，Polanyi[12] 和 Orowan[13] 三位科学家分别独立地明确提出晶体中位错的概念和图象。特别是 Taylor，他把晶体中的位错与早期 Volterra 处理的弹性体中的位错明确地对应起来，从而在固体物理学中首次引入刃型位错的概念，作为一种线型的晶体缺陷。1939 年，Burgers[14] 引入另一种类型的位错：螺型位错，指出位错强度，即后来所称的 Burgers 矢量 $\boldsymbol{b}$ 的意义及重要性；并且推导了关于各向同性介质中任意(平移)位错环所产生的位移场的普遍公式，即著名的 Burgers 公式。

1938 年，Frenkel 和 Kontorova[15] 从完整晶体出发，采用一个简单的一维模型，得出晶体在受外力作用的过程中点阵中会有位错传播的论断，这可以看作是位错点阵模型的发端。1940 年，Peierls[16] 提出关于简单立方晶体中刃型位错的一个部分离散模型。1947 年，Nabarro[17] 对此加以发展，完成著名的 Peierls-Nabarro 模型，在理解晶体点阵中位错结构问题上前进了一大步，计算了位错宽度和位错在晶体中滑移所受阻力这两个重要的量．同是在 1947 年，Cottrell[18] 报告了他关于溶质原子与位错相互作用的设想，并据此解释碳素钢的屈服点，获得满意的结果；这是金属与合金力学性质微观理论方面的一项开创性工作．同时，Heidenreich 和 Shockley[19] 具体描绘出面心立方结构晶体中位错分解扩展的过程，引入不全位错的概念，首次说明晶体结构与位错精细结构的关系．

上述工作一方面是引入了晶体中线型缺陷——位错的概念和模型，说明了位错结构的若干细节，另一方面在解释实际晶体的力学强度问题上作出了重大进展．

1949 年，Frank[20] 首次把位错的存在及相应的原子组态与晶体生长机制联系起来，解释了实际的晶体生长速度为何远高于完整晶体模型的理论生长速度．1950 年，Griffin[21] 用相衬显微镜观察到绿柱石表面上一对螺型位错露头处发展出来的蜷线型生长台阶．可以认为这是继发现范性形变后的单晶体表面上出现滑移带之后关于位错存在的第二类实验证据．

早在 1939 和 1940 年，Burgers[14] 和 Bragg[22] 就曾分别提出过小角晶界可能是由规则排列的刃型位错构成．1950 年，Read 和 Shockley[23] 对晶界的位错结构进行了精确的理论分析．1953 年，Vogel 等[24]利用浸蚀法观察到位错在晶体表面的露头点，验证了关于小角晶界上位错分布与晶粒相对取向之间关系的理论预测，这是关于位错存在的又一类实验证据．同年，Hedges 和 Michell[25] 使 Ag 原子沉淀在 AgBr 晶体中的位错线上而将晶体中的位错网络显示出来，这就是缀饰法，是位错实验观察的另一方法．位错直接观察最有力的方法是电子显微术，1956 年，Menter[26] 首次用电子显微镜观察到铂酞花青（Pt-Phthalocynine）晶体中的位错．同年，Hirsch 等[27]在电子显微镜下用衍衬法观察到金属晶体中位错的运动． 自此以后，关于位错直接观察的工作迅速发展[28,29,30]．

在自三十年代至五十年代这一时期，以位错及其它晶体缺陷理论为基础的固体力学性质的微观理论也获得极为可观的进展[31-35].

五十年代上半叶，位错理论的一个重要发展是位错连续分布的理论，或称位错的连续统理论. Eshelby 等较早就开始发展缺陷的连续统理论[36]. 关于无限小位错连续分布的观念也逐步引入[37]. 1953 年，Nye[38] 首次明确定义位错密度张量，并把它与点阵曲率联系起来. 1955 年前后，Kröner[39-42] 处理了位错连续分布的几何学和静力学，在线性弹性力学范围内分析了由连续分布位错所引起的非协调性应变及内应力. 同期，近藤[43]及 Bilby 等[44]建立了连续分布位错状态(场)的普遍微分几何理论，阐明了分布位错在非黎曼空间中的实现. 这些工作开创了位错场论这一重要新领域[45]，对于大形变非线性情况，采用微分几何理论也是可以处理的[46].

继位错的微分几何理论以后，在七十年代缺陷理论出现了两个方面重大的，但也是更普遍抽象的理论发展：其一是有序介质中缺陷的代数拓扑理论[47]；其二是缺陷的规范场理论[48]. 第一个方面的先驱性工作是 Rougula[49] 及 Toulouse 和 Klémen[50] 等人提出的. 他们用序参量场描述有序介质，并建立相应的序参量空间，它是一个拓扑空间. 然后应用代数拓扑学的同伦论，构作序参量空间上的同伦群，证明此群的每一个群元标志一类缺陷. 这样就给有序介质（包括晶态物质）中的缺陷提供了一个绝对的分类，另外还可以预言一些原来几乎无法设想的运动学行为. 第二个方面的首创性贡献属于 Golebiewska-Losta[51] 及 Edelen[52], Julia 和 Toulouse[53] 等人，他们的工作是把缺陷动力学理论纳入杨-Mills 规范场论的框架结构，对于位错的连续统场论可望得出一些新的结果[54]. 这些发展可以认为是缺陷理论现代最普遍的形式.

实际晶体中的缺陷，尤其是位错，对于固体的许多物理性质，例如半导体的电学性质，超导体、铁磁体的性质的作用是近年来持续进行研究、引人入胜、十分重要的课题[33,55]，值得固体物理实验与理论工作者更充分的重视。无序和缺陷态的模型和理论已经成为现代凝聚态物理的重要组成部分[56]。

以上我们极其简略地叙述了位错模型概念的提出及理论发展的历史纪要。读者可以看出，位错理论及其应用和实验观察至今仍是一个活跃的，不断扩大的领域，与凝聚态物理其它方面的联系正在不断增加和深入。在凝聚态物理各个不同方面工作的实验与理论工作者对于位错理论已有的成果和现代发展会从不同的角度感到兴趣。

关于位错及其它有关缺陷的专著、会议文集、评述论文以及原始文献其数量之多已可汗牛充栋。如 Seeger[57]，Nabarro[58]，Hirth 和 Lothe[59]，Friedel[33]，以及 Nabarro 新编的七卷巨著 "Dislocations in Solids" (1979—1986) 既是优秀全面的专著，又载有极丰富的文献目录。Read 比较早期的著作[60]是一本清晰的入门读物。

本书旨在论述位错理论及与之最紧密相关的课题，对于晶体中其它诸类型缺陷的理论与实验问题，我们不准备深入涉及或甚至完全不涉及，读者可以参看例如文献 [60]。

参 考 文 献

[1] 钱临照主编，晶体缺陷与金属强度，上册，科学出版社 (1962)。

[2] 冯 端，金属物理学，第一卷，科学出版社 (1987)。

[3] Weingarten, G., Atti. Accad. naz. Lincii, Rend., *Cl. Sci. fis. mat. natur.*, **5**, 57 (1901).
Volterra, V., *Ann. Ecole Norm. Super.*, **24**, 401(1907).
Somigliana, C., Atti. Accad. naz. Lineii, Rend., *Cl. Sci. fis. mat. natur.*, **23**, 463(1914).

[4] Love, A. E. H., Mathematical Theory of Elasticity, Cambridge Univ Press (1927; 1934).

[5] Baker B. B., *Proc. Roy. Soc.*, **25**, 235(1913).

[6] Andrade, E. N. da C., *Phil. Mag.*, **27**, 869(1914).

[7] Schmid, E. and W. Boas, 《晶体范性学》，钱临照译，科学出版社 (1958).

[8] Andrade, E. N. da C. and L. C. Tsien, *Proc. Roy. Soc., London*, **163A**, 1(1937).
Tsien, L. C. and Y. S. Chow, *ibid*, **163A**, 19(1937).

[9] Prandtl, L., *Zeit. angew. Math. Phys.*, **8**, 85(1928).
[10] Dehlinger, U., *Ann. Phys.*, **2**, 249(1929).
[11] Taylor, G. I., *Proc. Roy. Soc.*, **A145**, 362(1934).
[12] Polanyi, M., *Z. Phys.*, **89**, 660(1934).
[13] Orowan, E., *Z. Phys.*, **89**, 634(1934).
[14] Burgers, J. M., *Proc. Konikl. Nederl. Acad. Wetenschap.*, **42**, 293, 378(1939)
[15] Конторова, Т. А. и. Я. И. Френкель, *ЖЭТФ*, **8**, 89, 1340(1938).
[16] Peierls, R., *Proc. Roy. Soc.*, **A52**, 34(1940).
[17] Nabarro, F. N. R., *Proc. Roy. Soc.*, **A59**, 256(1947).
[18] Cottrell, A. H., in Rept. Conf. Strength of Solids, Bristol (1947), Physica Society, 30(1948).
[19] Heidenreich, R. D. and W. Shockley, ibid., 57.
[20] Frank, F. C., *Dis. Faraday Soc.*, **5**, 48(1949).
[21] Griffin, L. J., *Phil. Mag.*, **47**, 196(1950).
[22] Bragg, W. L., *Proc. Phys. Soc.*, **52**, 54(1940).
[23] Read, W. T. and Shockley, W, *Phys. Rev.*, **78**, 23(1950).
[24] Vogel, F. L. et al., *Phys. Rev.*, **90**, 489(1953).
[25] Hedges, J. M. and Mitchell, J. W., *Phil. Mag.*, **44**, 359(1953).
[26] Menter, J. W., *Proc. Roy. Soc.*, **A236**, 119(1956).
[27] Hirsch, P. B. et al., *Phil. Mag.*, **1**, 677(1956).
[28] Amelinckx, S., The Direct Observation of Dislocations, Academic Press (1964).
[29] Hirsch, P. B. et al., Electron Microscopy of Thin Crystals, Kreiger (1977).
[30] Humphereys, C. J. in Dislocations in Solids, vol. 5, 1, ed. by F. R. N. Nabarro, North-Holland (1980).
[31] Cottrell, A. H., «晶体中的位错和范性流变»,葛庭燧译,科学出版社(1960).
[32] Seeger, A., «晶体的范性及其理论», 张宏图译,科学出版社 (1963).
[33] Friedel, J., «位错», 王煜译, 科学出版社 (1984).
[34] Dislocations in Solids, vol. 4, ed. by F. R. N. Nabarro, North Holland (1980).
[35] 哈宽富编著,«金属力学性质的微观理论»,科学出版社 (1983).
[36] Eshelby, J. D., *Solid State Physics*, **3**, 79(1956).
[37] Eshelby, J. D., *Phil. Mag.*, **40**, 903(1949).
Leibfried, G., *Z. f. Phys.*, **130**, 214(1950).
[38] Nye, J. F., *Acta Met.*, **1**, 153(1953).
[39] Kröner, E., *Acta Met.*, **2**, 302(1954).
[40] Kröner, E., *Z. f. Phys.*, **142**, 463(1955).
[41] Kröner, E., Kontinuums Theorie der Versetzungen, Springer, Berlin (1958).
[42] Kröner, E. and Seeger, A., Arch. for Rational Mechanics and Analysis, **3**, 97 (1959).
[43] Kondo, K., RAAG Memoirs, vol. I, II (1955, 1958).
[44] Bilby, B. A. et al., *Proc. Roy. Soc.*, **A231**, 263(1955).
Bilby, B. A. and E. Smith, *Proc. Roy. Soc.*, **A236**, 481(1956).
[45] Kröner, E., Continuum Theory of Defects, in Physique des defauts, R. Baliań et al. eds., Les Houches (1980); North-Holland (1981).
[46] Gairola, B. K. D., Nonlinear Elastic Problem, in Dislocations in Solids, vol.

1, 223, ed. by F. R. N. Nabarro, North-Holland (1979).
[47] Mermin, N. D., *Rev. Mod. Phys.*, **51**, 591(1979).
Trebin, H. R., *Adv. Phys.*, **31**, 195(1982).
[48] Kadić, A. and Edelen, D. G. B., A Gauge Theory of Dislocations and Disclinations, Springer, (1983).
[49] Rogula, D., Large Deformation of Crystals, Homotopy and Dedects, in Trends in Appl. of Pure Math. to Mech., ed. G. Fichera, Pitman (1976).
[50] Toulouse, G. and Kleman, M., *J. Phys. Lett.*, **37**, L149(1976).
[51] Golebiewska-Lasota, A. A., *Int. J. Engng. Sci.*, **17**, 329(1979).
[52] Golebiewska-Lasota, A. A. and Edelen, D. G. B., Int. J. Engng. Sci., 17(1979) 335.
Edelen, D. G. B., *ibid.*, **17**, 441(1979); **18**, 1095(1980).
[53] Julia, B. and G. Toulouse, *J. Phys. Lett.*, **40**, L395(1979).
[54] 龙期威，董连科编著，«微观与宏观相结合的断裂力学．微观缺陷和断裂理论»，第45期«应用数学和力学»讲座讲义（1986）.
[55] Nabarro, F. R. N., Theory of Crystal Dislocations, Clarendon Press (1967).
Dislocations in Solids, vol. 5, ed. F. R. N. Nabarro, North-Holland (1980).
[56] Ill-condensed Matters; Les Houches (1978); North Holland (1979); 冯端，物理，**13**，193(1984).
[57] Seeger, A., Theorie der Gitterfehlstelen, Handbuch der Physik, VII/1, Springer (1955).
[58] Hirth, J. P. and Lothe, J., Theory of Dislocations, John-Wiley & Sons, 2nd ed. (1982).
[59] Read, W. T., Dislocations in Crystals, McGraw-Hill (1953).
[60] Physique des Defauts, Baliau et al. eds., Les Houches (1980); North Holland (1981).
Leibfried, G. et al., Point Defects in Metals, vol. I, II, Springer (1979; 1980).
Stonham, A. M., Theory of Defects in Solids, Clarendon Press (1975).

第一章　位错的基本性质

在这一章里，我们陈述位错的定义，它们的基本性质，以及另几个重要的名词概念。本章是导引性的，旨在对位错作一个概括的介绍。实际上，大多数问题的细节在本书中都要用专门章节讨论，进一步地精确化，并推导具体的计算公式。

我们将从最直观最通俗的例子出发，引入位错的概念，然后导出位错的普遍定义。其次描述位错的位移。继之，论述位错线上的屈折线段，讨论位错的增殖机制，并介绍两种简单的位错群组态，即塞积群和小角晶界。最后，简述常见晶体中的全位错。

本章希望为读者顺利阅读本书以下各章提供一个基础。

§1.1　刃型位错和螺型位错

考虑一个简单立方晶体，如图 1.1 所示；它在 (010) 面上沿 [100] 方向发生滑移，但是这个滑移不是均匀的。具体地讲，滑移从晶体的右边表面开始，向左传播。在某一时刻，滑移停止在晶体内部。于是在这个 (010) 面就可以划分出已滑移区域和未滑移区域，并且可以确定这两个区域之间的分界。晶体滑移的元过程是在一定的晶体学面上、沿一定的晶体学方向，晶体的上下两部分相对滑移一个（或至多数个）点阵常数的距离。由此显然可见，已滑移的地区与未滑移的地区是一样的，上述滑移平面上下的原子列是恢复对齐的，也就是说，这些地区恢复了晶体的理想长程序。所以除了图 1.2 中以“？”

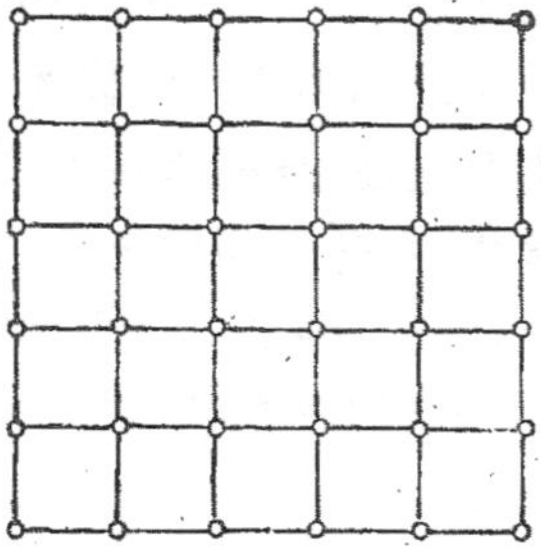

图　1.1

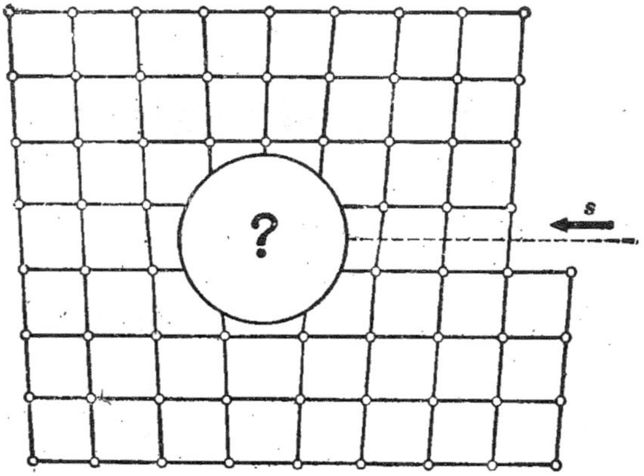

图 1.2

标志的地区以外，晶体的其它部分都是完整的．以“？”标志的地区是一个过渡区域，在此区域中，晶体的严整周期性显然被破坏，不复存在，所以这就是一个晶体缺陷．姑且把它命名为“位错”．我们于是得到下述一个最通俗最常见的定义：位错是近完整晶体中的一个缺陷，它是晶体中已滑移地区与未滑移地区之间的分界．

如果这个分界，或者稍严格一点说，分界区域的中心轴线，是平行于［001］方向的一条直线，它与滑移矢量［100］垂直，那么就把这个位错称为刃型位错．

上述的中心轴线称为位错线．远离位错线的区域保持理想晶体的完整性；只有极接近位错线的区域中，也就是上述分界区或过渡区中，晶体的点阵结构，或者原子的规则排列，才受到严重破坏，或产生严重畸变．这个地区称为位错芯．位错芯的“半径”与位错线的长度相比较是很小的，所以说位错是晶体中的线型缺陷，或二维缺陷．

由上述定义可见，刃型位错是一个直线位错，它与滑移矢量垂直．但这个定义没有告诉人们位错芯的具体结构，即其中原子的具体排列组态是什么样的．我们只知道这个刃型位错的滑移平面上方有$N+1$个原子列（或原子面）与下方N个原子列相“对峙”．

所以姑且把垂直于此刃型位错的原子平面上的原子排布画成如图 1.3 中所示的样子．用一个记号“⊥”代替了前面图 1.2 中的“？”，说明有一个附加的半原子面处在上半个晶体中．这个附加半原子平面的边缘就是此位错的位错线，象一个刀边或刀刃一样，所以把它称为“刃型”位错．如图 1.3 所示的位错，若其附加半平面在上时，则称此位错为正刃型位错，若附加半平面在下时，则称为负刃型位错，以记号“⊤”表之．

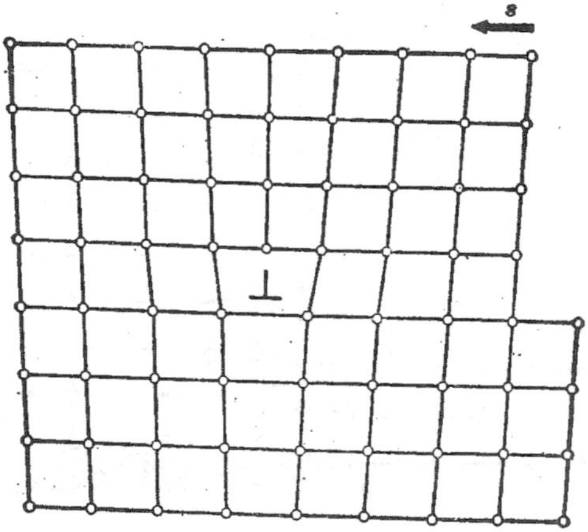

图 1.3

若规定位错线的方向是由纸面垂直向外，则正刃型位错与负刃型位错的滑移矢量方向正好相反．

图 1.3 只是一个粗略的示意图，位错芯的结构仅以高度简化的形式描绘． 关于位错芯的细致结构问题将在本书第八章中论述．

现在，如果滑移面仍是 (010) 面，位错线仍是沿 [001] 方向的一条直线，不过滑移方向换为 [001] 方向，即与位错线平行的方向．还是象上文中那样考查已滑移地区、未滑移地区，以及其间的过渡地区．不难看出，晶体仍然象上面所描述的那样，是近完整的．只有在位错线附近的地区中，即过渡地区，或位错芯中，晶体

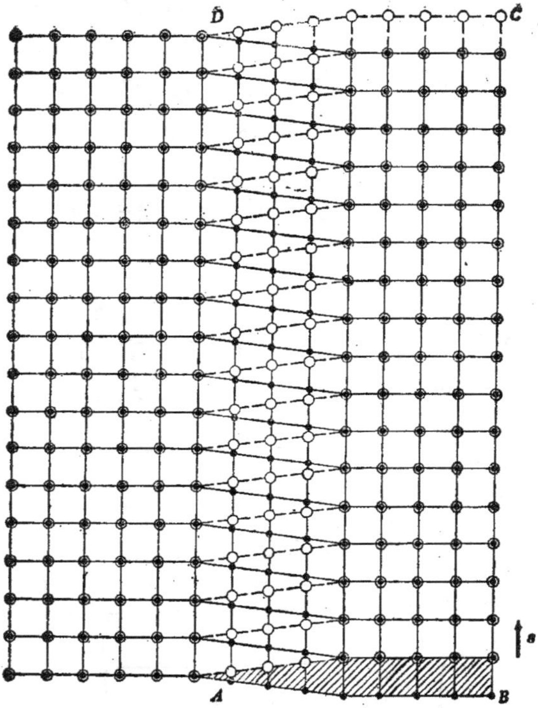

图 1.4

点阵结构才受到严重破坏．也即是说，这样形成的仍然是一个二维缺陷，但原子排列方式与上面描述的刃型位错却大不相同．若将本页纸面取作与滑移面(010)平行，则滑移面上、下方的原子排布大致应如图1.4所示．空圈表示恰在滑移面上方原子面中的原子，黑圆点则表示恰在滑移面下方原子面中的原子．不难看出，若注意与位错线相垂直的诸原子面，则当此位错不存在时，它们是一组彼此平行的、分立的平面；而当此位错存在时，则它们就变成一个连续的螺旋面．若绕此位错线依右手螺旋正向环行一周，即将从一个面“上升”到与之相邻的另一个原子面．由于这个性质，所以这种位错称为螺型位错．规定位错正方向之后，若绕位错线依

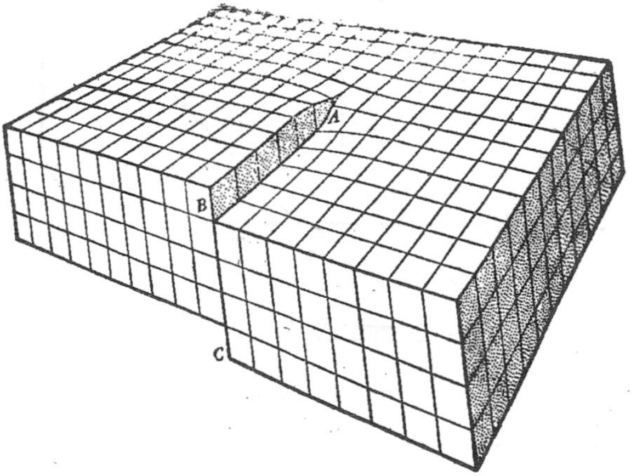

图 1.5

右手螺旋环行一周后即向位错的正方向上升了一个原子间距，则此位错称为右螺型位错．反之，若依左手螺旋环行一周上升一个原子间距，则此位错称为左螺型位错．左螺型位错与右螺型位错的滑移矢量方向也是相反的．

在含有螺型位错的晶体中，原子面的排布状况也可以从图 1.5 中看出．显然，这里不再出现刃型位错的附加半原子面，而是出现一个螺旋楼梯式的蜷面．

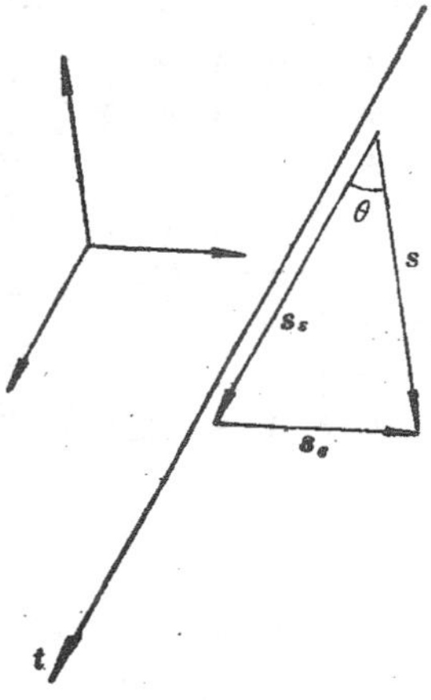

图 1.6

如果考虑一条直线位错，它既不与滑移矢量垂直，也不与滑移矢量平行，而是相交于一个角 θ，如图 1.6 所示，则此位错就既不是纯刃型的，也不是纯螺型的；它可以看作是两个直线位错的叠加，其中一个是纯刃型的，其滑移矢量大小为 $s_e = s\sin\theta$，另一个是纯螺型的，其滑移矢量大小为 $s_s =$

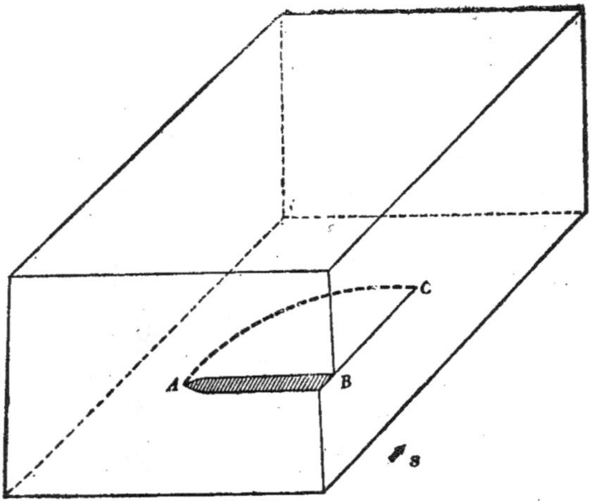

图 1.7

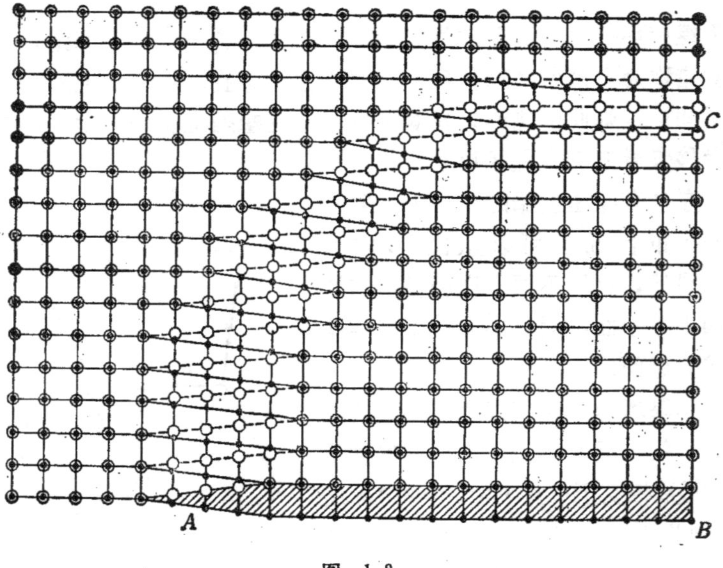

图 1.8

$s\cos\theta$. 这个直线位错称为混合型位错.刚才所说组成它的两个位错分别称为它的刃型分量和螺型分量.

现在把上述的过程稍稍加以推广.设想滑移矢量是 $\boldsymbol{s}$, 已滑移地区是图 1.7 中所示的区域 ABC，于是我们得到一条弯曲的位错线 c. 从垂直于滑移面的方向看去，上下两个原子面的原子排布大致应如图 1.8 所示. 从该图中显然可看出，这个位错有一段是纯螺型位错，另一段是纯刃型位错；位错线是连续的，从晶体的一个表面延伸到另一表面，中间弯曲的一段既非纯螺型，又非纯刃型，而是同时具有螺型和刃型的特征. 这一段可以看作是由许多方向近连续变化的小直线位错线段所组成，每一小线段都是一个小混合型位错，各具有一个螺型分量和一个刃型分量.

依照上面的定义，位错是晶体中滑移面上两个区域(即已滑移区域与未滑移区域)之间的分界，那么它就应该具有两个重要性质：(1) 因为晶体的滑移矢量是一个恒定矢量，等于一个(或数个)最小点阵平移矢量，所以对于一条位错线的各个部分，滑移矢量均相等；(2) 无论位错线的形状如何，也就是说，无论这两个区域的形状如何，总之位错线(即这两个区域的分界线)决不可能终止于晶体内部. 位错线只能从晶体的一个表面延伸到另一个表面，或是在晶体中形成一个封闭的环圈.

单位体积中所包含位错线的长度定义为位错的密度 ρ，即

$$\rho=\frac{L}{V}, \tag{1.1}$$

式中 L 为在体积 V 中位错线的总长度. ρ 的量纲是 $[L]^{-2}$.

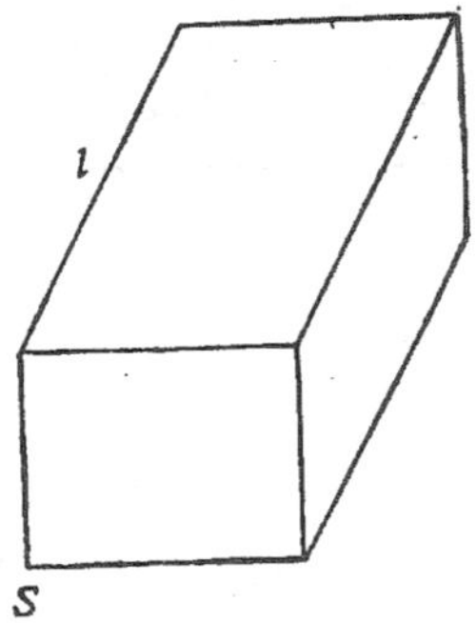

图 1.9

在许多情形中可以把位错线当作是直线，而且是平行地从晶体试样的一面伸展到另一面. 于是位错密度就等于在垂直于位错线的表面上单位面积中位错线与表面交点的个数，即

$$\rho=\frac{l\times n}{l\times S}=\frac{n}{S}, \tag{1.2}$$

式中 l 为晶体试样的长度，n 为 S 面上位错露头的个数，参看图 1.9.

晶体中的位错密度可以用X射线方法以及其它直接方法来测定．实验结果指出，在一般经过良好退火的晶体中，位错密度为10^4至$10^5 cm^{-2}$．在经过剧烈冷加工的范性金属晶体中，位错密度约增至$10^{12} cm^{-2}$．在最好的人工生长的硅、锗晶体中，位错密度可低至$10^2 cm^{-2}$以下，甚至得到基本上无位错的晶体．

§ 1.2 位错的普遍定义

在上一节中，我们把位错定义为晶体中的一个线型缺陷，它是晶体中已滑移地区与未滑移地区之间的分界，并讨论了刃型位错、螺型位错以及混合型位错．上节中所给出的位错定义是最直观的定义．

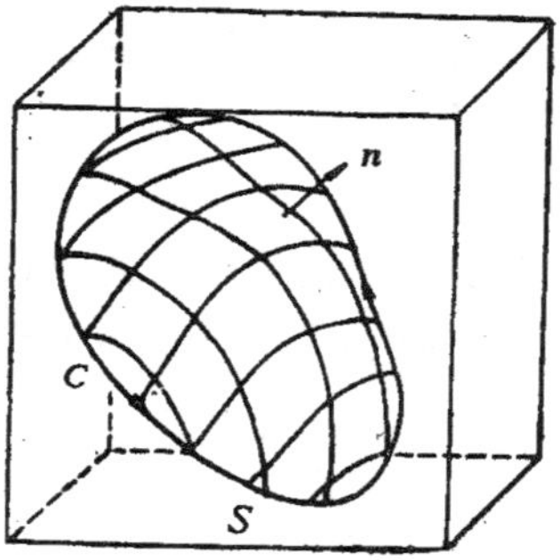

图 1.10

现在我们要定义固体中的一个一般的 Burgers 位错环．

参看图1.10和图1.11，考虑一个处于自然状态下的固体．在此固体内取一不封闭的曲面S，其周边为回线c．规定c的行回正向，并按右手螺旋法则确定面S的法线正向$\boldsymbol{n}$．设想以c为轴挖出一个细管道，此细管道的内表面记作Σ_2．然后沿面S将此固体切开，于是产生两个表面，分别记作S_1和S_2，上述法线$\boldsymbol{n}$是从S_2指向S_1．S_1称为此切割的上岸，S_2称为下岸．现在令上岸S_1不动，下岸S_2整

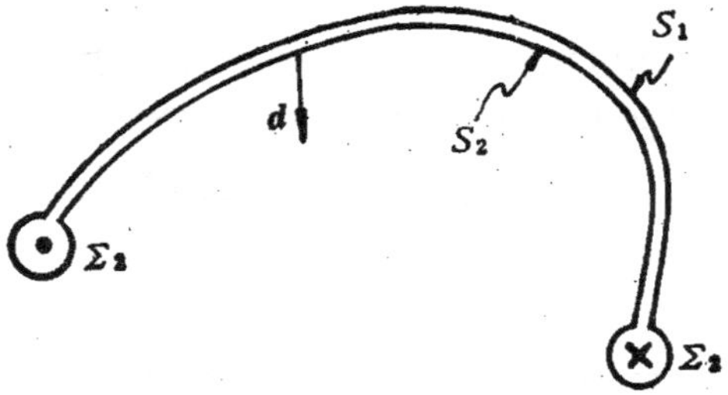

图 1.11

体地相对于上岸平移一个矢量 $\boldsymbol{d}$，或，与此等价，令下岸 S_2 不动，上岸 S_1 整体地相对于下岸平移一个矢量 $-\boldsymbol{d}$. 这里 $\boldsymbol{d}$ 是一个恒定的位移矢量，不依赖于 S_2 或 S_1 上点的位置. 因为上述对 S 面的取法及位移矢量 $\boldsymbol{d}$ 的取法都没有给予任何限制，因此在上、下岸相对位移时必然有一部分物质会发生重叠，另一些地方会产生空隙，这样就破坏了固体的连续性. 现在设想把重叠的物质除去，并用同样的物质填补所产生的空隙，并加以"焊合"，以恢复此固体的连续性. 最后撤去原来使 S_1，S_2 发生相对位移所必须施加的某种外力. 这样就达到了所考虑的终态. 在此终态下，曲面 S 已经消失，或者说不再可以辨识，即 S 面不再是固体中与其它地区有任何不同之处的地区. 留下的是固体中一条封闭曲线 c，或者说留下以 c 为轴、以 Σ_2 为内表面的一条闭的细管道，它是经过上述比较复杂的操作后在固体中出现的"奇异"地区.

经过这样处理的固体显然不再处于自然状态，而是处于有畸变，即为存在内应力的状态. 畸变最严重的地区就是回线 c 附近的地区. 现在我们把如此生成的回线 c 称为位错环，或简称为位错. 上述平移矢量 $\boldsymbol{d}$ 称为此位错的 Burgers 矢量，记作 $\boldsymbol{b}$，即 $\boldsymbol{b}=\boldsymbol{d}$. 这就是固体中位错的普遍定义.

显然，本节中的位错定义是上节中定义的推广. Burgers 矢量 $\boldsymbol{b}$ 就相当于上节中的滑移矢量 $\boldsymbol{s}$，它是一个给定的常矢量. 由于 c 是一个非封闭曲面 S 的边缘，所以它自然不能终止在固体内部，而必须形成一个闭合的环圈，或终止于固体的外表面上. 这就是说，上节中所述位错的两个重要性质仍然为本节所描述的普遍位错所具有.

如果所讨论的固体是具有一定点阵结构的晶体，那么就需要注意如下两点：第一，由于晶体点阵的离散结构，所以在规定了面 S 和环 c 以后，沿 S 面切开以前，不一定必要挖出上述以 c 为轴的细管道. 这是因为 c 附近的原子之间有足够的距离，或者说有足够的空间，所以不至于使得上、下岸 S_1，S_2 的相对位移不能进行. 此时只须认识到以 c 为轴线、半径为一个小量 r_0 的柱环内部是原子排列严重偏离规则点阵的地区，或者说严重畸变地区，这就是位错芯．第二，由于要求所考虑的固体在经过上述一系列处理操作以后，除位错环 c 附近的地区之外，其它所有地区均已恢复连续，除有小的畸变或弹性应变外，与原始自然状态没有大的差别（这一点在下节中论述所谓“好区域”和“坏区域”时还要讨论）．这样，对晶体来说，对于位移 $\boldsymbol{d}$（或 Burgers 矢量 $\boldsymbol{b}$）就有必要给予一定限制，即是要求 $\boldsymbol{b}$ 等于一个（或少数几个）单位点阵平移矢量．这样才能保证 S_1，S_2 相对位移 $\boldsymbol{b}$（再加上原子的除去及填充）以后，在 S 附近的地区中晶体点阵复原，不产生一个间界或面缺陷．当 $\boldsymbol{d}$ 满足这个要求时，我们称所得到的位错为此晶体中的全位错．

一般说来，当 $\boldsymbol{d}$ 不满足上述要求，即不等于一个点阵平移，而是等于该特殊结构中原子由一个平衡位置至另一平衡位置的位移矢量时，就会产生某一种特定的面缺陷（例如“堆垛层错”），加上一个位错——不全位错．关于具体晶体结构中的不全位错将在本书的第九章至第十一章中进行专门的论述．

由我们的定义可见，一个位错完全由位错环 c 及其 Burgers 矢量 $\boldsymbol{b}$ 决定．或者更具体地讲，一个含有位错的晶体与不含此位错的完整晶体相比较，其力学状态及物理状态之改变完全由位错环闭曲线 c 及 Burgers 矢量常矢量 $\boldsymbol{b}$ 所决定．用更数学一点的语言来讲，如果用 $\boldsymbol{t}(\boldsymbol{r})$ 表示曲线 c 的切线（单位）矢量，t_i 是它第 i 个直角分量，b_j 是矢量 $\boldsymbol{b}$ 的第 j 个直角分量，则位错状态由并矢（二阶张量）场 $\alpha_{ij}=t_ib_j$ 所完全决定．

有些学者把上述这种 $\boldsymbol{d}$（即 $\boldsymbol{b}$）等于常矢量的位错称为 Burgers 位错，以区别于 § 1.4 中要简单介绍的更为普遍的 Volterra 位错及 Somigliana 位错．

本节中所述位错产生的方法，即取定面 S 及环 c 之后所进行的一系列切割、位移、挖除和填补以及焊合操作等，这当然完全是虚构假想的过程．晶体中的位错当然不是这样人为地生成的．这一系列想象的操作是实际位错产生的若干物理过程的模拟和概括，这些物理过程包括例如晶体滑移、点阵空位的凝聚以及晶体生长中的某些过程等等。关于位错实际产生的问题将在下面适当的地方讨论。

§1.3 晶体缺陷和 Burgers 矢量

在上两节中我们是从位错产生的过程去定义位错。在本节中要给出关于位错的另一个等价的定义，从已经存在的晶体缺陷的性质出发。

理想的晶体是由原子或原子所组成的基元(结构单元)在空间作三维周期无限重复而构成。由任一点出发，经过点阵平移

$$\boldsymbol{R}_n = n_1\boldsymbol{a}_1 + n_2\boldsymbol{a}_2 + n_3\boldsymbol{a}_3 \tag{1.3}$$

(其中 n_1，n_2，n_3 是包括零在内的所有整数) 所生成的无限离散点集就是晶体点阵，$\boldsymbol{a}_1$，$\boldsymbol{a}_2$，$\boldsymbol{a}_3$ 是点阵基矢.点阵加基元等于晶体结构。许多晶体，例如金属，其基元就是单个原子，这里先考虑这种简单情况。于是，理想晶体就是其中的原子严格准确地处在点阵点上的晶体。而完整的实际晶体中原子或由于热振动，或由于各种原因引起的微小静态应变，而稍稍偏离其理想的阵点位置。这种偏离是微小的，一般是暂时的，或是可逆的，所以每一个原子基本上为它正确的邻居所围绕。但实际晶体中往往会由于这样或那样的物理过程而使得某些小区域中的原子严重偏离其理想阵点位置，其中原子的规则列阵被严重破坏，每个原子与它邻近的原子之间失去了正常的关系，这样的区域可称之为"坏"区域，或者称为晶体缺陷。显然，含有"坏"区域的实际晶体就不再是完整的了。但若坏区域在整个晶体中所占体积比例甚小，例如只占 10^{-4} 的体积，其余地区都是"好"区域，即是其中原子仅对其理想位置有微小偏离的地区，那么这个实际晶体就是近完整晶体。

这里要顺便说明的是，考虑到晶体缺陷的存在，实际晶体的各种性质可以大致分为两类。第一类性质可以在把近完整晶体当作完整晶体的基础上来加以理解，或者说缺陷对这一类性质影响的贡献与缺陷的相对体积成比例，因而在近完整晶体中缺陷对这类性质的影响小到可以略去。 这一类性质称为非结构灵敏的性质，

例如弹性常数，密度，比热等都是．第二类性质与此大不相同，它们对于晶体的完整性极为敏感，甚至在仅存在单一个恰当的(关键的)缺陷时就足以使这类性质发生显著的变化，这类性质称为结构灵敏的性质．例如单晶体的力学强度，晶体的内耗，蠕变速率等就属于这一类．

严格地来讲，我们所讨论的应该称为晶体的结构缺陷，以示区别于化学缺陷、电子缺陷(如半导体中的空穴)等．任何给定的结构缺陷，其坏区域至少在一个方向上是小的，否则就成为第二相晶粒了．一个缺陷若在一个方向上是小的，则是一个二维缺陷，或面缺陷，它是一个只有原子尺度厚度的薄片或薄层，例如下面要讨论的堆垛层错．若在两个方向上是小的，则是一个一维缺陷，它是一个半径为原子尺度的细长柱体，例如位错．若在三个方向上都是小的，则是一个零维缺陷，或点缺陷，例如点阵空位、间隙原子等是．

点缺陷和位错之间的差别不仅在于其维数有所不同，而且还有更深刻的区别．对于点缺陷，可以取一个闭合的曲面把坏区域封闭起来，然后把内部的坏物质除去，用“好”物质填充，使内部的好物质经过一定的弹性形变，与周围的好区域联结．用这样设想的过程就能将点缺陷从晶体中除去．但是对位错却做不到：虽然可以用一个细长的柱面把位错封闭起来，但不能用上述办法将位错从晶体中除去．所以一个位错不能是由排成一行的空位或间隙原子构成(所谓“位错偶”的情况不属此例)．位错是一种特殊的线缺陷，下面我们引入 Burgers 回路与 Burgers 矢量来描述位错的特性，同时给出关于位错的另一定义．

为简单起见，考虑单原子简单立方晶体． 参看图 1.12(a)，(b)．设所考查的实际晶体 A 中存在一个线型缺陷，则相应的坏区域可以被封闭在一个细长的管道中，此管道外全是好区域．另外再取一个与此晶体结构相同的完整晶体 B 作为参考，当然晶体 B 中不含坏区域．现在晶体 A 中的那个线缺陷，首先规定它的轴线正方向，例如图 1.12 的纸面取为垂直于它的一个原子平面，则规定其轴线的正向为由纸面向外. 其次,在该缺陷的坏区域以外(即封闭它的管道以外的好区域中) 参考于该线的正向依右手螺旋方向作一个闭合回路 Γ. 此回路从一个阵点 S 出发,每一步都是从一个阵点至另一邻近阵点,即是从一个原子至另一邻近原子,或者说每一步都是一个点阵基矢 ($\boldsymbol{a}_1$ 或 $\boldsymbol{a}_2$ 或 $\boldsymbol{a}_3$). 最后到达阵点 F. 既是一个闭合回路, 那么 F 就与 S 重合. 于是我们得到晶体 A 中一个环绕线缺陷,本身完全处于好区域内的、由点阵基矢组合而成的闭合回路. 然后,注意参考晶体 B, 在 B 中依样作一个环路 Γ', 还是把起点记作 S, 其每一步都与晶体 A 中路径 Γ 上相应的步一样, 大意如图 1.12(b) 所示. 最后, 环路 Γ' 到达一个终点 F. 现在观察一下 Γ' 的起点 S 与终点 F 是否重合. 如果晶体 A 中 Γ 所环绕的线缺陷是一个位错, 则 B 中的 Γ' 必定不闭合, 即在 B 中 S 与 F 点不重合,但加上一个矢量 $\overrightarrow{FS}$ 即可使 Γ' 成为一个闭合回路,于是此矢量 $\overrightarrow{FS}$ 就是标志晶体 A 中位错型线缺陷特征的一个矢量. 人们称 A 中的回路 Γ 为 Burgers 回路,称特征矢量 $\overrightarrow{FS}$ 为该位错的 Burgers 矢量,记作 $\boldsymbol{b}$, 即 $\boldsymbol{b}=\overrightarrow{FS}$.

如此我们就得到关于位错的另一个定义: 位错是近完整晶体中的一类线型缺陷;在作为参考的完整晶体中,与围绕上述位错的 Burgers 回路 Γ 相应的路径 Γ' 不闭合, Γ' 的闭合矢量 $\overrightarrow{FS}$ 是标志此位错的一个特征矢量,称为它的 Burgers 矢量 $\boldsymbol{b}$.

由此可见, Burgers 矢量 $\boldsymbol{b}$ 的定义构成位错定义的一部分. 这个构作方案是 Frank 首先提出的[1]. 在此应用 $\overrightarrow{FS}/RH$ 约定, 或 $\overrightarrow{FS}/RH$ 图式.

如果把参考晶体与实际晶体互换, 就得到另一个与此等价的定义. 具体构作如下:

在参考晶体中 (完整晶体中) 作一个闭合回路 Γ, 其起点 S 与终点 F 重合. 再在实际晶体中作一个与 Γ 相同的路径 Γ', 此 Γ' 环绕一个线型缺陷,但 Γ' 本身完全处于好区域内. 若 Γ' 不闭合, 即

1) Frank, F. C., *Phil. Mag.*, **42** 809 (1951).

Γ' 的起点 S 与终点 F 不重合，则该线型缺陷是一个位错．将矢量 $\overrightarrow{SF}$ 定义为此位错的 Burgers 矢量，记作 $\boldsymbol{b}$，即 $\boldsymbol{b}=\overrightarrow{SF}$．这是 Read 所提出的方案[1]．在此应用 $\overrightarrow{SF}/RH$ 约定，或 $\overrightarrow{SF}/RH$ 图式．

Frank 方案所定义的 Burgers 矢量是完整晶体中的一个矢量，所以是一个理想点阵矢．而 Read 方案所定义的 Burgers 矢量是实际晶体中的一个矢量，因此与所取的 Burgers 回路有关．这两种方案并存．文献中常将前者称为"真实" Burgers 矢量，后

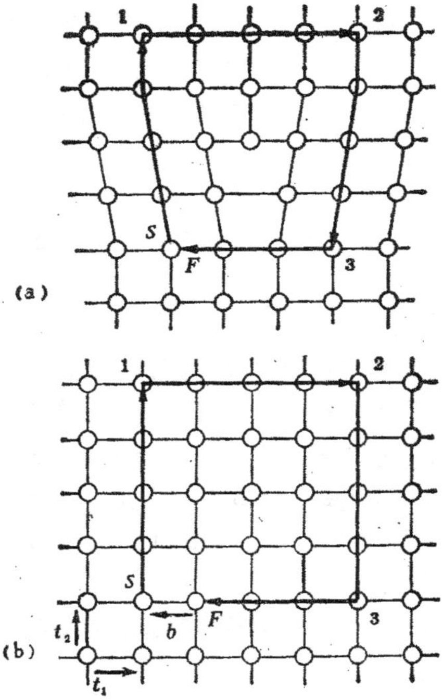

图 1.12　Frank 方案．

1) Read, W. T., Dislocations in Crystals, McGraw-Hill, Chap. (1953).

者称为“局域” Burgers 矢量。

至于将矢量 $\overrightarrow{FS}$ 还是 $\overrightarrow{SF}$ 定义为 Burgers 矢量这与 Frank 方案或 Read 方案并无必然联系，也就是说，两种方案均可随意采用$\overrightarrow{FS}/RH$ 约定，也可采用 $\overrightarrow{SF}/RH$ 约定。不过为了定义上的统一，规定 Frank 方案采用 $\overrightarrow{FS}/RH$ 约定，Read 方案采用$\overrightarrow{SF}/RH$ 约定，这样所得到的 $\boldsymbol{b}$ 就是相同的（除了很微小的差别之外）。

Frank 方案(用 $\overrightarrow{FS}/RH$ 约定)和 Read 方案(用 $\overrightarrow{SF}/RH$ 约定)分别示于图 1.12 和 1.13 中。

容易验证，本节所述的位错定义与上两节中的定义完全等价。例如图 1.12 和 1.13 中所示的就是一个刃型位错。对于图 1.5 中所

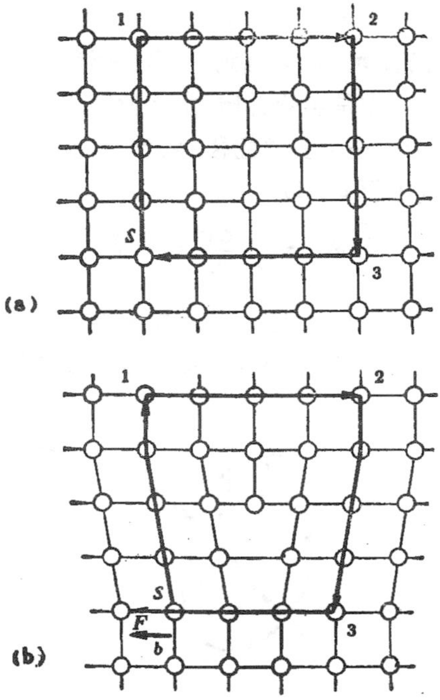

图 1.13 Read 方案。

示的螺型位错，将 Burgers 回路取在位错露头的表面上，便自然地得到此位错的 Burgers 矢量 $\boldsymbol{b}$ 与表面垂直(即与位错线平行)，$\boldsymbol{b}$ 的大小等于一个原子间距步长，即等于表面台阶的高度.

$\boldsymbol{b}$ 的方向与位错线正方向的规定有关. 若将位错线的方向倒反，则 $\boldsymbol{b}$ 的方向也随之倒反. 现在不同的关于位错专著和重要文献中对 $\boldsymbol{b}$ 方向的定义不尽相同，所差是一个符号. 本书的规定与冯端、Hirth 和 Lothe, Peach 和 Koehler, Bilby, Frank, Eshelby Kröner, de Wit, Friedel 所采用的一致；而与 Burgers, Nabarro Read, Seeger 及 Kosevich 所采用的正相反.

上述 Read 法定义的 Burgers 矢量 $\boldsymbol{b}$ 可以解释如下：由于位错的存在，而致使晶体中的所有原子都离开它们原在自然状态下的位置发生一个微小的位移，当沿 Burgers 回路绕行一周时将所经过的原子的位移矢量逐个加起来，最后得到的矢量和就等于相应的 Burgers 矢量 $\boldsymbol{b}$. 如果回到上节中所述的连续统近似，则是将晶体的好区域看作是连续介质，由于位错的存在而在此(双联通的)连续介质中产生一个多值位移 $\boldsymbol{u}(\boldsymbol{r})$，而 $d\boldsymbol{u}$ 沿 Burgers 回路 Γ 的回线积分就等于 $\boldsymbol{b}$，即

$$\oint_{\Gamma} d\boldsymbol{u}=\oint_{\Gamma} \frac{\partial \boldsymbol{u}}{\partial l} dl=\boldsymbol{b}. \tag{1.4}$$

在位错的弹性理论中，式 (1.4) 称为位错条件.

Burgers 矢量是标志位错特性的最基本最重要的一个物理量，

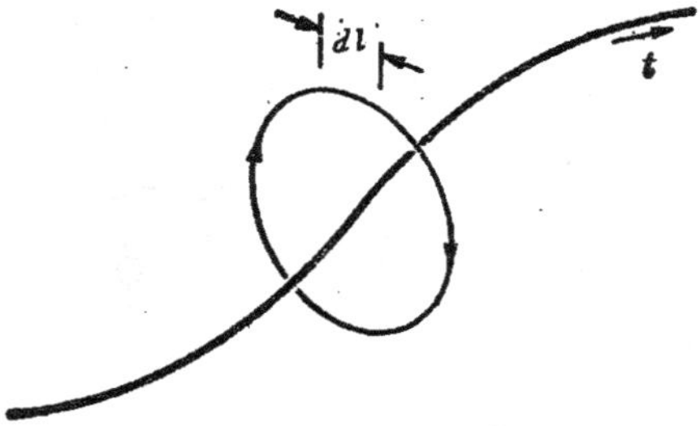

图 1.14

Burgers 矢量具有守恒性，代表位错的不变特征．这个所谓的守恒性可作如下说明：对于同一位错环或位错线可以作两个（或两个以上）不相关的 Burgers 回路，若这两个 Burgers 回路可以在好区域中经过拓扑学意义下的连续形变（即是在此连续形变中不接触或穿过坏区域）而达到彼此重合时，则称它们为相互等价的 Burgers 回路．根据直观的考察，不难论证，相互等价的 Burgers 回路赋有相同的 Burgers 矢量．这就意味着：一条位错线或一个完整的位错环只有唯一的一个 Burgers 矢量，它是此位错的不变特征．这就是 Burgers 矢量守恒性的一个表述形式．

其次，我们注意到位错线尽管不能终止于晶体内部的任何点上，但它可以在晶体中某一点上分叉，分成两条或数条位错线，或者说几条位错线可以相交于某一点．这个点通称为位错节点．图 1.15 表明一个最简单的例子：位错 1 在点 N 处分成两个位错 2，3，或者说位错 1，2，3 交于点 N。N 就是一个位错节点．现在作两个 Burgers 回路 Γ'，Γ''，显然 Γ' 与 Γ'' 等价，于是 Γ' 与 Γ'' 给出的 Burgers 矢量应该相等．与 Γ' 相联的 $\boldsymbol{b}=\boldsymbol{b}_1$，与 Γ'' 相联系的

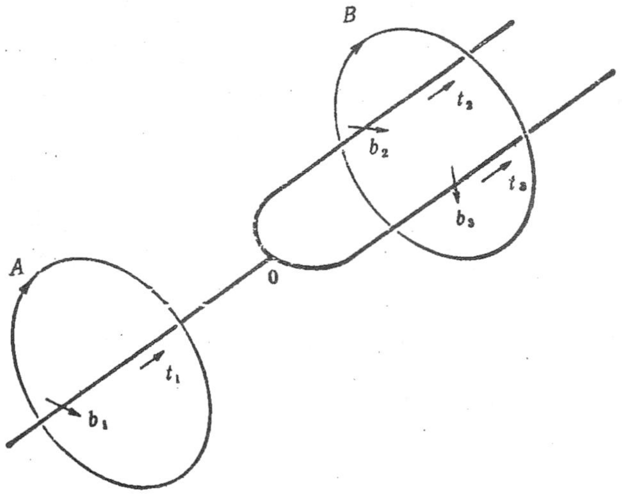

图 1.15

$\boldsymbol{b}=\boldsymbol{b}_2+\boldsymbol{b}_3$，由此可见

$$\boldsymbol{b}_1=\boldsymbol{b}_2+\boldsymbol{b}_3. \tag{1.5}$$

若将位错 1 (或位错 2，3)的方向倒反，参看图 1.15，则有

$$-\boldsymbol{b}_1=\boldsymbol{b}_2+\boldsymbol{b}_3, \tag{1.6}$$

即

$$\boldsymbol{b}_1+\boldsymbol{b}_2+\boldsymbol{b}_3=0. \tag{1.6}$$

这就是说，对于节点N来讲，若交于此点的几条位错线方向都是朝向N，或都是从N出发向外，则

$$\sum_i \boldsymbol{b}_i=0, \tag{1.7}$$

这个关系与电磁学中表示电流守恒的 Kirchhoff 定律形式相似，而矢量 $\boldsymbol{b}_i$ 可以看作是位错 i 的“强度”。式 (1.7) 就是 Burgers 矢量守恒性的另一个表述形式。

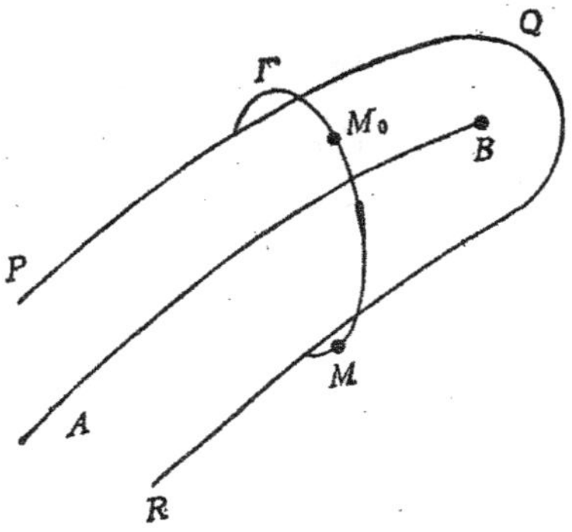

图 1.16

最后，我们采用连续统近似，论证位错不能终止于晶体内的任何点上 (Nabarro, 1967).

考虑如图 1.16 所示的位错 A，设若它终止于介质内部的某点B处。于是可以作一个曲面 PQR 把这个位错套在里面，如图所绘出。在此曲面以外应变显然是连续的，并至少可以取二次导数；虽然位移场可能不是单值的，但应变场必须满足以上要求。

现在取一个极接近于曲面的点 M_0，并从 M_0 出发作一环绕此曲面的回路 Γ，计算积分 $\oint_\Gamma \frac{du_i}{ds}ds$.

显然，根据 (1.4)，应有

$$\oint_\Gamma \frac{du_i}{ds}ds=b_i. \tag{1.8}$$

我们有*

$$\left(\frac{du_i}{ds}\right)ds = u_{i,j}dx_j = \left\{\frac{1}{2}(u_{i,j}+u_{j,i})+\frac{1}{2}(u_{i,j}-u_{j,i})\right\}dx_j$$

$$= \left\{e_{ij}-\frac{1}{2}(u_{j,i}-u_{i,j})\right\}dx_j, \tag{1.9}$$

于是

$$\int_{M_0}^{M}\left(\frac{du_i}{ds}\right)ds = \int_{M_0}^{M} e_{ij}dx_j - \frac{1}{2}\int_{M_0}^{M}(u_{j,i}-u_{i,j})d\{x_j - x_j(M_0)\}$$

$$= \int_{M_0}^{M} e_{ij}dx_j - \frac{1}{2}\{x_j(M)-x_j(M_0)\}\{u_{j,i}(M_0)-u_{i,j}(M_0)\}$$

$$+\frac{1}{2}\int_{M_0}^{M}\{x_j - x_j(M_0)\}(u_{j,i}-u_{i,j})_{,k}dx_k, \tag{1.10}$$

若 $(u_{j,i}-u_{i,j})$ 有一个以上的值，则取它们之中的某一值，即是随多值位移函数的某一枝进行。

现在

$$\frac{1}{2}(u_{j,i}-u_{j,i})_{,k} = \frac{1}{2}(u_{j,k}+u_{k,j})_{,i} - \frac{1}{2}(u_{i,k}+u_{k,i})_{,j}$$

$$= e_{jk,i} - e_{ik,j}, \tag{1.11}$$

所以

$$\int_{M_0}^{M}\left(\frac{du_i}{ds}\right)ds = -\frac{1}{2}\{x_j(M)-x_j(M_0)\}\{u_{j,i}(M_0)-u_{i,j}(M_0)\}$$

$$+\int_{M_0}^{M}\{e_{ik}+[x_j - x_j(M_0)](e_{jk,i}-e_{ki,j})\}dx_k. \tag{1.12}$$

若M与M_0重合，即积分变成回线积分，此时式(1.12)的右端为零，积分成为

$$\oint_{\Gamma}\left(\frac{du_i}{ds}\right)ds = \oint_{\Gamma}\xi_{ik}dx_k \tag{1.13}$$

的形式，其中

---

* 关于下文中偏微商的记法及求和记法约定可参看附录 § A. 1.

$$\xi_{ik}=e_{ik}+\{x_j-x_j(M_0)\}(e_{jk,i}-e_{ki,j}).\tag{1.14}$$

由于位错终止于介质中，所以可以应用 Stokes 定理将沿 Γ 的回线积分变换为面 PQR 上的面积分

$$\int_\Gamma \xi_{ik}dx_k=\int_{(PQR)}\Xi_{ik}dS_k\tag{1.15}$$

ds_k 是曲面 PQR 的面元，而 Ξ_{ik} 为 ξ_{ik} 的旋度(记号参看附录 § A. 1)

$$\Xi_{ik}=\varepsilon_{klm}\xi_{im,l}.\tag{1.16}$$

将式 (1.16) 展开，先有

$$\begin{aligned}\xi_{im,l}&=e_{im,l}+\delta_{jl}(e_{jm,i}-e_{mi,j})+\{x_j-x_j(M_0)\}(e_{jm,il}-e_{mi,jl})\\&=e_{lm,i}+\{x_j-x_j(M_0)\}(e_{jm,il}-e_{mi,jl}),\end{aligned}\tag{1.17}$$

于是

$$\Xi_{ik}=\varepsilon_{klm}\xi_{im,l}=\{x_j-x_j(M_0)\}\varepsilon_{klm}(e_{jm,il}-e_{mi,jl}).\tag{1.18}$$

将 Ξ_{ik} 的分量详细写出，例如

$$\begin{aligned}\Xi_{11}=&\{x_2-x_2(M_0)\}(e_{23,12}-e_{31,22}+e_{12,32}-e_{22,31})\\&+\{x_3-x_3(M_0)\}(e_{33,12}-e_{31,23}+e_{12,33}-e_{23,13}),\end{aligned}\tag{1.19}$$

$$\begin{aligned}\Xi_{23}=&\{x_1-x_1(M_0)\}(-e_{11,22}-e_{22,11}+2e_{12,12})\\&+\{x_3-x_3(M_0)\}(e_{12,32}-e_{23,12}+e_{31,22}-e_{22,31}).\end{aligned}\tag{1.20}$$

注意到 e_{ij} 的协调关系

$$\begin{cases}\eta_{11}=-e_{22,33}-e_{33,22}+2e_{23,23}=0,\\ \eta_{23}=-(-e_{12,3}+e_{23,1}+e_{31,2})_{,3}+e_{33,12}=0,\end{cases}\tag{1.21}$$

故有

$$\begin{cases}\Xi_{11}=\{x_2-x_2(M_0)\}(-\eta_{13})+\{x_3-x_3(M_0)\}(\eta_{12})=0,\\ \Xi_{23}=\{x_1-x_1(M_0)\}(\eta_{33})+\{x_3-x_3(M_0)\}(-\eta_{13})=0.\end{cases}\tag{1.22}$$

如此可证所有的 Ξ_{ij} 均等于零，所以

$$\oint_\Gamma\left(\frac{du_i}{ds}\right)ds=0,\tag{1.23}$$

即是

$$\boldsymbol{b}=0,\tag{1.24}$$

这就是说，终止于 B 点的位错 A 是不存在的. 反之，若位错 A 的 Burgers 矢量 $\boldsymbol{b} \neq 0$，则它不能终止于晶体中任何一点.

当然，我们也可以直观地看到，若位错 A 终止于 B 点，则回路 Γ 能够在介质中连续形变，超过 Q，从而收缩至一个点. 根据等价 Burgers 回路的定义，说明此位错 A 的 $\boldsymbol{b} = 0$.

至此，我们推广、并严格证明了 § 1.1 中直观地论述的位错的两个重要性质，即：(1) 一个位错只有一个恒定的滑移矢量；(2) 位错线不能终止于晶体内部.

最后我们还要提到实际上可能发生的一类过程，即所谓位错反应. 即是一个位错可能分解为两个或数个位错，反之，两个或数个位错可能合并为一个位错. 反应进行的方向视总能量降低的方向而定；根据上述 Burgers 矢量守恒的一般原则，反应前后的总 Burgers 矢量应该相等. 下面将要证明：位错的弹性自能比例于其 Burgers 矢量之平方 b^2. 所以，简而言之，例如一个位错 1 分解为位错 2，3 的反应一般写作

$$\boldsymbol{b}_1 \rightarrow \boldsymbol{b}_2 + \boldsymbol{b}_3. \tag{1.25}$$

它可以实现的条件是

$$\boldsymbol{b}_1 = \boldsymbol{b}_2 + \boldsymbol{b}_3, \tag{1.26}$$

$$b_1^2 > b_2^2 + b_3^2. \tag{1.27}$$

若有更多的位错参与，表示式将与式 (1.25) 至式 (1.27) 类似. 当然，在具体的晶体点阵各个 $\boldsymbol{b}$ 都必须是某个一定的点阵平移矢量，或是连结原子的两个平衡位置的矢量，从而不能是任意的. 本书下文关于不全位错的数章中(第九章至第十一章)将要细致地讨论各种具体的位错反应及其对位错运动所产生的效果.

§ 1.4 广义的位错

§ 1.2 中论述了 Hooke 介质中 Burgers 位错的构成. Burgers 位错的特征是假想切割面上下岸 S_1，S_2 的相对位移是一个恒定刚体平移 $\boldsymbol{d} = \boldsymbol{b}$. 这样造成的位错是弹性介质中内应力之源.

在前面引论中曾提到过，对弹性连续体中类位错型畸变的研究早在二十世纪初就由意大利弹性力学学派开始发展，讨论过比 Burgers 位错更普遍的形式，而 Burgers 位错只是一组特例．本节要简单论述几种更普遍的“位错”类型，在本书第二卷最后的几章中将作一些具体的处理．

现在回到 § 1.2 中所讨论的弹性固体，设想它含有一个 Burgers 位错．从 § 1.2 中 Burgers 位错产生的程序来看，不难注意到：(1) 由于沿位错轴挖出的细管道并没有被填补起来，所以介质现在变成了一个多联体(双联体)．所谓的多联体就是这样一

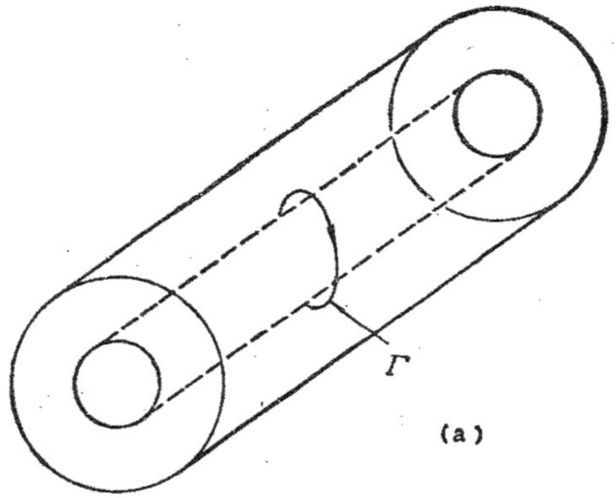

(a)

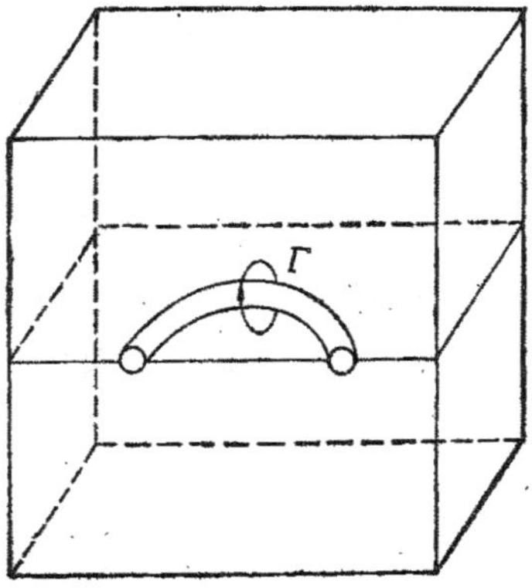

(b)

图 1.17

个拓扑体，在其中至少有一个回路不能通过在此体中的连续形变而收缩为一个点；(2) 介质中存在内应力，即当外力不存在时介质中仍存在应变和应力．在此多联体中，即避开与位错轴线太靠近的区域中，应变处处有限，并可求二次微商．现在提出问题：是否有可能在一个多联体中存在比 Burgers 位错更广义更普遍的构造或构型，其所产生的应变场满足以上所说处处有限并可二次导微

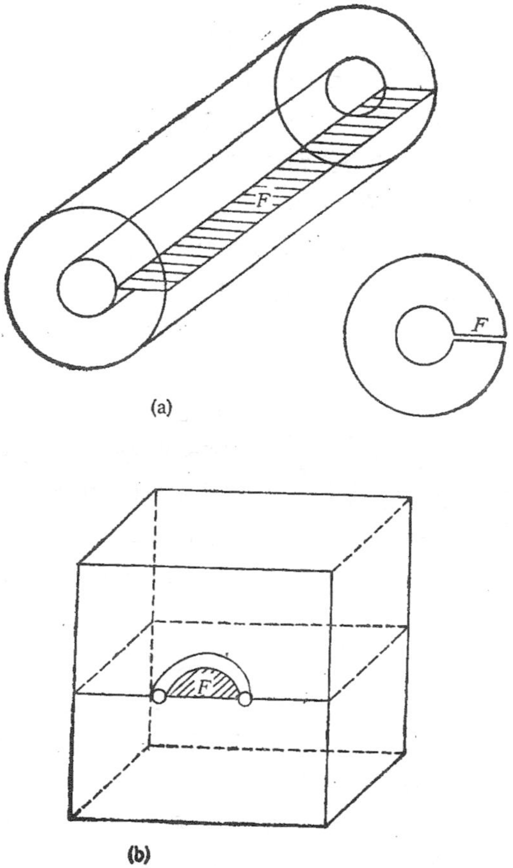

图 1.18

的要求.

考虑两种双联体的例：(1) 一个中空的圆柱体；(2) 一个里面挖出了一个细管道的球. 参看图 1.17(a), (b). 两个图中分别绘出一个回路 Γ，它们环绕着相应的"管道". 显然可见，这两个回路 Γ 分别在这两个双联体内无论怎样连续变形，都决不可能收缩为一点. 为了免除这种性质或情况，可以在各个体中引入一个切割面 F，于是它们就各自变成一个单联体. 例如图 1.17(a) 所示的空心圆柱，引入切割面 F 之后就变成图 1.18(a) 中所绘的样子，它是一个拓扑球. 图 1.17(b) 中的物体带有内部管道，可以如图 1.18(b) 所示那样引入切割面 F，它也变成一个拓扑球.

对于原来处于自然状态下的双联体，可以依照 § 1.2 中所描述的方法在其中产生一个类位错型的畸变，其所导致的应变场处处有限，并可二次导微. Weingarten 证明，如要应变场满足这个要求，则切割面两岸的相对位移不能是任意的，而必须是一个刚体位移，即应具有如下形式：

$$d_i(P) = b_i + a_{ij}x_j(P), \tag{1.28}$$

P 是切割面上的点；b_i 是一个常矢量的分量，代表刚体平移，即是 § 1.2 中所述 Burgers 位错的运动. a_{ij} 是一个反对称矩阵，$a_{ij} = -a_{ji}$，$x_j(P)$ 是 P 点的坐标，$a_{ij}x_j(P)$ 代表一个刚体转动.

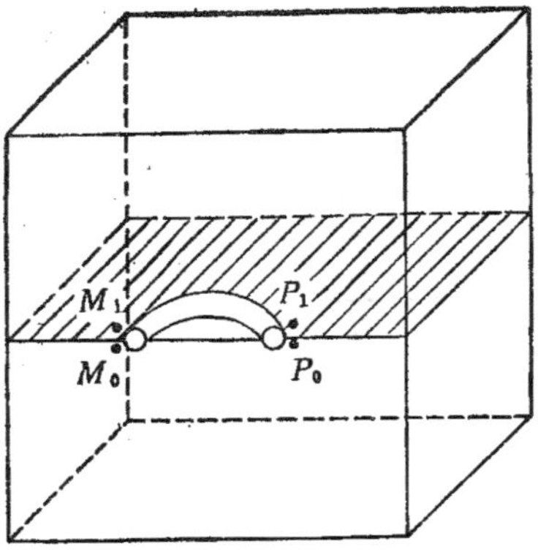

图 1.19

试考虑如图 1.19 所示的构型. 取 M_0 和 M_1 为一对分别位于切割面上、下岸的彼此极为接近的点，P_0，P_1 为另一对这样的点. M_0 和 M_1 (同样 P_0 和 P_1) 的坐标可能相差无限小，但它们的相对位移却可以是有限大小的. 现在用一条完全处在介质中的路线连接 M_0 和 P_0，同样，用一条与此平行并极其靠近的路线连接 M_1 和 P_1. 根据式 (1.12)，有

$$\int_{M_0}^{P_0}\left(\frac{dui}{ds}\right)ds = u_i(P_0) - u_i(M_0) = -\frac{1}{2}\{x_j(P_0)$$

$$-x_j(M_0)\}\{u_{j,i}(M_0) - u_{i,j}(M_0)\} + \int_{M_0}^{P_0}\xi_{ik}dx_k \quad (1.29)$$

以及

$$\int_{M_1}^{P_1}\left(\frac{du_i}{ds}\right)ds = u_i(P_1) - u_i(M_1) = -\frac{1}{2}\{x_j(P_1)$$

$$-x_j(M_1)\}\{u_{j,i}(M_1) - u_{i,j}(M_1)\} + \int_{M_1}^{P_1}\xi_{ik}dx_k. \quad (1.30)$$

式 (1.29) 和式 (1.30) 右端最后的线积分路径可以看作是彼此重合的，并且由于 e_{ij} 的连续性，在两个路径的相应的点上 ξ_{ik} 可认为是相等的. 将此两式相减，得到

$$u_i(P_1) - u_i(P_0) = [u_i(M_1) - u_i(M_0)] - \frac{1}{2}[x_j(P)$$

$$-x_j(M)]\times[\{u_{j,i}(M_1) - u_{i,j}(M_1)\}$$

$$-\{u_{j,i}(M_0) - u_{i,j}(M_0)\}], \quad (1.31)$$

式中 $x_j(P)$ 和 $x_j(M)$ 中宗量 P, M 无下角标表明 P_0, P_1, M_0, M_1 极靠近，所以其坐标分别极近相等. 式中右端方括号中的量与 P 无关，当起点(参考点)M固定时它们是常量. 因此得到相对位移 $d_i(P)$ 的形式如下：

$$d_i(P) = u_i(P_1) - u_i(P_0) = b_i + a_{ij}x_j(P), \quad (1.32)$$

由式 (1.31) 可看出，此处的 b_i 是一常矢量，a_{ij} 是一个矩阵元为常数的反称矩阵（或反称二阶张量），$a_{ij} = -a_{ij}$. 前一项代表刚体纯平移，后一项代表刚体纯转动. 这样造成的畸变构型可称为广义 Volterra 位错，按照较新的术语，称为 "dispiration"[1].

以上证明了按 § 1.2 所述假想程序在一个多联弹性体中造成一个类位错型畸变时，只有当假想切割面的上下岸相对作任意的小刚体位移时，产生的应变场才是处处有限并二阶可微. 任何其它形式的相对位移产生的应变场都不是如此. 这个结论在有些专

1) 或译作"向位错".

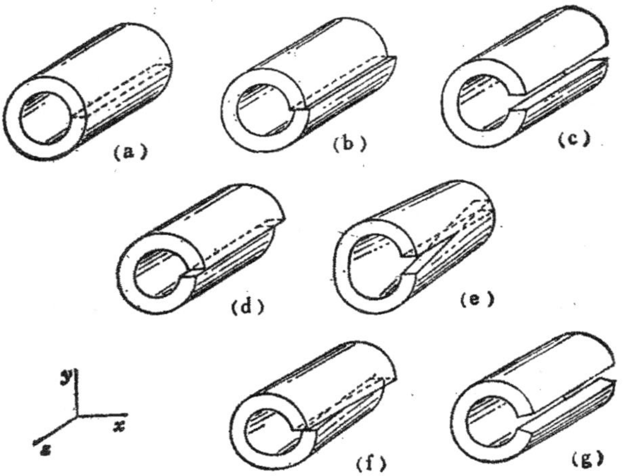

图 1.20

著中称为 Weingarter 定理[1]。

式(1.32)中有六个独立的常数，即 b_1，b_2，b_3，a_{23}，a_{31}，a_{12}，相应于六种不同的类位错。若像 Volterra 那样考虑中空圆柱的畸变，则可获得一个极明晰的图象。试观察图 1.20 中所示的柱体。图 1.20(a) 是引入了切割面之后自然状态下的单联体。令柱体轴的正向为 $+z$ 方向。图 1.20(b) 表示 b_x 型位错，即一个(正)刃型 Burgers 位错；图 1.20(c) 表示 $-b_y$ 型位错，也是一个刃型位错。图 1.20(d) 表示 b_z 型位错；即右螺型位错。以上三种称为第一类 Volterra 畸变，亦即相当于三种 Burgers 位错。图 1.20(e) 所示的可称为 $-a_{yz}$ 型畸变，图 1.20(f) 中是 $-a_{zx}$ 型畸变，而图 1.20(g) 表示 a_{xy} 型畸变。以上三种称为第二类 Volterra 畸变，它们不是 Burgers 位错。采用现代的术语，称它们为三类向错(disclination)。

第二类 Volterra 畸变与第一类 Volterra 畸变很不相同。后

1) Nabarro, F.R.N., Theory of Crystal Dislocations, Oxford (1967).

者的回路积分余量 $\oint_{\Gamma}\left(\frac{du_i}{ds}\right)ds = b_i$ 与积分回路的大小无关；而前者的回路积分余量不是一个常数，若 Γ 是一个圆，则此量正比于 Γ 的半径. 其次，第二类 Volterra 畸变产生的应变场在无限远处不趋于零.

本书自此以下使用位错一词表示 Burgers 位错，用向错一词表示第二类 Volterra 畸变. 除第二卷最后的几章外，全书论述位错理论，特别是晶体中位错的基本理论.向错在液晶、非晶态物质、生物体物质中所起作用逐步被人们所认识和重视，所以本书后面在结束以前要对它进行一些论述.

上述第一，二类 Volterra 畸变的共同特性是：经过如 § 1.2 中所述的一系列假想的操作之后，就只留下回线 c 作为一个细长柱形奇异区域的轴线，而切割 S 消失，意思就是无论 S 的取法如何，总之最后 S 面上的各个应力分量均为连续，因而 S 面不再能够被辨识. 如果允许放宽 S 面最后消失的要求，那么就可以引入更广义的"位错"，例如 Somigliana "位错". Somigliana 曾证明，若切割面上的正应力连续，但切应力不连续，则弹性平衡依然可以保持.

图 1.21 示出一个 Somigliana 位错的形成，它与前面所述的 Burgers 过程及 Volterra 过程（Weingarten 过程）类似，但此处 S_1，S_2 的相对位移 $\boldsymbol{d}$ 不满足 Burgers 条件及 Weingarten 条件，$\boldsymbol{d}(\boldsymbol{r})$ 只要是表面上坐标的充分"好"函数就可以了.

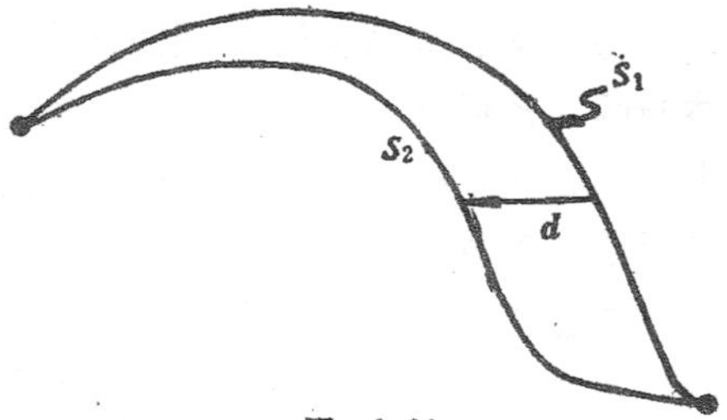

图 1.21

Somigliana 位错形成后切割面上切割面切应力不连续，因此切割面不"消失"，即是还可以辨识出来，这就是它与 Volterra 位错的区别. Somigliana 位错可以用来模拟更一般一些类型的晶体缺陷，例如失配的溶质原子、微裂缝等[1]。

§ 1.5 位错的运动

本节讨论位错的运动. 因为在这里暂不定量涉及作用在位错上的力和依赖于时间的运动方程，所以严格地来讲，本节所讨论的只是位错的位移.

如上所述，位错是晶体中的一类线型缺陷，它的存在使晶体中每个原子均偏离其原始自然状态下的平衡位置而发生一个位移，所以位错或位错状态一词含意所指乃是整个晶体中所有原子的一种特殊组态. 由 § 1.1 中所描述的简单图象，可以看到所谓刃型位错和螺型位错所相应的晶体中原子组态的大略形式. 显然，在有限晶体中，这些原子组态应该具体由位错线的位置决定，当位错线的位置发生变更，则晶体中的原子组态也随之变化. 换句话说，位错线实际上是一条参考线，它对于固定于晶体中的坐标系的位置决定具体的原子组态. 位错的位置和位移的概念应该像上面这样理解. 当然，位错在运动中永远不会失去其 Burgers 矢量(广义)守恒性及不能终止于晶体内部的这两个基本特性.

我们还是从最简单的例子出发进行说明. 考虑如图 1.22 (即图 1.3)所示的直刃型位错. 用记号“⊥”标志的位错线原在位置 A，然后向左移移动一个原子间距，到达位置 B. 位错位移后的原子组态用虚线标出. 可见远处的原子位置改变不大，而位错线附近的原子位置有较大的变动.

用连续统近似的语言来说，就是当位错线位移扫过一个面积后，此面积下方下半部体积相对于上半部将切移一个矢量 $\boldsymbol{b}$. 在这个例子中，直线刃型位错是在位错线与其 Burgers 矢量所决定的平面中运动，引起的结果是一个切变，没有体积的膨胀或收缩. 这个平面称为此位错的滑移面，位错在其滑移面中的运动称为位错的滑移，引起切变.

---

1) 例如参看 Eshelby, J. D., Solid State Physics vol. 3,79 (1956).

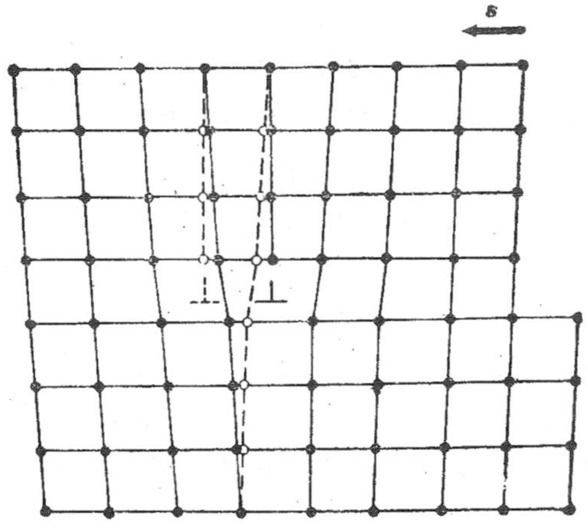

图 1.22

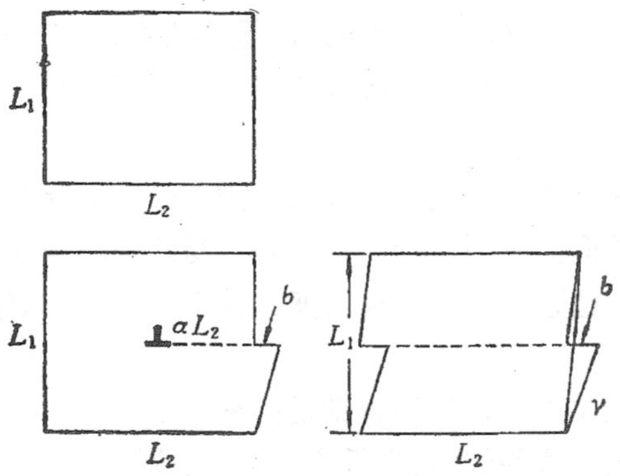

图 1.23

位错滑移位移与晶体宏观切变之间的关系可简单说明如下。若晶体高为 L_1，横向长为 L_2，如图 1.23 所示。则当 Burgers 矢量大小为 b 的刃型位错滑移通过晶体全长 L_2 后引起的切变为

$$\gamma=\frac{b}{L_1},\tag{1.33}$$

通过 αL_2 的距离后，切变为

$$\gamma = \frac{\alpha b}{L_1}, \quad 0 < \alpha < 1. \tag{1.34}$$

这样，若晶体的单位体积中存在于同一滑移系统上位错线数目为 N，则当这些位错扫过一个面积 A 后，引起的宏观切变应为

$$\gamma = NAb. \tag{1.35}$$

同样，这个刃型位错也可以离开其滑移面运动．最简单的过程是从原来的滑移面垂直向上升一个原子间距，或是向下移动一个原子间距．这分别相当于由此位错的附加半原子面的边缘抽去一行原子，或向该边缘加上一行原子．这种运动称为位错的攀移．位错攀移引起晶体体积的膨胀或缩小，在晶体中要涉及大量原子的远距离迁移．所以可以直观地看出，攀移的进行比滑移要困难．

现在考虑螺型位错，这种情况也特别简单．回顾图 1.4 和图 1.5 中示出的螺型位错存在时原子面的形状．螺型位错的 Burgers 矢量与位错线平行，纯螺型位错必然是一条直线，它是原子蜷面所形成"螺旋楼梯"的轴线．纯螺型位错只有平行于它自身整体平移才能保持始终为纯螺型的．

在含有螺型位错的晶体中没有像刃型位错那样的附加半原子面或不全原子面．螺型位错平行于它自身的任何平移显然只是上述蜷面轴线的位移，只能引起切变．读者不难具体想像这个蜷面的变化．

用上一段中的语言来说，就是：纯螺型(直线)位错没有固定的滑移面，凡含位错线(它平行 $\boldsymbol{b}$ 方向)之平面都是此位错的滑移面．位错从一个滑移面转移到另一个与此面相交的滑移面上去的过程称为交滑移．螺型位错特别容易进行交滑移．

纯螺型若不改变其取向，则只会进行滑移，没有攀移．

对于一个直线刃型位错，若位错线上一点固定，整条直线位错绕此点在滑移面上回转，就会变成一个混合型位错；最后，在转过 $\pi/2$ 后，位错线与 $\boldsymbol{b}$ 平行，变成了一个纯螺型位错．同样，螺型位错也可以这样旋转，先变成混合型的，最后转到与 $\boldsymbol{b}$ 垂直，变成一

个刃型位错.

上面关于位错滑移面的定义可稍加推广，就得到普遍的定义，即含任意位错线及其 Burgers 矢量的（公共）曲面是该位错的滑移面. 具体地来说，对于任意位错环 c 而言，以它的 Burgers 矢量 $\boldsymbol{b}$ 为母线，以位错环 c 为基线所展成的一个柱面 Π^*（直纹面）就是此位错环的滑移面. 位错环在此面上的任意运动或变形都是滑移运动，仅引起切变，而没有体积改变. 这个曲面 Π^* 示于图 1.24 中.

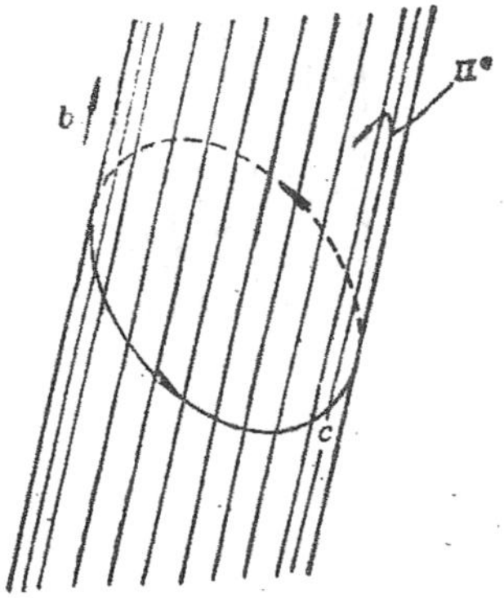

图 1.24

除了上述直线位错外，纯刃型位错环是比较简单的情况. 一个平面位错环，例如一个圆环或方环，其 Burgers 矢量与此环平面垂直，即处处与位错线垂直，它就是纯刃型的，称为棱柱位错环 c^P. 这种环的一个截面如图 1.25 所示，它的滑移面 Π^* 在图中用虚线表出. 从该图中可看出，晶体所含的不全原子面，它的边缘构成棱柱位错环. 当位错环 c^P 在 Π^* 面上位移或变形时都只引起切变，即是不全原子面并不扩大或缩小，所以始终是滑移. 棱柱位错环在运动过程中总可能保持为棱柱型（即纯刃型）. 也可能拉长，变成如图 1.26 中 c' 的形状. 此时 c' 就

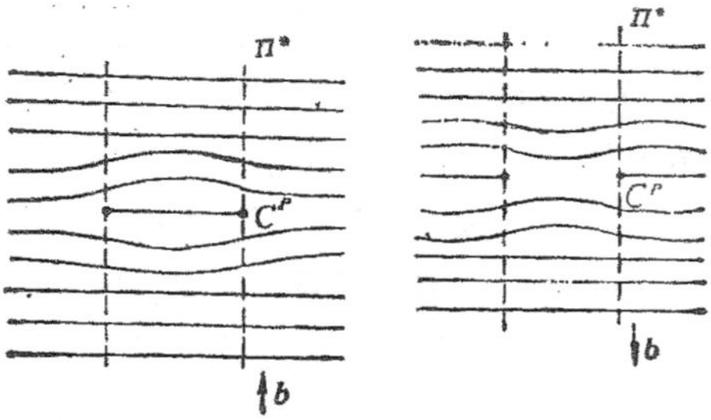

图 1.25

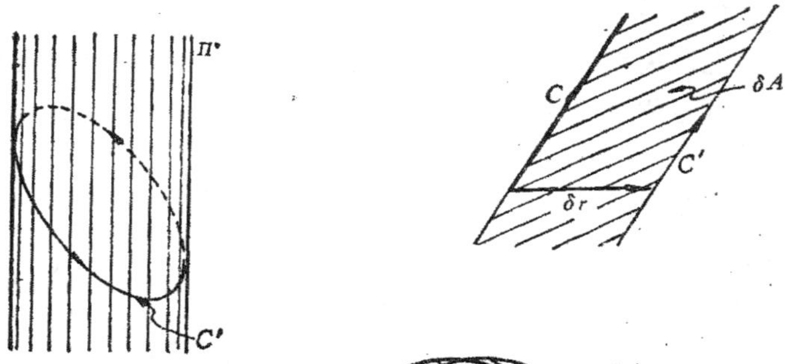

图 1.26

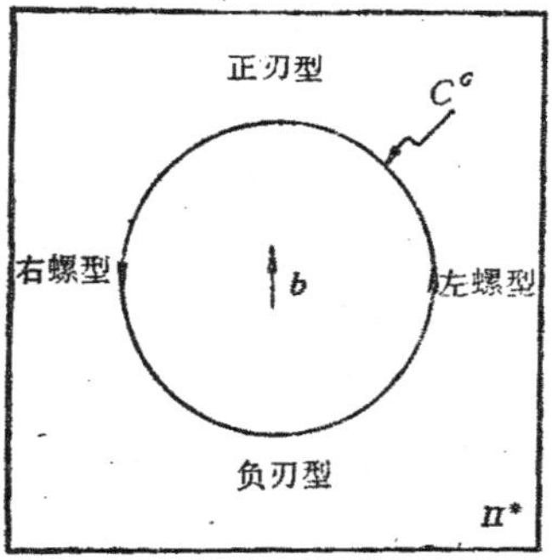

图 1.27

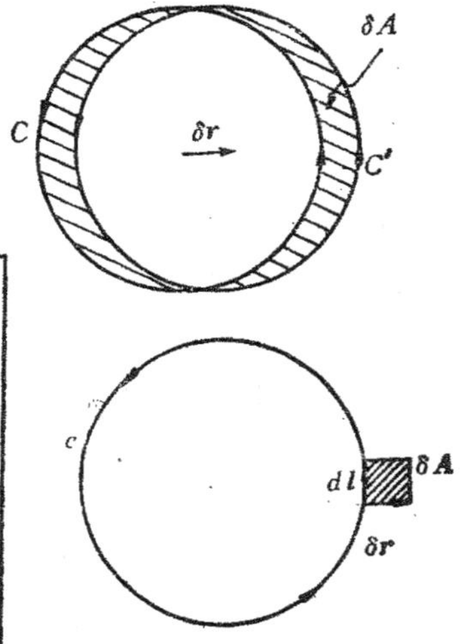

$$\delta A = \delta r \times dl$$

图 1.28

不是纯刃型位错环了，它的一部分变成了混合型位错.

我们再举一个位错环的例子. 设有一个平面位错环，它的 Burgers 矢量 $\boldsymbol{b}$ 在环的平面内，于是这个环平面就是它的滑移面，而此环称为滑移位错环，以 c^G 记之，如图 1.27 所示. 有趣的是这同一个环有一段是正刃型，有一段是负刃型；另一段是右螺型，还有一段是左螺型. c^G 在平面 Π^* 上的任何位移或变形都是滑移，即它可以在此平面上随便怎样移位、扩大或缩小，进行的总是滑移，仅引起切变.

任意一个平面位错环，若其 Burgers 矢量 $\boldsymbol{b}$ 既不垂直于环面也不在环面内，则 $\boldsymbol{b}$ 可分解为

$$\boldsymbol{b}=\boldsymbol{b}^P+\boldsymbol{b}^G, \tag{1.36}$$

式中 $\boldsymbol{b}^P$ 垂直于环面，$\boldsymbol{b}^G$ 在环面内．这个位错环于是可以看成是两个形状全同的环叠加而成，其中一个的 Burgers 矢量为 $\boldsymbol{b}^P$，称为棱柱分量，另一个的 Burgers 矢量为 $\boldsymbol{b}^G$，称为滑移分量．

晶体中位错线与位错环的存在和运动已为多种实验所证实[1]．

根据以上的几个特例以及前数节中的论述，我们可以作如下的一般推论．

一条位错线或一个位错环，若其整体或其一部分位移，则必定扫出一个面积(一块有限的曲面)，以 $\delta\boldsymbol{A}$ 记之，如图 1.28 所示．按照 § 1.1—§ 1.2 中的方向规定，$\delta\boldsymbol{A}$ 的方向应取作与 c 所环绕的面积方向一致，即如图 1.28 中所示

$$\delta\boldsymbol{A}=\delta\boldsymbol{r}\times d\boldsymbol{l} \tag{1.37}$$

$d\boldsymbol{l}$ 是位错线元，$\delta\boldsymbol{r}$ 是它的位移． 这个位错线元的位移扫出面积 $\delta\boldsymbol{A}$，就相当于在介质(晶体)中产生了一个新的、以 $\delta\boldsymbol{r}$ 和 $d\boldsymbol{l}$ 为边的小位错环 δc，其走向如图所示，叠加在原来的位错环 c 上．这个小位错环的 Burgers 矢量当然与原位错环的 $\boldsymbol{b}$ 相同．如 § 1.2 中所述，产生这么一个小位错环 δc，若以 $\delta\boldsymbol{A}$ 为切割面，则其下岸 δA_2 相对于上岸 δA_1 应进行位移 $\boldsymbol{b}$．于是可以得到如下一般推论：介质中的一个位错线段如果发生运动，扫出一个面积 $\delta\boldsymbol{A}$(其方向规定如上述)，则此运动的后果是使 $\delta\boldsymbol{A}$ 的下岸相对于其上岸位移一个矢量 $\boldsymbol{b}$，如图 1.29 所示．

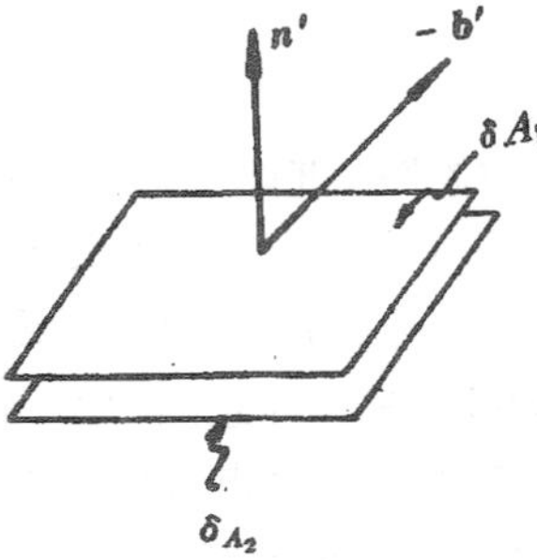

图 1.29

1) 参看 P.B. Hirsch et al., Electron Microscopy of Thin Crystals Oxford (1977).

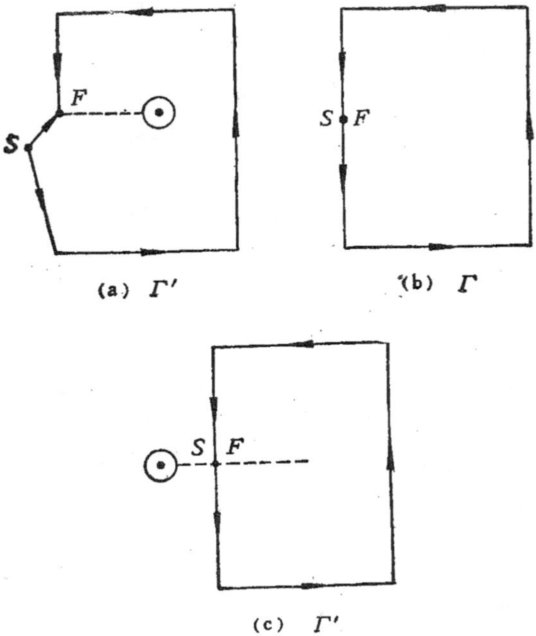

图 1.30

同样的推论也可以用 Burgers 回路的语言来表述(§ 1.3). 图 1.30(a) 表示含有位错⊙的真实晶体. 按照 Read $\overrightarrow{SF}/RH$ 图式作 Burgers 回路 Γ', 它应不闭合,其闭合矢量为 Burgers 矢量 $\boldsymbol{b}$. 图 1.30(b) 表示理想的参考晶体,其中相应的 Burgers 回路 Γ 是闭合的,即 F 点与 S 点重合. 现在设想位错⊙沿图中虚线向左移动,移出 Γ' 圈外,那么 Γ' 内部就变成完整的实际晶体, 或好区域, 所以此时 Γ' 应该闭合,就像图 1.30(b) 中的 Γ 一样. 这个情形表示于图 1.30(c) 中. 若要从图 1.30(a) 变到图 1.30(c), 显然必须位错⊙运动扫过的面积下岸相对于上岸位移一个 $\boldsymbol{b}$. 由此得到与上一段相同的结论.

根据上述的过程, 位错线元 $d\boldsymbol{l}$ 位移 $\delta\boldsymbol{r}$ 之后扫出面元 $\delta\boldsymbol{A} = \delta\boldsymbol{r}\times d\boldsymbol{l} = \delta A\boldsymbol{n}$, $\boldsymbol{n}$ 为面元的法线,则这样引起的介质体积改变为

$$\Delta V = -\delta A \boldsymbol{n}\cdot\boldsymbol{b}. \tag{1.38}$$

ΔV 若为正，则表示产生空隙，体积增大；ΔV 为负相当于发生重叠，体积缩小．当 $\boldsymbol{n}\cdot\boldsymbol{b}=0$，则 $\Delta V=0$，表示作滑移运动，没有体积改变．参看图 1.29．

位错线或位错环的运动若使 $\Delta V=0$，则称为守恒性运动；若使 $\Delta V\neq 0$，则称为非守恒性运动．

守恒性运动的必要条件为 $\boldsymbol{n}\cdot\boldsymbol{b}=0$，即是 $\delta\boldsymbol{A}$ 的法线 $\boldsymbol{n}$ 与 $\boldsymbol{b}$ 垂直，或者说 $\boldsymbol{b}$ 在面元 $\delta\boldsymbol{A}$ 内，因而 $\delta\boldsymbol{A}$ 就是线元 $d\boldsymbol{l}$ 的滑移面；这样，将上述位错环 c 滑移面 Π^* 的法线矢量记作 $\boldsymbol{n}^*$，它就可以表为

$$\boldsymbol{n}^* = \frac{d\boldsymbol{l}\times\boldsymbol{b}}{|d\boldsymbol{l}\times\boldsymbol{b}|}. \tag{1.39}$$

显然在 Π^* 上处处有 $\boldsymbol{n}^*\cdot\boldsymbol{b}=0$，见图 1.31．

纯螺型位错的 Burgers 矢量 $\boldsymbol{b}$ 与位错线平行，因此处处 $\boldsymbol{b}\times d\boldsymbol{l}=0$，由此可见，纯螺型位错没有固定的滑移面，凡含此位错线的平面都是它的滑移面，有如以位错为枢轴的一扇门一样．

关于位错的运动是位错理论中的重要课题，本节仅初步介绍了位错位移的基本几何性质与名词定义．关于运动位错的场以及动力学问题，本书下面还要专章论述．

最后，定性说明一下作用在位错上的力的概念．

当位错线段 $d\boldsymbol{l}$ 作位移 $\delta\boldsymbol{r}$ 时，面积 $\delta\boldsymbol{A}=\delta\boldsymbol{r}\times d\boldsymbol{l}$ 的上下岸 δA_1，δA_2 相对移动矢量 $\boldsymbol{b}$．若此时介质(晶体)中存在外源(即非由此位错元本身)产生的应力场 $\boldsymbol{\sigma}$，则 $\delta\boldsymbol{A}$ 上、下岸相对位移时，外应力系统必然要作功 δw．用分析力学的语言来说，此功应等于作用于此线元 $d\boldsymbol{l}$ 上的一个广义力 $d\boldsymbol{F}$ 与此线元广义坐标变化 $\delta\boldsymbol{r}$ 之内积，即

$$\delta w = d\boldsymbol{F}\cdot\delta\boldsymbol{r} \tag{1.40}$$

下文中将推导此 $d\boldsymbol{F}$ 的表达式，结果是

$$d\boldsymbol{F} = (\boldsymbol{b}\cdot\boldsymbol{\sigma})\times d\boldsymbol{l}. \tag{1.41}$$

从物理上来讲，是外应力系统驱使位错发生运动，运动的方向

是朝着使弹性能降低的方向．这个推动位错运动的趋势定量地可用作用在位错上的“力” $d\boldsymbol{F}$ 来表示．矢量 $d\boldsymbol{F}$ 取决于位错元矢量 $d\boldsymbol{l}$．其 Burgers 矢量 $\boldsymbol{b}$ 及应力张量 $\boldsymbol{\sigma}$，$d\boldsymbol{F}$ 处处与位错线元 $d\boldsymbol{l}$ 垂直．驱使位错滑移的有效力决定于弹性应力在滑移面上的切应力分量．

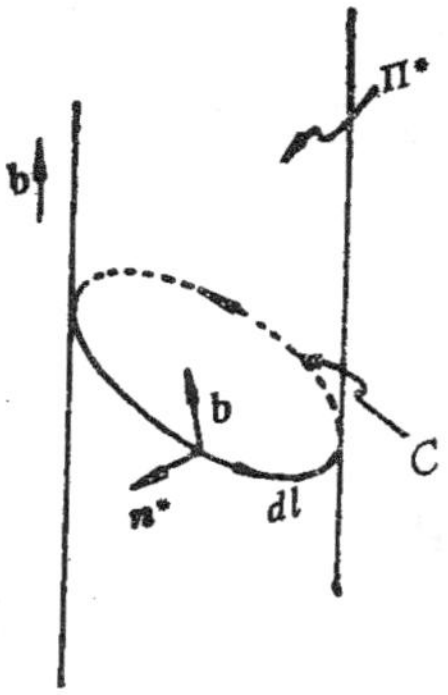

图 1.31

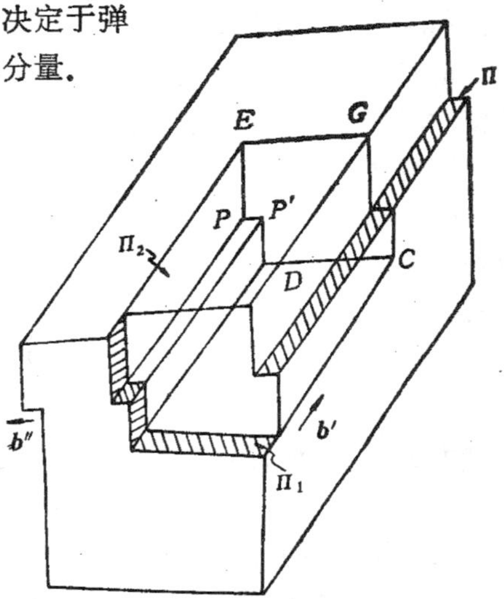

图 1.32

§ 1.6 位错线上的割阶和扭折

本节讨论位错线上的割阶和扭折两个概念，着重说明位错交截过程中割阶之生成，以及带割阶的位错线的运动特征．继之简短论述扭折的性质．

现在，我们来定义割阶．由于两条位错线在相截交的滑移面上运动而发生交截，在原来是直的位错线上形成一段原子间距大小的屈折线段，这一小段位错元就称为位错线上的割阶．

我们还是以一个简单的例子来说明．考虑如图 1.32 的纯刃型位错 $CDE(\boldsymbol{b}')$，CD 和 DE 两段分别位于滑移面 Π_1，Π_2 上．现在若有另一 Burgers 矢量为 $\boldsymbol{b}''$ 的纯刃型位错在其滑移面 Π（可设 Π 与 Π_1 平行）上滑过，扫过整个平面 Π．于是平面 Π 以上和以下两部分晶体就应当相对平移（切移）一个矢量 $\boldsymbol{b}''$．这样，位错 CDE

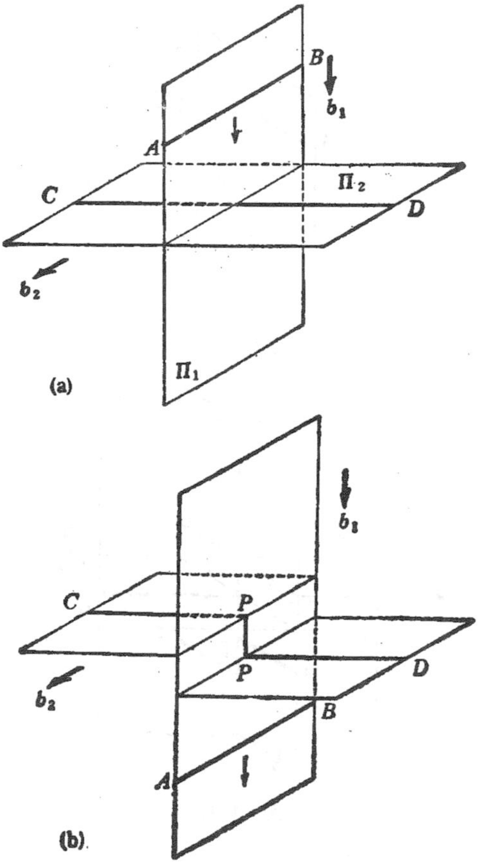

图 1.33

($\boldsymbol{b}'$) 被 Π 面上滑过的另一位错 ($\boldsymbol{b}''$) 所切割，其上就生成了长度和方向与 $\boldsymbol{b}''$ 相对应的一个位错线段 PP'，于是原来位于 Π_2 面上的位错线 DE 现在分成了两段 DP 和 $P'E$，分别处在彼此平行的滑移面 Π_2，Π_2' 上；位错线段 PP' 联结这被分割的两段，并垂直于 Π_2 和 Π_2'。人们称此线段 PP' 是由于位错交截的结果在位错 DE 上产生的割阶。

下面讨论四个有说明意义的例子。

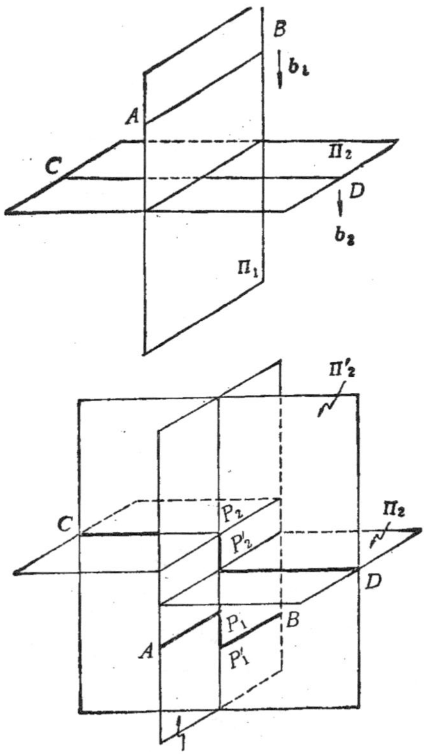

图 1.34

首先考虑如图 1.33 中的两个位错，$AB(\boldsymbol{b}_1)$ 位于 Π_1 面上，$CD(\boldsymbol{b}_2)$ 位于 Π_2 面上，它们都是刃型位错. 设想 CD 不动，而 AB 向下运动，如箭头所示，通过 Π_1, Π_2 的交线与 CD 发生交截. 根据上面所述的一般定理，可见在 AB 扫过的 Π_1 的面积上，Π_1 的前后两部分晶体应相对平移一个矢量 $\boldsymbol{b}_1$. 于是 CD 应被切为两段，变成折线 $CPP'D$. $PP' = \boldsymbol{b}_1$，它就是这个过程所在 CD 上产生的割阶，是一个短的位错线段，它的 Burgers 矢量仍是 $\boldsymbol{b}_2$，所以在此情况下，割阶 PP' 还是一段纯刃型位错，它的滑移面不是 Π_2，而是 Π_1. 现在，位错 $CPP'D$ 可以在图示的阶梯式面上垂直于它自身

滑移，这就是说，此时带割阶 PP' 的位错 CD 还是可以整体滑移。由于 $\boldsymbol{b}_2$ 的方向是假定为如图所示的，所以截交之后位错 AB 只是长度变化了一个 $|\boldsymbol{b}_2|$，而不会产生屈折线段。

其次考查如图 1.34 所示的两个位错 $AB(\boldsymbol{b}_1)$ 和 $CD(\boldsymbol{b}_2)$，其布置与图 1.33 相似，不同之处仅在于此时 $\boldsymbol{b}_2$ 的方向也是朝下的（如图中所绘出的），与 $\boldsymbol{b}_1$ 平行，并处在 Π_1 平面内。仍设 CD 不动，AB 向下运动，与 CD 交截。交截以后的形状示于图 1.34(b) 中，此时两个位错线上各自产生一个屈折线段 P_1P_1' 和 P_2P_2'；P_1P_1' 相应于 $\boldsymbol{b}_2$，P_2P_2' 相应于 $\boldsymbol{b}_1$。显然可见，P_1P_1' 和 P_2P_2' 分别位于 AB 和 CD 的滑移面 Π_1，Π_2 内，这一段在滑移面内的屈折线段一般称为"扭折"。这扭折可以沿长位错线作"旁向"滑移，使长位错线向前滑移一步。另一看法是：位错线为了使能量降低有尽量使自己缩短的趋势，这也可以说成是位错线具有线张力，因而在这种情况下，位错 $AP_1P_1'B$ 和 $CP_2P_2'D$ 会自动在各自的滑移面中伸展，消除屈折线段 P_1P_1' 和 P_2P_2'，使自己伸直。这里要注意与上一段中图 1.33 所示情况之不同，在前面 PP' 是位错 CD 上的一个真正的割阶，PP' 的滑移面与 CD 的滑移面不同，PP' 不能沿 CD 滑移（参看下文中关于攀移的讨论），位错 $CPP'D$ 在整体滑移过程中将保

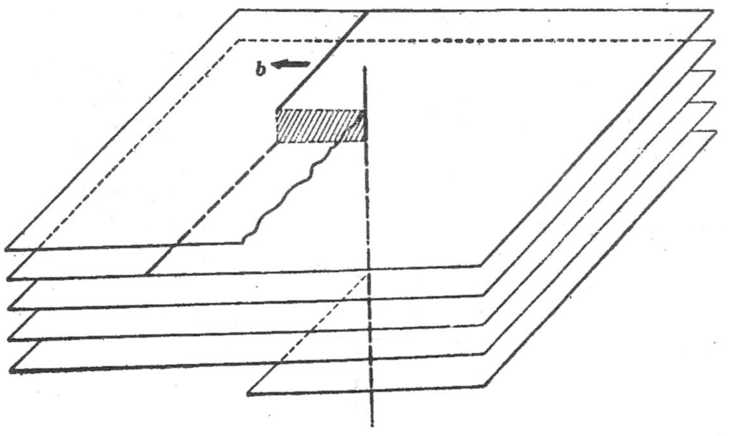

图 1.35

持它屈折的形状不变.

第三个情况，设不动的位错 CD 是一个纯螺型位错，而运动的位错 AB 是一个与 CD 垂直的纯刃型位错，如图 1.35 所示. 晶体中由于位错 CD 的存在，而使得垂直于 CD 的诸平行原子平面变成一个连续的蜷面，其螺距等于 $|\boldsymbol{b}_2|$，AB 线本身及其 Burgers 矢量 $\boldsymbol{b}_1$ 均与 $CD(\boldsymbol{b}_2)$ 垂直. 位错 AB 自右至左滑移. 当它还没有同 CD 发生交截以前，它是在一个近乎平面的原子面上运动. 而当它通过图中蜷面的轴心 O 点，与位错 CD 交截以后，它就会变成 $A'P_1P_1'B'$，其中 $A'P_1$ 位于下一个面上，$P_1'B'$ 位于上一个面上，二面是蜷面相继的两个面，相距一个螺距 $|\boldsymbol{b}_2|$，即 P_1P_1' 是一个原子间距大小的台阶，这就是所造成的位错线 AB 上的割阶. 显然 P_1P_1' 也是纯刃型的，它的滑移面是图中用荫影标出的那个小面. 因此，在这种情况下，与第一种情况相似，位错 $A'B'$ 可以带着割阶 P_1P_1' 作整体的滑移. 螺型位错 CD 上也会出现一段与 $\boldsymbol{b}_1$ 相应的屈折线段，容易看出，这是一段刃型位错. 不过它也是上述意义下的一个扭折，不是真正的割阶.

最后，考虑的第四个情况是两个垂直的螺型位错的相互交截

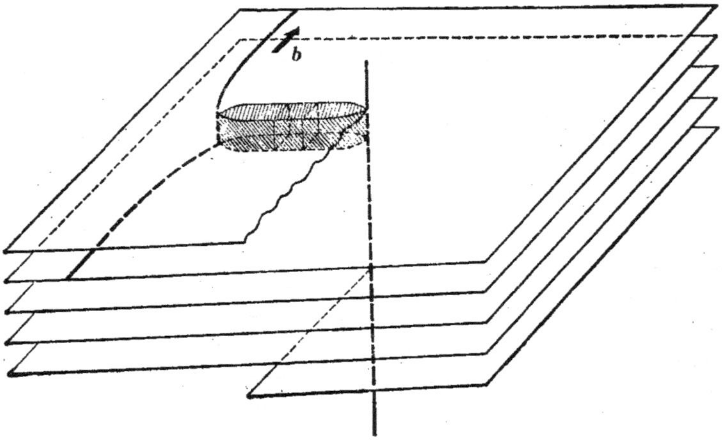

图 1.36

(参看图 1.36). 这里和上一情况不同之处在于运动位错 AB 也是螺型的,其 Burgers 矢量 $\boldsymbol{b}_1$ 示于图中. 当位错 AB 与 CD 交截以后,它应如上所述地分成两段,分别过渡到蜷面中相继的两个面上去,产生一个大小方向与 $\boldsymbol{b}_2$ 相应的割阶 P_1P_1'. 这个割阶显然是纯刃型的,它的滑移面是垂直于面 Π_1 含 AB 的平面, 它只有沿位错线 AB 运动才是滑移. 当位错线 $AP_1P_1'B$ 在 Π_1, Π_1' 面上继续向左运动时, AP_1 和 $P_1'B$ 两段作滑移,但割阶 P_1P_1' 在这个方向上运动不是滑移,而是攀移,此时要产生一列空位或间隙原子. 迫使割阶作这样的运动所遭受到的阻力比之整个位错作滑移运动所受阻力一定要大很多. 这是我们第一次遇见位错割阶在位错线其它(大)部分均作滑移运动时被迫作非保守性运动, 因而作为对位错线的整体运动产生阻滞作用的例子.

从上面的讨论可见, 位错割阶的概念起源于对近乎完全处在某一滑移面上的位错线的研究, 这个位错线在某些地点从一个滑移面跳跃到另一平行的滑移面上. 如果这两个平行滑移面之间的位错线段长度具有原子间距的数量级, 则这一线段就可称为一个位错割阶. 这是位错割阶的普遍定义.

位错运动的交截能够产生位错割阶, 由于空位或间隙原子由位错线扩散出来或扩散到位错线上去也能够产生位错割阶. 前者称为交截割阶,后者称为扩散割阶.

上面既然已经把位错割阶定义为一段长度仅为原子间距数量级的非常短的位错线, 那么按照一般概念, 割阶应具有一个 Burgers 矢量, 它等于长位错的 Burgers 矢量. 由此也可定义出割阶的滑移面. 但由于割阶的长度仅为一个原子间距数量级, 故在某些为人们注意的具体点阵中位错割阶的滑移面难于由上面的一般定义定出, 而是必须具体分析原子排列的几何状况. 这样就可以把割阶的滑移面定义为如下的一个平面: 割阶可在此面上运动, 通过完整的晶体点阵而不产生空位或间隙原子 (保守性运动).

现在我们进一步讨论一下割阶沿长位错线运动的两种情况.

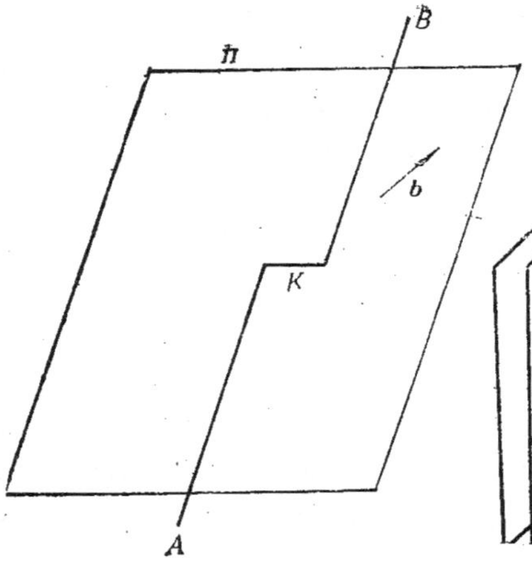

图 1.37

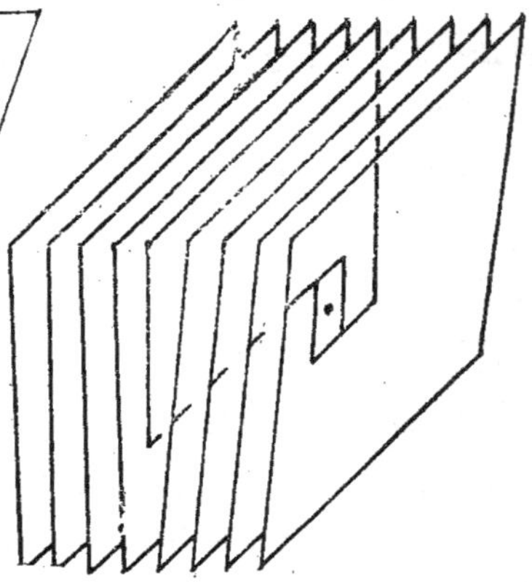

图 1.38

第一种情况是割阶本身处于长位错线的滑移面内，如上所述，这就不算是一个真正的割阶，而应称为一个单扭折．这个扭折沿长位错线的运动显然是保守性运动，其后果是使长位错线滑移一个单元步，如图 1.37 中所示．第二种情况是另一极端情况；如图 1.38 所示．图中绘出一个纯刃型位错，其上有一个真正的单元割阶；具体画出了此位错的附加半原子面，其上有一个台阶．读者可以看出各个位错线段的滑移面应在何处．现在考查此割阶沿长位错线的运动情况．当画在小方框中的原子扩散或跳跃到一个邻近的间隙位置或点阵空位上，此割阶(台阶)就沿长位错线向后(右)移动一个单元步，这时长位错线上长为一个原子间距的线段向上攀移一个单元步．与此相反，如果有一个原子凝聚或附着到所示的台阶上去，或者有一个点阵空位从那里跳跃出来，那么此割阶就向前(左)移动一单元步，而长位错线的一个原子长度的线段向下攀移一单元步．由此可见，在此情况下割阶沿长位错线的运动是非保守性运动，这运动的后果是导致长位错线向上或向下攀移一单元步．也就是说，长纯刃型位错线的攀移一般并不是其附加半原子面的边缘整体向上或向下移动，而是通过其上割阶的非保守性运动实现的.这是刃型位错攀移的元过程.

精确地说，具有刃型分量的位错线上的割阶是晶体中本征缺陷（即间隙原子和点阵空位）的源头和尾闾，位错的攀移运动必须通过本征缺陷的扩散运动才得以实现，所以也可以把攀移过程称作位错的“扩散运动”. 这种运动形式在晶体的高温蠕变中起重要作用. 关于位错的攀移，本书在第二卷中还要用专章作定量分析.

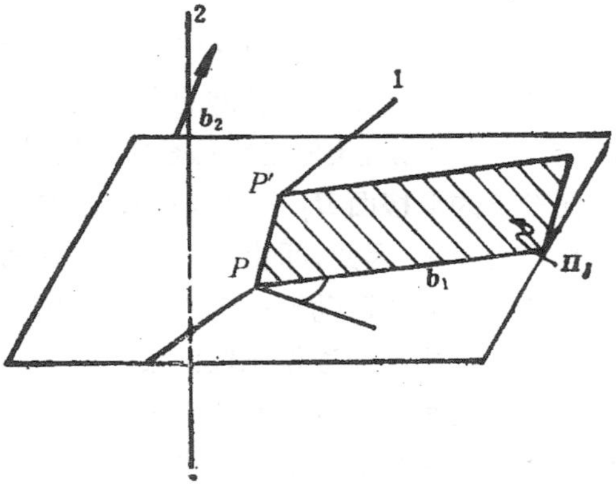

图 1.39

最后，我们就割阶对位错滑移的阻滞作用作一个简单的定性讨论. 考虑一条位于滑移面 Π_1、Π_1' 上的混合型位错 $AB(\boldsymbol{b}_1)$，它带有一个割阶 PP'，如图 1.39 所示. $\boldsymbol{b}_1$ 与位错线所成角度为 $\frac{\pi}{2}-\gamma$. 割阶 PP' 的滑移面 Π_J 在图中用荫影的面表出，Π_J 与 Π_1 的交线就是矢量 $\boldsymbol{b}_1$ 的方向，割阶只能在 Π_J 上作保守性运动. 若要求此位错线 $APP'B$ 整体作保守性运动而不产生点缺陷，那就是要求长位错线在 $\Pi_1(\Pi_1')$ 上向着它自身的法线方向运动时，割阶 PP' 要沿 Π_1 和 Π_J 的交线，即 $\boldsymbol{b}_1$ 方向运动. 可见割阶的运动有一个平行于长位错线的分量.割阶的线速度 v_J 与长位错线的线速度 v_1 间的关系应为

$$v_J = v_1\sec\gamma, \tag{1.42}$$

除纯刃型位错的情况（$\gamma = 0$）之外，v_j 总是大于 v_1 的；特别是当 $\gamma \to \pi/2$ 时，v_j 要变得很大. 晶体点阵对位错滑移运动所施"摩擦"阻力应是与位错滑移速度成正比的，所以当 γ 增大时，施于割阶上的阻力也增大. 因此，混合型位错的螺型成分大时，割阶在其滑移运动中就起一个较大的阻滞作用. 在纯螺型位错的极端情况下，$\gamma = \pi/2$，此时位错根本不可能所有部分都作保守性运动，在长位错线滑移时，割阶只能被迫作非保守性运动，被迫产生空位或间隙原子.

另一方面，也应该注意到，即使 $\gamma = 0$，割阶对滑移也不是毫无阻滞作用的. 这是因为晶体点阵所施的阻力还要由滑移面的晶体学性质来决定. 一般来说，长位错线总是处在密排面上，所经受的阻力较小. 而割阶的滑移面 Π_j 一般是晶体学指数较高的面，所以它经受的滑移阻力较大. 因此，即使 $\gamma = 0$，在几何上 $v_j = v_1$，但割阶仍对位错整体的滑移运动起一定的阻滞作用. 在本书第二卷中还要对带割阶的位错的滑移作比较细致的讨论.

本节最后要对位错线上扭折的行为作一个简短讨论.

在上文中曾将长位错线上处于该位错滑移面中的一小段屈折线段称为扭折，与割阶区别开来. 扭折在若干情况下可以由位错交截产生，但它的产生也可以从另一角度去设想.

由于晶体具有点阵结构，所以对于晶体位错来说，滑移面既不是各向同性的，也不是平坦的. 在第八章中我们将要较细致地讨论晶体点阵对于位错的影响. 但在这里我们不难想像滑移面上平行于原子密排方向对位错存在着能谷和能峰，为了使晶体能量最低，平衡静止的位错线应置身于能谷之中. 参看图 1.40(a). 在实际的物理条件下，由于热起伏或其它可以想见的原因，位错线可能不一定严格地平行于原子密排方向，而是与此方向稍有偏离. 此时位错线一方面力图处在能谷之中，这一单独因素应致使位错线取如图 1.40(b) 所示的形状，即由一个能谷明锐地跳至另一相邻的能谷，形成一个锐变的"扭折" K. 另一方面，位错也力图使自己的能量降低，那就是使自己尽量平缓或平滑地由一个能谷过渡到相

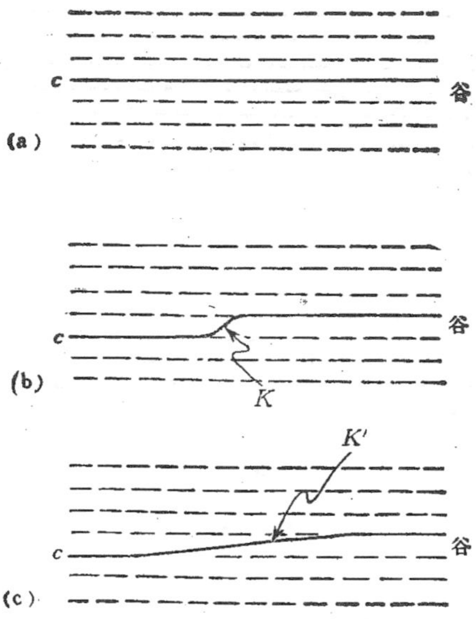

图 1.40

邻的能谷，于是形成一个缓变的"扭折" K'，如图 1.40(c) 所示. 这两个因素平衡的结果使扭折具有一定的长度. 如果能峰高，则扭折较短，接近于形状图 1.40(b)，而具有较大的能量. 如果能峰低，则扭折较长，如形状图 1.40(c)，而具有较小能量.

有意义的是，扭折沿位错线的运动导致此位错由一个能谷逐步滑移至相邻的能谷，如图 1.41(a) 所示. 这样的滑移比一条严格的直线位错整体地跨过能峰(势垒)而到达相邻的能谷的过程容易进行.

图 1.41(b) 所示是一个双扭折，在一条直位错线上容易由于热起伏而形成这样的位形. 双扭折形成之后，朝相反方向沿位错线运动，致使位错线完成从一个能谷至邻近能谷的一个单元滑移，因而扭折的形成与扭折的密度在位错的滑移中，起着重要作用. 我们在下面若干章节中还要对扭折的能量、行为等作进一步的仔细讨论.

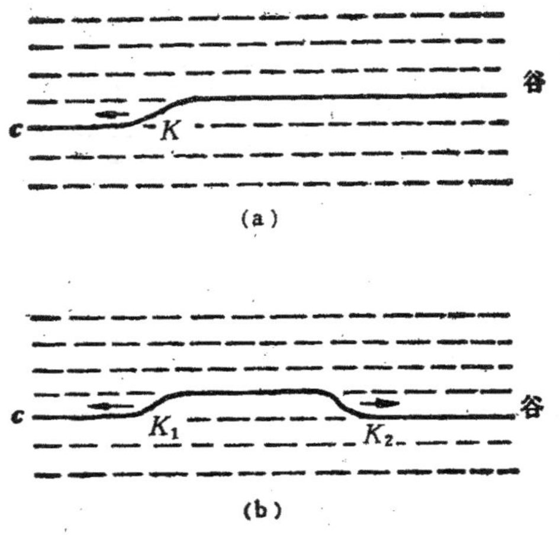

图 1.41

§ 1.7 位错源：位错的增殖

在本节中初步论述晶体中位错增殖的机制，即所谓位错源．在本书第二卷中还要用专章作更详细的讨论．

上文中已经说明，晶体的宏观范性滑移的单元过程是位错的运动，当一个位错运动扫过它整个的滑移面后晶体就进行一个 $\boldsymbol{b}$ 的滑移，其大小为原子间距量级．但是，从实验早已得知，晶体宏观滑移的形变量分布是极不均匀的．滑移切变总是集中在一个个单独的分立的滑移面上(或至多是在相邻的几个面上)，滑移量往往是 1000 个原子间距上下，形成可见的滑移带．这意味着一条实际的滑移带的生成需要在一个单独的滑移面上集中成千个位错，它们是怎样产生的，这是一个应当解决的问题．其次，晶体中的位错密度是可以用X射线方法及其它方法加以测量的，实验结果表明，在晶体形变硬化过程中位错的密度不是逐渐减少(耗竭)，而是增加．由电子显微镜观察也见到位错不但增多，其形态也愈来愈错综复杂，缠绕纠结．所以人们开始可能朴素地想像晶体中原有许多位错集中在某几个滑移面上，当晶体受到外力时这些位错一个接一个地朝适当方向运动，到达晶体表面，消失在那里而造成滑移台阶. 在此过程中，晶体中的位错滑移出去一个就少一个，数目逐渐减少. 而当最后一个位错被逐出之后，晶体中的原子排列就成为理想状态，而晶体则达到理想强度. 这个推论与实验事实显然是矛盾的. 由此可见，在晶体形变过程中，位错必然会通过某种方式被继续不断地引入晶体，或者说通过某种方式被继续不断地产生出来，使位错数目或密度增大. 我们把这种过程称为位错的增殖. 研究表明，位错本身的某种特殊排布形式及其运动就足以使位错发生增殖. 这种特殊构型称为位错源. 借助于位错源的动作能使晶体位错的密度不断(自动)增大，在一单个滑移面上进行几乎是无限制的滑移.

在金属强度微观理论发展的历史上，曾经有过不少人试图去解决位错起源和增殖机制的问题，不过若干早期的尝试都遇到困难，不够合理，不能较满意地解释实验事实. 在 1947 年 Frank[1)]提出了一个"动力学增殖机制"，指出当位错 1 在应力场作用下运动，有可能获得足够大的动能，以致在到达晶体表面时，除产生一个单位滑移外，还能使晶体继续向前滑移一步，即是产生一个符号与之相反的位错 2，它在同一应力场作用下会朝与原位错 1 运动相反的方向运动. 当位错 2 到达对面的表面时；同样的过程又会重演. Frank 把这种反号位错的产生称为位错在表面上的"反射". 通

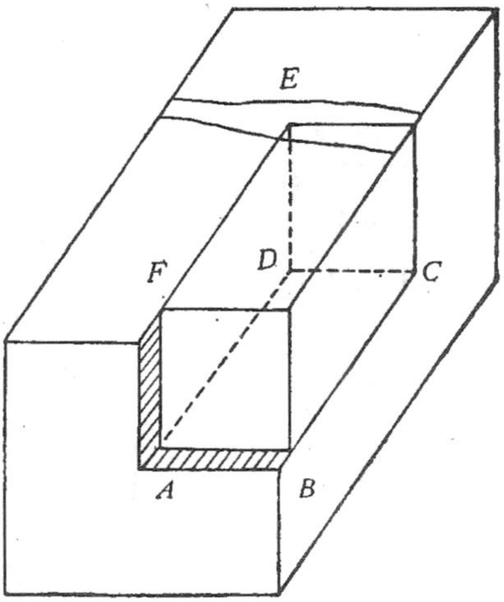

图 1.42

1) Frank, F. C., Report of Bristol Conf. on Strength of Solids, 46 (1948).

过反射，位错在同一滑移面上来回不断地运动，造成大量的滑移．这种设想是合理的，但根据估计，由于位错在运动中能量还要发生耗散等原因，在外加应力相当于晶体屈服点时，位错尚无从获得发生反射所需的足够的能量．因此，Frank 的“动力学殖机制”虽并不是不可能，但以此来解释晶体在很低应力下开始发生范性形变，并发展出很宽的滑移带这些基本的实验现象是不成功的．

Frank 和 Read[1] 在 1950 年提出了一个新的位错增殖机制，在形变的早期阶段这个机制起作用的可能性比上述 Frank 机制的可能性大很多．Frank-Read 机制不但在理论上自然、合理，而且也获得了直接的实验证实，下面我们对这个机制作一个介绍．

现在考虑处在两个相互垂直的平面上的一个 L 形纯刃型位错，如图 1.42 所示．图中 $CDEG$ 是此位错的附加半平面，位错线是 CDE，其 Burgers 矢量与位错线处处垂直．

在上文已经提到位错滑移的策动力是晶体中弹性应力在滑移

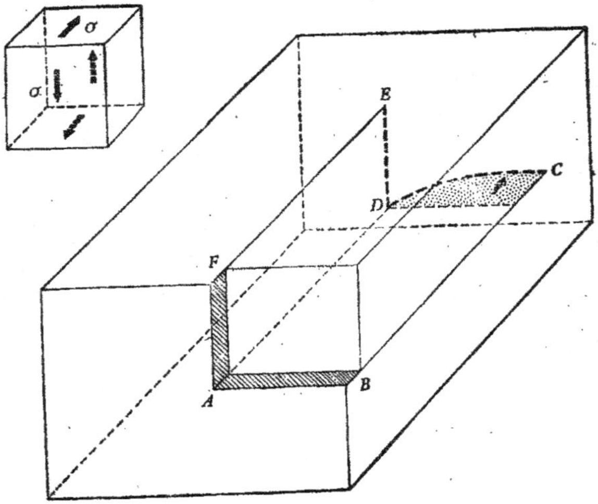

图 1.43

1) Frank, F. C. and W. T. Read, *Phys. Rev.*, 76 722 (1950).

面上的切应力分量．作用在位错上的力的普遍公式是式(1.41)

$$dF=(b\cdot\sigma)\times dl, \tag{1.41}$$

这个力始终与位错线元 dl 垂直，一般地来讲，有一个在滑移面内的分量（滑移力分量）和一个垂直于滑移面的分量（攀移力分量）．

现在，若在图 1.42 中的晶体上施加一个切力，此切力平行于 Π_1，其方向 如图 1.43 中所示，那么晶体中 Π_1 平面上的切应力分量为一常量 $\sigma=\sigma_{23}$，而 Π_2 平面上的切应力分量为零． 根据式(1.41) 可以算出作用在位错线段 CD 单位长度上的力为

$$\frac{dF}{dl}=-b\sigma_{23}=-b\sigma_{32}, \tag{1.43}$$

而作用在位错线段 DE 上的力为零．因此，在如图所示的这样一个应力系统之下，位错线段 DE 将不发生运动，而位错线段 CD 应在平面 Π_1 内向箭头所示方向($-X_1$ 轴方向)作滑移运动．由于 DE 不可动，所以 D 点就是一个不可动的结点，线段 DC 在 Π_1 面上的运动是绕定点 D 的回转．在此回转过程中，若作用在晶体上的切力保持不变，则根据式(1.41) 可知，无论 C 运动到何处(C')，作用于位错线段单位长度上的力大小应保持恒定($b\sigma$)，方向永远与该线元垂直．这样，如果不考虑作为第二位因素的某种阻力的变化，仅从应力条件来说，这个以点 D 为固定点的回转运动可以继续不断地无限止地进行下去．

图 1.44 表明 $C'D$ 绕 D 点回转的几个阶段．Π_1 面上为 $C'D$ 一次扫过的地区应发生一个单位的滑移，以荫影和数字 1 标明．在图 1.44(b) 中，位错 $C'D$ 已在晶体表面上露头，出现了滑移台阶，它本身变成了一段螺型位错．在继续运动的过程中，当 $C'D$ 离开 CD 位置，回转了角度 π 后，它处在与 CD 对称的位置，变成一段与原 CD 符号相反的刃型位错．然后，在转过整个一周时，回到原来 CD 位置．此时位错 $C'D$ 扫过整个 Π_1 面一次，引起整个 Π_1 面上一个单位的滑移，切移量为 b．而 $C'D$ 又变成一段与原来 CD 完全一样的刃型位错，整个晶体与原始的状态（图 1.44(a)）相比

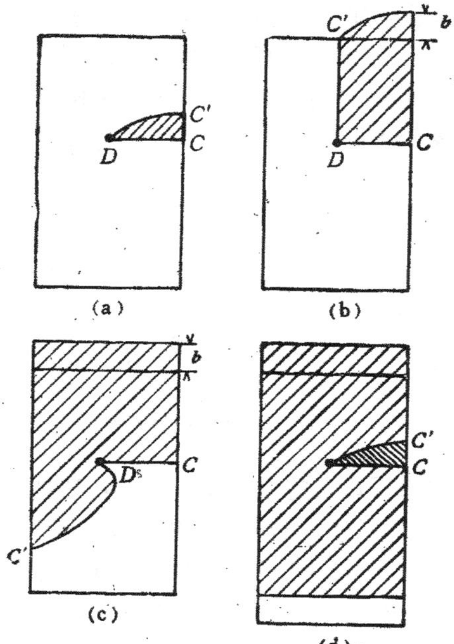

图 1.44

较，除在 Π_1 面上进行一个矢量为 $\boldsymbol{b}$ 的滑移以外，什么差别都没有. 在外加切力不变的条件下，CD (即 $C'D$)应继续向前回转，开始第二次的回转，扫过的地区用数字 2 标明，重复上面所描述的过程，而使晶体继续朝原来那个方向滑移，如此等等. 显然，只要不撤除外力，并且暂不考虑对此过程的破坏和干扰等等，那么此过程就能自行维持，于是在 Π_1 面上可以进行几乎是无限止的滑移. 这就是 Frank-Read 所提出位错增殖机制；可以将这个特殊几何布置称为一个 L 形的平面位错源.

现在我们稍为仔细地来考察一下位错线段 CD 在回转运动中的具体形状. 为此，先要定性介绍一下位错弹性自能与线张力的概念. 回想在 § 1.2 中所述一个位错环产生的过程，要在切割面上、下岸施加面力，使之作相对位移 $\boldsymbol{b}$. 这样就对弹性力作功. 最后结果使弹性体（晶体）中产生内应力场，此时弹性体中的弹性

能

$$E=\frac{1}{2}\int e_{ij}\sigma_{ij}dV \tag{1.44}$$

就是位错的弹性自能．把位错与一条弹性弦相类比，单位长度位错线的弹性自能大略等同于一个线张力（精确定义在以下章节中还要论述）．当位错由于某种原因发生弯曲时，它的线张力就会导致出现一个作用在线元上的恢复力 $\boldsymbol{f}$，方向指向曲率中心，大小反比于曲率半径．

位错线 CD 在回转开始时是一条直线，显然处处 $\boldsymbol{f}=0$，从而作用在它各部分上的力是一个恒量 $F=b\sigma$，故 CD 上各点的法向速度应相同．既以 D 为固定点，那么各点的角速度就不一样．接近 D 点处的线元应该在回转中超前，而远离 D 点处的线元会落

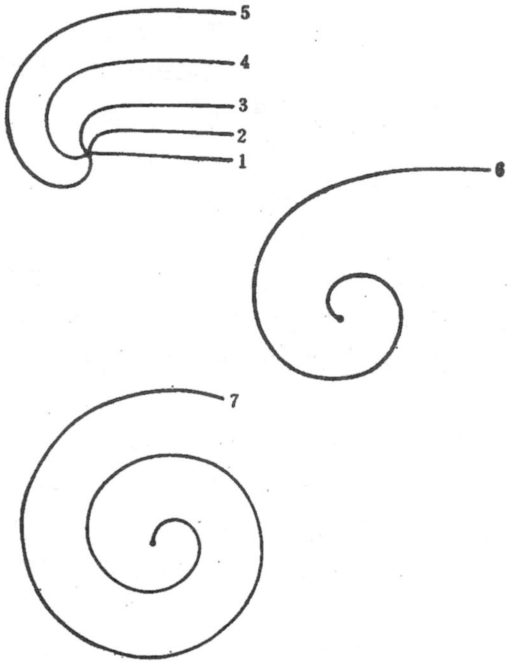

图 1.45

后，其结果是位错线 CD 在回转过程中会逐步发生蜷曲，如图 1.45 中阶段 1 至 5 所示．如上所述，当位错线发生弯曲时会由于线张力的缘故而产生一个作用在每个线元上指向曲率中心的恢复力 $\boldsymbol{f}$．此力与 $F=b\sigma$ 的方向相反，于是 F 部分地被 $\boldsymbol{f}$ 所抵消．这样作用的结果是使靠近点 D 的位错线元的大角速度显著降低，而远离点 D 的位错线段因为曲率不大，因而角速度变化也不大．这样，随着位错线之愈蜷愈紧，靠近中心部分的角速度与远端的角速度愈来愈接近．最后，各部分的角速度会达到一致，整个蜷线的均匀恒定的角速度在滑移面 Π_1 上旋转，每转一周晶体即滑移一单位步长．蜷线的形状大致如图 1.45 中“7”所示．

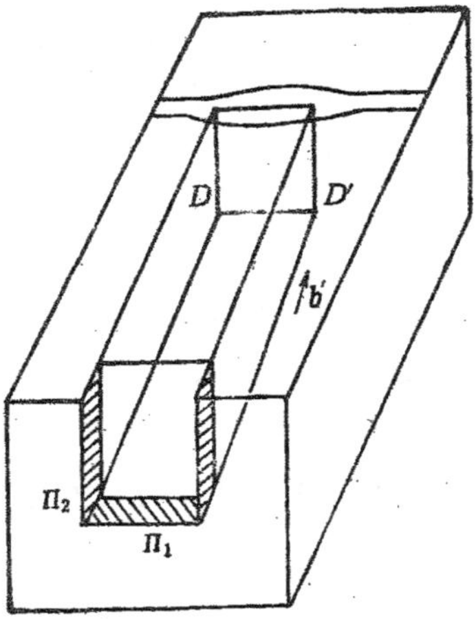

图 1.46

这样，根据 L 形 Frank-Read 平面源的运动就可以解释宏观的滑移现象，即在低应力下宽滑移带的产生．

最后，介绍一下 U 形平面位错源及位错环的相继产生的过程．如上所述，L 形平面源是处在滑移面上的位错线段有一个端点被固定，于是该线段只能绕此定点回转．现在考虑存在两个固定结点的情况．

如图 1.46 所示，假定有一条近 U 形的纯刃型位错 $EDD'E$ 分段处在平面 Π_2，Π_1 及 Π_2' 中．此情况与上述 L 形位错的情况甚为相似，不同之处仅在于此时存在两个结点 D，D'．我们仍然在晶体上施加一个平行于平面 Π_1 的切力，则晶体中的应力系统与上例完全一样．在此应力场下，处在 Π_2 和 Π_2' 上的位错线段 DE 和 $D'E'$ 不运动，只有线段 DD' 以 D 和 D' 为不动端点可以在 Π_1 面上滑移．由外力导致作用在每个线元上仍为恒量，每单位长度 $F=b\sigma$，方向

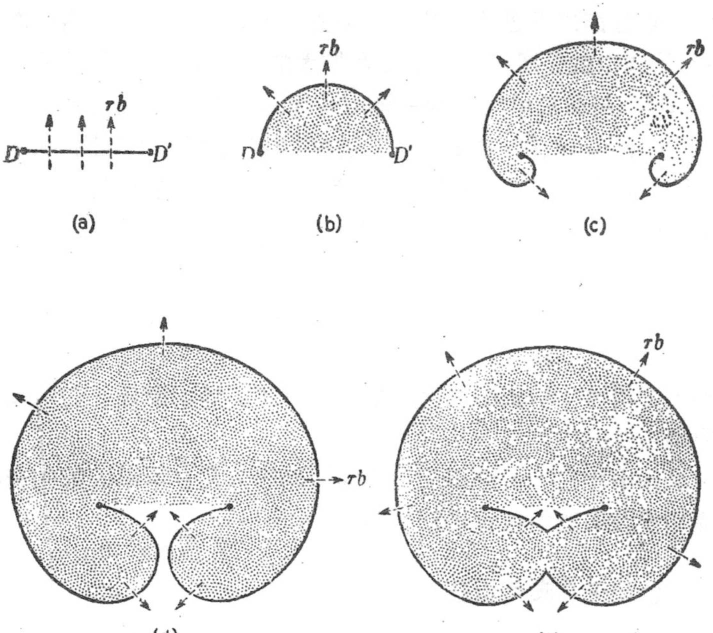

图 1.47

垂直于该线元.

线段 DD' 运动的各个阶段示于图 1.47 中.开始运动后位错就弯成一条弧形，同时发展出恢复力 f，直到位错变成一个半圆形，此时曲率半径 $R=L/2$（L 是 DD' 间距离）.若 $F=b\sigma$ 比此组态的线张力恢复力 f 大，则位错线失稳，继续向前运动，形成如图 1.47(b) 所示的一对相连的蜷线.图中蜷线的两枝在各转过约 $3\pi/2$ 时，就接近于在 Π_1 面上相遇，如图 1.47(c) 所示.位错 DD' 原为纯刃型，而当蜷线的两枝相接触时，接触部分显然一边是左螺型，一边是右螺型.当它们相遇时就会彼此抵消，形成如图 1.47(d) 中所示的一个完整的位错环，以及里面向位置 DD' 收缩而去的线段 DGD'.若外加应力系统不变，外部那个闭合环圈会继续向外四方八面扩大，即是使在 Π_1 面上的滑移地区扩大；而 DGD' 线段在 F

与 f 的联合作用下迅速收缩到原始位置 DD'. 此时与原始状态相比较，晶体中就是多出了一个正在扩大的外位错环圈，里面的位错线段 DD' 与原来结构完全一样. 在原来一样的外应力系统作用下，它又会向前凸出，重演上述的过程，再产生第二个环圈，如此等等，不断重复，使 Π_1 面上的滑移成为一个自维持的过程，造成大量的形变(切变). 这就是 Frank-Read 的 U 形平面位错源.

以上所述是两个常见的特例. 与此类似的还有 L 形和 U 形的攀移机制，以及具有一个结点或两个结点的极轴机制，其细节和定量分析将在本书第二卷中专章讨论. 但 Frank 和 Read 的 L 形和 U 形平面滑移位错源图象除有效地解释了实验现象外，的确起了先驱和启发的作用.

晶体中相当于 L 形平面源的回转蜷线以及 U 形平面源的套叠环圈都曾在实验中被直接观察到.

§1.8 位错间界和位错群

本章前几节所涉及的是单个位错的性质以及至多两个位错的交截过程. 在本节中要介绍两种最通常的多位错排列形式，即位错间界和位错塞积群. 在第二卷中还要用专章对之进行较详细的处理.

多个全同位错最简单的排列形式是构成小角差晶界[1]. 现在分两种情况说明.

首先看图 1.48，设想简单立方晶体中存在着一列全同的直刃型位错，其 Burgers 矢量均为 $\boldsymbol{b}=[100]$，位错线平行于 [001] 方向，所有位错都均匀排列在 (100) 面上，两两之间相距为 D. 如果像图 1.49 中那样，将一个完整的晶体沿一个 (100) 面一切为二，再绕 [001] 轴相对转动一个小角 θ，然后让它们结合在一起. 这样就造成了一个通常意义下的小角差对称简单倾斜晶界. 从图

1) 例如参看：McLean, D.,《金属中的晶粒间界》，杨顺华译，科学出版社(1965)；Read, W. T., Dislocations in Crystals, McGraw-Hill, Chaps. 11—14 (1953).

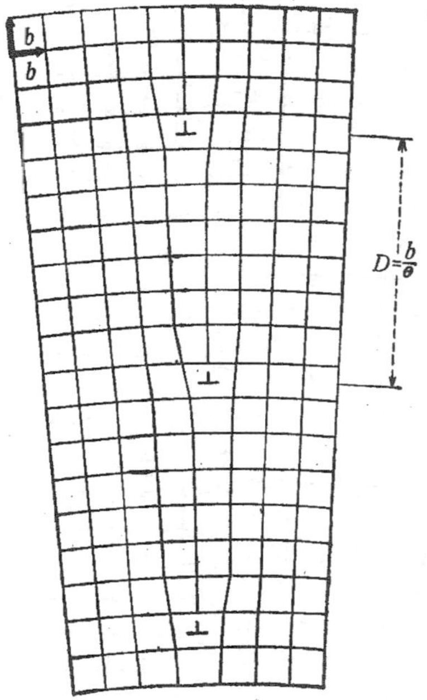

图 1.48

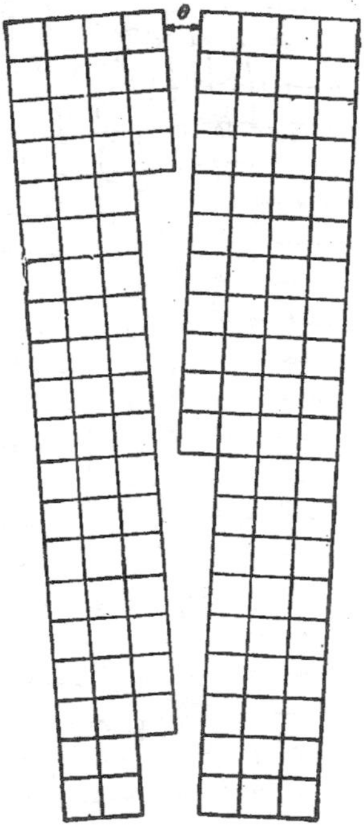

图 1.49

中可以直观地看出，这个晶界就是由上述一列等距排列的刃型位错构成，其间距 D 满足

$$\frac{b}{D}=2\sin\frac{\theta}{2}\simeq\theta, \tag{1.45}$$

即

$$D\simeq b/\theta. \tag{1.46}$$

下面将要详细论证，这种晶界单位面积的能量 E 对取向差 θ 的依赖关系是

$$E=E_0\theta[A-\ln\theta], \tag{1.47}$$

式中 E_0 和 A 是不依赖于 θ 的常数，其中参数 E_0 仅依赖于弹性畸变，可以由位错模型及物质的弹性常数算出．它也可以由实验确定，这样就能将理论结果与实验进行比较．在计算中参数 A 是作

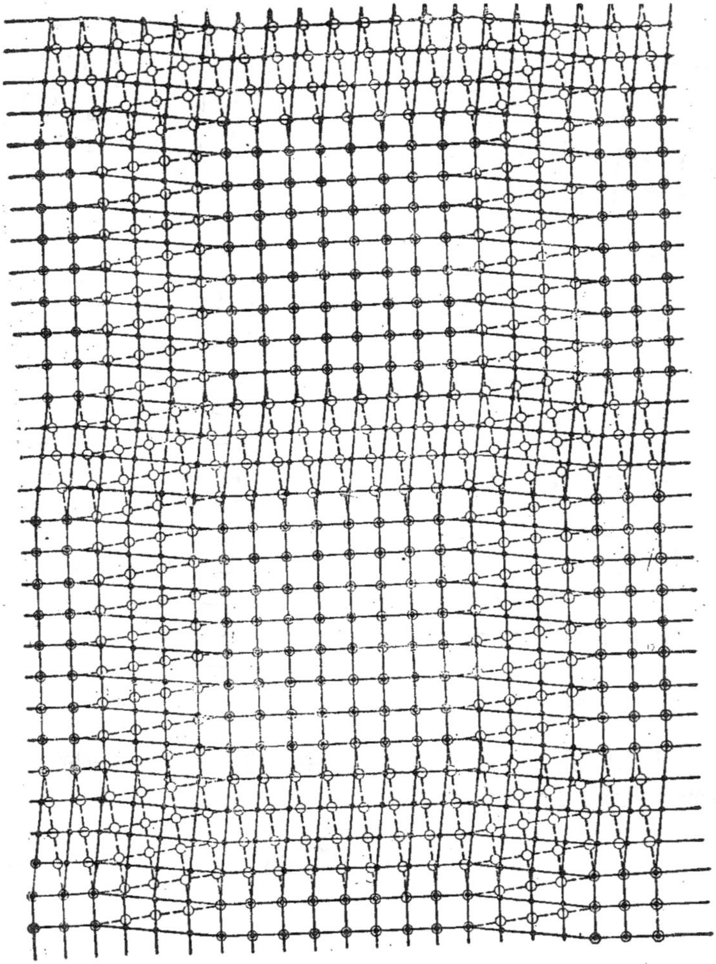

图 1.50

为一个未知的积分常数引进的，它由位错芯的非弹性能量确定．计算 A 需要利用位错芯结构及其中原子间相互作用力的模型．

一般地来讲，确定一个晶界需要五个参数，即是一个晶界有五个自由度，它们是：(1) 晶界面法线 $\boldsymbol{n}$ 的方向余弦，其中两个数独立；(2) 晶界两边点阵发生相对转动的轴 $\boldsymbol{u}$ 的方向余弦，其中两个数独立；(3) 绕 $\boldsymbol{u}$ 转动的角度，即位相差 θ. 上述倾斜晶界是 $\boldsymbol{u}\cdot\boldsymbol{n}=0$ 的一种特殊情况. 另一种简单的特殊情况是 $\boldsymbol{u}=\boldsymbol{n}$，即点阵相对转动轴是沿晶界面的法线方向，这样构成一个扭转晶界.

试仍考虑一个简单立方晶体，取 $\boldsymbol{u}=\boldsymbol{n}=[001]$. 如以纸面为 (001) 面，则晶界上、下的原子面应如图 1.50 所示. 图中实心圆点代表上原子面中的原子，空心圆圈是下原子面中的原子. 从图中可看出，这个晶界是由分别平行于 [100] 方向及 [010] 方向的两组螺型位错组成的正方栅网构成. 网格边长为 D，即各组平行的位错之间间距为 D，位错 Burgers 矢量大小为 b. 不难推出，仍有关系

$$D=b/\theta. \tag{1.48}$$

扭转晶界的界面能仍具有形式

$$E=E_0\theta[A-\ln\theta]. \tag{1.49}$$

下面对非对称倾斜晶界略加讨论.

以上讨论的对称倾斜晶界是 $\boldsymbol{n}=[100]$，$\boldsymbol{u}=[001]$ 的情况. 现在令 $\boldsymbol{u}$ 仍为 [001]，而晶界面是某一 $(hk0)$ 面，即 $\boldsymbol{n}=[hk0]$，当然此时仍有 $\boldsymbol{u}\cdot\boldsymbol{n}=0$，这就是一个非对称倾斜晶界，如图 1.51 所示. 这样的晶界一侧的 [100] 方向与晶界界面间的角度是 $\phi+\dfrac{\theta}{2}$，另一侧的相应角度是 $\phi-\dfrac{\theta}{2}$，ϕ 是界面 $(hk0)$ 与 (100) 面之间夹角. 这可以看作是具有两个自由度的晶界，两个参数是 ϕ 和 θ. 这个晶界必然由两组刃型位错组成，如图所示，其 Burgers 矢量分别为 [100] 和 [010]，在图中以记号“⊥”和“⊢”表之；这两组位错相应的附加半原子面均终止于晶界上，由图可见. 不难看出，由这块晶体上方向下进入晶界 AC 的 (近) 垂直 (100) 面数目是长度 EC 被常数 b 除：EC/b. 与此相应，由下方向上进入晶界的 (100) 面数目为 AB/b. 因此，终止于 AC 上的 (100) 面数为 $(EC-AB)/b$，这也就是 AC 上位错“⊥”的数目. 若取 AC 为单位长度，则

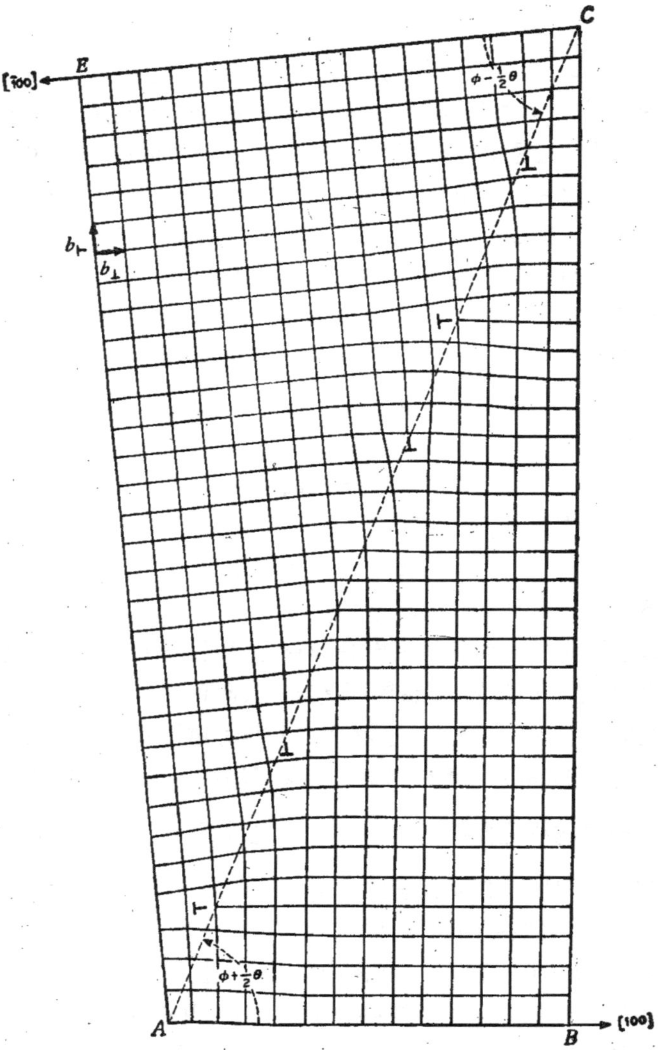

图 1.51

$$EC = \cos\left(\phi - \frac{\theta}{2}\right), \quad AB = \cos\left(\phi + \frac{\theta}{2}\right), \quad (1.50)$$

于是 AC 上位错“⊥”的密度为

$$\rho_\perp = \frac{1}{b}\left[\cos\left(\phi - \frac{\theta}{2}\right) - \cos\left(\phi + \frac{\theta}{2}\right)\right]$$

$$= \frac{2}{b}\sin\frac{\theta}{2}\cos\phi \simeq \frac{\theta}{b}\sin\phi. \tag{1.51}$$

同样可得

$$\rho_\vdash \simeq \frac{\theta}{b}\cos\phi. \tag{1.52}$$

于是得到两组位错中位错的间距，分别为

$$D_\perp = \frac{b}{\theta\sin\phi}, \tag{1.53}$$

$$D_\vdash = \frac{b}{\theta\cos\phi}. \tag{1.54}$$

当 $\phi = 0$ 或 $\pi/2$ 时，将仅存在一组位错，晶界就成为上面所描述的对称晶界.

图 1.52 中给出三个非对称平面倾斜晶界交于一条直线的情况。在此直线上应有

$$\sum_{i=1}^{3}\theta_i = 0. \tag{1.55}$$

以 ρ_i 表示第 i 个晶界上位错的总密度，则应有

$$\rho_i = \frac{\theta_i}{b}(\sin\phi_i + \cos\phi_i) \tag{1.56}$$

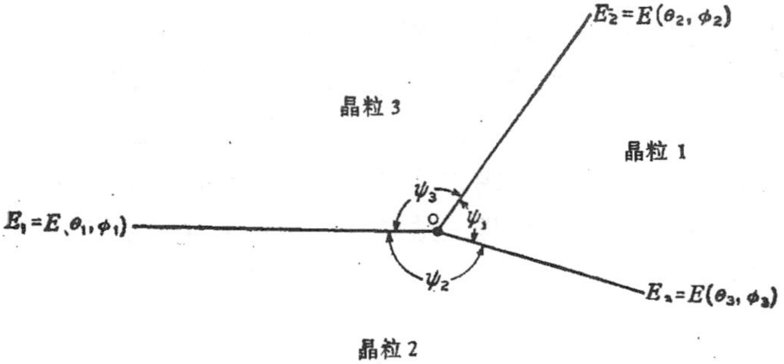

图 1.52

根据 (1.55)，得到关系

$$\sum_{i=1}^{3} \frac{\rho_i}{\sin\phi_i + \cos\phi_i} = 0. \tag{1.57}$$

因为晶界上的位错可用蚀刻方法显示并计数，而 ϕ_i 可用标准的晶体定向方法测出，所以式 (1.57) 是一个能够用实验验证的关系．所得到的结果是，理论与实验的符合是很不错的．

关于晶界或位错墙，我们在本书第二卷中还要比较详细地论述．

现在简短讨论位错塞积群，这是另一种简单的全同位错排列方式[1]．

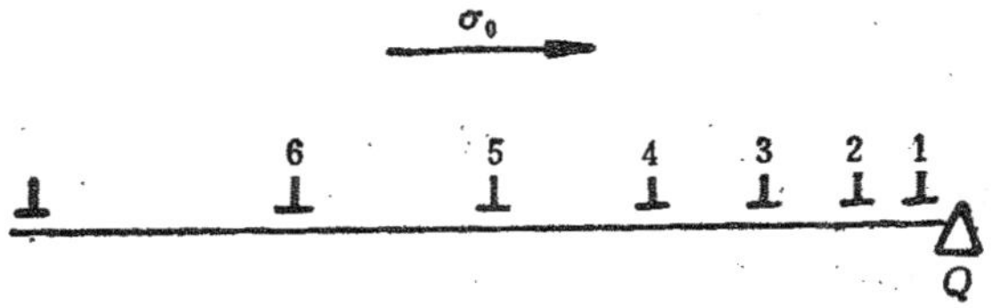

图 1.53

设想有一组 N 个相互平行的全同的直线刃型位错，处在同一个滑移面(平面)上．例如，如图 1.53 所示，这些位错都垂直于纸面，在外加应力 σ_0 之下，一齐向右运动．这组位错自右至左依次以 1，2，3，…编序．

设在滑移面上的某点 Q 处存在一个障碍，它阻止位错继续前进，于是这组位错就会在此障碍前面"堆积"起来．这一群中每一个位错都受到外加应力和群中其他位错对它的作用力(以及障碍的作用)，当这些作的效果平衡时，这位错就达到静止的平衡状态．每个位错的平衡位置可由力的平衡条件确定，这个问题将在第二卷中作比细致的数学处理．结果是，当群中位错数目 N 很大时，一个近似解是

1) Eshelby, J. D. et al., *Phil. Mag.*, **42**, 351 (1951).

$$x(n)=\frac{D\pi^2}{8N\sigma_0}(n-1)^2, \tag{1.58}$$

式中 n 是位错的序号，$x(n)$ 是第 n 个位错的位置坐标. 对于刃型位错

$$D=\frac{\mu b}{2\pi(1-\nu)}. \tag{1.59}$$

这样，由 N 个位错构成的基积群之总长度可以近似表为

$$L(N)=x(N)\simeq\frac{\alpha ND}{\sigma_0}, \tag{1.60}$$

式中 α 是一个数值因子，有的计算得到 $\alpha\simeq 2$.

位错群这样塞积的结果主要是引起应力集中. 如果设障碍 Q 所产生的力是短程的，只对位错 1 发生作用，则可推出塞积群对障碍 Q 的作用力 σ 为

$$\sigma=N\sigma_0, \tag{1.61}$$

即是外加应力 σ_0 的 N 倍，这就表明应力集中. 这样的应力集中或“放大”有可能导致晶体中微裂缝的产生和发展[1]，因此位错塞积群的性质受到人们的重视.

以上我们用一章的篇幅概述了位错的定义和基本性质，希望

表 1.1

晶体结构	稳定的 b	临界稳定的 b
面心立方	$\frac{1}{2}\langle 110\rangle$	$\langle 100\rangle$
体心立方	$\frac{1}{2}\langle 111\rangle$，$\langle 110\rangle$	
六角密积	$\frac{1}{3}\langle 11\bar{2}0\rangle$，$\langle 0001\rangle$	$\frac{1}{3}\langle 11\bar{2}3\rangle$
金刚石结构	$\frac{1}{2}\langle 110\rangle$	$\langle 100\rangle$
NaCl 结构	$\langle 110\rangle$	$\langle 200\rangle$

1) Stroh, A. N., *Proc. Roy. Soc.*, **A223**, 404 (1954); **A232**, 548 (1955). 关于断裂，可以参看哈宽富《金属力学性质的微观理论》，科学出版社，第十五章 (1983).

读者由此对于位错得到一个一般的准确的了解.

最后，我们用表列出几种最常见结构中全位错的 Burgers 矢量. 它们是最短的点阵平移矢量，从 Frank 的 b^2 能量判据来看它们是较稳定的.

关于具体结构中全位错之分解为不全位错的几何和过程，将在本书第一卷的后半部分详加论述(第九章至第十一章).

关于晶体中位错存在及排列形式的较早期直接观察实验证据和结果，可参看 S. Amelinckx The Direct Observation of Dislocations, *Solid State Phys.*, Suppl. 6(1964).

一般性参考文献

[1] 钱临照、杨顺华，晶体中位错理论的基础，晶体缺陷与金属强度，上册，科学出版社，1 (1962).

[2] 冯端，金属物理学，第一卷，科学出版社 (1987).

[3] Read, W. T., Dislocations in Crystals, McGraw-Hill (1953).

[4] Friedel, J., 王煜译，位错，科学出版社 (1984).

[5] Nabarro, F. R. N., Theory of Crystal Dislocations, Oxford (1967).

[6] Seeger, A., Theorie der Gitterfehlstellen, in Handbuch der Physik, VII/I, Springer, 383(1955).

[7] Eshelby, J. D., The Continuum Theory of Lattice Defects, Solid State Physics, vol. 3, 146(1956).

[8] Kosevich, A. M., Crystal Dislocations and the Theory of Elasticity, in Dislocations in Solids, vol. 1, 33; ed. by F. R. N. Nabarro, North-Holland (1979).

第二章 各向同性介质中的直线位错

本章论述各向同性介质中直线位错的弹性性质，包括它们的自应力场，自能量，作用在它们上的力，位错间的相互作用，及其与自由表面的相互作用．

一般关于位错的初级教程中都包含了本章所述的大部分内容，这些结果也是位错理论的简单应用中所经常用到的．由于问题的几何对称性质，所以能用平面弹性论的方法求解，本章处理的简单性就在于此．

本章和第一章是位错理论的初等部分．下面两章将分别论述各向同性介质中的任意位错环和若干较复杂问题的结果．

§ 2.1 螺型位错

我们从最简单的情况开始．试考虑无限弹性介质中的一个纯螺型位错，这时没有边界的贡献，因此介质中的弹性场唯一地由此位错决定，并唯一地表征此位错．这个应力场称为这个位错的自应力场，也就是上章中所定义的由缺陷引起的内应力场．

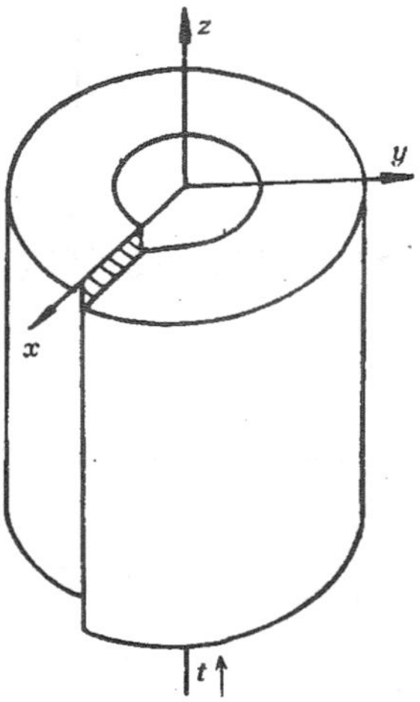

图 2.1

考虑如图 2.1 所示的空心圆柱体，坐标轴规定如图．令外半径 R 和长 L 很大，于是柱体中的场就接近于无限介质中的场．

位错线是直线，$\boldsymbol{t}=\boldsymbol{k}$．切割面取为 xz 平面 $(x>0)$，切割面两岸的

相对位移即是此位错的 Burgers 矢量 $\boldsymbol{b}=b\boldsymbol{k}$.

由这个问题的对称性可见,在空心柱体 $r_0<r<R$ 中,处处 $u_x=u_y=0$, 而 u_z 在 $y=0$, $x>0$ 的切割面上有一跃变

$$\lim_{\eta\to 0}[u_z(x,-\eta)-u_z(x,\eta)]=b,\quad \eta>0. \tag{2.1}$$

(这就是上章所述的位错条件). 同样,根据对称性的考虑,可以假定在介质为各向同性的情况下有

$$u_z(r,\theta)=\frac{b\theta}{2\pi}=\frac{b}{2\pi}\tan^{-1}\frac{y}{x}, \tag{2.2}$$

这个位移显然满足式(2.1)的要求. 根据平面弹性论(附录 § A. 5),当

$$\begin{cases}u_x=u_y=0,\\ u_z=u_z(x,y),\\ \boldsymbol{f}=0\end{cases} \tag{2.3}$$

时, u_z 必须满足

$$\nabla^2 u_z=0, \tag{2.4}$$

容易验证,解(2.2)满足方程(2.4).

应用弹性力学的标准方法,可由位移场(2.2)求出应变场和应力场,结果得到显式表达式

$$\begin{cases}\sigma_{xz}=\dfrac{-\mu b}{2\pi}\dfrac{y}{x^2+y^2},\\[2ex] \sigma_{yz}=\dfrac{\mu b}{2\pi}\dfrac{x}{x^2+y^2},\end{cases} \tag{2.5}$$

其它分量为零. 或用极坐标表示

$$\sigma_{\theta z}=\frac{\mu b}{2\pi r}, \tag{2.6}$$

其它分量为零;这里 $\sigma_{\theta z}$ 是径向平面上 z 方向的切应力.

以上结果显然表明纯螺型位错只引起切变,只产生切应力,而且不引起任何体积的膨胀或收缩.

分量 $\sigma_{rr}=\sigma_{r\theta}=\sigma_{rz}=0$, 表明当外半径 R 为有限时, 上面的解(2.2)也满足圆柱体外表面上作用力为零的边界条件. 所以

解 (2.6) 也合适地表达有限半径圆柱体中螺型位错的自应力场。这是常见于一般教科书中的结果。

如果圆柱体的长 L 有限，则其上、下端面上会由于自应力 (2.6) 而出现力矩

$$M_z=\int_0^R\int_0^{2\pi} r\sigma_{\theta z} r\,dr\,d\theta=\frac{\mu b R^2}{2}, \tag{2.7}$$

因而解 (2.6) 不能正确表示有限长度的端面为自由表面圆柱体中螺型位错的自应力场。但是若想像在端面上施加一对力，保持端面上有外应力分布

$$\sigma'_{\theta z}=-\frac{\mu b}{2\pi r}, \tag{2.8}$$

则能抵消由于 (2.6) 所产生的力矩，而使端面成为自由表面，同时并不破坏 $r=R$ 表面上的边界条件。因此，对于自由的含螺型位错的圆柱，应该对位移 (2.2) 加上一项由力矩 $M'_z=-\dfrac{\mu b R^2}{2}$ 所造成的扭转 ϕ/L，此力矩 M'_z 是与 $\sigma'_{\theta z}$ 相联系的。根据弹性力学可知

$$\frac{\phi}{L}=\frac{M'_z}{\mu I}=-\frac{b}{\pi R^2}, \tag{2.9}$$

式中 I 是单位长度柱体的惯性矩 $I=\pi R^4/2$。扭转 (2.9) 产生的位移和应力场是

$$u'_\theta=-\frac{brz}{\pi R^2}, \tag{2.10}$$

$$\sigma'_{\theta z}=-\frac{\mu b r}{\pi R^2}, \tag{2.11}$$

所以自由的有限长度圆柱体中轴向纯螺型位错的自应力场为

$$\sigma^{(s)}_{\theta z}=\frac{\mu b}{2\pi r}-\frac{\mu b r}{\pi R^2}. \tag{2.12}$$

下面计算无限介质中螺型位错的弹性能，对于每单位长度位错应有

$$E_{el}^{(s)} = \int_{r_0}^{R} \frac{\sigma_{\theta z}^2}{2\mu} 2\pi r dr = \frac{\mu b^2}{4\pi} \ln\left(\frac{R}{r_0}\right), \qquad (2.13)$$

在 $R \to \infty$ 和 $r_0 \to 0$ 两个极限下量 $E_{el}^{(s)}$ 都发散.

关于 $R \to \infty$ 时的发散表明不可能赋予位错一个一定的特征自能，后者依赖于晶体尺寸. 一般将 R 取为有限值：在单一个位错的情况下取为位错与最近晶体表面之间的距离；在存在许多异号位错的情况下,取为一对异号位错间距离一半的平均值.

关于 $r_0 \to 0$ 时的发散是由于线性弹性理论不适用于严重畸变的位错芯部分. 能量表达式 (2.13) 只能用于 $r > r_0 \sim b$ 的芯外部分区域，而位错芯的能量需要引入更接近于实际的模型进行计算. 关于这个问题将在本书第八章中通过位错的点阵模型加以讨论.

能量表达式 (2.13) 中对数项 $\ln(R/r_0)$ 前面的因子 $\mu b^2/4\pi$ 称为“能量的对数前因子”.关于这个名词概念在下面还要讨论.

§ 2.2 刃型位错

本节讨论直刃型位错. 考虑如图 2.2 所示的空心圆柱体. 坐标轴规定如图. 象上节那样,令外半径 R 和长 L 很大,于是柱体中

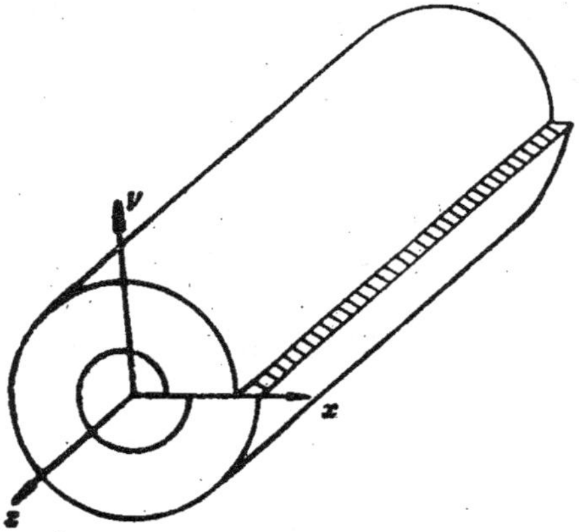

图 2.2

的场就接近于无限介质中的场。

位错线是直线，$t = k$，切割面取为平面 $xz(x > 0)$，切割面两岸的相对位移即是此位错的 Burgers 矢量 $b = bi$。

由此问题的对称性可见，$u_z = 0$，$\partial u_x/\partial z = \partial u_y/\partial z = 0$，因此这是一个平面应变问题，可以用应力函数法求解．在本书附录 § A.5 论证可引入应力函数 $\chi(x, y)$ 或 $\chi(r, \theta)$，应力张量的诸分量与应力函数的二次导数间有如下关系：

$$\begin{cases} \sigma_{xx} = \dfrac{\partial^2\chi}{\partial y^2}, \\ \sigma_{yy} = \dfrac{\partial^2\chi}{\partial x^2}, \\ \sigma_{xy} = -\dfrac{\partial^2\chi}{\partial x\partial y}, \end{cases} \tag{2.14}$$

或

$$\begin{cases} \sigma_{rr} = \dfrac{1}{r}\dfrac{\partial\chi}{\partial r} + \dfrac{1}{r^2}\dfrac{\partial^2\chi}{\partial\theta^2}, \\ \sigma_{\theta\theta} = \dfrac{\partial^2\chi}{\partial r^2}, \\ \sigma_{r\theta} = -\dfrac{\partial}{\partial r}\left(\dfrac{1}{r}\dfrac{\partial\chi}{\partial\theta}\right). \end{cases} \tag{2.15}$$

能够证明,应力函数 x 满足双调和方程

$$\nabla^4\chi \equiv \left(\frac{\partial z}{\partial x^2} + \frac{\partial^2}{\partial y^2}\right)^2\chi = 0, \tag{2.16}$$

或在极坐标中表出为

$$\left[\frac{1}{r}\frac{\partial}{\partial r}\left(r\frac{\partial}{\partial r}\right) + \frac{1}{r^2}\frac{\partial^2}{\partial\theta^2}\right]^2\chi = 0. \tag{2.17}$$

此方程的解的一般形式在附录 §A.5 中给出,式 (A.133)

$$\chi = \chi_{01} + \chi_{02} + \chi_{11} + \chi_{12} + \chi_{03} + \chi_{04} + \chi_{m1} + \chi_{m2}, \tag{2.18}$$

其中各项具体写出如式（A.134）．各个项代表不同来源不同特性的应力状态,现在需要从这许多项中选出相应于位错状态的项,或者说,选出这样的项,使由之最后推出的位移场满足位错条件

$$\oint du = b. \tag{2.19}$$

经过选择试算，由 (A.134) 中挑出合适的一项

$$\chi = Dr\ln r\sin\theta, \tag{2.20}$$

以此代入式 (2.14) 及式 (2.15)，求出诸应力分量

$$\begin{cases} \sigma_{xx} = \dfrac{Dy}{r^2}\left(1 + \dfrac{2x^2}{r^2}\right) = D\dfrac{y(3x^2 + y^2)}{(x^2 + y^2)^2}, \\ \sigma_{yy} = \dfrac{Dy}{r^2}\left(1 - \dfrac{2x^2}{r^2}\right) = D\dfrac{y(y^2 - x^2)}{(x^2 + y^2)^2}, \\ \sigma_{xy} = -\dfrac{Dx}{r^2}\left(1 - \dfrac{2y^2}{r^2}\right) = D\dfrac{x(y^2 - x^2)}{(x^2 + y^2)^2}, \end{cases} \tag{2.21}$$

或

$$\begin{cases} \sigma_{rr} = \dfrac{D}{r}\sin\theta, \\ \sigma_{\theta\theta} = \dfrac{D}{r}\sin\theta, \\ \sigma_{r\theta} = -\dfrac{D}{r}\cos\theta. \end{cases} \tag{2.22}$$

用弹性力学标准方法求出位移分量

$$\begin{cases} u_x = -\dfrac{D}{\mu}\left[(1 - y)\theta + \dfrac{\sin 2\theta}{4}\right], \\ u_y = \dfrac{D}{\mu}\left[\dfrac{1 - 2\nu}{2}\ln r + \dfrac{\cos 2\theta}{4}\right], \end{cases} \tag{2.23}$$

或

$$\begin{cases} u_r = \dfrac{1}{2\mu}D(1 - 2\nu)\ln r\sin\theta - \dfrac{(1 - \nu)D\theta}{\mu}\cos\theta, \\ u_\theta = \dfrac{1}{2\mu}[D + D(1 - 2\nu)\ln r]\cos\theta + \dfrac{(1 - \nu)D\theta}{\mu}\sin\theta. \end{cases} \tag{2.24}$$

位错条件是

$$(u_x)_{\theta=2\pi} - (u_x)_{\theta=0} = b. \tag{2.25}$$

由此定出常数 D 为

$$D = -\frac{\mu b}{2\pi(1-\nu)}. \tag{2.26}$$

直接解双调和方程 (2.16) 或 (2.17) 比较繁复*，另一个方法是引入辅助函数 $\phi \equiv \nabla^2\chi$，解调和方程

$$\nabla^2\phi = 0, \tag{2.27}$$

在极坐标中方程的形式为

$$\left(\frac{\partial^2}{\partial r^2} + \frac{1}{r}\frac{\partial}{\partial r} + \frac{1}{r^2}\frac{\partial^2}{\partial\theta^2}\right)\phi = 0. \tag{2.28}$$

它的解具有形式

$$\phi = \sum_n R_n(r)\phi_n(\theta). \tag{2.29}$$

如果要求 ϕ 在 (r, θ) 平面上为单值，则 ϕ 可以表示为

$$\phi = (\alpha_0 + \beta_0 \ln r) + \sum_{n=1}^{\infty} (\alpha_n r^n + \beta_n r^{-n}) \sin n\theta$$
$$+ \sum_{n=1}^{\infty} (\gamma_n r^n + \delta_n r^{-n}) \cos n\theta. \tag{2.30}$$

辅助函数 $\phi \equiv \nabla^2\chi$ 有一定的物理意义，参看 χ 与应力分量的关系式 (2.14) 可知，

$$\phi \equiv \nabla^2\chi = \sigma_{xx} + \sigma_{yy} \tag{2.31}$$

试考查图 2.3，可见在 $\theta = \pi/2$ 处 ϕ 值应为极小（压缩），在 $\theta = -\pi/2$ 处 ϕ 值应为极大（伸张）；并且 ϕ 值应随距离 r 之增大而减小。式 (2.30) 中具有此性质的最简单的项是

$$\phi_e = \beta_1 r^{-1} \sin\theta. \tag{2.32}$$

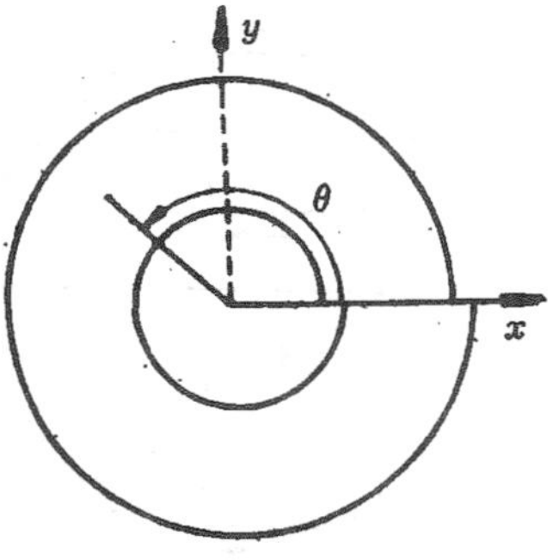

图 2.3

可以论证，式 (2.30) 中其它的项相应于其它不同来源的应力状态。例如含 r^n 的项相应于不同外加表面力的情况。对数项对应

* 参看冯端等，金属物理学，第一卷，第七章附录，7-11。

于半无限固体的(半个)外表面存在恒定切应力的状态.而含 r^{-n}, $n \geqslant$ 的项相应于各种非位错型的奇性线.因而,式 (2.32) 的 ψ_e 表征除位错芯以外地区的位错状态. 若取此项,则有

$$\nabla^2\chi = \left(\frac{\partial^2}{\partial r^2} + \frac{1}{r}\frac{\partial}{\partial r} + \frac{1}{r^2}\frac{\partial^2}{\partial\theta^2}\right)\chi = \beta_1 r^{-1}\sin\theta. \quad (2.33)$$

此方程的一个特解是

$$\chi_e = \frac{\beta_1}{2} r\ln r\sin\theta = \frac{\beta_1}{2} y\ln r, \quad (2.34)$$

得到与式 (2.20) 同样的结果. 与 (2.26) 相仿,有

$$\beta_1 = 2D = -\frac{\mu b}{\pi(1-\nu)}, \quad (2.35)$$

得出的应力场就是式 (2.21) 和式 (2.22).

现在用图 2.4 表示位错"⊥"周围应力的状态, 可以得到一个

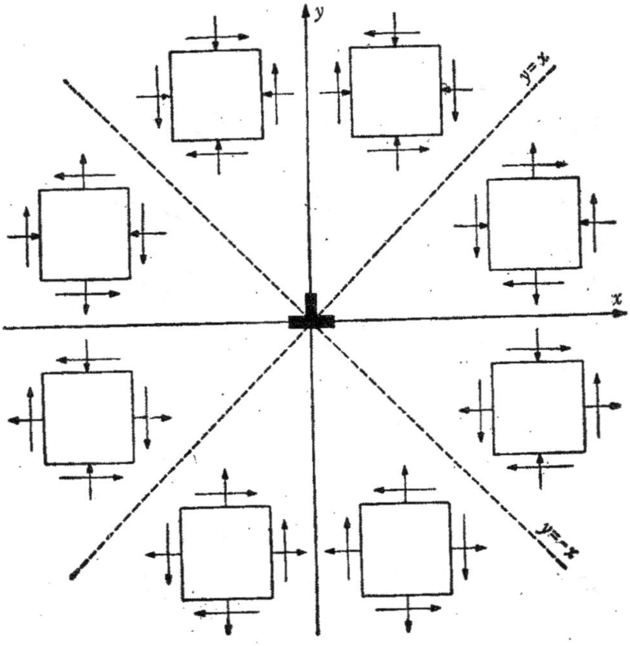

图 2.4

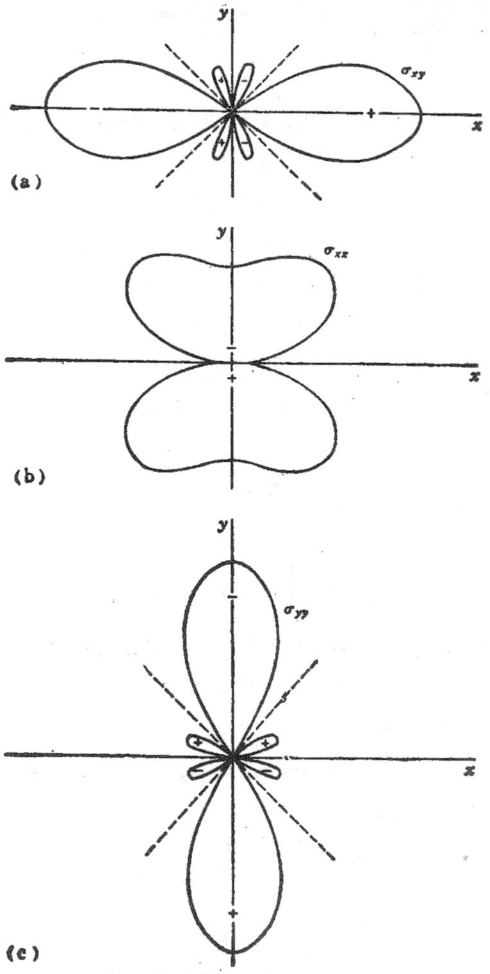

图 2.5

直观清楚的图象．不难看出，这个应力分布与正刃型位错“⊥”的上方插入的附加半原子面导致的应力状态是相符合的．图 2.5 中给出位错“⊥”周围的等应力曲线图形．

可以求出体积膨胀率 δ

$$\delta = e_{xx} + e_{yy} + e_{zz} = \frac{\partial u_x}{\partial x} + \frac{\partial u_y}{\partial y} = -\frac{b(1-2\nu)}{2\pi(1-\nu)}\frac{\sin\theta}{r}. \tag{2.36}$$

在 $y > 0$ $(0 \leqslant \theta \leqslant \pi)$ 地区，δ 为负，表示压缩；在 $y < 0$ $(\pi \leqslant \theta \leqslant 2\pi)$ 地区，δ 为正，表示膨胀. 由于函数 $\sin\theta$ 是对称函数，所以在整个弹性体内对 δ 求平均结果为零，这表明位错产生的弹性场中平均密度仍与无位错的初态下的平均密度相同.

应力表达式 (2.21),(2.22) 是一级近似，在外表面 $r = R$ 和内表面 $r = r_0$ 上应力并不为零. 为了满足内、外表面上应力为零的条件，应力函数必须多取两项，研究表明，χ 合适的形式为

$$\chi = (Br^{-1} + Cr^3 + Dr\ln r)\sin\theta, \tag{2.37}$$

由此算出应力分量

$$\begin{cases} \sigma_{rr} = \dfrac{\sin\theta}{r}\left(-\dfrac{2B}{r^2} + 2Cr^2 + D\right), \\ \sigma_{\theta\theta} = \dfrac{\sin\theta}{r}\left(\dfrac{2B}{r^2} + 6Cr^2 + D\right), \\ \sigma_{r\theta} = -\dfrac{\cos\theta}{r}\left(-\dfrac{2B}{r^2} + 2Cr^2 + D\right). \end{cases} \tag{2.38}$$

要求在 $r = r_0$ 和 $r = R$ 处

$$\sigma_{rr} = \sigma_{r\theta} = 0, \tag{2.39}$$

可以求出系数 B，C，即

$$\begin{cases} B = \dfrac{r_0^2R^2D}{2(r_0^2 + R^2)}, \\ C = \dfrac{D}{2(r_0^2 + R^2)}. \end{cases} \tag{2.40}$$

在一般情况下修正项影响不很大，即是无限介质中的位错解 (2.21), (2.22) 对于有限半径的空心圆柱体基本上近似可用.

无限介质中刃型位错周围半径为 $r_0 \leqslant r \leqslant R$ 的环状圆柱体单位长度中的弹性能可计算如下:

$$E_{el}^{(e)} = \int_{r_0}^{R} r\,dr \int_0^{2\pi} d\theta \left[\frac{1}{2\mu}\sigma_{xy}^2\right.$$

$$+\frac{1}{2E}(\sigma_{xx}^2+\sigma_{yy}^2-2\nu\sigma_{xx}\sigma_{yy}-\sigma_{zz}^2)], \quad (2.41)$$

将应力表达式 (2.21) 代入，计算积分，得到

$$E_{el}^{(e)}=\frac{\mu b^2}{4\pi(1-\nu)}\ln\left(\frac{R}{r_0}\right). \quad (2.42)$$

将此式与式 (2.13) 比较，可见它们甚为相似. 不同之处仅在于刃型位错能量表示式的对数前因子为 $\mu b^2/4\pi(1-\nu)$，而螺型位错的这个量为 $\mu b^2/4\pi$。

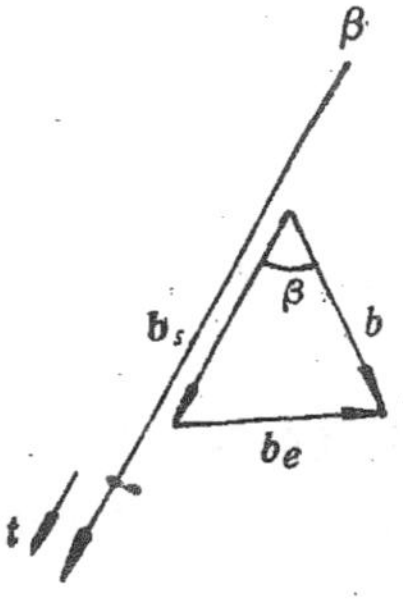

图 2.6

在上一章中介绍过一般的直线位错，它的 Burgers 矢量 $\boldsymbol{b}$ 与位错线 $\boldsymbol{t}$ 成一角度 β，这就是一个混合型位错. 它可以看作是两个位错的叠加，即所谓螺型分量与刃型分量，其 Burgers 矢量分别为 $b_s=b\cos\beta$ 和 $b_e=b\sin\beta$，如图 2.6 所示.

由上面直线螺型位错和刃型位错的自应力场分量的表达式可看出，两种类型位错的应力场没有公共项，或者具体地讲，刃型位错的 $\sigma_{xz}=\sigma_{yz}=0$，而螺型位错只有 σ_{xz} 和 σ_{yz} 不为零. 因此，混合位错的应力场可以借助于将 b_s 和 b_e 分别代入式 (2.5) 和 (2.21) 而直接写出，能量可以将 $E_{el}^{(s)}$ 和 $E_{el}^{(e)}$ 的表达式 (2.13) 和 (2.42) 单纯地叠加起来，得到

$$E_{el}=\frac{\mu b^2}{4\pi}\left(\cos^2\beta+\frac{\sin^2\beta}{1-\nu}\right)\ln\left(\frac{R}{r_0}\right), \quad (2.43)$$

其对数前因子有时写作 $\mu b^2/4\pi K$，这里

$$\frac{1}{K}=\cos^2\beta+\frac{\sin^2\beta}{1-\nu}. \quad (2.44)$$

计算位错能量的另一个更直观的方法是考虑如 §1.2 中所述位错的形成过程，在此过程中重要的步骤之一是沿以位错线 C 为周边的面 $\boldsymbol{S}$ 将介质切开，令 S_1 不动，S_2 整体相对于 S_1 作刚体位移 $\boldsymbol{b}$，见图 2.7. 想象这个位移是缓慢准静地进行的，位移量由 0 至

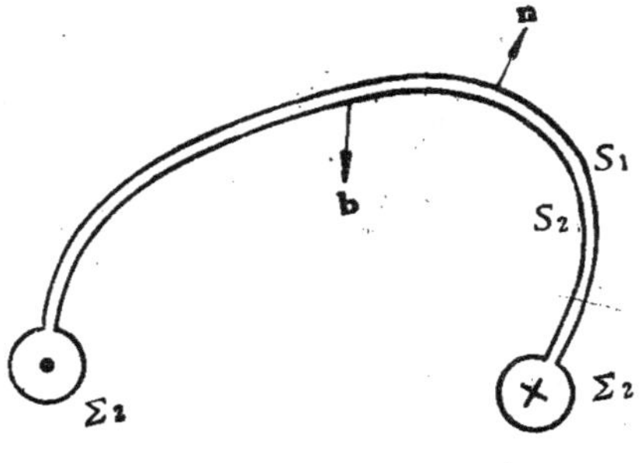

图 2.7

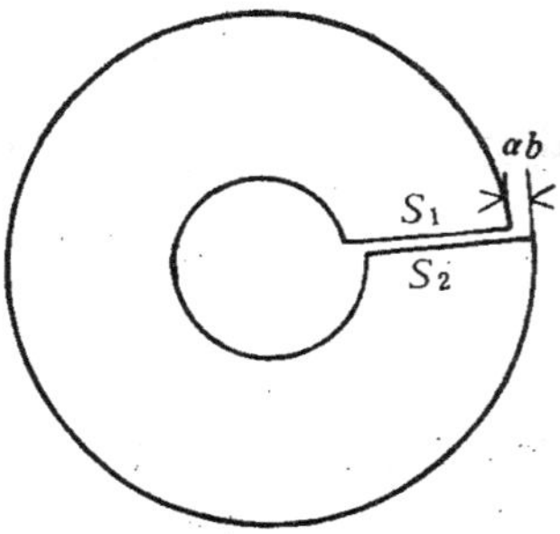

图 2.8

b. 进行这个位移需要在 S_1, S_2 面上作用面力，以反抗 S_2 面位移时介质形变产生的应力场导致在 S_1, S_2 面上所产生的面力. 这里所谓的准静就是令在任一时刻，位移量为 αb ($0 \leqslant \alpha \leqslant 1$)，想象的作用在 S_1, S_2 面上的外加面力与位错畸变产生的面力平衡. 计算在 α 由 0 变至 1 的整个过程中此外加面力所作的功，就等于此位错生成后介质中储存(增加)的弹性能量，也就等于此位错的弹性自能.

试以刃型位错为例，参看图 2.8，切割面为 xz 平面，即 $\theta = 0$ 的平面. 在 S_2 位移的过程中需对之施加切力；在长为单位长度，宽为 dr 的面元上的切力设为 $\sigma'_{\theta r}dr$，它应与强度（Burgers 矢量）为 αb 的刃型位错应力场在该面元上产生的切力相等相反. 根据上面推出的表达式 (2.22)，应有

$$\sigma'_{\theta r} = \frac{\mu \alpha b}{2\pi(1-\nu)} \cdot \frac{1}{r}. \tag{2.45}$$

当位移增大 $d(\alpha b)$ 时，此切力所作之功为

$$dw = \int_{r_0}^{R} \sigma'_{\theta r} d(\alpha b) dr. \tag{2.46}$$

在 α 由 0 变至 1，即 Burgers 矢量由 0 变至 b 的整个过程中所作总功为

$$w = \int_0^1 d\alpha \int_{r_0}^{R} dr \frac{\mu b^2 \alpha}{2\pi(1-\nu)} \frac{1}{r} = \frac{\mu b^2}{4\pi(1-\nu)} \ln\left(\frac{R_0}{r_0}\right). \tag{2.47}$$

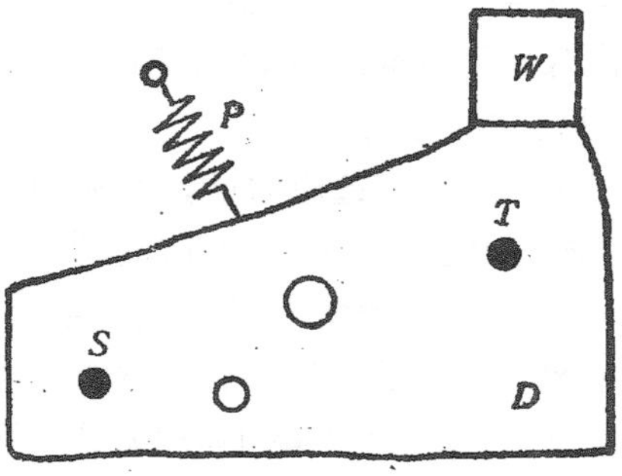

图 2.9

$w=E_{el}^{(e)}$，结果与式 (2.42) 一致. 用同样的方法也可以求出螺型位错单位长度的弹性能量

$$E_{el}^{(s)}=w=\int_0^1 d\alpha\int_{r_0}^R dr\, b\sigma'_{\theta z}=\frac{\mu b^2}{4\pi}\ln\left(\frac{R}{r_0}\right), \qquad (2.48)$$

与式 (2.13) 一致.

§ 2.3 作用在位错上的力

在 § 1.5 中曾初步引入作用在位错上的力的概念，本节中我们将进一步讨论这一概念. 更普遍的一般论述，将在 § 3.4 中介绍.

把含有位错的弹性体看作是一个力学系统，此弹性体由于受外加力(包括面力和体力)的作用，并含有内应力源(包括位错及其它类型缺陷等)，而在其内部产生弹性场，从而含有确定的弹性能量. 这个弹性能量是此力学系统的势能，以 $E_{el}^{(T)}$ 记之.

现在我们关注于一个特定的单独的位错，它可以作(实或虚)位移；于是，在其它条件不变的情况下，把确定此位错位形的参数作为这个力学系统的广义坐标，以 q_i 记之. 因此，可以定义作用在这个位错上的广义力 F_i

$$F_i=-\frac{\partial E_{el}^{(T)}}{\partial q_i}, \qquad (2.49)$$

或用虚位移的写法

$$\delta E_{el}^{(T)}=-F_i\delta q_i. \qquad (2.50)$$

从上一段的叙述中可知，这个力学系统的势能有三种不同来源，即是 (i) 所注意的位错本身；(ii) 其它缺陷或内应力源；(iii) 外力．现在分别进行如下论述．

(i) 所考虑的位错本身引起应力场，相应地该位错具有弹性自能．若含位错的弹性体是均匀的无限介质，则此项不随该位错的位置而变；但是位错力图自己缩短长度，变得平直，以降低这项势能，这就表现为位错的线张力．所以在无限介质中位错自身引起的只是位错的线张力．但若含位错的弹性体是有限的，则位错弹性自能应该依赖于该位错与表面的相对位置，当此相对位置发生改变时，上述势能项也发生改变，这就产生一项作用在位错上的力，它是由位错与表面的相互作用所引起，有时称为镜像力，我们将在下节中对之详加讨论．

(ii) 除所考虑的位错外，其它缺陷或内应力源也产生应力场；对于所考虑的位错来说，这个应力场应看作是由“外源”所产生的场．在线性弹性理论的范畴内，可以把总的弹性能量分解为各缺陷的弹性自能与其相互作用能之和． 例如所考虑的位错记为 A，另一内应力源(缺陷)记为 B，则总弹性能 $E^{(T)}$ 可写作

$$E^{(T)} = E_s^A + E_s^B + E_I^{AB}, \tag{2.51}$$

由此可以定义缺陷 B 对位错 A 的作用力

$$F_i^{BA} = -\frac{\partial E_I^{AB}}{\partial q_i} \tag{2.52}$$

或

$$-\delta E_I^{AB} = F_i^{BA}\delta q_i. \tag{2.53}$$

仿照上一节中求位错自能的直观构思，设缺陷 B 产生的应力场为 $\boldsymbol{\sigma}^B$，则当 A 的位形变化 δq_i 时，$\boldsymbol{\sigma}^B$ 所作的一定量的功即与此 $-\delta E_I^{AB}$ 相当． 具体地讲，考虑一条方向为 $\boldsymbol{t}^A$ 的直线位错 A，长为 L．设它整体发生一个位移 $\delta\boldsymbol{r}$，则依上文中右手螺旋法则规约应扫出一个面积 $\delta\boldsymbol{S} = L(\delta\boldsymbol{r} \times \boldsymbol{t}^A)$． 此面积的上岸 δS_1 应相对于其下岸 δS_2 位移 $-\boldsymbol{b}^A$，参看图 2.10． 现在 $\boldsymbol{\sigma}^B$ 在 $\delta\boldsymbol{S}$ 上产生的面力为

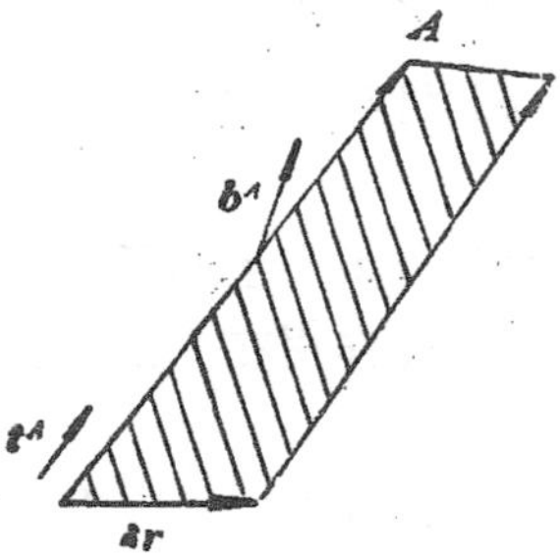

图 2.10

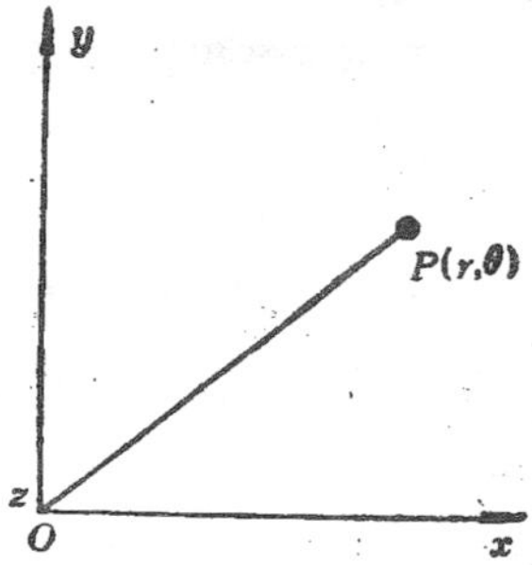

图 2.11

$$\boldsymbol{T} = \boldsymbol{\sigma}^B \cdot \delta \boldsymbol{S} = \boldsymbol{\sigma}^B \cdot L(\delta \boldsymbol{r} \times \boldsymbol{t}^A). \tag{2.54}$$

此过程中面力 $\boldsymbol{T}$所作的功为

$$\delta w = -\boldsymbol{b}^A \cdot \boldsymbol{T} = -\boldsymbol{b}^A \cdot \boldsymbol{\sigma}^B \cdot L(\delta \boldsymbol{r} \times \boldsymbol{t}^A), \tag{2.55}$$

故

$$\frac{\delta w}{L} = [(\boldsymbol{b}^A \cdot \boldsymbol{\sigma}^B) \times \boldsymbol{t}^A] \cdot \delta \boldsymbol{r}. \tag{2.56}$$

在这里，B 与 A 的相互作用可以看作是一个势能 $E_{\text{pot}}^{(AB)}$

$$E_I^{AB} = E_{\text{pot}}^{(AB)}, \tag{2.57}$$

故

$$\delta E_I^{AB} = \delta E_{\text{pot}}^{(AB)}. \tag{2.58}$$

把相互作用的 A 和 B 看作是一个保守系统，则上述面力所作的功就应等于势能之降低，即

$$-\delta E_{\text{pot}}^{(AB)} = \frac{\delta w}{L}. \tag{2.59}$$

于是根据式 (2.52)，(2.53)，(2.56) 及 (2.58)，可以得出作用在位错 A 单位长度上的力为

$$\boldsymbol{F}^{BA} = (\boldsymbol{b}^A \cdot \boldsymbol{\sigma}^B) \times \boldsymbol{t}^A, \tag{2.60}$$

所以，要计算这一项力可以先算出 E_I^{AB}，再利用式 (2.52)；或者是直接将位错 A 处的场 $\boldsymbol{\sigma}^B$ 代入式 (2.60)，得出 $\boldsymbol{F}^{BA}$.

下面将作为实例，推出两个平行直线位错之间相互作用力的显式表达式。

在以下第三章里还要回到这个问题，除了再论作用在位错上的力以外，并将推导两个任意位错环弹性相互作能的表达式：Blin 公式。

(iii) 外力，即作用在弹性体上的由真正外源产生的面力和体力给出应力场；这是典型的单纯外应力场引起作用在位错上的力的情况。

根据与上面同样的论辩，可见，若外力引起介质中的应力场为 $\boldsymbol{\sigma}$，则作用在位错 A 单位长度的力为

$$\boldsymbol{F} = (\boldsymbol{b}^A \cdot \boldsymbol{\sigma}) \times \boldsymbol{t}^A. \tag{2.61}$$

现在，作为有用的特例，试推导平行直线位错间的弹性相互作用力。

(1) **螺型位错** 设有一个螺型位错 1 位于原点 O，$\boldsymbol{t} = \boldsymbol{k}$，即处于 z 轴上，其 Burgers 矢量为 $\boldsymbol{b} = b\boldsymbol{k}$. 另一个螺型位错 2 位于 P 点，与前一位错平行，即 $\boldsymbol{t}' = \boldsymbol{k}$，而 $\boldsymbol{b}' = \pm b'\boldsymbol{k}$. 参看图 2.11。

根据 § 2.1 中的结果，处在 O 点的位错 1 在 P 点产生的应力张量仅有的非零分量为 $\sigma_{\theta z} = \dfrac{\mu b}{2\pi r}$. 现在取原点在 P 的另一直角坐标系 (x', y', z')，如图 2.12 所示，z' 轴与 z 轴平行，位错 2 即在此 z' 轴上. 显然

$$\sigma_{\theta z} = \sigma_{y'z}, \tag{2.62}$$

$$\boldsymbol{b}' = \pm b'\boldsymbol{k} = \pm b'\boldsymbol{k}' \tag{2.63}$$

代入位错受力的普遍公式，得到

$$\begin{aligned}\boldsymbol{F} &= (\boldsymbol{b}' \cdot \boldsymbol{\sigma}^1) \times \boldsymbol{t}' = \pm b'\sigma_{y'z}(\boldsymbol{k}' \cdot \boldsymbol{k}'\boldsymbol{j}') \times \boldsymbol{k}' \\ &= \pm b'\sigma_{y'z}\boldsymbol{i}' = \pm \frac{\mu b b'}{2\pi r}\boldsymbol{i}',\end{aligned} \tag{2.64}$$

所以仅存 r 分量

$$F_r = \pm \frac{\mu b b'}{2\pi r}, \tag{2.65}$$

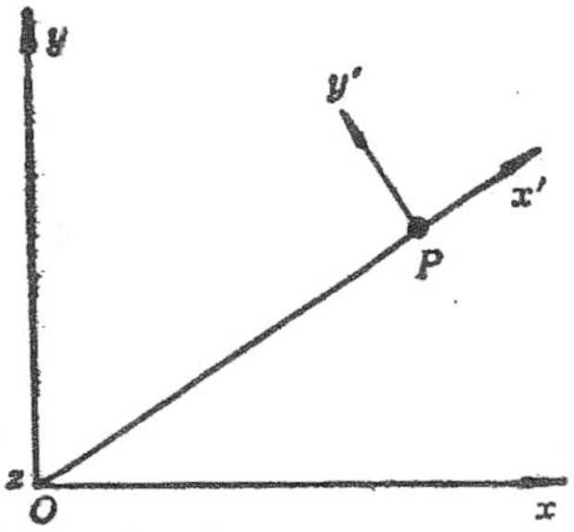

图 2.12

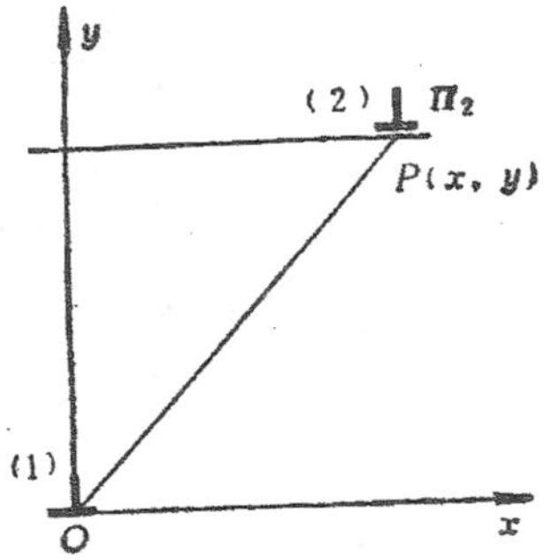

图 2.13

其它分量 $F_\theta = 0$，$F_z = 0$。

若 $\boldsymbol{b}' = +b'\boldsymbol{k}$，则 $F_r = +$，即是同号螺型位错之间出现排斥力。若 $\boldsymbol{b}' = -b'\boldsymbol{k}$，则 $F_r = -$，即异号螺型位错之间出现吸引力。这与两条带电荷的直线间的相互作用类似。

(2) *刃型位错* 考虑平行的两个直线位错，其 Burgers 矢量平行或反平行，即是设位错 1 位于原点 O，$\boldsymbol{t} = \boldsymbol{k}$，$\boldsymbol{b} = b\boldsymbol{i}$。另一位错 2 位于点 $P(x, y)$，$\boldsymbol{t}' = \boldsymbol{k}$，$\boldsymbol{b}' = \pm b'\boldsymbol{i}$。

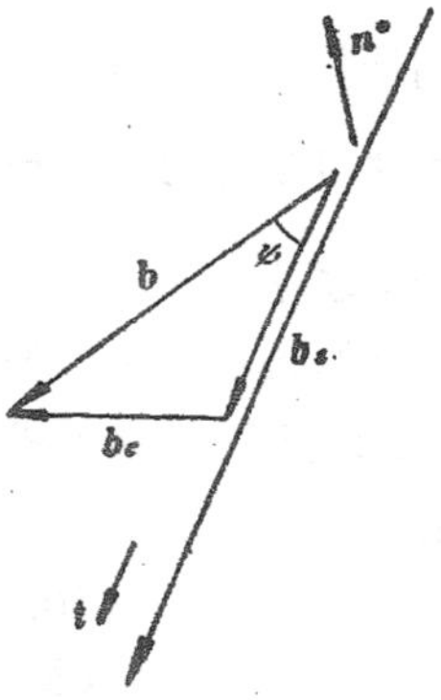

图 2.14

位错 1 产生的应力场在 P 点有三个正应力分量 σ_{xx}，σ_{yy}，σ_{zz} 及切应力分量 σ_{xy} 不为零，见式 (2.21)。代入位错受力的普遍公式，得到

$$\begin{aligned} \boldsymbol{F} &= (\boldsymbol{b}' \cdot \boldsymbol{\sigma}) \times \boldsymbol{k} = \pm b'(\sigma_{xx}\boldsymbol{i} + \sigma_{xy}\boldsymbol{j}) \times \boldsymbol{k} \\ &= \pm b'[\sigma_{xx}(-\boldsymbol{j}) + \sigma_{xy}\boldsymbol{i}], \end{aligned} \tag{2.66}$$

即

$$\begin{cases} F_x = \pm b'\sigma_{xy}, \\ F_y = \mp b'\sigma_{xx}. \end{cases} \tag{2.67}$$

将式 (2.21) 的应力分量具体表达式代入，得到

$$
\begin{cases}
F_x = \pm \dfrac{\mu b b'}{2\pi(1-\nu)} \dfrac{x}{r^2}\left(1 - \dfrac{2y^2}{r^2}\right) \\
\quad = \pm \dfrac{\mu b b'}{2\pi(1-\nu) r} \cos\theta \cos 2\theta, \\
F_y = \mp \dfrac{\mu b b'}{2\pi(1-\nu)} \dfrac{y}{r^2}\left(1 + \dfrac{2x^2}{r^2}\right) \\
\quad = \pm \dfrac{\mu b b'}{2\pi(1-\nu) r} \sin\theta (2 + \cos 2\theta).
\end{cases}
\tag{2.68}
$$

F_x 是促使位错 2 在它的滑移面 Π_2 上发生滑移的力。当 $\theta = \frac{\pi}{4}$，$\frac{\pi}{2}$ 及 $r \to \infty$ 时，$F_x = 0$，即是平衡态位置。当 $\boldsymbol{b}' = +b'\boldsymbol{k}$，即 $\boldsymbol{b}' /\!/ \boldsymbol{b}$ 时，$\theta = \frac{\pi}{2}$ 相当于稳定平衡，$\theta = \frac{\pi}{4}$ 相当于不稳定平衡。当 $\boldsymbol{b}' = -b'\boldsymbol{k}$ 时，即 $\boldsymbol{b}$ 与 $\boldsymbol{b}'$ 反平行时，$\theta = \frac{\pi}{4}$ 相当于稳定平衡，而 $\theta = \frac{\pi}{2}$ 则相当于不稳定平衡。因此，同号直线刃型位错倾向于排列在垂直于滑移面的平面上，而异号刃型位错倾向于排列在与滑移面成 $\frac{\pi}{4}$ 角的平面上。 这与不同倾斜小角晶界的构成有一定联系。

(3) 混合位错　现在考虑的位错 2 是一个混合型位错的情况，设 $\boldsymbol{b}'$ 既不与位错线 2 平行也不与之垂直。于是 $\boldsymbol{b}'$ 可以作矢量分解

$$
\begin{cases}
\boldsymbol{b}'_s = (\boldsymbol{b}' \cdot \boldsymbol{t}')\boldsymbol{t}', \\
\boldsymbol{b}'_e = |\boldsymbol{b}' \times \boldsymbol{t}'|(\boldsymbol{t}' \times \boldsymbol{n}^*), \\
\boldsymbol{b}' = \boldsymbol{b}'_s + \boldsymbol{b}'_e,
\end{cases}
\tag{2.69}
$$

式中 $\boldsymbol{b}'_s$ 和 $\boldsymbol{b}'_e$ 分别是 $\boldsymbol{b}'$ 的螺型分量与刃型分量，而

$$
\boldsymbol{n}^* = \frac{\boldsymbol{b}' \times \boldsymbol{t}'}{|\boldsymbol{b}' \times \boldsymbol{t}'|}
\tag{2.70}
$$

是位错 2 滑移面 Π_2 的法矢量，显然有

$$
\begin{cases}
|b'_s| = b' \cos\phi, \\
|b'_e| = b' \sin\phi,
\end{cases}
\tag{2.71}
$$

如上节中所述。

现在需要求位错 2 所受的力. 设沿位错线 2 应力场不变，等于 $\boldsymbol{\sigma}^0$，上面讨论的一个与 2 平行的位错 1 产生的应力场就是如此。受力的普遍公式是

$$\boldsymbol{F} = (\boldsymbol{b}' \cdot \boldsymbol{\sigma}^0) \times \boldsymbol{t}'. \tag{2.72}$$

它可以分解为两个分量

$$F_{gl} = \boldsymbol{F} \cdot (\boldsymbol{t}' \times \boldsymbol{n}^*), \tag{2.73a}$$

$$F_{cl} = \boldsymbol{F} \cdot \boldsymbol{n}^*, \tag{2.73b}$$

F_{gl} 在滑移面 Π_2 内，是滑移分量；F_{cl} 与 Π_2 垂直，是攀移分量. 或写作显式形式

$$F_{gl} = \frac{[(\boldsymbol{b}' \cdot \boldsymbol{\sigma}^0) \times \boldsymbol{t}'] \cdot [\boldsymbol{t}' \times (\boldsymbol{b}' \times \boldsymbol{t}')]}{|\boldsymbol{b}' \times \boldsymbol{t}'|}, \tag{2.74}$$

$$F_{cl} = \frac{[(\boldsymbol{b}' \cdot \boldsymbol{\sigma}^0) \times \boldsymbol{t}'] \cdot (\boldsymbol{b}' \times \boldsymbol{t}')}{|\boldsymbol{b}' \times \boldsymbol{t}'|}. \tag{2.75}$$

应该注意：F_{cl} 虽然给出对位错 2 刃型分量的攀移方向的力，但它也包含了来自螺型分量的滑移贡献.

最后，注意可将普遍公式 (2.72) 写作分量形式

$$F_k = -\varepsilon_{ijk} t'_i \sigma_{jl} b'_l. \tag{2.76}$$

ε_{ijk} 是所熟悉的三阶完全反称单位张量

$$\varepsilon_{123} = \varepsilon_{231} = \varepsilon_{312} = 1,$$

$$\varepsilon_{132} = \varepsilon_{321} = \varepsilon_{213} = -1,$$

$$\varepsilon_{ijk} = 0, \quad \text{当} \quad i = j \quad \text{或} \quad j = k \quad \text{或} \quad k = i.$$

实际上，上面式 (2.74) 和 (2.75) 仅是普遍公式 (2.72) 的一个形式，其中应力 $\boldsymbol{\sigma}$ 可以是外力产生的均匀应力场，不一定必要为位错 1 所产生. 我们在第四章里还要推导两个平行直线位错之间相互作用力的普遍显式表达式，当然，这是比较繁复的.

§ 2.4 自由表面：镜像力问题

如上一节中所述，含有缺陷的有限弹性体，其自由表面与缺陷之间会有弹性相互作用，从而会有一个力作用在该缺陷之上. 仿

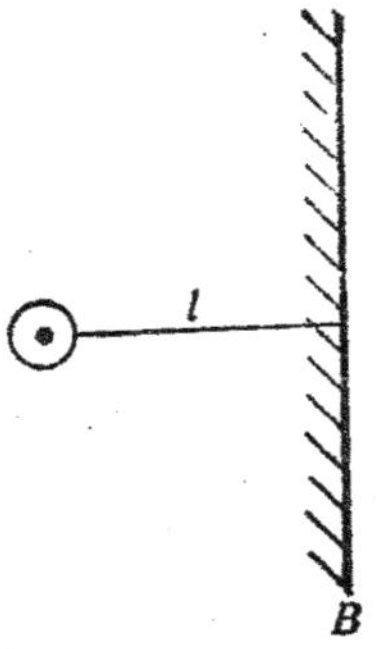

图 2.15

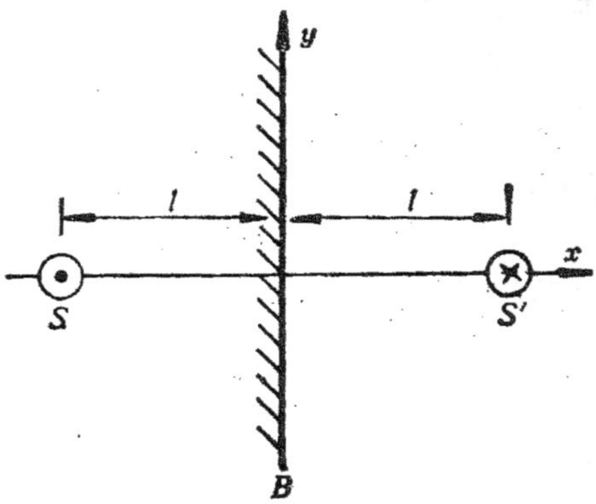

图 2.16

照静电学的用语，一般将这个力称为镜像力；即是用一个(与镜像电荷相似的)镜像缺陷(位错)去取代自由表面，然后计算这个虚拟的缺陷作用在原实在缺陷上的力.

还是从最简单的情况开始，先计算由于一个平面边界的存在，螺型位错所受到的力. 设如图 2.15 中所示半无限各向同性弹性体有一平面边界 B，含一螺型位错 S 与边界平行，与边界距离为 l. 根据前文，知道此螺型位错的单位长度弹性自能为

$$E_{el}^{S}=\frac{\mu b^{2}}{4\pi}\ln\left(\frac{R}{r_{0}}\right),$$

可近似表示为

$$E_{el}^{S}=\frac{\mu b^{2}}{4\pi}\ln\left(\frac{\alpha l}{b}\right),\tag{2.77}$$

此处取 $r_0=b/\alpha$，而 $\alpha\sim4$. 于是看到，E_{el}^{S} 依赖于距离 l. 现在取 E_{el}^{S} 对 l 的微商，得到

$$F_{i}=-\frac{\partial E_{el}^{S}}{\partial(-l)}=\frac{\mu b^{2}}{4\pi l},\tag{2.78}$$

F_i 就是所要求的、作用在螺型位错单位长度上的"镜像"力.

现在介绍另一推导方法. 试参看图 2.16. 有实在的右螺型位错 S 位于 $(-l, 0)$，$B: x=0$ 是自由表面. 为了使 $x=0$ 面上应

力为零，可以设想介质延拓充满右边的半空间，并于对称的点 $(+l, 0)$ 处放置一个左螺型(与 S 相反的)位错 S'. 读者可以自行验证，这样在 $x=0$ 面上应力叠加的结果会导致抵消，使之满足自由表面的边界条件. 这个虚设的位错 S' 称为 S 的镜像位错. 很明显，这就是引入虚拟的镜像位错来取代了真实存在的自由表面. 根据前面推出的应力场公式，位错 S' 在 $(-l, 0)$ 点产生的应力为

$$\sigma_{yz}=\frac{\mu b}{4\pi l}. \tag{2.79}$$

由作用在位错上的力的公式，可得 S 单位长度所受力为

$$F_x=\frac{\mu b^2}{4\pi l}, \tag{2.80}$$

这是一个指向表面 $x=0$ 的力，是由于这个自由表面 B 的存在而产生的，形象地称为"镜像力"，与式 (2.78) 的结果全同.

下面考虑比较复杂的情况，即有限圆柱中的螺型位错与柱体表面相互作用的问题. 若螺型位错位于圆柱体的中轴线上，则根据 § 2.1 中的结果可见，此位错的弹性场满足柱体表面自由的边界条件，因此镜像力为零. 所需要考虑的是位错不位于柱体轴上的情况。为此，先考查图 2.17 中所给出的一些几何关系. 图中 P_1, P_2 都在 x 轴上，其坐标满足

$$\xi_1\xi_2=a^2 \tag{2.81}$$

P_1 称为 P_2 对于圆 C_2: $r=a$ 的反演点，或者说 P_1, P_2 互为反演点. 点 P 可以位于圆内或圆外. 当 P 位于圆 C_2 上时(图 2.17(b))，根据上式显然有 $OP_2/OP=OP/OP_1$, 并有 $\angle P_2OP=\angle POP_1$, 故 ΔP_2OP 与 ΔPOP_1 相似，因此在圆 C_2 上应有

$$r_2/r_1=a/\xi_1=\xi_2/a, \tag{2.82}$$

$$\theta_1+\theta_2-\theta=\pi. \tag{2.83}$$

当 P 点由圆上向 P' 点移动一个小距离 δr 时，若将线段 $PP'=\delta r$ 分别向垂直于 P_2P 和 PP_1 的方向投影，则可见，$-r_2\delta\theta_2=\delta r\cdot\sin(P'PP_2)=\delta r\sin(OPP_2)$ 及 $-r_1\delta\theta_1=\delta r\sin(P'PP_1)=\delta r\cdot\sin(OP_2P)$；于是，根据关系 $\sin(OPP_2)/\sin(OP_2P)=\xi_2/a$ 及 $\xi_2/a=$

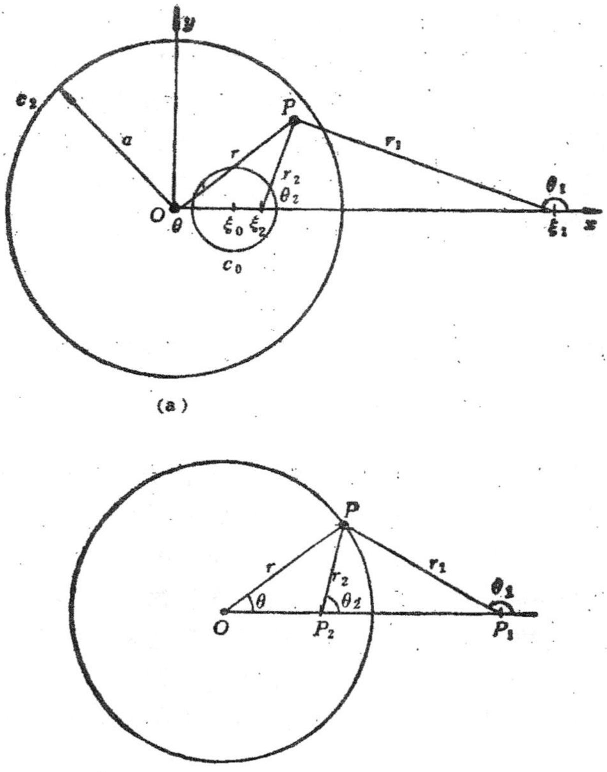

图 2.17

r_2/r_1，可见在 C_2 上有

$$\partial\theta_1/\partial r = \partial\theta_2/\partial r. \tag{2.84}$$

现在设想在 P_2 处有一右螺型位错 S，在 P_1 处有一左螺型位错 S'，则所产生的总的位移应为

$$u_z = b(\theta_2 - \theta_1)/2\pi. \tag{2.85}$$

显然在圆柱表面 $r = a$ 上应有 $\sigma_{pz} = \mu\partial u_z/\partial n = \mu\partial u_z/\partial r$，根据式(2.84)，$\sigma_{pz}(r = a) = 0$，即是这一对位错 S 和 S' 应力场的叠加使圆柱表面成为自由表面，由此证明位错 S' 确实是位错 S

的“像”.

位错 S 应受到由像场 $u_z^{im}=-b\theta_1/2\pi$ 引起的一个像力

$$F_x=b\sigma_{zy}^{im}=-\frac{\mu b^2}{2\pi}\left(\frac{\partial\theta_1}{\partial y}\right)_{p_2}$$

$$=\frac{\mu b^2}{2\pi}\frac{1}{\xi_1-\xi_2}=\frac{\mu b^2}{2\pi}\frac{\xi_2}{a^2-\xi_2^2}. \qquad (2.86)$$

设有弹性能量 F_{el} 为 ξ_2 的函数,形式为

$$E_{el}=\frac{\mu b^2}{4\pi}\ln(a^2-\xi_2^2)+\text{常数}, \qquad (2.87)$$

则 F_x 为其负梯度

$$F_x=-(\partial E_{el}/\partial\xi_2). \qquad (2.88)$$

如果位错有一个半径为 a_0 的小中空芯，则能量表达式 (2.87) 当 $\xi_2=0$ 时应约化为

$$E_{el}=\frac{\mu b^2}{4\pi}\ln\left(\frac{a}{a_0}\right), \qquad (2.89)$$

所以式 (2.87) 应该写作

$$E_{el}=\frac{\mu b^2}{4\pi}\ln\left(\frac{a^2-\xi_2^2}{aa_0}\right), \qquad (2.90)$$

这是一个足够好的近似表示式。

考虑圆柱体的极限情况可以推得平面边界的结果。在式 (2.90) 中将 a^2 用 $\xi_1\xi_2$ 代换，$\xi_1-\xi_2$ 用 2ξ 代换，并注意到当 a 大时，a，ξ_1，ξ_2 变为彼此近乎相等,故式 (2.90) 变成

$$E_{el}=\frac{\mu b^2}{4\pi}\ln\left(\frac{2\xi}{a_0}\right), \qquad (2.91)$$

得到

$$F_x=-\frac{\partial E_{el}}{\partial(-\xi)}=\frac{\mu b^2}{4\pi\xi}, \qquad (2.92)$$

与式 (2.77) 及式 (2.78) 一致。

如果图 2.17 中所示圆 C_2 的内部是一个圆柱形空腔,而圆的外部是弹性介质，S' 是实在的螺型位错,则 S 是其像位错。按照上文

同样的方法，可以求出圆柱形空腔附近的螺型位错 S' 所受空腔表面的作用。

圆柱(和圆柱空腔)问题的解还可以进一步精确化。为此考虑图 2.17(a) 中的小圆 C_0，它的圆心位于 $(\xi_0, 0)$，半径为 c_0。对于此圆，P_1，P_2 也互为反演点，即是有

$$(\xi_1-\xi_0)(\xi_2-\xi_0)=c_0^2. \tag{2.93}$$

在 C_0 上，如同在 C_2 上一样，有

$$r_2/r_1=c_0/(\xi_1-\xi_0)=(\xi_2-\xi_0)/c_0 \tag{2.94}$$

以及

$$\theta_1+\theta_2-\theta=\pi, \tag{2.95}$$

$$\partial\theta_1/\partial r=\partial\theta_2/\partial r. \tag{2.96}$$

由于最后这个等式(2.96)成立，所以 S 和 S' 产生的总位移场 $u_z=\frac{b}{2\pi}(\theta_2-\theta_1)$在 C_0 上给出的应力为零；这样，C_0 的内部(包括螺型位错 S 轴的那条奇线)可以去掉，而不致影响其余部分的位移场。这实际上就是说，可以把 C_0 作为通过 Volterra 过程而形成位错的内表面。现在想像沿 xz 面将柱体由 C_0 至 C_2 切开，切割的上、下岸相对位移 $b\boldsymbol{k}$，造成位错，于是单位长度的位错能量就可表为

$$E_{el}=\frac{1}{2}b\int\sigma_{xy}dx=\frac{\mu b^2}{4\pi}\int_{\xi_0+c_0}^{a}\left(\frac{1}{x-\xi}-\frac{1}{x-\xi_1}\right)dx, \tag{2.97}$$

给出

$$E_{el}=\frac{\mu b^2}{4\pi}\ln\frac{(a-\xi_2)(\xi_1-\xi_0-c_0)}{(\xi_1-a)(\xi_0+c_0-\xi_2)}. \tag{2.98}$$

应用 ξ_0、ξ_1、ξ_2 之间的关系式(2.94)，上式右端可以化为只含 ξ_0 或只含 ξ_2. ξ_0 和 ξ_2 二者都可以作为确定位错位置的参数，这是因为问一个位错在它的空心核心中精确地位于何处，实际上是一个没有意义的问题。

若 $c_0\ll a$，则 c_0 与 a_0 近似等同，而式(2.98)应化为式(2.90)。

现在讨论刃型位错与自由平面边界的相互作用。图 2.18 绘出

一个位于 $(-l, 0)$ 的实在刃型位错 E 和一个位于 $(+l, 0)$ 的镜像位错 E'. 这两个位错的应力场叠加的结果使得在表面 B 上除分量 σ_{xy} 以外，其它应力分量为零. 因此，这个简单的镜像位错组态不足以满足使表面 B 成为自由的要求，此时表面 B 上的合成切应力分量为

$$\sigma_{xy}=\frac{\mu b}{\pi(1-\nu)}\times\frac{l(l^2-y^2)}{r^4}, \tag{2.99}$$

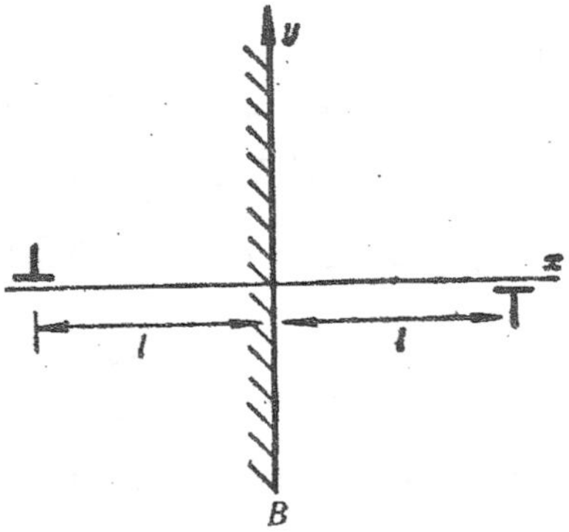

图 2.18

式中 $r^4=(l^2+y^2)^2$. 因此介质中的弹性场应由三部分组成，即位错 E 的弹性场、位错 E' 的弹性场以及另一个补充的弹性场. 最后这个弹性场必须在表面 B 上给出应力分量 $\sigma_{xx}=\sigma_{yy}=0$, 及

$$\sigma'_{xy}(0, y)=-\frac{\mu b}{\pi(1-\nu)}\frac{l(l^2-y^2)}{r^4}, \tag{2.100}$$

以抵消上式 (2.99) 给出的应力，并在 $x\to\infty$ 处给出应力为零. 这是一个平面应力问题，可以用应力函数方法求解. 回忆 Airy 应力函数 ϕ 满足双调和方程

$$\nabla^4\phi=0, \tag{2.101}$$

它有可分离变量的解

$$\phi(x, y)=X(x)Y(y), \tag{2.102}$$

代入原方程 (2.101)，它成为

$$\frac{\partial^4 X}{\partial x^4}+\frac{2}{Y}\frac{\partial^2 X}{\partial x^2}\frac{\partial^2 Y}{\partial y^2}+\frac{X}{Y}\frac{\partial^4 Y}{\partial y^4}=0, \tag{2.103}$$

要变量可分离，必须 $(\partial^2 Y/\partial y^2)/Y$ 和 $(\partial^4 Y/\partial y^4)/Y$ 不依赖于 y，因此 Y 必具有如下形式

$$Y(y)=a\sin ky+b\cos ky. \tag{2.104}$$

于是关于 $X(x)$ 的微分方程成为

$$\frac{\partial^4 X}{\partial x^4} - 2k^2 \frac{\partial^2 X}{\partial x^2} + k^4 X = 0, \tag{2.105}$$

它有解

$$X(x) = (a_0 + a_1 x)e^{kx} + (c_0 + c_1 x)e^{-kx}. \tag{2.106}$$

当 $c_0 = c_1 = 0$，则满足 $\lim\limits_{x\to-\infty} X(x) = 0$. 若 $X(0) = 0$，则有 $\sigma_{xx}(0, y) = 0$，因此 $a_0 = 0$. 将所得到的 X，Y 叠加，给出应力函数

$$\phi(x, y) = \int_0^\infty a(k) x e^{kx} \sin ky dk, \tag{2.107}$$

在此我们弃去了 $\cos ky$ 项，这是因为 $\sigma_{xy}(0, y)$ 必须是 y 的偶函数

σ'_{xy} 的边界条件 (2.100) 给出

$$-\sigma'_{xy}(0, y) = \left(\frac{\partial^2 \phi}{\partial x \partial y}\right)_{x=0} = \int_0^\infty a(k) k \cos ky dk$$

$$= \frac{\mu b}{\pi(1-\nu)} \frac{l(l^2 - y^2)}{(l^2 + y^2)^2}, \tag{2.108}$$

经过 Fourier 反演，可得

$$ka(k) = \frac{\mu b}{\pi^2(1-\nu)} \int_{-\infty}^{+\infty} \frac{l(l^2 - y^2)}{(l^2 + y^2)^2} \cos ky dy. \tag{2.109}$$

进行一次分部积分，上式变为

$$ka(k) = \frac{\mu b}{\pi^2(1-\nu)} \frac{kl}{i} \int_{-\infty}^{+\infty} \frac{y e^{iky}}{l^2 + y^2} dy, \tag{2.110}$$

取 $y = il$ 处的留数，得到

$$a(k) = \frac{\mu b l}{\pi(1-\nu)} e^{-kl}, \tag{2.111}$$

所以

$$\phi(x, y) = \frac{\mu b l}{\pi(1-\nu)} \int_0^\infty x e^{(x-l)k} \sin ky dk$$

$$= \frac{\mu b l x y}{\pi(1-\nu)[(x-l)^2 + y^2]}. \tag{2.112}$$

在 $(-l, 0)$ 点上，即位错 E 所在的位置上，这个应力函数给出的切应力为零，即

$$\sigma'_{xy} = -\frac{\partial^2\phi}{\partial x \partial y}(-l, 0) = \frac{\mu b l}{\pi(1-\nu)}\int_0^\infty k(1-kl)e^{-2kl}dk = 0. \tag{2.113}$$

这样，由于从应力函数 (2.112) 导出的应力场对位错 E 不产生 x 方向分量作用力 F_x，因此自由表面对位错 E 的作用可以仅用镜像位错 E' 的作用代替，镜像力为

$$F_x = \frac{\mu b^2}{4\pi(1-\nu)l}, \tag{2.114}$$

这是一个很简单的结果，在一般情形下是适用的。但若考虑与位错芯切割相联系的应力函数产生的应力时，这个结果就需要修正。具体地讲，通过推导可得出，后面所说的这个效应给出应力

$$\sigma''_{xy}(-l, 0) = \frac{\mu b r_0^2}{16\pi l^3(1-\nu)}, \tag{2.115}$$

作用在位错 E 上的力显然也要加上与此相应的一项。

虽然应力函数 (2.112) 给出的应力场不产生作用在位错 E 上的力，但图 2.18 中所示半无限弹性介质中的总应力场还是三部分贡献之和，即实在位错 E，镜像位错 E'，以及补充部分：由应力函数 (2.112) 导出的应力场。最后这个应力场的显式表示式如下：

$$\sigma_{xx} = -\frac{2\mu b l x y}{\pi(1-\nu)r^6}[3(l-x)^2 - y^2], \tag{2.116}$$

$$\sigma_{yy} = \frac{\mu b l}{\pi(1-\nu)r^6}[4(l-x)^3 y + 6(l-x)^2 x y + 4(l-x)y^3 - 2xy^3], \tag{2.117}$$

$$\sigma_{xy} = \frac{-\mu b l}{\pi(1-\nu)r^6}[(l-x)^4 + 2x(l-x)^3 - 6xy^2(l-x) - y^4], \tag{2.118}$$

$$\sigma_{55} = \nu(\sigma_{xx} + \sigma_{yy}) = \frac{4\mu b l \nu}{\pi(1-\nu)r^6}[(l-x)^3 y$$

$$+ (l - x)y^3].\qquad (2.119)$$

圆柱体中刃型位错问题的解在数学上甚为复杂，不准备在这里论述. 读者可以参看 Eshelby (1979) 的综述文章[1]及其所引文献.

读者不难看出，本节所处理的例子都具有这样的几何性质，使之可以作为二维问题求解. 一般的界面问题是很复杂的，在数学上不易或尚不能求解. 在这里我们先陈述如下的一个一般结论：对于一个与平面表面斜交的直线位错，"镜像"作用通常是改变位错方向，使之趋向于与表面正交. 再加上直线位错当它具有纯螺型取向时单位长度自能最低这一事实，所以当位错的 Burgers 矢量与表面正交时，位错线与表面正交的取向是最为有利的.

在第四章的最后部分，我们还要对表面问题作进一步的讨论.

§ 2.5 平行直线位错间的相互作用能

在前面 § 2.1 和 § 2.2 中曾计算了孤立螺型位错及刃型位错的弹性自能. 本节准备采用一种比较简单的推理方法求两个相互平行的混合型直线位错间的相互作用能.

关于位错弹性自能和相互作用能的问题，我们在 § 3.3 中还要进行严格的讨论，在 § 4.6 中将对两个直线位错的普遍情况作细致的计算. 本节所用的仅是一种说理的推断方法[2].

回顾螺型位错和刃型位错的弹性自能表示式，它们都含有一个同样的对数项 $\ln(R/r_0)$，和一个相似的"对数项前因子"，螺型位错的这个因子是 $\mu b^2/4\pi$，刃型位错是 $\mu b^2/4\pi(1-\nu)$.

现在要说明平行直线位错间的相互作用能也具有类似的形式，即是由一个对数项和一个对数前因子组成，主要的问题就是要

---

1) Eshelby, J. D., Boundary Problems, in "Dislocations in Solids", Vol. North-Holland (1979).

2) Kirchner, H. O. K., Lecture Notes on Dislocation Theory，南京大学 (1980).

定出这个因子.

考虑如图 2.19 所示的两个相互平行的直线位错 D_1 和 D_2，其 Burgers 矢量分别为 $\boldsymbol{b}_1$, $\boldsymbol{b}_2$，其间垂直距离为 d. 想像这两个位错间的相互作用能是通过将一个位错 D_2 由原含位错 D_1 的圆柱体的表面，即 R 处，移至相距为 d 处而建立的. 由于静态位错的应力场随 r 按 $1/r$ 的规律变化，所以这个建立过程会给出一个对数项 $\ln(R/d)$. 其次，由于 D_1 的应力场仅线性地依赖于 $\boldsymbol{b}_1$，D_2 的应力场也是线性地依赖于 $\boldsymbol{b}_2$，所以可以想见相互作用能表示式的对数前因子会具有形式 $\boldsymbol{b}_1\mathbf{H}\boldsymbol{b}_2$. 这里 $\mathbf{H}$ 是一个 3×3 矩阵（或二阶张量），仅含弹性常数，并依赖于位错线的方向 $\boldsymbol{t}$. 即是有

$$E_{12}=\boldsymbol{b}_1\mathbf{H}(\boldsymbol{t})\boldsymbol{b}_2\ln(R/d); \tag{2.120}$$

问题于是化为求此矩阵 $\mathbf{H}$.

除此之外，相互作用能中应该还含有一个依赖于矢量 $\boldsymbol{d}$ 方向的项，此项也应该是 $\boldsymbol{b}$ 的二次型，写作 $\boldsymbol{b}_1\mathbf{K}(\boldsymbol{t},\boldsymbol{d}/|\boldsymbol{d}|)\boldsymbol{b}_2$，即

$$E_{12}=\boldsymbol{b}_1\mathbf{H}(\boldsymbol{t})\boldsymbol{b}_2\ln(R/d)+\boldsymbol{b}_1\mathbf{K}(\boldsymbol{t},\boldsymbol{d}/|\boldsymbol{d}|)\boldsymbol{b}_2, \tag{2.121}$$

式中 $\mathbf{K}$ 也是一个 3×3 矩阵. 现在暂时忽略矩阵 $\mathbf{K}$，而集中注意于矩阵 $\mathbf{H}$.

回顾位错自能的表示式，我们见到它可以表示为与式 (2.120) 相似的形式，即

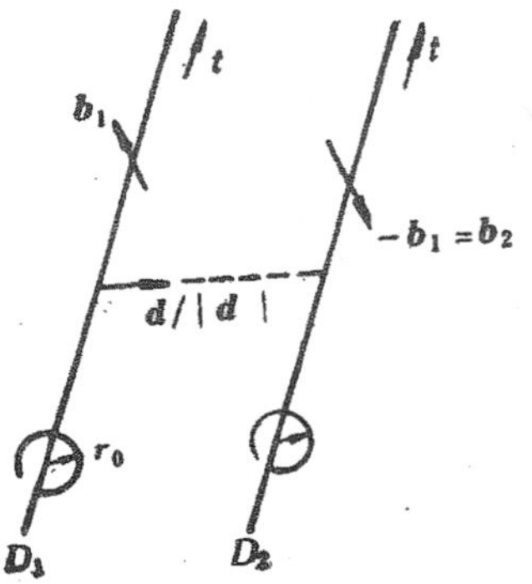

图 1.19

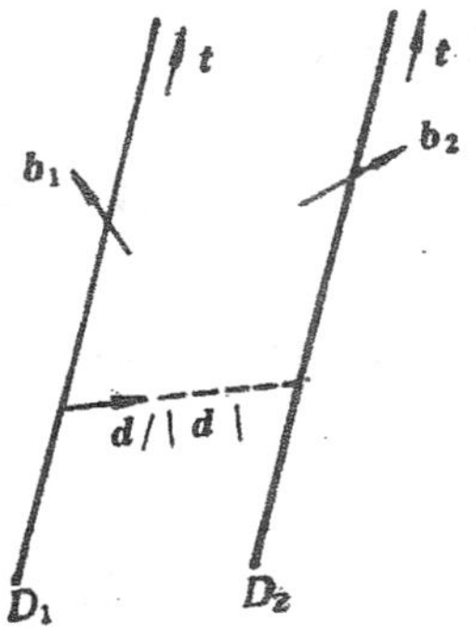

图 1.20

$$E_1 = \boldsymbol{b}_1\tilde{\mathbf{H}}(\boldsymbol{t})\boldsymbol{b}_1 \ln(R/r_0). \tag{2.122}$$

设 D_1, D_2 两个位错的 Burgers 矢量方向相反,大小相等,如图 2.20 所示,则两个位错的自能为

$$E_1 = E_2 = \boldsymbol{b}_1\tilde{\mathbf{H}}(\boldsymbol{t})\boldsymbol{b}_1 \ln(R/r_0), \tag{2.123}$$

而相互作用能为

$$E_{12} = -\boldsymbol{b}_1\mathbf{H}(\boldsymbol{t})\boldsymbol{b}_1 \ln(R/d). \tag{2.124}$$

系统的总弹性能量是 $E_{el}^{(T)} = E$, 即

$$E = E_1 + E_2 + E_{12}, \tag{2.125}$$

即

$$E = 2\boldsymbol{b}_1\tilde{\mathbf{H}}(\boldsymbol{t})\boldsymbol{b}_1 \ln(R/r_0) - \boldsymbol{b}_1\mathbf{H}(\boldsymbol{t})\boldsymbol{b}_1 \ln(R/d). \tag{2.126}$$

现在让这两个位错相互接近, 到 $d \simeq r_0$, 于是它们就互相湮灭, 介质中的弹性场和弹性能量消失,此时 $E = 0$, 从而有

$$\tilde{\mathbf{H}} = \mathbf{H}/2, \tag{2.127}$$

即说明自能的对数前因子(矩阵)正好是相互作用能对数前因子矩阵的 1/2, 所以先求矩阵 $\tilde{\mathbf{H}}$.

选择 z 轴与 $\boldsymbol{t}$ 平行. 于是对于螺型位错有 $\boldsymbol{b} = b(0, 0, 1)$, 所以

$$(0\ 0\ 1)\tilde{\mathbf{H}}\begin{pmatrix}0\\0\\1\end{pmatrix} = \frac{\mu}{4\pi}, \tag{2.128}$$

可见 $\tilde{\mathbf{H}}$ 的形式为

$$\tilde{\mathbf{H}} = \frac{\mu}{4\pi}\begin{pmatrix}\times & & \\ & \times & \\ & & 1\end{pmatrix}, \tag{2.129}$$

其中"×"是待定的矩阵元. 其次,对于 $\boldsymbol{b}/\!/x$ 轴的刃型位错有 $\boldsymbol{b} = b(1, 0, 0)$, 故

$$(100)\tilde{\mathbf{H}}\begin{pmatrix}1\\0\\0\end{pmatrix} = \frac{\mu}{4\pi(1-\nu)}, \tag{2.130}$$

可见

$$\tilde{\mathbf{H}}=\frac{\mu}{4\pi(1-\nu)}\begin{pmatrix}1 & & \\ & \times & \\ & & \times\end{pmatrix} \tag{2.131}$$

最后，取 $\boldsymbol{b}/\!/y$ 轴，$b=b(0,1,0)$，故

$$(0\ 1\ 0)\tilde{\mathbf{H}}\begin{pmatrix}0\\1\\0\end{pmatrix}=\frac{\mu}{4\pi(1-\nu)}, \tag{2.132}$$

而

$$\tilde{\mathbf{H}}=\frac{\mu}{4\pi(1-\nu)}\begin{pmatrix}\times & & \\ & 1 & \\ & & \times\end{pmatrix}. \tag{2.133}$$

把这三个结果综合起来，并注意到 $\mathbf{H}=2\tilde{\mathbf{H}}$，于是得到

$$\mathbf{H}=\frac{\mu}{2\pi(1-\nu)}\begin{pmatrix}1 & 0 & 0\\ 0 & 1 & 0\\ 0 & 0 & (1-\nu)\end{pmatrix}, \tag{2.134}$$

或者写作并矢式的形式，它是

$$\mathbf{H}=\frac{\mu}{2\pi}\boldsymbol{t}\otimes\boldsymbol{t}+\frac{\mu}{2\pi(1-\nu)}[I-\boldsymbol{t}\otimes\boldsymbol{t}]. \tag{2.135}$$

其次，关于角度项矩阵 $\mathbf{K}$，论辩就不是这样直接。实际上 $\mathbf{K}(\boldsymbol{t},\boldsymbol{d}/|\boldsymbol{d}|)$ 对于单位矢量 $\boldsymbol{d}/|\boldsymbol{d}|$ 的依赖表明 $\mathbf{K}$ 取决于矢量 $\boldsymbol{t}$，$\boldsymbol{b}$ 和 $\boldsymbol{d}$ 三者的关系。对于 $\boldsymbol{b}/\!/\boldsymbol{t}$ 的平行螺型位错，由于其间相互作用力的 θ 分量 $F_\theta=\partial E/\partial\theta$ 为零，所以看出

$$\boldsymbol{b}\mathbf{K}\boldsymbol{b}=0。 \tag{2.136}$$

对于 $\boldsymbol{d}$ 在滑移面内的两个平行刃型位错 $\boldsymbol{b}/\!/\boldsymbol{d}$，也能说明

$$\boldsymbol{b}\mathbf{K}\boldsymbol{b}=0 \tag{2.136$'$}$$

故可以想见 $\mathbf{K}$ 会具有如下形式：

$$\mathbf{K}\sim\left[\boldsymbol{t}\times\frac{\boldsymbol{d}}{|\boldsymbol{d}|}\right]\otimes\left[\boldsymbol{t}\times\frac{\boldsymbol{d}}{|\boldsymbol{d}|}\right], \tag{2.137}$$

这里矢量 $\boldsymbol{t}\times(\boldsymbol{d}/|\boldsymbol{d}|)$ 显然是含两个位错的平面的法线矢量. 这样，我们就得到了相互作用能E_{12}的完整表达式

$$E_{12} = b_1 \mathrm{H}(t) b_2 \ln(R/d) + b_1 \mathrm{K}(t, d/|d|) b_2. \qquad (2.138)$$

本节的推理方法是颇有意思的，有一定的启发性. 在 § 4.6 中还要根据 Nabarro 的工作对此问题作严格的推算. 读者可以将本节的结果与 § 4.6 中得到的结果加以比较.

一般性参考文献

[1] 冯 端等，金属物理学，第一卷，科学出版社 (1987).

[2] Seeger, A., Theorie der Gitterfehlstellen, in Handbuch der Physik. VII/I, p. 383. Springer (1955).

[3] Hirth, J. P. and J. Lothe, Theory of Dislocations, 2nd ed., John Wiley & Sons (1982).

[4] Nabarro, F. R. N., Theory of Crystal Dislocations, Oxford (1967).

第三章 各向同性介质中的位错环

本章主要介绍各向同性弹性介质中任意位错环的普遍理论，也就是离散 Burgers 位错的严格的各向同性弹性理论.

我们将引用 Navier 方程的基本积分(或弹性力学中的 Green 张量函数)作为出发点，求出各向同性介质中任意形状位错环的位移场和应力场的显式表达式，表示为沿位错环的线积分. 这样原则上就完全解决了各向同性情况下静位错的弹性性质问题. 作用在位错上的力的公式及位错能量公式是上述普遍结果的推论.

在下一章里将应用此普遍理论，另外还采用某些个别的特殊方法，推出若干有意思的结果. 在那里也将有可能对某些问题，例如自力问题和表面(边界)问题，作比较细致的讨论.

如前文所述，弹性体中的位错只是晶体中位错的一种模拟，更接近于实际的是要讨论晶体点阵中的位错. 本章的理论只在弹性连续体意义下是严格的，但未考虑含位错物体的点阵结构，在处理中想像把位错芯附近的材料挖去，从而回避了位错芯的结构问题. 因此，还需要发展位错的点阵理论，作为补充和进一步的精确化. 这个问题将在本书第八章中论述.

本章所述仅是各向同性介质中静态离散 Burgers 位错的弹性理论，当然还需要考虑各向异性情况，运动位错的场及位错的连续分布问题. 这些是本书第五章至第七章将要处理的内容.

为了能够顺利地阅读本章，要求读者熟悉本书的附录 A.

§ 3.1 位错位移场的 Burgers 公式

如第一章所述，Volterra 的第一、二、三种类型的位错 ($\Delta u_i=$常数)是依 Frank 方法定义的晶体位错的弹性模拟. 回顾第一章所述一个任意位错环想象的产生过程：在以 Σ_1 为外表面的连续弹性体内部给定一条闭合曲线 c，规定沿 c 的行回正向．然后以 c 为轴，挖出一个以 Σ_2 为(内)表面的细管道．其次，取介质中以 c 为边缘线的任意曲面 S，依右手螺旋法则规定 S 的法线正向 $\boldsymbol{n}$．沿面 S 将介质切开，切割的上、下岸分别记为 S_1 和 S_2．将 S_1，S_2 相对位移一个常矢量 $\boldsymbol{b}$，同时进行物质的弥补或除去，然后"焊合"．这时面 S 消失，而弹性体变成由内、外表面 Σ_2，Σ_1 围成的，有内应力的双联体．为了处理的方便，可以再引入一个沿 S 面的想像的切割，而将这个双联体看作是一个由外表面 Σ_1，内表面 Σ_2，以及实际上重合的表面 S_1，S_2 所围成的单联体．这个单联体是 Hooke 固体，其中应力张量 σ_{ij} 满足平衡条件，应变张量 e_{ij} 满足协调条件．Σ_1 和 Σ_2 上面力为零．S_1，S_2 上有应力，不过相等相反 (Volterra 应力连续的结论)．此外，给定 S_1，S_2 上的位移为

$$u_i(\boldsymbol{r}')_{S_1}=0, \qquad u_i(\boldsymbol{r}')_{S_2}=b_i, \tag{3.1a}$$

或

$$u_i(\boldsymbol{r}')_{S_1}=-b_i, \qquad u_i(\boldsymbol{r}')_{S_2}=0, \tag{3.1b}$$

于是问题即化为求经典弹性力学平衡方程 (即 Navier 方程 (A.43)) 在此混合边界条件下的解．

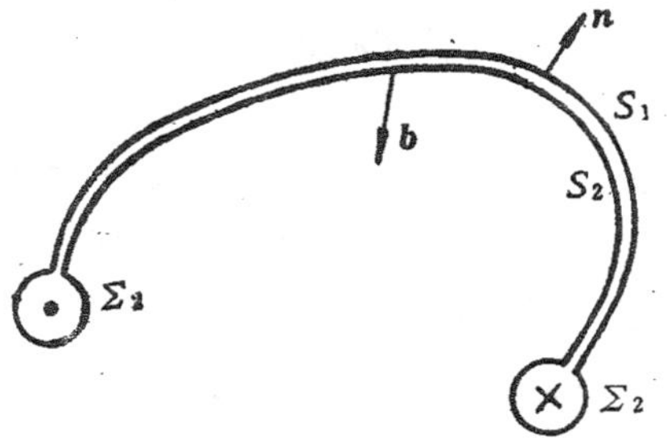

图 3.1

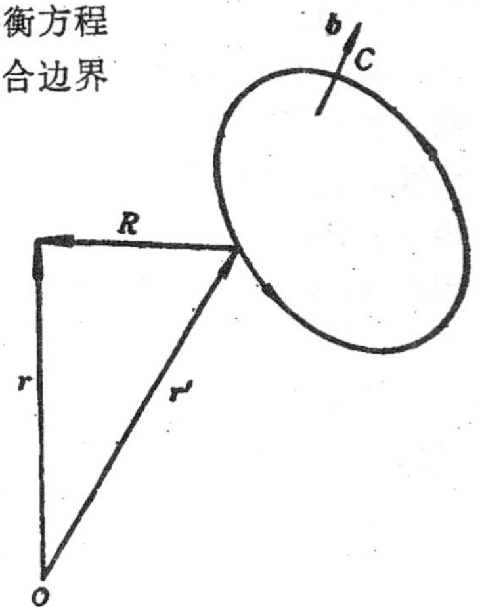

图 3.2

可由 Navier 方程的基本积分——Green 张量函数 $G_{ik}(\boldsymbol{r})$ 来求出这个解(附录 § A.3)．

介质中一个典型场点的矢径为 $\boldsymbol{r}$，源点为 $\boldsymbol{r}'$。不失一般性，命体力密度为零，即

$$f_i(\boldsymbol{r}') = 0, \tag{3.2}$$

于是位移公式 (A.71)

$$\begin{aligned} u_l(\boldsymbol{r}) = & \int_V G_{il}(\boldsymbol{r}-\boldsymbol{r}')f_i(\boldsymbol{r}')dV' \\ & + \int_S G_{il}(\boldsymbol{r}-\boldsymbol{r}')\sigma_{ij}(\boldsymbol{r}')dS_j' \\ & - \int_S u_i(\boldsymbol{r}')c_{ijkm}G_{kl,m'}(\boldsymbol{r}-\boldsymbol{r}')dS_j' \end{aligned}$$

中右端前二项为零，仅存留最后一项在 S_2 (或 S_1) 上的积分. 于是，根据 (3.1a)，有

$$u_l(\boldsymbol{r}) = -b_i\int_{S_2} c_{ijkm}G_{kl,m'}(\boldsymbol{r}-\boldsymbol{r}')dS_j' \tag{3.3}$$

或

$$u_l(\boldsymbol{r}) = b_i\int_S c_{ijkm}G_{kl,m}(\boldsymbol{r}-\boldsymbol{r}')dS_j', \tag{3.4}$$

这是因为 S_2 的法线正向即是 S 的法线正向，而 $\partial_m' = -\partial_m$。

现在考虑各向同性的情况，令 $\boldsymbol{R}$ 为源点至场点 P 的矢量，即

$$\boldsymbol{R} = \boldsymbol{r} - \boldsymbol{r}'. \tag{3.5}$$

由式 (A.85) 给出

$$G_{il}(\boldsymbol{R}) = \frac{1}{8\pi\mu}\left[\delta_{kl}R_{,pp} - \frac{\lambda+\mu}{\lambda+2\mu}R_{,kl}\right], \tag{3.6}$$

并且

$$c_{ijkm} = \lambda\delta_{ij}\delta_{km} + \mu(\delta_{ik}\delta_{jm} + \delta_{im}\delta_{jk}), \tag{3.7}$$

代入 $u_l(\boldsymbol{r})$ 的表达式 (3.4)，得到

$$\begin{aligned} u_l(\boldsymbol{r}) = \frac{1}{8\pi\mu}\int_S \Big\{ & [\lambda b_j R_{,ppl} + \mu(b_l R_{,ppj} + b_m\delta_{jl}R_{,ppm})] \\ & - \frac{\lambda+\mu}{\lambda+2\mu}[\lambda b_j R_{,klk} + \mu(b_k R_{,klj} + b_m R_{,jlm})]\Big\} dS_j', \end{aligned} \tag{3.8}$$

整理之后，得到

$$u_l(\boldsymbol{r}) = -\frac{1}{8\pi}\int_S b_j R_{,ppl} dS'_j + \frac{1}{8\pi}\int_S [b_l R_{,ppj} dS'_j + b_m R_{,ppm} dS'_l]$$

$$+ \frac{1}{4\pi}\frac{\lambda+\mu}{\lambda+2\mu}\int_S [b_j R_{,ppl} - b_k R_{,klj}] dS_j. \tag{3.9}$$

利用 Stokes 公式，将 (3.9) 中的积分加以变换．如 T 是一个任意阶张量的分量，则 Stokes 公式是

$$\oint T dl_k = \int_S \varepsilon_{ijk} T_{,j} dS_i, \tag{3.10}$$

根据式 (A.11)

$$\varepsilon_{ijk}\varepsilon_{klm} = \delta_{il}\delta_{jm} - \delta_{im}\delta_{jl},$$

于是 Stokes 公式可写作

$$\oint \varepsilon_{klm} T dl_k = \int_S \varepsilon_{ijk}\varepsilon_{klm} T_{,j} dS_i$$

$$= \int_S [T_{,m} dS_l - T_{,l} dS_m], \tag{3.11}$$

由此可得

$$\oint_C \varepsilon_{klm} b_l R_{,pp} dl'_k = \int_S [b_l R_{,ppl} dS'_m - b_l R_{,ppm} dS'_l], \tag{3.12}$$

$$\oint_C \varepsilon_{kjn} b_n R_{,mj} dl'_k = \int_S [b_n R_{,mjj} dS'_n - b_n R_{,mjn} dS'_j], \tag{3.13}$$

代入 (3.9)，改变某些求和下标的记法，得到

$$u_l(\boldsymbol{r}) = \frac{1}{8\pi}\int_S b_l R_{,ppj} dS'_j + \frac{1}{8\pi}\oint_C \varepsilon_{kml} b_m R_{,pp} dl'_k$$

$$+ \frac{1}{4\pi}\frac{\lambda+\mu}{\lambda+2\mu}\oint_C \varepsilon_{kin} b_n R_{,li} dl'_k, \tag{3.14}$$

令

$$X_i = x_i - x'_i, \tag{3.15}$$
$$R = (X_i X_i)^{1/2},$$

则有

$$\begin{cases} R_{,i} = \dfrac{X_i}{R}, \quad R_{,ij} = \dfrac{\delta_{ij}}{R} - \dfrac{X_i X_j}{R^3}, \\ R_{,pp} = \dfrac{2}{R}, \quad R_{,ppk} = -\dfrac{2X_k}{R^3}, \end{cases} \tag{3.16}$$

代入 (3.14)，该式成为

$$u_l(\boldsymbol{r}) = -\frac{b_l}{4\pi}\int_S \frac{X_j dS'_j}{R^3} - \frac{1}{4\pi}\oint_C \frac{\varepsilon_{lmk} b_m dl'_k}{R} - \frac{1}{4\pi}\frac{\lambda+\mu}{\lambda+2\mu}\left(\oint_C \frac{\varepsilon_{kni} b_n X_i dl'_k}{R}\right)_{,l}, \tag{3.17}$$

此式第一项表示面 S 对 $\boldsymbol{r}$ 点所张之立体角 Ω

$$\Omega = \int_S \frac{X_j dS'_j}{R^3} = -\frac{1}{2}\int_S R_{,ppj} dS'_j. \tag{3.18}$$

所以，最后用一般的矢量表示法写出，得到

$$\boldsymbol{u}(\boldsymbol{r}) = -\frac{\boldsymbol{b}\Omega}{4\pi} - \frac{1}{4\pi}\oint_C \frac{\boldsymbol{b}\times d\boldsymbol{l}'}{R} - \frac{1}{4\pi}\frac{\lambda+\mu}{\lambda+2\mu}\nabla\left(\oint_C \frac{[\boldsymbol{b}\times\boldsymbol{R}]\cdot d\boldsymbol{l}'}{R}\right), \tag{3.19}$$

这就是著名的 Burgers 位移公式[1)]，它给出任意位错环 c 在各向同性介质中 $\boldsymbol{r}$ 点上产生的弹性位移. Burgers 公式包括三项，其中第二、三两项已经明显地表示为沿 c 的线积分. 第一项是 S 对 $\boldsymbol{r}$ 点所张的立体角，我们知道，这个立体角只取决于 S 的周边线 c. 所以式 (3.19) 明显地说明：任意位错环产生的位移场完全由位错环线 c 和它的 Burgers 矢量 $\boldsymbol{b}$ 决定，或者说由并矢场 $b_i t_j$ 决定，这里 t_j 是位错线 c 的切矢量 $\boldsymbol{t}$ 的第 j 个分量. 这个结论在第一章中已定性地表述过.

式 (3.19) 有时写作如下形式：

$$\boldsymbol{u} = \boldsymbol{u}^* + \boldsymbol{u}^{**} + \nabla\phi,$$

$$\boldsymbol{u}^* = -\frac{\boldsymbol{b}\Omega}{4\pi}, \quad \boldsymbol{u}^{**} = -\frac{\boldsymbol{b}}{4\pi}\times\oint_C \frac{d\boldsymbol{l}'}{R},$$

$$\phi = -\frac{1}{4\pi}\frac{\lambda+\mu}{\lambda+2\mu}\oint_C [\boldsymbol{b}\times\boldsymbol{R}]\cdot\frac{d\boldsymbol{l}'}{R}, \tag{3.20}$$

式中 $\boldsymbol{u}^{**}$ 比例于沿回线 c 环流的单位电流产生的矢势，而第三项

---

1) 首次由 Burgers 导出，Burgers, M., *Proc. Kon. Ned., Akad. Wetenschap.*, **42**, 293, 378 (1939).

本身是一个梯度，因此这两项是 $\boldsymbol{r}$ 的单值连续函数．第一项 $\boldsymbol{u}^*$ 比例于以 $\boldsymbol{r}$ 为顶点、曲面 S（即闭曲线 c）所张之立体角 Ω．在环绕 c 的闭路 γ 上行回一周，立体角变化 4π，故

$$\oint_\gamma d\boldsymbol{u} = -\frac{\boldsymbol{b}}{4\pi}\oint_\gamma d\Omega = -\boldsymbol{b}, \tag{3.21}$$

这就是位错条件（3.1）．以上说明了 Burgers 公式所表示位错产生的位移场的合理性．

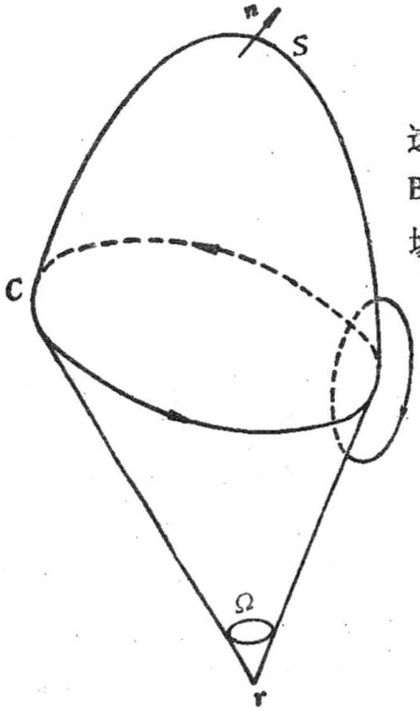

图 3.3

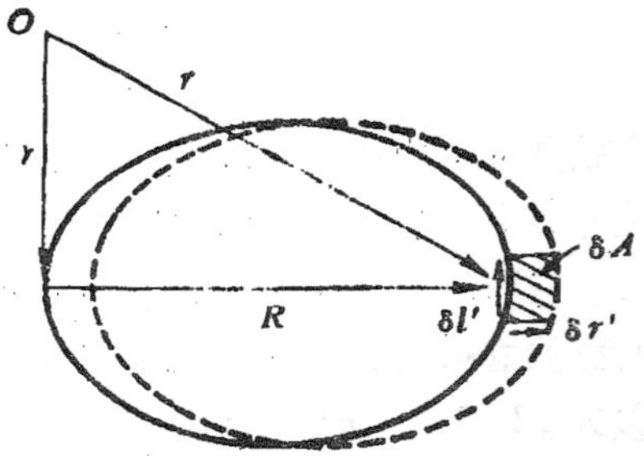

图 3.4

§3.2 位错应力场的 Peach-Koehler 公式

在上节中推导了位错环所产生位移场的积分表达式．在积分号下微分，便可得出应变张量的诸分量，然后通过 Hooke 定律求出应力张量的诸分量．对于各向同性情况，可以求出显式的沿位错线的线积分表达式．这就是 Peach-Koehler 应力公式[1]，在本节中要导出这个公式．

我们从上节的 Burgers 公式（3.19）出发，先将第一项中立体

1）首次由 Peach 和 Koehler 导出，Peach, M. O. and J. S. Koehler, *Phys. Rev.*, **80**, 436 (1950).

角Ω对 x_i 的导数表为回线积分．为此，首先注意到有

$$R_{,ppll} \equiv \sum_{p,l=1}^{3} \frac{\partial^4 R}{\partial x_p^2 \partial x_l^2} = -8\pi\delta(\boldsymbol{R}), \tag{3.22}$$

如果不让 $\boldsymbol{r}$ 落在 S 上，即不让 $R = 0$，则根据 Stokes 公式 (3.11) 及Ω的表达式 (3.18)，可见

$$\Omega_{,i} = -\frac{1}{2}\int_S R_{,ppli} dS'_l = +\frac{1}{2}\int_S [R_{,ppll} dS'_i - R_{,ppli} dS'_l]$$

$$= \frac{1}{2}\oint_C \varepsilon_{ikl} R_{,ppl} dl'_k. \tag{3.23}$$

根据公式 (3.18)

$$\Omega = -\int_S \frac{\boldsymbol{R}\cdot d\boldsymbol{S}}{R^3}, \tag{3.24}$$

$\Omega_{,i} = \dfrac{\partial\Omega}{\partial x_i}$ 也可由几何图象直观地导出如下．如图 3.4 所示，设想场点位移 $\delta\boldsymbol{r} = \delta x_i \hat{e}_i$，这相当于场点不动，整个回线 c 位移 $\delta\boldsymbol{r}' = -\delta x_i \hat{e}_i$．$\delta x_i(\partial\Omega/\partial x_i)$ 就是由 $\boldsymbol{r}$ 点看到的由于 c 的上述位移而产生的立体角变化．从图 3.4 中可看出，$\delta\boldsymbol{A} = \delta\boldsymbol{r}' \times d\boldsymbol{l}'$．于是，根据式 (3.24)，有

$$\frac{\partial\Omega}{\partial x_i} = -\frac{1}{\delta x_i}\oint_C \frac{\boldsymbol{R}\cdot\delta\boldsymbol{A}}{R^3} = +\oint_C \frac{\boldsymbol{R}\cdot(\hat{e}_i \times d\boldsymbol{l}')}{R^3}, \tag{3.25}$$

即式 (3.23)

$$\Omega_{,i} = \frac{1}{2}\oint_C \varepsilon_{ikl} R_{,ppl} dl'_k.$$

现在引入 $\lambda, m = 1/\nu$ 表示 Lamé 系数

$$\begin{cases} m = \dfrac{2(\lambda+\mu)}{\lambda}, \quad \lambda = \dfrac{2\mu}{m-2}, \\ \dfrac{\lambda+\mu}{\lambda+2\mu} = \dfrac{1}{2}\dfrac{m}{m-1}, \end{cases} \tag{3.26}$$

于是位移公式 (3.14) 可写作

$$u_i(\boldsymbol{r}) = -\frac{b_i\Omega}{4\pi} + \frac{1}{8\pi}\oint_C \varepsilon_{ikl} b_l R_{,pp} dl'_k$$

$$+\frac{1}{8\pi}\frac{m}{m-1}\oint_C \varepsilon_{kmn}b_n R_{,mi}dl'_k, \qquad (3.27)$$

而 $u_{i,j}(\boldsymbol{r})$ 为

$$u_{i,j}(\boldsymbol{r})=\frac{1}{8\pi}\oint_C\Big\{-\varepsilon_{jkl}b_iR_{,ppl}+\varepsilon_{ikl}b_lR_{,ppj}$$

$$+\frac{m}{m-1}\varepsilon_{kmn}b_nR_{,mij}\Big\}dl'_k. \qquad (3.28)$$

由

$$e_{ij}=\frac{1}{2}(u_{i,j}-u_{j,i})$$

得到

$$e_{ij}(\boldsymbol{r})=\frac{1}{8\pi}\oint_C\Big\{-\frac{1}{2}[\varepsilon_{jkl}b_iR_{,l}+\varepsilon_{ikl}b_jR_{,l}-\varepsilon_{ikl}b_lR_{,j}$$

$$-\varepsilon_{jkl}b_lR_{,i}]_{,pp}+\frac{m}{m-1}\varepsilon_{kmn}b_nR_{,mij}\Big\}dl'_k. \qquad (3.29)$$

重复应用恒等式

$$\varepsilon_{ijk}\varepsilon_{ilm}=\delta_{jl}\delta_{km}-\delta_{jm}\delta_{kl}.$$

上式方括号中的量可以变形如下:

$$\begin{aligned}&\varepsilon_{jkl}(b_iR_{,l}-b_lR_{,i})+\varepsilon_{ikl}(b_jR_{,l}-b_lR_{,j})\\&\quad=b_nR_{,m}[\varepsilon_{jkl}(\delta_{ni}\delta_{ml}-\delta_{nl}\delta_{mi})+\varepsilon_{ikl}(\delta_{nj}\delta_{ml}-\delta_{nl}\delta_{mj})]\\&\quad=b_nR_{,m}(\varepsilon_{jkl}\varepsilon_{lip}\varepsilon_{pmn}+\varepsilon_{ikl}\varepsilon_{ljp}\varepsilon_{pmn})\\&\quad=b_nR_{,m}[(\delta_{ji}\delta_{kp}-\delta_{jp}\delta_{ki})\varepsilon_{pmn}+(\delta_{ij}\delta_{kp}-\delta_{jp}\delta_{ki})\varepsilon_{pmn}]\\&\quad=b_nR_{,m}[2\delta_{ij}\varepsilon_{kmn}-\delta_{ki}\varepsilon_{jmn}-\delta_{kj}\varepsilon_{imn}],\end{aligned}$$

于是

$$e_{ij}(\boldsymbol{r})=\frac{1}{8\pi}\oint_C b_n\Big[-R_{,mpp}\Big(\delta_{ij}\varepsilon_{kmn}-\frac{1}{2}\delta_{ki}\varepsilon_{jmn}$$

$$-\frac{1}{2}\delta_{kj}\varepsilon_{imn}\Big)+\frac{m}{m-1}\varepsilon_{kmn}R_{,mij}\Big]dl'_k, \qquad (3.30)$$

并有

$$e_{pp}(\boldsymbol{r})=-\frac{1}{8\pi}\frac{m-2}{m-1}\oint_C b_n\varepsilon_{kmn}R_{,mpp}dl'_k, \qquad (3.31)$$

在这里，式 (3.30) 就是位错环 $c(\boldsymbol{b})$ 在各向同性介质中产生的应变场的一般表达式。式 (3.31) 是体膨胀 $e_{pp}(\boldsymbol{r}) \equiv e_{11} + e_{22} + e_{33}$。以此代入 Hooke 定律的表达式

$$\sigma_{ij} = \lambda e_{pp}\delta_{ij} + 2\mu e_{ij},$$

得到

$$\sigma_{ij}(\boldsymbol{r}) = \frac{\mu b_n}{4\pi}\oint_C \left[\frac{1}{2} R_{,mpp}(\varepsilon_{jmn}dl'_i + \varepsilon_{imn}dl'_j) + \frac{m}{m-1}\varepsilon_{kmn}(R_{,mij} - \delta_{ij}R_{,mpp})dl'_k\right], \quad (3.32)$$

这就是 Peack-Koehler 应力公式. 改变一下符号，就可以写成一般书中所引用的形式，即

$$\sigma_{ij}(\boldsymbol{r}) = -\frac{\mu}{8\pi}\oint_C b_n\varepsilon_{jmn}\frac{\partial}{\partial x'_m}\nabla'^2 R\,dl'_i - \frac{\mu}{8\pi}\oint_C b_n\varepsilon_{imn}\frac{\partial}{\partial x'_m}\nabla'^2 R\,dl'_j - \frac{\mu}{4\pi(1-\nu)} \times \oint_C b_n\varepsilon_{kmn}\left(\frac{\partial^3 R}{\partial x'_m\partial x'_i\partial x'_j} - \delta_{ij}\frac{\partial}{\partial x'_m}\nabla'^2 R\right)dl'_k. \quad (3.33)$$

如上所述，我们要求位错 $c(\boldsymbol{b})$ 所产生的应变场和应力场处处单值连续. 式 (3.30) 和式 (3.32) 将 $e_{ij}(\boldsymbol{r})$ 和 $\sigma_{ij}(\boldsymbol{r})$ 表为沿 c 的回线积分，满足这个要求. 由此也说明了 Peach-Koehler 应力公式的合理性.

为了将 $\boldsymbol{u}(\boldsymbol{r})$ 的梯度表示为回线积分，Mura[1)] 提出下述的另一算法. 根据式 (3.3)，有

$$u_{m,s}(\boldsymbol{r}) = b_i c_{ijkl}\int_S G_{mk,s'l'}dS'_j, \quad (3.34)$$

但由平衡方程 (A.43) 及 (A.66)，命体力密度

$$f_i(\boldsymbol{r}) = 0,$$

则应有

---

1) Mura, I., *Phil, Mag.*, 8, 843 (1963).

$$c_{ijkl}G_{mk,j'l'} = 0。\tag{3.35}$$

将式 (3.34) 和式 (3.35) 合并，可得

$$u_{m,s}(\boldsymbol{r}) = b_i c_{ijkl}\int_S [G_{mk,s'l'}dS'_j - G_{mk,j'l'}dS'_s] \tag{3.36}$$

应用如下形式的 Stokes 公式：

$$\int_S (T_{,s'}dS'_j - T_{,j'}dS'_s) = \oint_C \varepsilon_{jsn} T dl'_n, \tag{3.37}$$

即可将 $u_{m,s}(\boldsymbol{r})$ 写作

$$u_{m,s}(\boldsymbol{r}) = \varepsilon_{jsn} b_i c_{ijkl} \oint_C G_{mk,l'}(\boldsymbol{r}-\boldsymbol{r}')dl'_n。\tag{3.38}$$

对于各向同性介质，由式 (3.38) 可导出应变场表达式 (3.30)，然后同样计算应力场。

为了读者方便，最后给出应力场的分量表达式

$$\sigma_{11}(\boldsymbol{r}) = \frac{\mu}{4\pi}\oint_C \Big\{dl'_1\Big[b_2\Big(3L\frac{X_3X_1^2}{R^5} - M\frac{X_3}{R^3}\Big) - b_3\Big(3L\frac{X_2X_1^2}{R^5} - M\frac{X_2}{R^3}\Big)\Big] + dl'_2\Big[b_3\Big(3L\frac{X_1^3}{R^5} - L\frac{X_1}{R^3}\Big) - b_1\Big(3L\frac{X_3X_1^2}{R^5} + L\frac{X_3}{R^3}\Big)\Big] + dl'_3\Big[b_1\Big(3L\frac{X_2X_1^2}{R^5} + L\frac{X_2}{R^3}\Big) - b_2\Big(3L\frac{X_1^3}{R^5} - L\frac{X_1}{R^3}\Big)\Big]\Big\}, \tag{3.39}$$

$$\sigma_{23}(\boldsymbol{r}) = \frac{\mu}{4\pi}\oint_C \Big\{dl'_1\Big[b_2\Big(3L\frac{X_2X_3^2}{R^5} - L\frac{X_2}{R^3}\Big) - b_3\Big(3L\frac{X_2^2X_3}{R^5} - L\frac{X_3}{R^3}\Big)\Big] + dl'_2\Big[b_2\Big(\mu\frac{X_1}{R^3}\Big) + b_3\Big(3L\frac{X_1X_2X_3}{R^5}\Big) - b_1\Big(3L\frac{X_2X_3^2}{R^5} - N\frac{X_2}{R^3}\Big)\Big] + dl'_3\Big[b_3\Big(-\mu\frac{X_1}{R^3}\Big) + b_1\Big(3L\frac{X_3X_2^2}{R^5} - N\frac{X_3}{R^3}\Big) - b_2\Big(3L\frac{X_1X_2X_3}{R^5}\Big)\Big]\Big\}. \tag{3.40}$$

轮换指标 1，2，3，便可得到 σ_{22}，σ_{33}，σ_{31}，σ_{12} 的表达式。式中

$$L=\frac{2(\lambda+\mu)}{\lambda+2\mu}=\frac{m}{m-1},$$

$$M=\frac{2\mu}{\lambda+2\mu}=\frac{m-2}{m-1},$$

$$N=\frac{\lambda}{\lambda+2\mu}=\frac{1}{m-1},$$

$$X_i=x_i-x_i,\quad R^2=X_iX_i.$$

至此，各向同性介质中任意 Burgers 位错环线性近似下的弹性场问题原则上已完全解决。

§3.3 弹性能量；Blin 公式

在存在着弹性应变场和应力场的 Hooke 固体中，弹性能密度为

$$w=\frac{1}{2}\sigma_{ij}e_{ij},\tag{3.41}$$

总弹性能为

$$E_{el}=\int_V wdV=\frac{1}{2}\int_V \sigma_{ij}e_{ij}dV.\tag{3.42}$$

若介质中含有两个位错，A 和 B，则在线性弹性理论近似下，总应力场和应变场应为两个位错的贡献之和，即

$$\begin{cases}\sigma_{ij}=\sigma_{ij}^A+\sigma_{ij}^B,\\ e_{ij}=e_{ij}^A+e_{ij}^B,\end{cases}\tag{3.43}$$

代入 E_{el} 的表达式，即有

$$E_{el}=\frac{1}{2}\int_V \sigma_{ij}^A e_{ij}^A dV+\frac{1}{2}\int_V \sigma_{ij}^B e_{ij}^B dV+\frac{1}{2}\int_V(\sigma_{ij}^A e_{ij}^B+\sigma_{ij}^B e_{ij}^A)dV.\tag{3.44}$$

由于位错 A，B 是两个内应力源，所以根据 Betti-Rayleigh 互易定理 (A.95)，可见

$$\int_V \sigma_{ij}^A e_{ij}^B dV=\int_V \sigma_{ij}^B e_{ij}^A dV.\tag{3.45}$$

因此总弹性能可写为两个位错的弹性自能与它们的弹性相互作用能之总和，即

$$E_{el}=E_S^A+E_S^B+E_I^{AB},\tag{3.46}$$

$$E_S^A=\frac{1}{2}\int_V\sigma_{ij}^Ae_{ij}^AdV,\tag{3.47}$$

$$E_I^{AB}=\int_V\sigma_{ij}^Ae_{ij}^BdV=\int_V\sigma_{ij}^Be_{ij}^AdV.\tag{3.48}$$

表达式(3.47)和(3.48)可以变形为在切割面 S^A(或 S^B)上的面积分. 由于体力密度为零，故平衡方程成为

$$\sigma_{ij,j}^A=0,$$

$$\sigma_{ij,j}^B=0,$$

$$\begin{aligned}E_S^A&=\frac{1}{2}\int_V\sigma_{ij}^Ae_{ij}^AdV=\frac{1}{2}\int_V\sigma_{ij}^Au_{i,j}^AdV\\&=\frac{1}{2}\int_V[(\sigma_{ij}^Au_i^A)_{,j}-\sigma_{ij,j}^Au_i]dV=\frac{1}{2}\int_V(\sigma_{ij}^Au_i^A)_{,j}dV\\&=\frac{1}{2}\int_{S^A}\sigma_{ij}^Au_i^AdS_j'=\frac{1}{2}b_i\int_{S^A}\sigma_{ij}^AdS_j.\end{aligned}\tag{3.49}$$

对于 E_I^{AB}，同样推出

$$E_I^{AB}=b_i^A\int_{S^A}\sigma_{ij}^BdS_j=b_i^B\int_{S^B}\sigma_{ij}^AdS_j.\tag{3.50}$$

这个公式也可以用当一个位错环存在时，另一位错环生成之际，前一位错环的应力场作功来解释(参看附录 A, §A.4 中关于 Colonnetti 定理的说明).

将应力公式(3.33)代入式(3.50)，即可算出各向同性介质中两个位错环之间的弹性相互作能. 如此，我们有

$$E_I^{AB}=\frac{\mu}{8\pi}\int_{S^A}\oint_{C^B}b_i^Ab_n^B\varepsilon_{imn}\frac{\partial}{\partial x_m^A}\nabla^2Rdl_j^BdS_j^A\tag{3.51a}$$

$$+\frac{\mu}{8\pi}\int_{S^A}\oint_{C^B}b_i^Ab_n^B\varepsilon_{jmn}\frac{\partial}{\partial x_m^A}\nabla^2Rdl_i^BdS_j^A\tag{3.51b}$$

$$+\frac{\mu}{4\pi(1-\nu)}\int_{S^A}\oint_{C^B}b_i^Ab_n^B\varepsilon_{kmn}\frac{\partial^3R}{\partial x_m^A\partial x_i^A\partial x_k^A}dl_k^BdS_j^A\tag{3.51c}$$

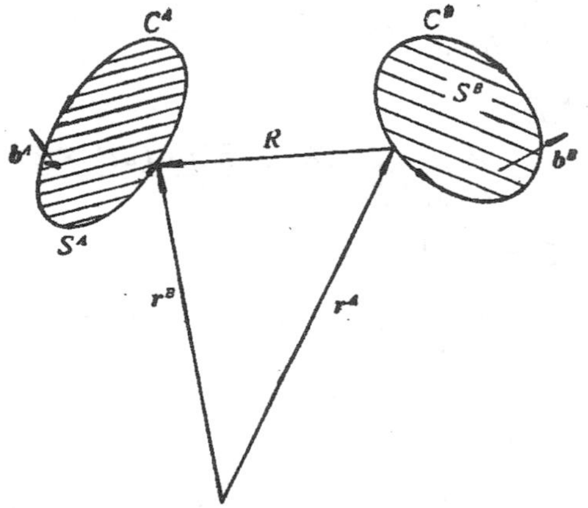

图 3.5

$$-\frac{\mu}{4\pi(1-\nu)}\int_{S^A}\oint_{C^B} b_i^A b_n^B \varepsilon_{kmn}\delta_{ij}\frac{\partial}{\partial x_m^A}\nabla^2 R dl_k^B dS_i^A, \quad (3.51d)$$

式中 R 是由位错 B 至位错 A 的矢量，参看图 3.5.

现在对式 (3.51) 右端的四项分别进行讨论. 应用如下形式的 Stokes 公式:

$$\int_S (T_{,m}dS_i - T_{,i}dS_m) = +\varepsilon_{imk}\int_C T dl_k,$$

式 (3.51a) 成为

$$(3.51a) = \frac{\mu}{8\pi}\int_{S^A}\oint_{C^B} b_i^A b_n^B \varepsilon_{imn}\frac{\partial}{\partial x_j^A}\nabla^2 R dl_j^B dS_m^A$$

$$+\frac{\mu}{8\pi}\oint_{C^A}\oint_{C^B} b_i^A b_n^B \varepsilon_{jmk}\varepsilon_{imn}\nabla^2 R dl_j^B dl_k^A. \quad (3.52)$$

由于 $\partial/\partial x_j^A = -\partial/\partial x_j^B$，故

$$\oint_{C^B}\frac{\partial}{\partial x_j^A}\nabla^2 R dl_j^B = -\oint_{C^B}\frac{\partial}{\partial x_j^B}\nabla^2 R dl_j^B$$

$$= -\oint_{C^B} d(\nabla^2 R) = 0, \quad (3.53)$$

所以式 (3.52) 中第一项为零，存留的第二项是

$$\frac{\mu}{8\pi}\oint_{C^A}\oint_{C^B}\varepsilon_{mni}b_i^A b_n^B \varepsilon_{mkj} dl_k^A dl_j^B(\nabla^2 R),$$

写作矢量的形式是

$$(3.51a)=-\frac{\mu}{4\pi}\oint_{C^A}\oint_{C^B}\frac{(\boldsymbol{b}^A\times\boldsymbol{b}^B)\cdot(d\boldsymbol{l}^A\times d\boldsymbol{l}^B)}{R}. \tag{3.54}$$

(3.51b) 写成矢量的形式是

$$(3.51b)=\frac{\mu}{8\pi}\oint_{C^B}\boldsymbol{b}^A\cdot d\boldsymbol{l}^B\oint_{S^A}[\mathrm{grad}(\nabla^2 R)\times\boldsymbol{b}^B]\cdot d\boldsymbol{S}^A. \tag{3.55}$$

由于矢量分析中有恒等式

$$\mathrm{rot}(\phi\boldsymbol{a})=\phi\,\mathrm{rot}\boldsymbol{a}+\mathrm{grad}\phi\times\boldsymbol{a},$$

所以式 (3.55) 中在 S^A 上的面积分成为

$$\int_{S^A}\mathrm{rot}_A(\nabla^2 R\boldsymbol{b}^B)\cdot d\boldsymbol{S}^A. \tag{3.56}$$

再应用 Stokes 定理，它变为

$$\oint_{C^A}\boldsymbol{b}^B\cdot dl^A(\nabla^2 R). \tag{3.57}$$

因此 (3.51b) 是

$$(3.51b)=\frac{\mu}{4\pi}\oint_{C^A}\oint_{C^B}\frac{(\boldsymbol{b}^A\cdot d\boldsymbol{l}^B)(\boldsymbol{b}^B\cdot d\boldsymbol{l}^A)}{R}. \tag{3.58}$$

将 Stokes 公式应用于式 (3.51c)，可得到

$$(3.51c)=\frac{\mu}{4\pi(1-\nu)}\int_{S^A}\oint_{C^B}b_i^A b_n^B\varepsilon_{kmn}\frac{\partial^3 R}{\partial x_m^A\partial x_i^{A2}}dl_k^B dS_i^A$$
$$+\frac{\mu}{4\pi(1-\nu)}\oint_{C^A}\oint_{C^B}b_i^A b_n^B\varepsilon_{ijl}\varepsilon_{mnk}\frac{\partial^2 R}{\partial x_m^A\partial x_j^A}dl_k^A dl_k^B. \tag{3.59}$$

式 (3.59) 右端第一项正好与式 (3.51d) 抵消，存留第二项，故可以写成如下的矢量形式：

$$(3.51c)+(3.51d)=\frac{\mu}{4\pi(1-\nu)}\oint_{C^A}\oint_{C^B}(\boldsymbol{b}^A\times d\boldsymbol{l}^A)\cdot\mathbf{T}\cdot(\boldsymbol{b}^B\times d\boldsymbol{l}^B), \tag{3.60}$$

式中 $\mathbf{T}$ 是一个张量，它的分量是

$$T_{pq} \equiv \frac{\partial^2 R}{\partial x_p \partial x_q}. \tag{3.61}$$

注意到恒等式

$$(\boldsymbol{b}^A \times \boldsymbol{b}^B) \cdot (d\boldsymbol{l}^A \times d\boldsymbol{l}^B) = (\boldsymbol{b}^A \cdot d\boldsymbol{l}^A)(\boldsymbol{b}^B \cdot d\boldsymbol{l}^B) - (\boldsymbol{b}^A \cdot d\boldsymbol{l}^B)(\boldsymbol{b}^B \cdot d\boldsymbol{l}^A),$$

合并式 (3.54), (3.58) 和 (3.60), 则式 (3.51) 最后成为

$$\begin{aligned} E_I^{AB} = &-\frac{\mu}{2\pi}\oint_{C^A}\oint_{C^B}\frac{(\boldsymbol{b}^A \times \boldsymbol{b}^B)\cdot(d\boldsymbol{l}^A \times d\boldsymbol{l}^B)}{R} \\ &+\frac{\mu}{4\pi}\oint_{C^A}\oint_{C^B}\frac{(\boldsymbol{b}^A \cdot d\boldsymbol{l}^A)(\boldsymbol{b}^B \cdot d\boldsymbol{l}^B)}{R} \\ &+\frac{\mu}{4\pi(1-\nu)}\oint_{C^A}\oint_{C^B}(\boldsymbol{b}^A \times d\boldsymbol{l}^A)\cdot \mathbf{T} \\ &\cdot(\boldsymbol{b}^B \times d\boldsymbol{l}^B), \end{aligned} \tag{3.62}$$

此式 (3.62) 一般称为 Blin 公式[1], 给出各向同性弹性介质中两个位错环 $c^A(\boldsymbol{b}^A)$ 和 $c^B(\boldsymbol{b}^B)$ 之间的弹性相互作用能, 表为沿位错线 c^A 和 c^B 的回线积分.

在下面第七章中, 我们将把 Kröner 的连续理论应用于离散位重新导出 Blin 公式.

Blin 公式的含意可以推广, 计算两个任意位置的位错线段间的相互作用能.

位错 A 或 B 的弹性自能可以从 Blin 公式的形式 (3.62) 得出. 根据式 (3.47), 位错 A 的弹性自能是

$$E_s^A = \frac{1}{2}\int_V \sigma_{ij}^A e_{ij}^A dV.$$

取式 (3.62), 令其中 $c^B = c^A = c$, $\boldsymbol{b}^B = \boldsymbol{b}^A = \boldsymbol{b}$, 并乘以因子 $\frac{1}{2}$, 于是得到

$$E_S^A = \frac{\mu}{8\pi}\oint_{C^A=C}\oint_{C^B=C}\frac{(\boldsymbol{b}\cdot d\boldsymbol{l}^A)(\boldsymbol{b}\cdot d\boldsymbol{l}^B)}{R}$$

---

1) 首次由 Blin 导出, Blin, J., *Acta Met.*, 3, 199 (1955).

$$+\frac{\mu}{8\pi(1-\nu)}\oint_{C^A=C}\oint_{C^B=C}(\boldsymbol{b}\times d\boldsymbol{l}^A)$$

$$\cdot\mathbf{T}\cdot(\boldsymbol{b}\times d\boldsymbol{l}^B), \tag{3.63}$$

式中

$$T_{pq}\equiv\frac{\partial^2 R}{\partial x_p\partial x_q}. \tag{3.64}$$

位错的弹性自能可以解释为当位错环 c 生成时，其线元 $d\boldsymbol{l}$ 要受到环的所有其它部分产生的力，反抗这些力所作之功就是对于自能的贡献．由此，也可以把位错的弹性自能看作是位错环所有线段弹性相互作用能之总和．由于式 (3.63) 中的积分把两个给定线元的相互作用计算了两次，所以与 Blin 公式的形式比较，结果应乘以因子 $\frac{1}{2}$.

§ 3.4 作用在位错线元上的力

如果位错 c 处在除它自身所产生的应力场以外的应力场 $\boldsymbol{\sigma}^K$ 中，则位错环的各个线元 $d\boldsymbol{l}$ 都会受到一个分析力学意义下的广义力 $d\boldsymbol{F}$．在前文，§ 1.5，§ 2.3 中曾分别提到和就具体情况讨论并计算了作用在位错上的力，§ 2.4 中介绍了“像力”．在上面这些章节中公式的引出多半偏于“物理的”思考，即是形象地从做功的观点去议论．如果从相互作用能的观念出发，就可以进行更普遍和更严格一些的论述．

已知弹性体中弹性能量密度是

$$w=\frac{1}{2}\sigma_{ij}e_{ij}, \tag{3.65}$$

考虑一个含有缺陷的有限固体，并关注于一个特定的位错 L，于是我们可以用 $L+I$ 标记此位错的自弹性场与镜像弹性场，用 O 标记除此位错以外的缺陷产生的弹性场，用 A 标记外源产生的弹性场．这样，总的弹性场就可以表示为诸项之和：

$$u_i=u_i^{L+I}+u_i^O+u_i^A, \tag{3.66}$$

$$\sigma_{ij} = \sigma_{ij}^{L+l} + \sigma_{ij}^{O} + \sigma_{ij}^{A}, \tag{3.67}$$

$$e_{ij} = e_{ij}^{L+l} + e_{ij}^{O} + e_{ij}^{A}. \tag{3.68}$$

在外表面 S 上，有

$$\begin{cases} \sigma_{ij}^{L+l} n_i = 0, \quad \sigma_{ij}^{O} n_i = 0, \\ \sigma_{ij}^{A} n_i = T_j^{A}. \end{cases} \tag{3.69}$$

此有限弹性固体的总弹性势能是

$$E_{el}^{T} = \frac{1}{2}\int_V \sigma_{ij} e_{ij} dV - \int_S \sigma_{ij}^{A} u_i dS_j. \tag{3.70}$$

将上面 σ_{ij} 和 e_{ij} 的表达式代入，则体积分的被积函数分为九项．因为现在我们要考虑的是作用在位错上的力，也就是势能随位错之广义坐标的变化，所以不含此广义坐标的势能项在作用力的问题中没有意义，因此把它们略去．余下可称为有效的总弹性势能，记作 E_{el}

$$E_{el}^{T'} = E^{SELF} + E^{L-O} + E^{L-A}, \tag{3.71}$$

$$E^{SELF} = \frac{1}{2}\int_V \sigma_{ij}^{L+l} e_{ij}^{L+l} dV, \tag{3.72}$$

$$E^{L-O} = \frac{1}{2}\int_V (\sigma_{ij}^{L+l} e_{ij}^{O} + \sigma_{ij}^{O} e_{ij}^{L+l}) dV, \tag{3.73}$$

$$E^{L-A} = \frac{1}{2}\int_V (\sigma_{ij}^{L+l} e_{ij}^{A} + \sigma_{ij}^{A} e_{ij}^{L+l}) dV - \int_S \sigma_{ij}^{A} u_i^{L+l} dS_j. \tag{3.74}$$

现在暂时将 E^{SELF} 部分推迟到下面再具体考虑，先注意 E^{L-O} 和 E^{L-A} 这两个部分．

根据附录 A.4 中的论述，可知

$$E^{L-O} = \int_V \sigma_{ij}^{O} e_{ij}^{L+l} dV = \int_V (\sigma_{ij}^{O} u_i^{L+l})_{,j} dV, \tag{3.75}$$

由式（A.93）至（A.95），并注意到在外表面 S 及内表面 Σ 上，$\sigma_{ij}^{O} n_j = 0$，所以就余下在切割面 S_0（在附录中记为 A）上的积分

$$E^{L-O} = \int_{S_0} \sigma_{ij}^{O} \Delta u_i^{L} dS_j, \tag{3.76}$$

$$\Delta u_i^{L} = b_i, \tag{3.77}$$

所以

$$E^{L-O} = b_i \int_{S_0} \sigma_{ij}^{O} dS_j. \tag{3.78}$$

考虑 E^{L-A}. 根据 § A.4 中所述 Colonnetti 定理，可知 E^{L-A} 表示式中体积分项为零，根据 (A.98)，可见第二项

$$-\int_S \sigma_{ij}^A u_i^{L+I} dS_j = \int_{S_0} \sigma_{ij}^A \Delta u_i^L dS_j, \tag{3.79}$$

所以 E^{L-A} 也具有形式

$$E^{L-A} = b_i \int_{S_0} \sigma_{ij}^A dS_j. \tag{3.80}$$

注意这两个公式 (3.78) 和 (3.80)，虽然形式上是一样的，但含意不同，公式 (3.78)，即 E^{L-O} 的表达式是表示相互作用应变能；而公式 (3.80) 则表示相互作用势能.

如果位错线元 $d\boldsymbol{l}$ 位移一个矢量 $\delta\boldsymbol{r}$. 则切割面 S_0 增加一个面积元 $\delta\boldsymbol{r}\times d\boldsymbol{l}$. 根据式 (3.78) 和式 (3.80)，$E^{L-O}$ 和 E^{L-A} 的变化均为

$$\delta E^{L-K} = b_i \oint \sigma_{ij}^K[\varepsilon_{jpq}\delta r_p dl_q] = \oint_L \varepsilon_{jpq} b_i \sigma_{ij}^K dl_q \delta r_p$$

$$= -\oint_L F_p^K dl \delta r_p, \tag{3.81}$$

$$F_p^K = +\varepsilon_{pjq} b_i \sigma_{ij}^K t_q, \tag{3.82}$$

即

$$\boldsymbol{F}^K = (\boldsymbol{b}\cdot\boldsymbol{\sigma}^K)\times\boldsymbol{t}, \tag{3.83}$$

式中 K 代表 O 和 A.

现在简短分析 E^{SELF} 项

$$E^{SELF} = \frac{1}{2}\int_V \sigma_{ij}^{L+I} e_{ij}^{L+I} dV,$$

$$e_{ij}^{L+I} = e_{ij}^L + e_{ij}^I,$$

故

$$E^{SELF} = \frac{1}{2}\int_V \sigma_{ij}^{L+I} e_{ij}^L dV + \frac{1}{2}\int_V \sigma_{ij}^{L+I} e_{ij}^I dV$$

$$= \frac{1}{2}\int_V (\sigma_{ij}^{L+I} u_i^L)_{,j} dV + \frac{1}{2}\int_V (\sigma_{ij}^{L+I} u_i^I)_{,j} dV. \tag{3.84}$$

由于 I 场在 V 中是好函数，故此 $\sigma_{ij}^{L+I} u_i^I$ 在切割面上连续，因而上式右边第二项为零，留下第一项. 对此项应用散度定理，注意在外

表面上 $\sigma_{ij}^{L+I}n_i=0$，故此上面积分为零. 再将 σ_{ij}^{L+I} 分解为 σ_{ij}^L 与 σ_{ij}^I 之和，于是就有

$$E^{SELF}=E^L+E^{L-I}, \tag{3.85}$$

$$E^L=\frac{1}{2}\int_{S_1+S_2+\Sigma_2}\sigma_{ij}^L u_j^L dS_i, \tag{3.86}$$

$$E^{L-I}=\frac{1}{2}\int_{S_1+S_2+\Sigma_2}\sigma_{ij}^I u_j^L dS_i=\frac{1}{2}b_j\int_{S_0}\sigma_{ij}^I dS_i. \tag{3.87}$$

现在注意 E^{L-I} 项. 对于 L 的小位移 δr，有

$$\delta E^{L-I}=\frac{1}{2}\varepsilon_{jpq}b_i\oint_L\sigma_{ij}^I\delta r_p dl_q+\frac{1}{2}b_j\int_S\delta\sigma_{ij}^I dS_i.$$

由于 σ_{ij}^I 依赖于 L 的位形，所以第二项面积分不为零. Gavazza 和 Barnett 证明

$$b_j\int_{S_0}\delta\sigma_{ij}^I dS_i=b_j\int_{\delta S_0}\sigma_{ij}^I dS_i=\varepsilon_{jpq}b_i\oint_L\sigma_{ij}^I\delta r_p dl_q, \tag{3.88}$$

因此 δE^{L-I} 具有形式

$$\delta E^{L-I}=\varepsilon_{jpq}b_i\oint_L\sigma_{ij}^I t_q\delta r_p dl, \tag{3.89}$$

与式 (3.81) 一样，因此镜像力 F^I 的表达式也和式 (3.83) 的形式一样，而该式中的指标 K 除代表 A 和 O 外，也代表 I.

自力 F^L 必须另行讨论. 这样，除了位错自身的作用("自力")以外，作用在位错线元 $d\boldsymbol{l}$ 上单位长度的力的一般表达式为

$$\boldsymbol{F}^K=(\boldsymbol{b}\cdot\boldsymbol{\sigma}^K)\times\boldsymbol{t}, \tag{3.90}$$

或

$$F_p^K=+\varepsilon_{pjq}\sigma_{ij}^K b_i t_q, \tag{3.91}$$

这就是作用在位错线元上的力的 Peach-Koehler 公式[1].

由于晶体位错最容易的运动方式是滑移，其滑移面是一个确定的面，因此人们常常对上述诸力的滑移分量感到兴趣. 由上面的 Peach-Koehler 公式容易算出此分量.

不失一般性地可以考虑一个平面环，此环平面即是它的滑移

---

1) 首次由 Peach 和 Koehler 导出，Peach, M. O. and Koehler, J. S., *Phys. Rev.*, **80**, 436 (1950).

面，其 Burgers 矢量 $\boldsymbol{b}$ 就在环平面内. 此平面的法线记作 $\boldsymbol{n}$，环上所注意的点 P 处的切线记作 $\boldsymbol{t}$，则环在 P 点处的位于环面内的法线 $\boldsymbol{m}=\boldsymbol{n}\times\boldsymbol{t}$. 这样，上面 $\boldsymbol{F}^K$ 沿 $\boldsymbol{m}$ 的分量，即所谓滑移分量就是

$$F^K_{(g)}=\boldsymbol{F}^K\cdot\boldsymbol{m}, \tag{3.92}$$

或

$$F^K_{(g)}=+\varepsilon_{pjq}\varepsilon_{prs}\sigma^K_{ij}b_it_qt_sn_r=\sigma^K_{ij}b_in_j. \tag{3.93}$$

以下在不致引起混淆的情况下将略去标量 $F^K_{(g)}$ 的下标 (g)，直接用记号 F^K 表示 $\boldsymbol{F}^K$ 的滑移分量. 于是，位错环的平衡形状就应该由力的平衡条件

$$F^A+F^O+F^L+F^I=0 \tag{3.94}$$

确定. 式中 F^A, F^O 和 F^I 均由形式如 (3.90) 的公式给出；只有 F^L，一般称为“自力”的一项，比较复杂，不具有如 (3.90) 的形式. 关于“自力”，我们要在下文中还要专节进行讨论(§ 4.10).

一般性参考文献

[1] Hirth, J. P. and J. Lothe, Theory of Dislocations, 2nd ed., John Wiley and Sons (1982).

[2] Nabarro, F. R. N., Theory of Crystal Dislocations, Oxford (1967).

[3] de Wit, R., Continuum Theory of Stationary Dislocations, Solid State Physics, vol. 10, 249(1960).

[4] 冯 端，晶体缺陷理论，中国科学技术大学研究生讲义 (1983).

第四章　若干具体结果

上一章所述是各向同性弹性介质中位错环的普遍理论．把离散位错环产生的位移场、应力场、位错环之间的相互作用能及位错环的弹性自能表为沿环的线积分．离散位错的线性弹性理论至此在原则上已论述完毕，剩下的问题在于积分．当然，位错芯的构造是不能用这个理论来研究的．

本章继续讨论各向同性介质中离散位错的弹性性质，并对几种可解的位错组态或位形推导出显式结果．其中包括无限小及有限位错圆环、折线位错以及有限直位错线段的应力场；无限直线位错间、共轴位错圆环间、以及非平行直线位错线段间的弹性相互作用．计算了分段直线位错的能量．最后，对位错的自力问题及自由表面问题作一些讨论．

本章用以解决问题的方法有一些是上章中普遍公式的具体应用，另一些是针对某种特定几何位形发展的方法．所得到的结果是有相当意义的，有许多可以用作“基元”，来构成更复杂位错组态的解．读者在工作中遇到某些需要计算位错弹性场或相互作用的问题时，会发现本章所给出的若干具体表示式是有用的．

最后应该提到：我们把 Brown 公式和 Indenbom-Orlov 公式放在论述各向异性问题的下一章中介绍．这两个公式是求位错环应力场的很巧妙的方法，对于各向同性介质的情况当然同样是适用的．

§4.1　无限小位错环

直接利用弹性力学中的 Green 张量函数，不难求出无限小位错环的弹性场．

所谓无限小位错环的弹性场是指一个小环在距环中心远距离

处产生的场，此距离比环的半径大很多．环的尺寸或线度远小于它与场点的距离，这环就可以看作是无限小的．

具体地讲，考虑一个小的平面圆位错环，圆心在原点．环所围的小面积记作 $\boldsymbol{S}$；把 $\boldsymbol{S}$ 作为造成位错的切割面，切割面上下两岸的相对位移为 $\boldsymbol{b}$． 根据§3.1中的式(3.4)，介质中矢径为 $\boldsymbol{r}$ 的点上的弹性位移为

$$u_m(\boldsymbol{r}) = b_i \int_S c_{ijkl} G_{mk,l}(\boldsymbol{r} - \boldsymbol{r}') dS'_j. \tag{4.1}$$

对于"无限小"环，源点矢径 $\boldsymbol{r}'$ 远小于场点矢径 $\boldsymbol{r}$，故 $\boldsymbol{r}'$ 相对于 $\boldsymbol{r}$ 近似可以略去，而令 $\boldsymbol{r} - \boldsymbol{r}'$ 近似等于 $\boldsymbol{r}$．于是

$$u_m(\boldsymbol{r}) = b_i c_{ijkl} G_{mk,l}(\boldsymbol{r}) S_j, \tag{4.2}$$

S_j 是面积 $\boldsymbol{S}$ 在 j 方向上的投影．对于各向同性介质，有

$$c_{ijkl} = \lambda \delta_{ij}\delta_{kl} + \mu(\delta_{ik}\delta_{jl} + \delta_{il}\delta_{jk})$$

$$G_{mk}(\boldsymbol{r}) = \frac{1}{16\pi\mu(1-\nu)} \left[\frac{(3-4\nu)\delta_{mk}}{r} - \frac{x_m x_k}{r^3} \right],$$

由此经过一次微分，可得

$$G_{mk,l}(\boldsymbol{r}) = \frac{1}{16\pi\mu(1-\nu)} \frac{f_{mkl}}{r^2}, \tag{4.3}$$

式中 f_{mkl} 是一个三阶张量，它等于

$$f_{mkl} = (3-4\nu)\delta_{mk} l_l - \delta_{kl} l_m - \delta_{ml} l_k + 3 l_m l_k l_l, \tag{4.4}$$

$l_k = x_k/r$ 等是 $\boldsymbol{r}$ 的方向余弦．根据 c_{ijkl} 的表达式，得到

$$c_{ijkl} f_{mkl} = 2\mu[(1-2\nu)(\delta_{im} l_j + \delta_{jm} l_i - \delta_{ij} l_m) + 3 l_i l_j l_m], \tag{4.5}$$

于是有

$$u_m(\boldsymbol{r}) = \frac{-b_i S_j}{8\pi(1-\nu)} \frac{g_{ijm}}{r^2}, \tag{4.6}$$

式中

$$g_{ijm} = (1-2\nu)(\delta_{im} l_j + \delta_{jm} l_i - \delta_{ij} l_m) + 3 l_i l_j l_m, \tag{4.7}$$

这就是各向同性介质中无限小位错环位移场的普遍公式．

因为位错环无限小，所以它的具体形状没有什么关系，即不一定要设它是圆形的，只要给定面 $\boldsymbol{S}$ 的大小和方向就可以了．

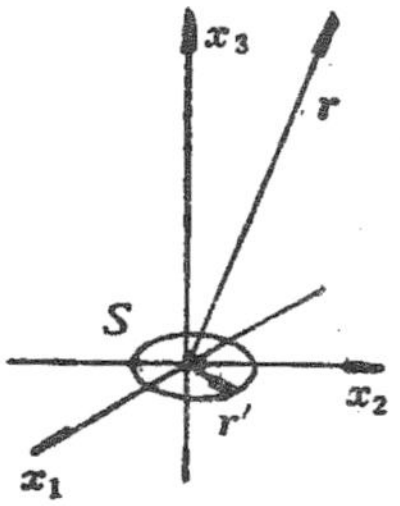

图 4.1

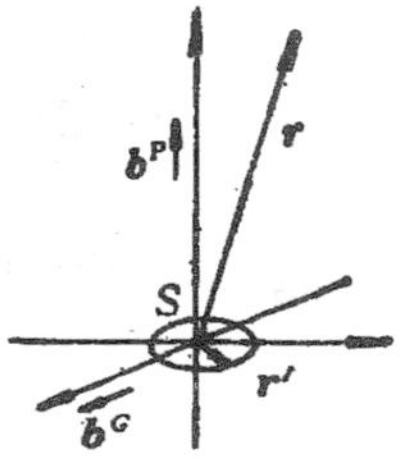

图 4.2

现在可以不失一般性地假定环处在 x_1x_2 平面内，它的 Burgers 矢量为 $\boldsymbol{b}$。这个环可当作是两个形状相同、叠合在一起的环来处理．其中一个环的 Burgers 矢量在环面内，记作 $\boldsymbol{b}^G$，称它为滑移位错环．另一个环的 Burgers 矢量与环面垂直，记作 $\boldsymbol{b}^P$，称之为棱柱位错环．现在分别讨论．

对于滑移位错环，取 b^G 在 x_1 方向，所以 $b_1 = b^G$，$b_2 = b_3 = 0$；环平面的法线方向是 x_3，即 $j = 3$。因此，滑移位错环产生的位移场是

$$u_m^G(\boldsymbol{r}) = \frac{-b^G S}{8\pi(1-\nu)} \frac{g_{13m}}{r^2}, \tag{4.8}$$

其中 S 是环面积，g_{13m} 是

$$\begin{cases} g_{131} = (1-2\nu)l_3 + 3l_1^2 l_3, \\ g_{132} = 3l_1 l_2 l_3, \\ g_{133} = (1-2\nu)l_1 + 3l_1 l_3^2, \end{cases} \tag{4.9}$$

所以得到

$$\begin{cases} u_1^G(\boldsymbol{r}) = \dfrac{-b^G S}{8\pi(1-\nu)r^2}\left[(1-2\nu)\dfrac{x_3}{r} + \dfrac{3x_1^2 x_3}{r^3}\right], \\ u_2^G(\boldsymbol{r}) = \dfrac{-b^G S}{8\pi(1-\nu)r^2}\dfrac{3x_1 x_2 x_3}{r^3}, \\ u_3^G(\boldsymbol{r}) = \dfrac{-b^G S}{8\pi(1-\nu)r^2}\left[(1-2\nu)\dfrac{x_1}{r} + \dfrac{3x_1 x_3^2}{r^3}\right]. \end{cases} \tag{4.10}$$

按照弹性力学的常规方法计算应力张量诸分量，结果是

$$\sigma_{11}^{G} = K^{G}\frac{x_1x_3}{r^5}\left(1 - \frac{5x_1^2}{r^2}\right),$$

$$\sigma_{22}^{G} = K^{G}\frac{x_1x_3}{r^5}\left(1 - 2\nu - \frac{5x_2^2}{r^2}\right),$$

$$\sigma_{33}^{G} = K^{G}\frac{x_1x_3}{r^5}\left(1 - \frac{5x_3^2}{r^2}\right),$$

$$\sigma_{23}^{G} = K^{G}\frac{x_1x_2}{r^5}\left(\nu - \frac{5x_3^2}{r^3}\right),$$

$$\sigma_{31}^{G} = K^{G}\frac{1}{r^3}\left(\frac{1+\nu}{3} - \nu\frac{x_2^2}{r^2} - \frac{5x_1^2x_3^2}{r^4}\right),$$

$$\sigma_{12}^{G} = K^{G}\frac{x_2x_3}{r^5}\left(\nu - \frac{5x_1^2}{r^3}\right), \tag{4.11}$$

式中

$$K^{G} = -3\mu b^{G}S/4\pi(1-\nu). \tag{4.12}$$

对于棱柱位错环，$\boldsymbol{b}^P$ 在 x_3 方向，$b_3 = b^P$，$b_1 = b_2 = 0$；$j=3$. 所以

$$u_m^P(\boldsymbol{r}) = \frac{-b^PS}{8\pi(1-\nu)}\frac{g_{33m}}{r^2}, \tag{4.13}$$

$$g_{33m} = (1-2\nu)(2\delta_{3m}l_3 - l_m) + 3l_3^2l_m. \tag{4.14}$$

位移场分量是

$$\begin{cases} u_1^P(\boldsymbol{r}) = \dfrac{-b^PS}{8\pi(1-\nu)r^2}\dfrac{x_1}{r}\left[\dfrac{3x_3^2}{r^2} - (1-2\nu)\right], \\ u_2^P(\boldsymbol{r}) = \dfrac{-b^PS}{8\pi(1-\nu)r^2}\dfrac{x_2}{r}\left[\dfrac{3x_3^2}{r^2} - (1-2\nu)\right], \\ u_3^P(\boldsymbol{r}) = \dfrac{-b^PS}{8\pi(1-\nu)r^2}\dfrac{x_3}{r}\left[\dfrac{3x_3^2}{r^2} + (1-2\nu)\right]. \end{cases} \tag{4.15}$$

由此计算应力张量的诸分量，结果是

$$\sigma_{11}^{P} = K^{P}\frac{1}{r^3}\left[\frac{4\nu-1}{3} + (1-2\nu)\frac{x_1^2+x_3^2}{r^2} - \frac{5x_1^2x_3^2}{r^4}\right],$$

$$\sigma_{22}^{P} = K^{P}\frac{1}{r^3}\left[\frac{4\nu-1}{3} + (1-2\nu)\frac{x_2^2+x_3^2}{r^2} - \frac{5x_2^2x_3^2}{r^4}\right],$$

$$\sigma_{33}^P = K^P \frac{1}{r^3}\left[\frac{1}{3} + \frac{2x_3^2}{r^2} - \frac{5x_3^4}{r^4}\right],$$

$$\sigma_{23}^P = K^P \frac{x_2x_3}{r^5}\left[1 - \frac{5x_3^2}{r^2}\right],$$

$$\sigma_{31}^P = K^P \frac{x_3x_1}{r^5}\left[1 - \frac{5x_3^2}{r^2}\right],$$

$$\sigma_{12}^P = K^P \frac{x_1x_2}{r^5}\left[(1-2\nu) - \frac{5x_3^2}{r^2}\right], \tag{4.16}$$

式中

$$K^P = -3\mu b^P S/4\pi(1-\nu). \tag{4.17}$$

由应力分量的显式表达式可见，随着与环距离之增大，应力依 r^{-3} 的规律非常迅速地降低．前文中曾导出无限长直线位错的应力依 r^{-1} 规律变化，可与此相比较．

环的弹性能量密度按 r^{-6} 规律变化．

这里所得到的结果表示远处的弹性场，在与环距离较近的地点，这些公式不能精确地表示环的弹性场，应该用关于有限位错环的结果去代替．我们将在下节中处理有限位错圆环的一个例．

§4.2 有限位错圆环

为了求距位错环较近处的弹性场，不能用上节中的无限小环近似，而必须把环看作是有限大小的，认为场点矢径 $\boldsymbol{r}$ 与源点矢径 $\boldsymbol{r}'$ 大小可以比拟．

本节处理一个有限圆环的例子，引自 Kroupa 的工作[1]，所用方法是经典数理弹性论的积分变换方法．

考虑由点阵空位凝聚而成的纯刃型位错圆环，即一棱柱位错环．圆心在原点，环面为 x_1x_2 面，$\boldsymbol{b}=(0,0,b_3)$．环的半径为 R，如图 4.3 所示．

这个环的形成过程也可以看作是：由介质中切去半径为 R、

---

1) Kroupa, F., *Czech. J. Phys.*, (B) **10** 284 (1960); **12**, 191 (1962).

厚为 b 的圆形薄片，然后将所造成的圆盘形空洞的上、下底面压到一起，加以焊合．上、下底面的位移分别是 $-\dfrac{b}{2}$ 和 $+\dfrac{b}{2}$．最后在 x_1x_2 面上留下一个半径为 R 的位错圆环，其它地方介质保持连续．

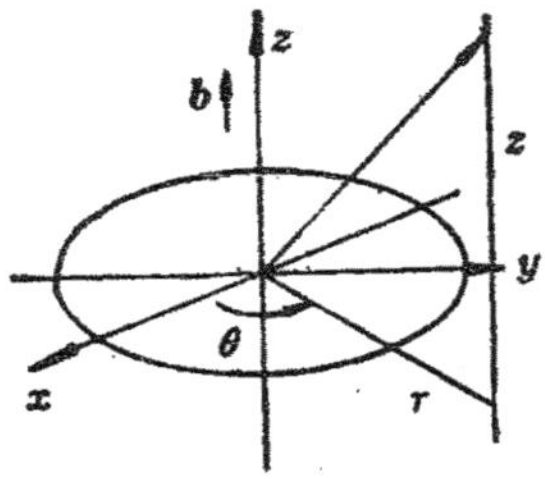

图 4.3

这样造成的弹性场显然具有轴对称性，即是若采用圆柱坐标 (r, θ, z)，使 z 平行于 x_3，则本问题的解将不依赖于坐标 θ．此外，本问题的解对于平面 $z=0$ 应该具有对称性．所以可以在如下的混合边界条件下解出 $z \geqslant 0$ 的上半空间的弹性平衡问题

$$z=0\ \begin{cases}0 \leqslant r < R, & u_z(r, 0) = -\dfrac{b}{2}, \\ r > R, & u_z(r, 0) = 0,\end{cases} \tag{4.18}$$

$$z=0, \quad \sigma_{rz}(r, 0) = 0, \tag{4.19}$$

然后把解延拓至下半空间．

关于轴对称性应力分布弹性问题的公式化及积分变换解法在(例如) I. N. Sneddon《Fourier Transforms》(1951) 一书中有详细的论述和推导．这里先直接引用该书的记号和公式计算，在本书附录A的最后用一个小节对之加以简明解释 (§ A. 6)．

已经证明：具有轴对称性的空间弹性问题可以归结为一个寻求一个双调和应力函数 $\Phi(r, z)$ 的问题

$$\nabla^4 \Phi = 0, \tag{4.20}$$

采用 Hankel 变换方法来解这个双调和方程．引入函数 $\Phi(r, z)$ 的零级 Hankel 变换式 $G(\xi, z)$

$$G(\xi, z) = \int_0^\infty r\Phi(r, z) J_0(\xi r) dr, \tag{4.21}$$

于是 $G(\xi, z)$ 应满足微分方程

$$\left(\frac{d^2}{dz^2} - \xi^2\right)^2 G(\xi, z) = 0 \tag{4.22}$$

它的通解是

$$G(\xi, z) = [A(\xi) + B(\xi)z]e^{-\xi z} + [C(\xi) + D(\xi)z]e^{\xi z}, \tag{4.23}$$

式中 $A(\xi)$，$B(\xi)$，$C(\xi)$ 和 $D(\xi)$ 是 ξ 的待定函数. 若要求位移与应力分量在 $z \to \infty$ 时都趋于零,则必须

$$C(\xi) = D(\xi) = 0, \tag{4.24}$$

根据公式

$$\sigma_{rz} = \int_0^\infty \xi^2 \left[\lambda \frac{d^2G}{dz^2} + (\lambda + 2\mu)\xi^2 G\right] J_1(\xi r) d\xi \tag{4.25}$$

以及边界条件 (4.19)

$$z = 0, \quad \sigma_{rz} = 0,$$

可以求出 $A(\xi)$ 与 $B(\xi)$ 之间的关系为

$$A(\xi) = 2\nu B(\xi)/\xi, \tag{4.26}$$

因此

$$G(\xi, z) = \frac{B(\xi)}{\xi}(2\nu + \xi z)e^{-\xi z}. \tag{4.27}$$

现在根据公式

$$u_z(r, z) = \int_0^\infty \xi^2 \left[\frac{d^2G}{dz^2} - \frac{\lambda + 2\mu}{\mu}\xi^2 G\right] J_0(\xi r) d\xi \tag{4.28}$$

及边界条件 (4.18)

$$z = 0 \begin{cases} 0 \leqslant r < R, & u_z = -\dfrac{b}{2}, \\ r > R, & u_z = 0 \end{cases}$$

确定 $B(\xi)$. 引入无量纲参量

$$\rho = r/R, \quad t = \xi R, \tag{4.29}$$

并令

$$f(t) = B(t/R)t^2, \tag{4.30}$$

$$a = \frac{1 - 2\nu}{4(1 - \nu)} R^3 b, \tag{4.31}$$

于是边界条件 (4.18) 化为确定 $f(t)$ 的积分方程

$$\begin{aligned} \int_0^\infty f(t) J_0(t\rho) dt &= a, \quad 0 \leqslant \rho < 1, \\ &= 0, \quad \rho > 1, \end{aligned} \tag{4.32}$$

这样，根据 Hankel 逆变换公式，可知满足方程 (4.32) 的函数 $f(t)$ 是

$$f(t)=aJ_1(t), \tag{4.33}$$

所以

$$B(\xi)=\frac{a}{\xi^2R^2}J_1(\xi R), \tag{4.34}$$

于是，$G(\xi,z)$ 便完全确定．利用标准的公式 [见附录 § A. 6，式 (A. 149) 至 (A. 159)] 就可以计算位移分量和应力分量，结果是

$$\begin{cases}\sigma_{rr}=K[I_0^1-\zeta I_0^2-\rho^{-1}((1-2\nu)I_1^0-\zeta I_1^1)],\\ \sigma_{\theta\theta}=K[2\nu I_0^1+\rho^{-1}((1-2\nu)I_1^0-\zeta I_1^1)],\\ \sigma_{zz}=K[I_0^1+\zeta I_0^2],\\ \sigma_{zr}=K\zeta I_1^2,\\ \sigma_{r\theta}=\sigma_{\theta z}=0,\end{cases} \tag{4.35}$$

及

$$\begin{cases}u_r=K'[(1-2\nu)I_1^0-\zeta I_1^1]\\ u_z=-K'[2(1-\nu)I_0^0+\zeta I_0^1]\\ u_\theta=0\end{cases} \tag{4.36}$$

式中

$$\begin{cases}\zeta=z/R,\quad \rho=r/R,\\ K=\dfrac{b}{R}\dfrac{\mu}{2(1-\nu)},\quad K'=\dfrac{b}{4(1-\nu)},\\ I_m^n(\zeta,\rho)=\displaystyle\int_0^\infty t^nJ_m(\rho t)J_1(t)e^{-\zeta t}dt,\end{cases} \tag{4.37}$$

这就是所要求的解．

这里弹性场的具体表达式是通过六个积分 $I_m^n(m=0,1;n=0,1,2)$ 表示的．为了数值计算，可以作数值积分；或者将它们用完全椭圆积分表示．作为例子，我们给出滑移面上的切应力 $\sigma_{rz}(\zeta,1)$ 及环面上的正应力 $\sigma_{zz}(0,\rho)$．利用 Bessel 函数无穷积分的性质，经过计算得到

$$I_1^2(\zeta,1)=\frac{k}{\pi\zeta^2}[(1-k^2)\boldsymbol{K}(k)+(2k^2-1)\boldsymbol{E}(k)], \tag{4.38}$$

$$k=\left(\frac{\zeta^2}{4}+1\right)^{-1/2},$$

$\boldsymbol{K}(k)$ 和 $\boldsymbol{E}(k)$ 是宗量为 k 的完全椭圆积分;以及

$$\begin{cases} I_0^1(0,\rho)=\dfrac{2}{\pi}\dfrac{1}{1-\rho^2}\boldsymbol{E}(\rho),\ 0\leqslant\rho<1, \\ I_0^1(0,\rho)=\dfrac{2}{\pi\rho}\left[\boldsymbol{K}(\rho^{-1})-\dfrac{1}{1-\rho^{-2}}\boldsymbol{E}(\rho^{-1})\right],\ \rho>1. \end{cases} \tag{4.39}$$

由此可得

$$\sigma_{rz}(\zeta,1)=\frac{b}{R}\frac{\mu}{\pi(1-\nu)}\frac{k}{\pi\zeta}[(1-k^2)\boldsymbol{K}(k)+(2k^2-1)\boldsymbol{E}(k)], \tag{4.40}$$

$$\sigma_{zz}(0,\rho)=\begin{cases} \dfrac{b}{R}\dfrac{\mu}{\pi(1-\nu)}\dfrac{1}{1-\rho^2}\boldsymbol{E}(\rho),\ 0\leqslant\rho<1, \\ \dfrac{b}{R}\dfrac{\mu}{\pi(1-\nu)\rho}\left[\boldsymbol{K}(\rho^{-1})-\dfrac{1}{1-\rho^{-2}}\boldsymbol{E}(\rho^{-1})\right],\ \rho>1, \end{cases} \tag{4.41}$$

可见随着距离的增大,应力下降比较迅速.

利用所得到的公式可以计算位错环的弹性自能及其与其它点阵缺陷的弹性相互作用. 现在简单推导环的弹性自能,当然,这里不能计算位错芯能量. 如位错芯半径记为 ε, 则可考虑 z 平面上, 圆心在原点, 以 $R-\varepsilon$ 为半径的圆面 S, 作为切割面. 于是显然有

$$E_s=2\times\frac{1}{2}\int_0^{R-\varepsilon}\sigma_{zz}(0,r)\frac{b}{2}2\pi r\,dr. \tag{4.42}$$

将 $\sigma_{zz}(0,r)$ 的表示式代入,并完成对 r 的积分,得到

$$\begin{aligned} E_S&=\frac{\mu b^2\pi R(R-\varepsilon)}{2(1-\nu)}\int_0^\infty J_1[(R-\varepsilon)t]J_1(Rt)\,dt \\ &=\frac{\mu b^2R}{1-\nu}\left[\boldsymbol{K}\left(\frac{R-\varepsilon}{R}\right)-\boldsymbol{E}\left(\frac{R-\varepsilon}{R}\right)\right], \end{aligned} \tag{4.43}$$

因为 $\varepsilon\ll R$, 故 $\dfrac{R-\varepsilon}{R}\simeq 1$; 当 $k\to 1$ 时,则

$$K(k) \to \ln\frac{4}{\sqrt{1-k^2}},\ E(k) \to 1, \qquad (4.44)$$

故有

$$E_S \simeq \frac{\mu b^2 R}{2(1-\nu)}\left[\ln\frac{8R}{\varepsilon} - 2\right]. \qquad (4.45)$$

关于位错芯能量，Kroupa 根据 Friedel 的结果估计为

$$E_C \simeq \frac{\mu b^2 R}{2(1-\nu)}. \qquad (4.46)$$

所以环的总自能近似地为

$$E_T = E_S + E_C \simeq \frac{\mu b^2 R}{2(1-\nu)}\left[\ln\frac{8R}{\varepsilon} - 1\right], \qquad (4.47)$$

与 Kröner 等及 de Wit 的结果符合。

上面是关于棱柱位错环的结果。

最后，我们不加证明地引述滑移位错环的应力张量分量表达式，这是 Keller 未发表的工作，是用应力函数方法得到的，这里转引自 Kröner (1958, p. 164). 设滑移位错圆环在 x_1x_2 平面内，圆心在原点，半径为 R; Burgers b 在 x_1 方向。取直角坐标与圆柱坐标，(ρ, ϕ, z)，使 z 平行于 x_3。 此位错圆环的诸应为分量公式如下：

$$\sigma_{11} = \alpha\left(\frac{1}{1-\nu}\right)[3B - 2C + Dx_1^2]x_1x_3,$$

$$\sigma_{22} = \alpha\left[2C + \left(\frac{1}{1-\nu}\right)(B - 2C + Dx_2^2)\right]x_1x_3,$$

$$\sigma_{33} = \alpha\left(\frac{1}{1-\nu}\right)(C + Fx_3^2)x_1x_3,$$

$$\sigma_{12} = \alpha\left[-C + \left(\frac{1}{1-\nu}\right)(B + Dx_1^2)\right]x_2x_3,$$

$$\sigma_{23} = \alpha\left[-B + \left(\frac{1}{1-\nu}\right)(B + Ex_3^2)\right]x_1x_2,$$

$$\sigma_{31} = \alpha\left\{A + Bx_2^2 + \left(\frac{1}{1-\nu}\right)[A + Cx_3^2 + (B + Ex_3^2)x_1^2]\right\},$$

式中

$$A=\frac{1}{\rho s k^2}[2\boldsymbol{E}-(2-k^2)\boldsymbol{K}],\quad B=-\frac{1}{2\rho^2}(a^2C+3A),$$

$$C=\frac{-3}{\rho s^6 k k'^2}\boldsymbol{F},\quad D=-\frac{1}{\rho^2}(4B+C+Fx_3^2),$$

$$E=-\frac{1}{2\rho^2}(a^2F+5C),\quad F=-\frac{1}{\rho s^5 k'^4}(\rho s k'^2 A+2k^2\boldsymbol{E}),$$

$$\alpha=-Rb\mu/\pi,\quad a^2=x_1^2+R^2-\rho^2,$$

$$k^2=\frac{4\rho R}{s^2},\quad s^2=x_3^2+(R+\rho)^2,\quad k'^2=1-k^2,$$

$$\boldsymbol{F}=\frac{s^3}{3k}[2k^2\boldsymbol{K}-(2-k^2)\boldsymbol{E}].$$

$\boldsymbol{K}(k)$ 和 $\boldsymbol{E}(k)$ 是以 k 为宗量的完全椭圆积分.

§ 4.3 折线位错的弹性场

Yoffé[1] 曾直接应用 Burgers 位移公式 (3.20) 计算折线位错的弹性场. 这里引述她的工作和结果. 晶体中位错网络的形成及其与其它位错的相互作用是引起人们注意的问题之一. 位错网络的弹性场可以由一个个多边形位错环的场叠加获得，而多边形位错环又能用折线位错作为元素叠加得到. 另外，折线位错的弹性场结果还可以用来求出含有割阶或扭折的长位错线的弹性场，由此出发讨论近直线位错，特别是位错割阶的行为. 因此，关于折线位错的结果是很有实际意义的. 在下面章节中将得到一些应用.

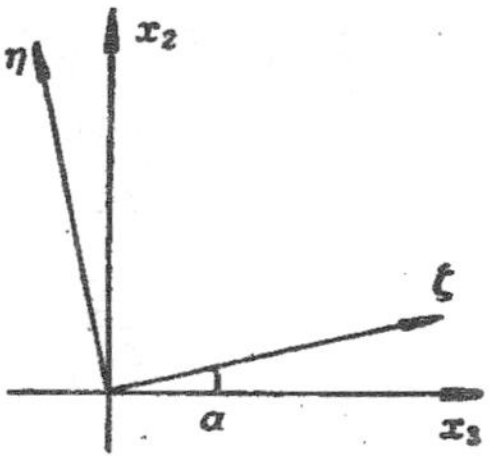

图 4.4

考虑折线位错如图 4.4 所示. 位错线是 $\zeta O x_3$, $\angle \zeta O x_3=\alpha$, x_1 与纸面垂直. 直角坐标 (x_1, x_2, x_3) 与 (x_1, η, ζ) 之间的关系是

1) Yoffe, E. H., *Phil. Mag.*, 5, 161 (1960).

$$\begin{cases}\eta = x_2\cos\alpha - x_3\sin\alpha, \\ \zeta = x_2\sin\alpha + x_3\cos\alpha,\end{cases}$$

$$r^2 = x_1^2 + x_2^2 + x_3^2 = x_1^2 + \eta^2 + \zeta^2. \tag{4.48}$$

现在位错线 c 就是折线 $\zeta O x_3$，曲面 S 取为 x_2x_3 平面中的角形区域 $\zeta O x_3(\alpha)$，其法线方向为 x_1 方向. Burgers 位移公式 (3.20) 是

$$\boldsymbol{u} = \boldsymbol{u}^* + \boldsymbol{u}^{**} + \nabla\psi,$$

$$\boldsymbol{u}^* = -\frac{\Omega\boldsymbol{b}}{4\pi},\ \boldsymbol{u}^{**} = -\frac{\boldsymbol{b}}{4\pi} \times \int_{\zeta O x_3} \frac{d\boldsymbol{l}'}{R},$$

$$\psi = -\frac{1}{4\pi}\frac{1}{2(1-\nu)}\int_{\zeta O x_3} \frac{\boldsymbol{b} \times \boldsymbol{R} \cdot d\boldsymbol{l}'}{R},$$

$$\boldsymbol{R} = \boldsymbol{r} - \boldsymbol{r}'$$

$$\Omega = \int_S \frac{\boldsymbol{R} \cdot d\boldsymbol{S}}{R^3}. \tag{4.49}$$

现在

$$\Omega = \iint_L \frac{x_1 dx_2' dx_3'}{R^3}$$

$$= \left[\tan^{-1}\frac{x_2}{x_1} - \tan^{-1}\frac{\eta}{x_1} + \tan^{-1}\frac{x_1 r\sin\alpha}{x_1^2\cos\alpha + x_2\eta}\right]. \tag{4.50}$$

Ω 对坐标的导数比较简单

$$\frac{\partial\Omega}{\partial x_1} = \frac{\eta}{r(r-\zeta)} - \frac{x_2}{r(r-x_3)},$$

$$\frac{\partial\Omega}{\partial x_2} = \frac{x_1}{r(r-x_3)} - \frac{x_1\cos\alpha}{r(r-\zeta)},$$

$$\frac{\partial\Omega}{\partial x_3} = \frac{x_1\sin\alpha}{r(r-\zeta)}, \tag{4.51}$$

由位移场推导应变场和应力场可直接应用这些表达式.

下面给出三种情况下，即 $\boldsymbol{b}$ 分别与 x_1, x_2, x_3 轴平行情况下的结果，这就是完整的结果.

(1) $\boldsymbol{b}$ 平行于 x_1 方向，$\boldsymbol{b} = (b_1, 0, 0)$. 通过计算线积分可得到

$$
\begin{cases}
u_1^{**(1)} = 0, \\
u_2^{**(1)} = -\dfrac{b_1}{4\pi}[\cos\alpha\ln(r-\zeta)-\ln(r-x_3)], \\
u_3^{**(1)} = \dfrac{b_1}{4\pi}\sin\alpha\ln(r-\zeta),
\end{cases}
\tag{4.52}
$$

$$
\phi^{(1)} = \frac{-b_1}{8\pi(1-\nu)}[x_2\ln(r-x_3)-\eta\ln(r-\zeta)]. \tag{4.53}
$$

由此得到总的位移场

$$
\begin{aligned}
u_1^{(1)} &= -\frac{b_1\Omega}{4\pi}-\frac{b_1}{8\pi(1-\nu)}\left[\frac{x_1x_2}{r(r-x_3)}-\frac{x_1\eta}{r(r-\zeta)}\right], \\
u_2^{(1)} &= -\frac{b_1}{8\pi(1-\nu)}\Big\{(1-2\nu)[\cos\alpha\ln(r-\zeta) \\
&\quad -\ln(r-x_3)]+\frac{\eta\sin\alpha}{r-\zeta}+\frac{x_2^2}{r(r-x_3)}-\frac{x_2\eta}{r(r-\zeta)}\Big\}, \\
u_3^{(1)} &= -\frac{b_1}{8\pi(1-\nu)}\Big\{\frac{\eta\cos\alpha}{r-\zeta}-\frac{x_2}{r}-\frac{\eta x_3}{r(r-\zeta)} \\
&\quad -(1-2\nu)\sin\alpha\ln(r-\zeta)\Big\}.
\end{aligned}
\tag{4.54}
$$

(2) $\boldsymbol{b}$ 平行于 x_2 方向，$\boldsymbol{b}=(0, b_2, 0)$。有

$$
\begin{cases}
u_1^{**(2)} = -\dfrac{b_2}{4\pi}[\ln(r-x_3)-\cos\alpha\ln(r-\zeta)], \\
u_2^{**(2)} = u_3^{**(2)} = 0. & (4.55) \\
\phi^{(2)} = -\dfrac{b_2x_1}{8\pi(1-\nu)}[\cos\alpha\ln(r-\zeta)-\ln(r-x_3)]. & (4.56)
\end{cases}
$$

由此可得总的位移场

$$
\begin{aligned}
u_1^{(2)} &= -\frac{b_2}{8\pi(1-\nu)}\Big\{\frac{x_1^2\cos\alpha}{r(r-\zeta)}-\frac{x_1^2}{r(r-x_3)} \\
&\quad -(1-2\nu)[\cos\alpha\ln(r-\zeta)-\ln(r-x_3)]\Big\}, \\
u_2^{(2)} &= -\frac{b_2\Omega}{4\pi}-\frac{b_2x_1}{8\pi(1-\nu)}\Big[\frac{x_2\cos\alpha}{r(r-\zeta)}-\frac{\sin\alpha\cos\alpha}{r-\zeta} \\
&\quad -\frac{x_2}{r(r-x_3)}\Big],
\end{aligned}
$$

$$u_3^{(2)} = -\frac{b_2 x_1}{8\pi(1-\nu)}\left[\frac{x_3\cos\alpha}{r(r-\zeta)} - \frac{\cos^2\alpha}{r-\zeta} + \frac{1}{r}\right]. \tag{4.57}$$

(3) $\boldsymbol{b}$ 平行于 x_3 方向，$\boldsymbol{b}=(0, 0, b_3)$. 有

$$u_1^{**(3)} = -\frac{b_3\sin\alpha}{4\pi}\ln(r-\zeta) = \frac{2(1-\nu)}{x_1}\phi^{(3)},$$

$$u_2^{**(3)} = u_3^{**(3)} = 0. \tag{4.58}$$

由此可得总的位移场

$$u_1^{(3)} = -\frac{b_3\sin\alpha}{8\pi(1-\nu)}\left[(1-2\nu)\ln(r-\zeta) - \frac{x_1^2}{r(r-\zeta)}\right],$$

$$u_2^{(3)} = -\frac{b_3 x_1\sin\alpha}{8\pi(1-\nu)}\left[\frac{\sin\alpha}{r-\zeta} - \frac{x_2}{r(r-\zeta)}\right],$$

$$u_3^{(3)} = -\frac{b_3\Omega}{4\pi} - \frac{b_3 x_1\sin\alpha}{8\pi(1-\nu)}\left[\frac{\cos\alpha}{r-\zeta} - \frac{x_3}{r(r-\zeta)}\right]. \tag{4.59}$$

根据这些位移场表达式，采用弹性力学的标准算法，可以计算相应这三种情况的全部应力分量，共 18 个. Hokanson[1] 的论文里给出了全部结果，由于表达式太长，我们不在此引述. 只是作为举例，列出 $\boldsymbol{b}/\!/x_1$ 情况的下述几个应力分量；注意它们可以表为若干初等函数之和，正 x_3 轴与正 ζ 轴上的点是它们的奇点

$\boldsymbol{b}=(b_1, 0, 0)$

$$\sigma_{11} = \frac{-\mu b_1}{4\pi(1-\nu)}\left\{\frac{\eta}{r(r-\zeta)} - \frac{x_2}{r(r-x_3)} - \frac{x_1^2 x_2}{r^3(r-x_3)} - \frac{x_1^2 x_2}{r^2(r-x_3)^2} + \frac{\eta x_1^2}{r^3(r-\zeta)} + \frac{\eta x_1^2}{r^2(r-\zeta)^2}\right\},$$

$$\sigma_{31} = \frac{-\mu b_1 x_1}{4\pi(1-\nu)}\left\{\frac{x_2}{r^3} + \frac{\sin\alpha}{r(r-\zeta)} - \frac{\eta\cos\alpha}{r(r-\zeta)^2} + \frac{\eta x_3}{r^3(r-\zeta)} + \frac{\eta x_3}{r^2(r-\zeta)^2}\right\},$$

$$\sigma_{33} = \frac{-\mu b_1}{4\pi(1-\nu)}\left\{\frac{x_2 x_3}{r^3} - \frac{\eta}{r(r-\zeta)} + \frac{\eta x_3^2}{r^3(r-\zeta)}\right.$$

1) Hokanson, J. L., *J. Appl. Phys.*, **34**, 2337 (1963).

$$
+\frac{\eta x_3^2}{r^2(r-\zeta)^2}-\frac{2\eta x_3\cos\alpha}{r^2(r-\zeta)^2}+\frac{\eta\cos^2\alpha}{(r-\zeta)^2}
$$

$$
+2\nu\left[\frac{x_2\cos\alpha}{r(r-\zeta)}-\frac{\sin\alpha\cos\alpha}{r-\zeta}-\frac{x_2}{r(r-x_3)}\right]. \quad (4.60)
$$

§ 4.4 位错的生成元

在第三章中我们推出了普遍适用于各向同性介质中任意位错环的 Burgers 位移公式、Peach-Koehler 应力公式和 Blin 相互作用能量公式. 这些公式的共同特点是把位错弹性场场量表为沿位错线的回线积分. 从形式上看，这和电动力学中计算电流所产生的场的方法甚为相似. 在现实世界中，电流是没有源和壑的，或者说，电流总是连续的，它不从任何一点出发，也不终止于任一点. 位错也是如此：沿位错线 Burgers 矢量守恒；它不从任何一点出发，也不终止于任一点上. 因此，孤立的电流元 $d\boldsymbol{i}=i d\boldsymbol{l}$，以及孤立的位错线元 $d\boldsymbol{l}(\boldsymbol{b})$ 在现实世界中是不存在的. 但尽管如此，电动力学中依然引用电流元 $d\boldsymbol{i}$ 的概念，并且计算电流元所产生的场以及电流元之间的相互作用等等，由此来合成整个电流的场以及电流间的相互作用. 对于离散位错，根据上述所获得的几个重要的积分表达式，于是也可以采取类似的观点：计算位错线元 $d\boldsymbol{l}(\boldsymbol{b})$ 产生的弹性场，以及两个位错线元 $d\boldsymbol{l}_1(\boldsymbol{b}_1)$ 和 $d\boldsymbol{l}_2(\boldsymbol{b}_2)$ 之间的相互作用；或者考虑有限位错线段的性质，以此作为构作整体位错或位错网络的基元. 尽管有限位错线段或微分线元并非现实存在的，但从形式上讲，这样的算法是有效的. 在以下的几节中将论述一些具体的例子.

这种线元或线段可以称为位错的“生成元”，示于图 4.5(a) 中

在 § 4.1 中已经讨论过的无限小位错环也可以作为位错的生成元，这就是说用无限小位错环也能构成大位错环或位错网络，如图 4.5(b) 所示. 走向相同的无限小环紧密排列在一起，紧邻的边互相抵消，剩下的就是那个大环 c. 这样的构作在物理上比较合理，因为无限小位错环与无限小位错线元不一样，后者形式上存在

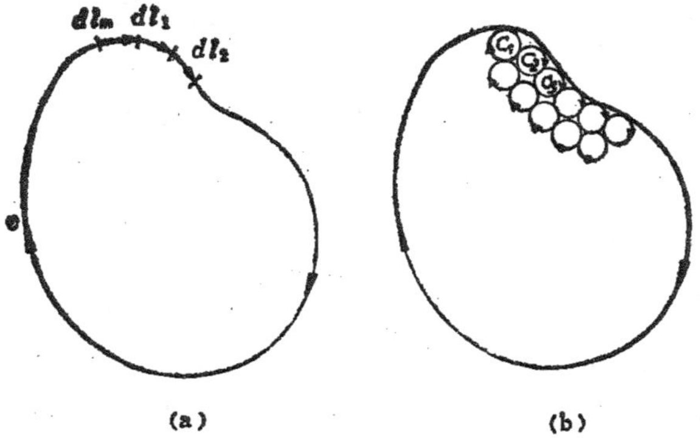

图 4.5 (a) $c=\sum^{n} dl_m$; (b) $c=\Sigma c_m$.

并可计算其性质，但实际上不能存在；前者是现实存在的，它们的周边自动闭合起来，构成一个完整的位错. 无限小位错线元的场是没有物理意义的，因为线元本身没有物理意义. 但无限小位错环的弹性场则是真实的、确定的、有物理意义的. 因此，无限小位错环可以合理地作为位错的生成元.

在 § 4.1 中我们曾详细导出了无限小环的位移场和应力场. 在合成有限位错环时只须把相应的场量 A 在环 c 所围的面 S 上积分即可，即

$$A^c=\sum_m A^{c_m}=\int_S dA(\boldsymbol{r}'). \tag{4.61}$$

具体地讲，任一个无限小位错环可以分解为九个无限小位错环的叠加，描绘于图 4.6 中. 原来的小位错环 $c(d\boldsymbol{S},\boldsymbol{b})$ 的法线 $\boldsymbol{n}$ 有三个直角分量，Burgers 矢量 $\boldsymbol{b}$ 也有三个直角分量，因此可分解为九个独立的小环，表示为 $b_i n_j dS(i,j=1,2,3)$. 任意一个空间位错环最后都可分解这种单元小环 $b_i(\boldsymbol{r}')n_j(\boldsymbol{r}')dS(\boldsymbol{r}')$ 的叠加，其场量由相应的小环场量经过积分得出. 对于圆形的，或具有直线边缘的(例如三角形，矩形等)位错环，最终导出椭圆积分. 这样，采用无限小环作为位错的生成元是计算位错弹性场的一个原

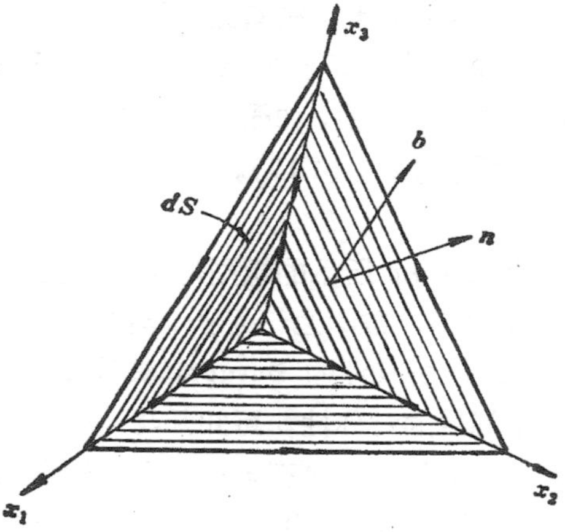

图 4.6

则上可能的普遍途径，虽然在若干情况下的数学过程可能比较复杂些.

借助于具体例子可以说明这种方法，我们用无限小环作为生成元,计算无限长纯螺型位错和纯刃型位错的应力场，如图 4.7 所

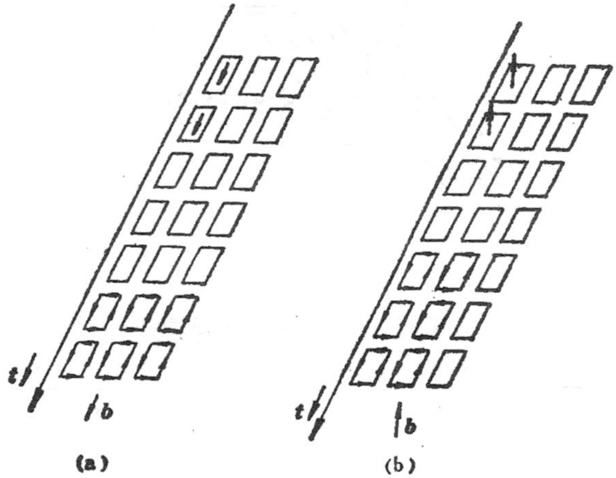

图 4.7 (a) 螺型位错；(b) 刃型位错.

示. 设螺型位错与刃型位错线与 x_1 轴重合. 在 x_1x_2 平面的右半无限平面上紧密排布无限小环，充满此半平面，其走向如图所示. 显然，充满此半平面的小滑移环构成螺型位错，如图 4.7(a) 所示；而小棱柱位错环构成刃型位错，如图 4.7(b) 所示. 这两种小位错环的位移场和应力场分别式 (4.10)，(4.11) 和 (4.15)，(4.16)表示.

现在具体讨论如图 4.8 所示的螺型位错. 位错线是 x_1 轴. 设想在 $x_2 > 0$ 的右半平面上布满边长为 dx_1dx_2 的小位错(方)环. 环面法线正向为 x_3 方向，所有环的 Burgers 矢量 $\boldsymbol{b}$ 大小均相同，方向平行于 x_1. 由于问题的对称性，可知凡与 x_2x_3 面平行的平面上应力分布都相同，因此只须计算在 x_2x_3 平面上的场点处的应力即可. 一个典型场点 P 的坐标写为 $(0, \bar{x}_2, \bar{x}_3)$，而一个典型的小环中心位于 $Q(x_1, x_2, 0)$，x_1，x_2 是流动坐标.

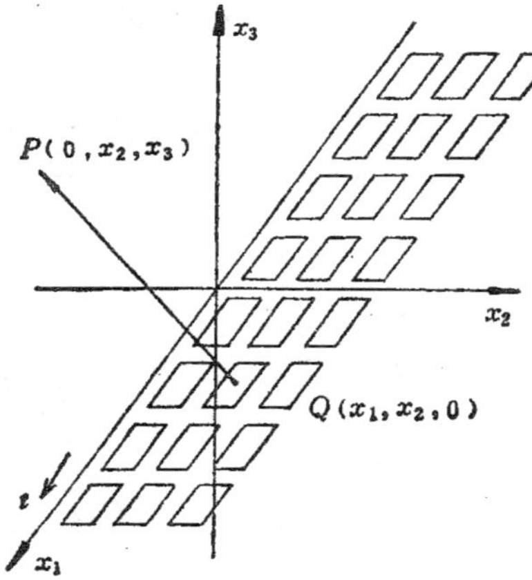

图 4.8

根据式 (4.11)，小滑移环 Q 在 P 点产生的应力 $d\sigma_{12}$ 是

$$d\sigma_{12} = +K^G \frac{(\bar{x}_2 - x_2)(\bar{x}_3 - 0)}{r^5}\left[\nu - \frac{5(0 - x_1)^2}{r^2}\right], \tag{4.62}$$

$$K^G = -3\mu b dx_1 dx_2/4\pi(1-\nu), \tag{4.63}$$

所以

$$\sigma_{12}(\rho) = -\frac{3\mu b}{4\pi(1-\nu)} \int_{-\infty}^{+\infty} dx_1 \int_0^{+\infty} dx_2 \frac{(\bar{x}_2 - x_2)\bar{x}_3}{r^5} \cdot \left[\nu - \frac{5x_1^2}{r^2}\right], \tag{4.64}$$

$$r^2 = (0 - x_1)^2 + (\bar{x}_2 - x_2)^2 + (\bar{x}_3 - 0)^2,$$

即

$$\sigma_{12}(P) = \frac{3\mu b \bar{x}_3}{2\pi(1-\nu)} \left\{ \nu \int_{-\infty}^{+\infty} dx_1 \int_0^{+\infty} dx_2 \cdot \frac{x_2 - \bar{x}_2}{[x_1^2 + \bar{x}_3^2 + (x_2 - \bar{x}_2)^2]^{5/2}} - 5 \int_{-\infty}^{+\infty} dx_1 \int_0^{+\infty} dx_2 \cdot \frac{x_1^2(x_2 - \bar{x}_2)}{[x_1^2 + \bar{x}_3^2 + (x_2 - \bar{x}_2)^2]^{7/2}} \right\}. \tag{4.65}$$

根据积分公式

$$\int \frac{\xi d\xi}{(a + c\xi^2)^{\frac{2n+1}{2}}} = \frac{1}{(2n-1)c(a + c\xi^2)^{\frac{2n-1}{2}}},$$

最后可以得到

$$\sigma_{12}(P) = \frac{\mu b}{2\pi(1-\nu)} \frac{\bar{x}_3}{\bar{x}_2^2 + \bar{x}_3^2}, \tag{4.66}$$

与第二章中导出的关于螺型位错的结果一致．关于螺型位错的另一应力分量以及刃型位错的诸应力分量也可以按相似的方法推导．

§4.5 直位错线段的应力场

在上节中已引入位错生成元的概念，并且说明有限位错线段可以作为生成元，构作位错网络或整位错环．为此必须先求出一段有限直位错线的应力场．在本节中对各向同性的情况作简短推导．关于各向异性的情况将在下面第五章里论述．

这个叠加的方法之所以可行，首先是由于应力 σ_{ij} 是一个张量，即在坐标变换时它按二阶张量的方式变换．故可将不同位错线段的应力场依常规方法变换至同一坐标系中，然后相加，给出总的有物理意义的场．

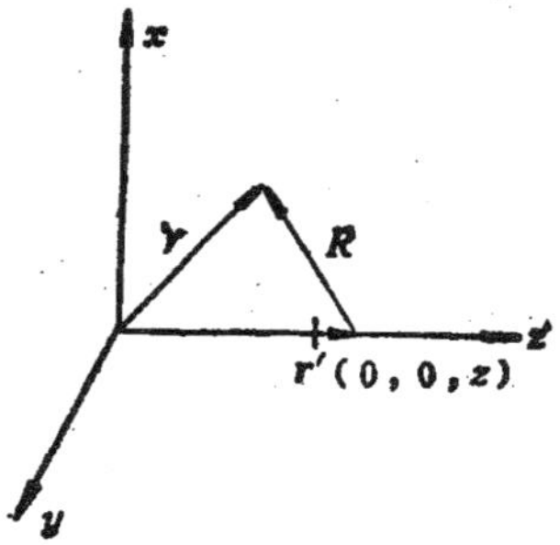

图 4.9

取坐标系如图 4.9. 令位错线段位于 z 轴上. 位错线上的点的坐标是 $x'=0$, $y'=0$, $z'=z_2$; $d\boldsymbol{l}'=dz_2\hat{e}_z$. 场点是 $\boldsymbol{r}=(x, y, z)$, $\boldsymbol{R}=\boldsymbol{r}-\boldsymbol{r}'$, 则

$$R^2=x^2+y^2+(z-z_2)^2.$$

考虑位错线段 z_2z_2', 它所产生的应力场可表为

$$\sigma_{ij}=\sigma_{ij}(z_2')-\sigma_{ij}(z_2), \tag{4.67}$$

$\sigma_{ij}(z_2')$ 可以看作是线段 $(-\infty, z_2')$ 的应力场.

直接应用第三章中的 Peach-Koehler 应力公式 (3.33)

$$\sigma_{ij}(\boldsymbol{r})=-\frac{\mu}{8\pi}\oint_C b_n\varepsilon_{jmn}\frac{\partial}{\partial x_m'}\nabla'^2R\,dl_i'-\frac{\mu}{8\pi}\oint_C b_n\varepsilon_{imn}\cdot\frac{\partial}{\partial x_m'}\nabla'^2R\,dl_j'-\frac{\mu}{4\pi(1-\nu)}\oint_C b_n\varepsilon_{kmn}\cdot\left(\frac{\partial^3R}{\partial x_m'\partial x_i'\partial x_j'}-\delta_{ij}\frac{\partial}{\partial x_m'}\nabla'^2R\right)dl_k',$$

并注意到 $\partial/\partial x'=-\partial/\partial x$, 于是 $\sigma_{ij}(z_2)$ 就可以表为含 z_2 的不定积分, 例如

$$\sigma_{xx}(z_2)=\frac{\mu}{4\pi(1-\nu)}\int b_n\varepsilon_{mnz}\left(\frac{\partial^3R}{\partial x_m\partial x_1^2}-\frac{\partial}{\partial x_m}\nabla^2R\right)dz_2$$
$$=\frac{\mu}{4\pi(1-\nu)}\int\left[b_x\left(-\frac{\partial^3R}{\partial x^2\partial y}+\frac{\partial}{\partial y}\nabla^2R\right)+b_y\left(\frac{\partial^3R}{\partial x^3}-\frac{\partial}{\partial x}\nabla^2R\right)\right]dz_2 \tag{4.68}$$

所涉及的积分是初等积分，例如

$$\int \frac{\partial}{\partial y} \nabla^2 R dz_2 = \int \frac{\partial}{\partial y}\left(\frac{2}{R}\right) dz_2 = -\int \frac{2y}{R^3} dz_2$$

$$= \frac{-2y(z_2 - z)}{(x^2 + y^2)R} = \frac{-2y(z_2 - z)}{R[R^2 - (z - z_2)^2]}$$

可以加上一个不依赖于 z_2 的项 $2y(x^2 + y^2)^{-1}$，而将此积分写成

$$\int \frac{\partial}{\partial y} \nabla^2 R dz_2 = \frac{2y}{R[R + (z_2 - z)]}.$$

若令 $\zeta = z_2 - z$，$A_0 = \mu/4\pi(1-\nu)$，则依此法可以算出如下六个应力分量 $\sigma_{ij}(\boldsymbol{r}, z_2)$：

$$\frac{\sigma_{xx}}{A_0} = b_x \frac{y}{R(R+\zeta)}\left[1 - \frac{x^2}{R^2} + \frac{x^2}{R(R+\zeta)}\right] + b_y \frac{x}{R(R+\zeta)}\left[1 - \frac{x^2}{R^2} - \frac{x^2}{R(R+\zeta)}\right], \tag{4.69}$$

$$\frac{\sigma_{yy}}{A_0} = -b_x \frac{y}{R(R+\zeta)}\left[1 - \frac{y^2}{R^2} - \frac{y^2}{R(R+\zeta)}\right] - b_y \frac{x}{R(R+\zeta)}\left[1 + \frac{y^2}{R^2} + \frac{y^2}{R(R+\zeta)}\right]. \tag{4.70}$$

$$\frac{\sigma_{zz}}{A_0} = b_x\left[\frac{2\nu y}{R(R+\zeta)} + \frac{y\zeta}{R^3}\right] - b_y\left[\frac{2\nu x}{R(R+\zeta)} + \frac{x\zeta}{R^3}\right], \tag{4.71}$$

$$\frac{\sigma_{xy}}{A_0} = -b_x \frac{x}{R(R+\zeta)}\left[1 - \frac{y^2}{R^2} - \frac{y^2}{R(R+\zeta)}\right] + b_y \frac{y}{R(R+\zeta)}\left[1 - \frac{x^2}{R^2} - \frac{x^2}{R(R+\zeta)}\right], \tag{4.72}$$

$$\frac{\sigma_{xz}}{A_0} = -b_x \frac{xy}{R^3} + b_y\left(-\frac{\nu}{R} + \frac{x^2}{R^3}\right) + b_z \frac{y(1-\nu)}{R(R+\zeta)}, \tag{4.73}$$

$$\frac{\sigma_{yz}}{A_0} = b_x\left(\frac{\nu}{R} - \frac{y^2}{R^3}\right) + b_y \frac{xy}{R^3} - b_z \frac{x(1-\nu)}{R(R+\zeta)}. \tag{4.74}$$

将这些表示式代入式 (4.67) 即可求出位错线段 z_2z_2' 的应力场. 对于由直线段构成的位错组态，可以取有限个相应的如上表示式，经过坐标变换，然后求和，就得到最终的应力场. 例如折线位错和多

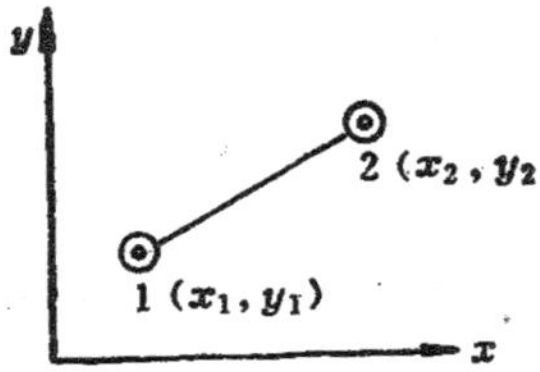

图 4.10

边形位错环的应力场都容易这样计算.

§ 4.6 两个直线位错之间的相互作用

考虑两个直线位错 1 和 2，它们都平行于坐标系的 z 轴，即 $\boldsymbol{t}_1 = \boldsymbol{t}_2 = \boldsymbol{k}$，其 Burgers 矢量分别为 $\boldsymbol{b}_1$, $\boldsymbol{b}_2$. 位错 1 的坐标是 (x_1, y_1)，位错 2 的坐标是 (x_2, y_2). 现在要用 § 3.3 中的 Blin 公式 (3.62) 来计算它们之间的相互作用能，并从而导出其间相互作用力的公式.

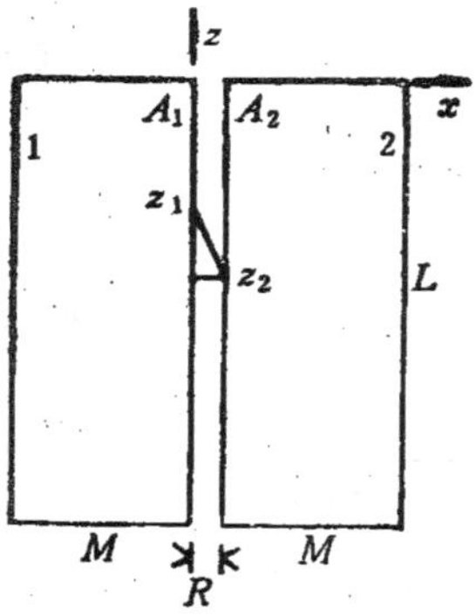

图 4.11

严格地讲，式 (3.62) 是适用于计算两个闭合位错环的相互作用能，所以要把我们所注意的两个位错分别看作是两个位错环的一段，而这两个位错线段足够接近，以致它们之间的相互作用在式 (3.62) 中占主导地位. 更具体一些的请参看图 4.11 中的两个平面矩形位错环. 我们所注意的位错在图中表示为 A_1, A_2 边，长为 L. 另一个边长为 M，环间距离为 R. 要求当把相互作用能表为 R 的函数时，除 A_1, A_2 间的相互作用项以外，其它的相互作用项（下面把它称为“端头效应”）均可略去不计. 可以论证只要 $L \gg M \gg R$，这个要求一般就能够得到满足.

现在就设我们所注意的两个平行直线位错有 $L \gg R$，于是就始终略去端头效应项，由式 (3.62) 可得到

$$E^{12}=\frac{\mu}{4\pi}(\boldsymbol{b}_1\cdot\boldsymbol{k})(\boldsymbol{b}_2\cdot\boldsymbol{k})\int_{-L/2}^{+L/2}dz_2\int_{-L/2}^{+L/2}dz_1[R^2$$

$$+(z_1-z_2)^2]^{-1/2}+\frac{\mu}{4\pi(1-\nu)}(\boldsymbol{b}_1\times\boldsymbol{k})$$

$$\cdot\mathbf{T}\cdot(\boldsymbol{b}_2\times\boldsymbol{k}), \tag{4.75}$$

式中 $\mathbf{T}$ 是一个二阶张量，具有分量

$$T_{ij}=-\frac{\partial^2}{\partial X_i\,\partial X_j}\int_{-L/2}^{+L/2}dz_2\int_{-L/2}^{+L/2}dz_1[R^2+(z_1-z_2)^2]^{+1/2},$$

$$X_1=x_2-x_1,\ X_2=y_2-y_1. \tag{4.76}$$

从形式上，显然式 (4.75) 中第一项是螺型分量的贡献，第二项是刃型分量的贡献.

现在考查 (4.75) 中的第一个积分

$$\int_{-L/2}^{+L/2}[R^2+(z_1-z_2)^2]^{-1/2}dz_1$$

$$=\ln\left\{\frac{L/2-z_2+[R^2+(L/2-z_2)^2]^{1/2}}{-L/2-z_2+[R^2+(L/2+z_2)^2]^{1/2}}\right\}, \tag{4.77}$$

由于 $L\gg R$，所以在 z_2 的大部分范围中可以令对数项中的分子为

$$\frac{L}{2}-z_2+\left[R^2+\left(\frac{L}{2}-z_2\right)^2\right]^{1/2}\simeq L-2z_2, \tag{4.78}$$

而在分母中前后二项近于抵消，而有

$$-\frac{L}{2}-z_2+\left[R^2+\left(\frac{L}{2}-z_2\right)^2\right]^{1/2}\simeq\frac{R^2}{L-2z_2}, \tag{4.79}$$

在这样的近似下，式 (4.77) 中唯一依赖于 R 的项就是 $-\ln R^2=-2\ln R$。

现在我们所要注意的仅是两个位错相互作用能中依赖于其间距离 R 的部分，因为其余部分与其相对位置无关，所以对计算相互作用力没有贡献. 此时 E^{12} 的零点也可以按照方便选取，具体地讲，可想象两个位错原距离 R_a，然后相互接近，到达距离 R，把这两个组态能量之差算作位错 1，2 的相互作用能量，即

$$E_I^{12}(R)=E(R)-E(R_a), \tag{4.80}$$

显然这样定义的相互作用能经过微分可以给出正确的相互作用

力. 因而在上面的项中将 $-2\ln R$ 写作 $-2\ln(R/R_a)$，这样另一方面也使得对数函数的宗量成为无量纲的.

再考察式 (4.76) 中的积分

$$\int_{-L/2}^{+L/2}[R^2+(z_1-z_2)^2]^{1/2}dz_1,$$

依据如上面所述相似的论证,可以说明仅须计及如下的项:

$$-R^2\ln(R/R_a),$$

直接比例于 R^2 的项也略去;因为 $R^2=x_1^2+x_2^2$,

$$\frac{\partial^2 R}{\partial X_i\partial X_j}=2\delta_{ij},$$

所以根据 (4.75)，这一项对于 E^{12} 的贡献只是一个常数差. 这样，张量 T_{ij}(4.76) 变为

$$T_{ij}=L\frac{\partial^2}{\partial X_i\partial X_j}\left(-R^2\ln\frac{R}{R_a}\right)=-2L\ln\left(\frac{R}{R_a}\right)\delta_{ij}$$
$$-2L\frac{X_iX_j}{R^2}-L\delta_{ij}, \tag{4.81}$$

最后一项 $-L\delta_{ij}$ 根据同样理由略去. 把留下需要考虑的诸项代入式 (4.75)，并将 $\boldsymbol{k}$ 换为 $\boldsymbol{t}$，就得到单位长度相互作用能的近似(有效)表达式,即

$$\frac{E^{12}}{L}=-\frac{\mu(\boldsymbol{b}_1\cdot\boldsymbol{t})(\boldsymbol{b}_2\cdot\boldsymbol{t})}{2\pi}\ln\left(\frac{R}{R_a}\right)-\frac{\mu}{2\pi(1-\nu)}$$
$$\cdot[(\boldsymbol{b}_1\times\boldsymbol{t})\cdot(\boldsymbol{b}_2\times\boldsymbol{t})]\ln\left(\frac{R}{R_a}\right)-\frac{\mu}{2\pi(1-\nu)R^2}$$
$$\cdot[(\boldsymbol{b}_1\times\boldsymbol{t})\cdot\boldsymbol{R}][(\boldsymbol{b}_2\times\boldsymbol{t})\cdot\boldsymbol{R}] \tag{4.82}$$

这个公式对于讨论平行位错的位错反应也是很有用的. 用它可以计算具有任意 Burgers 矢量的平行直线位错间的相互作用力(在第二章中曾处理过两个纯螺型位错和两个 Burgers 矢量平行的刃型位错的特例). 考查上式,若采用极坐标,令位错 1 位于原点,位错 2 位于 $P(R,\theta)$，则不难看出,式 (4.82) 右端的前二项表示 E^{12}/L 随 R 的变化,最后一项不依赖于 R，表示 E^{12}/L 随 θ 的变化. 由此可以推出单位长度位错的相互作用力分量表达式

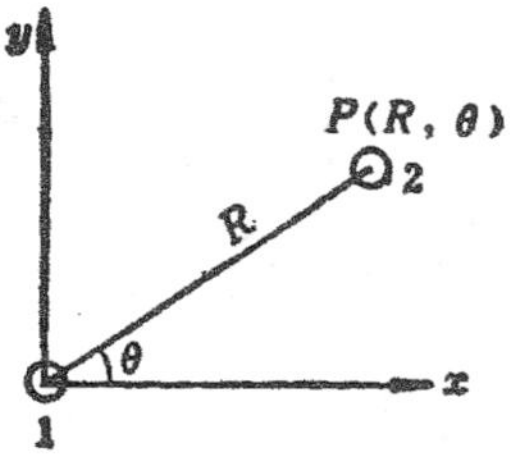

图 4.12

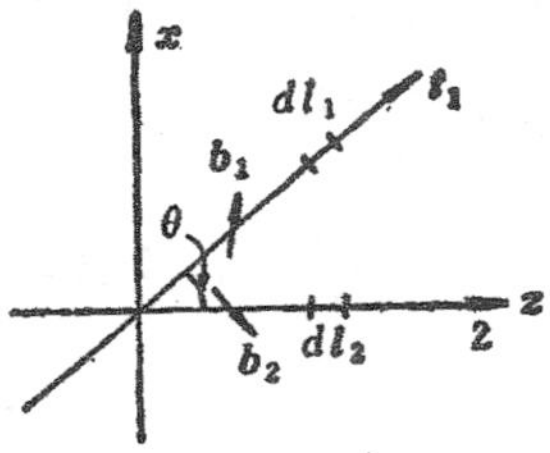

图 4.13

$$\frac{F_R}{L}=-\frac{\partial(E^{12}/L)}{\partial R}=\frac{\mu}{2\pi R}\left[(\boldsymbol{b}_1\cdot\boldsymbol{t})(\boldsymbol{b}_2\cdot\boldsymbol{t})\right.$$

$$\left.+\frac{1}{1-\nu}(\boldsymbol{b}_1\times\boldsymbol{t})\cdot(\boldsymbol{b}_2\times\boldsymbol{t})\right],\qquad(4.83)$$

$$\frac{F_\theta}{L}=-\frac{1}{R}\frac{\partial(E^{12}/L)}{\partial\theta}=\frac{\mu}{2\pi(1-\nu)R^3}\{(\boldsymbol{b}_1\cdot\boldsymbol{R})$$

$$[(\boldsymbol{b}_2\times\boldsymbol{R})\cdot\boldsymbol{t}]+(\boldsymbol{b}_2\cdot\boldsymbol{R})[(\boldsymbol{b}_1\times\boldsymbol{R})\cdot\boldsymbol{t}]\}.\qquad(4.84)$$

这是关于平行直线位错的一般结果，读者可以把它与第二章中的特殊结果加以比较，证实它们是一致的。

下面简单地引述关于两个非平行直线位错间相互作用的计算。

试考虑如图 4.13 所示的两个不平行的无限直线位错。位错 1 在 xz 平面内，通过原点。y 轴垂直指向纸面之外。位错 2 与 xz 面平行，交 y 轴于 y 点；于是位错 2 相对于位错 1 的位置就由 y 和 θ 这两个坐标确定。位错 2 上的点相对于位错 1 上点的直角坐标是 (x_2-x_1, y, z_2-z_1)。两个位错的 Burgers 矢量分别是 $\boldsymbol{b}_1$ 和 $\boldsymbol{b}_2$。

还是如上文中一样，把所注意的两条直线位错形式地分别看作是两个大位错环的一段，这两段在相互作用中给出主要贡献。

现在把 y 当作可变位形参量，即是考虑 $\boldsymbol{j}$ 方向的虚位移；下面可以把单位矢量 $\boldsymbol{j}$ 写作 $\boldsymbol{R}_{12}/R_{12}$。于是

$$F^{12}_{(y)}=-\frac{\partial E^{12}}{\partial y},\qquad(4.85)$$

利用 Blin 公式 (3.62)，可得到

$$F_{(y)}^{12} = \frac{\mu}{2\pi}(\boldsymbol{b}_1 \times \boldsymbol{b}_2) \cdot (\boldsymbol{t}_1 \times \boldsymbol{t}_2) \int_{-\infty}^{+\infty} dl_1 \int_{-\infty}^{+\infty} \frac{\partial}{\partial y}\left(\frac{1}{R}\right) dl_2$$

$$- \frac{\mu}{4\pi}(\boldsymbol{b}_1 \cdot \boldsymbol{t}_1)(\boldsymbol{b}_2 \cdot \boldsymbol{t}_2) \int_{-\infty}^{+\infty} dl_1 \int_{-\infty}^{+\infty} \frac{\partial}{\partial y}\left(\frac{1}{R}\right) dl_2$$

$$- \frac{\mu}{4\pi(1-\nu)} [(\boldsymbol{b}_1 \times \boldsymbol{t}_1) \cdot \boldsymbol{j}][(\boldsymbol{b}_2 \times \boldsymbol{t}_2) \cdot \boldsymbol{j}]$$

$$\times \int_{-\infty}^{+\infty} dl_1 \int_{-\infty}^{+\infty} \frac{\partial^3 R}{\partial y^3} dl_2. \tag{4.86}$$

在计算最后一项时，T_{ij} 中凡含 $\partial/\partial x_1$ 和 $\partial/\partial z_1$，的项均略去；这是因为可以直接验证有关的项积分后结果为零。

注意到

$$R^2 = l_1^2 + l_2^2 - 2l_1 l_2 \cos\theta + y^2 \tag{4.87}$$

通过计算积分可得到

$$\int_{-\infty}^{+\infty} dl_2 \int_{-\infty}^{+\infty} \frac{\partial}{\partial y}\left(\frac{1}{R}\right) dl_1 = -\frac{2\pi}{|\sin\theta|}, \tag{4.88}$$

$$\int_{-\infty}^{+\infty} dl_2 \int_{-\infty}^{+\infty} \frac{\partial^3 R}{\partial y^3} dl_1 = -\frac{4\pi}{|\sin\theta|}, \tag{4.89}$$

并有

$$\frac{1}{|\sin\theta|} = \frac{1}{|\boldsymbol{t}_1 \times \boldsymbol{t}_2|},$$

因此最后得出位错 1 作用于位错 2 的总力为

$$\boldsymbol{F}^{12} = \frac{\mu}{|\boldsymbol{t}_1 \times \boldsymbol{t}_2|} \frac{\boldsymbol{R}_{12}}{R_{12}} \left\{ \frac{1}{2}(\boldsymbol{b}_1 \cdot \boldsymbol{t}_1)(\boldsymbol{b}_2 \cdot \boldsymbol{t}_2) - (\boldsymbol{b}_1 \times \boldsymbol{b}_2) \right.$$

$$\cdot (\boldsymbol{t}_1 \times \boldsymbol{t}_2) + \frac{1}{1-\nu}\left[(\boldsymbol{b}_1 \times \boldsymbol{t}_1) \cdot \frac{\boldsymbol{R}_{12}}{R_{12}}\right]$$

$$\left. \cdot \left[(\boldsymbol{b}_2 \times \boldsymbol{t}_2) \cdot \frac{\boldsymbol{R}_{12}}{R_{12}}\right] \right\}. \tag{4.90}$$

这里讨论的组态显然并不是最普遍的情况，而是限于上面所说明的几何。

若相对取向 θ 不变，并且位错保持为直线，则 $\boldsymbol{F}^{12}$ 为常量，不

依赖于 R_{12}.

在 § 4.8 中，我们将直接应用 Blin 公式来计算两个有限非平行直位错线段的相互作用能.

§ 4.7 共轴位错圆环间的相互作用

考虑两个共轴的棱柱位错圆环，它们的半径相同，都等于 a，如图 4.14 所示. 在这种几何形式下，显然有 $\boldsymbol{b}_1\cdot\boldsymbol{b}_2=0$，$\boldsymbol{b}_1\cdot d\boldsymbol{l}_1=\boldsymbol{b}_2\cdot d\boldsymbol{l}_2=0$；所以位错环相互作用能的 Blin 公式 (3.62) 中前两项消失，仅存留最后一项

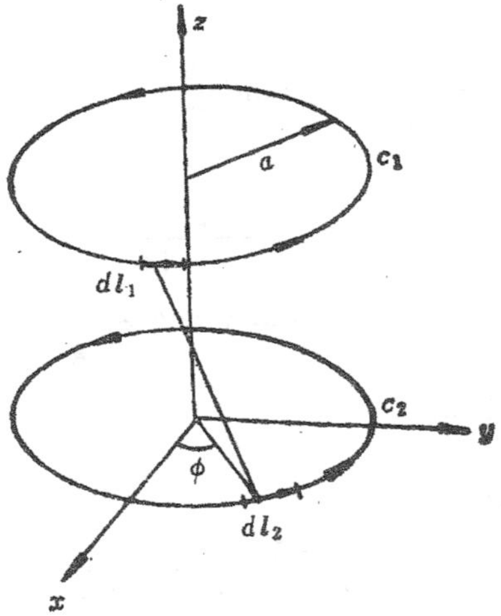

图 4.14

$$E^{12}=\frac{\mu}{4\pi(1-\nu)}\oint_{c_1}\oint_{c_2}(\boldsymbol{b}_1\times d\boldsymbol{l}_1)\cdot\mathbf{T}\cdot(\boldsymbol{b}_2\times d\boldsymbol{l}_2),$$

$$T_{ij}=\frac{\partial^2 R}{\partial x_i\partial x_j}. \qquad (4.91)$$

因为 $\boldsymbol{b}_1\times d\boldsymbol{l}_1$ 和 $\boldsymbol{b}_2\times d\boldsymbol{l}_2$ 均与 z 轴垂直，因此 R 涉及 z 的所有导数没有贡献，并且由于对称性，若先遍及 c_2 积分，则在作第二个积分时所有 $d\boldsymbol{l}_1$ 均给出相同的贡献；因此只须考虑 $d\boldsymbol{l}_1$ 与 y 轴平行的情况，此时 $\boldsymbol{b}_1\times d\boldsymbol{l}_1$ 平行于 x 轴，所以最后张量 $\mathbf{T}$ 的诸分量中只

有 T_{xx}, T_{xy} 在积分中出现，它们是

$$\frac{\partial^2 R}{\partial x^2}=\frac{1}{R}-\frac{a^2(1-\cos\phi)^2}{R^3}, \tag{4.92}$$

$$\frac{\partial^2 R}{\partial x\,\partial y}=\frac{a^2(1-\cos\phi)\sin\phi}{R^3}, \tag{4.93}$$

代入上式 (4.91)，经过一次积分，得到

$$E_{12}=\frac{\mu b^2}{2\pi(1-\nu)}2\pi a^2\int_0^{2\pi}\left[\frac{1}{R}\cos\phi-\frac{a^2(1-\cos\phi)^2}{R^3}\cos\phi\right.$$
$$\left.+\frac{a^2(1-\cos\phi)\sin\phi}{R^3}\sin\phi\right]d\phi. \tag{4.94}$$

为了完成积分，将 R 用 z, ϕ 表示

$$R=\left(z^2-4a^2\sin^2\frac{\phi}{2}\right)^{1/2},$$

并引入如下的记号

$$k^2=\frac{4a^2}{z^2+4a^2},\quad k'=\frac{z^2}{z^2+4a^2},$$

$$k^2+k'^2=1,\quad (z^2+4a^2)^{1/2}=\frac{2a}{k},$$

$$\eta=\frac{\pi}{2}-\frac{\phi}{2},$$

代入式 (4.94) 的积分，得到

$$E_{12}=\frac{\mu b^2 ak}{1-\nu}\int_0^{\pi/2}\left[\frac{k^2-1}{(1-k^2\sin^2\eta)^{1/2}}+\frac{\sin^2\eta}{(1-k^2\sin^2\eta)^{1/2}}\right.$$
$$\left.+\frac{(1-2k^2+k^4)\sin^2\eta}{(1-k^2\sin^2\eta)^{3/2}}\right]d\eta, \tag{4.95}$$

这个积分是椭圆积分.

由数学手册或积分表可知完全椭圆积分的定义和性质如下:

$$\boldsymbol{E}=\int_0^{\pi/2}(1-k^2\sin^2\eta)^{1/2}d\eta,$$

$$\boldsymbol{K}=\int_0^{\pi/2}(1-k^2\sin^2\eta)^{-1/2}d\eta,$$

$$\frac{d\boldsymbol{E}}{dk}=-\int_0^{\pi/2}k\sin^2\eta(1-k^2\sin^2\eta)^{-1/2}d\eta=\frac{\boldsymbol{E}-\boldsymbol{K}}{k},$$

$$\frac{dK}{dk}=\int_0^{\pi/2} k\sin^2\eta(1-k^2\sin^2\eta)^{-3/2}d\eta=\frac{E}{kk'^2}-\frac{K}{k}.$$

当 $k\to 0$ 时，有

$$\frac{K-E}{k^2}\to\frac{1}{4}\pi,\ K\to E\to\frac{1}{2}\pi;$$

当 $k\to 1$ 时，有

$$K\to\frac{1}{2}\ln\frac{16}{1-k^2},\quad E\to 1.$$

用完全椭圆积分表示，E_{12} 成为

$$E_{12}=\frac{\mu b^2 ak}{1-\nu}(K-E). \tag{4.96a}$$

当 $z\gg a$，即 $k\ll 1$ 时，有渐近式

$$E_{12}\to\frac{2\pi\mu b^2 a}{1-\nu}\frac{a^3}{z^3}; \tag{4.96b}$$

当 $z\ll a$，即 $k^2\sim 1$ 时，有渐近式

$$E_{12}\to\frac{\mu b^2 a}{1-\nu}\left(\ln\frac{8a}{z}-1\right). \tag{4.96c}$$

由此可以导出圆环的自能，就是在最后这个公式中令 $z=z_0(\ll a)$，并除以 2（这是由于每个 dl_e 计人了二次），于是得到

$$E_s^{(P)}=\frac{\mu b^2 a}{2(1-\nu)}\left[\ln\left(\frac{8a}{z_0}\right)-1\right], \tag{4.97}$$

这就是 §5.2 中推出的公式 (4.47). 与 §5.2 不同之处在于本节直接应用 Blin 公式，计算积分，无需先求出应力场表达式.

应用 Blin 公式也可求出滑移位错圆环的自能，它是

$$E_s^{(G)}=\frac{\mu b^2 a}{2}\frac{2-\nu}{2(1-\nu)}\left[\ln\left(\frac{8a}{z_0}\right)-2\right]. \tag{4.98}$$

§ 4.8 非平行直位错线段的相互作用

在这里我们要求两个有限长非平行位错直线段的相互作用能，即是推出位错 i 和位错 j 间 E_{ij} 的显式表达式. 引用 Blin 公式，计算积分.

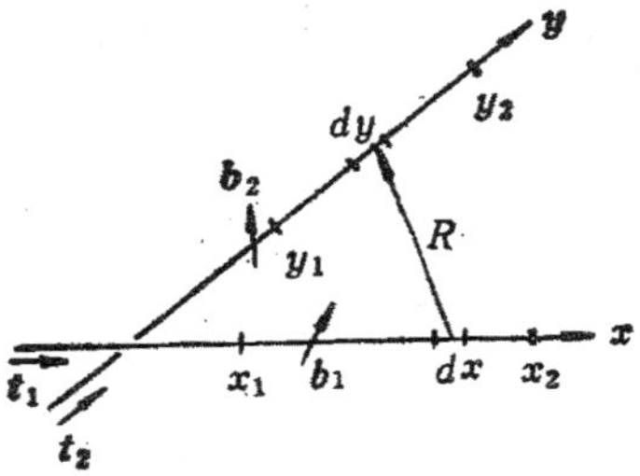

图 4.15

设两个直位错线段分别是 x_1x_2，y_1y_2，位于两条直线上，方向分别是 $\boldsymbol{t}_1$，$\boldsymbol{t}_2$. 如图取斜坐标，其中两个轴分别与 $\boldsymbol{t}_1$，$\boldsymbol{t}_2$ 平行，第三个轴与它们垂直(图 4.15)

$$\boldsymbol{e}_3 = \frac{\boldsymbol{t}_1 \times \boldsymbol{t}_2}{|\boldsymbol{t}_1 \times \boldsymbol{t}_2|}.$$

设位错 2 处在纸面内，即斜坐标的 $z = 0$ 平面上；位错 1 在纸面上方距离为 z 处. $\boldsymbol{t}_1$，$\boldsymbol{t}_2$ 之间的夹角记为 θ. Blin 公式 (3.62) 取如下形式:

$$E_{12} = \left[-\frac{\mu}{2\pi}(\boldsymbol{b}_1 \times \boldsymbol{b}_2)\cdot(\boldsymbol{t}_1 \times \boldsymbol{t}_2) + \frac{\mu}{4\pi}(\boldsymbol{b}_1 \cdot \boldsymbol{t}_1)(\boldsymbol{b}_2 \cdot \boldsymbol{t}_2)\right] \cdot \int_{x_1}^{x_2} dx \int_{y_1}^{y_2} \frac{dy}{R} + \frac{\mu}{4\pi(1-\nu)}(\boldsymbol{b}_1 \times \boldsymbol{t}_1) \cdot \boldsymbol{T} \cdot (\boldsymbol{b}_2 \times \boldsymbol{t}_2), \tag{4.99}$$

式中

$$\mathbf{T} = \int_{x_1}^{x_2} dx \int_{y_1}^{y_2} dy \left[\boldsymbol{t}_1\boldsymbol{t}_2\left(-\frac{\cos\theta}{\sin^4\theta}\frac{\partial^2}{\partial x^2} - \frac{1+\cos\theta}{\sin^4\theta}\frac{\partial^2}{\partial x\,\partial y} - \frac{\cos\theta}{\sin^4\theta}\frac{\partial^2}{\partial y^2}\right) + \boldsymbol{e}_3\boldsymbol{t}_1\left(\frac{1}{\sin^2\theta}\frac{\partial^2}{\partial x\,\partial z} + \frac{\cos\theta}{\sin^2\theta}\frac{\partial^2}{\partial y\,\partial z}\right) + \boldsymbol{t}_2\boldsymbol{e}_3\left(-\frac{\cos\theta}{\sin^2\theta}\frac{\partial^2}{\partial x\,\partial z} - \frac{1}{\sin^2\theta}\frac{\partial^2}{\partial y\,\partial z}\right) + \boldsymbol{e}_3\boldsymbol{e}_3\frac{\partial^2}{\partial z^2}\right] R(x, y), \tag{4.100}$$

而

$$R^2(x, y) = x^2 + y^2 - 2xy\cos\theta + z^2.$$

上面两式中的积分均可显式完成，而此两式可写为

$$E_{12} = \left[-\frac{\mu}{2\pi}(\boldsymbol{b}_1 \times \boldsymbol{b}_2)\cdot(\boldsymbol{t}_1 \times \boldsymbol{t}_2) + \frac{\mu}{4\pi}(\boldsymbol{b}_1\cdot\boldsymbol{t}_1)(\boldsymbol{b}_2\cdot\boldsymbol{t}_2)\right]$$

$$\cdot I(x_\alpha, y_\beta) + \frac{\mu}{4\pi(1-\nu)}(\boldsymbol{b}_1 \times \boldsymbol{t}_1)\cdot \mathbf{T} \cdot (\boldsymbol{b}_2 \times \boldsymbol{t}_2), \tag{4.101}$$

$$\mathbf{T} = -\boldsymbol{t}_2\boldsymbol{t}_1\frac{\cos\theta}{\sin^4\theta}[L(x_\alpha, y_\beta) + L(y_\alpha, x_\beta)]$$

$$-\boldsymbol{t}_2\boldsymbol{t}_1\frac{1+\cos^2\theta}{\sin^4\theta}R(x_\alpha, y_\beta) + (\boldsymbol{e}_3\boldsymbol{t}_1 - \boldsymbol{t}_2\boldsymbol{e}_3\cos\theta)\frac{z}{\sin^2\theta}$$

$$\times K(y_\alpha, x_\beta) + (\boldsymbol{e}_3\boldsymbol{t}_1\cos\theta - \boldsymbol{t}_2\boldsymbol{e}_3)\frac{z}{\sin^2\theta}K(x_\alpha, y_\beta)$$

$$+ \boldsymbol{e}_3\boldsymbol{e}_3[I(x_\alpha, y_\beta) - z^2 J(x_\alpha, y_\beta)], \tag{4.102}$$

式中 I, J, K, L 的定义是

$$\iint \frac{dxdy}{R} = I(x, y), \tag{4.103}$$

$$\int_{x_1}^{x_2}\int_{y_1}^{y_2}\frac{dxdy}{R} = I(x_\alpha, y_\beta) \equiv I(x_2, y_2) - I(x_1, y_2)$$

$$- I(x_2, y_1) + I(x_1, y_1), \tag{4.104}$$

$$\int_{x_1}^{x_2}\int_{y_1}^{y_2}\frac{dxdy}{R^3} = J(x_\alpha, y_\beta), \tag{4.105}$$

$$\int_{x_1}^{x_2}\int_{y_1}^{y_2}\frac{\partial}{\partial y}\frac{1}{R}dxdy = K(x_\alpha, y_\beta), \tag{4.106}$$

$$\int_{x_1}^{x_2}\int_{y_1}^{y_2}\frac{\partial^2 R}{\partial y^2}dxdy = L(x_\alpha, y_\beta), \tag{4.107}$$

并可证

$$L(x, y) = -\cos\theta R(x, y) + y\sin^2\theta K(x, y). \tag{4.108}$$

若引入如下的变数表示：

$$s = y\cos\theta - x + R,$$

$$r = x\cos\theta - y + R,$$

$$u = x - y + R,$$

$$v = y - x + R,$$
$$w = x + y + R, \tag{4.109}$$

则上列诸积分的结果是

$$\begin{cases} I(x, y) = \dfrac{x}{2}\ln\dfrac{z^2 + v^2\cot^2(\theta/2)}{rs} \\ \qquad + \dfrac{y}{2}\ln\dfrac{z^2 + u^2\cot^2(\theta/2)}{rs} - z^2 J(x, y), \\ J(x, y) = \dfrac{\tan(\theta/2)}{2z}\left[\tan^{-1}\left(\dfrac{u}{z}\cot\dfrac{\theta}{2}\right)\right. \\ \qquad \left. + \tan^{-1}\left(\dfrac{v}{z}\cot\dfrac{\theta}{2}\right)\right] - \dfrac{\cot(\theta/2)}{z}\tan^{-1}\left(\dfrac{w}{z}\tan\dfrac{\theta}{2}\right), \\ K(x, y) = -\ln s, \ K(y, x) = -\ln r, \\ L(x, y) = -R(x, y)\cos\theta - y\sin^2\theta\ln s, \\ L(y, x) = -R(x, y)\cos\theta - x\sin^2\theta\ln r. \end{cases} \tag{4.110}$$

这样就给出了两个非平行有限长直位错线段相互作用能的显式表示式.

下面所述的两个特殊情况是有实用意义的.

(1) 共面情况，$z = 0$　此时 $J(x, y)$ 成为奇异的. 不过当它出现时带有因子 z^2, 所以它从公式中消失. 于是

$$\mathbf{T} = -\boldsymbol{t}_2\boldsymbol{t}_1\frac{\cos\theta}{\sin^4\theta}[L(x_\alpha, y_\beta) + L(y_\alpha, x_\beta)]$$
$$- \boldsymbol{t}_2\boldsymbol{t}_1\frac{1 + \cos^2\theta}{\sin^4\theta}R(x_\alpha, y_\beta) + \boldsymbol{e}_3\boldsymbol{e}_3 I(x_\alpha, y_\beta), \tag{4.111}$$

而

$$E_{12} = \frac{\mu}{4\pi}\Big\{(\boldsymbol{b}_1\cdot\boldsymbol{t}_1)(\boldsymbol{b}_2\cdot\boldsymbol{t}_2) - 2[(\boldsymbol{b}_1\times\boldsymbol{b}_2)\cdot(\boldsymbol{t}_1\times\boldsymbol{t}_2)]$$
$$+ \frac{1}{1-\nu}[\boldsymbol{b}_1\cdot(\boldsymbol{t}_1\times\boldsymbol{e}_3)][\boldsymbol{b}_2\cdot(\boldsymbol{t}_2\times\boldsymbol{e}_3)]\Big\} I(x_\alpha, y_\beta)$$
$$+ \frac{\mu}{4\pi(1-\nu)}[(\boldsymbol{b}_1\cdot\boldsymbol{e}_3)(\boldsymbol{b}_2\cdot\boldsymbol{e}_3)]\{R(x_\alpha, y_\beta)$$
$$- \cos\theta[x_\alpha\ln r(x_\alpha, y_\beta) + y_\beta\ln s(x_\alpha, y_\beta)]\}, \tag{4.112}$$

式中 $I(x, y)$ 的表示式化为

$$I(x, y) = x\ln\frac{R + y - x\cos\theta}{x} + y\ln\frac{R + x - y\cos\theta}{y},$$

$r(x, y)$ 与 $s(x, y)$ 的表示式仍如上.对于 $x = 0, y > 0$ 及 $y = 0$, $x > 0$ 的情况,表示式更简化

$$\begin{cases} I(0, y) = y\ln\left(2\sin^2\dfrac{\theta}{2}\right), \\ I(x, 0) = x\ln\left(2\sin^2\dfrac{\theta}{2}\right), \\ I(0, 0) = 0; \\ L(x, 0) = -R\cos\theta,\ L(y, 0) = -R\cos\theta, \\ L(0, 0) = 0. \end{cases} \tag{4.113}$$

当 $y > 0$, $x \to 0$ 时, $L(x, y)$ 不具有奇异性, 当 $x > 0$, $y \to 0$ 时 $L(y, x)$ 也不具有奇异性.

(2) 平行情况　此时 $\boldsymbol{t}_1$ 与 $\boldsymbol{t}_2$ 平行,取 $\boldsymbol{e}_3$ 垂直于 $\boldsymbol{t}_1$, $\boldsymbol{t}_2$ 所在的平面. 两个位错线之间的垂直距离为 d, 方向 $\boldsymbol{e}_2$ 与 x 垂直, 如图 4.16 所示. 此时 E_{12} 的表示式成为

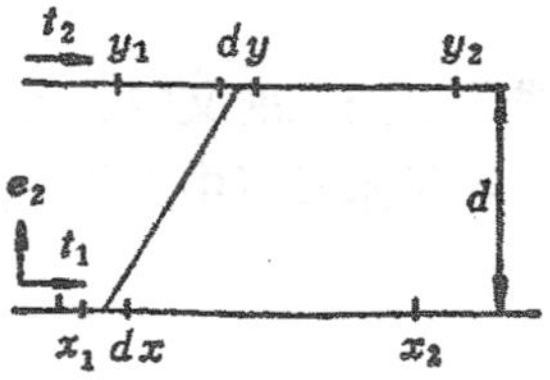

图 4.16

$$E_{12} = \left(\frac{\mu}{4\pi}(\boldsymbol{b}_1\cdot\boldsymbol{t}_1)(\boldsymbol{b}_2\cdot\boldsymbol{t}_2) + \frac{\mu}{4\pi(1-\nu)}\{(\boldsymbol{b}_1\cdot\boldsymbol{e}_3)(\boldsymbol{b}_2\cdot\boldsymbol{e}_3) + [(\boldsymbol{b}_1\times\boldsymbol{t}_1)\cdot\boldsymbol{e}_3][\boldsymbol{e}_3\cdot(\boldsymbol{b}_2\times\boldsymbol{t}_2)]\}\right)I(x_\alpha, y_\beta) + \frac{\mu}{4\pi(1-\nu)}(\boldsymbol{b}_1\cdot\boldsymbol{e}_3)(\boldsymbol{b}_2\cdot\boldsymbol{e}_3)R(x_\alpha, y_\beta), \tag{4.114}$$

这里

$$\begin{cases} I(x, y) = R - \frac{1}{2}(y - x)\ln s - \frac{1}{2}(x - y)\ln r, \\ R^2 = (x - y)^2 + d^2, \\ r = R + x - y, \\ s = R + y - x. \end{cases} \tag{4.115}$$

由此，$I(x, y)$ 也可以表为

$$I(x, y) = R - (y - x)\ln s = R - (x - y)\ln r. \tag{4.116}$$

本节所导出的结果可用于计算由分段直线构成的位错环及折线位错的自能.

§ 4.9 分段直线位错组态的能量

本节的任务是应用上文的结果求分段直线位错组态的能量. 这种组态的一个例子示于图 4.17 中. 图中示出一个多面体，它的每一个棱边都是一条位错线，在每个顶点上都有 $\Sigma \boldsymbol{b}_i = 0$. 显然这个框架是闭合的. 这个组态的总弹性自能可以写作如下形式:

$$E = \sum_i E_i^s + \sum_{i>j} E_{ij}, \tag{4.117}$$

其中每一项都可以应用上文中导出的公式明显算出，最后进行加和，就得到完整的结果.

关于单独直线位错的自能在前文中已经讨论过，无论是根据第二章中的初等计算，还是第三章中由相互作用能推论的自能计

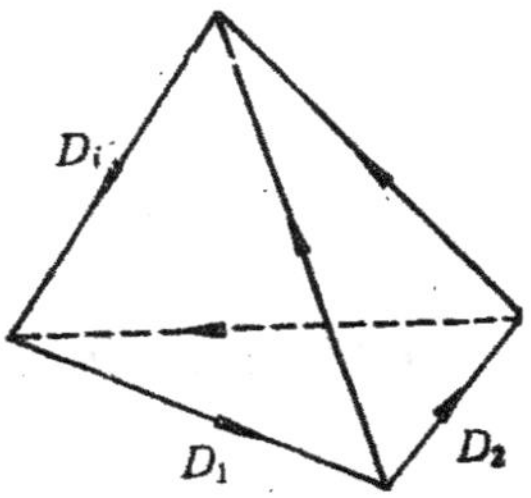

图 4.17

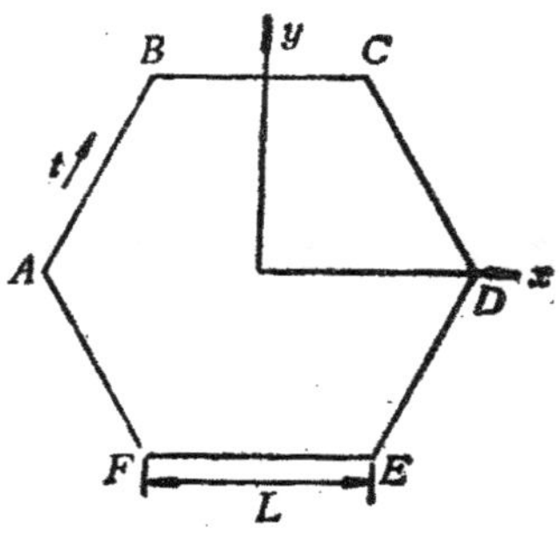

图 4.18

算，都表明它是对数发散的．为此必须引入一个下切断半径 ρ，它是位错芯的半径；用两个全同位错环相互作用的表述方法（第三章）来说，ρ 表示一个切断距离，当两个位错接近至 ρ 时它们之间就不发生弹性相互作用，这样就能够避免或绕过，自能的对数发散问题．引入这个参数 ρ 之后，一条长为 L 的直线位错线段的弹性自能可以表示如下：

$$E^s = \frac{\mu}{4\pi}\left[(\boldsymbol{b}\cdot\boldsymbol{t})^2 + \frac{(\boldsymbol{b}\times\boldsymbol{t})^2}{1-\nu}\right] L \ln\frac{L}{e\rho}, \qquad (4.118)$$

在本节中我们就接受这个公式．

相互作用项 E_{ij} 应用上一节中导出的公式．

下面用三个实例来说明总能量的算法．

(1) 六角形位错圈　考虑如图 4.18 中所示的六角形滑移位错圈．这个组态的能量等于六个边位错线段的自能加上相互作用能

$$E = \sum_{i=1}^{6} E_i + \sum_{i>j}^{6} E_{ij}.$$

由上面式 (4.118) 算出六段位错线段自能之和为

$$\sum_{i}^{6} E_i = 3L\left(\frac{2-\nu}{1-\nu}\right)\frac{\mu b^2}{4\pi}\ln\frac{L}{e\rho}, \qquad (4.119)$$

现在计算 ΣE_{ij}．根据组态的对称性，有些线段对的相互作用能是相等的，例如 $E_{int}(AB, EF) = E_{int}(CD, EF)$ 等，这样，总的相互作用能可表示为

$$\begin{aligned}\sum_{i>j}^{6} E_{ij} = {} & E(BC, EF) + 2E(AB, DE) + 4E(AF, EF) \\ & + 2E(AB, AF) + 4E(AB, EF) \\ & + 2E(AF, DE). \end{aligned} \qquad (4.120)$$

每一个单独的项都可以用上节中的式 (4.112) 或式 (4.114) 算出，结果可得到

$$\sum_{i>j}^{6} E_{ij} = 3L\left(\frac{2-\nu}{1-\nu}\right)\frac{\mu b^2}{4\pi}\Big[2-\sqrt{3}$$

$$-\frac{7}{2}\ln 3+2\ln(2\sqrt{3}+3)\Big], \qquad (4.121)$$

于是这个六角形位错圈的总能量就是以上两项能量之和，它是

$$E=3L\left(\frac{2-\nu}{1-\nu}\right)\frac{\mu b^2}{4\pi}\left(\ln\frac{L}{\rho}-0.84\right). \qquad (4.122)$$

照样可以算出同样的棱柱六角位错圈，即矢量 $\boldsymbol{b}$ 垂直于位错圈平面的情况，总能量为

$$E=6L\left(\frac{1}{1-\nu}\right)\frac{\mu b^2}{4\pi}\left(\ln\frac{L}{\rho}+0.16\right). \qquad (4.123)$$

这些结果可以同圆环的相对应结果作有意义的比较，说明用六边形来近似表示一个圆环误差是不大的，或进一步定性说明用分段直线的折线位错来近似表示一个曲线位错误差也是很有限的.

(2) **小凸曲** 作为另一个有意思的例子，考虑一条无限长螺型位错上的一个小凸曲，如图 4.19 所示．图中所绘的组态实际上可以近似代表一个弧形的凸曲

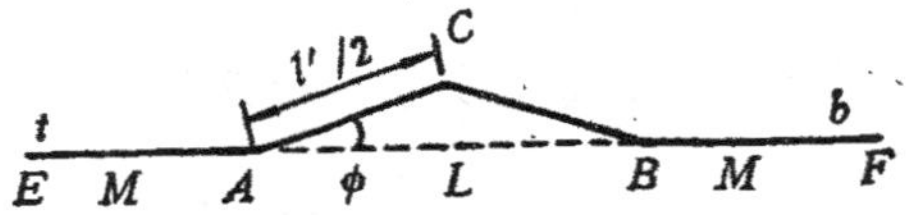

图 4.19

由图中所示折线凸曲所引起的无限长直线位错能量的增加应为

$$\Delta E=\lim_{M\to\infty}\Delta E_{(M)}, \qquad (4.124)$$

而 $\Delta E_{(M)}$ 显然可表示为

$$\begin{aligned}\Delta E_{(M)}=&E(AC)+E(CB)-E(AB)\\&+E(AC,EA)+E(AC,CB)+E(AC,BF)\\&+E(CB,AE)+E(CB,BF)-E(EA,AB)\\&-E(BF,AB),\end{aligned} \qquad (4.125a)$$

式中 $E(AC)$ 表示位错线段 AC 的自能，$E(AC, EA)$ 表示 AC 与 EA 的相互作用能，如此等等．根据形式的对称性，上式能够写为

$$\Delta E_{(M)} = 2E(AC) - E(AB) + 2E(AC, EA) + 2E(AC, BF) + E(AC, CB) - 2E(EA, AB), \tag{4.125b}$$

式中各项的具体计算按上段中的办法进行. 例如先考虑如下三项:

$$\Delta E_1 = 2E(AC) + E(AC, CB) - E(AB), \tag{4.126}$$

不难得到

$$E(AC) = \frac{\mu b^2}{4\pi}\left(\cos^2\phi + \frac{\sin^2\phi}{1-\nu}\right)\frac{L'}{2}\ln\left(\frac{L'}{2e\rho}\right), \tag{4.127}$$

$$L' = L/\cos\phi,$$

$$E(AB) = \frac{\mu b^2}{4\pi} L \ln\frac{L}{e\rho}, \tag{4.128}$$

$$E(AC, CB) = \frac{\mu b^2}{4\pi}\left(\cos^2\phi + \frac{\sin^2\phi}{1-\nu}\right)L \times \frac{1}{\cos\phi}\ln\frac{1+\cos\phi}{\sin\phi}. \tag{4.129}$$

将式 (4.126) 在 $\phi = 0$ 近傍作 Taylor 展开，并取 $\phi \to 0$ 的极限，得到

$$\Delta E_1 = \frac{\mu b^2 L\phi^2}{8\pi}\left(\frac{1+\nu}{1-\nu}\ln\frac{L}{4e\rho} + \frac{3}{2} - 2\ln 2\right). \tag{4.130}$$

余下的项是

$$\Delta E_2 = 2E(AC, EA) + 2E(AC, BF) - 2E(EA, AB), \tag{4.131}$$

照此计算，在 $M \to \infty$ 的极限下，得到

$$\Delta E_2 = \frac{\mu b^2 L\phi^2}{8\pi}(-2 + 2\ln 2). \tag{4.132}$$

总的能量增量是

$$\Delta E = \Delta E_1 + \Delta E_2 = \frac{\mu b^2 L\phi^2}{8\pi}\left(\frac{1+\nu}{1-\nu}\ln\frac{L}{4e\rho} - 0.5\right)$$

$$= \frac{\mu b^2 L \phi^2}{8\pi(1-\nu)}\left[(1+\nu)\ln\frac{L}{\rho} - 1.89\nu - 2.89\right]. \quad (4.133)$$

对于 $\boldsymbol{b}$ 在纸面内(即在位错直线与凸曲的共同平面内)刃型位错的情况,照此计算,得到因凸曲而引致的能量增量是

$$\Delta E = \frac{\mu b^2 L \phi^2}{8\pi(1-\nu)}\left[(1-2\nu)\ln\frac{L}{\rho} + 4.78\nu - 2.89\right]. \quad (4.134)$$

若考虑一条混合位错,其 Burgers 矢量 $\boldsymbol{b}$ 与位错线间的角度为 β; 其上发生一个滑移凸曲,即此凸曲在该位错的滑移面内,则所导致的能量增量应是式(4.133)右端乘以 $\cos^2\beta$ 与式(4.134)右端乘以 $\sin^2\beta$ 之和.

若含有同样形式凸曲的位错其 Burgers 矢量 $\boldsymbol{b}$ 与凸曲所在平面(图 4.19 的纸面)垂直,则可算出能量增量为

$$\Delta E = \frac{\mu b^2 L \phi^2}{8\pi(1-\nu)}\left(\ln\frac{L}{\rho} - 2.39\right). \quad (4.135)$$

(3) 大凸曲　若凸曲差不多成半个圆圈就是一个大凸曲,它可以近似表示为图 4.20 的形状. 按照上面同样的办法计算,得到的结果是

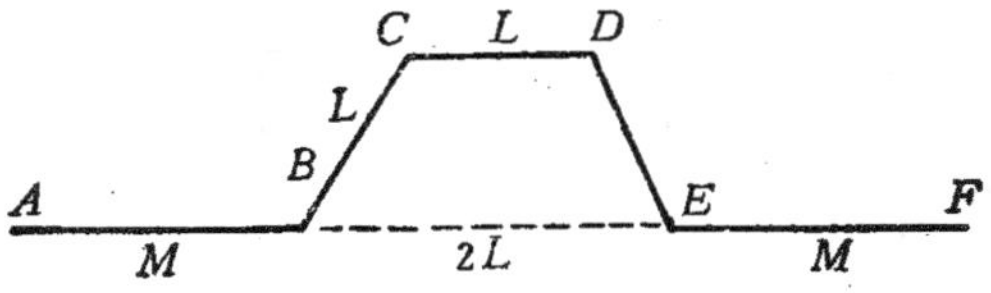

图 4.20

螺型位错

$$\Delta E = \frac{\mu b^2 L}{4\pi(1-\nu)}\left[\left(1+\frac{\nu}{2}\right)\ln\frac{L}{\rho} - 0.04\nu - 2.05\right]; \quad (4.136)$$

刃型位错,$\boldsymbol{b}$ 在纸面内

$$\Delta E = \frac{\mu b^2 L}{4\pi(1-\nu)}\left[\left(1-\frac{3\nu}{2}\right)\ln\frac{L}{\rho} + 2.00\nu - 2.05\right]; \quad (4.137)$$

刃型位错,$\boldsymbol{b}$ 垂直于纸面

$$\Delta E=\frac{\mu b^2 L}{4\pi(1-\nu)}\left(\ln\frac{L}{\rho}-1.59\right). \tag{4.138}$$

这样，一条曲线位错若分段用直位错线段近似表示，就可以采用如上的办法，计算它的总弹性自能. 例如位错扭折的能量可以用此法计算，其结果是很有实用价值的.

§ 4.10 位错的自力与线张力

在前文中曾数次提到过位错所受的自力，尤其是在 § 3.4 中对位错受力问题作一般论述时申明自力项需要专节讨论. 现在我们就进行这个工作[1].

按定义，位错在它自身产生的，无限介质中的应力场内所受的力就是自力，在 § 3.4 中已经把这一项从由于外力源、由于其他缺陷以及由于自由表面或他种表面的存在而产生的力 $\boldsymbol{F}^A$、$\boldsymbol{F}^O$ 及 $\boldsymbol{F}^I$ 区分开来，特记作 F^L. F^L 和 $F^K(K=A, O, I)$ 相同之点在于它们都是组态作用力，不同之点是 F^L 不能用 Peach-Koehler 公式的形式表达.

简而言之，作用在某一位错线元 $d\boldsymbol{l}$ 上的自力就是位错的其余所有部分对此线元 $d\boldsymbol{l}$ 的作用，细致计算这个力是比较费事的.

在位错理论的发展过程中有较长一段时期，自力的估算是以位错的线张力概念为基础的，这就是将位错线与一条弹性弦线相类比；弹性弦线具有弹性能，当其长度增大时此弹性能随之增大，这与位错线之具有弹性自能相似. 弹性弦线有线张力 $\mathscr{T}$，与其弹性能 $\mathscr{E}$ 的关系是

$$\mathscr{T}=\frac{\delta\mathscr{E}}{\delta\mathscr{L}}, \tag{4.139}$$

而一段弯曲的弦线线元 dl 由于线张力 $\mathscr{T}$ 而受的力 $\mathscr{F}$ 为

$$\mathscr{F}=-\kappa\mathscr{T} \tag{4.140}$$

---

1) 可以参看 Barnett, D. M., Adv. in the Continuum Elastic theory of Dislocations, in Dislocation Modelling of Physical Systems, M. F. Ashby et al. eds., Pergamon Press, 224 (1981).

式中 κ 为线元的局部曲率，等于局部曲率半径 ρ 之倒数（参看图 4.21）

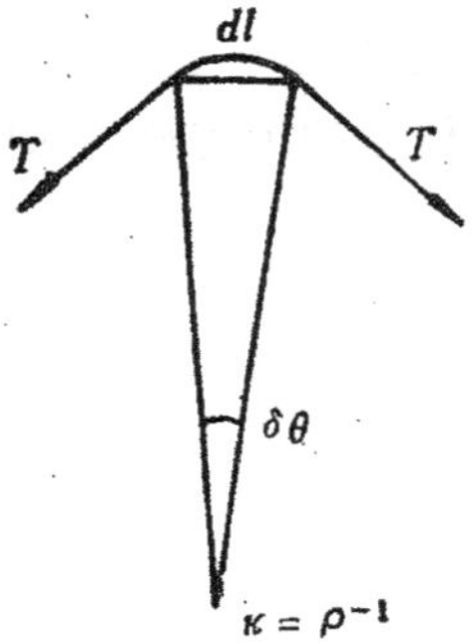

图 4.21

位错的线张力及所受的自力也可以仿此加以定义. 在这里先作一个一般的推算.

在前文中我们见到，一条直位错线

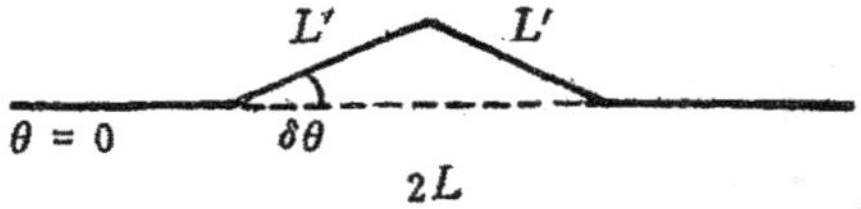

图 4.22

的能量是与它的取向有关的，具体地说，依赖于其 Burgers 矢量 $\boldsymbol{b}$ 和位错线方向 $\boldsymbol{t}$ 之间的如下相对取向：

$$E = \frac{\mu}{4\pi}\left[(\boldsymbol{b}\cdot\boldsymbol{t})^2 + \frac{(\boldsymbol{b}\times\boldsymbol{t})^2}{1-\nu}\right]\ln\left(\frac{R}{r_0}\right) + E_{\text{core}}(\theta), \quad (4.141)$$

将此式中的对数前因子写作 $E(\theta)$，这里 θ 是一个角坐标，它直接与 $\boldsymbol{b}$, $\boldsymbol{t}$ 之间的夹角相关. 位错线取向的变化就用这个角坐标的变化 $\delta\theta$ 表示，所以 $E(\theta)$ 可以展开为

$$E(\theta) = E(0) + \frac{\partial E}{\partial\theta}\delta\theta + \frac{1}{2}\frac{\partial^2 E}{\partial\theta^2}(\delta\theta)^2 + \cdots. \quad (4.142)$$

现在考虑如图 4.22 所绘出的一条原在位置 $\theta = 0$ 的直线位错. 若其上长为 $2L$ 的一段变成如图所示的一个小凸曲，则此位错线的长度就因之得到伸长，长为 $2L$ 的一段变为 $2L'$. 因 $\sec x \simeq 1 + \frac{x^2}{2}$，故得

$$L' \simeq L\left(1 + \frac{(\delta\theta)^2}{2}\right). \quad (4.143)$$

凸曲的产生导致能量的变化要同时计及长度变化和取向变化，即是

$$\delta E = \left(E + \frac{\partial E}{\partial\theta}\delta\theta + \frac{1}{2}\frac{\partial^2 E}{\partial\theta^2}(\delta\theta)^2\right)L\left(1 + \frac{(\delta\theta)^2}{2}\right)$$

$$+\left(E+\frac{\partial E}{\partial\theta}(-\delta\theta)+\frac{1}{2}\frac{\partial^2 E}{\partial\theta^2}(-\delta\theta)^2\right)L$$

$$\cdot\left(1+\frac{(\delta\theta)^2}{2}\right)-2EL=(\delta\theta)^2L\left(E+\frac{\partial^2 E}{\partial\theta^2}\right), \quad (4.144)$$

显然式中 $(\delta\theta)^2L$ 近似等于位错线长度变化 $\delta\mathscr{L}$，所以，与式 (4.139) 对比，可以很自然地将量

$$\mathscr{T}(\theta)\equiv E(\theta)+\frac{\partial^2 E(\theta)}{\partial\theta^2}, \quad (4.145)$$

定义为位错的弹性线张力. 与此相似，与位错芯能量 $E_{core}(\theta)$ 相应也可以定义位错芯线张力

$$\mathscr{T}_{core}(\theta)=E_{core}(\theta)+\frac{\partial^2}{\partial\theta^2}E_{core}(\theta). \quad (4.146)$$

这结果很容易理解. 弹性弦线只反抗它的长度改变，而位错线除了要反抗长度改变之外还要反抗取向改变，所以位错线张力包含依赖于角坐标的项. 因此一般说来位错的线张力与其单位长度的能量不相等，对于一些简易教程中的说法需要注意.

应用 § 2.5 中 $\mathbf{H}$ 矩阵的记法，$\mathscr{T}(\theta)$ 写为

$$\mathscr{T}(\theta)=\boldsymbol{b}\cdot\left[\mathbf{H}(\theta)+\frac{\partial^2\mathbf{H}(\theta)}{\partial\theta^2}\right]\cdot\boldsymbol{b}. \quad (4.147)$$

对于无限长直线位错，若 $\boldsymbol{b}$ 与 $\boldsymbol{t}$ 之间的夹角记作 β，直接将 β 用作角坐标，于是有

$$E(\beta)=\frac{\mu b^2}{4\pi(1-\nu)}[(1-\nu)\cos^2\beta+\sin^2\beta], \quad (4.148)$$

而

$$\mathscr{T}(\beta)=E(\beta)+\left.\frac{\partial^2 E(\beta)}{\partial\beta^2}\right|_\beta$$

$$=\frac{\mu b^2}{4\pi(1-\nu)}[(1+\nu)\cos^2\beta+(1-2\nu)\sin^2\beta], \quad (4.149)$$

线能量与线张力之不同就是很明显的了. 更具体一点，考查螺型位错 ($\beta=0$) 和刃型位错 ($\beta=90°$) 两个极端情况. 若以 $\mu b^2/4\pi(1-\nu)$ 为单位，则有

$$
\begin{aligned}
&E(0)=1-\nu, \quad E(90^\circ)=1, \\
&\mathscr{T}(0)=1+\nu, \quad \mathscr{T}(90^\circ)=1-2\nu,
\end{aligned}
\tag{4.150}
$$

图 4.23 示出 $E(\beta)$ 和 $\mathscr{T}(\beta)$ 随 β 变化的一般趋势.

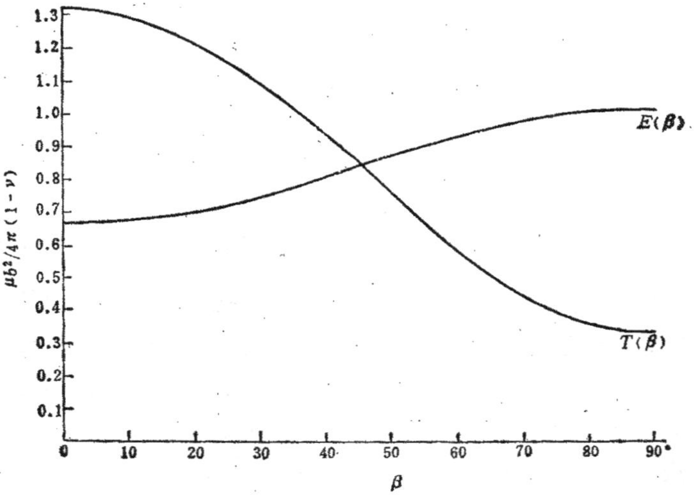

图 4.23

在本章前面数节中曾导出棱柱位错圆环、滑移位错圆环、六角形位错圈的自能，以及直位错线上带有小凸曲和大凸曲时自能增量的具体表达式，读者可以应用这些结果推算各种不同位错组态的线张力，从而认识到位错线张力与位形的关系.

由位错线张力估算自力 F^L 即是仿照式 (4.140)，而有

$$
F^L \doteq -\kappa\mathscr{T}(\theta), \tag{4.151}
$$

式中 $\mathscr{T}(\theta)$ 由式 (4.145) 表示. 这个方法称为“线张力近似”. Bacon 等人指出[1)]，线张力近似，或具体地讲，以式 (4.145) 和 (4.151) 表示的 $\mathscr{T}$ 和 F^L，基本的依据是假定任意位错线 L 的弹性自能 E^L 等于

1) 一般性参考文献 [3].

$$E^L = \oint_L E^\infty(\boldsymbol{t})dl, \tag{4.152}$$

式中 $E^\infty(t)$ 是一条无限直线位错单位长度的能量，后面这条直位错线与 L 在 dl 处的切线重合，其 Burgers 矢量与位错 L 的 Burgers 矢量相同。

一直到七十年代中期，这个"线张力近似"还被广泛采用，而"线张力近似"是有缺点和局限性的，因此有必要对之加以评论。

Bacon, Barnett 等人指出，一个位错环可能有各种各样的(虚)位形变化，只用一个参数，即长度变化 δl 去描述，这是不合理的。位错线与弹性弦线的紧密定量类比没有充分根据。用线张力近似求自力只估计了局部效应，而忽略位错其余部分对所注意的线元的作用，所以是不完整的，仅可作为一个粗略的近似。当所处理的位错线近于一条长的直线时，线张力近似还大致可用。若位错形状复杂则需要更精细的计算。

较严格的自力计算是从自能的公式

$$E^L = \frac{1}{2}\int_{S_0^+ + S_0^- + \text{tube}} \sigma_{ij}^L u_i^L dS_i \tag{4.153}$$

出发，略去"$\int_{\text{tube}} \cdots$"，注意到下截断半径 r_0 不为零，以及 Burgers 矢量的定义，上式成为

$$E^L = \frac{1}{2} b_i \int_{S_0(r_0)} \sigma_{ij}^L dS_i, \tag{4.154}$$

与上面式(4.152)相比较，这是较严格的自能公式。对于线元 $d\boldsymbol{l}$ 的位移 $\delta\boldsymbol{r}$，求此自能的变更 δE^L，由此确定作用在线元 $d\boldsymbol{l}$ 上的力。结果可以得到单位长度作用力的滑移分量为

$$F^L = \kappa E(\boldsymbol{t}) - \bar{\sigma}_{ij}^L b_i n_j \equiv b\tau^L, \tag{4.155}$$

式中

$$\bar{\sigma}_{ij}^L = \frac{1}{2}\left[\sigma_{ij}^L|_{r_0} + \sigma_{ij}^L|_{-r_0}\right], \tag{4.156}$$

注意此线元 dl 是在位错线 L 上的 P 点处，此点上的切线矢量是 $\boldsymbol{t}$，曲率是 $\kappa(=\rho^{-1})$，κ 总是一个正数。式中 $E(\boldsymbol{t})$ 是一条无限直线

位错的对数前因子，此直线位错与位错 L 相切于 P 点，即是其方向为 $\boldsymbol{t}$，其 Burgers 矢量与位错 L 的 $\boldsymbol{b}$ 相同. 上式中定义的 τ^L 具有应力的量纲，称为位错 L 的"自应力".

这个公式是 Gavazza 和 Barnett[1] 得到的，它的推导比较繁复，要用到下文中所述的 Brown 公式等等，所以我们把此公式的推导放在 § 5.9 中来介绍.

用式 (4.155) 估算位错线元所受的自力称为"自应力"方法，这无疑是一个比前述线张力近似严格的方法. 由于采用了严格的自能表示式 (4.153) 作为出发，其中仅略去了"$\int_{\text{tube}}$"项，所以能够较为完整地计及整个位错对线元 $d\boldsymbol{l}$ 的作用. 由于正确地估计了下切断半径 r_0，积分是在 $S_0(r_0)$ 上进行的，因此结果中出现 $\bar{\sigma}^L_{ij} = \frac{1}{2}[\sigma^L_{ij}|_{r_0} + \sigma^L_{ij}|_{-r_0}]$，反映了线性弹性理论的限度，并且避免了下发散性. 同时这个 $\bar{\sigma}^L_{ij}$ 是由位错 L 的整个位形确定，而并不是由 P 点附近的局部位形 $(\boldsymbol{t}, \kappa)$ 确定，所以它是很明显地表达了总体位形的作用.

应用 § 5.8 中所述的积分方法不难计算普遍的各向异性情况下的 $\bar{\sigma}^L_{ij}$，$E(\boldsymbol{t})$ 和 τ^L.

§ 4.11 再论表面问题

回顾在 § 2.4 中我们曾论述了自由表面问题，具体推导了平面边界半无限介质中的螺型位错和直刃型位错及圆柱体中非同轴螺型位错所受的像力. 在那里处理的情况都可以作为二维问题来求解. 另两个可解的二维问题是任意截面柱体中的螺型位错和圆柱体中的刃型位错. 这两个情况的求解过程在数学上甚为繁复，因此本书不准备引述. 有兴趣的读者可以参看 Eshelby 的综述论文[2].

---

1) Gavazza, S. D. and Barnett D. M., *J. Mech. Phys. Solids*, **24**, 171 (1976).
2) 一般性参考文献 [4].

在本章的最后，由于有了本章的结果作为准备，所以可以讨论另几个较简单的情况，它们是几个三维问题.

首先还是考虑平面边界半无限介质中的位错. 处理这种几何的弹性问题，有一个有用的方法，即是引入一个所谓几何像场.

我们把无限介质中的场称为 ∞ 场，几何像场称为 G 场. 例如，如果介质的边界是 $x_3=0$ 平面；我们把整个空间的某一矢量场，即 ∞ 场，例如位移场 $\boldsymbol{u}^\infty$，在 $x_3=0$ 平面上进行反映，所得到的另一矢量场，例如记作 $\boldsymbol{u}^G$，即定义为 $\boldsymbol{u}^\infty$ 的几何像场. 如此，显然有

$$u_j^G(x_1, x_2, x_3) = u_j^\infty(x_1, x_2, -x_3), \quad j=1,2, \tag{4.157}$$

$$u_3^G(x_1, x_2, x_3) = -u_3^\infty(x_1, x_2, -x_3). \tag{4.158}$$

由此可证，在 $x_3=0$ 平面上

$$\sigma_{33}^G = \sigma_{33}^\infty, \quad \sigma_{31}^G = -\sigma_{31}^\infty, \quad \sigma_{23}^G = -\sigma_{23}^\infty, \tag{4.159}$$

因此，如果把 G 场与 ∞ 场相加，则在 $x_3=0$ 面上切应力将抵消，而正应力加倍. 要进一步除去此平面上的正向力，可以应用弹性力学中接触问题的结果[1)]，求出与以上正应力相等相反的面力分布导致的空间弹性场，进行叠加.

把 x_3 轴的方向称为竖直方向，垂直于 x_3 的方向称为水平方向. 则在 $x_3=0$ 平面上的反映下水平或竖直的棱柱位错环及具有水平 Burgers 矢量的竖直滑移位错环不变，而水平滑移位错环及其有竖直 Burgers 矢量的竖直滑移位错环变成相等相反的环.

在 § 4.1 中曾求出无限小位错环的位移场表示式

$$u_m^\infty(\boldsymbol{r}) = b_i c_{ijkl} G_{km,l}(\boldsymbol{r}) S_j. \tag{4.160}$$

在各向同性情况下

$$c_{ijkl} = \lambda\delta_{ij}\delta_{kl} + \mu(\delta_{ik}\delta_{jl} + \delta_{il}\delta_{jk}),$$

因此

$$du_m^\infty(\boldsymbol{r}) = \mu b_i n_j dS\left(G_{mi,j} + G_{mj,i} + \frac{2\nu}{1-2\nu}\delta_{ij}G_{mk,k}\right), \tag{4.161}$$

式中 $G_{mi}(\boldsymbol{r})$ 由式(A.86)给出，而式(A.86)和(4.161)给出

---

1) 例如钱伟长、叶开沅，弹性力学，科学出版社，第十章(1956).

$du_m^\infty(\boldsymbol{r})$ 的显式表示式，它是位于无限介质中坐标系原点处无限小位错环 $d\boldsymbol{S}(\boldsymbol{b})$ 在场点 $\boldsymbol{r}$ 处产生的位移．若位错环位于 $\boldsymbol{r}$，则在场点 $\boldsymbol{r}$ 处产生的位移 $du_m^\infty(\boldsymbol{r})$ 仍由 (4.161) 表出，不过右端的 $G_{mi}(\boldsymbol{r})$ 应换为 $G_{mi}(\boldsymbol{r}-\boldsymbol{r}')$．

为了计算半无限介质 $x_3>0$ 中单元位错环的场，考虑一个位于点 $(0, 0, c)$ 的无限小环．把半无限介质中的位移场写为

$$du_i = du_i^\infty + du_i^I + du_i^S, \tag{4.162}$$

这里 du_i^∞ 是在 $(0, 0, c)$ 的无限小环在无限介质中产生的位移，du_i^I 是在 $(0, 0, -c)$ 处的虚拟的与之相等相反的"像"位错环产生的位移．显然，如

$$du_i^\infty(\boldsymbol{r}) = F_i(x_1, x_2, x_3-c), \tag{4.163}$$

则应有

$$du_i^I(\boldsymbol{r}) = -F_i(x_1, x_2, x_3+c), \tag{4.164}$$

而 du_i^S 是附加的位移，它使 $x_3=0$ 平面上的应力完全抵消．Bacon 和 Groves[1] 得到关于九个基本无限小位错环 b_in_jdS $(i, j=1, 2, 3)$ 的结果；如以 $\boldsymbol{i}_1, \boldsymbol{i}_2, \boldsymbol{i}_3$ 表示直角坐标轴的三个单位矢量，则有

(i) 棱柱环：$\boldsymbol{b}=b\boldsymbol{i}_3$，$\boldsymbol{n}=\boldsymbol{i}_3$，

$$du_i^S = K_c[A_{i3}(R^{-1})_{,i3}-(x_3R^{-1})_{,i33}]; \tag{4.165}$$

(ii) 棱柱环：$\boldsymbol{b}=b\boldsymbol{i}_j$，$\boldsymbol{n}=\boldsymbol{i}_j$，$j=1, 2$，

$$\begin{aligned} du_i^S = K\{&(A_{ij}-2\nu A_{i3})(R^{-1})_{,i}-BR_{,ijj} \\ &+2\nu(x^3R^{-1})_{,i3}-c(x_3R^{-1})_{,ijj}+2Bc\delta_{i3}(R^{-1})_{,jj} \\ &+D[x_j(R+x_3+c)^{-1}]_{,ij}\}; \end{aligned} \tag{4.166}$$

(iii) 滑移环：$\boldsymbol{b}=b\boldsymbol{i}_j$，$\boldsymbol{n}=\boldsymbol{i}_3$ 或 $\boldsymbol{b}=b\boldsymbol{i}_3$，$\boldsymbol{n}=\boldsymbol{i}_j$，$j=1, 2$，

$$du_i^S = Kc[-A_{i3}(R^{-1})_{,ij}+(x_3R^{-1})_{,ij3}]; \tag{4.167}$$

(iv) 滑移环：$\boldsymbol{b}=b\boldsymbol{i}_1$，$\boldsymbol{n}=\boldsymbol{i}_2$ 或 $\boldsymbol{b}=b\boldsymbol{i}_2$，$\boldsymbol{n}=\boldsymbol{i}_1$，

$$\begin{aligned} du_i^S = K\{&B[\delta_{i1}(R^{-1})_{,2}+\delta_{i2}(R^{-1})_{,1} \\ &+2c\delta_{i3}(R^{-1})_{,12}]-BR_{,i12}-c(x_3R^{-1})_{,i12} \\ &+D[x_1(R+x_3+c)^{-1}]_{,i2}\}, \end{aligned} \tag{4.168}$$

式中

1) Groves, P. P. and Bacon, D. J., *Phil. Mag.*, 22, 83 (1970).

$$A_{ij} = 2\nu + 2B\delta_{ij},\ B = 2(1-\nu),\ D = B(1-2\nu)(1-2\delta_{i3}),$$
$$K = bdS/4\pi(1-\nu),\ R^2 = x_1^2 + x_2^2 + (x_3+c)^2, \tag{4.169}$$

$(\ )_{,i}$, $(\ )_{,ij}$ 表示 $\partial/\partial x_i$, $\partial^2/\partial x_i\partial x_j$ 等，重复出现的指标不求和. 根据前文中有关位错生成元的论述可知，借助于这些结果，就可以构作半无限介质中任意有限位错环的总位移场 du_i (参看 § 4.1 和 § 4.4)，于是半无限各向同性介质中任意位错环的弹性问题原则上完全解决，剩下的是求和或积分计算问题.

注意，在情况 (iii) 中，Bacon 和 Groves 定义的 du_i^I 与前文中定义的 du_i^G 相等相反，在情况 (i)，(ii) 和 (iv) 中，二者完全相同. 这样恰当地选择符号使得 du_i^S 的诸公式简单.

为了处理半无限介质中的位错，分解为无限小基本环的方法虽是可行的，但不一定是最方便的. 特别是直线位错可以直接计算.

现在先考虑一个与自由表面正交的螺型位错. 取极坐标 (r, θ, z)，螺型位错处于 z 轴上. 我们有 ∞ 场为

$$u_z^\infty = \frac{b}{2\pi}\theta,\ \sigma_{z\theta}^\infty = \frac{\mu b}{2\pi}\frac{1}{r}, \tag{4.170}$$

其它分量为零. 而在 $z=0$ 面中 $r=a$ 的圆上有一个绕 z 轴的力偶 $\frac{1}{2}\mu ba^2$. 这表明半无限介质 $z>0$ 中的像场可能由负 z 轴上一组力偶分布来构作.

根据弹性力学，在原点的一个力偶给出的位移为

$$\begin{aligned} \boldsymbol{u} &= -\nabla\times\boldsymbol{\zeta}, \\ \boldsymbol{\zeta} &\equiv (0, 0, \varphi), \end{aligned} \tag{4.171}$$

φ 是一个调和函数. 如果 φ 仅依赖于 r, z，而不依赖于 θ，则有

$$u_\theta = \partial\varphi/\partial r,\ \sigma_{\theta z} = \mu(\partial u_\theta/\partial z),$$
$$\sigma_{\theta r} = \mu((\partial u_\theta/\partial r) - u_\theta/r), \tag{4.172}$$

其余分量为零. 如取 $\varphi = c/r$，它是一个点电荷的势，它在 $z=0$ 面上给出 $\sigma_{\theta z}$ 比例于 r^{-3}，不能抵消式 (4.170) 表示的 ∞ 场. 因此把 c/r 沿负 z 轴积分二次，得到函数

$$\varphi = c[z\ln(R+z) - R],$$
$$R^2 = x^2 + y^2 + z^2 = r^2 + z^2, \tag{4.173}$$

它是一条半无限荷电直线的势，其电荷比例于$|z|$. 它在 $z=0$ 面上给出 $\sigma_{\theta z} = c\mu/r$，若取 $c = -b/2\pi$，则 $\sigma_{\theta z}$ 与 $\sigma_{\theta z}^{\infty}$ 可以抵消. 于是像场即可求出为

$$u_\theta^I = -\frac{b}{2\pi}\frac{r}{R+z}, \tag{4.174}$$

$$\sigma_{\theta z}^I = -\frac{\mu b}{2\pi}\frac{r}{R(R+z)},\quad \sigma_{\theta r}^I = \frac{\mu b}{2\pi}\left(\frac{z^2}{R^3} + \frac{1}{R+z}\right), \tag{4.175}$$

总的场是 ∞ 场 (4.170) 与 I 场 (4.175) 之和.

Yoffe[1] 利用她关于折线位错的工作结果，比较巧妙地处理了半无限介质中具有任意 Burgers 矢量、与自由表面交于任意角度的直线位错.

一个设计方式如图 4.24(a) 所示. 图中水平线表示 $x_3 = 0$ 的

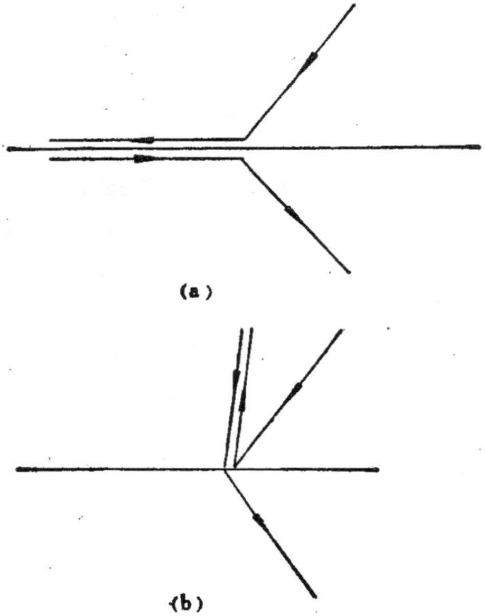

(a)

(b)

图 4.24

1) Yoffe, E. H., *Phil. Mag.*, 6, 1147 (1961).

面，在 $x_3>0$ 区域内的位错 1 与 $x_3=0$ 平面斜交． 为了计算像场，想像介质延拓充满 $x_3<0$ 的下半空间，将位错 1 沿 $-x_2$ 轴延伸，构成折线位错 1-1′．然后引入与之对称的位错 2′-2．显然位错线段 1 与 2′ 将互相抵消，留下位错 1-2，它是一单个折线位错；根据前面 § 4.3 中的结果，可以算出它的应力场． 若这些位错的 Burgers 矢量是水平的，则位错 1-2 将在 $x_3=0$ 面上产生一个正应力．为了抵消这个正应力，Yoffe 引入一个场

$$2\mu u_i=x_3\frac{\partial^2\varphi}{\partial x_i\partial x_3}+(1-2\nu)\frac{\partial\varphi}{\partial x_i},\quad i=1,2,\tag{4.176}$$

$$2\mu u_3=x_3\frac{\partial^2\varphi}{\partial x_3^2}-2(1-\nu)\frac{\partial\varphi}{\partial x_3},\tag{4.177}$$

φ 为一个调和函数．此位移场给出应力分量

$$\sigma_{13}=x_3\frac{\partial^3\varphi}{\partial x_1\partial x_3^2},\quad \sigma_{23}=x_3\frac{\partial^3\varphi}{\partial x_1\partial x_3^2},\tag{4.178a}$$

$$\sigma_{33}=x_3\frac{\partial^3\varphi}{\partial x_3^3}-\frac{\partial^2\varphi}{\partial x_3^2},\tag{4.178b}$$

因此若将 $\frac{\partial^2\varphi}{\partial x_3^2}$ 选取作数值上与折线位错 1-2 的 σ_{33} 相等，则可使 $x_3=0$ 面上正应力为零．

若位错 1 的 Burgers 矢量系处于竖直方向，那么上面的组态就不是很方便．Yoffe 提出另一种组合方式，如图 4.24(b) 所示．1″ 和 2″ 部分是垂直 $x_3=0$ 面的螺型位错，因而其像场可以利用

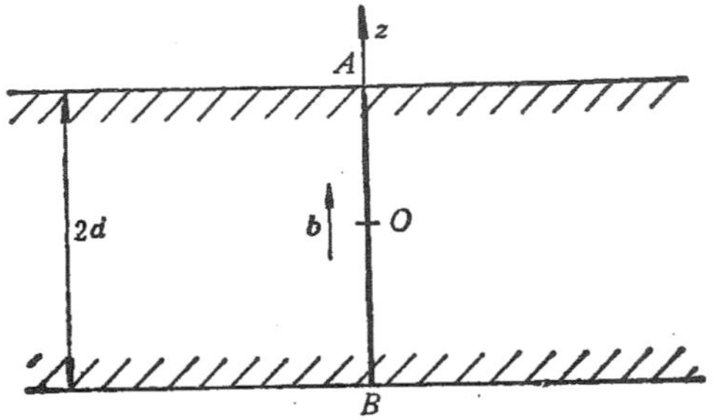

图 4.25

上文中关于螺型位错的结果．剩下的位错 1-2 在 $x_3=0$ 面上产生的应力场可以用与上一段所述相似的方法抵消．

上面关于正交螺型位错的处理方法还可以推广用来求出一个(平行)平板中与板面正交螺型位错的总弹性场．板厚为 $2d$，坐标如图 4.25 所示．所得到的结果是

$$
\begin{cases}
u_z=\dfrac{b\theta}{2\pi},\quad u_\theta=-\dfrac{b}{2\pi}\dfrac{z}{r}+\dfrac{b}{\pi}\sum\limits_n\left(\sin\dfrac{1}{2}n\pi\right) \\
\qquad\qquad\cdot\dfrac{2}{n\pi}K_1\left(\dfrac{n\pi r}{2d}\right)\sin\left(\dfrac{n\pi z}{2d}\right), \\
\sigma_{\theta z}=\dfrac{\mu b}{\pi d}\sum\limits_n\left(\sin\dfrac{1}{2}n\pi\right)K_1\left(\dfrac{n\pi r}{2d}\right)\cos\left(\dfrac{n\pi z}{2d}\right), \\
\sigma_{r\theta}=\dfrac{\mu b}{\pi}\dfrac{z}{r^2}-\dfrac{\mu b}{\pi d}\sum\limits_n\left(\sin\dfrac{1}{2}n\pi\right)K_2\left(\dfrac{n\pi r}{2d}\right)\sin\left(\dfrac{n\pi z}{2d}\right), \\
u_r=0,\quad \sigma_{rr}=\sigma_{\theta\theta}=\sigma_{zz}=\sigma_{rz}=0,
\end{cases}
\tag{4.179}
$$

式中 K_1，K_2 是修正 Bessel 函数．

一般性参考文献

[1] Hirth, J. P. and Lothe, J., Theory of Dislocations, 2nd ed., John Wiley and Sons (1982).

[2] Kirchner, H. O. K., Lecture Notes on Dislocation Theory, 南京大学(1980).

[3] Bacon, D. J. et al., *Progr. in Mat. Sci.*, vol. 23, No. 2-4(1978).

[4] Eshelby, J. D., Boundary Problems, in Dislocations in Solids, vol. 1, 167; ed. by F. R. N. Nabarro, North-Holland (1979).

第五章 各向异性介质中的位错

弹性体中的位错是晶体中位错的模拟. 晶体的(宏观)物理性质是各向异性的,因此为了使这个模拟更接近于现实,就应该研究各向异性弹性介质中的位错. 本章论述这个课题.

回顾在§3.1中推导各向同性介质中位错环位移场的 Burgers 公式以前,我们曾写出位错环位移场普遍公式的面积分表达式,积分号下含 Green 张量函数. 该式是普遍的,并未限定为非各向异性情况.因而求任意位错环弹性场的问题原则上已经解决.但由于在各向同性情况下 Green 张量函数有比较简单的显式表达式,所以能够继续推导,得出 Burgers 公式等一系列以沿位错环线积分表示的公式. 在各向异性情况下, Green 张量函数的结构甚为复杂,因此求弹性场的数学困难也较大. 但是为了分析实际问题,必须发展各向异性理论. 经过多年来的努力, 至今已经得到了好几种有效的方法. 特别是利用电子计算机, 可以得出许多有实际意义的结果.

本章将依次论述各向异性介质中位错的理论的几种主要方法. 首先是 Eshelby 等人的较早期的方法. 然后讨论 Willis 等人应用各向异性弹性论中 Green 张量函数的计算方法. 继之论述 Brown 公式和 Indenbom-Orlov 公式, 这是一个很巧妙的“几何”理论方法, 由直线位错的特征量求位错环的应力场. 最后, 介绍 Stroh 的方法及与之相关的积分表述法. 后面这个方法导致可用数值积分法求出若干有意义的结果.

Bacon[1] 等的长篇综述文章叙述了许多重要的应用的例.

---

1) 一般性参考文献[1].

为了能顺利地阅读本章，要求读者熟悉和掌握各向异性弹性体弹性常数张量的形式及其变换性质等有关知识. 关于这些内容在附录 § A. 2 中有一个简短的说明.

本章最后一节介绍 Gavazza 关于位错自力的计算.

§ 5.1 Eshelby 的方法

Eshelby 等人 (1953)[1] 直接求解平衡方程，计算无限长直线位错的应力场. 在本节中论述这个方法.

设位错线即是 x_3 轴，所有张量的分量均参考于此坐标系确定. 在各向异性介质中，弹性力学的基本关系是

$$\sigma_{ij}=c_{ijkl}e_{kl}=c_{ijkl}u_{k,l}, \tag{5.1}$$

$$\sigma_{ij,j}=0. \tag{5.2}$$

在暂不考虑有限边界的镜像效应时，此位错的所有弹性场量，即位移、应变、应力均不随 x_3 变化，即是 $\partial/\partial x_3=0$. 这样，可引入指标 α, β, 各取值 1, 2; 而拉丁字指标 i, j, k 仍如常各取值 1, 2, 3. 在涉及对坐标取微商的表达项中用希腊字指标便已足够. 因此上面的公式成为如下形式:

$$\sigma_{i\beta,\beta}=0, \tag{5.3}$$

$$\sigma_{i\beta}=c_{i\beta k\alpha}u_{k,\alpha}, \tag{5.4}$$

$$c_{i\beta k\alpha}u_{k,\alpha\beta}=0, \tag{5.5}$$

$$i,\ k=1,2,3;\quad \alpha,\ \beta=1,2.$$

方程 (5.5) 是关于三个未知位移函数的联立二阶线性偏微分方程.

在本问题中只要求各场量不随 x_3 变化，不像一般平面应变或平面应力问题那样要求 $u_3=0$ 或 $\sigma_{33}=0$，所以所得到的仍是一个三维的弹性状态，仅其中各场量不依赖于某一直角坐标.

方程 (5.5) 具有标准形式，它的解是 x_1, x_2 线性组合的一个任意函数，即 $u_k(\boldsymbol{r})$ 可以表为

---

1) Eshelby, J.D., Read, W.T. Shockley, W., *Acta Met.*, 1,251 (1953).

$$u_k(\boldsymbol{r}) = A_k f(\zeta), \tag{5.6}$$

$$\zeta = p_1 x_1 + p_2 x_2 \equiv p_\alpha x_\alpha, \quad \alpha = 1, 2, \tag{5.7}$$

其中 A_k, p_α 为待定常数，$f(\zeta)$ 为待定函数. 将 (5.6) 代入方程 (5.5)，得到

$$c_{i\beta k\alpha} p_\alpha p_\beta A_k \frac{d^2 f}{d\zeta^2} = 0, \tag{5.8}$$

对于 ζ，一般总可以取 $p_1 = 1$, $p_2 = p$; 并在方程组 (5.8) 消去公因子 $\frac{d^2 f}{d\zeta^2}$，该方程组于是变为

$$a_{ik} A_k = 0, \tag{5.9}$$

$$a_{ik} = c_{i_1 k_1} + p(c_{i_1 k_2} + c_{i_2 k_1}) + p^2 c_{i_2 k_2}. \tag{5.10}$$

式 (5.9) 是关于 A_k 的三个齐次线性代数方程，它有解的条件是行列式

$$\det|a_{ik}| = 0, \tag{5.11}$$

这是关于 p 的一个六次代数方程，它的解记为 $p_{(n)}$, $n = 1\cdots 6$.

Eshelby 等人证明，由于弹性能密度总应该是正值，方程 (5.11) 的根必然是复数；并且由于方程中的系数都是实数，所以诸 $p_{(n)}$ 必然是三对互为共轭的复数，取为：$p_{(l)}$, $p^*_{(l)}$, $l = 1, 2, 3$; 即是规定

$$\begin{aligned} p_{(4)} &= p^*_{(1)}, \\ p_{(5)} &= p^*_{(2)}, \\ p_{(6)} &= p^*_{(3)}. \end{aligned} \tag{5.12}$$

对应于一个 $p_{(n)}$ 有一组解 $A_k(n)$，于是对应于 (5.12) 有

$$\begin{aligned} A_k(4) &= A_k^*(1), \quad \zeta_{(4)} = \zeta^*_{(1)}, \\ A_k(5) &= A_k^*(2), \quad \zeta_{(5)} = \zeta^*_{(2)}, \\ A_k(6) &= A_k^*(3), \quad \zeta_{(6)} = \zeta^*_{(3)}, \\ & \zeta_{(n)} = x_1 + p_{(n)} x_2, \end{aligned} \tag{5.13}$$

因此有

$$A_k(4) f(\zeta_{(4)}) = [A_k(1) f(\zeta_{(1)})]^* \text{ 等}, \tag{5.14}$$

$$\frac{1}{2}[A_k(1) f(\zeta_{(1)}) + A_k(4) f(\zeta_{(4)})] = \mathrm{Re}[A_k(1) f(\zeta_{(1)})], \tag{5.15}$$

Re 表示实部. 这样,位移矢量的分量 $u_k(\boldsymbol{r})$ 就表为组合

$$u_k(\boldsymbol{r}) = \mathrm{Re}\left[\sum_{l=1}^{3} A_k(l) f_{(l)}(\zeta_{(l)})\right], \tag{5.16}$$

由此可得应力张量的诸分量

$$\sigma_{ij} = \mathrm{Re}\left\{\sum_{l=1}^{3} [c_{ijk_1} + p_{(l)} c_{ijk_2}] A_k(l) \frac{df_{(l)}(\zeta_{(l)})}{d\zeta_{(l)}}\right\}. \tag{5.17}$$

我们已经熟知,当用连续弹性介质去模拟含有位错的晶体时,必须沿位错环轴线挖去一个细的环状柱体,于是造成一个内表面 $\boldsymbol{\Sigma}$,剩下的双联体(或多联体)是 Hooke 固体. 于是,首先可知,若在介质中取一环绕 $\boldsymbol{\Sigma}$ 的回路 $\boldsymbol{\gamma}$,则在此回路上处处应满足平衡条件

$$\sigma_{i\beta,\beta} = 0. \tag{5.18}$$

考虑以此 $\boldsymbol{\gamma}$ 为表面截线并与内表面 Σ 平行的柱体,它的表面记为 $\Gamma(\boldsymbol{\gamma})$,则作用在 Γ 的单位长度上的力应是

$$F_i = \oint_{\gamma} \sigma_{i\beta} n_\beta dS. \tag{5.19}$$

令 $\boldsymbol{\gamma}$ 在弹性介质(好区域)中收缩,直至与 $\boldsymbol{\Sigma}$ 的边线重合,于是作用在 $\boldsymbol{\Sigma}$ 的单位长度上的力应是

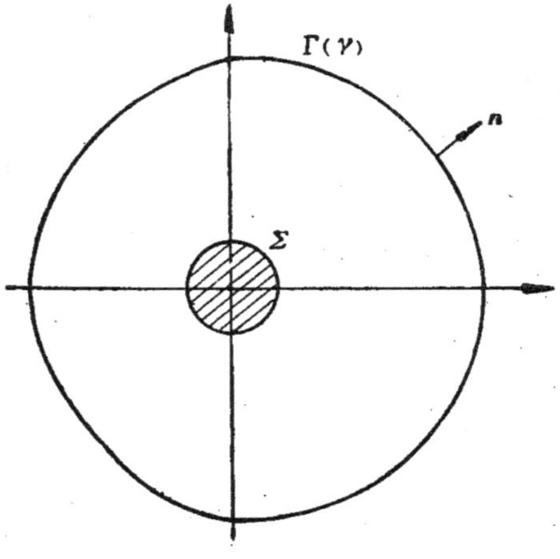

图 5.1

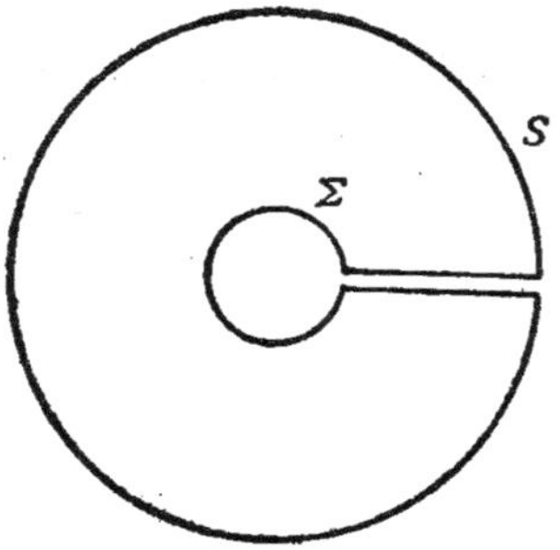

图 5.2

$$F_i = \oint_{C(\Sigma)} \sigma_{i\beta} n_\beta dS, \tag{5.20}$$

上式中 $\boldsymbol{n}$ 是 Γ 或 Σ 的法线.

其次，由式 (5.18) 可见，必定存在一个矢量函数，分量为 $\phi_i(i=1, 2, 3)$，由下式定义：

$$\begin{cases} \phi_{i,1} = \sigma_{i2}, \\ \phi_{i,2} = -\sigma_{i1}, \end{cases} \tag{5.21}$$

它是一个矢量应力函数. 由式 (5.19) 可知

$$F_i = \int_\gamma d\phi_i = \Delta\phi_i. \tag{5.22}$$

根据以上诸式，可以求出 ϕ_i 的表达式

$$\phi_i = \mathrm{Re}\left\{\sum_{l=1}^{3} [c_{i_2k_1} + p_{(l)} c_{i2k2}] A_k(l) f_{(l)}(\zeta_{(l)})\right\}. \tag{5.23}$$

方程 (5.18) 和 (5.21) 表明：每一个应力平衡状态可以用一个分量为 ϕ_i 的矢量应力函数表示，反之，每一组三个函数 ϕ_i 确定一个应力平衡状态. ϕ_i 的一个跃变表示作用在内表面上的力. 回忆一下本节开始处所提的问题是求当一切弹性场量均不随某一坐标 (x_3) 变化时的三维弹性状态；式 (5.16)、(5.17) 和 (5.23) 是这个问题的一般解.

现在考虑由外表 S 和内表面 Σ 所限定的弹性体，要求应力场在此体积的内点上是解析函数，如图 5.2 所示. 把 ζ 看作是一个复变量，x_1x_2 平面就是复平面 ζ. 要求应力场 $\sigma_{ij}(\zeta)$ 是 ζ 的解析函数，相当于要求 $df_{(l)}(\zeta_{(l)})/d\zeta_{(l)}$ 在此环域内为解析. 根据 Laurent 定理，$df/d\zeta$ 应能展开为 Laurent 级数

$$\frac{df}{d\zeta} = \sum_{n=-\infty}^{\infty} a'_n \zeta^n, \tag{5.24}$$

因此 $f_{(l)}(\zeta_{(l)})$ 可以表为

$$f_{(l)}(\zeta_{(l)}) = \frac{D(l)}{\pm 2\pi i} \ln \zeta_{(l)} + \sum_{n=-\infty}^{\infty} C_n(l) \zeta_{(l)}^n, \tag{5.25}$$

式中 $2\pi i$ 的符号取作与 $p_{(l)}$ 虚部的符号一致. 由式 (5.25) 可见，$f_{(l)}(\zeta_{(l)})$ 不是单值函数，绕 x_3 轴环行一周其循环常数为 $D(l)$. 如

果在环域中作一个切割，连接内外表面，则位移分量的跃变就是

$$\Delta u_k = \mathrm{Re}\left\{\sum_{l=1}^{3} A_k(l)D(l)\right\}, \tag{5.26}$$

式 (5.25) 中的其它各项给出单值的位移. 与此相同，对数项也是唯一对于内表面上的力有贡献的项

$$F_i = \Delta\phi_i = \mathrm{Re}\left\{\sum_{l=1}^{3} [c_{i_2k_1} + p_{(l)}c_{i_2k_2}]A_k(l)D(l)\right\}. \tag{5.27}$$

如令

$$[c_{ijk_1} + p_{(l)}c_{ijk_2}]A_k(l) = B_{ij}(l), \tag{5.28}$$

则 F_i 可以写作

$$F_i = \mathrm{Re}\left\{\sum_{l=1}^{3} B_{i_2}(l)D(l)\right\}. \tag{5.29}$$

应力分量是

$$\sigma_{ij} = \mathrm{Re}\left\{\sum_{l=1}^{3} B_{ij}(l)\left[\frac{D(l)}{\pm 2\pi i}\frac{1}{\zeta_{(\lambda)}} + \sum_{n=-\infty}^{\infty} nC_n(l)\zeta_{(l)}^{n-1}\right]\right\}, \tag{5.30}$$

由此可见，含 $D(l)$ 的各项表示位错及沿 x_3 轴均匀分布的应力，而含 $C_{+n}(l)$ 的各项可以保证解满足内、外表面 Σ 和 S 上给定的任何边界条件.

现在根据位错条件确定待定系数 $D(l)$. 第一，环绕位错位移矢量的跃变应等于 Burgers 矢量 $\boldsymbol{b}$. 其次，对于理想的弹性介质模型，沿位错轴线中空柱形表面 Σ 上的合力必定为零. 即是应有

$$\Delta u_i = b_i, \tag{5.31}$$

$$\Delta\phi_i = 0. \tag{5.32}$$

采用式 (5.26) 和 (5.29) 的表示，就是

$$\mathrm{Re}\left\{\sum_{l=1}^{3} A_i(l)D(l)\right\} = b_i, \tag{5.33}$$

$$\mathrm{Re}\left\{\sum_{l=1}^{3} B_{i2}(l)D(l)\right\} = 0. \tag{5.34}$$

式 (5.33) 和 (5.34) 是一组六个线性代数方程，确定 $D(l)$ 的实部和虚部. 这样，最后得到各向异性介质中处于 x_3 轴线上的无限直线位错所产生的弹性场的具体表达式

$$u_k(\boldsymbol{r}) = \mathrm{Re}\left\{\sum_{l=1}^{3} \frac{A_k(l)D(l)}{\pm 2\pi i} \ln \zeta_{(l)}\right\}, \tag{5.35}$$

$$\sigma_{ij}(\boldsymbol{r}) = \mathrm{Re}\left\{\sum_{l=1}^{3} \frac{B_{ij}(l)D(l)}{\pm 2\pi i} \frac{1}{\zeta_{(l)}}\right\}, \tag{5.36}$$

式中 $\zeta_{(l)} = x_1 + p_{(l)}x_2$，系数 A，B，D 分别由方程 (5.9)，(5.28)，(5.33) 和 (5.34) 确定.

问题在于方程 (5.9) 的有解条件是 p 满足代数方程 (5.11)

$$\det|a_{ik}| = 0$$

这是关于 p 的一个六次方程，它不容易处理. 只有当问题具有某些特定对称性时，行列式可以进行因式分解，才能够得出根式解. 在下节中要讨论几个实例. Teutonico[1] 曾设计了计算机程序，对一般的六次方情况进行数值求解.

由以上结果不难导出此位错弹性自能的表达式. 若取 x_1x_3 平面(即 $x_2 = 0$ 的平面)为切割面，则单位长度位错线的弹性能量为

$$E^s = -\frac{1}{2}\int_{r_0}^{R} b_i\sigma_{i2}(x_1, 0)dx_1. \tag{5.37}$$

在 $x_2 = 0$ 平面上应力分量是

$$\sigma_{ij}(x_1, 0) = \frac{\pm 1}{2\pi x_1} \mathrm{Im}\left\{\sum_{l=1}^{3} B_{ij}(l)D(l)\right\}, \tag{5.38}$$

代入 (5.37)，得到

$$E^S = \frac{Kb^2}{4\pi} \ln\left(\frac{R}{r_0}\right), \tag{5.39}$$

式中

$$Kb^2 \equiv \mathrm{Im}\left\{b_j \sum_{l=1}^{3} (\pm)_{(l)} B_{j2}(l)D(l)\right\}. \tag{5.40}$$

在此能量表达式 (5.39) 显然只有因子 K 是取决于晶体弹性各向异性，位错轴线与晶体轴的相对取向以及位错轴与 Burgers 矢量相对取向的一个因子，$Kb^2/4\pi$ 就是前文中所述的"对数项前因子".

---

1) Teutonico, L. J., *Phys. Rev.*, **124**, 1039 (1961); *ibid.*, **127**, 413 (1962); *Acta Met.*, **11**, 1283 (1963).

不难进一步写出 Kb^2 的二次型显式表示式. 首先形式地解出方程 (5.33), (5.34)

$$D(l) = b_k \overline{D}_{kl} / |D|, \tag{5.41}$$

式中 $|D|$ 是 6×6 系数行列式

$$|D| = \begin{vmatrix} A_k(l) & A_k^*(l) \\ B_{k2}(l) & B_{k2}^*(l) \end{vmatrix}, \tag{5.42}$$

它是一个纯虚数. $\overline{D}_{kl}$ 是 $|D|$ 的第 kl 代数余子式. 于是有

$$\begin{aligned}\sum_l (\pm)_{(l)} b_j B_{j2}(l) D(l) &= \sum_l (\pm)_{(l)} b_j B_{j2}(l) b_k \overline{D}_{kl} / |D| \\ &= \sum_l (\pm)_{(l)} b_j b_k B_{j2}(l) \overline{D}_{kl} / |D| \\ &= b_j b_k G_{jk} / |D|,\end{aligned} \tag{5.43}$$

式中 $G_{jk} = \sum\limits_l (\pm)_{(l)} B_{j2}(l) \overline{D}_{kl}$ 是这样一个行列式, 它是将 $|D|$ 中的第 K 行用 $(\pm)_{(l)} B_{j2}(l)$ 代替而得出的,它是一个实数. 于是

$$Kb^2 = \operatorname{Im}\left\{\sum_{l=1}^{3} (\pm)_{(l)} b_j B_{j2}(l) D(l)\right\} = b_j H_{jk} b_k, \tag{5.44}$$

式中 $H_{jk} = G_{jk}/i|D|$ (i 是虚数单位). 将式 (5.44) 代入式 (5.39), 所得到的位错自能表示式与 § 2.5 中各向同性介质中直线位错自能的 **H** 矩阵表述形式相似.

总之, Eshelby 方法中的主要困难在于求解一个六次方本征值问题.

§ 5.2 对称性和解的简化

上节中所取的基本坐标系 (x_1, x_2, x_3) 是以所考虑的位错直线作为 x_3 轴,因而并不是完全任意的*); 特别是一般不能假定此基本坐标系与所处理的晶体点群的标准坐标系 (参看附录 A. 2) 一致, 所以在我们的基本坐标系中弹性常数张量一般不具有标准形式 (附录 A. 2), 其形式应参考于问题中特定的基本坐标系而定.

---

* 下面将这个坐标系称为"自然"坐标系.

本节的讨论仍以此坐标系 (x_1, x_2, x_3) 作参考，不过是考查对此坐标系存在某些对称轴或对称面的情况，也即是此坐标系与晶体标准坐标有一定取向关系或部分重合的情况，此时弹性常数张量的若干分量将为零，于是使问题简化。

首先讨论一个简单情况，导致一个初步的简化方案，按照这个方案可以将上节中的直线位错分解为螺型分量与刃型分量。

考查基本方程 (5.9)

$$a_{ik}A_k = 0,$$

$$a_{ik} = [c_{i_1k_1} + p(c_{i_1k_2} + c_{i_2k_1}) + p^2c_{i_2k_2}],$$

若有

$$a_{13} = a_{23} = a_{31} = a_{32} = 0, \tag{5.45}$$

则方程 (5.9) 分为二组，形式如下：

$$\begin{cases} a_{11}A_1 + a_{12}A_2 = 0, \\ a_{21}A_1 + a_{22}A_2 = 0, \\ a_{33}A_3 = 0, \end{cases} \tag{5.46}$$

即是 A_3 与 A_1, A_2 完全分离．条件 (5.45) 相当于 $c_{\alpha\beta\gamma_3} = 0(\alpha, \beta, \gamma = 1, 2)$． 采用二指标弹性常数表示法（附录 A. 2)，$c_{\alpha\beta\gamma_3} = 0$ 相当于

$$c_{14} = c_{15} = c_{24} = c_{25} = c_{46} = c_{56} = 0. \tag{5.47}$$

由晶体物理学知道，单斜系晶体若取其二次轴平行于 x_3，则 c 矩阵具有如下形式：

$$\{c\} = \begin{bmatrix} c_{11} & c_{12} & c_{13} & 0 & 0 & c_{16} \\ & c_{22} & c_{23} & 0 & 0 & c_{26} \\ & & c_{33} & 0 & 0 & c_{36} \\ & & & c_{44} & c_{45} & 0 \\ & & & & c_{55} & 0 \\ & & & & & c_{66} \end{bmatrix}, \tag{5.48}$$

即是满足 (5.47)，此外并有 $c_{34} = c_{35} = 0$。

现在用二指标弹性常数明显写出方程 (5.46)，就是

$$[c_{11} + 2pc_{16} + p^2c_{66}]A_1 + [c_{16} + p(c_{12} + c_{66}) + p^2c_{26}]A_2 = 0, \tag{5.49}$$

$$[c_{16}+p(c_{12}+c_{66})+p^2c_{26}]A_1-[c_{66}+2pc_{26}+p^2c_{22}]A_2=0, \tag{5.50}$$

$$[c_{55}+2pc_{45}+p^2c_{44}]A_3=0. \tag{5.51}$$

既然 A_3 与 A_1, A_2 已完全分离，就可以分别考虑如下两种情况：

(a) $A_1=A_2=0$, $A_3\neq 0$; (5.52)

(b) A_1, $A_2\neq 0$, $A_3=0$. (5.53)

对于情况 (a)，可以取 $A_3=1$.

方程 (5.51) 成为决定 p 的方程

$$c_{44}p^2+2c_{45}p+c_{55}=0. \tag{5.54}$$

命其根为 $p_{(3)}$

$$p_{(3)}=\frac{1}{c_{44}}[-c_{45}+i(c_{44}c_{55}-c_{45}^2)^{1/2}], \tag{5.55}$$

它的虚部为正，而

$$c_{45}+p_{(3)}c_{44}=i(c_{44}c_{55}-c_{45}^2)^{1/2} \tag{5.56}$$

为纯虚数. 现在方程 (5.33) 和 (5.34) 变为

$$\operatorname{Re}\{D(3)\}=b_3, \tag{5.57}$$

$$\operatorname{Re}\{(c_{45}+p_{(3)}c_{44})D(3)\}=0. \tag{5.58}$$

根据方程 (5.56) 和 (5.58) 可知，$D(3)$ 的虚部为零，于是 (5.57) 给出

$$D(3)=b_3, \tag{5.59}$$

由于 $A_1=A_2=0$，所以 $b_1=b_2=0$，因此这个情况 (a) 表示一个纯螺型位错，不为零的场分量是

$$u_3=\operatorname{Re}\left\{\frac{b_3}{\pm 2\pi i}\ln(\zeta_{(3)})\right\}, \tag{5.60}$$

$$\sigma_{23}=\operatorname{Re}\left\{\frac{b_3(c_{45}+p_{(3)}c_{44})}{\pm 2\pi i}\frac{1}{\zeta_{(3)}}\right\}, \tag{5.61}$$

$$\sigma_{13}=\operatorname{Re}\left\{\frac{b_3(c_{55}+p_{(3)}c_{45})}{\pm 2\pi i}\frac{1}{\zeta_{(3)}}\right\}, \tag{5.62}$$

$$\zeta_{(3)} = x_1 + p_{(3)} x_2.$$

注意到在式 (5.48) 中 $c_{34} = c_{35} = 0$；但由式 (5.46) 和 (5.47) 可见，c_{34} 与 c_{35} 都不为零并不影响 (a)，(b) 两种情况的分离．因此，若取 c_{34}，$c_{35} \neq 0$，则存在另一个非零分量

$$\sigma_{33} = \mathrm{Re}\left\{\frac{b_3(c_{35} + p_{(3)}c_{34})}{\pm 2\pi i}\frac{1}{\zeta_{(3)}}\right\}. \tag{5.63}$$

式 (5.60) 至 (5.63) 写为更明显的形式是

$$u_3 = -\frac{b_3}{2\pi}\tan^{-1}\frac{K_S x_2}{c_{44}x_1 - c_{45}x_2}, \tag{5.64}$$

$$\sigma_{23} = -\frac{b_3 K_S}{2\pi}\frac{c_{44}x_1 - c_{45}x_2}{c_{44}x_1^2 - 2c_{45}x_1x_2 + c_{55}x_2^2}, \tag{5.65}$$

$$\sigma_{31} = -\frac{b_3 K_S}{2\pi}\frac{c_{45}x_1 - c_{55}x_2}{c_{44}x_1^2 - 2c_{45}x_1x_2 + c_{55}x_2^2}, \tag{5.66}$$

$$\sigma_{33} = -\frac{b_3 K_S}{2\pi}\frac{c_{34}x_1 - c_{35}x_2}{c_{44}x_1^2 - 2c_{45}x_1x_2 + c_{55}x_2^2}, \tag{5.67}$$

式中

$$K_S \equiv (c_{44}c_{55} - c_{45}^2)^{1/2} \tag{5.68}$$

是能量因子．

现在讨论情况 (b)．

由于 $A_3 = 0$，因此 $b_3 = 0$；b_1，$b_2 \neq 0$，$\boldsymbol{b}$ 在 x_1x_2 平面内，所以表示纯刃型位错的情况．

考查方程 (5.49) 和 (5.50)，它的久期方程是 p 的一个四次方程；如果再有条件 $c_{16} = c_{26} = 0$，则化为 p^2 的二次方程

$$c_{22}c_{66}p^4 + (c_{11}c_{12} - c_{12}^2 - 2c_{12}c_{66})p^2 + c_{11}c_{66} = 0. \tag{5.69}$$

根据晶体物理学[1)]，可知正交晶系，立方晶系和六角晶系，当分别将 x_3 轴取为与晶体最高对称轴相重合时，弹性常数矩阵都具有如下的一般形式：

---

1) 见附录 A. 2.

$$\{c\} = \begin{bmatrix} c_{11} & c_{12} & c_{13} & 0 & 0 & 0 \\ & c_{22} & c_{23} & 0 & 0 & 0 \\ & & c_{33} & 0 & 0 & 0 \\ & & & c_{44} & 0 & 0 \\ & & & & c_{55} & 0 \\ & & & & & c_{66} \end{bmatrix}, \tag{5.70}$$

所以这些晶系满足 $c_{16} = c_{26} = 0$ 的要求，而方程 (5.69) 成立（注意 x_3 轴）. 此时方程的解可写作

$$p_{(1)} = \lambda e^{i\alpha} = p^*_{(4)}, \tag{5.71}$$

$$p_{(2)} = -\lambda e^{i\alpha} = p^*_{(5)}, \tag{5.72}$$

λ 和 α 是实数. 方程

$$(p - \lambda e^{i\alpha})(p + \lambda e^{i\alpha})(p - \lambda e^{-i\alpha})(p + \lambda e^{-i\alpha}) = 0 \tag{5.73}$$

应与 (5.69) 完全相同. 逐项比较这两个方程的系数，可得到

$$\lambda^4 = c_{11}/c_{66}, \tag{5.74}$$

$$\alpha = \frac{1}{2} \arccos\left\{\frac{2c_{12}c_{66} + c_{12}^2 - \bar{c}_{11}^2}{2\bar{c}_{11}c_{66}}\right\}, \tag{5.75}$$

$$\bar{c}_{11}^2 = c_{11}c_{22}. \tag{5.76}$$

命 $A_1(l) = 1$, $A_2(l) = A(l)$, $(l = 1, 2)$，则由方程 (5.49) 或 (5.50) 可得

$$A(2) = -A(1) = \lambda \frac{c_{66}e^{i\alpha} + \bar{c}_{11}e^{-i\alpha}}{c_{12} + c_{66}}. \tag{5.77}$$

若取 $\boldsymbol{b}$ 平行于 x_1 方向，则 $\boldsymbol{b} = (b_1, 0, 0)$，于是 (5.33) 和 (5.34) 给出

$$\begin{aligned} &\mathrm{Re}\,\{D(1) + D(2)\} = b_1, \\ &\mathrm{Re}\,\{A(1)[D(1) - D(2)]\} = 0, \\ &\mathrm{Re}\,\{[A(1)\lambda^{-1} + e^{i\alpha}][D(1) - D(2)]\} = 0, \\ &\mathrm{Re}\,\{[c_{12}\lambda^{-1} + \bar{c}_{11}e^{i\alpha}A(1)][D(1) + D(2)]\} = 0. \end{aligned} \tag{5.78}$$

由此得出解

$$D(1) = D(2) = \frac{-ib_1}{2\sin 2\alpha}\left\{\frac{\bar{c}_{11}e^{2i\alpha} - c_{12}}{\bar{c}_{11}}\right\}. \tag{5.79}$$

以上的式 (5.71), (5.72), (5.74), (5.75), (5.77) 和 (5.79) 是所得到的基本结果，代人式 (5.35) 和 (5.36)，即可求出 $\boldsymbol{b}/\!/\boldsymbol{x}_1$ 的刃型位错的位移场和应力场.

关于 $\boldsymbol{b}/\!/\boldsymbol{x}_2$ 的刃型位错的表达式，可以将坐标轴绕 x_3 旋转 $\pi/2$ 而由上面的结果得出. 把这些结果组合起来，就得到关于 $\boldsymbol{b}=(b_1, b_2, 0)$ 的刃型位错的一般解.

为了得到明显表示式，还要引入两个参数

$$\begin{cases}\xi^2 = x_1^2 + 2x_1x_2\lambda\cos\alpha + x_2^2\lambda^2,\\ \eta^2 = x_1^2 - 2x_1x_2\lambda\cos\alpha + x_2^2\lambda^2.\end{cases} \tag{5.80}$$

应用这两个参量，以及 A 和 D 的表示式 (5.77) 和 (5.79)，代入 u_k 的表达式 (5.35)，得到

$$\begin{aligned}u_1 = &-\frac{b_1}{4\pi}\left[\tan^{-1}\left(\frac{2x_1x_2\lambda\sin\alpha}{x_1^2-\lambda^2x_2^2}\right)+\left(\frac{\bar{c}_{11}^2-c_{12}^2}{2c_{11}c_{66}\sin 2\alpha}\right)\right.\\ &\left.\cdot\ln\left(\frac{\xi}{\eta}\right)\right]-\frac{b_2}{4\pi\lambda\bar{c}_{11}^1\sin 2\alpha}\left[(\bar{c}_{11}-c_{12})\cos\alpha\ln(\xi\eta)\right.\\ &\left.-(\bar{c}_{11}+c_{12})\sin\alpha\tan^{-1}\left(\frac{x_1^2\sin 2\alpha}{\lambda^2x_2^2-x_1^2\cos 2\alpha}\right)\right],\end{aligned} \tag{5.81}$$

$$\begin{aligned}u_2 = &\frac{\lambda b_1}{4\pi\bar{c}_{11}\sin 2\alpha}\left[(\bar{c}_{11}-c_{12})\cos\alpha\ln(\xi\eta)\right.\\ &\left.-(\bar{c}_{11}+c_{12})\sin\alpha\tan^{-1}\left(\frac{\lambda^2x_2^2\sin 2\alpha}{x_1^2-\lambda^2x_2^2\cos 2\alpha}\right)\right]\\ &-\frac{b_2}{4\pi}\left[\tan^{-1}\left(\frac{2x_1x_2\lambda\sin\alpha}{x_1^2-\lambda^2x_2^2}\right)-\left(\frac{\bar{c}_{11}^2-c_{12}^2}{2\bar{c}_{11}c_{66}\sin 2\alpha}\right)\ln\left(\frac{\xi}{\eta}\right)\right].\end{aligned} \tag{5.82}$$

由此得到应力场的一般表示式

$$\begin{aligned}\sigma_{ij} = &\frac{b_1\lambda(c_{12}-\bar{c}_{11})}{4\pi\xi^2\eta^2\bar{c}_{11}c_{66}\sin\alpha}\left\{c_{ij11}[(\bar{c}_{11}+c_{12}+c_{16})x_1^2x_2+\lambda^2c_{66}x_2^3]\right.\\ &-c_{ij12}(c_{12}+\bar{c}_{11})(x_1^3-\lambda^2x_1x_2^2)\\ &-\frac{c_{ij22}}{c_{22}}[(c_{12}^2+\bar{c}_{11}c_{12}+2c_{12}c_{66}+\bar{c}_{11}c_{66})x_1^2x_2\\ &\left.-\bar{c}_{11}c_{66}\lambda^2x_2^3]\right\}+\frac{b_2\lambda(c_{12}-\bar{c}_{11})}{4\pi\xi^2\eta^2\bar{c}_{11}c_{66}\sin\alpha}\left\{c_{ij22}[(\bar{c}_{11}+c_{12}\right.\end{aligned}$$

$$+ c_{66})\lambda^2 x_1 x_2^2 + c_{66} x_1^3] - c_{ij12}(c_{12} + \bar{c}_{11})$$

$$\cdot (\lambda^2 x_2^3 - x_1^2 x_2) - \frac{c_{ij11}}{c_{11}} [(c_{12}^2 + \bar{c}_{11} c_{12} + 2 c_{12} c_{66}$$

$$+ \bar{c}_{11} c_{66})\lambda^2 x_1 x_2^2 - \bar{c}_{11} c_{66} x_1^3]\Big\}. \tag{5.83}$$

当仅需要应力分量 σ_{11}，σ_{22} 和 σ_{12} 时，下列公式是很方便的：

$$\sigma_{11} = \frac{M b_1}{4\pi\rho^4 c_{22}} \Big\{[(\bar{c}_{11} - c_{12})(\bar{c}_{11} + c_{12} + 2c_{66}) - \bar{c}_{11} c_{66}] x_1^2 x_2$$

$$+ \frac{\bar{c}_{11}^2 c_{66}}{c_{22}} x_2^3\Big\} + \frac{M b_2 c_{66}}{2\pi\rho^4} \left(\frac{\bar{c}_{11}}{c_{22}} x_1 x_2^2 - x_1^3\right), \tag{5.84}$$

$$\sigma_{22} = \frac{M b_1 c_{66}}{2\pi\rho^4} \left(- x_1^2 x_2 + \frac{\bar{c}_{11}}{c_{22}} x_2^3\right) - \frac{M b_2}{2\pi\rho^4 \bar{c}_{11}} \{[(\bar{c}_{11} - c_{12})(\bar{c}_{11}$$

$$+ c_{12} + 2c_{66}) - \bar{c}_{11} c_{66}] x_1 x_2^2 + c_{22} c_{66} x_1^3\}, \tag{5.85}$$

$$\sigma_{12} = \frac{M b_1 c_{66}}{4\pi\rho^4} \left(- x_1^3 + \frac{\bar{c}_{11}}{c_{22}} x_1 x_2^2\right) + \frac{M b_2 c_{66}}{4\pi\rho^4} \left(- x_1^2 x_2 + \frac{\bar{c}_{11}}{c_{22}} x_2^3\right), \tag{5.86}$$

式中

$$M = (\bar{c}_{11} + c_{12}) \left[\frac{\bar{c}_{11} - c_{12}}{c_{22} c_{66} (\bar{c}_{11} + c_{12} + 2c_{66})}\right]^{1/2}, \tag{5.87}$$

$$\rho^4 = \left(x_1^2 + \frac{\bar{c}_{11}}{c_{22}} x_2^2\right)^2 + \frac{(\bar{c}_{11} + c_{12})(\bar{c}_{11} - c_{12} - 2c_{66})}{c_{22} c_{66}} x_1^2 x_2^2. \tag{5.88}$$

分别与 b_1 和 b_2 相联系的能量因子 K_{e_1} 和 K_{e_2} 是

$$K_{e_1} = (\bar{c}_{11} + c_{12}) \left[\frac{c_{66}(\bar{c}_{11} - c_{12})}{(\bar{c}_{11} + c_{12} + 2c_{66}) c_{22}}\right]^{1/2}, \tag{5.89}$$

$$K_{e_2} = (c_{22}/c_{11})^{1/2} K_{e_1}. \tag{5.90}$$

由于 $c_{16} = c_{26} = 0$，所以在式 (5.40) 中不出现含乘积 $b_1 b_2$ 的交叉项。

在本节开始处提出关于 A_k 可以分离为二组，亦即位错可以分成螺型分量与刃型分量的条件，就是要求

$$c_{14} = c_{15} = c_{24} = c_{25} = c_{46} = c_{56} = 0,$$

当存在一个垂直于 x_3 轴（位错线）的反映对称面时，此条件被满足。如果不存在这样一个反映面，则此条件不能满足，本节至此论

述的分离方法于是失效，问题就复杂了．但是还存在着某些可以进行简化的情况，如下所述。

试考虑 x_1 或 x_2 轴是对称轴的情况（或者存在着一个含 x_3 轴的反映面也可以）．回顾式 (5.6) 以下的说明，待定函数 $f(\zeta)$ 的宗量是

$$\zeta = x_1 + px_2,$$

若 $x_1 + p_1x_2$ 是一个可能的 ζ，则当存在上述对称元素时，$x_2 - p_1x_1$ 也是一个可能的 ζ，因此关于 p 的六次方程的根必然成对出现，即是 $(p_1, -p_1)$，$(p_2, -p_2)$，$(p_3, -p_3)$，而方程

$$\det|a_{ik}| = 0$$

必然成为如下形式：

$$(p^2 - p_1^2)(p^2 - p_2^2)(p^2 - p_3^2) = 0. \tag{5.91}$$

此外，如果除了以上的二重对称之外，x_3 轴还是一个三次轴，则若 p_1 是一个解，那么 p_2 和 p_3 可分别由 p_1 旋转 $\frac{2\pi}{3}$ 和 $\frac{4\pi}{3}$ 得到．Head[1) 证明，此时 p 所满足的方程必定具有如下形式：

$$M^2(p^2 + 1)^3 - (M^2 - 1)p^2(p^2 - 3)^2 = 0. \tag{5.92}$$

方程 (5.91) 和 (5.92) 都是关于 p^2 的三次方程，在代数上是可解的． 这里M是一个仅含弹性常数的数． 若令 $p = \tan\phi$，则方程 (5.92) 化为

$$\tan^2 3\phi = -M^2, \tag{5.93}$$

具有正虚部的根满足

$$\tan 3\phi = iM. \tag{5.94}$$

三个根是

$$\begin{cases} p_1 = \tan\phi_1, \\ p_2 = \tan\left(\phi_1 + \dfrac{2\pi}{3}\right) = \dfrac{p_1 - \sqrt{3}}{1 + p_1\sqrt{3}}, \\ p_3 = \tan\left(\phi_1 + \dfrac{4\pi}{3}\right) = \dfrac{p_1 + \sqrt{3}}{1 - p_1\sqrt{3}}. \end{cases} \tag{5.95}$$

---

1) Head, A.K., *Phys. Stat. Solidi*, 6, 461 (1964).

若 p_1 选为纯虚根，则

$$p_1 = i\frac{(M+1)^{1/3}+(M-1)^{1/3}}{(M+1)^{1/3}-(M-1)^{1/3}}, \tag{5.96}$$

这样就确定了诸 $p_{(n)}$. 按照 § 5.1 中的办法，还要代入方程 (5.9)、(5.33) 和 (5.34) 求出 $A_k(l)$ 和 $D(l)$. 这在原则上是可行的，但实际上甚为复杂.

§ 5.3 应用于六角晶系和立方晶系

本节简述有关六角晶体和立方晶体中直位错的一些弹性性质，它们是应用 § 5.1 和 § 5.2 中的公式得出的结果.

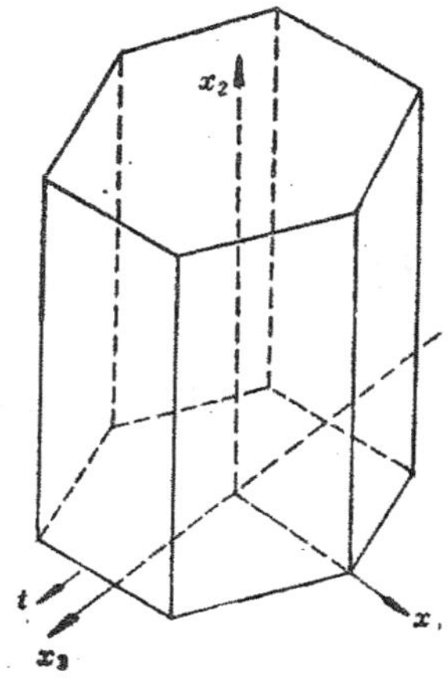

图 5.3

在本节中需要区分对于某种晶体的标准坐标系和以位错线为 x_3 轴的"自然"坐标系. 以上的公式都是参考于后一坐标系的形式，在那些公式中弹性常数一般写作 c_{ijkl} 或 $c_{\alpha\beta}$. 晶体的标准坐标系不一定与"自然"坐标系重合，但在标准坐标系中弹性常数矩阵具有标准形式，一般实验测出的弹性常数也是参考于此坐标系的数据. 在本节中记法遂稍有改变，即不带撇的量 c_{ijkl} 或 $c_{\alpha\beta}$ 表示标准坐标系中之值，而"自然"坐标系中之值以带撇的量 c'_{ijkl} 和 $c'_{\alpha\beta}$ 表之. $c'_{ijkl}(c'_{\alpha\beta})$ 与 $c_{ijkl}(c_{\alpha\beta})$ 之间的关系由标准坐标系至自然坐标系之间的变换确定. 所以本节应用上两节的公式形式不变，仅仅其中弹性常数加撇，表明参考于以位错为 x_3 轴的自然坐标系. 以下不再说明.

(1) 六角晶体 六角晶系的标准坐标系是取 $z(x_3)$ 轴垂直于基面，参考于此坐标系，弹性常数矩阵是

$$\{c\}=\begin{bmatrix} c_{11} & c_{12} & c_{13} & 0 & 0 & 0 \\ & c_{11} & c_{13} & 0 & 0 & 0 \\ & & c_{33} & 0 & 0 & 0 \\ & & & c_{44} & 0 & 0 \\ & & & & c_{44} & 0 \\ & & & & & c_{66} \end{bmatrix}, \tag{5.97}$$

其中 $c_{66}=\frac{1}{2}(c_{11}-c_{12})$。

但六角晶体中位错一般位于基面上，所以要取如图 5.3 所示的自然坐标系(位错坐标系)，在此坐标系中弹性常数矩阵是

$$\{c'\}=\begin{bmatrix} c'_{11} & c'_{12} & c'_{13} & 0 & 0 & 0 \\ & c'_{22} & c'_{12} & 0 & 0 & 0 \\ & & c'_{11} & 0 & 0 & 0 \\ & & & c'_{44} & 0 & 0 \\ & & & & c'_{55} & 0 \\ & & & & & c'_{44} \end{bmatrix}, \tag{5.98}$$

其中 $c'_{55}=\frac{1}{2}(c'_{11}-c'_{12})$. 带撇诸量与标准弹性常数之间的关系是

$$\begin{gathered} c'_{11}=c_{11},\quad c'_{44}=c_{44},\quad c'_{22}=c_{33}, \\ c'_{12}=c_{13},\quad c'_{13}=c_{12},\quad c'_{55}=c_{66}. \end{gathered} \tag{5.99}$$

这个弹性常数张量显然满足使方程 (5.9) 分解的条件 (5.47)，因此上节中关于位错螺型分量及刃型分量的公式有效. 于是，对于螺型位错 $\boldsymbol{b}=(0,0,b_3)$ 诸应力分量由公式 (5.65) 至 (5.67) 给出，参考于弹性常数矩阵 (5.98) 其中 $c'_{45}=0$，于是有

$$\begin{cases} \sigma'_{23}=-\dfrac{b_3K'_S}{2\pi}\dfrac{c'_{44}x'_1}{c'_{44}x'^2_1+c'_{55}x'^2_2}, \\ \sigma'_{13}=-\dfrac{b_3K'_S}{2\pi}\dfrac{-c'_{55}x'_2}{c'_{44}x'^2_1+c'_{55}x'^2_2}, \\ \sigma'_{33}=0, \end{cases} \tag{5.100}$$

式中

$$K'_S=(c'_{44}c'_{55})^{1/2}, \tag{5.101}$$

基面上的切应力是

$$\sigma'_{23}(x_1, 0) = -\frac{K'_S b_3}{2\pi x'_1}. \tag{5.102}$$

Burgers 矢量 $\boldsymbol{b} = (b_1, b_2, 0)$ 的刃型位错，诸应力分量由公式 (5.84) 至 (5.86) 给出，其中所有弹性常数照式 (5.98) 代入，例如 c_{66} 写作 c'_{44}. 读者自己可以将它们全部写出. K_{e_1} 和 K_{e_2} 应为

$$\begin{cases} K_{e_1} = (\bar{c}'_{11} + c'_{12})\left[\dfrac{c'_{44}(c'_{11} - c'_{12})}{(c'_{11} + c'_{12} + 2c'_{44})c'_{22}}\right]^{1/2}, \\ K_{e_2} = (c'_{22}/c'_{11})^{1/2} K_{e_1}. \end{cases} \tag{5.103}$$

若仅有 $b_1 \neq 0$，则基面上的切应力为

$$\sigma_{12}(x_1, 0) = -\frac{K_{e_1} b_1}{2\pi x'_1}. \tag{5.104}$$

(2) 面心立方晶体　面心立方晶体中位错大多数位于 {111} 面上，方向 $\boldsymbol{t}$ 平行于 ⟨110⟩，Burgers 矢量也平行于某一个 ⟨110⟩，即等于某一个 $\frac{1}{2}$⟨110⟩. 所以这些位错或者是纯螺型的，或者是 60° 混合型的. 对于螺型位错最好是取如图 5.4 所示的直角坐标系：

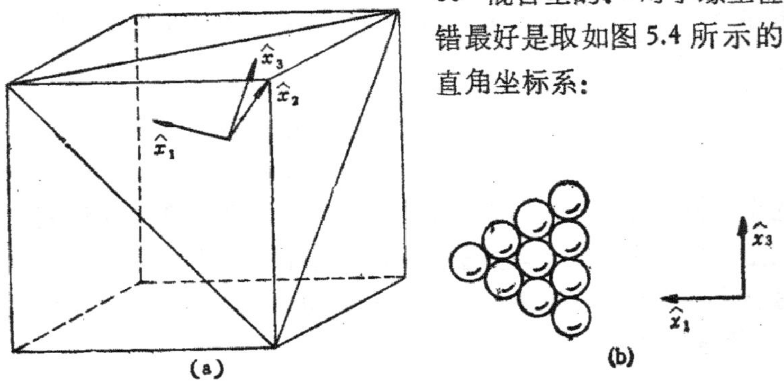

图 5.4

$$\hat{x}_1 = \frac{1}{\sqrt{6}}[1\bar{2}1], \quad \hat{x}_2 = \frac{1}{\sqrt{3}}[111], \quad \hat{x}_3 = \frac{1}{\sqrt{2}}[\bar{1}01].$$

参考于这个坐标系，弹性常数矩阵是

$$\{c'\} = \begin{bmatrix} c'_{11} & c'_{12} & c'_{13} & 0 & 0 & c'_{16} \\ & c'_{22} & c'_{12} & 0 & 0 & 0 \\ & & c'_{11} & 0 & 0 & -c'_{16} \\ & & & c'_{44} & -c'_{16} & 0 \\ & & & & c'_{55} & 0 \\ & & & & & c'_{44} \end{bmatrix}, \tag{5.105}$$

其中 $c'_{55} = \frac{1}{2}(c'_{11} - c'_{13})$。

立方晶体的标准坐标系是取三个立方轴作为坐标轴：〈100〉，在此坐标系中，弹性常数矩阵的标准形式如下：

$$\{c\} = \begin{bmatrix} c_{11} & c_{12} & c_{12} & 0 & 0 & 0 \\ & c_{11} & c_{12} & 0 & 0 & 0 \\ & & c_{11} & 0 & 0 & 0 \\ & & & c_{44} & 0 & 0 \\ & & & & c_{44} & 0 \\ & & & & & c_{44} \end{bmatrix}. \tag{5.106}$$

式 (5.105) 中的诸量与标准弹性常数矩阵 (5.106) 中诸量的关系如下：

$$\begin{cases} c'_{11} = c_{11} + \frac{1}{2}f, & c'_{44} = c_{44} - \frac{1}{3}f, \\ c'_{12} = c_{12} - \frac{1}{3}f, & c'_{55} = c_{44} - \frac{1}{6}f, \\ c'_{13} = c_{12} - \frac{1}{6}f, & c'_{16} = \frac{\sqrt{2}}{6}f, \\ c'_{22} = c_{11} + \frac{2}{3}f, & f = 2c_{44} + c_{12} - c_{11}. \end{cases} \tag{5.107}$$

螺型位错的诸应力分量由公式 (5.65) 等给出，其中弹性常数用式 (5.105) 中相应的诸量代入，即得面心立方晶体中 $\left(\langle 110\rangle, \frac{1}{2}\langle 110\rangle\right)$ 螺型位错的应力场. 能量因子

$$K'_S = (c'_{44}c'_{55} - c'^2_{16})^{1/2}. \tag{5.108}$$

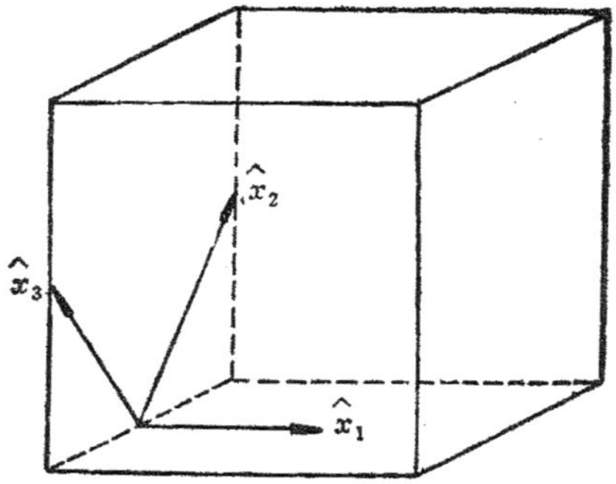

图 5.5

对于具有刃型分量的位错，取直角坐标如图 5.5

$$\hat{x}_1=[010],\ \hat{x}_2=\frac{1}{\sqrt{2}}[\bar{1}01],\hat{x}_3=\frac{1}{\sqrt{2}}[101].$$

参考于这个坐标系，弹性常数矩阵的形式是

$$\{c'\}=\begin{bmatrix} c'_{11} & c'_{12} & c'_{12} & 0 & 0 & 0 \\ & c'_{22} & c'_{23} & 0 & 0 & 0 \\ & & c'_{22} & 0 & 0 & 0 \\ & & & c'_{44} & 0 & 0 \\ & & & & c'_{55} & 0 \\ & & & & & c'_{55} \end{bmatrix}, \tag{5.109}$$

式中诸带撇量与标准弹性常数 (5.106) 诸量的关系如下：

$$\begin{cases} c'_{11}=c_{11},\ c'_{12}=c_{12},\ c'_{55}=c_{44}, \\ c'_{22}=c_{11}+\dfrac{1}{2}f,\ c'_{23}=c_{12}-\dfrac{1}{2}f,\ c'_{44}=c_{44}-\dfrac{f}{2}, \\ f=2c_{44}+c_{12}-c_{11}. \end{cases} \tag{5.110}$$

位错产生的应力场诸分量由式 (5.84) 至 (5.88) 给出，其中弹性常数用式 (5.109) 中相应的诸量代入，就得到正确的表示式。能量因子为

$$
\begin{cases}
K_{e_1} = (\bar{c}'_{11} + c'_{12})\left[\dfrac{c'_{55}(\bar{c}'_{11} - c'_{12})}{(\bar{c}'_{11} + c'_{12} + 2c'_{55})c'_{22}}\right]^{\frac{1}{2}}, \\
K_{e_2} = (c'_{22}/\bar{c}'_{11})^{1/2}K_{e_1}.
\end{cases}
\tag{5.111}
$$

若位错线 (x_3 轴) 平行于 ⟨112⟩，则是 {111} 滑移面上的纯刃型位错或 30° 位错．但在这种情况下，弹性常数张量不满足使方程组

$$a_{ik}A_k = 0$$

分离的条件，不过由于 ⟨112⟩ 轴含于一个反映面 {110} 内，所以关于 p 的方程具有如式 (5.91) 的形式，即

$$(p_1 - p_1^2)(p - p_2^2)(p - p_3^2) = 0,$$

具体的解很复杂．

(3) **体心立方晶体** 体心立方晶体中位错多数具有 Burgers 矢量 $\frac{1}{2}$⟨111⟩，它们位于滑移面 {110} 或 {112} 上．{110} 面上 ⟨110⟩ 方向的位错是混合型位错，可以用上节的分离法处理．此面上沿 ⟨111⟩ 方向及 ⟨112⟩ 方向的位错从类型上讲分别是螺型位错和刃型位错，但实际上不能用上节的分离方法处理．{112} 面上的位错，沿 ⟨110⟩ 方向的是纯刃型位错，容易处理；沿 ⟨111⟩ 方向的是螺型位错，这里引述 Head[1] 关于此位错的结果．

取坐标系

$$x'_1 /\!/ [\bar{1}2\bar{1}],\quad x'_2 /\!/ [\bar{1}01],\quad x_3 /\!/ [111]$$

参考于此坐标系，弹性常数矩阵是

$$
\{c'\} = \begin{bmatrix}
c'_{11} & c'_{12} & c'_{13} & 0 & c'_{15} & 0 \\
 & c'_{11} & c'_{13} & 0 & -c'_{15} & 0 \\
 & & c'_{33} & 0 & 0 & 0 \\
 & & & c'_{44} & 0 & -c'_{15} \\
 & & & & c'_{44} & 0 \\
 & & & & & c'_{66}
\end{bmatrix},
\tag{5.112}
$$

式中 $c'_{66} = \frac{1}{2}(c'_{11} - c'_{12})$，并有

1) Head, A. K., *Phys. Stat. Solidi*, 5,51, (1964); *ibid.*, 6,461 (1964).

$$\begin{cases} c'_{11} = c_{11} + \frac{1}{2}f, \ c'_{12} = c_{12} - \frac{1}{6}f, \ c'_{13} = c_{12} - \frac{1}{3}f, \\ c'_{33} = c_{11} + \frac{2}{3}f, \ c'_{44} = c_{44} - \frac{1}{3}f, \ c'_{66} = c_{44} - \frac{1}{6}f, \\ c'_{15} = \frac{\sqrt{2}}{6}f; \ f = 2c_{44} + c_{12} - c_{11}. \end{cases} \tag{5.113}$$

Head 将以上弹性常数矩阵 (5.112) 的第三行与第三列略去，求其逆矩阵，得到如下的 5×5 简约顺度常数矩阵

$$\{S\} = \begin{bmatrix} S_{11} & S_{12} & 0 & S_{15} & 0 \\ & S_{11} & 0 & -S_{15} & 0 \\ & & S_{44} & 0 & -2S_{15} \\ & & & S_{44} & 0 \\ & & & & S_{66} \end{bmatrix}, \tag{5.114}$$

式中 $S_{66} = 2(S_{11} - S_{12})$. 并有

$$\begin{cases} S_{11} = \dfrac{c'_{11}c'_{44} - c'^2_{15}}{2(c'_{11} + c'_{12})(c'_{44}c'_{66} - c'^2_{15})}, \\ S_{12} = \dfrac{c'_{11}c'_{44} + c'^2_{15}}{2(c'_{11} + c'_{12})(c'_{44}c'_{66} - c'^2_{15})}, \\ S_{15} = \dfrac{-c'_{15}}{c'_{44}c'_{66} - c'^2_{15}}, \\ S_{44} = \dfrac{c'_{66}}{c'_{44}c'_{66} - c'^2_{15}}. \end{cases} \tag{5.115}$$

p 所满足的方程具有式 (5.92) 的形式

$$M^2(p^2 + 1)^3 - (M^2 - 1)p^2(p^2 - 3)^2 = 0,$$

以 $p = \tan\phi$, 它约化为

$$\tan^2 3\phi = -M^2.$$

Head 导出

$$M^2 = \left(\frac{S_{11}S_{44}}{S_{11}S_{44} - S_{15}^2}\right), \tag{5.116}$$

能量因子

$$K_S = \frac{M}{S_{44}}, \tag{5.117}$$

$$K_e = K_{e_1} = K_{e_2} = \frac{M}{2S_{11}}. \tag{5.118}$$

取柱坐标，令 θ 从 $\hat{x}_1$ 量起，而 z 方向与 $\hat{x}_3$ 方向一致，即是位错线方向，可得出如下的应力分量：

$$\sigma_{r\theta} = K_e \frac{b_1 \cos\theta + b_2 \sin\theta}{2\pi r}, \tag{5.119}$$

$$\sigma_{\theta\theta} = K_e \frac{-b_1 \sin\theta + b_2 \cos\theta}{2\pi r}, \tag{5.120}$$

$$\sigma_{\theta z} = K_s \frac{b_3}{2\pi r}, \tag{5.121}$$

及

$$\sigma_{rz} = -\frac{K_S(M^2-1)b_3}{\cot 3\theta + M^2 \tan 3\theta} \frac{1}{2\pi r}. \tag{5.122}$$

这些应力分量是通过令形成位错时切割面上应力所作之功与弹性自能相等的条件而得出的。

(4) NaCl 结构　此结构中位错的 Burgers 矢量是〈110〉，主要的滑移面是 {110}. 纯螺型位错的方向是一个〈110〉方向，其能量因子是

$$K_S = (c'_{44} c'_{55})^{1/2}, \tag{5.123}$$

c'_{44} 和 c'_{55} 是 (5.109) 的矩阵元。

纯刃型位错的方向是一个〈100〉，其能量因子是

$$K_e = K_{e_1} = K_{e_2} = (c_{11} + c_{12}) \left[\frac{c_{44}(c_{11} - c_{12})}{c_{11}(c_{11} + c_{12} + 2c_{44})} \right]^{1/2}, \tag{5.124}$$

其中诸 c 是标准的弹性常数 (5.106)。

平行于〈111〉方向的混合型位错可用 Head 的方法处理。

§ 5.4 Willis 的方法

Willis[1] 应用 Green 张量函数计算位错的弹性场，这是一个很直接的有效方法。上面在 § 3.1 中就是应用 Green 张量函数，

---

1) Willis, J.R., *Phil. Mag.*, **21**, 931 (1970).

导出各向同性介质中任意位错环产生的弹性位移场的 Burgers 公式. 其所以能够做到这一点是因为在各向同性情况下已经得到 Green 张量函数的显式表达式.

在各向异性的情况下,应用 Green 张量函数的 Fourier 变换式 (A. 72) 可以得到位移场 $u_i(\boldsymbol{r})$ 及其分量对坐标导数 $u_{i,p}(\boldsymbol{r})$ 的积分表示式. 与上几节中的方法相比较, 这里需要解决的是一个求积分的问题, 而上几节则需要求解高次代数方程. 在若干情况下,本节的方法能得出显式解.

一般地讲, Green 张量函数 $G_{km}(\boldsymbol{r})$ 可以通过其 Fourier 变换式 $\bar{G}_{km}(\boldsymbol{\xi})$ 表示*,即

$$G_{km}(\boldsymbol{r}) = (2\pi)^{-3}\int_{\infty} \bar{G}_{km}(\boldsymbol{\xi}) e^{i\boldsymbol{\xi}\cdot\boldsymbol{r}} dV_{\xi}, \tag{5.125}$$

$\bar{G}_{km}(\boldsymbol{\xi})$ 是矩阵 $D(\boldsymbol{\xi})$

$$D_{ik}(\boldsymbol{\xi}) = c_{ijkl}\xi_j\xi_l \tag{5.126}$$

的逆矩阵,即

$$\bar{G}_{km}(\boldsymbol{\xi}) = D^{-1}_{km}(\boldsymbol{\xi}). \tag{5.127}$$

现在把逆矩阵 $D^{-1}_{km}(\boldsymbol{\xi})$ 写作更明显一点的形式

$$D^{-1}_{km}(\boldsymbol{\xi}) = \frac{N_{km}(\boldsymbol{\xi})}{|D(\boldsymbol{\xi})|}. \tag{5.128}$$

$N(\boldsymbol{\xi})$ 是 $D(\boldsymbol{\xi})$ 的伴随矩阵

$$N(\boldsymbol{\xi}) = Adj D(\boldsymbol{\xi}), \tag{5.129}$$

$|D(\boldsymbol{\xi})|$ 是 $D(\boldsymbol{\xi})$ 的行列式,记作 $L(\boldsymbol{\xi})$

$$|D(\boldsymbol{\xi})| = \det|D(\boldsymbol{\xi})| = L(\boldsymbol{\xi}). \tag{5.130}$$

这样关于 $u_i(\boldsymbol{r})$ 和 $u_{i,p}(\boldsymbol{r})$ 的表达式 (3.4) 和 (3.38) 就成为

$$u_i(\boldsymbol{r}) = -\frac{i}{8\pi^3} b_j c_{jklm}\int_S dS'_k \times \left\{\iiint d\xi_1 d\xi_2 d\xi_3 \xi_m \times \frac{N_{il}(\boldsymbol{\xi})}{L(\boldsymbol{\xi})}\exp[-i\boldsymbol{\xi}\cdot(\boldsymbol{r}-\boldsymbol{r}')]\right\}, \tag{5.131}$$

$$u_{i,p}(\boldsymbol{r}) = -\frac{i}{8\pi^3}\varepsilon_{pjl} b_m c_{lmrs}\oint_c dl'_j \times \left\{\iiint d\xi_1 d\xi_2 d\xi_3 \xi_s\right.$$

* 附录 A. 3.

$$\times \frac{N_{ir}(\boldsymbol{\xi})}{L(\boldsymbol{\xi})} \exp[-i\boldsymbol{\xi}\cdot(\boldsymbol{r}-\boldsymbol{r}')]\Big\}, \tag{5.132}$$

这就是明显的普遍表达式. 下面的工作是要在具体情况下把它们化为有用的形式.

首先处理无限长直线位错的情况.

直线位错通过原点,位错线上的单位矢量记作 $\boldsymbol{t}$. 积分曲面 S 取作由通过原点,方向为 $\boldsymbol{t}$ 的直线与另一条与它平行、相距为 R 的直线所限定的直条平面,其法线矢量为 $\boldsymbol{n}$.

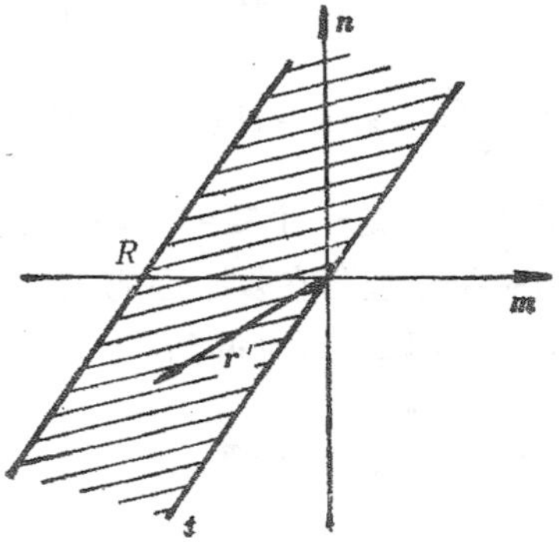

图 5.6

取坐标系 $(\boldsymbol{t}, \boldsymbol{m}, \boldsymbol{n})$ 如图 5.6 所示

$$\boldsymbol{m} = \boldsymbol{n} \times \boldsymbol{t} \tag{5.133}$$

面 S 表示为

$$-R \leqslant \boldsymbol{r}'\cdot\boldsymbol{m} \leqslant 0, \quad \boldsymbol{r}'\cdot\boldsymbol{n} = 0. \tag{5.134}$$

将 $\boldsymbol{r}$ 和 $\boldsymbol{\xi}$ 在此坐标系中表出

$$\boldsymbol{r} = x\boldsymbol{t} + y\boldsymbol{m} + z\boldsymbol{n}, \tag{5.135}$$

$$\boldsymbol{\xi} = \xi\boldsymbol{t} + \eta\boldsymbol{m} + \zeta\boldsymbol{n}. \tag{5.136}$$

于是式 (5.131) 成为

$$u_i(\boldsymbol{r}) = -\frac{i}{8\pi^3} b_j c_{lmjk} n_k \int_{-R}^{0} dy' \int_{-\infty}^{+\infty} dx' \times \Big\{\iiint d\xi d\eta d\zeta$$

$$\times \frac{\xi_m N_{il}(\boldsymbol{\xi})}{L(\boldsymbol{\xi})} \exp[-i\{\xi(x'-x)$$

$$+\eta(y'-y)-\zeta z\}]\Big\}. \tag{5.137}$$

这实际上是计算两个平行直线位错的位移场，其中一个通过原点，另一个通过 $y=-R$；然后令 R 趋于很大，使第二个位错产生的场在第一个位错附近地区贡献甚小，如此求得第一个位错产生的场的近似结果． 现在考查式(5.137)，对 x' 的积分给出一个因子 $2\pi\delta(\xi)$，再对 ξ 积分，结果是

$$u_i(\boldsymbol{r})=-\frac{i}{4\pi^2}b_j c_{lmjk}n_k\int_{-R}^{0}dy'\times\iint d\eta d\zeta$$

$$\times\frac{\xi_m N_{il}(\boldsymbol{\xi})}{L(\boldsymbol{\xi})}\exp[-i\{\eta(y'-y)-\zeta z\}]. \tag{5.138}$$

考虑对 ζ 的积分，将 ζ 看作是一个复变数，并适当选择积分回路．如果 $z>0$，则可选择积分迴路在复平面的上半平面闭合． 应用 Cauchy 定理和 Jordan 引理，可以得到

$$u_i(\boldsymbol{r})=\frac{1}{2\pi}b_j c_{lmjk}n_k\sum_{N=1}^{3}\int_{-R}^{0}dy'\int d\eta$$

$$\times\frac{\xi_m^{(N)}N_{il}(\boldsymbol{\xi}^{(N)})}{n_r\dfrac{\partial L}{\partial\xi_r}(\boldsymbol{\xi}^{(N)})}\exp[-i\{\eta(y'-y)-\zeta^{(N)}(\eta)z\}], \tag{5.139}$$

式中

$$\boldsymbol{\xi}^{(N)}=\eta\boldsymbol{m}+\zeta^{(N)}(\eta)\boldsymbol{n}, \tag{5.140}$$

而 $\zeta^{(N)}(\eta)$，$N=1,2,3$，是

$$L(\eta\boldsymbol{m}+\zeta\boldsymbol{n})=0 \tag{5.141}$$

的三个虚部为正的根．由于 $L(\eta\boldsymbol{m}+\zeta\boldsymbol{n})$ 是 η 和 ζ 的齐次式，并且按照定义，$\zeta^{(N)}$ 的虚部为正，所以有关系

$$\begin{aligned}\zeta^{(N)}(\eta)&=\eta\zeta^{(N)}(1),\ \eta>0,\\&=\eta\bar{\zeta}^{(M)}(1),\ \eta<0,\end{aligned} \tag{5.142}$$

式中 $\bar{\zeta}^{(M)}$ 是 $\zeta^{(M)}$ 的共轭复数，(M) 不必等于 (N)．现在将 $\zeta^{(N)}(1)$ 记作 $\zeta^{(N)}$，则应有

$$\frac{\xi_m N_{il}(\boldsymbol{\xi}^{(N)})}{n_r \dfrac{\partial L}{\partial \xi_r}(\boldsymbol{\xi}^{(N)})} = (m_m + \zeta^{(N)} n_m) \frac{N_{il}(\boldsymbol{m} + \zeta^{(N)}\boldsymbol{n})}{n_r \dfrac{\partial L}{\partial \xi_r}(\boldsymbol{m} + \zeta^{(N)}\boldsymbol{n})}, \tag{5.143}$$

并且

$$L(\boldsymbol{m} + \zeta^{(N)}\boldsymbol{n}) = 0. \tag{5.144}$$

将这些表示式代入式 (5.139)，则有

$$\begin{aligned} u_i(\boldsymbol{r}) = \frac{1}{2\pi} b_j c_{lmjk} n_k \sum_{N=1}^{3} \Bigg\{ & \frac{(m_m + \zeta^{(N)} n_m) N_{il}(\boldsymbol{m} + \zeta^{(N)}\boldsymbol{n})}{n_r \dfrac{\partial L}{\partial \xi_r}(\boldsymbol{m} + \zeta^{(N)}\boldsymbol{n})} \\ & \times \int_{-R}^{0} dy' \int_{0}^{\infty} d\eta \exp[-i\eta(y' - y - \zeta^{(N)} z)] \\ & + \frac{(m_m + \zeta^{(N)} n_m) N_{il}(\boldsymbol{m} + \zeta^{(N)}\boldsymbol{n})}{n_r \dfrac{\partial L}{\partial \xi_r}(\boldsymbol{m} + \zeta^{(N)}\boldsymbol{n})} \\ & \times \int_{-R}^{0} dy' \int_{-\infty}^{0} d\eta \exp[-i\eta(y' - y - \zeta^{(N)} z)] \Bigg\}. \end{aligned} \tag{5.145}$$

注意到 $\zeta^{(N)}$ 的虚部为正，并且 $z > 0$，可算出积分，得到

$$\begin{aligned} u_i(\boldsymbol{r}) = \frac{1}{2\pi i} b_j c_{lmjk} n_k \sum_{N=1}^{3} \Bigg\{ & \frac{(m_m + \zeta^{(N)} n_m) N_{il}(\boldsymbol{m} + \zeta^{(N)}\boldsymbol{n})}{n_r \dfrac{\partial L}{\partial \xi_r}(\boldsymbol{m} + \zeta^{(N)}\boldsymbol{n})} \\ & \times \ln\left(\frac{y + \zeta^{(N)} z}{y + \zeta^{(N)} z + R}\right) \\ & - \frac{(m_m + \bar{\zeta}^{(N)} n_m) N_{il}(\boldsymbol{m} + \bar{\zeta}^{(N)}\boldsymbol{n})}{n_r \dfrac{\partial L}{\partial \xi_r}(\boldsymbol{m} + \bar{\zeta}^{(N)}\boldsymbol{n})} \\ & \times \ln\left(\frac{y + \bar{\zeta}^{(N)} z}{y + \bar{\zeta}^{(N)} z + R}\right) \Bigg\}. \end{aligned} \tag{5.146}$$

如上所述，要求距 t 轴不远处位移场的渐近式，所以实际上要将 R 取得很大，而场点坐标 $y, z \ll R$，这样，式 (5.146) 就约化为

$$u_i(\boldsymbol{r}) = \frac{1}{\pi} b_j c_{lmjk} n_k \operatorname{Im} \left\{ \sum_{N=1}^{3} \frac{(m_m + \zeta^{(N)} n_m) N_{il}(\boldsymbol{m} + \zeta^{(N)}\boldsymbol{n})}{n_r \dfrac{\partial L}{\partial \xi_r}(\boldsymbol{m} + \zeta^{(N)}\boldsymbol{n})} \right.$$

$$\times \ln\left(\frac{y+\zeta^{(N)}z}{R}\right)\Bigg\},\tag{5.147}$$

Im 表示虚部. 如 $z<0$，结果形式还是与式 (5.147) 一样，仅改变一个符号，并且将 $\zeta^{(N)}$ 换为 $\bar{\zeta}^{(N)}$，所以该式形式上不变，对于所有的 z 均成立.

式 (5.147) 对坐标微分，导出畸变场 $u_{i,p}(\boldsymbol{r})$ 如下：

$$u_{i,p}(\boldsymbol{r})=\frac{1}{\pi}b_j c_{lmjk}n_k \,\mathrm{Im}$$

$$\times\left\{\sum_{N=1}^{3}\frac{(m_m+\zeta^{(N)}n_m)N_{il}(\boldsymbol{m}+\zeta^{(N)}\boldsymbol{n})(m_p+\zeta^{(N)}n_p)}{n_r\dfrac{\partial L}{\partial \xi_r}(\boldsymbol{m}+\zeta^{(N)}\boldsymbol{n})}\right.$$

$$\left.\times\frac{1}{y+\zeta^{(N)}z}\right\},\tag{5.148}$$

注意到

$$n_k(m_p+\zeta^{(N)}n_p)=(n_k m_p-n_p m_k)+n_p(m_k+\zeta^{(N)}n_k),\tag{5.149}$$

$$n_k m_p-n_p m_k=-\varepsilon_{qkp}t_q,\tag{5.150}$$

以及

$$\begin{aligned}c_{lmjk}(m_m+\zeta^{(N)}n_m)(m_k+\zeta^{(N)}n_k)N_{il}(\boldsymbol{m}+\zeta^{(N)}\boldsymbol{n})\\=D_{lj}(\boldsymbol{m}+\zeta^{(N)}\boldsymbol{n})N_{il}(\boldsymbol{m}+\zeta^{(N)}\boldsymbol{n})\\=\delta_{ij}L(\boldsymbol{m}+\zeta^{(N)}\boldsymbol{n})=0,\end{aligned}\tag{5.151}$$

最后得到

$$u_{i,p}(\boldsymbol{r})=\frac{-1}{\pi}\varepsilon_{kpq}b_j t_q c_{lmjk}$$

$$\times\mathrm{Im}\left\{\sum_{N=1}^{3}\frac{(m_m+\zeta^{(N)}n_m)N_{il}(\boldsymbol{m}+\zeta^{(N)}\boldsymbol{n})}{n_r\dfrac{\partial L}{\partial \xi_r}(\boldsymbol{m}+\zeta^{(N)}\boldsymbol{n})}\frac{1}{y+\zeta^{(N)}z}\right\},\tag{5.152}$$

这就是所要求的表达式. 除 $\zeta^{(N)}$ 为方程 $L(\boldsymbol{m}+\zeta^{(N)}\boldsymbol{n})=0$ 的根，未明显写出以外，式 (5.152) 是一个完全显式的表达式. 利用此式，按照弹性力学的常规方法即可计算应变场 $e_{ij}(\boldsymbol{r})$ 及应力场 $\sigma_{ij}(\boldsymbol{r})$.

§5.5 有限直位错线段的弹性场

在本节中采用与上节相似的方法推导任意有限直位错线段的弹性场.

位错线段用如下方程表示

$$\boldsymbol{r}' = \boldsymbol{\alpha} + \vartheta(\boldsymbol{\beta} - \boldsymbol{\alpha}),\ 0 \leqslant \vartheta \leqslant 1, \tag{5.153}$$

其 Burgers 矢量为 $\boldsymbol{b}$. 于是 (5.132) 成为

$$\begin{aligned} u_{i,p}(\boldsymbol{r}) = & -\frac{i}{8\pi^3}\varepsilon_{pjl}b_m c_{lmrs}(\beta_j - \alpha_j) \\ & \times \int_0^1 d\vartheta \iiint d\xi_1 d\xi_2 d\xi_3 \xi_s \frac{N_{il}(\boldsymbol{\xi})}{L(\boldsymbol{\xi})} \\ & \times \exp\{-i\boldsymbol{\xi}\cdot[\boldsymbol{\alpha} - \boldsymbol{\gamma} + \vartheta(\boldsymbol{\beta} - \boldsymbol{\alpha})]\}, \end{aligned} \tag{5.154}$$

令

$$\hat{\boldsymbol{\xi}} = \boldsymbol{\xi}/|\boldsymbol{\xi}|,\ |\boldsymbol{\xi}| = \rho, \tag{5.155}$$

$$d\xi_1 d\xi_2 d\xi_3 = \rho^2 d\omega d\rho, \tag{5.156}$$

$d\omega$ 是单位球$|\hat{\xi}| = 1$上的一个面元. 将式 (5.155) 和 (5.156) 代入式 (5.154), 并引入收敛因子 ε 以保证积分计算至任何所要求的近似级. 于是式 (5.154) 成为

$$\begin{aligned} u_{i,p}(\boldsymbol{r}) = & \lim_{\varepsilon\to 0}\frac{-i}{8\pi^3}\varepsilon_{pjl}b_m c_{lmrs}(\beta_j - \alpha_j)\int_0^1 d\vartheta \iint_{|\hat{\xi}|=1} d\omega \hat{\xi}_s \\ & \times \frac{N_{il}(\hat{\xi})}{L(\hat{\xi})}\int_0^\infty \rho^2 d\rho \exp\{-\rho[\varepsilon + \\ & i\hat{\boldsymbol{\xi}}\cdot(\boldsymbol{\alpha} - \boldsymbol{r} + \vartheta(\boldsymbol{\beta} - \boldsymbol{\alpha}))]\}, \end{aligned} \tag{5.157}$$

先对 ρ 积分, 然后对 ϑ 积分, 可得到

$$\begin{aligned} u_{i,p}(\boldsymbol{r}) = & \lim_{\varepsilon\to 0}\frac{-i}{8\pi^3}\varepsilon_{pjl}b_m c_{lmrs}(\beta_j - \alpha_j)\iint_{|\hat{\xi}|=1} d\omega \hat{\xi}_s \frac{N_{ir}(\hat{\boldsymbol{\xi}})}{L(\hat{\boldsymbol{\xi}})} \\ & \times \frac{1}{[\varepsilon + i\hat{\boldsymbol{\xi}}\cdot(\boldsymbol{\alpha} - \boldsymbol{r})][\varepsilon + i\hat{\boldsymbol{\xi}}\cdot(\boldsymbol{\beta} - \boldsymbol{r})]}. \end{aligned} \tag{5.158}$$

为了完成单位球上对 $d\omega$ 的积分, 比较方便的是作一个形式上的变换, 将单位球$|\hat{\boldsymbol{\xi}}| = 1$上的积分变为在一个与它相切的圆

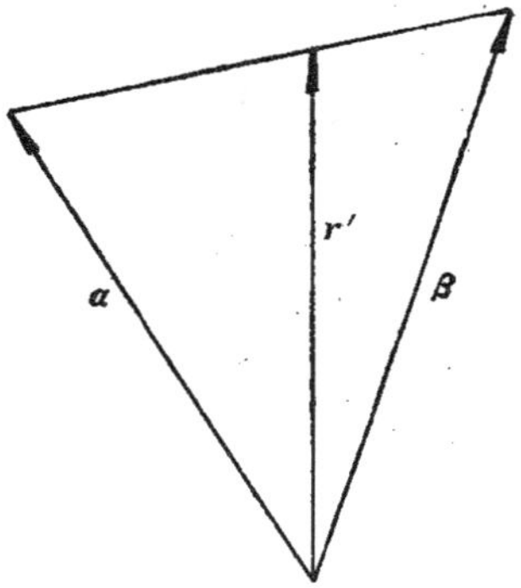

图 5.7

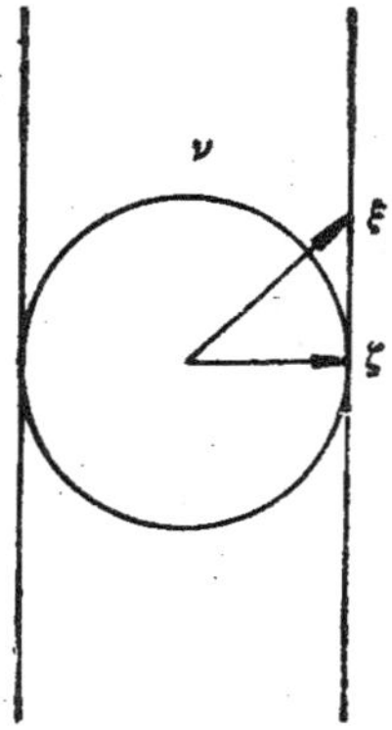

图 5.8

柱面上的积分．为此，先定义单位矢量 $\boldsymbol{\nu}$

$$\boldsymbol{\nu}=\frac{(\boldsymbol{\alpha}-\boldsymbol{r})\times(\boldsymbol{\beta}-\boldsymbol{r})}{|(\boldsymbol{\alpha}-\boldsymbol{r})\times(\boldsymbol{\beta}-\boldsymbol{r})|} \tag{5.159}$$

母线平行于 $\boldsymbol{\nu}$，半径为 1，并与单位球 $|\hat{\boldsymbol{\xi}}|=1$ 相切的圆柱面的方程是

$$|\boldsymbol{\xi}\times\boldsymbol{\nu}|=1. \tag{5.160}$$

若以 dA 表示此圆柱面上的面元，则有关系

$$d\omega=dA/\rho^3,\ \ \rho=|\boldsymbol{\xi}|. \tag{5.161}$$

在被积函数中

$$\frac{\hat{\xi}_s N_{il}(\hat{\xi})}{L(\hat{\xi})}=\frac{\rho\xi_s N_{il}(\boldsymbol{\xi})}{L(\boldsymbol{\xi})}, \tag{5.162}$$

并有

$$\begin{aligned}&[\varepsilon+i\hat{\boldsymbol{\xi}}\cdot(\boldsymbol{\alpha}-\boldsymbol{r})][\varepsilon+i\hat{\boldsymbol{\xi}}\cdot(\boldsymbol{\beta}-\boldsymbol{r})]\\&\quad=[\rho\varepsilon+i\boldsymbol{\xi}\cdot(\boldsymbol{\alpha}-\boldsymbol{r})][\rho\varepsilon+i\boldsymbol{\xi}\cdot(\boldsymbol{\beta}-\boldsymbol{r})]/\rho^2,\end{aligned} \tag{5.163}$$

因此式 (5.158) 变为

$$\begin{aligned}u_{i,p}(\boldsymbol{r})=\lim_{\varepsilon\to 0}\frac{-i}{8\pi^3}\,\varepsilon_{pjl}b_m c_{lmrs}(\beta_j-\alpha_j)\oint ds\int_{-\infty}^{+\infty}d\zeta\,\frac{\xi_s N_{ir}(\boldsymbol{\xi})}{L(\boldsymbol{\xi})}\\\times\frac{1}{[\rho\varepsilon+i\boldsymbol{\xi}\cdot(\boldsymbol{\alpha}-\boldsymbol{r})][\rho\varepsilon+i\boldsymbol{\xi}\cdot(\boldsymbol{\beta}-\boldsymbol{r})]},\end{aligned} \tag{5.164}$$

式中

$$\zeta = \xi \cdot \boldsymbol{\nu}, \tag{5.165}$$

而回线 c 是

$$\zeta = 0,\ |\boldsymbol{\xi} \times \boldsymbol{\nu}| = 1. \tag{5.166}$$

对 ζ 的积分可在复 ζ 平面的上半平面中将积分路线封闭，并应用 Cauchy 定理,得到

$$u_{i,p}(\boldsymbol{r}) = \lim_{\varepsilon \to 0} \frac{1}{4\pi^2} \varepsilon_{pjl} b_m c_{lmrs}(\beta_j - \alpha_j) \left\{ \sum_{N=1}^{3} \oint_c ds \frac{\xi_s^{(N)} N_{ir}(\boldsymbol{\xi}^{(N)})}{n_k \dfrac{\partial L}{\partial \xi_k}(\boldsymbol{\xi}^{(N)})} \right.$$

$$\left. \times \frac{1}{[\rho^{(N)}\varepsilon + i\boldsymbol{\xi} \cdot (\boldsymbol{\alpha} - \boldsymbol{r})][\rho^{(N)}\varepsilon + i\boldsymbol{\xi} \cdot (\boldsymbol{\beta} - \boldsymbol{r})]} \right\}, \tag{5.167}$$

式中

$$\boldsymbol{\xi}^{(N)} = \boldsymbol{\xi} + \zeta^{(N)} \boldsymbol{\nu}, \tag{5.168}$$

ξ 限于在 c 上; $\zeta^{(N)}$, $N = 1, 2, 3$, 是方程

$$L(\boldsymbol{\xi} + \zeta \boldsymbol{\nu}) = 0 \tag{5.169}$$

的具有正虚部的根. $\rho^{(N)}$ 定义为

$$\rho^{(N)} = [1 + (\zeta^{(N)})^2]^{1/2}, \tag{5.170}$$

$\rho^{(N)}$ 的实部总是为正. 式 (5.167) 可写作

$$u_{i,p}(\boldsymbol{r}) = \frac{-1}{4\pi^2} \varepsilon_{pjl} b_m c_{lmrs}(\beta_j - \alpha_j) \left\{ \sum_{N=1}^{3} \oint_c ds \frac{\xi_s^{(N)} N_{ir}(\boldsymbol{\xi}^{(N)})}{n_k \dfrac{\partial L}{\partial \xi_k}(\boldsymbol{\xi}^{(N)})} \right.$$

$$\left. \times \frac{1}{[\boldsymbol{\xi} \cdot (\boldsymbol{\alpha} - \boldsymbol{r}) - oi][\boldsymbol{\xi} \cdot (\boldsymbol{\beta} - \boldsymbol{r}) - oi]} \right\}, \tag{5.171}$$

式中 $[\boldsymbol{\xi} \cdot (\boldsymbol{\alpha} - \boldsymbol{r}) - oi]^{-1}$ 和 $[\boldsymbol{\xi} \cdot (\boldsymbol{\beta} - \boldsymbol{r}) - oi]^{-1}$ 两项的行为有如 δ 函数. 然后,经过相当繁复的计算,得到

$$u_{i,p}(\boldsymbol{r}) = -\frac{i}{2\pi} \varepsilon_{pjl} b_m c_{lmrs} \frac{(\beta_j - \alpha_j)}{|\boldsymbol{\beta} - \boldsymbol{\alpha}| p}$$

$$\times [f_{sir}\{\boldsymbol{\xi}^+(\boldsymbol{\alpha})\} - f_{sir}\{\boldsymbol{\xi}^+(\boldsymbol{\beta})\}], \tag{5.172}$$

式中

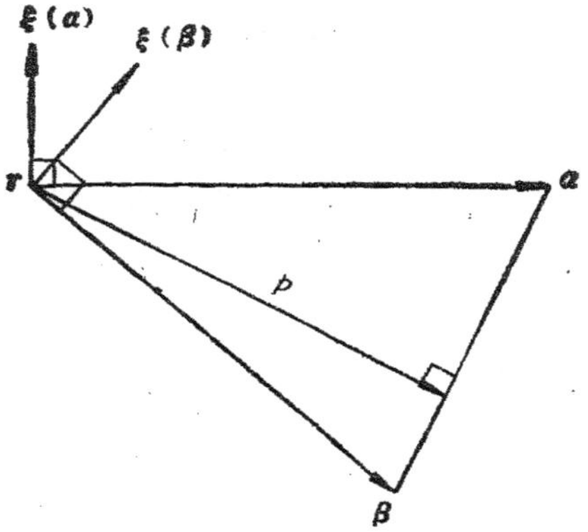

图 5.9

$$f_{\theta ir}(\boldsymbol{\xi})=\sum_{N=1}^{3}\frac{\xi_s^{(N)}N_{ir}(\boldsymbol{\xi}^{(N)})}{n_k\dfrac{\partial L}{\partial\xi_k}(\boldsymbol{\xi}^{(N)})},\tag{5.173}$$

$\boldsymbol{\xi}^+(\boldsymbol{\alpha})$ 和 $\boldsymbol{\xi}^+(\boldsymbol{\beta})$ 是 $\boldsymbol{r}$, $\boldsymbol{\alpha}$, $\boldsymbol{\beta}$ 终端构成的平面中的单位矢量，分别垂直于 $(\boldsymbol{\alpha}-\boldsymbol{r})$ 和 $(\boldsymbol{\beta}-\boldsymbol{r})$. p 是由 $\boldsymbol{r}$ 的终端至位错线的垂线长，如图 5.9 所示。与图 5.7 相比较，可见单位矢量 $\boldsymbol{n}$ 垂直于纸面。而当 $|\boldsymbol{\alpha}|$ 及 $|\boldsymbol{\beta}|\to\infty$ 时(即位错为无限长时)，则

$$\boldsymbol{\xi}^+(\boldsymbol{\alpha})\to-\boldsymbol{m},\ \boldsymbol{\xi}^+(\boldsymbol{\beta})\to\boldsymbol{m}.\tag{5.174}$$

任何以直线线段为边的多边形位错环的畸变场均可利用式 (5.172) 取有限项叠加而得。

若一个位错环可以分为有限个平滑的线段，每一线段形状是一个比较规则的任意的弧，用参数 τ 表示如下:

$$x_j'=x_j'(\tau),\ a\leqslant\tau\leqslant b.\tag{5.175}$$

在式 (5.172) 中，令 $\beta_j-\alpha_j=l_j(\tau)d\tau$，适当取极限，表为对 τ 的积分，于是这一段的贡献就是

$$u_{i,p}(\boldsymbol{r})=-\frac{i}{2\pi}\varepsilon_{pjl}b_m c_{lmrs}\int_a^b d\tau\,\frac{l_j(\tau)}{p(\tau)}\,\frac{d}{d\tau}\,f_{\theta ir}[\boldsymbol{\xi}^+(\boldsymbol{r}'(\tau))],\tag{5.176}$$

通过分部积分，可得到

$$u_{i,p}(\boldsymbol{r}) = \frac{i}{2\pi} \varepsilon_{pjl} b_m c_{lmrs} \left\{ \frac{l_j(a)}{p(a)} f_{sir}[\boldsymbol{\xi}^+(\boldsymbol{\alpha})] - \frac{l_j(b)}{p(b)} f_{sir}[\boldsymbol{\xi}^+(\boldsymbol{\beta})] + \int_a^b d\tau f_{sir}[\boldsymbol{\xi}^+(\boldsymbol{r}'(\tau))] \times \frac{d}{d\tau}\left(\frac{l_j(\tau)}{p(\tau)}\right) \right\}, \tag{5.177}$$

这里 $\boldsymbol{\alpha}$ 和 $\boldsymbol{\beta}$ 是此弧始端和终端的位置矢. 把相当于有限多个弧的相应贡献 (5.177) 相加起来，便得到整个位错环的畸变场。

应变和应力张量按常规方法计算。

§ 5.6 Brown 公式

Brown[1] 曾得到一个公式，能够确定平面位错组态(例如平面位错环)的在此面中的应力场；这些场可以表示为简单的线积分，而被积函数是由直线位错的理论确定. 所得结果能够普遍地应用于各向异性情况，用于当外力存在或不存在时确定位错的平衡位形.

本节中的推导过程与原始文献基本一致. 考虑一个平面位错环 c'，如图 5.10 所示. 命场点坐标为 (x, y)，位错线上(源)点的坐标为 (x', y').

$$\boldsymbol{R} = \boldsymbol{r}' - \boldsymbol{r}, \quad X = x' - x = -X' \text{ 等}, \quad z = z' = Z = Z' = 0.$$

根据基本公式 (3.4)，可知此位错环产生的位移对坐标的导数

$$u_{q,s}(\boldsymbol{r}) = \int_S dS_z b_i c_{izkl} G_{qk,s'l'}(\boldsymbol{r}' - \boldsymbol{r}), \tag{5.178}$$

$G_{qk}(\boldsymbol{R})$ 是随 R^{-1} 而变 [例如参看式 (A. 86)]，因而在各向异性的情况下一般可以写作

$$G_{qk}(\boldsymbol{R}) = R^{-1} U_{qk}\left(\frac{X}{R}, \frac{Y}{R}, \frac{Z}{R}\right), \tag{5.179}$$

并有

$$G_{qk}(\boldsymbol{R}) = G_{qk}(-\boldsymbol{R}) = G_{kq}(\boldsymbol{R}), \tag{5.180}$$

---

1) Brown, L. M., *Phil. Mag.*, **15**, 363 (1967).

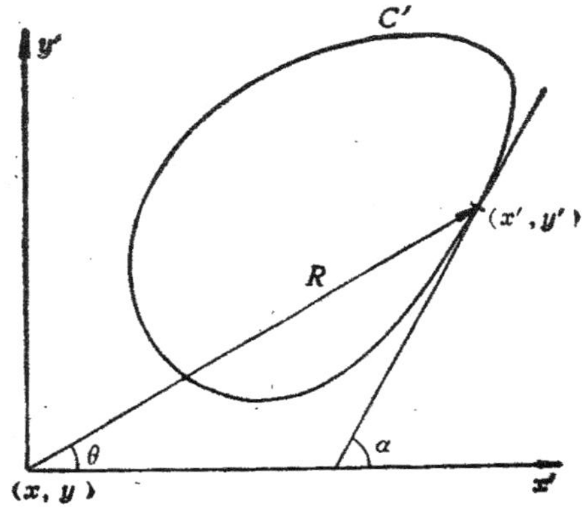

图 5.10

可见 G_{qk} 是 X，Y，Z 的负一次齐次函数．现在 $Z=0$，$u_{q,s}$ 表示式中的被积函数含 $G_{kq}(\boldsymbol{R})$ 对坐标的二次导数，所以 $u_{q,s}$ 可以写为

$$u_{q,s}=\int_S V_{qs}(X', Y')dX'dY', \tag{5.181}$$

式中

$$V_{qs}=R^{-3}a_{qs}\left(\frac{X'}{R}, \frac{Y'}{R}\right), \tag{5.182}$$

这是一个负三次齐次函数．

一般地讲，p 次齐次函数 I 可以展开为

$$I(X, Y)=R^p\sum\frac{X^mY^n}{R^{m+n}}, \tag{5.183}$$

它满足所谓 Euler 恒等式

$$X\frac{\partial I}{\partial x}+Y\frac{\partial I}{\partial Y}=pI, \tag{5.184}$$

以 $I=V_{qs}$，$p=-3$，则有

$$\frac{\partial}{\partial X}(XV_{qs})+\frac{\partial}{\partial Y}(YV_{qs})=-V_{qs}, \tag{5.185}$$

代入 (5.181)，它成为

$$u_{q,s}=-\int_S\left[\frac{\partial}{\partial X'}(X'V_{qs})+\frac{\partial}{\partial Y'}(Y'V_{qs})\right]dX'dY'。\quad(5.186)$$

应用如下形式的 Stokes 定理

$$\int_S\left(\frac{\partial\phi}{\partial x_j}dS_i-\frac{\partial\phi}{\partial x_i}dS_j\right)=\varepsilon_{ijk}\oint_c\phi dx_k.\quad(5.187)$$

上式可化为

$$u_{q,s}=-\oint_{c'}(X'dY'-Y'dX')V_{qs}.\quad(5.188)$$

根据图 5.10 中 R, θ, α 的定义,上式可以写为如下形式:

$$u_{q,s}=\oint_{c'}\frac{1}{R^2}\sin(\theta-\alpha)a_{qs}(\theta)dl,\quad(5.189)$$

式中 dl 是沿 c' 的线元.

现在引入一个虚设的无限长直线位错 L,它也在 $X'Y'$ 平面中,如图 5.11 所示.这个直线位错在 (x, y) 点给出的 $\bar{u}_{q,s}$ 应该具有如下形式:

$$\bar{u}_{q,s}=\frac{1}{h}L_{qs}(\alpha),\quad(5.190)$$

$L_{qs}(\alpha)$ 仅为 α 的函数, h 是图中所示的垂直距离.将式(5.189)应用于位错 L,由于 $\sin(\theta-\alpha)dl=Rd\theta$, $h=R\sin(\theta-\alpha)$,故有

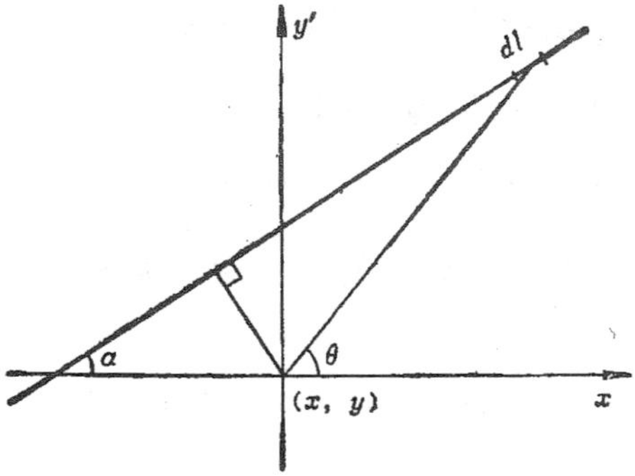

图 5.11

$$\bar{u}_{q,s} = \frac{1}{h}\int_{\alpha}^{\pi+\alpha} \sin(\theta-\alpha)a_{qs}(\theta)d\theta \tag{5.191}$$

与式 (5.190) 比较，可见

$$L_{qs}(\alpha) = \int_{\alpha}^{\pi+\alpha} \sin(\theta-\alpha)a_{qs}(\theta)d\theta, \tag{5.192}$$

微分的结果得到

$$\frac{\partial L_{qs}(\alpha)}{\partial\alpha} = -\int_{\alpha}^{\pi+\alpha} \cos(\theta-\alpha)a_{qs}(\theta)d\theta, \tag{5.193}$$

$$\begin{aligned}\frac{\partial^2 L_{qs}(\alpha)}{\partial\alpha^2} &= -[\cos(\theta-\alpha)a_{qs}(\theta)]_{\theta=\pi+\alpha}^{\theta=\alpha} \\ &\quad - \int_{\alpha}^{\pi+\alpha} \sin(\theta-\alpha)a_{qs}(\theta)d\theta,\end{aligned} \tag{5.194}$$

参看式 (5.180)，可见

$$a_{qs}(\pi+\alpha) = a_{qs}(\alpha), \tag{5.195}$$

所以，最后

$$\frac{\partial^2 L_{qs}}{\partial\alpha^2} = 2a_{qs}(\alpha) - L_{qs}(\alpha), \tag{5.196}$$

则

$$a_{qs}(\alpha) = \frac{1}{2}\left[L_{qs} + \frac{\partial^2 L_{qs}}{\partial\alpha^2}\right]. \tag{5.197}$$

故位错 c' 的位移场导数，式 (5.189)，成为

$$u_{q,s} = \frac{1}{2}\oint_{c'} \frac{1}{R^2}\sin(\theta-\alpha)\left[L_{qs}(\theta) + \frac{\partial^2 L_{qs}(\theta)}{\partial\theta^2}\right]dl, \tag{5.198}$$

与此相应，有

$$\sigma_{ij} = \frac{1}{2}\oint_{c'} \frac{1}{R^2}\sin(\theta-\alpha)\left[\Sigma_{ij}(\theta) + \frac{\partial^2 \Sigma_{ij}(\theta)}{\partial\theta^2}\right]dl, \tag{5.199}$$

经过分部积分，可得 σ_{ij} 的另一形式

$$\sigma_{ij} = \frac{1}{2}\oint_{c'} \frac{1}{R^2}[\sin(\theta-\alpha)\Sigma_{ij} - \cos(\theta-\alpha)\Sigma'_{ij}]d\theta. \tag{5.200}$$

根据式 (5.191) 和 (5.199)，可见对于如图 5.12 所示的有限直线位错线段有

$$\bar{\sigma}_{ij} = \frac{1}{2h}\int_{\theta_2}^{\theta_1} \sin(\theta-\alpha)[\Sigma_{ij}(\theta) + \Sigma''_{ij}(\theta)]d\theta, \tag{5.201}$$

与 (5.199) 相似，进行分部积分，得到

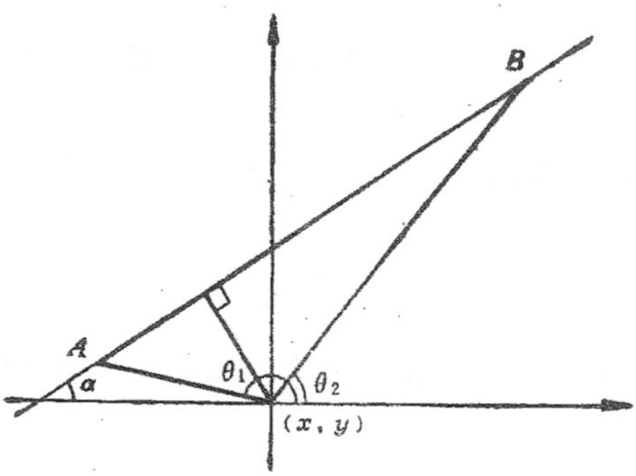

图 5.12

$$\bar{\sigma}_{ij}=\frac{1}{2h}[-\cos(\theta-\alpha)\Sigma_{ij}(\theta)+\sin(\theta-\alpha)\Sigma'_{ij}(\theta)]_{\alpha=\theta_1}^{\alpha=\theta_2},\tag{5.202}$$

终止于 B 点的半无限直线位错，$\theta_2=\theta$，$\theta_1=\pi+\alpha$，有

$$\bar{\sigma}_{ij}=\frac{1}{2h}[\Sigma_{ij}(\alpha)+\cos(\theta-\alpha)\Sigma_{ij}(\theta)-\sin(\theta-\alpha)\Sigma'_{ij}(\theta)],\tag{5.203}$$

无限直线位错，则约化为

$$\bar{\sigma}_{ij}=\frac{1}{h}\Sigma_{ij}(\alpha),\tag{5.204}$$

此式与式 (5.190) 相对应，因此 $\Sigma_{ij}(\alpha)$ 即可称为直线位错的应力因子，它与直线位错的能量因子 $E(\alpha)$ 之间的关系是

$$\frac{1}{2}b_i\Sigma_{ij}(\alpha)n_j=E(\alpha),\tag{5.205}$$

式中 $\boldsymbol{n}$ 是 $X'Y'$ 平面的法线，由此，与式 (5.199) 相应，对于位错环 c' 有

$$b_i\sigma_{ij}n_j=\oint_{c'}\frac{1}{R^2}\sin(\theta-\alpha)\left[E(\theta)+\frac{\partial^2E(\theta)}{\partial\theta^2}\right]dl.\tag{5.206}$$

以上式 (5.199) 和 (5.206) 都有人称为 Brown 公式，它们是等价的。

Brown 公式是通过直线位错的量 $\Sigma_{ij}(\theta)+\Sigma''_{ij}(\theta)$ 或 $E(\theta)+$

$E''(\theta)$ 去表示平面位错环的应力场，所以主要的问题首先就是计算这两个量。 在 § 5.8 中我们将给出一个繁复但明显的积分表达式。

Indenbom 和 Orlov[1] 对于非平面的位错环得到一个与 Brown 公式相似的公式.

为此,要从 Mura 公式 (3.38) 出发

$$u_{m,s}(\boldsymbol{r}) = -\varepsilon_{jsn} b_i c_{ijkl} \oint_{c'} G_{mk,l}(\boldsymbol{r}-\boldsymbol{r}')dl'_n,$$

它可以变换为如下形式:

$$u_{m,s}(\boldsymbol{r}) = -\varepsilon_{njq} b_i c_{ijkl} \oint_{c'} (x_q - x'_q) G_{km,l_s}(\boldsymbol{r}-\boldsymbol{r}')dl'_n, \quad (5.207)$$

将此公式应用一条通过原点,方向为 $\boldsymbol{t}$, Burgers 矢量与环 c' 的 b 相同的无限直线位错 L，得到其位移梯度为

$$\bar{u}_{m,s}(\boldsymbol{r}, \boldsymbol{t}) = -\varepsilon_{njq} x_q b_i t_n c_{ijkl} \int_{-\infty}^{+\infty} G_{km,ls}(\boldsymbol{r}-\boldsymbol{r}'t)dl', \quad (5.208)$$

经过一定的运算,可证明式 (5.207) 能表示为

$$u_{m,s}(\boldsymbol{r}) = \frac{1}{2}\oint_{c'} t_p t_r \frac{\partial^2}{\partial x_p \partial x_r} \bar{u}_{m,s}(\boldsymbol{r}-\boldsymbol{r}', \boldsymbol{t})dl'. \quad (5.209)$$

由此得到位错环 c' 的应力场

$$\sigma_{ij}(\boldsymbol{r}) = \frac{1}{2}\oint_{c'} t_p t_r \frac{\partial^2}{\partial x_p \partial x_r} \bar{\sigma}_{ij}(\boldsymbol{r}-\boldsymbol{r}', \boldsymbol{t})dl', \quad (5.210)$$

式中 $\boldsymbol{t}$ 是 c' 上 $\boldsymbol{r}'$ 点处的切线单位矢量，$\bar{\sigma}_{ij}(\boldsymbol{r}, \boldsymbol{t})$ 表示一个无限直线位错 L 在场点 $\boldsymbol{r}$ 处的应力场，后者通过原点，方向平行于 $\boldsymbol{t}$，其 Burgers 矢量与位错环 c' 的 $\boldsymbol{b}$ 相同*.

式 (5.210) 就是 Indenbom-Orlov 公式。 和 Brown 公式相似，此时也是把求位错环 c' 的弹性场量的问题约化为先求一个虚设的与之相关的无限直线位错的弹性场量问题.

这种几何构作与本章下面几节中要论述的代数和积分方法结

---

1) Indenbom V. L. and Orlov., S. S., *Soviet Physics*, JETP Lett. 6, 274 (1976).

* Bacon 等 ([1],190—193 (1978)) 的说法与此稍有不同.

合起来，常常是很有用的.

§5.7 Stroh 表述法和有关的关系

Stroh[1] 处理的问题与本章第一节所述 Eshelby 的问题相同. 首先还是要取一个“自然”坐标系 $(\boldsymbol{t}, \boldsymbol{m}, \boldsymbol{n})$，它与基本坐标系 (x_1, x_2, x_3) 不重合. 基本坐标系 (x_1, x_2, x_3) 可取为各向异性晶体的特定标准坐标系（参看附录 A. 2），在此坐标系中弹性常数张量 $c_{ijkl}(c_{\alpha\beta})$ 具有简单的标准形式，而坐标系 $(\boldsymbol{t}, \boldsymbol{m}, \boldsymbol{n})$ 的意义是：我们求平衡方程

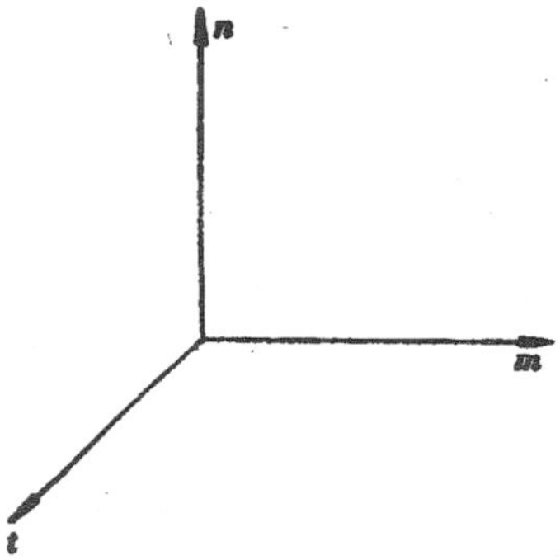

图 5.13

$$c_{ijkl}u_{k,lj} = 0 \quad (5.211)$$

不依赖于 $\boldsymbol{t}$ 的解 $u_k(\boldsymbol{r})$，于是这里的 $\boldsymbol{t}$ 就相当于 §5.1 中的 x_3 轴. 这样问题就仅涉及两个参变量

$$y_1 \equiv \boldsymbol{m}\cdot\boldsymbol{r}, \quad y_2 \equiv \boldsymbol{n}\cdot\boldsymbol{r}. \tag{5.212}$$

现在和 §5.1 中一样，假定 $u_k(\boldsymbol{r})$ 具有形式

$$u_k(\boldsymbol{r}) = A_k f(\zeta), \tag{5.213}$$

$$\zeta = y_1 + py_2 \equiv m_s x_s + pn_s x_s, \quad s = 1, 2, 3, \tag{5.214}$$

故

$$\frac{\partial}{\partial x_s} = \frac{\partial \zeta}{\partial x_s}\frac{\partial}{\partial \zeta} = (m_s + pn_s)\frac{\partial}{\partial \zeta}. \tag{5.215}$$

而式 (5.211) 的形式成为

$$c_{ijkl}(m_j + pn_j)(m_l + pn_l)A_k \frac{d^2 f}{d\zeta^2} = 0, \tag{5.216}$$

所以如选择

1) Stroh, A. N., *J. Math. Phys.*, **41**, 77 (1962).

$$a_{ik}A_k \equiv c_{ijkl}(m_j + pn_j)(m_l + pn_l)A_k = 0, \tag{5.217}$$

则当式 (5.213) 中 f 为宗量 ζ 的任何解析函数，方程式 (5.211) 均被满足. 代数方程组 (5.217) 的久期方程是

$$\det|a_{jk}| = 0, \tag{5.218}$$

这是关于 p 的一个六次代数方程，它的六个根是 $p_{(n)}$，$n = 1\cdots 6$. 它们是三对互为共轭的复常数

$$\begin{aligned} p_{(4)} &= p^*_{(1)}, \\ p_{(5)} &= p^*_{(2)}, \\ p_{(6)} &= p^*_{(3)}. \end{aligned} \tag{5.219}$$

相应的本征矢 $A_k(n)$ 亦有

$$\begin{aligned} A_k(4) &= A^*_k(1), \\ A_k(5) &= A^*_k(2), \\ A_k(6) &= A^*_k(3), \end{aligned} \tag{5.220}$$

而

$$u_k = \sum_{n=1}^{6} A_k(n)D(n)f(\zeta_{(n)}), \tag{5.221}$$

其中 $D(n)$ 是由弹性边界条件确定的复常数.

定义另一矢量 $\boldsymbol{L}(n)$

$$L_j(n) = -n_i c_{ijkl}(m_l + p_{(n)}n_l)A_k(n) \tag{5.222}$$

或，根据式 (5.217)，$L_j(n)$ 也可写作

$$L_j(n) = \frac{1}{p_{(n)}} m_i c_{ijkl}(m_l + p_{(n)}n_l)A_k(n). \tag{5.223}$$

引入归一化条件

$$2A_k(n)L_k(n) = 1, \text{（对 } n \text{ 不求和）}, \tag{5.224}$$

可使 $\boldsymbol{A}(n)$，$\boldsymbol{L}(n)$ 成为唯一的.

与位移式 (5.221) 相关的应力张量是

$$\begin{aligned} \sigma_{ij} &= c_{ijkl}u_{k,l} \\ &= \sum_{n=1}^{6} c_{ijkl}(m_l + p_{(n)}n_l)A_k(n)D(n)\frac{\partial f}{\partial \zeta_{(n)}}, \end{aligned} \tag{5.225}$$

$$\zeta_{(n)} \equiv y_1 + p_{(n)}y_2 = m_s x_s + p_{(n)}n_s x_s,$$

用 $\boldsymbol{L}(n)$ 表示有

$$\sigma_{ij}n_i = -\sum_{n=1}^{6} L_j(n)D(n)\frac{\partial f}{\partial \zeta_{(n)}}, \tag{5.226}$$

$$\sigma_{ij}m_i = \sum_{n=1}^{6} p_{(n)}L_j(n)D(n)\frac{\partial f}{\partial \zeta_{(n)}}. \tag{5.227}$$

若定义函数

$$\phi_i = \sum_{n=1}^{6} L_i(n)D(n)f(\zeta_{(n)}), \tag{5.228}$$

则有

$$\phi_{j,i} = \sum_{n=1}^{6} L_j(n)D(n)(m_i + p_{(n)}n_i)\frac{\partial f}{\partial \zeta_{(n)}}, \tag{5.229}$$

所以

$$\sigma_{ij}n_i = -m_i\phi_{j,i}, \tag{5.230}$$

$$\sigma_{ij}m_i = n_i\phi_{j,i}, \tag{5.231}$$

ϕ 是一种 Airy 型的应力函数。

考虑积分

$$F_j = \oint_c \sigma_{ij}\nu_i ds \tag{5.232}$$

c 是 $(\boldsymbol{m}, \boldsymbol{n})$ 平面上的任一闭曲线，$\boldsymbol{\nu}$ 是线元 ds 的法线矢量. $\boldsymbol{F}$ 表示作用在 c 上的净力. 因为

$$\nu_i = m_i\cos(\boldsymbol{\nu}, \boldsymbol{m}) + n_i\sin(\boldsymbol{\nu}, \boldsymbol{n}), \tag{5.233}$$

所以

$$F_j = \oint_c \phi_{j,i}[n_i\cos(\boldsymbol{\nu}, \boldsymbol{m}) - m_i\sin(\boldsymbol{\nu}, \boldsymbol{n})]ds, \tag{5.234}$$

但 c 的线元矢量是

$$dx_i = ds[n_i\cos(\boldsymbol{\nu}, \boldsymbol{m}) - m_i\sin(\boldsymbol{\nu}, \boldsymbol{n})], \tag{5.235}$$

所以

$$F_j = \oint_c \phi_{j,i}dx_i = \oint_c d\phi_j = \Delta\phi_j = \phi_j(\text{终}) - \phi_j(\text{始}). \tag{5.236}$$

若迴路 c 中不包含体力，则

$$\Delta\phi_j = 0, \tag{5.237}$$

若包含强度为 f_j 的线力，则

$$\Delta\phi_i = -\bar{f}_i. \tag{5.238}$$

现在引入一个记法：对于矢量 $\boldsymbol{a}$, $\boldsymbol{b}$ 定义矩阵 $(\boldsymbol{ab})$

$$(\boldsymbol{ab})_{jk} \equiv a_i c_{ijkl} b_l, \tag{5.239}$$

于是关于 $\boldsymbol{L}(\boldsymbol{n})$ 的定义方程可写为

$$(\boldsymbol{nm})_{jk} A_{k(n)} + L_{j(n)} = -p_{(n)}(\boldsymbol{nn})_{jk} A_{k(n)}, \tag{5.240}$$

$$(\boldsymbol{mm})_{jk} A_{k(n)} = -p_{(n)}(\boldsymbol{mn})_{jk} A_{k(n)} + p_{(n)} L_{j(n)}. \tag{5.241}$$

写为分块 6 × 6 矩阵的形式为

$$\begin{pmatrix} (\boldsymbol{nm}) & \mathbf{I} \\ (\boldsymbol{mm}) & 0 \end{pmatrix} \begin{pmatrix} \boldsymbol{A}_{(n)} \\ \boldsymbol{L}_{(n)} \end{pmatrix} = p_{(n)} \begin{pmatrix} -(\boldsymbol{nn}) & 0 \\ -(\boldsymbol{mn}) & \mathbf{I} \end{pmatrix} \begin{pmatrix} \boldsymbol{A}_{(n)} \\ \boldsymbol{L}_{(n)} \end{pmatrix}, \tag{5.242}$$

$$(\boldsymbol{A}_{(n)}\ \boldsymbol{L}_{(n)}) \equiv (A_{1(n)}\ A_{2(n)}\ A_{3(n)}\ L_{1(n)}\ L_{2(n)}\ L_{3(n)}),$$

式 (5.242) 两端乘以

$$\begin{pmatrix} (\boldsymbol{nn})^{-1} & 0 \\ (\boldsymbol{mn})(\boldsymbol{nn})^{-1} & -\mathbf{I} \end{pmatrix},$$

注意到

$$\begin{pmatrix} (\boldsymbol{nn})^{-1} & 0 \\ (\boldsymbol{mn})(\boldsymbol{nn})^{-1} & -\mathbf{I} \end{pmatrix} \begin{pmatrix} -(\boldsymbol{nn}) & 0 \\ -(\boldsymbol{mn}) & \mathbf{I} \end{pmatrix} = -\begin{pmatrix} \mathbf{I} & 0 \\ 0 & \mathbf{I} \end{pmatrix},$$

故有

$$\mathbf{N} \begin{pmatrix} \boldsymbol{A}_{(n)} \\ \boldsymbol{L}_{(n)} \end{pmatrix} = p_{(n)} \begin{pmatrix} \boldsymbol{A}_{(n)} \\ \boldsymbol{L}_{(n)} \end{pmatrix}, \tag{5.243}$$

式中 6 × 6 矩阵 $\mathbf{N}$ 为

$$\begin{aligned} \mathbf{N} &= -\begin{pmatrix} (\boldsymbol{nn})^{-1} & 0 \\ (\boldsymbol{mn})(\boldsymbol{nn})^{-1} & -\mathbf{I} \end{pmatrix} \begin{pmatrix} (\boldsymbol{nm}) & \mathbf{I} \\ (\boldsymbol{mm}) & 0 \end{pmatrix} \\ &= -\begin{pmatrix} (\boldsymbol{nn})^{-1}(\boldsymbol{nm}) & (\boldsymbol{nn})^{-1} \\ (\boldsymbol{mn})(\boldsymbol{nn})^{-1}(\boldsymbol{nm}) - (\boldsymbol{mm}) & (\boldsymbol{mn})(\boldsymbol{nn})^{-1} \end{pmatrix}. \end{aligned} \tag{5.244}$$

由此可见 $\bar{\mathbf{N}}$ 具有如下形式：

$$\mathbf{N} = -\begin{pmatrix} \mathbf{R} & \mathbf{H} \\ \mathbf{F} & \mathbf{R}^T \end{pmatrix}, \tag{5.245}$$

其中 $\mathbf{H}$ 和 $\mathbf{F}$ 是对称三阶矩阵：$H_{ij} = H_{ji}, F_{ij} = F_{ji}$.

式 (5.243) 是一个典型的六维本征值问题，其本征值方程为

$$\det|\mathbf{N}-p\bar{\mathbf{I}}|=0,\tag{5.246}$$

相应于每一本征值 $p_{(n)}$，有本征矢

$$\boldsymbol{\lambda}_{(n)}=\begin{pmatrix}\boldsymbol{A}_{(n)}\\ \boldsymbol{L}_{(n)}\end{pmatrix},\tag{5.247}$$

$$\mathbf{N}\boldsymbol{\lambda}_{(n)}=p_{(n)}\boldsymbol{\lambda}_{(n)}.\tag{5.248}$$

如同 § 5.1 中一样，弹性问题 (5.211) 就化为求解此本征值问题.

以上就是 Stroh 的表述法. 除了将用方便的标准坐标系作为基本系以外，这个表述法还便于进一步推导出下面的很实用的积分方法.

现在要推出几个重要的关系，并定义三个有用的矩阵.

设本征值 $p_{(n')}\neq p_{(n)}$，则有

$$\mathbf{N}\begin{pmatrix}\boldsymbol{A}_{(n)}\\ \boldsymbol{L}_{(n)}\end{pmatrix}=p_{(n)}\begin{pmatrix}\boldsymbol{A}_{(n)}\\ \boldsymbol{L}_{(n)}\end{pmatrix},\tag{5.249}$$

$$\mathbf{N}\begin{pmatrix}\boldsymbol{A}_{(n')}\\ \boldsymbol{L}_{(n')}\end{pmatrix}=p_{(n')}\begin{pmatrix}\boldsymbol{A}_{(n')}\\ \boldsymbol{L}_{(n')}\end{pmatrix},\tag{5.250}$$

由此可得

$$\begin{aligned}&p_{(n)}(\boldsymbol{L}_{(n')}\boldsymbol{A}_{(n')})\begin{pmatrix}\boldsymbol{A}_{(n)}\\ \boldsymbol{L}_{(n)}\end{pmatrix}-p_{(n')}(\boldsymbol{L}_{(n)}A_{(n)})\begin{pmatrix}\boldsymbol{A}_{(n')}\\ \boldsymbol{L}_{(n')}\end{pmatrix}\\&\quad=(\boldsymbol{L}_{(n')}\boldsymbol{A}_{(n')})\mathbf{N}\begin{pmatrix}\boldsymbol{A}_{(n)}\\ \boldsymbol{L}_{(n)}\end{pmatrix}-(\boldsymbol{L}_{(n)}\boldsymbol{A}_{(n)})\mathbf{N}\begin{pmatrix}\boldsymbol{A}_{(n')}\\ \boldsymbol{L}_{(n')}\end{pmatrix}.\end{aligned}\tag{5.251}$$

由于矩阵 **N** 具有对称形式 (5.245)，可证 (5.251) 右端两项全同，故该式左端等于零，即

$$(p_{(n)}-p_{(n')})(A_{i(n)}L_{i(n')}+A_{i(n')}L_{i(n)})=0.\tag{5.252}$$

由此得到一个关系

$$A_{i(n)}L_{i(n')}+A_{i(n')}L_{i(n)}=\delta_{nn'}.\tag{5.253}$$

其次，若设未知矢量 $D_{(n)}$ 满足方程

$$\sum_{n=1}^{6}A_{i(n)}D_{(n)}=b_i,\tag{5.254}$$

$$\sum_{n=1}^{6} L_{i(n)}D_{(n)} = f_i,\tag{5.255}$$

式中 $\boldsymbol{b}$ 和 $\boldsymbol{f}$ 是任意矢量．则，分别用 $L_{i(n')}$ 和 $A_{i(n')}$ 乘式 (5.254) 和式 (5.255)，并相加，于是根据式 (5.253)，应有

$$D_{(n')} = L_{i(n')}b_i + A_{i(n')}f_i,\tag{5.256}$$

代入式 (5.254) 和式 (5.255)，给出

$$\left(\sum_{n=1}^{6} A_{i(n)}L_{s(n)}\right)b_s + \left(\sum_{n=1}^{6} A_{i(n)}A_{s(n)}\right)f_s = b_i,\tag{5.257}$$

$$\left(\sum_{n=1}^{6} L_{i(n)}L_{s(n)}\right)b_s + \left(\sum_{n=1}^{6} L_{i(n)}A_{s(n)}\right)f_s = f_i,\tag{5.258}$$

于是得到以下关系：

$$\sum_{n=1}^{6} A_{i(n)}A_{s(n)} = 0,\tag{5.259}$$

$$\sum_{n=1}^{6} L_{i(n)}L_{s(n)} = 0,\tag{5.260}$$

$$\sum_{n=1}^{6} A_{i(n)}L_{s(n)} = \delta_{is}.\tag{5.261}$$

注意到式 (5.220)，可见

$$\sum_{n=4}^{6} A_{i(n)}A_{s(n)} = \sum_{n=1}^{3} A^*_{i(n)}A^*_{s(n)},\tag{5.262}$$

所以可以构作 3 × 3 实对称矩阵 $\mathbf{Q}$

$$\begin{aligned} Q_{is} = Q_{si} &= i\left[\sum_{n=1}^{3} + A_{i(n)}A_{s(n)} + \sum_{n=4}^{6} - A_{i(n)}A_{s(n)}\right] \\ &= i\left[\sum_{n=1}^{6} \pm\ A_{i(n)}A_{s(n)}\right].\end{aligned}\tag{5.263}$$

在最后的表达式中，“+”号用于 $n = 1, 2, 3$，“−”号用于 $n = 4, 5, 6$．与此相似，可以定义矩阵 $\mathbf{B}$ 和 $\mathbf{S}$

$$B_{is} = B_{si} = i\left[\sum_{n=1}^{6} \pm\ L_{i(n)}L_{s(n)}\right]\tag{5.264}$$

$$S_{is}=i\left[\sum_{n=1}^{6}\pm A_{i(n)}L_{s(n)}\right]. \tag{5.265}$$

还有

$$\sum_{n=1}^{3}A_{i(n)}L_{s(n)}=\frac{1}{2}(\delta_{is}-iS_{is}). \tag{5.266}$$

下面将要证明矩阵 **Q**, **B**, **S** 可以很容易地通过数值积分计算，于是完全绕过 Stroh 六次方本征值问题，直接用矩阵 **Q**, **B**, **S** 来确定所感兴趣弹性问题的解. 后面这个方法就是所谓"积分方法"[1].

矩阵 **Q**,**B**,**S** 之间有如下关系：

$$\mathbf{BS}+\mathbf{S}^T\mathbf{B}=0, \tag{5.267}$$

$$\mathbf{QS}^T+\mathbf{SQ}=0, \tag{5.268}$$

$$\mathbf{BQ}+\mathbf{S}^T\mathbf{S}^T=-\mathbf{I}=\mathbf{SS}+\mathbf{QB}. \tag{5.269}$$

还有几个重要关系，列举如下. 因

$$\lambda_{(n)}=\begin{pmatrix}A_{(n)}\\L_{(n)}\end{pmatrix},$$

$$\lambda_{(n)}^T=(A_{(n)}L_{(n)}),$$

故

$$\lambda_{(n)}^T\mathbf{N}^T=p_{(n)}\lambda_{(n)}^T, \tag{5.270}$$

$$\mathbf{N}^T=\begin{pmatrix}\mathbf{R}^T & \mathbf{F}\\ \mathbf{H} & \mathbf{R}\end{pmatrix}.$$

若令

$$\mathbf{J}=\begin{pmatrix}0 & \mathbf{I}\\ \mathbf{I} & 0\end{pmatrix}=\mathbf{J}^T, \tag{5.271}$$

则

$$\mathbf{JJ}=\bar{\mathbf{I}}=\begin{pmatrix}\mathbf{I} & 0\\ 0 & \mathbf{I}\end{pmatrix}. \tag{5.272}$$

---

1) 首先由 Barnett 和 Swanger 认识到，D. M. Barnett and L. A. Swanger, *Phys. Stat. Solidi*, **48b**, 419 (1971). 继后，Barnett 和 Lothe 示明了这个方法与 Stroh 理论的关系，D. M. Barnett and J. Lothe, *Phys. Norvegica*, **7**, 13 (1973).

可证

$$\mathbf{JNJ} = \mathbf{N}^T, \tag{5.273}$$

$$\mathbf{JN}^T\mathbf{J} = \mathbf{N}, \tag{5.274}$$

有

$$\boldsymbol{\lambda}_{(n)}^T\mathbf{N}^T\mathbf{J} = (\boldsymbol{\lambda}_{(n)}^T\mathbf{J})(\mathbf{JN}^T\mathbf{J}) = \boldsymbol{\lambda}_{(n)}^T\mathbf{JN} = p_{(n)}\boldsymbol{\lambda}_{(n)}^T\mathbf{J}, \tag{5.275}$$

这些关系都是很有用的.

§5.8 积分表示

本节主要要推导矩阵 $\mathbf{Q}$, $\mathbf{B}$, $\mathbf{S}$ 的积分表示. 然后, 在下节中论述如何用这些矩阵来表达弹性问题(位错问题)的解.

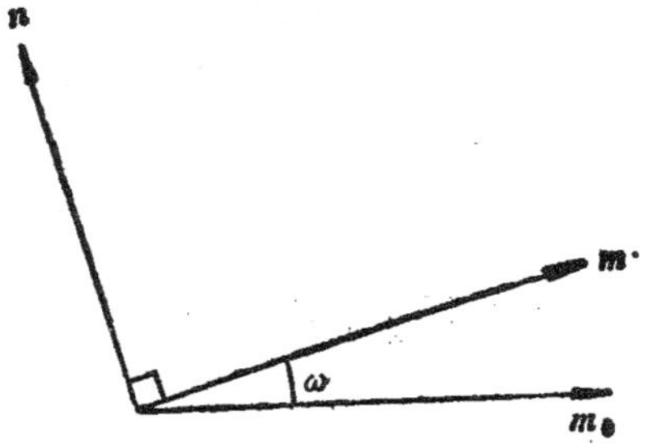

图 5.14

首先考查坐标架 $(\boldsymbol{t}, \boldsymbol{m}, \boldsymbol{n})$. 令 $\boldsymbol{t}$ 固定不动, 而 $\boldsymbol{m}$、$\boldsymbol{n}$ 可取作与某一参考方向 $\boldsymbol{m}_0$ 成一任意角度 ω, 如图 5.14 所示. 对于 ω 的任一数值, 上述本征值问题都同样成立. 这样, $\mathbf{N}$ 就是 ω 的函数, 而本征值方程是

$$\mathbf{N}(\omega)\boldsymbol{\lambda}_{(n)}(\omega) = p_{(n)}(\omega)\boldsymbol{\lambda}_{(n)}(\omega). \tag{5.276}$$

现在要求 $\mathbf{N}(\omega)$, $A_{i(n)}(\omega)$, $L_{i(n)}(\omega)$, $p_{(n)}(\omega)$ 对 ω 的导数.

容易看出

$$\frac{\partial \boldsymbol{m}}{\partial \omega} = \boldsymbol{n}, \quad \frac{\partial \boldsymbol{n}}{\partial \omega} = -\boldsymbol{m}, \tag{5.277}$$

于是

$$\frac{\partial}{\partial\omega}(\boldsymbol{mm}) = (\boldsymbol{nm}) + (\boldsymbol{mn}), \tag{5.278}$$

$$\frac{\partial}{\partial\omega}(\boldsymbol{nn}) = -(\boldsymbol{mn}) - (\boldsymbol{nm}), \tag{5.279}$$

$$\frac{\partial}{\partial\omega}(\boldsymbol{mn}) = (\boldsymbol{nn}) - (\boldsymbol{mm}), \tag{5.280}$$

$$\frac{\partial}{\partial\omega}(\boldsymbol{nm}) = -(\boldsymbol{mm}) + (\boldsymbol{nn}). \tag{5.281}$$

由于

$$(\boldsymbol{nn})(\boldsymbol{nn})^{-1} = \mathbf{I},$$

故 $$\frac{\partial}{\partial\omega}(\boldsymbol{nn})(\boldsymbol{nn})^{-1} = \frac{\partial}{\partial\omega}(\boldsymbol{nn})[(\boldsymbol{nn})^{-1}] + (\boldsymbol{nn})\frac{\partial}{\partial\omega}(\boldsymbol{nn})^{-1} = 0,$$

$$\frac{\partial}{\partial\omega}(\boldsymbol{nn})^{-1} = (\boldsymbol{nn})^{-1}[(\boldsymbol{mn}) + (\boldsymbol{nm})](\boldsymbol{nn})^{-1}. \tag{5.282}$$

由此可得

$$\frac{\partial}{\partial\omega}\mathbf{N}(\omega) = -[\mathbf{I} + \mathbf{N}^2(\omega)]. \tag{5.283}$$

现在由

$$\mathbf{N}\boldsymbol{\lambda}_{(n)} = p_{(n)}\boldsymbol{\lambda}_{(n)}.$$

可得

$$\mathbf{N}^2\boldsymbol{\lambda}_{(n)} = p_{(n)}^2\boldsymbol{\lambda}_{(n)}, \tag{5.284}$$

以及

$$\frac{\partial\mathbf{N}}{\partial\omega}\boldsymbol{\lambda}_{(n)} + \mathbf{N}\frac{\partial\boldsymbol{\lambda}_{(n)}}{\partial\omega} = \frac{\partial p_{(n)}}{\partial\omega}\boldsymbol{\lambda}_{(n)} + p_{(n)}\frac{\partial\boldsymbol{\lambda}_{(n)}}{\partial\omega}. \tag{5.285}$$

由式 (5.283)，此式可变为

$$-(\mathbf{I} + \mathbf{N}^2)\boldsymbol{\lambda}_{(n)} + \mathbf{N}\frac{\partial\boldsymbol{\lambda}_{(n)}}{\partial\omega} = \frac{\partial p_{(n)}}{\partial\omega}\boldsymbol{\lambda}_{(n)} + p_{(n)}\frac{\partial\boldsymbol{\lambda}_{(n)}}{\partial\omega}, \tag{5.286}$$

再由式 (5.284) 它变为

$$-(1 + p_{(n)}^2)\boldsymbol{\lambda}_{(n)} + \mathbf{N}\frac{\partial\boldsymbol{\lambda}_{(n)}}{\partial\omega} = \frac{\partial p_n}{\partial\omega}\boldsymbol{\lambda}_{(n)} + p_{(n)}\frac{\partial\boldsymbol{\lambda}_{(n)}}{\partial\omega}. \tag{5.287}$$

回顾式 (5.275)

$$\boldsymbol{\lambda}_{(n)}^T \mathbf{J}\mathbf{N} = p_{(n)}\boldsymbol{\lambda}_{(n)}^T \mathbf{J},$$

对 ω 微分，得到

$$\left(\frac{\partial \boldsymbol{\lambda}_{(n)}^T}{\partial \omega}\right)\mathbf{J}\mathbf{N} + \boldsymbol{\lambda}_{(n)}^T \mathbf{J}\left(\frac{\partial \mathbf{N}}{\partial \omega}\right) = \left(\frac{\partial p_{(n)}}{\partial \omega}\right)\boldsymbol{\lambda}_{(n)}^T \mathbf{J} + p_{(n)}\left(\frac{\partial \boldsymbol{\lambda}_{(n)}^T}{\partial \omega}\right)\mathbf{J}, \tag{5.288}$$

右乘以 $\boldsymbol{\lambda}_{(n)}$

$$\left(\frac{\partial \boldsymbol{\lambda}_{(n)}^T}{\partial \omega}\right)\mathbf{J}\mathbf{N}\boldsymbol{\lambda}_{(n)} + \boldsymbol{\lambda}_{(n)}^T \mathbf{J}\left(\frac{\partial \mathbf{N}}{\partial \omega}\right)\boldsymbol{\lambda}_{(n)} = \left(\frac{\partial p_{(n)}}{\partial \omega}\right)\boldsymbol{\lambda}_{(n)}^T \mathbf{J}\boldsymbol{\lambda}_{(n)} + p_{(n)}\left(\frac{\partial \boldsymbol{\lambda}_{(n)}^T}{\partial \omega}\right)\mathbf{J}\boldsymbol{\lambda}_{(n)}, \tag{5.289}$$

由此得到

$$\left(\frac{\partial \boldsymbol{\lambda}_{(n)}^T}{\partial \omega}\right)\mathbf{J}\mathbf{N}\boldsymbol{\lambda}_{(n)} - (1 + p_{(n)}^2)\boldsymbol{\lambda}_{(n)}^T \mathbf{J}\boldsymbol{\lambda}_{(n)} = \left(\frac{\partial p_n}{\partial \omega}\right)\boldsymbol{\lambda}_{(n)}^T \mathbf{J}\boldsymbol{\lambda}_{(n)} + p_{(n)}\left(\frac{\partial \boldsymbol{\lambda}_{(n)}^T}{\partial \omega}\right)\mathbf{J}\boldsymbol{\lambda}_{(n)}. \tag{5.290}$$

利用式 (5.275)，可证 $\mathbf{J}\mathbf{N}\boldsymbol{\lambda}_{(n)} = p_{(n)}\mathbf{J}\boldsymbol{\lambda}_{(n)}$，于是得到

$$\frac{\partial p_{(n)}}{\partial \omega} = -(1 + p_{(n)}^2). \tag{5.291}$$

将式 (5.291) 与式 (5.287) 比较，可见

$$\mathbf{N}\left(\frac{\partial \boldsymbol{\lambda}_{(n)}}{\partial \omega}\right) = p_{(n)}\left(\frac{\partial \boldsymbol{\lambda}_{(n)}}{\partial \omega}\right), \tag{5.292}$$

但

$$\mathbf{N}\boldsymbol{\lambda}_{(n)} = p_{(n)}\boldsymbol{\lambda}_{(n)},$$

故必须

$$\frac{\partial \boldsymbol{\lambda}_{(n)}}{\partial \omega} = K(\omega)\boldsymbol{\lambda}_{(n)}. \tag{5.293}$$

$K(\omega)$ 是 ω 的一个任意函数，回顾式 (5.253)，可见

$$\boldsymbol{\lambda}_{(n)}^T \mathbf{J}\boldsymbol{\lambda}_{(n)} = A_{i(n)}L_{i(n)} + L_{i(n)}A_{i(n)} = 1, \tag{5.294}$$

因此得到

$$\boldsymbol{\lambda}_{(n)}^T \mathbf{J} = [\boldsymbol{\lambda}_{(n)}]^{-1}. \tag{5.295}$$

式 (5.293) 可写成

$$K(\omega)=[\lambda_{(n)}]^{-1}\left(\frac{\partial\lambda_{(n)}}{\partial\omega}\right)=\lambda^{\dagger}_{(n)}J\left(\frac{\partial\lambda_{(n)}}{\partial\omega}\right)$$

$$=L_{i(n)}\frac{\partial A_{i(n)}}{\partial\omega}+A_{i(n)}\frac{\partial L_{i(n)}}{\partial\omega}. \qquad (5.296)$$

由:

$$2A_{i(n)}L_{i(n)}=1$$

可得

$$A_{i(n)}\frac{\partial L_{i(n)}}{\partial\omega}+L_{i(n)}\frac{\partial A_{i(n)}}{\partial\omega}=0, \qquad (5.297)$$

故

$$K(\omega)=0, \qquad (5.298)$$

$$\frac{\partial\lambda_{(n)}}{\partial\omega}=0, \qquad (5.299)$$

即

$$\frac{\partial A_{i(n)}}{\partial\omega}=0,\ \frac{\partial L_{i(n)}}{\partial\omega}=0, \qquad (5.300)$$

说明 $A_{i(n)}$ 和 $L_{i(n)}$ 是不变量。

以上我们得到了对 ω 导数的三个表达式，即式(5.283)，(5.291)，(5.300)。

现在回顾式(5.291)

$$\frac{\partial p_{(n)}}{\partial\omega}=-(1+p^2_{(n)}),$$

它是关于 $p_{(n)}$ 的微分方程，若 $p_{(n)}=\pm i$，则 $\frac{\partial p_{(n)}}{\partial\omega}=0$，而且一切高阶微商均为零，因此对于所有的 $0\leqslant\omega\leqslant2\pi$，$p_{(n)}=\pm i$，所以

$$\int_0^{2\pi}p_{(n)}(\omega)d\omega=\pm2\pi i. \qquad (5.301)$$

若 $p_{(n)}\neq\pm i$，则微分方程有解

$$p_{(n)}(\omega)=\tan(\psi_{(n)}-\omega), \qquad (5.302)$$

$$p_{(n)}(0)=\tan\psi_{(n)}. \qquad (5.303)$$

此时

$$\int_0^{2\pi} p_{(n)}(\omega)d\omega = \ln\cos(\psi_{(n)} - \omega)\Big|_0^{2\pi},\tag{5.304}$$

若 $\operatorname{Im}(\psi_{(n)}) > 0$，$\cos(\psi_{(n)} - \omega)$ 在复平面上绕原点依逆时针方向回转一周，对对数项给出增量 $2\pi i$. 因此得到结果

$$\int_0^{2\pi} p_{(n)}(\omega)d\omega = \pm 2\pi i,\tag{5.305}$$

式中"±"号对应于 $p_{(n)}$ 虚部的符号. 可规定"+"号用于 $n = 1, 2, 3$，"−"号用于 $n = 4, 5, 6$. 结果式 (5.305) 是很重要的，借助于它才能推出矩阵 **Q**, **B**, **S** 的积分表达式.

下面就推导这些表达式.

根据定义，式 (5.240)

$$L_{j(n)} = -(\boldsymbol{nm})_{jk}A_{k(n)} - p_{(n)}(\boldsymbol{nn})_{jk}A_{k(n)},$$

故

$$\sum_{n=1}^{6} A_{s(n)}L_{j(n)} = -(\boldsymbol{nm})_{jk}\sum_{n=1}^{6} A_{s(n)}A_{k(n)} - (\boldsymbol{nn})_{jk}\sum_{n=1}^{6} p_{(n)}A_{s(n)}A_{k(n)},\tag{5.306}$$

由上节推出的求和关系式 (5.259)，(5.261)，此式化为

$$-(\boldsymbol{nn})_{jk}\sum_{n=1}^{6} p_{(n)}A_{s(n)}A_{k(n)} = \delta_{js},\tag{5.307}$$

故

$$\sum_{n=1}^{6} p_{(n)}A_{s(n)}A_{k(n)} = -(\boldsymbol{nn})^{-1}_{sk},\tag{5.308}$$

两端对 ω 由 0 至 2π 积分，并应用式 (5.305)，得到

$$\sum_{n=1}^{6} \pm A_{s(n)}A_{k(n)} = -\frac{1}{2\pi i}\int_0^{2\pi} (\boldsymbol{nn})^{-1}_{sk}d\omega,\tag{5.309}$$

故

$$Q_{sk} = +i\sum_{n=1}^{6} \pm A_{s(n)}A_{k(n)} = -\frac{1}{2\pi}\int_0^{2\pi} (\boldsymbol{nn})^{-1}_{sk}d\omega.\tag{5.310}$$

同样，可证

$$(\boldsymbol{nn})_{jk}\sum_{n=1}^{6} p_{(n)}A_{k(n)}L_{s(n)} = -(\boldsymbol{nm})_{js}\tag{5.311}$$

$$\sum_{n=1}^{6} p_{(n)} A_{k(n)} L_{s(n)} = -(nn)^{-1}_{kj}(nm)_{js}, \tag{5.312}$$

故

$$S_{ks} = i\sum_{n=1}^{6} \pm A_{k(n)} L_{s(n)} = -\frac{1}{2\pi}\int_0^{2\pi} (nn)^{-1}_{kj}(nm)_{js} d\omega. \tag{5.313}$$

同样，根据定义式 (5.241)

$$p_{(n)} L_{j(n)} = (mm)_{jk} A_{k(n)} + (mn)_{jk} p_{(n)} A_{k(n)},$$

得到

$$\sum_{n=1}^{6} p_{(n)} L_{s(n)} L_{j(n)} = (mm)_{js} + (mn)_{jk} \sum_{n=1}^{6} p_{(n)} L_{s(n)} A_{k(n)}, \tag{5.314}$$

于是

$$\begin{aligned} B_{js} &= i\sum_{n=1}^{6} \pm L_{j(n)} L_{s(n)} \\ &= \frac{1}{2\pi}\int_0^{2\pi} [(mm)_{js} - (mn)_{jr}(nn)^{-1}_{rk}(nm)_{ks}] d\omega. \end{aligned} \tag{5.315}$$

矩阵 **Q**, **S**, **B** 仅依赖于 $\boldsymbol{t}$ 和 c_{ijkl}，**Q** 和 **B** 是对称矩阵，并有

$$\mathbf{Q}(\boldsymbol{t}) = \mathbf{Q}(-\boldsymbol{t}), \tag{5.316}$$

$$\mathbf{B}(\boldsymbol{t}) = \mathbf{B}(-\boldsymbol{t}), \tag{5.317}$$

$$\mathbf{S}(\boldsymbol{t}) = -\mathbf{S}(-\boldsymbol{t}). \tag{5.318}$$

还可以证明下列关系：

$$\sum_{n=1}^{6} \pm p_{(n)} A_{r(n)} A_{s(n)} = i(nn)^{-1}_{rj}[S_{js} + (nm)_{jk} Q_{ks}], \tag{5.319}$$

$$\sum_{n=1}^{6} \pm p_{(n)} A_{r(n)} L_{s(n)} = i(nn)^{-1}_{rj}[B_{js} + (nm)_{jk} S_{ks}], \tag{5.320}$$

$$\begin{aligned} \sum_{n=1} \pm p_{(n)} L_{j(n)} L_{s(n)} &= -i(mm)_{jk} S_{ks} \\ &\quad + (mn)_{jk} \sum_{n=1}^{6} \pm p_{(n)} A_{k(n)} L_{s(n)}, \end{aligned} \tag{5.321}$$

$$\sum_{n=1}^{6} \pm p_{(n)} L_{j(n)} A_{s(n)} = -i(mm)_{jk} Q_{ks}$$

$$+(mn)_{jk}\sum_{n=1}^{8}\pm p_{(n)}A_{k(n)}A_{s(n)}. \tag{5.322}$$

弹性格林张量函数 $\mathbf{G}$ 与矩阵 $\mathbf{Q}$ 之间存在着如下的关系：

$$G_{ij}(\boldsymbol{r}-\boldsymbol{r}')=-\frac{\mathbf{Q}_{ij}}{4\pi|\boldsymbol{r}-\boldsymbol{r}'|}. \tag{5.323}$$

Kirchner 和 Lothe 在最近发表的一篇简讯[1]中证明，矩阵 $\mathbf{Q}, \mathbf{B}, \mathbf{S}$ 并不是相互独立的. 具体地讲，若已知矩阵 $\mathbf{Q}$ 的六个独立分量，则矩阵 $\mathbf{B}, \mathbf{S}$ 均可用代数方法确定. 若矩阵 $\mathbf{B}$ 为已知，则矩阵 $\mathbf{S}, \mathbf{Q}$ 也可以确定. 对于它们的导数，同样的结论也成立. 由于这三个矩阵及它们的导数是出现在位错场表达式中的重要的量，因此这个事实是很有意思的.

我们在这里简述他们的论证. 为此先回顾上面已导出的若干公式，即

$$\bar{\mathbf{N}}=\begin{pmatrix}\mathbf{S} & \mathbf{Q}\\ \mathbf{B} & \mathbf{S}^T\end{pmatrix},$$

$$\bar{\mathbf{N}}=\frac{1}{2\pi}\int_0^{2\pi}\mathbf{N}(\omega)d\omega,$$

$$\mathbf{N}=-\begin{bmatrix}(nn)^{-1}(nm) & (nn)^{-1}\\ (mn)(nn)^{-1}(nm)-(mm) & (mn)(nn)^{-1}\end{bmatrix},$$

$$\frac{\partial\mathbf{N}}{\partial\omega}=-(\mathbf{I}+\mathbf{N}\cdot\mathbf{N}),$$

$$\mathbf{Q}\cdot\mathbf{B}+\mathbf{S}\cdot\mathbf{S}+\mathbf{I}=0,$$

$$\mathbf{S}\cdot\mathbf{Q}+\mathbf{Q}\cdot\mathbf{S}^T=0,$$

$$\mathbf{B}\cdot\mathbf{S}+\mathbf{S}^T\cdot\mathbf{B}=0,$$

故

$$\mathbf{Q}=-(\mathbf{I}+\mathbf{S}\cdot\mathbf{S})\mathbf{B}^{-1}, \tag{1}$$

$$\mathbf{B}=-\mathbf{Q}^{-1}(\mathbf{I}+\mathbf{S}\cdot\mathbf{S}). \tag{2}$$

有

$$\mathrm{tr}\,\mathbf{S}=0,\ \det|\mathbf{S}|=0,$$

$$\mathbf{S}=(\mathbf{S}\cdot\mathbf{Q})\mathbf{Q}^{-1}, \tag{3}$$

$$\mathbf{S}=\mathbf{B}^{-1}(\mathbf{B}\cdot\mathbf{S}). \tag{4}$$

一共就是三个矩阵：$\mathbf{Q}, \mathbf{B}, \mathbf{S}$；其中矩阵 $\mathbf{Q}$ 和 $\mathbf{B}$ 是对称的. 现在要证

1) Kirchner, H. O. K. & Lothe J. *Phil. Mag.*, **A53**, *L7* (1986).

明，只要矩阵 Q 或矩阵 B 为已知，则可用代数方法求出其余的矩阵．具体地讲，如矩阵 Q 为已知，则可求出 B 和 S；如矩阵 S 为已知，则可求出 Q 和 S。

为此，Lothe 所得到的关系

$$\bar{\mathrm{N}}\cdot\mathrm{N}=\mathrm{N}\cdot\bar{\mathrm{N}} \tag{5}$$

是重要的．先设矩阵 Q 是已知的．由 (5) 的第一行(上一行)可得

$$\begin{aligned}&(\mathrm{S}\cdot\mathrm{Q})\mathrm{Q}^{-1}(nn)^{-1}+(nn)^{-1}\mathrm{Q}^{-1}(\mathrm{S}\cdot\mathrm{Q})\\&\quad=(nn)^{-1}(nm)\mathrm{Q}-\mathrm{Q}(mn)(nn)^{-1}.\end{aligned} \tag{6}$$

定义与 (S · Q) 对偶的矢量 V：

$$(\mathrm{S}\cdot\mathrm{Q})_{ij}=\varepsilon_{ijs}V_s, \tag{7}$$

于是 (6) 成为

$$\begin{aligned}&V_s[\varepsilon_{ijs}Q^{-1}_{jk}(nn)^{-1}_{kl}+(nn)^{-1}_{ij}Q^{-1}_{jk}\varepsilon_{kls}]\\&\quad=[(nn)^{-1}(nm)\mathrm{Q}-\mathrm{Q}(mn)(nn)^{-1}]_{il},\end{aligned} \tag{8}$$

此式可以写作如下形式：

$$V_sX_{st}=d_t, \tag{9}$$

其中

$$X_{st}\equiv\varepsilon_{ilt}[\varepsilon_{ijs}Q^{-1}_{jk}(nn)^{-1}_{kl}+(nn)^{-1}_{ij}Q^{-1}_{jk}\varepsilon_{kls}], \tag{10}$$

$$d_t\equiv[(nn)^{-1}(nm)\mathrm{Q}-\mathrm{Q}(mn)(nn)^{-1}]_{il}\varepsilon_{ilt}. \tag{11}$$

式 (10) 可以写为

$$X_{st}=2\{(nn)^{-1}_{jk}Q^{-1}_{jk}\delta_{st}-[(nn)^{-1}\mathrm{Q}^{-1}]_{st}\}. \tag{12}$$

这样，将式 (11)，(12) 代入式 (9)，即可解出 v_s，然后再由式 (7) 求出 (S · Q)．于是由式 (3) 得出 S．由式 (2) 得出 B，即为所求．

若设 B 为已知，则可以照相似的办法计算．取式 (5) 的第二行（下一行)，可得

$$\begin{aligned}&[(mn)(nn)^{-1}(nm)-(mm)]\mathrm{S}-\mathrm{S}^T[(mn)(nn)^{-1}(nm)-(mm)]\\&\quad=\mathrm{B}(nn)^{-1}(nm)-(mn)(nn)^{-1}\mathrm{B}\end{aligned} \tag{13}$$

引入矢量 W

$$(\mathrm{B}\cdot\mathrm{S})_{ij}=\varepsilon_{ijs}W_s, \tag{14}$$

式 (13) 成为

$$W_sY_{st}=c_t, \tag{15}$$

其中

$$\begin{aligned}Y_{st}\equiv-2\{&[(mm)-(mn)(nn)^{-1}(nm)]_{jk}B^{-1}_{jk}\delta_{st}\\&-[((mm)-(mn)(nn)^{-1}(nm))\mathrm{B}^{-1}]_{st}\},\end{aligned} \tag{16}$$

$$c_t\equiv[\mathrm{B}(nn)^{-1}(nm)-(mn)(nn)^{-1}\mathrm{B}]_{il}\varepsilon_{ilt} \tag{17}$$

由 (15) 解出 W_s，然后由式 (14)，(4) 求出 S；由式 (1) 得出 Q，即为所求

§ 5.9 直线位错及有关公式

现在把上两节中的结果用于具体导出直线位错的弹性场．将矢量 $\boldsymbol{t}$ 取为沿位错线正向．仿照 § 5.1，考虑位移场

$$u_i = \frac{1}{2\pi i}\sum_{n=1}^{6} A_{i(n)}D_{(n)}\ln(\zeta_{(n)}) \tag{5.324}$$

与如下 Airy 应力函数相应

$$\phi_i = \frac{1}{2\pi i}\sum_{n=1}^{6} L_{i(n)}D_{(n)}\ln(\zeta_{(n)}), \tag{5.325}$$

$$\zeta_{(n)} = \boldsymbol{m}\cdot\boldsymbol{r} + p_{(n)}\boldsymbol{n}\cdot\boldsymbol{r} \equiv y_1 + p_{(n)}y_2$$

为使对数函数单值化，引入切割如图 5.15 所示．对于 $\boldsymbol{m}\cdot\boldsymbol{r} > 0$，

$$\begin{cases}\text{当 } \boldsymbol{n}\cdot\boldsymbol{r}\to 0^+,\ \ln(\boldsymbol{m}\cdot\boldsymbol{r} + p_{(n)}\boldsymbol{n}\cdot\boldsymbol{r}) \to \ln(\boldsymbol{m}\cdot\boldsymbol{r}) \pm i0, \\ \text{当 } \boldsymbol{n}\cdot\boldsymbol{r}\to 0^-,\ \ln(\boldsymbol{m}\cdot\boldsymbol{r} + p_{(n)}\boldsymbol{n}\cdot\boldsymbol{r}) \to \ln(\boldsymbol{m}\cdot\boldsymbol{r}) \pm 2\pi i,\end{cases} \tag{5.326}$$

式中“+”号对应 $n = 1, 2, 3$；“—”号对应 $n = 4, 5, 6$．

$$\Delta u_i = u_i(\boldsymbol{m}\cdot\boldsymbol{r} > 0, \boldsymbol{n}\cdot\boldsymbol{r} = 0^-) - u_i(\boldsymbol{m}\cdot\boldsymbol{r} > 0, \boldsymbol{n}\cdot\boldsymbol{r} = 0^+)$$
$$= \sum_{n=1}^{6} \pm A_{i(n)}D_{(n)}, \tag{5.327}$$

$$\Delta \phi_i = \phi_i(\boldsymbol{m}\cdot\boldsymbol{r} > 0, \boldsymbol{n}\cdot\boldsymbol{r} = 0^-) - \phi_i(\boldsymbol{m}\cdot\boldsymbol{r} > 0, \boldsymbol{n}\cdot\boldsymbol{r} = 0^+)$$
$$= \sum_{n=1}^{6} \pm L_{i(n)}D_{(n)}. \tag{5.328}$$

位错条件及体力平衡条件是

$$\Delta u_i = b_i, \tag{5.329}$$

$$\Delta \phi_i = -f_i. \tag{5.330}$$

由此可得

$$D_{(n)} = \pm L_{s(n)}b_s \mp A_{s(n)}f_s, \tag{5.331}$$

式中上一行符号对应 $n = 1, 2, 3$；下一行符号对应 $n = 4, 5, 6$．由此得到

$$u_i = \frac{1}{2\pi i}\sum_{n=1}^{6} \pm A_{i(n)}L_{s(n)}b_s\ln(\zeta_{(n)}),\ (\text{位错}), \tag{5.332}$$

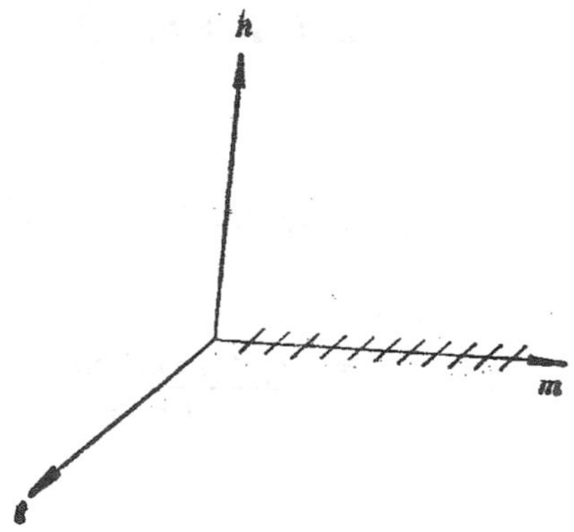

图 5.15

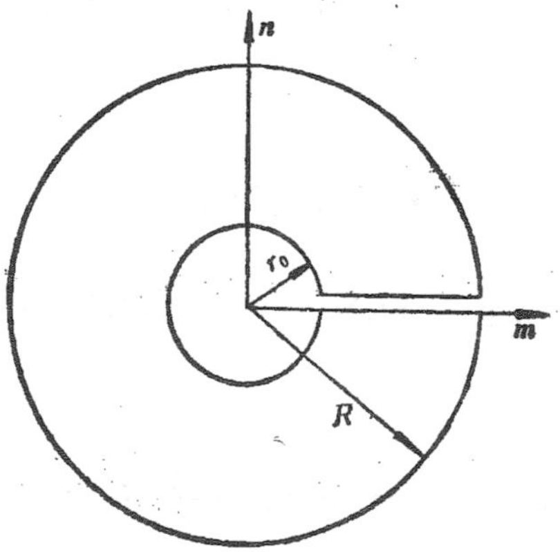

图 5.16

$$u_i = \frac{-1}{2\pi i}\sum_{n=1}^{6} \pm A_{i(n)}A_{s(n)}f_s \ln(\zeta_{(n)}),\ (\text{体力}). \quad (5.333)$$

对于位错情况 (5.332)，可求得

$$u_{i,k} = \frac{1}{2\pi i}\sum_{n=1}^{6} \pm A_{i(n)}L_{s(n)}b_s \frac{m_k + p_{(n)}n_k}{\boldsymbol{m}\cdot\boldsymbol{r} + p_{(n)}\boldsymbol{n}\cdot\boldsymbol{r}}. \quad (5.334)$$

现在为了回避求解 Stroh 的本征值问题，进行计算如下：选择 $\boldsymbol{m}$ 沿 $\boldsymbol{r}$ 方向，于是 $\boldsymbol{n}\cdot\boldsymbol{r}=0$，$\boldsymbol{m}\cdot\boldsymbol{r}=|\boldsymbol{r}|$，这样就有

$$u_{i,k} = \frac{1}{2\pi i r}\left\{m_k b_s \sum_{n=1}^{3} \pm A_{i(n)} L_{s(n)} + n_k b_s \sum_{n=1}^{6} \pm p_{(n)} A_{i(n)} L_{s(n)}\right\},$$
(5.335)

即

$$u_{i,k} = \frac{b_s}{2\pi r}\{-m_k S_{is} + n_k (\boldsymbol{nn})^{-1}_{il}[B_{ls} + (\boldsymbol{nm})_{lr} S_{rs}]\}. \quad (5.336)$$

逆矩阵 $(\boldsymbol{nn})^{-1}$ 具体写出为

$$(\boldsymbol{nn})^{-1}_{ij} = \frac{\varepsilon_{ism}\varepsilon_{jrl}(\boldsymbol{nn})_{sr}(\boldsymbol{nn})_{ml}}{2\varepsilon_{wpq}(\boldsymbol{nn})_{1w}(\boldsymbol{nn})_{2p}(\boldsymbol{nn})_{3q}}. \quad (5.337)$$

应力张量为

$$\sigma^{\infty}_{mn} = c_{mnik} u_{i,k},$$

即

$$\sigma^{\infty}_{mn} = \frac{b_s}{2\pi r} c_{mnik}\{-m_k S_{is} + n_k (\boldsymbol{nn})^{-1}_{il}[B_{ls} + (\boldsymbol{nm})_{lr} S_{rs}]\}.$$
(5.338)

将 σ^{∞}_{mn} 表示为

$$\sigma^{\infty}_{mn} = \frac{1}{r}\Sigma_{mn}(\boldsymbol{m};\boldsymbol{t},\boldsymbol{b}), \quad (5.339)$$

$$\Sigma_{mn} = \frac{b_s}{2\pi} c_{mnik}\{-m_k S_{is} + n_k (\boldsymbol{nn})^{-1}_{il}[B_{ls} + (\boldsymbol{nm})_{lr} S_{rs}]\},$$
(5.340)

容易得到

$$\sigma^{\infty}_{mn}(\boldsymbol{r} = |\boldsymbol{r}|\boldsymbol{m}) n_m = \frac{1}{2\pi r} B_{ns} b_s,$$

$$\sigma^{\infty}_{mn}(\boldsymbol{r} = |\boldsymbol{r}|\boldsymbol{m}) m_m = \frac{b_s}{2\pi r}\{-(\boldsymbol{mm})_{ni} S_{is} + (\boldsymbol{mn})_{ni}(\boldsymbol{nn})^{-1}_{il}[B_{ls} + (\boldsymbol{nm})_{lr} S_{rs}]\}. \quad (5.341)$$

弹性能为

$$E^{el} = \frac{1}{2}\int_{v} \sigma_{ij} u_{j,i} dV,$$

在此

$$E^{el} = \frac{1}{2}\int_{r_0}^{R} \sigma^{\infty}_{ij} b_j n_i dr + \frac{1}{2}\oint_{r=R} \sigma^{\infty}_{ij} u_j \nu_i ds + \frac{1}{2}\oint_{r=r_0} \sigma^{\infty}_{ij} u_j \nu_i ds$$

$$
= \frac{1}{2}\int_{r_0}^{R_0} \sigma_{ij}^{\infty} b_j n_i dr = \frac{1}{4\pi} B_{js} b_j b_s \int_{r_0}^{R} \frac{dr}{r}
$$

$$
= E(\theta) \ln\left(\frac{R}{r_0}\right), \tag{5.342}
$$

$$
E(\theta) = b_j \frac{B_{js}}{4\pi} b_s, \tag{5.343}
$$

$E(\theta)$ 是所谓"对数前因子",在§2.2中就已讨论过.

位错环应力场的计算要采用 Brown 公式或 Indenbom-Orlov 公式.为此,关键的一步就是要求出量 $E(\theta)+E''(\theta)$ 和 $\Sigma_{ij}(\theta)+\Sigma''_{ij}(\theta)$ 的明显积分表达式. 现在考虑如图5.17所示的几何. 位错线是 t 轴,它可在一个平面上(环 c' 的平面上)绕一固定点旋转;

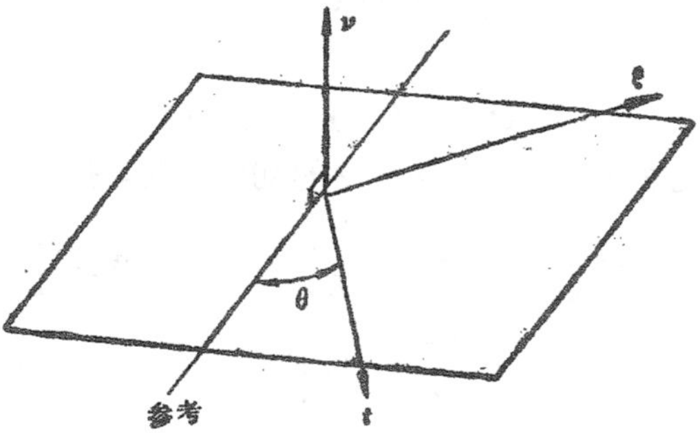

图 5.17

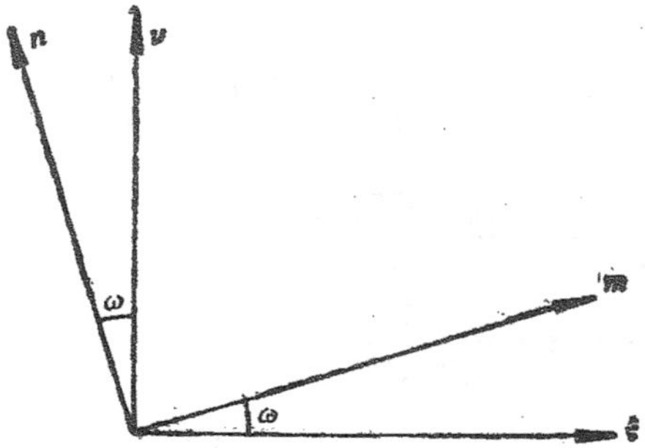

图 5.18

此面的法线矢量记作 $\boldsymbol{\nu}$，$\boldsymbol{t}$ 的角位置用它与一个选定的初始位置间的角度 θ 确定．显然有

$$\frac{\partial \boldsymbol{t}}{\partial \theta}=\boldsymbol{\nu}\times\boldsymbol{t}=\boldsymbol{\xi},\ \frac{\partial^2 \boldsymbol{t}}{\partial \theta^2}=-\boldsymbol{t}. \tag{5.344}$$

现在

$$\begin{cases}\boldsymbol{m}=\boldsymbol{\xi}\cos\omega+\boldsymbol{\nu}\sin\omega,\\ \boldsymbol{n}=-\boldsymbol{\xi}\sin\omega+\boldsymbol{\nu}\cos\omega,\end{cases} \tag{5.345}$$

所以

$$\frac{\partial \boldsymbol{m}}{\partial \theta}=-\boldsymbol{t}\cos\omega,\ \frac{\partial \boldsymbol{n}}{\partial \theta}=\boldsymbol{t}\sin\omega. \tag{5.346}$$

上文中已得到

$$E(\theta)=(4\pi)^{-1}b_iB_{ij}b_j, \tag{5.347}$$

故得

$$E''(\theta)=(4\pi)^{-1}b_ib_jB''_{ij}(\theta). \tag{5.348}$$

并且，在现在的几何下，取 $\omega=0$ 的初始位置，有

$$\Sigma_{mn}=\frac{1}{2\pi}c_{mnip}b_s\left\{-\frac{\partial t_p}{\partial \theta}S_{is}+\nu_p(\boldsymbol{\nu\nu})^{-1}_{ik}\left[B_{ks}+\left(\boldsymbol{\nu}\ \frac{\partial \boldsymbol{t}}{\partial \theta}\right)_{kr}S_{rs}\right]\right\}, \tag{5.349}$$

微分，得到

$$\frac{\partial \Sigma_{mn}}{\partial \theta}=\frac{1}{2\pi}c_{mnip}b_s\left\{t_pS_{is}-\frac{\partial t_p}{\partial \theta}\ \frac{\partial S_{is}}{\partial \theta}+\nu_p(\boldsymbol{\nu\nu})^{-1}_{ik}\left[\frac{\partial B_{ks}}{\partial \theta}+\left(\boldsymbol{\nu}\ \frac{\partial \boldsymbol{t}}{\partial \theta}\right)_{kr}\frac{\partial S_{rs}}{\partial \theta}-(\boldsymbol{\nu t})_{kr}S_{rs}\right]\right\}, \tag{5.350}$$

$$\frac{\partial^2 \Sigma_{mn}}{\partial \theta^2}=\frac{1}{2\pi}c_{mnip}b_s\left\{2t_p\frac{\partial S_{is}}{\partial \theta}+\frac{\partial t_p}{\partial \theta}\left(S_{is}-\frac{\partial^2 S_{is}}{\partial \theta^2}\right)+\nu_p(\boldsymbol{\nu\nu})^{-1}_{ik}\left[\frac{\partial^2 B_{ks}}{\partial \theta^2}-2(\boldsymbol{\nu t})_{kr}\frac{\partial S_{rs}}{\partial \theta}-\left(\boldsymbol{\nu}\ \frac{\partial \boldsymbol{t}}{\partial \theta}\right)_{kr}\left(S_{rs}-\frac{\partial^2 S_{rs}}{\partial \theta^2}\right)\right]\right\}. \tag{5.351}$$

因此问题归结为计算 $\frac{\partial^2 B_{ij}}{\partial\theta^2}$，$\frac{\partial S_{ij}}{\partial\theta}$ 和 $\frac{\partial^2 S_{ij}}{\partial\theta^2}$，将它们表为积分表达式 $\int_0^{2\pi}(\cdots)d\omega$ 的形式。

根据定义：

$$S_{ks}=-\frac{1}{2\pi}\int_0^{2\pi}(\boldsymbol{nn})^{-1}_{kj}(\boldsymbol{nm})_{js}d\omega, \tag{5.313}$$

可以算出

$$\begin{aligned}\frac{\partial S_{ks}}{\partial\theta}=&-\frac{1}{2\pi}\int_0^{2\pi}d\omega\{-F_{kj}(\boldsymbol{nm})_{js}\sin\omega\\&+(\boldsymbol{nn})^{-1}_{kj}[(\boldsymbol{tm})_{js}\sin\omega-(\boldsymbol{nt})_{js}\cos\omega]\},\end{aligned} \tag{5.352}$$

$$\begin{aligned}\frac{\partial^2 S_{ks}}{\partial\theta^2}=&-\frac{1}{2\pi}\int_0^{2\pi}d\omega\Big\{-2F_{kj}[(\boldsymbol{tm})_{js}\sin\omega\\&-(\boldsymbol{nt})_{js}\cos\omega]\sin\omega+(\boldsymbol{nn})^{-1}_{kj}\left[\left(\frac{\partial\boldsymbol{t}}{\partial\theta}\boldsymbol{m}\right)_{js}\sin\omega\right.\\&\left.-\left(\boldsymbol{n}\frac{\partial\boldsymbol{t}}{\partial\theta}\right)_{js}\cos\omega-2(\boldsymbol{tt})_{js}\sin\omega\cos\omega\right]\\&-H_{kj}(\boldsymbol{nm})_{js}\sin\omega\Big\}.\end{aligned} \tag{5.353}$$

定义：

$$B_{ij}=\frac{1}{2\pi}\int_0^{2\pi}[(\boldsymbol{mm})_{ij}-(\boldsymbol{mn})_{ir}(\boldsymbol{nn})^{-1}_{rk}(\boldsymbol{nm})_{kj}]d\omega, \tag{5.315}$$

可以求得

$$\begin{aligned}\frac{\partial B_{ij}}{\partial\theta}=&\frac{1}{2\pi}\int_0^{2\pi}d\omega\{-[(\boldsymbol{mt})_{ij}+(\boldsymbol{tm})_{ij}]\cos\omega\\&+(\boldsymbol{mn})_{ir}F_{rk}(\boldsymbol{nm})_{kj}\sin\omega+[(\boldsymbol{tn})_{ir}\cos\omega\\&-(\boldsymbol{mt})_{ir}\sin\omega](\boldsymbol{nn})^{-1}_{rk}(\boldsymbol{nm})_{kj}\\&-(\boldsymbol{mn})_{ir}(\boldsymbol{nn})^{-1}_{rk}[(\boldsymbol{tm})_{kj}\sin\omega\\&-(\boldsymbol{nt})_{kj}\cos\omega]\},\end{aligned} \tag{5.354}$$

$$\begin{aligned}\frac{\partial^2 B_{ij}}{\partial\theta^2}=&\frac{1}{2\pi}\int_0^{2\pi}d\omega\left\{-\left[\left(\boldsymbol{m}\frac{\partial\boldsymbol{t}}{\partial\theta}\right)_{ij}+\left(\frac{\partial\boldsymbol{t}}{\partial\theta}\boldsymbol{m}\right)_{ij}\right]\cos\omega\right.\\&+2(\boldsymbol{tt})_{ij}\cos^2\omega-2[(\boldsymbol{tn})_{ir}\cos\omega\\&-(\boldsymbol{mt})_{ir}\sin\omega]F_{rk}(\boldsymbol{nm})_{kj}\sin\omega\end{aligned}$$

$$
\begin{aligned}
&+2(\boldsymbol{mn})_{ir}F_{rk}[(\boldsymbol{tm})_{kj}\sin\omega-(\boldsymbol{nt})_{kj}\cos\omega]\sin\omega \\
&+2[(\boldsymbol{tn})_{ir}\cos\omega-(\boldsymbol{mt})_{ir}\sin\omega](\boldsymbol{nn})^{-1}_{rk} \\
&\times[(\boldsymbol{tm})_{kj}\sin\omega-(\boldsymbol{nt})_{kj}\cos\omega] \\
&+\left[\left(\frac{\partial\boldsymbol{t}}{\partial\theta}\,\boldsymbol{n}\right)_{ir}\cos\omega-\left(\boldsymbol{m}\,\frac{\partial\boldsymbol{t}}{\partial\theta}\right)_{ir}\sin\omega\right. \\
&\left.+2(\boldsymbol{tt})_{ir}\sin\omega\cos\omega\right](\boldsymbol{nn})^{-1}_{rk}(\boldsymbol{nm})_{kj} \\
&-(\boldsymbol{mn})_{ir}(\boldsymbol{nn})^{-1}_{rk}\left[\left(\frac{\partial\boldsymbol{t}}{\partial\theta}\,\boldsymbol{m}\right)_{kj}\sin\omega\right. \\
&\left.-\left(\boldsymbol{n}\,\frac{\partial\boldsymbol{t}}{\partial\theta}\right)_{kj}\cos\omega-2(\boldsymbol{tt})_{kj}\sin\omega\cos\omega\right] \\
&\left.+(\boldsymbol{mm})_{ir}H_{rk}(\boldsymbol{nm})_{kj}\sin\omega\right\},
\end{aligned}
\tag{5.355}
$$

式中 F_{rk} 由下式定义

$$
\begin{aligned}
\frac{\partial(\boldsymbol{nn})^{-1}_{rk}}{\partial\theta}&=-(\boldsymbol{nn})^{-1}_{rs}\left\{\frac{\partial}{\partial\theta}(\boldsymbol{nn})_{sp}\right\}(\boldsymbol{nn})^{-1}_{pk} \\
&=-(\boldsymbol{nn})^{-1}_{rs}\{(\boldsymbol{nt})_{sp}+(\boldsymbol{tn})_{sp}\}(\boldsymbol{nn})^{-1}_{pk}\sin\omega \\
&\equiv-F_{rk}\sin\omega,
\end{aligned}
\tag{5.356}
$$

而 H_{rk} 定义为

$$
\begin{aligned}
H_{rk}\equiv\frac{\partial F_{rk}}{\partial\theta}=&-F_{rs}\{(\boldsymbol{nt})_{sp}+(\boldsymbol{tn})_{sp}\}(\boldsymbol{nn})^{-1}_{pk}\sin\omega \\
&-(\boldsymbol{nn})^{-1}_{rs}\{(\boldsymbol{nt})_{sp}+(\boldsymbol{tn})_{sp}\}F_{pk}\sin\omega \\
&+(\boldsymbol{nn})^{-1}_{rs}\left\{\left(\boldsymbol{n}\,\frac{\partial\boldsymbol{t}}{\partial\theta}\right)_{sp}+\left(\frac{\partial\boldsymbol{t}}{\partial\theta}\,\boldsymbol{n}\right)_{sp}\right. \\
&\left.+2(\boldsymbol{tt})_{sp}\sin\omega\right\}(\boldsymbol{nn})^{-1}_{pk}.
\end{aligned}
\tag{5.357}
$$

以上就是计算 Brown 公式中 $\Sigma_{ij}(\theta)+\Sigma''_{ij}(\theta)$ 和 $E(\theta)+E''(\theta)$ 所需要的所有表达式，全部表为积分 $\int_0^{2\pi}(\cdots)d\omega$ 的形式．对于具体问题，可应用数值积分法求得结果．这一套方法大大减轻了求各向异性介质中位错环弹性场问题的困难，使其难度并不远超过各向同性问题。

Bacon, Barnett 和 Scattergood 的重要综述论文[1]详细论述了此法的若干细节，用表列出 23 种金属中的无限直位错的场数据，并且举了许多实例说明此法如何应用于研究无限均匀介质中的位错，非均匀介质中的直线位错，以及其他缺陷问题(例如点缺陷、夹杂子及断裂问题等)．对于在这方面工作的读者来说，这是一部很重要的参考文献．本书限于篇幅就不准备一一举例说明了．

§ 5.10 Gavazza 关于位错自力的计算

在第四章的最后部分，我们曾讨论了位错线元所受"自力"的问题，在那里曾说明线张力近似不是很好的近似，而应该代之以更精确的"自应力"方法．在本节中，依据 Gavazza 的工作[1)]，推导自力公式[见式 (4.156)]

$$F^L = \frac{1}{\rho} E(\boldsymbol{t}) - \frac{1}{2} [\sigma^L_{ij}|_{\rho+\delta} + \sigma^L_{ij}|_{\rho-\delta}] b_i n_j. \qquad (5.358)$$

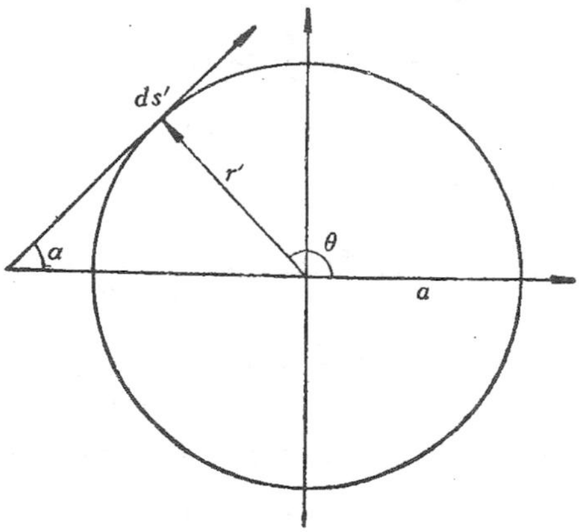

图 5.19

1) Gavazza, S. D., *Ph. D. Thesis, Stanford Univ.*, *July* (1975). Barnett, D. M., *Phys. Stat. Solidi*, (*a*) **38**, 637 (1976).

考虑一个平面位错圆环 L，Burgers 矢量为 $\boldsymbol{b}$，半径为 a，如图 5.19 所示。由于圆上 ds' 与 $d\theta$ 的关系为

$$d\theta = ds' \frac{\sin(\theta - \alpha)}{|\boldsymbol{r} - \boldsymbol{r}'|}. \tag{5.359}$$

所以 Brown 公式给出

$$\sigma_{ij}^L(\boldsymbol{r}) = \frac{1}{2} \oint_L \frac{1}{|\boldsymbol{r} - \boldsymbol{r}'|} [\Sigma_{ij}(\theta) + \Sigma_{ij}''(\theta)] d\theta. \tag{5.360}$$

现在要考查 $|\boldsymbol{r}| = a \pm \varepsilon$，$\varepsilon > 0$ 的情况，由几何的分析可以证明

$$\begin{cases} \sigma_{ij}^L(|\boldsymbol{r}| = a - \varepsilon) = \dfrac{1}{a(1 - k^2)} \displaystyle\int_{-\pi/2}^{+\pi/2} [\Sigma_{ij} \\ \qquad + \Sigma_{ij}''](1 - k^2 \sin^2\theta)^{1/2} d\theta, \\ \sigma_{ij}^L(|\boldsymbol{r}| = a + \varepsilon) = \dfrac{1}{a(1 - p^2)} \displaystyle\int_{-\theta_0}^{+\theta_0} [\Sigma_{ij} \\ \qquad + \Sigma_{ij}''](1 - p^2 \sin^2\theta)^{1/2} d\theta, \end{cases} \tag{5.361}$$

式中

$$\begin{cases} k = 1 - \dfrac{\varepsilon}{a} < 1, \\ p = 1 + \dfrac{\varepsilon}{a} > 1, \\ \theta_0 = \arcsin(1/p). \end{cases} \tag{5.362}$$

更细致的分析表明，当 $\varepsilon \to 0$

$$\sigma_{ij}^L(|\boldsymbol{r}| = a \mp \varepsilon) \simeq \pm \frac{\Sigma_{ij}(\boldsymbol{t})}{\varepsilon} + \frac{1}{2a} \left\{ \Sigma_{ij}(\boldsymbol{t}) + \frac{\partial^2 \Sigma_{ij}(\boldsymbol{t})}{\partial \alpha^2} \right\} \ln\left(\frac{8a}{\varepsilon}\right) + O(1), \tag{5.363}$$

$\boldsymbol{t}$ 是位错环在 $\boldsymbol{r}$ 点上的切线，α 确定 $\boldsymbol{t}$ 在平面上的方向。由此式可见，σ_{ij}^L 的奇异性来自两项：第一项是切于该点的无限直线位错的奇异性；第二项是来自环的曲率，表现在因子 $\frac{1}{2a}$ 的出现。

Gavazza 将这个分析推广至任意形状的位错环，证明任意平面位错环的奇异性与环在该点密切圆的奇异性相同。因此，对于

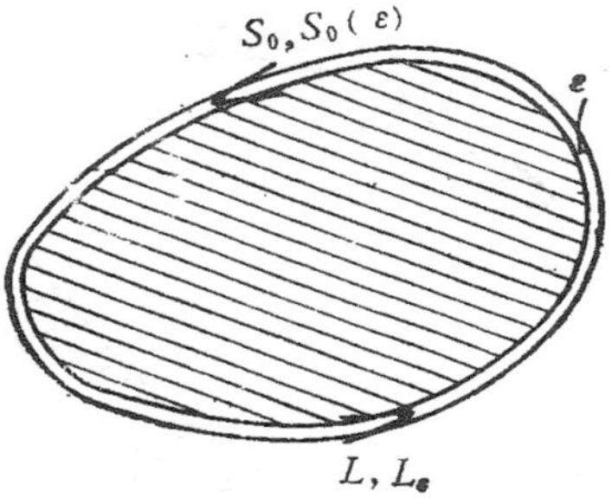

(a)

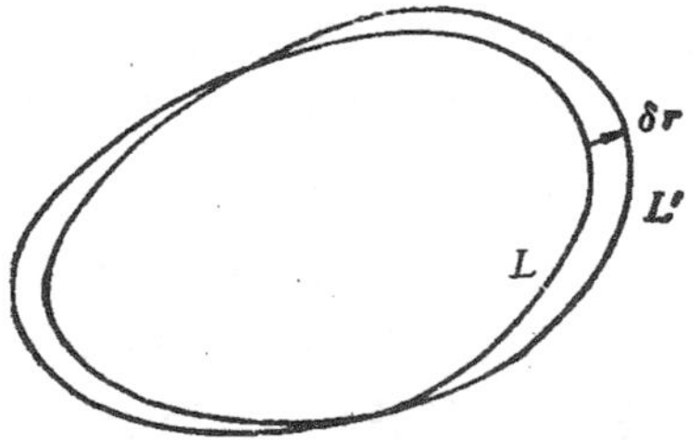

(b)

图 5.20

任意的位错环，若将式 (5.363) 中的 a 取作此环在 r 点处的曲率半径 $a=\rho=\kappa^{-1}$，则此式依然成立. 因而可以将此式合理地应用于任意位错环。

考查如图 5.20(a) 所示的位错环，ε 表示其内切断半径. 这个环弹性自能的通常表达式为*)

$$E^L=\frac{1}{2}\int_{S_0(\varepsilon)}\sigma_{ij}^L b_i n_j dS. \tag{5.364}$$

设 L 上每一点沿 L 法线方向位移 δr，L 变为 L'，此时弹性自能的变化 δE^L 为

$$\delta E^L=\frac{1}{2}\oint_{L_\varepsilon}\sigma_{ij}^L b_i n_j \delta r\, dl_\varepsilon+\frac{1}{2}\int_{S_0(\varepsilon)}(\sigma_{ij}^{L'}-\sigma_{ij}^L)b_i n_j dS \tag{5.365}$$

---

*) 在此已略去 “$\int_{\text{tube}}\cdots$”。

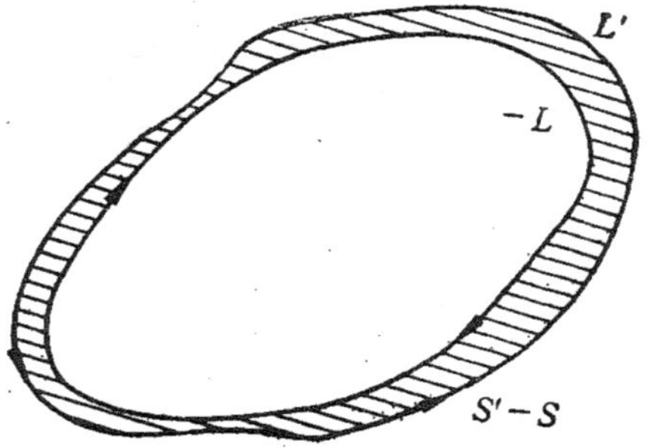

图 5.21

L_ε 是 $S_0(\varepsilon)$ 的周边曲线．上式中第一项是位移 δr 扫出新面积 $\delta r dl_\varepsilon$ 时的效应，第二项是位错由 L 变至 L' 时应力变化的效应．

现在 $\sigma^{L'}-\sigma^{L}$ 可以解释为位错环 L 与环 $-L$ 应力场的叠加．如将环 L 与环 L' 看作是一个复合位错环，那么这复合环以 $S_0(\varepsilon)$ 为切割面的生成能应等于给出应力 σ^{L_ε} 的位错以 $S'-S$ 为切割面的生成能．参看图 5.21，那是有一些夸张的图．由此得到

$$\int_{S_0(\varepsilon)}(\sigma_{ij}^{L'}-\sigma_{ij}^{L})b_i n_j dS=\int_{S'-S}\sigma_{ij}^{L_\varepsilon}b_i n_j dS$$

$$=\oint_L \sigma_{ij}^{L_\varepsilon}b_i n_j \delta_r dl_\varepsilon, \qquad (5.366)$$

于是式 (5.365) 成为

$$\delta E^L=\frac{1}{2}\oint_{L_\varepsilon}\sigma_{ij}^{L}b_i n_j \delta_r dl_\varepsilon+\frac{1}{2}\oint_{L}\sigma_{ij}^{L_\varepsilon}b_i n_j \delta r dl \qquad (5.367)$$

可以应用式 (5.363) 去计算 $\sigma_{ij}^{L_\varepsilon}$ 在 L 上及 σ_{ij}^{L} 在 L_ε 上之值．假定 L_ε 在 L 以内，此时有

$$dl_\varepsilon=\left(1-\frac{\varepsilon}{\rho}\right)dl, \qquad (5.368)$$

$\rho=1/\kappa$ 是 L 和 L_ε 相应两点上的曲率半径．当 $\varepsilon\to 0$，式 (5.367) 化为如下形式：

$$\delta E^L=-\oint_L F^L \delta r dl, \qquad (5.369)$$

式中

$$F^L = \frac{1}{\rho}\left[E(t) - \left\{E(t) + \frac{\partial^2 E(t)}{\partial\alpha^2}\right\}\ln\frac{8\rho}{\varepsilon}\right] - J[L], \tag{5.370}$$

其中 $E(t)$ 的定义方程是

$$E^\infty(t) = E(t)\ln\left(\frac{R}{\varepsilon}\right) = \frac{1}{2}\Sigma_{ij}(t)b_i n_j \ln\left(\frac{R}{\varepsilon}\right). \tag{5.371}$$

参考于式 (5.363)，最后得到

$$F^L = \frac{1}{\rho}E(t) - \frac{1}{2}[\sigma_{ij}^L|_{\rho+\varepsilon} + \sigma_{ij}^L|_{\rho-\varepsilon}]b_i n_j, \tag{5.372}$$

这就是在 § 4.10 中未证明的自力公式 (4.156)。 这个公式的推导是从考虑位错管道外应变能的变化出发，在此意义上，这个推导是明确和自洽的. 因此，关于自力的表达式 (5.372) 是严格的.

一般性参考文献

[1] Bacon, D. J., D. M. Barnett and R. O. Scattergood, Anisotropic Continuum Theory of Lattice Defects, *Progr. in Mat. Sci.*, vol. 23, No. 2--4(1978).

[2] Hirth, J. P. and J. Lothe, Theory of Dislocations, 2nd ed., John Wiley & Sons (1982).

[3] Steeds, J. W., Introduction to Anisotropic Elasticity Theory of Dislocations, Oxford (1973).

[4] Steeds, J. W. and J. R. Willis, Dislocations in Anisotropic Media. in Dislocations in Solids. vol. 1, p. 143; ed. by F. R. N. Nabarro, North-Holland (1979).

第六章　运动位错的性质

本书第二章至第五章论述了弹性各向同性和各向异性介质中的静止离散位错，比较详细地讨论了它们的弹性性质．本章要处理的是运动位错．

运动位错的性质是一个很广泛的课题．从动力学观点去看要涉及作用在位错上的策动力以及与晶体点阵、与点缺陷的相互作用，统一用一章来论述是不方便的．因此，本章先继第二章至第五章之后，应用类似的弹性模型，处理弹性介质中的运动位错，求出它们的弹性场．在这个意义上讲，并没有引入什么新的假设和相互作用．不过，本章除运动的离散位错之外，还讨论了运动的"散布"位错，即以一定分布方式散布在一段有限区间上的许多无限小位错，这实际上当然是一种位错的连续分布组态；但是在本章中，以及下面的第八章中 Peierls-Nabarro 模型中所考虑的只是较简单的分布．关于连续分布位错的普遍理论将在第七章里专章论述．

有关位错运动性质的许多更深入的问题，或者说另外一些很重要的方面，我们将在本书第二卷前数章中作比较细致的处理．

本章的理论主要限于各向同性情况．

§ 6.1　匀速运动的螺型位错

用线性弹性理论处理匀速运动螺型位错．这里的论述与 § 2.1 是对应的．

在线性弹性理论中，基本的运动方程可以由平衡方程，以项 $-\rho_0(\partial^2\boldsymbol{u}/\partial t^2)$ 代换体力密度项 $\boldsymbol{f}$ 而得出，各向同性情况下的方程形式如下：

$$\rho_0\frac{\partial^2\boldsymbol{u}}{\partial t^2}=\mu\nabla^2\boldsymbol{u}+(\mu+\lambda)\nabla(\nabla\cdot\boldsymbol{u}),\qquad(6.1)$$

ρ_0是介质的密度.

考虑一个方向平行于 z 轴的螺型位错. 它在 x 方向作匀速运动,速度 $\boldsymbol{v} = v\boldsymbol{i}$. 可以断言,无限介质中的一个纯螺型位错, 无论是静止还是在运动,所产生的位移场矢量总是平行于位错线,在此即是 $\boldsymbol{u} = u_z\boldsymbol{k}$, $u_x = u_y = 0$, 并有 $\nabla\cdot\boldsymbol{u} = 0$. 因此方程(6.1)化为

$$\frac{\partial^2 u_z}{\partial x^2} + \frac{\partial^2 u_z}{\partial y^2} = \frac{\rho_0}{\mu}\frac{\partial^2 u_z}{\partial t^2}, \tag{6.2}$$

这个方程实际上就是弹性介质中横切变波的波动方程,式中

$$\rho_0/\mu = c_t^2, \tag{6.3}$$

c_t 为介质中的横声波速度.

引入对位错相对静止的坐标系 (x', y', z'), 位错即处于 z' 轴上. $\boldsymbol{t} = \boldsymbol{k}'$, $\boldsymbol{b} = b\boldsymbol{k}'$. 令原点 O, O' 在 $t = 0$ 时重合, O' 沿 x 轴以速度 v 向 x 轴正方向作匀速运动. 现在作如下的变数变换:

$$\begin{cases} x' = (x - vt)/\gamma_t, \\ y' = y, \\ z' = z, \\ t' = (t - vx/c_t^2)/\gamma_t, \\ \gamma_t = (1 - v^2/c_t^2)^{1/2}. \end{cases} \tag{6.4}$$

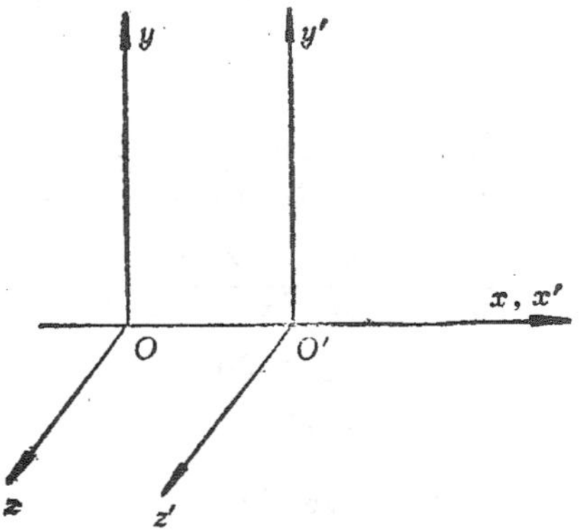

图 6.1

经过此变换，方程 (6.2) 的形式依然是

$$\frac{\partial^2 u_z}{\partial x'^2}+\frac{\partial^2 u_z}{\partial y'^2}=\frac{1}{c_t^2}\frac{\partial^2 u_z}{\partial t'^2}. \tag{6.5}$$

变换 (6.4) 显然是狭义相对论型的，但 t' 与 t 并不能等量齐观，因此不必设想与狭义相对论有多深的物理联系，这只是形式上相似而已.

按照定义，在匀速运动位错的情况下，在上述运动坐标系中观察位错周围的位移场应不随时间变化，即是方程 (6.5) 的右端应该为零，于是 u_z 应满足

$$\frac{\partial^2 u_z}{\partial x'^2}+\frac{\partial^2 u_z}{\partial y'^2}=0, \tag{6.6}$$

此方程的形式与 § 2.1 中关于螺型位错的方程形式完全相同. 同样，对 u_z 要求位错条件

$$\lim_{\substack{\varepsilon\to+0\\ x'>0}}[u_z(x',-\varepsilon)-u_z(x',\varepsilon)]=b, \tag{6.7}$$

因此，与 § 2.1 中所述相似，方程 (6.7) 有解

$$u_z(x',y')=\frac{b}{2\pi}\tan^{-1}\left(\frac{y'}{x'}\right), \tag{6.8}$$

即

$$u_z(x,y,t)=\frac{b}{2\pi}\tan^{-1}\left(\frac{\gamma_t y}{x-vt}\right). \tag{6.9}$$

由此可得应力分量

$$\begin{cases}\sigma_{xy}=\mu\dfrac{\partial u_z}{\partial x}=-\dfrac{\mu b}{2\pi}\dfrac{\gamma_t y}{(x-vt)^2+\gamma_t^2y^2},\\[2ex] \sigma_{yz}=\mu\dfrac{\partial u_z}{\partial y}=\dfrac{\mu b}{2\pi}\dfrac{\gamma_t(x-vt)}{(x-vt)^2+\gamma_t^2y^2}.\end{cases} \tag{6.10}$$

显然，当 $v=0$，(6.10) 化为静止状态的解.

用柱坐标写出，位移的表示式为

$$u_z=\frac{b}{2\pi}\tan^{-1}(\gamma_t\tan\theta). \tag{6.11}$$

根据

$$
\begin{cases}
\sigma_{rz} = \mu\left(\dfrac{\partial u_z}{\partial r} + \dfrac{\partial u}{\partial z}\right), \\
\sigma_{\theta z} = \mu\left(\dfrac{1}{r}\dfrac{\partial u_z}{\partial \theta} + \dfrac{\partial u_\theta}{\partial z}\right),
\end{cases}
$$

可得

$$\sigma_{\theta z} = \mu b\gamma_t/[2\pi r(\cos^2\theta + \gamma_t^2\sin^2\theta)]. \tag{6.12}$$

由应力公式(6.11)和(6.12)可以看出，当 $|x - vt| \ll |\gamma_t y|$ 时，应力与静止状态相比较增大一个因子 $1/\gamma_t$；当 $v \to c_t$，$\gamma \to 0$，$|x - vt| \gg |\gamma_t y|$ 时，应力缩小一个因子 γ_t. 而在极限情况 $v = c_t$，$\gamma = 0$ 时，应力处处为零；仅在 y' 轴上不为零，而是无限大. 图 6.2 中示出应力 $\sigma_{\theta z}$ 的变化情况. 上述这一点与狭义相对论中的光速极限似乎又有类似之处，我们在下面还要讨论.

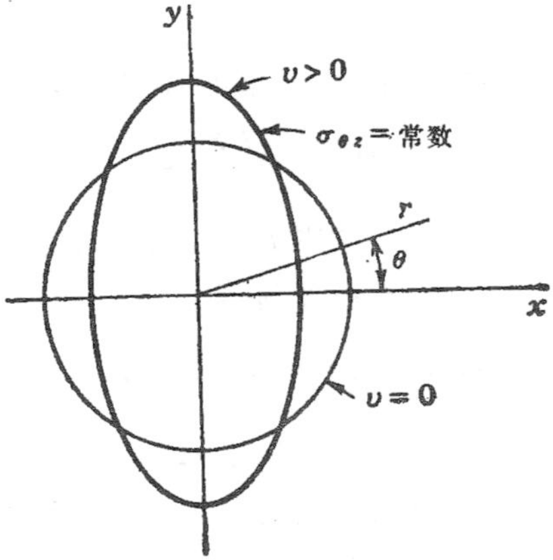

图 6.2

现在计算运动螺型位错的能量. 此时仅有 $u_z \neq 0$，但应将动能项 $\frac{1}{2}\rho_0\left(\frac{\partial u_z}{\partial t}\right)^2$ 加入，因此弹性能密度为

$$w = \frac{\mu}{2}\left[\left(\frac{\partial u_z}{\partial x}\right)^2 + \left(\frac{\partial u_z}{\partial y}\right)^2 + \frac{1}{c_t^2}\left(\frac{\partial u_z}{\partial t}\right)^2\right], \tag{6.13}$$

在运动坐标系中表出为

$$w = \frac{\mu}{2\gamma_t^2}\left\{\left(\frac{\partial u_z}{\partial x'}\right)^2 + \left(\frac{\partial u_z}{\partial y'}\right)^2 + \left(\frac{v}{c_t}\right)^2\left[\left(\frac{\partial u_z}{\partial x'}\right)^2 - \left(\frac{\partial u_z}{\partial y'}\right)^2\right]\right\}. \tag{6.14}$$

考虑单位长度位错，平行于 x 轴的一无限长条带中的能量，它是

$$dE = dy\int_{-\infty}^{+\infty} w dx = \gamma_t dy'\int_{-\infty}^{+\infty} w dx', \tag{6.15}$$

根据解 (6.8)，可见只有 w 中的前二项对积分有贡献，所以

$$dE = \frac{dy'}{\gamma_t}\int_{-\infty}^{+\infty}\frac{\mu}{2}\left[\left(\frac{\partial u_z}{\partial x'}\right)^2 + \left(\frac{\partial u_z}{\partial y'}\right)^2\right]dx' = \frac{dE_0}{\gamma_t}, \tag{6.16}$$

所以

$$\frac{dE}{dE_0} = \frac{1}{\gamma_t}, \tag{6.17}$$

即

$$E = E_0/\gamma_t, \tag{6.18}$$

这里 E_0 就是静止螺型位错单位长度的弹性能，即

$$E_0 = \frac{\mu b^2}{4\pi}\ln\left(\frac{R}{r_0}\right).$$

运动位错的能量 E 为应变能 E_s 与动能 E_k 之和，计算表明

$$E = E_s + E_k, \tag{6.19}$$

$$E_s = E_0\left(1 - \frac{v^2}{2c_t^2}\right)\Big/\gamma_t, \tag{6.20}$$

$$E_k = E_0 v^2/2c_t^2\gamma_t. \tag{6.21}$$

由式 (6.18) 可见，当 $v \to c_t$，$\gamma_t \to 0$，则运动位错的能量趋于无限大；这似乎表明 c_t 是运动位错的极限速度，类似于狭义相对论中的光速 c. 但仔细考虑一下，至此所作的全部论证实际都是以线性弹性理论为基础的. 当 v 增大时，γ_t 减小，而应力向 y' 轴收缩. 当 $v = c_t$ 时，y' 轴上的应力变为无限大，即是早已超出了线性弹性理论的限度. 由此可见，当 v 增大至某一数值 (尚 $< c_t$) 时，线性弹性理论以及由之推出的具体结果全都会失效. 所以上面的处理对亚声速的运动位错是正确的. 当位错运动接近声速时应该修改这个理论，并且跨声速和超声速的位错运动也并不是不

可能的.

关于超声速运动螺型位错问题，在此稍加讨论．由于上面得出当 $v \to c_t$ 时出现发散，所以对于 $v > c_t$ 的情况必须另行构作一种可能的解．涉及激震波前的解的确是可能的，不过激震波前会将能量从位错运动的平面上输运出去，因此必须借助某种方式向位错供应这个这个能量，稳态运动才有可能.

现在还是考虑螺型位错的简单情况．一个超声速激震波解可以是

$$u_z = f(x\cos\alpha + y\sin\alpha - c_t t), \tag{6.22}$$

这里 f 是任意的连续可微函数．不难验证，此解满足方程(6.2)．可命 f 为阶梯函数

$$f(\zeta') = A\Delta(\zeta'), \tag{6.23}$$

并可将它像图 6.3 中所示地那样平滑化，这样，式(6.22)就描述一个激震波前，以速度 c_t 垂直于波前运动，如图 6.4 所示．若参考于 x 轴，此位形以速度 v 运动

$$v = \frac{c_t}{\cos\alpha} > c_t. \tag{6.24}$$

在波前前方和后方的物质都是无应变的、静止的，所有应变能及动能均集中在不连续面上.

为了构作一个螺型位错，命

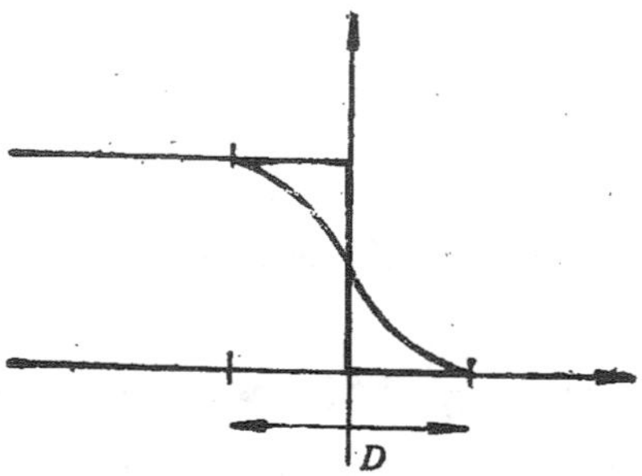

图 6.3

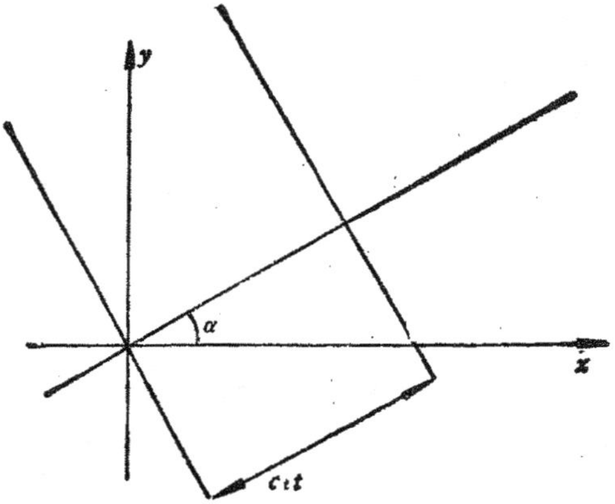

图 6.4

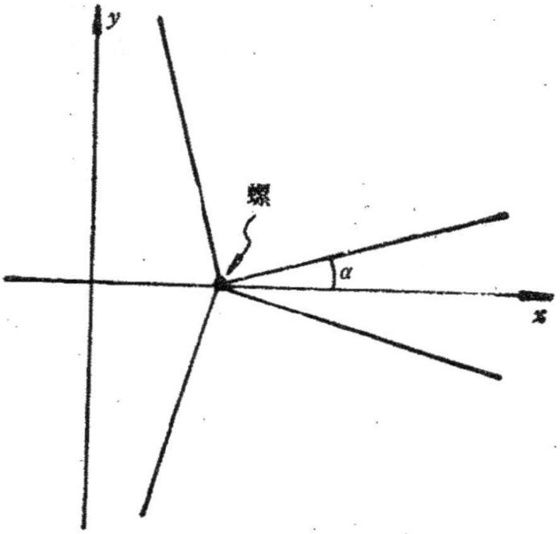

图 6.5

$$
\begin{cases}
u_z(y>0)=\dfrac{1}{2}b\Delta(x\cos\alpha+y\sin\alpha-c_t t), \\
u_z(y<0)=\dfrac{-1}{2}b\Delta(x\cos\alpha-y\sin\alpha-c_t t),
\end{cases}
\tag{6.25}
$$

此位错在 $y=0$ 平面上以速度 $v=\dfrac{c_t}{\cos\alpha}$ 向 x 轴正向运动，表现为两个无限的激震波，相互间夹角成 2α 而发散，同时从 $y=0$ 平面上将能量输运出去.

这样一个图象相当于想象一条平行于 z 轴的奇异线，连结两个明锐突变的位移波前. 更现实一些的模型是想象一个具有散布结构位错芯的位错，关于这种模型将在 § 6.4 中讨论.

§ 6.2 匀速运动的刃型位错

像上节中那样，我们用线性弹性理论来处理匀速运动的刃型位错.

基本的运动方程仍是式 (6.1)

$$\rho_0\ddot{\boldsymbol{u}} = \mu\nabla^2\boldsymbol{u} + (\mu + \lambda)\nabla(\nabla \cdot \boldsymbol{u}), \tag{6.1}$$

矢量分析中有恒等式

$$\nabla \times (\nabla \times \boldsymbol{u}) = \nabla(\nabla \cdot \boldsymbol{u}) - (\nabla \cdot \nabla)\boldsymbol{u},$$

即

$$\nabla^2\boldsymbol{u} = \nabla(\nabla \cdot \boldsymbol{u}) - \nabla \times (\nabla \times \boldsymbol{u}),$$

因而方程 (6.1) 变为

$$\rho_0\ddot{\boldsymbol{u}} = -\mu\nabla \times (\nabla \times \boldsymbol{u}) + (\lambda + 2\mu)\nabla(\nabla \cdot \boldsymbol{u}), \tag{6.26}$$

分别令

$$\boldsymbol{G} = \nabla \times \boldsymbol{u}, \tag{6.27}$$

$$H = \nabla \cdot \boldsymbol{u}, \tag{6.28}$$

于是方程 (6.26) 可写作

$$\rho_0\ddot{\boldsymbol{u}} = -\mu(\nabla \times \boldsymbol{G}) + (\lambda + 2\mu)\nabla H. \tag{6.29}$$

考虑平行于 z 轴的直线刃型位错，以匀速 v 在 xz 平面内运动，所产生的位移分量 $u_z = 0$, u_x, $u_y \neq 0$, 故

$$\boldsymbol{G} = \nabla \times \boldsymbol{u} = \left(\frac{\partial u_y}{\partial x} - \frac{\partial u_x}{\partial y}\right)\boldsymbol{k} = G\boldsymbol{k}, \tag{6.30}$$

$$H = \nabla \cdot \boldsymbol{u} = \frac{\partial u_x}{\partial x} + \frac{\partial u_y}{\partial y}. \tag{6.31}$$

方程 (6.29) 再取旋度和散度，可得

$$\rho_0\ddot{G} = \mu\left(\frac{\partial^2}{\partial x^2} + \frac{\partial^2}{\partial y^2}\right)G, \tag{6.32}$$

$$\rho_0 \ddot{H} = (\lambda + 2\mu)\left(\frac{\partial^2}{\partial x^2} + \frac{\partial^2}{\partial y^2}\right) H. \tag{6.33}$$

现在作一个类似于式(6.4)的变换，不过引入两个声速

$$c_t = (\mu/\rho_0)^{1/2}, \tag{6.34}$$

$$c_e = [(\lambda + 2\mu)/\rho_0]^{1/2}. \tag{6.35}$$

前者为横声速，后者为纵声速，于是确定两个 γ

$$\gamma_t = (1 - v^2/c_t^2)^{1/2}, \tag{6.36}$$

$$\gamma_e = (1 - v^2/c_e^2)^{1/2}, \tag{6.37}$$

以及两组 x' 和 t'

$$x_t' = (x - vt)/\gamma_t,\ x_e' = (x - vt)/\gamma_e, \tag{6.38}$$

$$t_t' = (t - vx/c_t^2)/\gamma_t,\ t_e' = (t - vx/c_e^2)/\gamma_e. \tag{6.39}$$

可证经过此变换之后，G 和 H 应满足

$$\nabla_t^2 G = 0, \tag{6.40}$$

$$\nabla_e^2 H = 0, \tag{6.41}$$

式中

$$\nabla_t^2 \equiv \frac{\partial^2}{\partial x_t'^2} + \frac{\partial^2}{\partial y^2},\ \nabla_e^2 \equiv \frac{\partial^2}{\partial x_e'^2} + \frac{\partial^2}{\partial y^2}. \tag{6.42}$$

根据以上导出的这些基本关系可以推导应力场。现在知道，对于静止位错有

$$G \propto \frac{x}{r^2},\ H \propto \frac{y}{r^2}, \tag{6.43}$$

因此对于运动位错，可以试设在运动坐标系中有解

$$G(x, y, t) = \frac{\alpha x_t}{r_t^2},\ H(x, y, t) = \frac{\beta y}{r_e^2}, \tag{6.44}$$

式中 α, β 为待定常数，而

$$r_t^2 = x_t'^2 + y^2,\ r_e^2 = x_e'^2 + y^2 \tag{6.45}$$

解(6.44)满足方程(6.40)和(6.41)。

由式(6.27)，(6.28)及解(6.44)能够求出偏微商 $\partial u_x/\partial x$，$\partial u_x/\partial y$ 等含待定常数 α, β 的表示式。例如

$$\frac{\partial u_x}{\partial x} = \frac{\beta y c_e^2}{r_e^2 v^2} - \frac{\alpha \gamma_t y c_t^2}{r_t^2 v^2}, \tag{6.46}$$

$$\frac{\partial u_y}{\partial x}=\frac{\alpha x_t c_t^2}{r_t^2 v^2}-\frac{\beta\gamma_c x_c c_c^2}{r_c^2 v^2}. \tag{6.47}$$

再引用位错条件

$$\int_{-\infty}^{+\infty}\frac{\partial u_x}{\partial x}dx=\begin{cases}+b/2, & y>0,\\ -b/2, & y<0.\end{cases} \tag{6.48}$$

将 (6.46) 代入，并积分，得到 α, β 之间的一个如下关系式:

$$\frac{\pi\gamma_c\beta c_c^2}{v^2}-\frac{\pi\gamma_t^2\alpha c_t^2}{v^2}=\frac{b}{2}. \tag{6.49}$$

其次，将在无限大介质中运动的位错看作是在一个有限厚度的无限平板中运动位错的极限情况. 具体考虑此平板，如图 6.6 所示. 平板的上、下两个表面是自由表面，因此在平行于此位错滑移面的任一个无限平面上没有净力，即是要求

$$\int_{-\infty}^{+\infty}\sigma_{yy}dx=0, \tag{6.50}$$

$$\begin{aligned}\sigma_{yy}&=(\lambda+2\mu)e_{yy}+\lambda e_{xx}\\&=(\lambda+2\mu)\left(\frac{\beta y}{\gamma_c^2}-\frac{\partial u_x}{\partial x}\right)+\lambda\frac{\partial u_x}{\partial x}.\end{aligned} \tag{6.51}$$

应用式 (6.46)，并积分，于是得到 α, β 之间的另一关系式

$$\left(\lambda-\frac{2\mu\gamma_c^2c_c^2}{v^2}\right)\gamma_c\beta+\frac{2\mu\gamma_t^2c_t^2}{v^2}\alpha=0 \tag{6.52}$$

此式与 (6.49) 联立，可得

$$\alpha=\frac{b}{2\pi\gamma_t^2}(1+\gamma_t^2),\ \beta=\frac{bc_t^2}{\pi\gamma_c c_c^2}. \tag{6.53}$$

由此，以及上面求得的 $\partial u_x/\partial x$ 等表达式，即可导出诸应力分量的表示式. 它们是

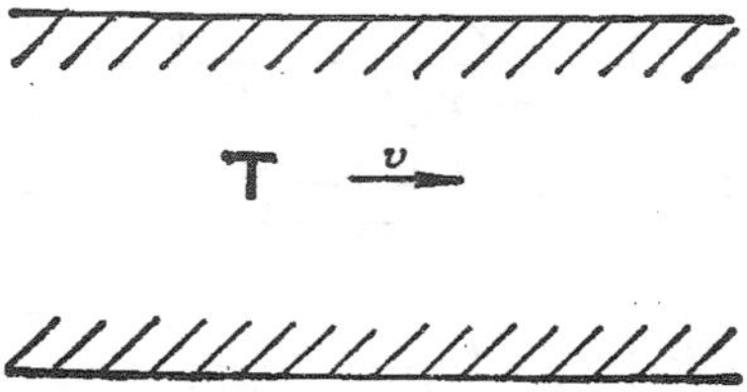

图 6.6

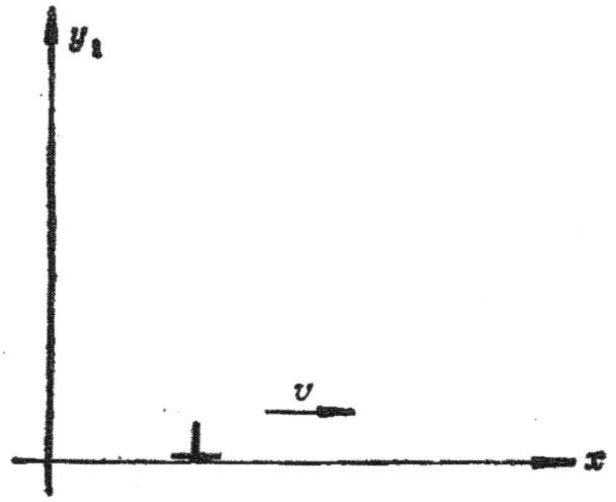

图 6.7

$$
\begin{cases}
\sigma_{xy} = \dfrac{\mu b c_t^2}{2\pi v^2}\left[\dfrac{(1+\gamma_t^2)^2 x_t'}{\gamma_t^2 r_t^2} - \dfrac{4x_e'}{r_e^2}\right], \\
\sigma_{xx} = \dfrac{b y c_t^2}{\pi v^2}\left[\dfrac{(\lambda+2\mu)-\gamma_e^2\lambda}{\gamma_e r_e^2} - \dfrac{\mu(1+\gamma_t^2)}{\gamma_t r_t^2}\right], \\
\sigma_{yy} = \dfrac{b y c_t^2}{\pi v^2}\left[\dfrac{\lambda-(\lambda+2\mu)\gamma_e^2}{\gamma_e r_e^2} + \dfrac{\mu(1+\gamma_t^2)}{\gamma_t r_t^2}\right], \\
\sigma_{zz} = \nu(\sigma_{xx}+\sigma_{yy}).
\end{cases} \tag{6.54}
$$

同样的结果也可以表示为稍稍不同的形式。对于如图 6.7 所示的滑移运动刃型位错，曾得到所产生的位移场为

$$
u_x = \frac{b c_t^2}{\pi v^2}\left[\tan^{-1}\frac{\gamma_e y}{x'} - \zeta^2 \tan^{-1}\frac{\gamma_t y}{x'}\right], \tag{6.55}
$$

$$
u_y = \frac{b c_t^2}{2\pi v^2}\left[\gamma_e \ln(x'^2+\gamma_e^2 y^2) - (\zeta^2/\gamma_t)\ln(x'^2+\gamma_t^2 y^2)\right]. \tag{6.56}
$$

由此推出应力场表示式

$$
\begin{cases}
\sigma_{xy} = \dfrac{2\mu b c_t^2 x'}{\pi v^2 \gamma_t}\left[\dfrac{\gamma_e\gamma_t}{x'^2+\gamma_e^2 y^2} - \dfrac{\zeta^4}{x'^2+\gamma_t^2 y^2}\right], \\
\sigma_{xx} = \dfrac{2\mu b c_t^2 y}{\pi v^2}\left[\dfrac{-\gamma_e(\gamma_e^2+1-\zeta^2)}{x'^2+\gamma_e^2 y^2} + \dfrac{\zeta^2\gamma_t}{x'^2+\gamma_t^2 y^2}\right], \\
\sigma_{yy} = \dfrac{2\mu b \zeta^2 c_t^2 y}{\pi v^2}\left[\dfrac{\gamma_e}{x'^2+\gamma_e^2 y^2} - \dfrac{\gamma_t}{x'^2+\gamma_t^2 y^2}\right], \\
\sigma_{zz} = \nu(\sigma_{xx}+\sigma_{yy}).
\end{cases} \tag{6.57}
$$

以上式中 $x' = x - vt$，$\zeta^2 = 1 - v^2/2c_t^2$。不难验证，这组应力表示式与 (6.54) 完全一致.

上面是关于匀速滑移运动直线刃型位错的结果. 前面已经指出，一般情况下刃型位错的攀移涉及点阵定位或间隙原子的扩散、产生或湮灭，因而是扩散控制的、缓慢进行的过程. 但 Weertman[1] 指出，可能发生一种"保守性攀移"，它不涉及点缺陷的扩散. 例如，下面将要讨论的可滑 (glissile) 不全位错，它们总之与某一个层错相联系；层错面上下方原子间的间距与完整晶体中的原子间距不同，因此可滑不全位错的 Burgers 矢量几乎总有一个垂直于此面的分量. 因此，当可滑不全位错滑动时，就可能伴随着上述的保守性攀移，它不受扩散控制，因而可以达到较高的速度. 在机械孪生和结构相变中也会发生与此类似的不全位错运动，因此关于高速保守性攀移运动的结果对于研究这类过程是有用的. 另外，(二维)运动裂纹的性质和行为也和保守性攀移的刃型位错有关. 为此，Weertman 计算了保守性攀移刃型位错的位移场和应力场，结果如下：

$$u_x = \frac{bc_t^2}{2\pi v^2}\left[\frac{\zeta^2}{\gamma_e}\ln(x'^2 + \gamma_e^2 y^2) - \gamma_t \ln(x'^2 + \gamma_t^2 y^2)\right], \tag{6.58}$$

$$u_y = \frac{bc_t^2}{\pi v^2}\left[-\zeta^2 \tan^{-1}\frac{\gamma_e y}{x'} + \tan^{-1}\frac{\gamma_t y}{x'}\right], \tag{6.59}$$

$$\left\{\begin{aligned} \sigma_{xy} &= \frac{2\mu b c_t^2 \zeta^2 y}{\pi v^2}\left[\frac{\gamma_e}{x'^2 + \gamma_e^2 y^2} - \frac{\gamma_t}{x'^2 + \gamma_t^2 y^2}\right], \\ \sigma_{xx} &= \frac{2\mu b c_t^2 x'}{\pi v^2 \gamma_e}\left[\frac{\zeta^2(1 + \gamma_e^2 - \zeta^2)}{x'^2 + \gamma_e^2 y^2} - \frac{\gamma_e \gamma_t}{x'^2 + \gamma_t^2 y^2}\right], \\ \sigma_{yy} &= \frac{2\mu b c_t^2 x'}{\pi v^2 \gamma_e}\left[\frac{-\zeta^4}{x'^2 + \gamma_e^2 y^2} - \frac{\gamma_e \gamma_t}{x'^2 + \gamma_t^2 y^2}\right], \end{aligned}\right. \tag{6.60}$$

$$\sigma_{zz} = \nu(\sigma_{xx} + \sigma_{yy}).$$

一个运动的混合位错的 Burgers 矢量 $\boldsymbol{b}$ 可以分解为 $\boldsymbol{b}_s$（螺

---

1) Weertman, J., in Math. Theory of Dislocations, ed. by T. Mura, ASME, 178 (1969).

型)、$\boldsymbol{b}_g$(滑移刃型)和 $\boldsymbol{b}_c$(攀移刃型)诸分量之和. 混合运动位错的位移场和应力场为这些分量 Burgers 矢量的分位错各自产生的场之和.

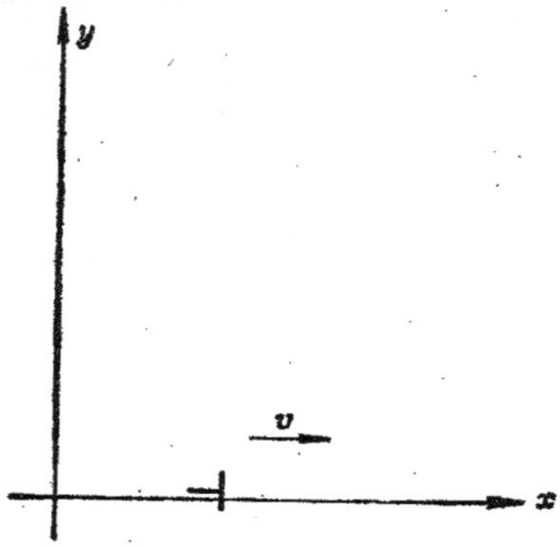

图 6.8

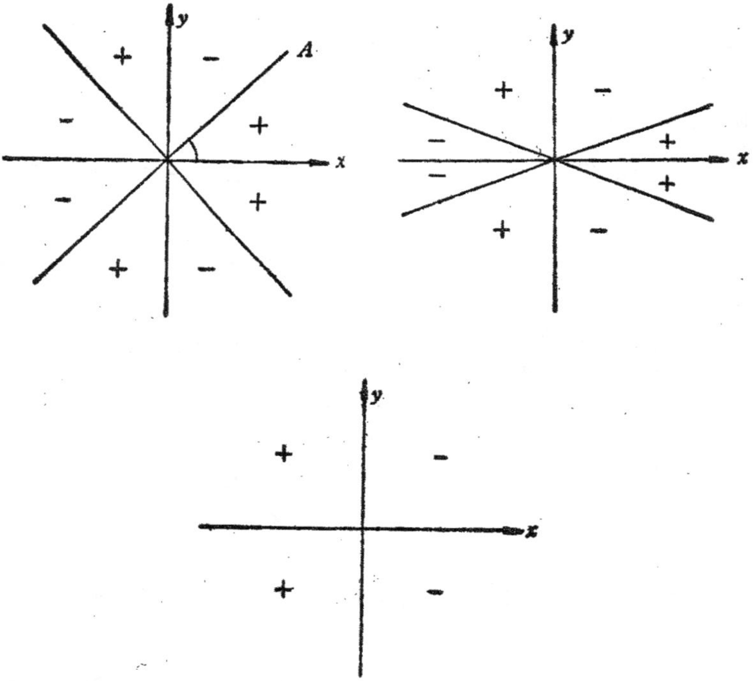

图 6.9

运动刃型位错的应力场与速度的关系不同于上述螺型位错的情况。

图 6.9 中示出滑移运动刃型位错的 σ_{xy} 和攀移运动刃型位错 σ_{yy} 的符号．当 $v=0$ 时，分界线 OA 与 x 轴夹角为 45°．当 $v_R>v>0$ 时此角减小，小于 45°．而当 $v=v_R$ 时，此夹角变为零，因此，xz 平面上的应力与 $v<v_R$ 时应力的符号相反，或者说在 $v=v_R$ 时滑动面上的应力变号．此处，v_R 由方程

$$\left(2-\frac{v_R^2}{c_t^2}\right)^4=16\left(1-\frac{v_R^2}{c_t^2}\right)\left(1-\frac{v_R^2}{c_e^2}\right) \tag{6.61}$$

定出，这一点可以用滑移位错为例论证．在 $y=0$ 的平面上，有

$$(\sigma_{xy})_{y=0}=\frac{2\mu b c_t^2}{\pi v^2\gamma_t x'}(\gamma_e\gamma_t-\zeta^4), \tag{6.62}$$

所以

$$\gamma_e\gamma_t-\zeta^4=0 \tag{6.63}$$

是一个临界条件；此式就是式 (6.61)．v_R 称为 Rayleigh 波速，是 Rayleigh 表面波的速度，它略小于 c_t，一个典型的大小是 $0.93c_t$．从式 (6.62) 中可看出，当 $v=v_R$ 时，滑移刃型位错的 σ_{xy} 在 $y=0$ 面上为零，与此相似，此时攀移刃型位错的 σ_{yy} 在 $y=0$ 面上为零。

图 6.10 引自 Weertman，它能够比较清楚地说明三种情况，即螺型、滑移刃型和攀移刃型位错在 $y=0$ 面上的相应应力随位错运动速度之变化而表现的行为．图中 σ_{ij} 对螺型位错表示 σ_{yz}，对滑移刃型位错是 σ_{xy}，对攀移刃型位错是 σ_{yy}。图中纵轴是归一化应力分量 $\sigma_{ij}/(\mu b/2\pi x')$，横轴是归一化速度 v/c_t．假设 $c_e=2c_t$，$\nu=\frac{1}{3}$，$v_R=0.933c_t$。由图可见螺型位错的曲线交横轴于 $v/c_t=1$，而刃型位错的曲线交横轴于 0.933．对于滑移刃型位错而言，当 $v/c_t\to1$，$\sigma_{xy}/(\mu b/2\pi x')\to-\infty$，而对于攀移刃型位错而言，当 $v/c_t\to1$，$\sigma_{yy}/(\mu b/2\pi x')=-1.15$．

由图可以见到一个有意义的特征，即在亚声速的范围内，螺型

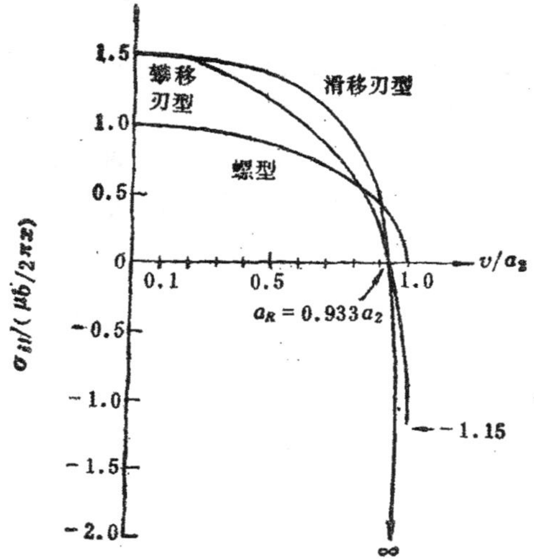

图 6.10

位错在滑移面上的应力始终是正的，结果是两个在同一平面上以 $v<c_t$ 运动的同号螺型位错之间始终彼此排斥．但是两个在同一平面上运动的同号刃型位错仅在 $v<v_R$ 时相互排斥，而在 $v_R<v<c_t$ 的区间内会相互吸引．

关于跨声速和超声速滑移离散刃型位错也曾得出若干结果，不过比上节所述螺型位错的结果复杂．

§6.3　自能和有效质量

上面已经提到，对弹性应变能密度及动能密度积分即得到运动位错的应变能 E_s，动能 E_k，并由此得出总的能量 $E=E_s+E_k$.

对于亚声速运动螺型位错，上面已述及，计算结果是

$$E_s=E_0\zeta^2/\gamma_t,\tag{6.64}$$

$$E_k=E_0v^2/2c_t^2\gamma_t,\tag{6.65}$$

$$E = E_0/\gamma_t,\tag{6.66}$$

$$E_0 = (\mu b^2/4\pi)\ln(R/r_0).\tag{6.67}$$

对于亚声速滑移刃型位错，相似的计算得出

$$E_s = \frac{E_0 c_t^2}{2v^2}\left[12\gamma_e + \frac{4}{\gamma_e} + \frac{1}{\gamma_t^3}(1 - 7\gamma_t^2 - 9\gamma_t^4 - \gamma_t^6)\right],\tag{6.68}$$

$$E_k = \frac{E_0 c_t^2}{2v^2}\left[4\gamma_e + \frac{4}{\gamma_e} + \frac{1}{\gamma_t^3}(1 - 5\gamma_t^2 - 5\gamma_t^4 + \gamma_t^6)\right],\tag{6.69}$$

$$E = E_s + E_k.$$

对于亚声速攀移刃型位错，相应的结果是

$$E_s = \frac{2E_0 c_t^2}{v^2}\left[3\gamma_t + \frac{1}{\gamma_t} + \frac{\zeta^4}{\gamma_e^3} - \frac{\zeta^4}{\gamma_e} - \frac{4\zeta^2}{\gamma_e}\right],\tag{6.70}$$

$$E_k = \frac{2E_0 c_t^2}{v^2}\left[\gamma_t + \frac{1}{\gamma_t} + \frac{\zeta^4}{\gamma_e^3} + \frac{\zeta^4}{\gamma_e} - \frac{4\zeta^2}{\gamma_e}\right],\tag{6.71}$$

$$E = E_s + E_k.$$

在式(6.68)—(6.71)中，E_0的表达式亦为式(6.67)。

当$|v| \to c_t$，$\gamma_t \to 0$，螺型位错与攀移刃型位错的自能E比例于γ_t^{-1}而趋于无限大，而滑移刃型位错的自能比例于γ_t^{-3}而趋于无限大. 滑移刃型位错能量的这种强烈发散性曾被 Stroh 归因于一种“共振效应”.

下面简短讨论位错的有效质量.

当位错速度小时，若将螺型位错的能量式(6.64)—(6.66)展开，弃去数量级为$(v/c_t)^4$及更高次的项，则可得到

$$E_s \simeq E_0,\tag{6.72}$$

$$E_k \simeq E_0 v^2/2c_t^2,\tag{6.73}$$

$$E \simeq E_0 + E_0 v^2/2c_t^2.\tag{6.74}$$

动能项对速度的依赖关系同一个运动质点动能一样，故此可以定

义一个缓慢运动螺型位错单位长度的有效质量为

$$m_0 = E_0/c_t^2, \tag{6.75}$$

于是以上式 (6.72)—(6.74) 变为

$$E_s \simeq m_0 c_t^2, \tag{6.76}$$

$$E_k \simeq \frac{1}{2} m_0 v^2, \tag{6.77}$$

$$E \simeq m_0 c_t^2 + \frac{1}{2} m_0 v^2, \tag{6.78}$$

这组公式与狭义相对论中一个具有静止质量 m_0 及静止能量 $E_0 = mc^2$ 的缓慢运动粒子的能量形式上相同. 在 v 大时，式 (6.66) 可写为

$$E = mc_t^2, \tag{6.79}$$

式中质量 m 是

$$m = m_0/\gamma_t, \tag{6.80}$$

狭义相对论中运动粒子的能量是 $E = mc^2$, $m = m_0/\gamma$, $\gamma = (1 - v^2/c^2)^{1/2}$, 在形式上，式 (6.79), (6.80) 与此相同. 可见，当 $v \to c_t$ 时，螺型位错的质量趋于无限大.

用同样的方法可求出刃型位错的质量. 对滑移刃型位错而言，在低速下，有

$$E_s = 2m_0 c_t^2(1 - c_t^2/c_e^2), \tag{6.81}$$

$$E_k = \frac{1}{2} m_0(1 + c_t^4/c_e^4)v^2, \tag{6.82}$$

式中 $m_0 = E_0/c_t^2$ 是螺型位错的静止质量；已经弃去数量级为 v^4/c_t^4 的项. 故在低速下，滑移刃型位错的有效质量为

$$m_0^* = m_0(1 + c_t^4/c_e^4), \tag{6.83}$$

由于 $c_e \simeq 2c_t$, 故此 m_0^* 与螺型位错的 m_0 所差在 10% 以内. 由式 (6.81) 给出的静止能量既不等于 $m_0^* c_t^2$, 也不等于 $m_0^* c_e^2$, 因此与狭义相对论的相似性不复存在.

对于缓慢运动的攀移刃型位错，求得 E_s 仍由式 (6.81) 给出，

但 E_k 为

$$E_k = \frac{1}{2} m_0[3 - 4(c_t/c_e)^2 + 3(c_t/c_e)^4]v^2, \tag{6.84}$$

因而此时有

$$m_0^* = m_0[3 - 4(c_t/c_e)^2 + 3(c_t/c_e)^4], \tag{6.85}$$

这个质量 m_0^* 近于 m_0 的两倍. 在这里与狭义相对论的相似性也不复存在.

§6.4 匀速运动的散布位错

前文中曾指出,离散位错的位错线是一条奇异线,在其上应力为无限大. 离散位错的自能也随 r_0 之趋于零而在其下限发生对数发散. 因而实际固体中不能存在真正的离散位错, 而比较合理的模型是引入"散布"型的位错, 即是设想位错的"强度" (Burgers 矢量)是散布在其滑移面或攀移面的一个局限的区域内,这样便可消去应力和自能的发散困难(参看 §8.2).

设想 Burgers 矢量大小为 b 的运动位错散布为无限小位错的一个连续分布. 将位错密度函数记作 $\mathscr{D}(x')$, $\mathscr{D}(x')dx'$ 是在区间 $x = x'$ 至 $x' + dx'$ 中所有无限小位错 Burgers 矢量之和*. 显然应有

$$\int_{-\infty}^{+\infty} \mathscr{D}(x')dx' = b. \tag{6.86}$$

现在我们先处理亚声速运动位错. 在滑移或攀移面上, 位错的应力可以表为

$$\sigma(x) = \frac{\mu c}{\pi} \int_{-\infty}^{+\infty} \frac{\mathscr{D}(x')dx'}{x - x'}. \tag{6.87}$$

对于亚声速螺型位错, $\sigma(x)$ 表示 $\sigma_{yz}(x)$, 而

$$c = \frac{1}{2}\gamma_s. \tag{6.88}$$

---

* 在本节中用 x 代表前数节中的 $x - vt$, 即运动坐标系中的 x 坐标.

对于亚声速滑移刃型位错，$\sigma(x)$ 表示 $\sigma_{xy}(x)$，而

$$c = 2c_t^2(\gamma_e\gamma_t - \zeta^4)/v^2\gamma_t \tag{6.89}$$

对于亚声速攀移刃型位错，$\sigma(x)$ 表示 $\sigma_{yy}(x)$，而

$$c = 2c_t^2(\gamma_e\gamma_t - \zeta^4)/v^2\gamma_e. \tag{6.90}$$

函数 $\mathscr{D}(x')$ 与 $\sigma(x)$ 互为 Hilbert 变换式，因而

$$\mathscr{D}(x) = -\frac{1}{\pi\mu c}\int_{-\infty}^{+\infty}\frac{\sigma(x')dx'}{x - x'}. \tag{6.91}$$

由此不难看出，若 $\mathscr{D}(x)$ 是一个对称函数，则 $\sigma(x)$ 必然为反对称函数，反之亦然.

只有当跨越滑移或攀移面时存在一个净位移 $2u(x)$ 的情况下才会存在分布 $\mathscr{D}(x)$；这里螺型位错 $u(x)$ 表示 u_z，滑移刃型位错表示 u_x，攀移刃型位错表示 u_y. 这些位移是多值函数. 对于处在原点，Burgers 矢量大小为 b 的离散位错，可令

$$2u(x) = \begin{cases} b, & x < 0, \\ 0, & x > 0. \end{cases} \tag{6.92}$$

现在引入无量纲位移函数 $\varphi(x)$，定义为

$$\varphi(x) = 2u(x)/b, \tag{6.93}$$

显然

$$\varphi(x) = \frac{1}{b}\int_x^{+\infty}\mathscr{D}(x')dx', \tag{6.94}$$

或

$$\mathscr{D}(x) = -b\,\frac{d\varphi(x)}{dx}. \tag{6.95}$$

图 6.11 示意地表示函数 $\mathscr{D}(x)$，$\sigma(x)$ 和 $\varphi(x)$ 的图像. 可以推出 σ 作为 φ 的函数 $\sigma(\varphi)$，示意地表于最下一个图中，其形状类似于一个正弦函数. 函数 $\sigma(\varphi)$ 在物理上表示把 $y = 0$ 面上半部介质(晶体)与下半部介质结合起来的应力一位移关系，它显然不是线性弹性理论中所见的通常关系.

一般如果先给定 $\mathscr{D}(x)$，则不难求出 $\sigma(x)$，$\varphi(x)$ 及 $\sigma(\varphi)$.

但是如果先给定应力一位移律 $\sigma(\varphi)$，求解 $\mathscr{D}(x)$, $\sigma(x)$ 和 $\varphi(x)$ 则相当困难. 若假设一个正弦律

$$\sigma(\varphi)=\sigma_c \sin 2\pi\varphi, \tag{6.96}$$

式中 σ_c 是一个常数振幅，于是就会有解

$$\mathscr{D}(x)=b\xi/\pi(x^2+\xi^2), \tag{6.97}$$

$$\varphi(x)=(1/\pi)\tan^{-1}(\xi/x), \tag{6.98}$$

$$\sigma(x)=\mu c b x/\pi(x^2+\xi^2), \tag{6.99}$$

式中 ξ 是一个量度位错分布"宽度"的参量

$$\xi=\mu bc/2\pi\sigma_c. \tag{6.100}$$

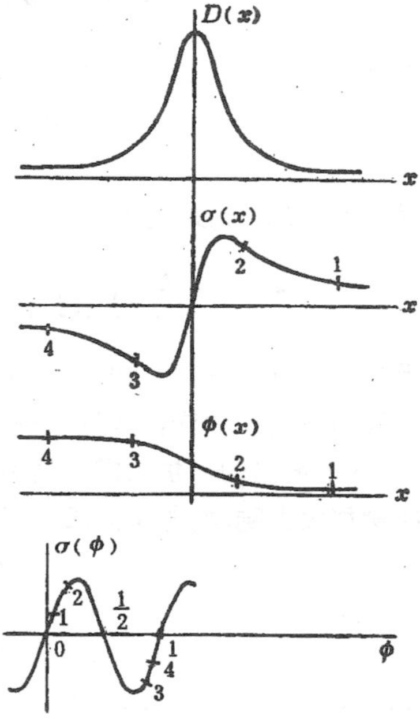

图 6.11

式 (6.96) 至 (6.100) 是在处理 Peierls-Nabarro 模型时首次引入的(见第八章)，后来由许多作者应用于运动位错.

上面公式中的 c 由前面的公式 (6.88)—(6.90) 表出，是表征位错特性的参数. 由此，通过 (6.100) 式就表明：当 $v=c_t$ 时运动螺型位错的宽度成为零，而当 $v=v_R$ 时滑移及攀移刃型位错的宽度均成为零. 在这些速度下，位错变成离散位错；而当内切断半径 r_0 为零时，它们的自能为无限大.

亚声速匀速运动位错的位移场和应力场在运动坐标系中是一个恒量. 并没有声波从位错辐射出来. 位错的能量也是常数，在无阻尼的情况下并不需要外力维持其运动. 因此，当位错在作亚声速运动时，无论是它所的功或对它作的功都应该恒为零.

简单地讲，当位错运动通过单位距离时，应力 $\sigma=\sigma(\varphi)$ 对两半部分晶体所作的功是

$$w = -b\int_0^1 \sigma(\varphi)d\varphi. \tag{6.101}$$

根据上文中所述 φ 的定义和性质，此式可写作

$$w = -\int_{-\infty}^{+\infty} \sigma(x)\mathscr{D}(x)dx, \tag{6.102}$$

应用式 (6.87)，此式变为

$$w = -\frac{\mu c}{b}\int_{-\infty}^{+\infty}\int_{-\infty}^{+\infty}\frac{\mathscr{D}(x')\mathscr{D}(x)dx'dx}{x-x'}. \tag{6.103}$$

由于在这个重积分中 x 和 x' 可以互换，因此它恒等于零．因此，对于亚声速运动位错，其位移-应力律 $\sigma=\sigma(\varphi)$ 必须如此，使式 (6.101) 所给出的 w 恒为零．若 w 不恒为零，则此位错不能在滑移面或攀移面上跑动；若 w 为零，则不论 $\sigma(\varphi)$ 的精确形式如何，位错运动可以实现．

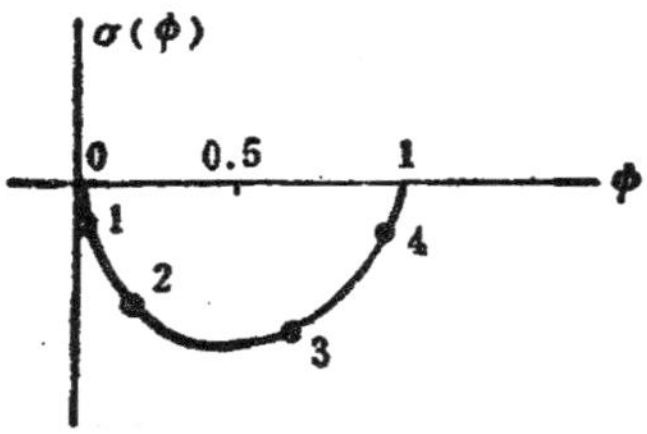

图 6.12

现在转向讨论超声速运动的位错．

首先从 $\sigma(\varphi)$ 的一种形式来说明超声速运动必要与可能．试考虑形如图 6.12 的 $\sigma(\varphi)$ 律，此时滑移面或攀移面显然是处于非稳定平衡状态，并且由式 (6.101) 给出的 w 不为零．在这条件下，一个亚声速位错不能渡越此面运动，位错必须以超声速运动．

所谓超声速螺型位错，是它的 $v>c_t$，而超声速刃型位错是它的 $v>c_e$．

先考虑超声速散布螺型位错．离散位错的情况已在 § 6.1 后一部分中简述过，在那里说明一个离散螺型位错的超声速运动产生两个切变激震波前．散布螺型位错的情形应如图 6.13 所示．图中 $\theta_2=\frac{\pi}{2}-\alpha$，$x^*$ 取在激震波前的法线方向上．参看式 (6.25)，可见

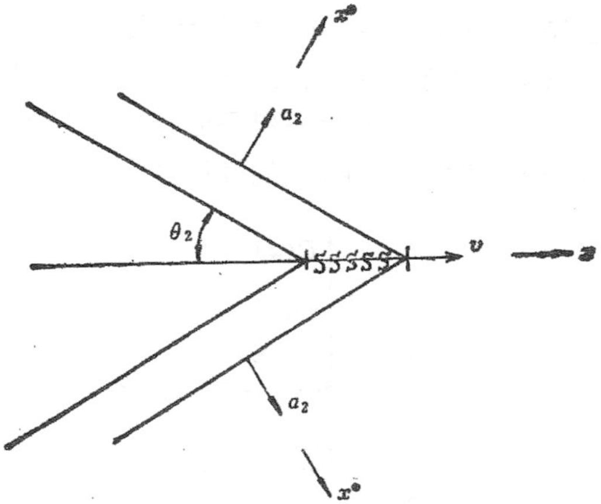

图 6.13

$$u_z = u_z(x^* - c_t t), \tag{6.104}$$

$$\sigma_{yz}(x) = \mu \frac{\partial u_z}{\partial y} = \mu \frac{\partial u_z}{\partial x^*} \frac{\partial x^*}{\partial y}, \tag{6.105}$$

$$x^* = x \sin\theta_2 + y \cos\theta_2. \tag{6.106}$$

现有 $u_z = u$,

$$\mathscr{D}(x) = -b\frac{\partial \varphi}{\partial x} = -2\frac{\partial u}{\partial x} = -2\left(\frac{\partial u}{\partial x^*}\right)\left(\frac{\partial x^*}{\partial x}\right), \tag{6.107}$$

$$\frac{\partial x^*}{\partial x} = \sin\theta_2 = \frac{c_t}{v}, \tag{6.108}$$

代入式 (6.105)，得到

$$\sigma_{yz}(x) = -\frac{1}{2}\mu\gamma_t^*\mathscr{D}(x), \tag{6.109}$$

式中

$$\gamma_t^* = \left(\frac{v^2}{c_t^2} - 1\right)^{1/2}. \tag{6.110}$$

从式 (6.109) 中可看到，跨越滑移面作用的切应力在任何点上比例于该点上的位错强度（密度）$\mathscr{D}(x)$，若某处 $\mathscr{D}(x)$ 为零，则 $\sigma_{yz}(x)$ 亦为零。

图 6.14 示出这个散布位错的 $\mathscr{D}(x)$，$\sigma(x)$ 和 $\varphi(x)$，可以明显看出这个位错的宽度和 $\sigma(x)$ 不为零的地区.

下面讨论超声速散布刃型位错．一个超声速刃型位错产生两组激震波前，其中一组是纵波，另一组是切变波．切变波的偏振方向与纵波的偏振方向垂直．切变波的位移表为

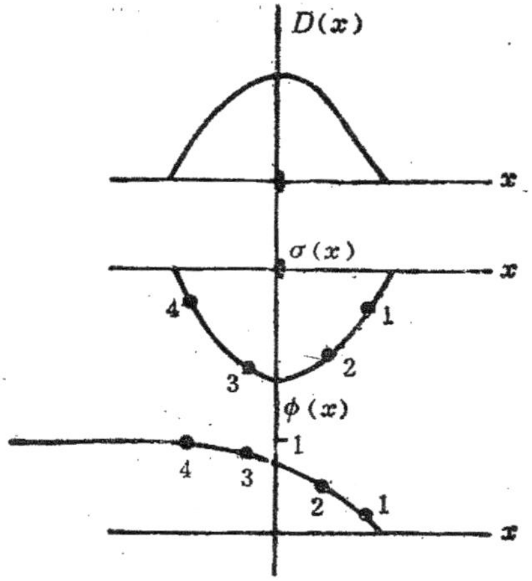

图 6.14

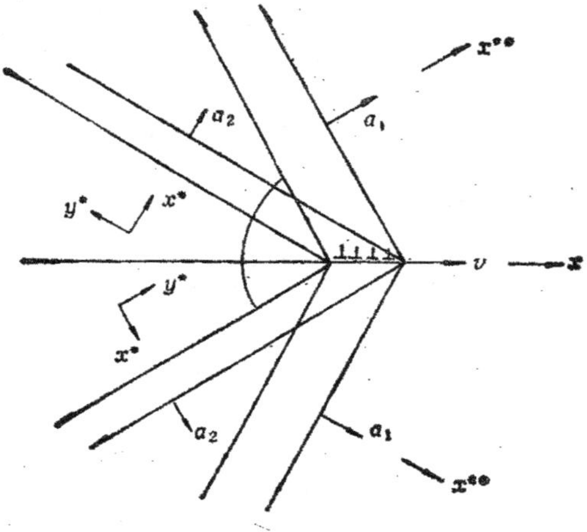

图 6.15

$$u_{y^*} = u_{y^*}(x^* - c_t t); \tag{6.111}$$

纵波的位移表为

$$u_{x^{**}} = u_{x^{**}}(x^{**} - c_e t), \tag{6.112}$$

x^*, c_t, x^{**}, c_e 的方向示于图 6.15 中，相应的夹角是 θ_2 和 θ_1. 有

$$\sin\theta_2 = c_t/v, \quad \sin\theta_1 = c_e/v. \tag{6.113}$$

在总的位错密度 $\mathscr{D}(x)$ 中，有一部分是由于切变波位移产生的，将此贡献记为 $\mathscr{D}_2(x)$，另一部分是由于纵波位移产生的，记为 $\mathscr{D}_1(x)$.

将纵波位移 $u_{x^{**}}$ 变换至坐标系 (x, y) 中，位移分量记作 (u_{x1}, u_{y1})；同样，将切变波位移 u_{y^*} 变换至坐标系 (x, y) 中，分量记作 (u_{x2}, u_{y2})。于是在上半空间有

$$u_{x1} = u_{x^{**}}\sin\theta_1, \quad u_{y1} = u_{x^{**}}\cos\theta_1, \tag{6.114}$$

$$u_{x2} = u_{y^*}(-\cos\theta_2), \quad u_{y2} = u_{y^*}\sin\theta_2, \tag{6.115}$$

故得

$$u_{x1} = u_{y1}\tan\theta_1, \quad u_{x2} = -u_{y2}\cot\theta_2, \tag{6.116}$$

并注意到在上半空间内，有

$$\frac{\partial}{\partial x}(u_{x1}, u_{y1}) = (\tan\theta_1)\frac{\partial}{\partial y}(u_{x1}, u_{y1}), \tag{6.117}$$

$$\frac{\partial}{\partial x}(u_{x2}, u_{y2}) = (\tan\theta_2)\frac{\partial}{\partial y}(u_{x2}, u_{y2}). \tag{6.118}$$

此外，还有

$$\mathscr{D}_1(x) = -2\frac{\partial u_{x1}}{\partial x}, \tag{6.119}$$

$$\mathscr{D}_2(x) = -2\frac{\partial u_{x2}}{\partial x}. \tag{6.120}$$

根据这些关系，可以求得在 $y = +0$ 的点上，有

$$\sigma_{xy}(x) = \mu[-\gamma_c^*\mathscr{D}_1(x) + (\zeta^2/\gamma_t^*)\mathscr{D}_2(x)], \tag{6.121}$$

$$\sigma_{yy}(x) = \mu[\zeta^2\mathscr{D}_1(x) + \mathscr{D}_2(x)], \tag{6.122}$$

式中

$$\gamma_c^* = (v^2/c_c^2 - 1)^{1/2}, \quad \gamma_t^* = (v^2/c_t^2 - 1)^{1/2}. \tag{6.123}$$

在 $y = -0$ 的点上(即 $y=0$ 平面的下侧)，$\sigma_{xy}(x)$ 仍由式(6.121)

给出，但 $\sigma_{yy}(x, -0) = -\sigma_{yy}(x, +0)$. 为了使应力在 $y=0$ 面上连续 $\sigma_{yy}(x, 0)$ 必须为零，即必须有:

$$\zeta^2\mathscr{D}_1(x) = -\mathscr{D}_2(x), \tag{6.124}$$

但 $\mathscr{D}(x) = \mathscr{D}_1(x) + \mathscr{D}_2(x)$，故

$$\mathscr{D}(x) = (1-\zeta^2)\mathscr{D}_1(x), \tag{6.125}$$

代入之后得到

$$\sigma_{xy}(x) = -(2\mu c_t^2/v^2)[\gamma_e^* + (\zeta^4/\gamma_t^*)]\mathscr{D}(x). \tag{6.126}$$

攀移位错也可以按上法处理. 这里

$$\mathscr{D}_1(x) = -2\frac{\partial u_{y1}}{\partial x}, \tag{6.127}$$

$$\mathscr{D}_2(x) = -2\frac{\partial u_{y2}}{\partial x}, \tag{6.128}$$

得到

$$\sigma_{xy}(x, +0) = -\mu[\mathscr{D}_1(x) + \zeta^2\mathscr{D}_2(x)], \tag{6.129}$$

$$\sigma_{yy}(x, +0) = \mu[(\zeta^2/\gamma_e^*)\mathscr{D}_1(x) - \gamma_t^*\mathscr{D}_2(x)], \tag{6.130}$$

以及

$$\begin{cases}\sigma_{xy}(x, -0) = -\sigma_{xy}(x, +0),\\ \sigma_{yy}(x, -0) = \sigma_{yy}(x, +0),\end{cases} \tag{6.131}$$

故有 $\sigma_{xy}(x, 0) = 0$，从而 $\mathscr{D}_1(x) = -\zeta^2\mathscr{D}_2(x)$，所以

$$\mathscr{D}(x) = (1-\zeta^2)\mathscr{D}_2(x) = (1-\zeta^{-2})\mathscr{D}_1(x), \tag{6.132}$$

而

$$\sigma_{yy}(x) = -(2\mu c_t^2/v^2)[\gamma_t^* + (\zeta^4/\gamma_e^*)]\mathscr{D}(x), \tag{6.133}$$

这就是超声速攀移刃型位错的结果.

下面对跨声速刃型位错进行简短讨论. 一个刃型位错的运动速度若在 $c_t < v < c_e$ 区间中，则称为是作跨声速运动；在此情况下需要寻求另外形式的解.

一个跨声速运动位错由于其速度 $v > c_t$，所以产生切变激震波，但由于 $v < c_e$，所以不产生纵激震波. 因而为了保持位错的匀速运动，运动平面还是得给出能量. 跨声速运动位错的应力场和位移场也可以看作是由两部分位错分布 $\mathscr{D}_1(x)$ 和 $\mathscr{D}_2(x)$ 所产

生，其中 $\mathscr{D}_1(x)$ 对于 c_e 作亚声速运动，而 $\mathscr{D}_2(x)$ 对 c_t 作超声速运动。

先考虑滑移刃型位错。一个速度不大于 c_e 的"亚"声速离散位错由位移场

$$\begin{cases} u_x = (b/2\pi)\tan^{-1}(\gamma_e y/x), \\ u_y = (b\gamma_e/4\pi)\ln(x^2+\gamma_e^2 y^2) \end{cases} \tag{6.134}$$

描述。若在式(6.55)至(6.57)中只保留含 γ_e 的项，则可以见到，当以上离散位错散布为分布 $\mathscr{D}_1(x)$ 时，它在滑移面上给出切应力 $[\sigma_{xy}(x)]_1$ 和张应力 $[\sigma_{yy}(x)]_1$ 于是有

$$[\sigma_{xy}(x)]_1 = \frac{\gamma_e \mu}{\pi}\int_{-\infty}^{+\infty}\frac{\mathscr{D}_1(x')dx'}{x-x'}, \tag{6.135}$$

$$[\sigma_{yy}(x)]_1 = \mu\zeta^2\mathscr{D}_1(x). \tag{6.136}$$

$[\sigma_{yy}(x)]_1$ 产生一个位错芯力，它必须被 $\mathscr{D}_2(x)$ 贡献的位错芯力抵消。对于 c_t 为超声速运动的 $\mathscr{D}_2(x)$，相关的应力场为

$$[\sigma_{xy}(x)]_2 = \frac{\mu\zeta^3}{\gamma_t^*}\mathscr{D}_2(x), \tag{6.137}$$

$$[\sigma_{yy}(x)]_2 = \mu\mathscr{D}_2(x). \tag{6.138}$$

如令

$$\mathscr{D}_2(x) = -\zeta^2\mathscr{D}_1(x), \tag{6.139}$$

则

$$\sigma_{yy}(x) = [\sigma_{yy}(x)]_1 + [\sigma_{yy}(x)]_2 = 0, \tag{6.140}$$

而总的 $\mathscr{D}(x)$ 不含位错芯力。于是得到，在 $y=0$ 面上，有

$$\sigma_{xy}(x) = -\mu B_t^*\mathscr{D}(x) + \frac{\mu B_t}{\pi}\int_{-\infty}^{+\infty}\frac{\mathscr{D}(x')dx'}{x-x'}, \tag{6.141}$$

式中

$$B_t^* = 2c_t^2\zeta^4/\gamma_t^* v^2, \tag{6.142}$$

$$B_t = 2\gamma_e c_t^2/v^2. \tag{6.143}$$

关于 $\sigma_{xy}(x)$ 的表达式可以进行反演，得出

$$\mathscr{D}(x) = \frac{B_t^*\sigma_{xy}(x)}{\mu(B_t^{*2}+B_t^2)} - \frac{B_t}{\pi\mu(B_t^{*2}-B_t^2)}\int_{-\infty}^{+\infty}\frac{\sigma_{xy}(x')dx'}{x-x'}. \tag{6.144}$$

对于跨声速攀移刃型位错也可以照此处理，结果形式与式(6.141)和式(6.144)完全一样，不过在其中用$\sigma_{yy}(x)$代替$\sigma_{xy}(x)$，并且在此

$$B_t^* = 2\gamma_t^* c_t^2/v^2, \tag{6.145}$$

$$B_t = -2c_t^2\zeta^4/\gamma_e v^2. \tag{6.146}$$

可以注意，在速度$v = \sqrt{2}\, c_t$时，一个滑移刃型位错表现亚声速运动位错的特征，而一个攀移刃型位错表现超声速运动位错的特征.

§6.5 非匀速运动离散直线位错

在本节中先借助一种直观的图象处理非匀速运动的直线位错，在下节中将表述位错动力学的一般理论.

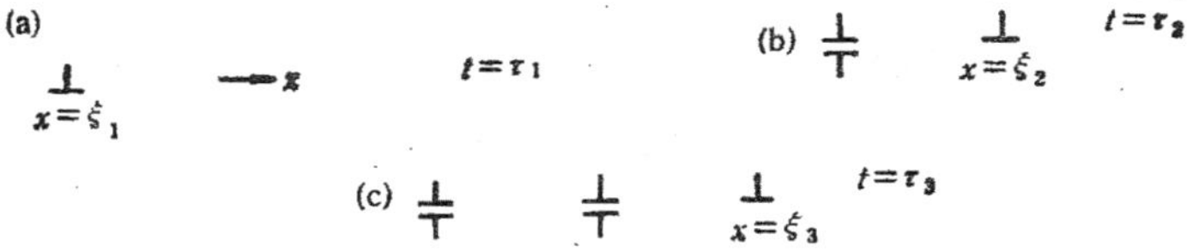

图 6.16

直线位错的任意非匀速运动的位移场可由突然产生的位错偶极子的场合成. 图 6.16 明显地示出与$t = \tau_1, \tau_2, \tau_3$时刻位错分别位于$x = \xi_1, \xi_2, \xi_3$的情况相等价的组态. 具体地讲，即是在$t = \tau_1$，位错“⊥”位于$\xi_1$. 在$t = \tau_2$时，突然在$x = \xi_1$和$\xi_2$产生一对相等相反的位错，或者说产生一个相距$\xi_2 - \xi_1$的位错偶极子，这相当于原位错$A$由$\xi_1$跳跃到$\xi_2$. 在$t = \tau_3$，又突然在$\xi_2$和$\xi_3$产生一对位错，效果上相当于位错由$\xi_2$跃至$\xi_3$. 如此等等. 相继在时间间隔$\Delta\tau_i = \tau_{i+1} - \tau_i$跳跃$\Delta\xi_i = \xi_{i+1} - \xi_i$，让$\Delta t_i$和$\Delta\xi_i$俱趋向于零，$v(\tau_i) = \lim\dfrac{\Delta\xi_i}{\Delta\tau_i}$，这样就可以描述直线位错的非匀速运动.

先处理螺型位错. 突然产生的螺型位错偶极子的位移场u_z必定满足方程

$$\frac{\partial^2 u_z}{\partial x^2}+\frac{\partial^2 u_z}{\partial y^2}=\frac{1}{c_t^2}\frac{\partial^2 u_z}{\partial t^2}. \tag{6.147}$$

假定在时刻 $t=\tau$，在 $y=0$ 平面上 $x=\xi$ 处突然产生一个螺型位错，同时在 $x=\xi-d\xi$ 处突然产生一个与之平行、但 Burgers 矢量相反的螺型位错．在介质达到力学平衡以后，这个位错偶极子的位移场应该是 $-(\delta\xi)(\partial u_z/\partial x)$，此处 u_z 是 $x=\xi$ 处的静止螺型位错的位移场

$$u_z=\frac{b}{2\pi}\tan^{-1}\frac{y}{x-\xi},$$

故

$$\begin{cases}\delta u_z=b_y\delta\xi/2\pi\rho^2,\\ \rho^2=(x-\xi)^2+y^2,\end{cases} \tag{6.148}$$

这是静态螺型位错偶极子的位移场．

Nabarro 引入形式如下的位移场：

$$\delta u_z=\frac{by\delta\xi}{2\pi\rho^2}f\left[\frac{\rho}{c_t(t-\tau)}\right]\Delta[c_t(t-\tau)-\rho], \tag{6.149}$$

这里 f 是一个有待确定的函数；$\Delta(\zeta)$ 是阶跃函数：当 $\zeta>0$ 时 $\Delta(\zeta)=1$，$\zeta<0$ 时 $\Delta(\zeta)=0$．若当 $t\to\infty$ 时 $f\to 1$，则位移 (6.149) 约化为静态偶极子表示式 (6.148)．阶跃函数 Δ 之存在保证了在 $t=\tau$ 时，$y=0$，$x=\xi$ 处发生的切变波在它所未到达的时空点上引起的位移为零，这是突然产生的位错偶极子的场所必须具有的性质．将式 (6.149) 代入方程 (6.147)，得到关于 f 的微分方程

$$\rho'(1-\rho'^2)\frac{d^2f(\rho')}{d\rho'^2}-(2\rho'^2+1)\frac{df(\rho')}{d\rho'}=0, \tag{6.150}$$

式中

$$\rho'=\rho/c_t(t-\tau). \tag{6.151}$$

在适当的边界条件下，方程 (6.150) 有解

$$f=c_t(t-\tau)[c_t^2(t-\tau)^2-\rho^2]^{-1/2}, \tag{6.152}$$

于是 δu_z 为

$$\delta u_z = \frac{b y \delta\xi}{2\pi\rho^2} \frac{c_t(t-\tau)}{[c_t^2(t-\tau)^2 - \rho^2]^{1/2}} \Delta[c_t(t-\tau)-\rho], \quad (6.153)$$

此式表示在 $t=\tau$ 时刻产生的平行于 x 方向的一个位错偶极子的位移场. 平行于 y 方向的一个位错偶极子 $\delta\eta$ 的位移场也可以这样求出,其形式与(6.153)相似.

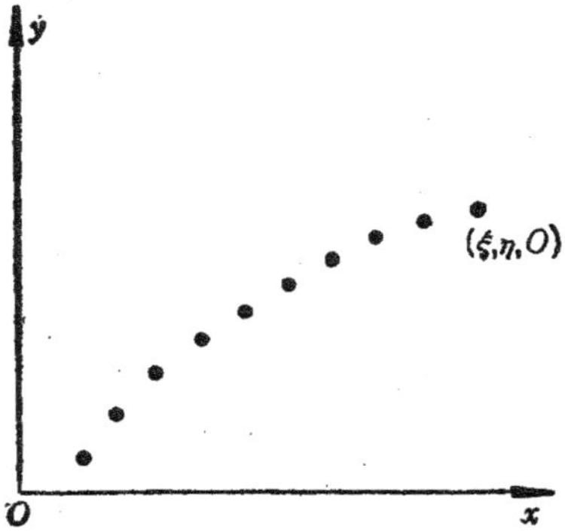

图 6.17

图 6.17 中所示诸位错的总位移场是如式(6.153)表示的一系列位移项 δu_z 之和，实际上是由一单个位错经历一串跳跃运动所产生的位移场. 当令这些跳跃量趋于无限小时，就相当于位错作非匀速的连续运动,而总的位移场显然由如下的积分给出

$$u_z(x, y, t) = \frac{b}{2\pi}\int_{-\infty}^{\tau_0} \frac{c_t(t-\tau)[(y-\eta)v_x - (x-\xi)v_y]d\tau}{\rho^2[c_t^2(t-\tau)^2-\rho^2]^{1/2}}, \quad (6.154)$$

式中

$$\rho^2 = (x-\xi)^2 - (y-\eta)^2, \quad (6.155)$$

(ξ, η) 是时刻 τ 时位错的坐标. 令 $\delta\xi = (\partial\xi/\partial\tau)d\tau \to v_x d\tau$, $\delta\eta \to v_y d\tau$, (v_x, v_y) 是时刻 τ 时位错的速度，代入式(6.153), τ_0 是满足下式的时刻:

$$[x-\xi(\tau_0)]^2 + [y-\eta(\tau_0)]^2 = c_t^2(t-\tau_0)^2. \quad (6.156)$$

显然, $\tau_0 < t$ 时，则 (x, y, t) 与时空点 $(\xi(\tau_0), \eta(\tau_0), \tau_0)$ 的时空距离恰好是切变波传播的时空距离.

由式(6.154)，在积分号下微分，可以得到$\sigma_{yz}=\mu(\partial u_z/\partial y)$，$\sigma_{xy}=\mu(\partial u_z/\partial x)$，以及偏导数$\partial u_z/\partial t$. 但 Eshelby 指出，这样做在若干情况下是困难的.

另一方法是引入两个"势"函数：$\phi(x, y, t)$ 和 $\boldsymbol{A}(x, y, t)=(A_x, A_y)$. 若应力和位移的时间导数与$\phi$，$\boldsymbol{A}$的关系如下：

$$\sigma_{xy}=\mu^{1/2}\left(\frac{\partial\phi}{\partial y}+\frac{1}{c_t}\frac{\partial A_y}{\partial t}\right), \tag{6.157}$$

$$\sigma_{yz}=-\mu^{1/2}\left(\frac{\partial\phi}{\partial x}-\frac{1}{c_t}\frac{\partial A_x}{\partial t}\right), \tag{6.158}$$

$$\frac{\partial u_z}{\partial t}=\frac{c_t}{\mu^{1/2}}\left(\frac{\partial A_y}{\partial x}-\frac{\partial A_x}{\partial y}\right), \tag{6.159}$$

则σ_{xy}，σ_{yz}和$u_{z,t}$满足式(6.147). 势ϕ和A类似于电动力学中的标势和矢势. Eshelby 求出描述任意运动螺型位错势的表示式是

$$\phi=\frac{b\mu^{1/2}}{2\pi c_t}\int_{-\infty}^{\tau_0}\frac{c_t d\tau}{[c_t^2(t-\tau)^2-\rho^2]^{1/2}}, \tag{6.160}$$

$$A_x=\frac{b\mu^{1/2}}{2\pi c_t}\int_{-\infty}^{\tau_0}\frac{(\partial\xi(\tau)/\partial\tau)d\tau}{[c_t^2(t-\tau)^2-\rho^2]^{1/2}}, \tag{6.161}$$

$$A_y=\frac{b\mu^{1/2}}{2\pi c_t}\int_{-\infty}^{\tau_0}\frac{(\partial\eta(\tau)/\partial\tau)d\tau}{[c_t^2(t-\tau)^2-\rho^2]^{1/2}}, \tag{6.162}$$

这样就可以求出σ_{xy}，σ_{yz}和$u_{z,t}$的显式表示式.

匀速运动螺型位错的位移场可以作为一个特殊情况由式(6.154)得出.

非匀速运动的滑移离散刃型位错也可以照上法处理，引入与上面类似的势函数，所求得的关系为

$$\frac{\partial u_i}{\partial t}=-\frac{bc_t^2}{2\pi}\left\{\frac{\partial A_{ii}}{\partial x_j}-\frac{\partial A_{ij}}{\partial x_i}\right\}, \tag{6.163}$$

式中$i=1, j=2$或$i=2, j=1$；以及

$$\frac{\partial u_i}{\partial x_k}=\frac{b}{2\pi}\left\{\delta_{i1}c_t^2\left[\frac{\partial\phi_{ki}}{\partial x_j}-\frac{\partial\phi_{kj}}{\partial x_i}\right]+2\delta_{i2}\frac{\partial\phi_{k2}}{\partial x_2}\right.$$
$$\left.-\delta_{i2}c_c^2\left[\frac{\partial\phi_{ki}}{\partial x_i}+\frac{\partial\phi_{kj}}{\partial x_j}\right]-\delta_{i2}\frac{\partial A_{k1}}{\partial t}\right\}, \tag{6.164}$$

式中 $i \neq j$, $k=i$ 或 j (即 $k=1$ 或 2; $i=1$, $j=2$ 或 $i=2$, $j=1$). (x_1, x_2, x_3) 表示 (x, y, z).

势函数的表达式是

$$\phi_{ij}=\sum_{n=1,2}\int_{-\infty}^{\tau_{0n}}\frac{F_{ijn}}{\rho^4}d\tau, \tag{6.165}$$

$$A_{ij}=\sum_{n=1,2}\int_{-\infty}^{\tau_{0n}}\frac{\partial\xi(\tau)}{\partial\tau}\frac{F_{ijn}}{\rho^4}d\tau,\tag{6.166}$$

$$\rho^2=(x-\xi)^2+y^2,$$

$\xi(\tau)$ 是时刻 τ 时位错的 x 坐标; $i=j$ 或 $i\neq j$,

$$\begin{aligned}F_{ijn}=\frac{1}{\delta_n}\{&\delta_{i1}\delta_{n1}\delta_{ij}[(t-\tau)^2(x-\xi)^2-y^2S_n^2]\\&+\delta_{i2}\delta_{n2}\delta_{ij}[y^2(t-\tau)^2-(x-\xi)^2S_n^2]\\&-(1-\delta_{ij})(-1)^n y(x-\xi)[(t-\tau)^2+S_n^2]\},\end{aligned}\tag{6.167}$$

式中

$$S_n^2=(t-\tau)^2-c_t^{-2}[(x-\xi)^2+y^2],\tag{6.168}$$

τ_{0n} 是方程 $S_n=0$ 的最大的根.

由此可求得应力场的诸分量. 关于非匀速攀移刃型位错尚未见到已发表的计算.

§6.6 位错动力学的一般理论

在本节中我们论述任意位错环的任意运动. 根据 §4.4 中所述位错环生成元的观念, 位错环的任意运动可以看作是在相继时刻沿位错线的一系列无限小位错环的生成过程. 这个图象是很合理很直观的, 如图 6.18 中示意表出. 位错环 c 在时间间隔 t 至 $t+dt$ 由位形 (1) 变至位形 (2), 可以看作是诸小环 dA 的生成.

因为位错是一条空间曲线, 所以在某一时刻其上一点的位置矢可用一个单参数 α 来给定, 在时刻 t' 整个位错环, 即以下处理问题的源点 $\boldsymbol{r}'$, 以函数 $\boldsymbol{r}'(\alpha, t')$ 确定. 取 $0\leqslant\alpha\leqslant1$, $\boldsymbol{r}'=\boldsymbol{r}'(\alpha, t')$ 就是位错环的参数方程. 位错运动相应的小环 $d\boldsymbol{A}$ 是

$$d\boldsymbol{A}=\boldsymbol{v}dt'\times d\boldsymbol{l}=\left[\frac{\partial\boldsymbol{r}'}{\partial t}\times\frac{\partial\boldsymbol{r}'}{\partial\alpha}\right]dt'd\alpha,\tag{6.169}$$

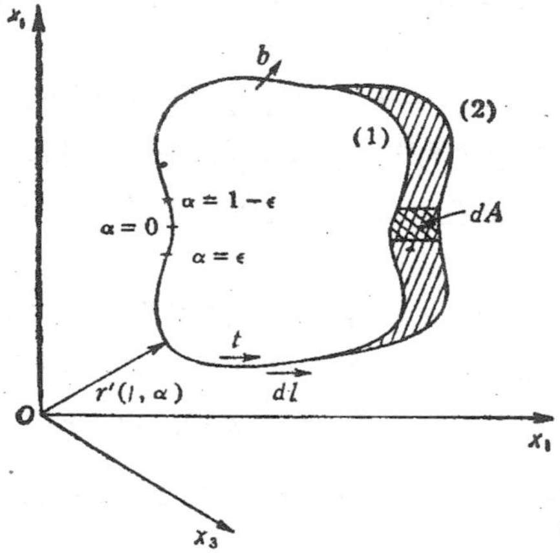

图 6.18

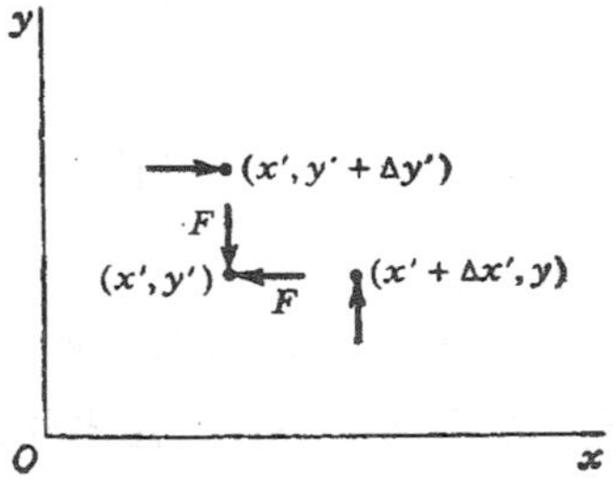

图 6.19

或

$$dA_i = \varepsilon_{ikl} \frac{\partial r'_k}{\partial t'} \frac{\partial r'_l}{\partial \alpha} dt' d\alpha, \tag{6.170}$$

于是运动位错环产生的位移场可以写作如下形式:

$$u_m(\boldsymbol{r}, t) = \int_{\alpha=0, t=-\infty}^{\alpha=1, t} du_m[\boldsymbol{r} - \boldsymbol{r}'(\alpha, t'), t - t'], \tag{6.171}$$

式中 $(\boldsymbol{r}, t)$ 是场点的时空坐标. 本节的工作就是求出 du_m 的具体表达式.

所用的方法还是借助于在前数章中引入并应用过的 Green

张量函数计算小位错环的位移场．根据前文中式(3.3)或式(4.2)，稳态小环 $\delta \boldsymbol{A}'$ 产生的位移场为

$$\delta u_m(\boldsymbol{r}) = -b_i c_{ijkl} G_{mk,l'}(\boldsymbol{r}-\boldsymbol{r}')\delta A'_j. \qquad (6.172)$$

回忆 Green 张量函数的定义：$G_{mk}(\boldsymbol{r}-\boldsymbol{r}')$ 是作用在 $\boldsymbol{r}'$ 点处的单位集中力的 k 分量在 $\boldsymbol{r}$ 处引起的弹性位移的 m 分量；张量 G_{mk} 对于其下角标是对称的．

现在可以想象位于 (x', y') 的小环是由如图 6.19 所示的两个小力偶所产生，或者说小环产生的弹性位移效果相当于两个小力偶的效果．具体地讲，若在图中令：$\Delta x', \Delta y' \to 0$，$F \to \infty$，而

$$\frac{F}{\mu}\Delta y' = \frac{F}{\mu}\Delta x' \to b_x \delta A_y \text{ 或 } b_y \delta A_x, \qquad (6.173)$$

则这两个力偶产生的位移场应是

$$\delta u_m(\boldsymbol{r}) = -b_x \delta A_y \mu \left[\frac{\partial}{\partial y'} G_{mx}(\boldsymbol{r}-\boldsymbol{r}') - \frac{\partial}{\partial x'} G_{my}(\boldsymbol{r}-\boldsymbol{r}')\right], \qquad (6.174)$$

此式显然与式(6.172)一致．

从物理(力学)的角度来看，若 $\Delta x', \Delta y' \to 0$，$F \to \infty$，则受胁的小体积的惯性会小到可略去不计．意思就是，当两个极限力偶 $\lim F\Delta x'$ 和 $\lim F\Delta y'$ 在时刻 t' 突然开始作用时，会瞬时地产生小位错环 $b_x \delta A'_y$，而此小环的特性位移场将由时刻 t' 开始向介质中传播开去．

这样，求解由突然产生的小位错环引起的依赖于时间的位移场的问题就归结为计算依赖于时间的 Green 张量函数 $G_{mk}(\boldsymbol{r}-\boldsymbol{r}', t-t')$ 的问题，即是求在 t' 时刻突然作用在 $\boldsymbol{r}'$ 处的单位力所引起的位移场．然后通过积分运算，求出场点 $(\boldsymbol{r}, t)$ 上的总位移 $\boldsymbol{u}(\boldsymbol{r}, t)$．

下面我们采用 Fourier 分析方法，并用 Lagrange 运动方程来解此问题．

设将位移 $\boldsymbol{u}(\boldsymbol{r})$ 作 Fourier 展开：

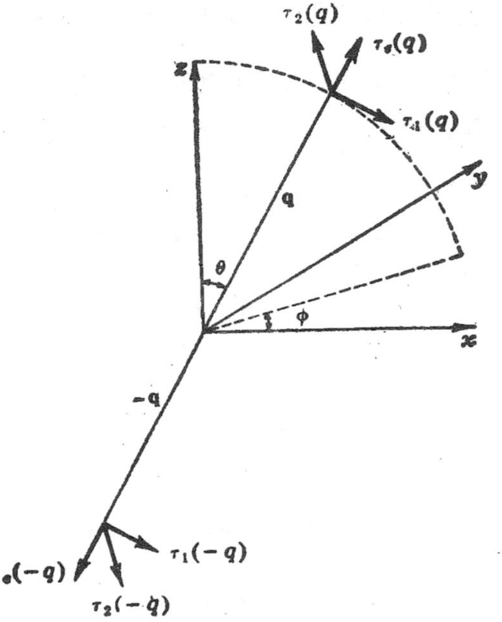

图 6.20

$$u(r)=(V)^{-1/2}\sum_{q}Q(q)\exp i(q\cdot r), \qquad (6.175)$$

式中V是无限晶体中的一个立方体体积，此无限晶体可看作是由这个立方体无限周期重复构成的,即是如一般固体物理学中那样，采用 Born-von Karman 边界条件.

取一坐标系 (τ_1, τ_2, τ_3), 其中 $\tau_3 // q$. 诸 τ 的取向如图 6.20 所示. $\tau_1(-q)=\tau_1(q)$, $\tau_2(-q)=-\tau_2(q)$, $\tau_3(-q)=-\tau_3(q)$. 现在将 $Q(q)$ 在此坐标系中分解

$$Q=Q_1\tau_1+Q_2\tau_2+Q_3\tau_3. \qquad (6.176)$$

由于要求 $u(r)$ 为一实数,所以根据式 (6.175) 及式 (6.176) ,必须

$$Q_1^*(q)=Q_1(-q),\quad Q_2^*(q)=-Q_2(-q),$$
$$Q_3^*(q)=-Q_3(-q). \qquad (6.177)$$

由展开式 (6.175) 可以计算体积V中的弹性能 E_{el}, 结果是

$$E_{el}=\sum_q \frac{1}{2} q^2[\mu Q_1 Q_1^* + \mu Q_2 Q_2^* + (\lambda + 2\mu) Q_3 Q_3^*]. \tag{6.178}$$

同样可计算体积为 V 的立方体的动能 E_{kin}，它是

$$E_{kin}=\sum_q \frac{1}{2}\rho_0(\dot{Q}_1\dot{Q}_1^* + \dot{Q}_2\dot{Q}_2^* + \dot{Q}_3\dot{Q}_3^*). \tag{6.179}$$

根据分析力学，体系的 Lagrange 函数 L 为

$$L = T - V = E_{kin} - E_{el}, \tag{6.180}$$

而 Lagrange 运动方程是

$$\frac{d}{dt}\frac{\partial L}{\partial \dot{Q}^*} - \frac{\partial L}{\partial Q^*} = K_{Q^*}, \tag{6.181}$$

K_{Q^*} 是与 Q^* 相联系的广义力.

现在若有点力 F_x 作用于 $r'=0$，参考于图 6.20，则此力在位移场 (6.175) 上所作的功应为

$$W_{int} = (V)^{-1/2}\sum_q [F_x \cos\theta\cos\phi Q_1^* - F_x \sin\phi Q_2^* + F_x \sin\theta\cos\phi Q_3^*]. \tag{6.182}$$

广义力 K_{Q^*} 即为

$$K_{Q^*} = \frac{\partial W_{int}}{\partial Q^*}, \tag{6.183}$$

而 Lagrange 运动方程是

$$\frac{d}{dt}\frac{\partial L}{\partial \dot{Q}^*} - \frac{\partial L}{\partial Q^*} = \frac{\partial W_{int}}{\partial Q^*}. \tag{6.184}$$

将式 (6.184) 写作显式形式，是

$$\begin{cases}\rho_0\ddot{Q}_1 + \mu q^2 Q_1 = (V)^{-1/2}F_x\cos\theta\cos\phi,\\ \rho_0\ddot{Q}_2 + \mu q^2 Q_2 = -(V)^{-1/2}F_x\sin\phi,\\ \rho_0\ddot{Q}_3 + (\lambda+2\mu) q^2 Q_3 = (V)^{-1/2}F_x\sin\theta\cos\phi.\end{cases} \tag{6.185}$$

由于力 F_x 是在 $t=0$ 时刻突然施加的，此后即保持不变，所以适当的初始条件是当 $t=0$ 时 $Q=0$，$\dot{Q}=0$. 方程 (6.185) 满足此初始条件的解是

$$\begin{cases}Q_1 = \frac{V^{-1/2}F_x\cos\theta\cos\phi}{\mu q^2}(1-\cos c_t q t),\end{cases}$$

$$\begin{cases} Q_2 = \dfrac{-V^{-1/2}F_x \sin\phi}{\mu q^2}(1-\cos c_t qt), \\ Q_3 = \dfrac{V^{-1/2}F_x \sin\theta\cos\phi}{(\lambda+2\mu)q^2}(1-\cos c_e qt). \end{cases} \tag{6.186}$$

位移 $u_x(\boldsymbol{r}, t)$ 为

$$\begin{aligned} u_x(\boldsymbol{r}, t) &= V^{-1/2}\sum_q (\cos\theta\cos\phi Q_1 - \sin\phi Q_2 \\ &\quad + \sin\theta\cos\phi Q_3)\exp(i\boldsymbol{q}\cdot\boldsymbol{r}) \\ &= \frac{V^{+1/2}}{(2\pi)^3}\iiint(\cos\theta\cos\phi Q_1 - \sin\phi Q_2 \\ &\quad + \sin\theta\cos\phi Q_3)\exp(i\boldsymbol{q}\cdot\boldsymbol{r})d^3q, \end{aligned} \tag{6.187}$$

容易得到 $u_y(\boldsymbol{r}, t)$ 和 $u_z(\boldsymbol{r}, t)$ 与此相似的表达式.

将 Q_1, Q_2, Q_3 的表示式 (6.186) 代入,得到

$$\begin{aligned} u_x = \frac{F_x}{\mu(2\pi)^3}\iiint&\left[\frac{\cos^2\theta+\sin^2\theta\sin^2\phi}{q^2}(1-\cos c_t qt)\right. \\ &\left.+\frac{\mu\sin^2\theta\cos^2\phi}{(\lambda+2\mu)q^2}(1-\cos c_e qt)\right] \\ &\cdot\exp(i\boldsymbol{q}\cdot\boldsymbol{r})q^2\sin\theta d\theta d\phi dq, \end{aligned} \tag{6.188}$$

由于

$$\boldsymbol{q}\cdot\boldsymbol{r} = qz\cos\theta + qy\sin\theta\sin\phi + qx\sin\theta\cos\phi, \tag{6.189}$$

故上式可以写作

$$\begin{aligned} u_x = \frac{-F_x}{\mu(2\pi)^3}&\left[\left(\frac{\partial^2}{\partial y^2}+\frac{\partial^2}{\partial z^2}\right)\iiint\frac{1-\cos c_t qt}{q^4}\right. \\ &\cdot\exp(i\boldsymbol{q}\cdot\boldsymbol{r})q^2\sin\theta d\theta d\phi dq \\ &+\frac{\mu}{\lambda+2\mu}\frac{\partial^2}{\partial x^2}\iiint\frac{1-\cos c_e qt}{q^4} \\ &\left.\cdot\exp(i\boldsymbol{q}\cdot\boldsymbol{r})q^2\sin\theta d\theta d\phi dq\right], \end{aligned} \tag{6.190}$$

将此式中两个三重积分分别以 I_1, I_2 记之,

$$I_1 \equiv \iiint\frac{1-\cos c_t qt}{q^4}\exp(i\boldsymbol{q}\cdot\boldsymbol{r})q^2\sin\theta d\theta d\phi dq$$

$$= 2\pi\int_0^\infty dq\frac{1-\cos c_t qt}{q^2}\int_0^\pi \exp(iqr\cos\theta)\sin\theta d\theta$$

$$= \frac{\pi}{2ir}\int_{-\infty}^{+\infty} dq\{[2-\exp(ic_t qt)-\exp(-ic_t qt)]$$

$$\cdot[\exp(iqr)-\exp(-iqr)]/q^3\}, \tag{6.191}$$

根据定积分结果

$$\int_{-\infty}^{+\infty}\frac{\exp(iaq)}{q^3} = \begin{cases}0, & a>0,\\ \pi i a^2, & a<0,\end{cases} \tag{6.192}$$

最后可得到

$$I_1 = \begin{cases}\frac{\pi^2}{r}c_t^2t^2, & c_t t<r,\\ \pi^2(-r+2c_t t), & c_t t>r,\end{cases} \tag{6.193}$$

$$I_2 = \begin{cases}\frac{\pi^2}{r}c_e^2t^2, & c_e t<r,\\ \pi^2(-r+2c_e t), & c_e t>r.\end{cases} \tag{6.194}$$

于是能够得到

(i) 在区间 $c_t t>r$，$c_e t>r$ 中，有

$$\begin{cases}G_{xx} = \frac{u_x}{F_x} = \frac{1}{8\pi\mu}\left(\frac{\partial^2 r}{\partial y^2}+\frac{\partial^2 r}{\partial z^2}+\frac{\mu}{\lambda+2\mu}\frac{\partial^2 r}{\partial x^2}\right),\\ G_{xy} = \frac{1}{8\pi\mu}\left(-\frac{\partial^2 r}{\partial x\partial y}+\frac{\mu}{\lambda+2\mu}\frac{\partial^2 r}{\partial x\partial y}\right),\\ G_{xz} = \frac{1}{8\pi\mu}\left(-\frac{\partial^2 r}{\partial x\partial y}+\frac{\lambda}{\lambda+2\mu}\frac{\partial^2 r}{\partial x\partial y}\right).\end{cases} \tag{6.195}$$

(ii) 在区间 $c_t t<r$，$c_e t>r$ 中，有

$$\begin{cases}G_{xx} = \frac{1}{8\pi\rho_0}\frac{\partial^2(t^2/r)}{\partial x^2}+\frac{1}{8\pi(\lambda+2\mu)}\frac{\partial^2 r}{\partial x^2},\\ G_{xy} = \frac{1}{8\pi\rho_0}\frac{\partial^2(t^2/r)}{\partial x\partial y}+\frac{1}{8\pi(\lambda+2\mu)}\frac{\partial^2 r}{\partial x\partial y},\\ G_{xz} = \frac{1}{8\pi\rho_0}\frac{\partial^2(t^2/r)}{\partial x\partial z}+\frac{1}{8\pi(\lambda+2\mu)}\frac{\partial^2 r}{\partial x\partial z}.\end{cases} \tag{6.196}$$

(iii) 在区间 $c_t t<r$，$c_e t<r$ 中，扰动尚未到达 r，故此

$G_{xx}=G_{xy}=G_{xz}=0$。

其它的诸 G 分量，如 G_{yx} 等，可由对称性关系得到. 结果可以写为较简洁的如下形式:

$$
\begin{aligned}
G_{ij}(r,t)=&\frac{1}{8\pi\mu}\eta\left(t-\frac{r}{c_t}\right)\left(\delta_{ij}\nabla^2-\frac{\partial^2}{\partial x_i\partial x_j}\right)r\\
&+\frac{1}{8\pi(\lambda+2\mu)}\eta\left(t-\frac{r}{c_e}\right)\frac{\partial^2 r}{\partial x_i\partial x_j}\\
&+\frac{t^2}{8\pi\rho_0}\left[\eta\left(t-\frac{r}{c_e}\right)-\eta\left(t-\frac{r}{c_t}\right)\right]\frac{\partial^2(1/r^2)}{\partial x_i\partial x_j},
\end{aligned}
\tag{6.197}
$$

式中 $\eta(t)$ 是阶梯函数

$$
\eta(t)=\begin{cases}0, & t<0,\\ 1, & t\geqslant 0,\end{cases}\quad \frac{d\eta(t)}{dt}=\delta(t).
$$

由此可以算出如下的显式表达式:

$$
\begin{aligned}
\frac{\partial G_{ij}(r,t)}{\partial x_k}=&\frac{1}{8\pi\mu}\dot{\eta}\left(t-\frac{r}{c_t}\right)\left(\delta_{ij}\nabla^2-\frac{\partial^2}{\partial x_i\partial x_j}\right)\frac{\partial r}{\partial x_k}\\
&-\frac{1}{8\pi\mu c_t}\delta\left(t-\frac{r}{c_t}\right)\left(\delta_{ij}\nabla^2-\frac{\partial^2}{\partial x_i\partial x_j}\right)r\\
&+\frac{1}{8\pi(\lambda+2\mu)}\eta\left(t-\frac{r}{c_e}\right)\frac{\partial^3 r}{\partial x_i\partial x_j\partial x_k}\\
&-\frac{1}{8\pi(\lambda+2\mu)c_e}\delta\left(1-\frac{r}{c_e}\right)\frac{\partial r}{\partial x_k}\frac{\partial^2 r}{\partial x_i\partial x_j}\\
&+\frac{t^2}{8\pi\rho_0}\left[\eta\left(t-\frac{r}{c_e}\right)-\eta\left(t-\frac{r}{c_t}\right)\right]\frac{\partial^3(1/r)}{\partial x_i\partial x_j\partial x_k}\\
&-\frac{t^2}{8\pi\rho_0}\left[\frac{1}{c_e}\delta\left(t-\frac{r}{c_e}\right)-\frac{1}{c_t}\delta\left(t-\frac{r}{c_t}\right)\right]\\
&\times\frac{\partial r}{\partial x_k}\frac{\partial^2(1/r)}{\partial x_i\partial x_j}.
\end{aligned}
\tag{6.198}
$$

根据基本公式 (6.172)，在各向同性介质中，在 $t=0$，$\boldsymbol{r}=0$ 处产生的小位错环 $\delta\boldsymbol{A}$ 引起的位移场分量是

$$
du_m(\boldsymbol{r},t)=\lambda\delta A_ib_iG_{mk,k}+\mu\delta A_jb_iG_{mi,j}+\mu\delta A_jb_iG_{mj,i},\tag{6.199}
$$

此式右端完全是已知量，将它代入式 (6.171)，即可算出运动位错

的位移场

$$u_m(r,t)=\int_{\alpha=0,t=-\infty}^{\alpha=1,t}du_m[r-r'(\alpha,t'),t-t'],\quad(6.200)$$

它首次为 Nabarro 所得到.

原则上从式(6.200)出发,经过积分,可求出运动位错的位移场的解析表达式,然后采用标准步骤,计算应力场,以及运动位错之间的相互作用能和相互作用力等.在这里不准备这样做,而仅止于说明关于这个问题的思考和处理方法,并给出最基本的结果.

§6.7 螺型位错

考虑螺型位错的简单情况,作为一个实例,说明上节普遍理论的应用.

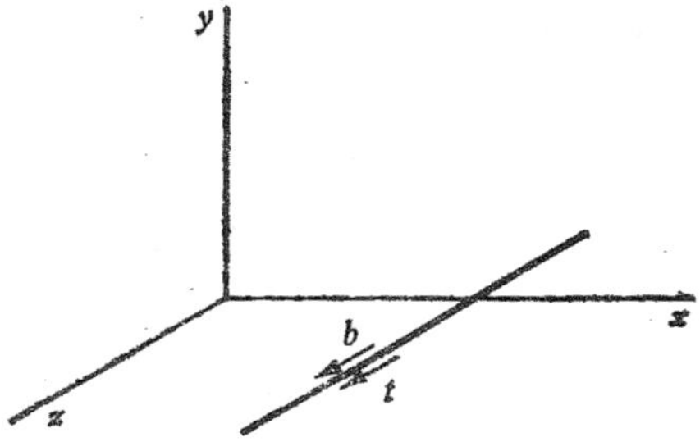

图 6.21

螺型位错 S 位于 xz 平面内,平行于 z 轴,其位移场应由下式给出:

$$u_z(r,t)=\int dA_y b_z\mu\left(\frac{\partial G_{zz}}{\partial y'}+\frac{\partial G_{zy}}{\partial z'}\right)$$

$$=-\mu b\int dx'\int_{-\infty}^{+\infty}dz'\left(\frac{\partial G_{zz}}{\partial y'}+\frac{\partial G_{zy}}{\partial z'}\right),\quad(6.201)$$

积分中最后一项积出为零,因此上式化为

$$u_z(r,t)=-\mu b\int dx'\int_{-\infty}^{+\infty}dz'\,\frac{\partial G_{zz}}{\partial y'},\qquad(6.202)$$

式中

$$G_{zz} = \frac{1}{8\pi\mu}\eta\left(t - t' - \frac{r}{c_t}\right)\left(\nabla^2 - \frac{\partial^2}{\partial z^2}\right)r$$
$$+ \frac{1}{8\pi(\lambda + 2\mu)}\eta\left(t - t' - \frac{r}{c_e}\right)\frac{\partial^2 r}{\partial z'^2}$$
$$+ \frac{(t - t')^2}{8\pi\rho_0}\left[\eta\left(t - t' - \frac{r}{c_e}\right) - \eta\left(t - t'\right.\right.$$
$$\left.\left. - \frac{r}{c_t}\right)\right]\frac{\partial^2(1/r)}{\partial z'^2}. \tag{6.203}$$

由于 $\nabla^2 r = 2/r$，对 z' 积分的第一项为

$$\frac{1}{8\pi\mu}\int_{-|z-z_0|}^{|z-z_0|}\frac{2dz'}{r} = \frac{1}{4\pi\mu}\ln\frac{(t - t')c_t + |z - z_0'|}{(t - t')c_t - |z - z_0'|}, \tag{6.204}$$

其中 z_0' 由如下方程的实根定义：

$$|z - z_0'| = [(t - t')^2 c_t^2 - (x - x')^2 - y^2]^{1/2}, \tag{6.205}$$

当无实根时，$z_0' = 0$。

可以证明，除此第一项外，积分的其他项或是抵消，或是无净贡献．因此 $u_z(\boldsymbol{r}, t)$ 的完全表达式即是

$$u_z(\boldsymbol{r}, t) = \frac{b}{4\pi}\int \frac{\partial}{\partial y}\ln\frac{(t - t')c_t + |z - z_0'|}{(t - t')c_t - |z - z_0'|}dx'; \tag{6.206}$$

将 $|z - z_0'|$ 的表示式 (6.205) 代入，并进行分部积分，给出

$$u_z(\boldsymbol{r}, t) = \frac{-b}{2\pi}\int dx'\{(t - t')c_t y/[(x - x')^2 + y^2]$$
$$\times [(t - t')^2 c_t^2 - (x - x')^2 - y^2]^{1/2}\}. \tag{6.207}$$

位错的位置一般是 t' 的某个函数

$$x' = x'(t'),\ dx' = \frac{dx'}{dt'}dt' = v(t')dt'. \tag{6.208}$$

设当 $t' = -\infty$ 时 $x' = -\infty$，则上式变为

$$u_z(\boldsymbol{r}, t) = \frac{-b}{2\pi}\int_{-\infty}^{t'_-} dt'\{(t - t')c_t yv/[(x - x')^2 + y^2]$$
$$\times [(t - t')^2 c_t^2 - (x - x')^2 - y^2]^{1/2}\}, \tag{6.209}$$

式中 t'_- 是方程

$$[(t - t')^2 c_t^2 - (x - x')^2 - y^2] = 0 \tag{6.210}$$

的小根；此方程的另一根记作 t'_+，$t'_+ > t'_-$.

将 t'_- 作为上限，表明位移 $u_z(\boldsymbol{r}, t)$ 仅由如下的扰动构成，这些扰动是由位错过去各个时刻的位置发源，以速度 c_t 传播，而在时刻 t 到达 $\boldsymbol{r}$ 点.

匀速运动是一个特例，$v(t') = v =$ 常数. 若在 $t' = 0$ 时 $x' = 0$，则 $x' = vt'$. 在此情况下，经过必要的数学运算，可以由式(6.209)得到

$$u_z(\boldsymbol{r}, t) = \frac{-b}{2\pi} \tan^{-1}\left[\frac{y(1 - v^2/c_t^2)^{1/2}}{x - vt}\right], \tag{6.211}$$

与式(6.9)完全一致.

下面试考虑加速螺型位错的情况. 一个非匀速运动可以看作是速度的一系列骤然改变的结果. 如果对速度一次骤然改变的响应已经求得，那么就可以由积分求出对任意加速的响应.

设想螺型位错原在 $x = 0$ 处静止，在 $t = 0$ 时刻突然开始以一较小的常速 $v \ll c_t$ 运动. 位移场能够由式(6.209)确定.

现将积分区间分作两段. 在区间 $-\infty < t' \leqslant 0$ 上积分，相应于一个无限小速度时，给出在 $x = 0$ 处为恒稳的螺型位错的位移场，写作

$$u_z^{(0)}(vt, y) = -\frac{b}{2\pi}\tan^{-1}\frac{y}{vt} = -\frac{b}{4} + \frac{b}{2\pi}\tan^{-1}\frac{vt}{y}. \tag{6.212}$$

其次考虑区间 $0 < t' \leqslant t'_-$，相应于一个小的恒定速度 v，此时需要引入一个变数变换，设变数 ζ 由下式定义：

$$(t' - t'_-) = \zeta^2(t' - t'_+), \tag{6.213}$$

于是

$$t' = \frac{t'_- - \zeta^2 t'_+}{1 - \zeta^2}, \quad dt' = \frac{2\zeta(t'_- - t'_+)d\zeta}{(1 - \eta^2)^2}, \tag{6.214}$$

而式(6.209)被积函数分母中的平方根项变为

$$[(t - t')^2 c_t^2 - (x - x')^2 - y^2]^{1/2}$$
$$= (t'_- - t'_+)(c_t^2 - v^2)^{1/2}\frac{\zeta}{1 - \zeta^2}. \tag{6.215}$$

式 (6.209) 由 0 至 t'_- 的积分相当于 ζ 由某一 ζ_0 至 0 的积分。当 $t'=0$，有

$$\zeta_0^2 = t'_-/t'_+. \tag{6.216}$$

回忆 t'_+，t'_- 是方程 (6.210) 的解

$$t'_\pm = (c_t^2 - v^2)^{-1}\{c_t^2 t - vx \pm [(x-vt)^2 c_t^2 + (c_t^2 - v^2)y^2]^{1/2}\}. \tag{6.217}$$

若 $x = vt$，则 t'_+ 变为

$$t'_\pm = t \pm (c_t^2 - v^2)^{-1/2} y. \tag{6.218}$$

回到式 (6.209)，作变数变换 (6.214)，并由 $\zeta = 0$ 积至 $\zeta = \zeta_0$，可得到

$$u_z(\boldsymbol{r}, t) = \frac{b}{2\pi}\tan^{-1}\left\{\left[\zeta \pm \frac{(t'_- - t'_+)(c_t^2 - v^2)^{1/2}}{2c_t(t'_+ - 1)}\right] \cdot \frac{(c_t^2 - v^2)^{1/2}(t'_+ - t)c_t}{vy}\right\}_0^{\zeta_0}, \tag{6.219}$$

这里 $\tan^{-1}$ 函数中的＋、－号表示右边实际上是两个 $\tan^{-1}$ 函数之和，其中分别取＋、－号。将式 (6.216) (6.218) 代入上式，最后得到这一段积分为

$$u_z^{(1)}(vt, y) = -\frac{b}{2\pi}\tan^{-1}\frac{2v\zeta_0}{(1-\zeta_0^2)c_t}. \tag{6.220}$$

若 $c_t t \gg y$，ζ_0 可作 Taylor 展开。而在式 (6.220) 中 $\tan^{-1}$ 函数的宗量变为

$$\begin{aligned}\frac{2v\zeta_0}{(1-\zeta_0^2)c_t} &\simeq \frac{vt}{y}\left(1-\frac{v^2}{c_t^2}\right)^{1/2}\left(1-\frac{y^2}{2c_t^2t^2}\right)\\ &\simeq \frac{vt}{y}\left(1-\frac{v^2}{2c_t^2}-\frac{y^2}{2c_t^2t^2}\right).\end{aligned} \tag{6.221}$$

总的位移是式 (6.212) 与式 (6.220) 两项之和，表为

$$u_z(vt, y) = -\frac{b}{4} + \Delta u_z. \tag{6.222}$$

对于所有 $t \gg y/c_t$，Δu_z 中的主要部分是

$$\Delta u_z(vt, y) = \frac{b}{2\pi}\tan^{-1}\frac{vy}{2c_t^2 t} \simeq \frac{bvy}{4\pi c_t^2 t} \tag{6.223}$$

(由于 $vy \ll 2c_t^2 t$)．Δu_z 的这一形式相应于在位错芯上有一个均匀的切应力

$$\sigma_{yz} = \mu \frac{\partial \Delta u_z}{\partial y} = \frac{\mu b v}{4\pi c_t^2 t}, \tag{6.224}$$

因而位错线受到一个反向力，单位长度上为

$$\frac{F_x}{L} = -\sigma_{yz} b = -\frac{\mu b^2 v}{4\pi c_t^2 t}, \tag{6.225}$$

趋向于减缓位错的运动。

当 $v \ll c_t$，即位错运动远比它引起的弹性场传播为慢，则以上公式是正确的近似。

若在时刻 $t = 0$，速度由 v 变至 $v + \Delta v$，则在位错芯上、在线度 $y \sim c_t t$ 的区域内，会产生一一均匀应力

$$\Delta\sigma_{xy} = \frac{\mu b \Delta v}{4\pi c_t^2 t}. \tag{6.226}$$

但是，根据定义，一个自由位错的芯不能承受切应力，所以式(6.226)表示的切应力必须被一个外加切应力所抵消，位错运动才不致减缓。此外，加切应力单位时间内对单位长度位错所作之功为

$$\frac{W}{L} = \frac{\mu b^2 v \Delta v}{4\pi c_t^2 t}. \tag{6.227}$$

以上就是关于非匀速运动螺型位错的基本简单结果。

一般性参考文献

[1] Weertman, J. and Weertman, J. R., Moving Dislocations, in Dislocations in Solids, vol. 3, 1; ed. by F. R. N. Nabarro, North-Holland (1980).

[2] Hirth, J. P. and Lothe, J., Theory of Dislocations, 2nd ed., John Wiley & Sons (1982).

[3] Dislocation Dynamics, A. R. Rosenfield et al. eds., Mc-Graw Hill (1968).

第七章　位错的连续分布理论

由本书第一章至第六章，我们讨论了弹性体中的离散位错，曾指出它们是晶体中位错的很好的近似模拟。

连续分布位错是位错概念更进一步的普遍化。在位错理论较早期的工作中，人们曾几度将滑移带中或位错间壁上的离散位错看作是连续分布的位错，这是为了数学处理上的方便。至五十年代上半期，Nye 提出位错三维连续分布的概念与定量描述，并将位错密度与点阵曲率连系起来。尔后，近藤（Kondo），Bilby 等及 Kröner 彼此独立地分别用不同方法严格处理了连续分布位错状态的几何理论，其中近藤和 Bilby 等是采用高度发展的经典微分几何的概念与方法，分析任意大小的形变。而 Kröner 的工作则是采用类似于经典弹性力学的比较直观的方法分析了“无限小”的弹性与范性畸变，它是一个线性理论。微分几何理论与线性理论的结果是彼此对应的，后者可以由前者经过线性化得到。Kröner 的理论同线性弹性力学比较接近，能够得出应力场与相互作用能的若干具体表达式，并且比较容易为熟悉经典弹性理论的读者接受，所以我们在本章中介绍这个理论的概貌。在本书第二卷的最后将用适当篇幅论述大形变问题；并简短介绍位错场论的某些发展。

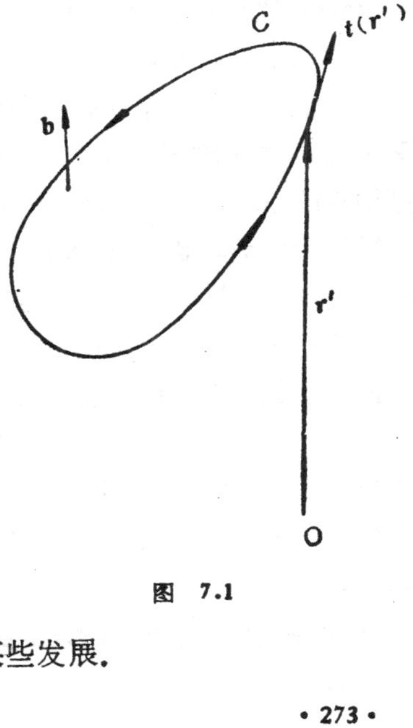

图　7.1

本章按照逻辑顺序先讨论应变分析，然后讨论应力分析.

有的书籍将本章的内容称为位错的"连续统"理论(Continuum Theory)，但弹性介质本身就是一个连续统，因此本书第二章至第六章的位错弹性理论不妨都称为连续统理论. 所以将本章论述的内容明确称为连续分布位错的理论比较确切严谨.

为阅读本章，要求读者熟悉本书附录A中§A.1—§A.3.

§7.1 位错的连续分布

在前面几章中，我们对离散的，或分立的位错进行了较充分的讨论. 离散位错是晶体中的线型(二维)缺陷. 一般地讲，它由一条闭曲线 c 与一个常矢量表征或定义. 这条闭曲线 c 称为位错线或位错环，它的切矢量记作 $\boldsymbol{t}(\boldsymbol{r}')$；而上述常矢量称为该位错的 Burgers 矢量，记为 $\boldsymbol{b}$，它是标志位错特征的一个矢量. 关于 $\boldsymbol{b}$ 的定义构成位错定义的一部分.

离散位错的弹性模拟相当于前三种 Volterra 位错，或者，按照另一些作者的用语，相当于第一类 Volterra 畸变. 而后三种 Volterra 位错与所谓"向错"*(disclination) 相当，关于向错准备在本书第二卷中专章论述.

回忆关于 $\boldsymbol{b}$ 的定义是 (参看§1.2) 以 c 为边缘线的虚拟切割面 S 上、下两岸的相对位移. 令下岸不动，上岸位移一常矢量 $\delta\boldsymbol{g}$，则相应的 Burgers 矢量定义为 $\boldsymbol{b}=-\delta\boldsymbol{g}$. 前文中已经指出，含位错物体的力学状态，以及由之引起的物理状态的改变，原则上应由并矢场(张量场) t_ib_j 所完全决定.

若物体中含有大量的位错，则可以引入所谓位错密度张量来描述它们的分布. 位错密度张量 α_{ij} 定义为

$$\alpha_{ij}=\Delta b_j/\Delta S_i, \tag{7.1}$$

式中 ΔS_i 是法线为 x_i 方向的面元. 可以不失一般性地认为诸位错线是分别平行于 x_1, x_2, x_3 轴的许多直线，上式中 Δb_j 就是平行

---

* "向错"，此译名系冯端教授所提议.

于 x_i 轴（因而垂直穿过面元 ΔS_i）的所有位错的合成 Burgers 矢量的第 j 个分量．α_{ij} 是一个不对称张量场．式(7.1)仅是对于任意分布离散位错的一个形式的宏观描述，下面要对 α_{ij} 的涵义进行重新讨论．

为了过渡到关于连续分布位错状态的描述，或者说，关于非协调性应变状态的描述，要想象如下的极限过程．

理想的连续介质在初态下是均匀的，几何各向异性的，相当于点阵常数为零的初基立方晶体（Cosserat 连续体）．

可以仿照 Volterra 位错的构成方式，在介质中取很多很多面 s，令在每一个面上发生一个小的位移间断 $\delta \boldsymbol{g}$．当 s 的数目趋向于无限大，诸 s 之间的距离趋于零，命 $\delta \boldsymbol{g}$ 也相应地趋向于零，而保持 $\delta \boldsymbol{g}$ 与面 s 间间距之比为常数．这样便可实现固体的任意连续分布的纯粹范性(或范性-弹性)变形． 想象在初态将物体的每一小体元 $dV = dx_1dx_2dx_3$ 孤立出来，然后按上述方式各给予一定的范性形变．如果一般地以 dg_j 表示体元的例如 $+x_i$ 一方表面对于 $-x_i$ 一方表面相对范性位移的第 j 个分量 $(i = 1, 2, 3)$，则可通过下式：

$$dg_j = \beta^P_{ij}dx_i \tag{7.2}$$

定义非对称张量 β^P_{ij}，以描述体元的范性拉伸与切变．β^P_{ij} 称为范性畸变张量．在小形变下，β^P_{ij} 的对称部分与反称部分

$$\beta^P_{ij} = e^P_{ij} + \omega^P_{ij} \tag{7.3}$$

分别表示纯范性形变与纯范性转动．这种纯范性变形的重要特征是不与应力联系．

对于每一小体元也可以像通常一样给定弹性形变． 如以 da_j 表示体元相对表面的相对位移分量，则可通过下式：

$$da_j = \beta_{ij}dx_i \tag{7.4}$$

定义弹性畸变张量 β_{ij}，其对称部分和反称部分

$$\beta_{ij} = e_{ij} + \omega_{ij} \tag{7.5}$$

分别表示通常的弹性应变与旋转．对于这种"几何各向异性"的介质，旋转的空间导数称为结构曲率，将在下文中讨论．弹性应变和

结构曲率是状态函数，为弹性畸变张量惟一地确定。

一般地讲，总的形变是范性形变与弹性形变之和

$$du_j^T = da_j + dg_j, \tag{7.6}$$

$$du_j^T = \beta_{ij}^T dx_i, \tag{7.7}$$

$$\beta_{ij}^T = \beta_{ij} + \beta_{ij}^P. \tag{7.8}$$

如果每一体元的弹性畸变与范性畸变是任意给定的，那么在终态(形变态)下，一般这些小体元不一定能凑起来再构成一个完整的连续体. 反过来说，若要求物体在终态下仍保持连续，不产生裂隙，则对于 β_{ij} 与 β_{ij}^T 必须施加一定限制；我们要把这一点作为基本的要求.

更形象地讲，如果诸体元的范性形变是彼此协调的，那么终态下的物体就是仅具有纯范性形变的连续体，它不含有内应力. 反过来说，如果诸体元的范性形变并不彼此协调，物体就过渡到支离破碎的中间态，即无应力的"自然"状态. 必须使每一体元再进行一定的适当的弹性形变，方能使之彼此结合起来，重新构成连续的物体. 由于引入了这些弹性形变，所以终态下的物体含有内应力；因此人们说不协调性的范性或弹性形变是产生内应力的原因.

对终态的连续性要求要求总形变必须是协调的. 这即是说，

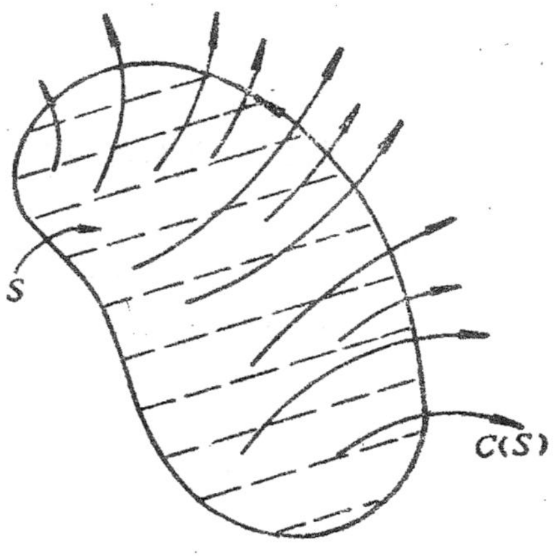

图 7.2

存在着单值连续的位移函数 $\boldsymbol{u}^T(\boldsymbol{r})$，方程(7.7)中的 du_i^T 是它的全微分

$$\beta_{ij}^T = u_{j,i}^T \tag{7.9}$$

而张量 $\boldsymbol{\beta}^T$ 的旋度为零，即

$$\varepsilon_{ijk}\beta_{kl,j}^T = 0, \tag{7.10}$$

或写作

$$\text{Rot}\boldsymbol{\beta}^T = 0, \tag{7.10$'$}$$

所以 β^T 是一个梯度张量

$$\boldsymbol{\beta}^T = \text{Grad}\boldsymbol{u}^T \tag{7.11}$$

由式(7.10)可见

$$\varepsilon_{ijk}\beta_{kl,j} = -\varepsilon_{ijk}\beta_{kl,j}^P, \tag{7.12}$$

或写作

$$\text{Rot}\boldsymbol{\beta} = -\text{Rot}\boldsymbol{\beta}^P. \tag{7.12$'$}$$

可以定义非对称张量 α_{ij}

$$\alpha_{ij} \equiv -\varepsilon_{ikl}\beta_{lj,k}^P \tag{7.13}$$

由(7.12)，显然

$$\alpha_{ij} = \varepsilon_{ikl}\beta_{lj,k}, \tag{7.14}$$

或写作

$$\boldsymbol{\alpha} = \text{Rot}\boldsymbol{\beta} = -\text{Rot}\boldsymbol{\beta}^P, \tag{7.14$'$}$$

这里即将证明：由式(7.1.13)定义的张量 α_{ij} 与由式(7.1)式定义的位错密度张量是等同的．所以方程(7.14)′就表示位错密度与弹性畸变(或范性畸变)之间的关系．Kröner 将此方程称为“连续统力学的基本方程”．

现在采用直观的方式证明定义式(7.1)与式(7.13)的等价性．如果物体含有许多位错，则仿照 Burgers 回路的定义，通过某一面积所有位错的合成 Burgers 矢量 $\boldsymbol{b}$ 是

$$\boldsymbol{b} = -\sum_{c(s)} \delta \boldsymbol{g}, \tag{7.15}$$

式中 $c(s)$ 是面积 s 的周线，$\sum\limits_{c(s)}$ 表示沿此周线求和．若设想诸位错是连续分布的无限小位错，则可将求和换为积分：

$$\boldsymbol{b} = -\oint_{c(s)} d\boldsymbol{g}, \tag{7.16}$$

即

$$\boldsymbol{b} = -\oint_{c(s)} d\boldsymbol{l} \cdot \boldsymbol{\beta}^P = -\int_s d\boldsymbol{s} \cdot \mathrm{Rot}\boldsymbol{\beta}^P. \tag{7.17}$$

根据式 (7.1)，显然有

$$\boldsymbol{b} = \int_s d\boldsymbol{s} \cdot \boldsymbol{\alpha}, \tag{7.18}$$

所以 (7.1) 所定义的 $\boldsymbol{\alpha}$ 满足式 (7.13)：

$$\boldsymbol{\alpha} = -\mathrm{Rot}\boldsymbol{\beta}^P$$

由定义式 (7.13) 显然可见

$$\alpha_{ij,i} = -\varepsilon_{ikl}\beta^P_{lj,ki} = -\frac{1}{2}(\varepsilon_{ikl} + \varepsilon_{kil})\beta^P_{lj,ki} = 0. \tag{7.19}$$

回顾 α_{ij} 的第一个指标是指位错线的流向，所以式 (7.19) 是表示连续性条件

$$\mathrm{Div}\boldsymbol{\alpha} = 0, \tag{7.20}$$

这也是“位错线不能终止在晶体中”这一论断的另一表述方式.

如果引入畸变张量的歧度 **H**

$$\mathbf{H} = -\mathrm{Ink}\boldsymbol{\beta}^P, \tag{7.21}$$

$$H_{ij} = +\varepsilon_{ikl}\varepsilon_{jmn}\beta^P_{ln,km}, \tag{7.21$'$}$$

则

$$H_{ij} = -\varepsilon_{ikl}\alpha_{kj,l}, \tag{7.22}$$

显然有

$$\mathbf{H} = \mathrm{Ink}\boldsymbol{\beta}. \tag{7.23}$$

式 (7.23) 的对称部分是

$$\boldsymbol{\eta} = \mathrm{Ink}\mathbf{e}, \tag{7.24}$$

即

$$\boldsymbol{\eta} = (-\mathrm{Rot}\boldsymbol{\alpha})^s \tag{7.25}$$

或可表述为：位错密度张量的负旋度的对称部分等于弹性应变张量的歧度.

离散位错相应的 $\boldsymbol{\alpha}$ 应具有 δ 函数的形式，

如果畸变张量 $\boldsymbol{\beta}^P$ 是坐标的充分“好”的函数，则由之导出的 $\boldsymbol{\alpha}$ 也将是一般不具有奇点的好函数．这样得到的 $\boldsymbol{\alpha}$ 严格地讲应当称为赝位错密度张量．这是由于一方面实在的位错(“物理”的位错)可以看作是由连续分布的无限小位错所构成．另一方面，这种非协调性的范性形变也可以由其它物理原因(例如不均匀的温度场)所产生．上面不过是形式地讨论了畸变场的一般性质，并指出张量 $\boldsymbol{\alpha} \equiv -\mathrm{Rot}\boldsymbol{\beta}^P$ 与本节开始处所定义的位错密度张量相似，所以可以借用位错场一词来称呼张量场 $\boldsymbol{\alpha}$，但一般无需认定场 $\boldsymbol{\alpha}$ 必定要与某种位错场相联系．本章所表述的理论的任务就是由给定的 $\boldsymbol{\alpha}$ 场出发计算与之相应的弹性应力场及弹性能量；在这个意义上，这个理论是比离散位错的弹性理论更为普遍的关于缺陷和内应力的理论．

§7.2 无限介质中的畸变场

在本节中对无限介质中的畸变场作一个一般的形式的分析，讨论组成它的几个不变项．

我们在本书附录 A(§A.1) 中表述了无限区间中二阶张量场的分解式，这里所要作的分析在形式上和那里完全一样．

设场 $\boldsymbol{\beta}$ 在整个空间是连续并二阶可微的，并在无限远处趋于零，则有唯一的分解式

$$\beta_{ij}^P = u_{j,i}^P + \varepsilon_{ikl}\zeta_{lj,k}^P, \tag{7.26}$$

$$\beta_{ij} = u_{j,i} + \varepsilon_{ikl}\zeta_{lj,k}, \tag{7.27}$$

或者写为

$$\boldsymbol{\beta}^P = \mathrm{Grad}\boldsymbol{u}^P + \mathrm{Rot}\boldsymbol{\zeta}^P, \tag{7.28}$$

$$\boldsymbol{\beta} = \mathrm{Grad}\boldsymbol{u} + \mathrm{Rot}\boldsymbol{\zeta}. \tag{7.29}$$

上节中已证明

$$\mathrm{Rot}\boldsymbol{\beta}^T = \mathrm{Rot}(\boldsymbol{\beta} + \boldsymbol{\beta}^P) = 0 \tag{7.30}$$

即 $\boldsymbol{\beta}^T$ 是一个梯度张量

$$\boldsymbol{\beta}^T = \mathrm{Grad}\boldsymbol{u}^T = \mathrm{Grad}(\boldsymbol{u} + \boldsymbol{u}^P) \tag{7.31}$$

因此

$$\mathrm{Rot}\boldsymbol{\zeta}^P = -\mathrm{Rot}\boldsymbol{\zeta}, \tag{7.32}$$

这表明由范性畸变 $\mathrm{Rot}\boldsymbol{\zeta}^P$ 产生的不连续性为弹性畸变 $\mathrm{Rot}\boldsymbol{\zeta}$ 所补偿.

将 $\boldsymbol{\zeta}$ 再按相似的方式进行分解，可得

$$\beta_{ij} = u'_{j,i} - \varepsilon_{ikl}\varepsilon_{jmn}\iota_{ln,km} + \vartheta_{ij}, \tag{7.33}$$

或写作

$$\boldsymbol{\beta} = \mathrm{Grad}\boldsymbol{u}' + \mathrm{Ink}\boldsymbol{\iota} + \boldsymbol{\vartheta}, \tag{7.34}$$

式中 $u'_j = u_j + s_j$，ι 是一个无散矢量场，即 $s_{j,j} = 0$．ι_{ln} 是一个对称张量场，ϑ_{ij} 是反称张量场．可由

$$\vartheta_{ij} = \varepsilon_{ijk}\vartheta_k, \qquad \vartheta_k = \frac{1}{2}\varepsilon_{ijk}\vartheta_{ij}. \tag{7.35}$$

定义与 ϑ_{ij} 相应的矢量场 ϑ_k，有

$$\vartheta_k = \varepsilon_{kmn}s_{n,m} + \lambda_{,k}, \tag{7.36}$$

$$\boldsymbol{\vartheta} = \mathrm{rot}\boldsymbol{s} + \mathrm{grad}\lambda, \tag{7.37}$$

λ 是标量场，与此相似，$\boldsymbol{\beta}^P$ 也可以表示为

$$\boldsymbol{\beta}^P = \mathrm{Grad}\boldsymbol{u}'^P + \mathrm{Ink}\boldsymbol{\iota}^P + \boldsymbol{\vartheta}^P. \tag{7.38}$$

显然

$$\mathrm{Ink}\boldsymbol{\iota}^P = -\mathrm{Ink}\boldsymbol{\iota}, \quad \boldsymbol{\vartheta}^P = -\boldsymbol{\vartheta}, \tag{7.39}$$

$$\mathrm{Rot}(\mathrm{Ink}\boldsymbol{\iota} + \boldsymbol{\vartheta}) = \boldsymbol{\alpha}. \tag{7.40}$$

$\boldsymbol{\beta}$ 的对称部分给出弹性应变张量

$$\mathbf{e} = \mathrm{Def}\boldsymbol{u}' + \mathrm{Ink}\boldsymbol{\iota}, \tag{7.41}$$

式中

$$(\mathrm{Def}\boldsymbol{u}')_{ij} = \frac{1}{2}(u'_{j,i} + u'_{i,j}) \equiv u'_{(i,j)}. \tag{7.42}$$

$\boldsymbol{\beta}$ 的反称部分给出旋转张量

$$\omega_{ij} = \frac{1}{2}(u'_{j,i} - u'_{i,j}) + \vartheta_{ij}, \tag{7.43}$$

或

$$\omega_{ij} = \frac{1}{2}(u'_{j,i} - u'_{i,j}) + \varepsilon_{ijk}\lambda_{,k}. \tag{7.44}$$

根据恒等式

$$\mathrm{Div}\,\mathrm{Ink} = 0, \tag{7.45}$$

$$\mathrm{Ink}\,\mathrm{Def} = 0, \tag{7.46}$$

可见式 (7.41) 给出应变张量场 $\mathbf{e}$ 无歧部分与有歧部分的分解式；同样，式 (7.43) 给出旋转张量场 ω_{ij} 无歧与有歧部分的分解式。

作为一个例子，可以形式地考虑由不均匀温度场 $T(\boldsymbol{r})$ 产生的赝范性畸变及相应的赝位错密度。如 γ 为热胀系数，则在点 $\boldsymbol{r}$ 上有

$$\boldsymbol{\beta}^{Q}(\boldsymbol{r}) = \gamma T(\boldsymbol{r})\mathbf{I}, \tag{7.47}$$

$\mathbf{I}$ 是单位张量，$I_{ij} = \delta_{ij}$。由于方程

$$\delta_{kl}\Phi_{,kl} \equiv \nabla^2\Phi = \gamma T(\boldsymbol{r}) \tag{7.48}$$

恒有解，故此上面的 $\boldsymbol{\beta}^{Q}$ 可表示为

$$\beta_{ij}^{Q}(\boldsymbol{r}) = \delta_{ij}\delta_{kl}\Phi_{,kl} = \Phi_{,ij} - \varepsilon_{ikm}\varepsilon_{jlm}\Phi_{,kl}, \tag{7.49}$$

或写作

$$\boldsymbol{\beta}^{Q}(\boldsymbol{r}) = \mathrm{Def}(\mathrm{Grad}\phi) + \mathrm{Ink}(\phi\mathbf{I}). \tag{7.50}$$

由式 (7.47) 可见 $\boldsymbol{\beta}^{Q}$ 是对称的，所以相当于应变张量．由式 (7.50) 看出其中第二项引起不连续性，而由形如 $\mathrm{Ink}\boldsymbol{\varepsilon} = -\mathrm{Ink}(\phi\mathbf{I})$ 的弹性形变补偿．相应的赝位错密度是

$$\boldsymbol{\alpha}^{Q} \equiv -\mathrm{Rot}\boldsymbol{\beta}^{Q} = -\gamma\mathrm{Rot}(T\mathbf{I}) \tag{7.51}$$

形变歧度 $\boldsymbol{\eta}^{Q}$ 是

$$\boldsymbol{\eta}^{Q} = -\gamma\mathrm{Ink}(T\mathbf{I}) \tag{7.52}$$

$\boldsymbol{\alpha}^{Q}$ 在物体内部引起内应力，如果物体继之发生范性形变，引入位错密度 $\boldsymbol{\alpha}$，而

$$\boldsymbol{\alpha} = -\boldsymbol{\alpha}^{Q}, \tag{7.53}$$

则可通过位错的补偿使弹性畸变及内应力消除。

§ 7.3 结构曲率

本节引入并讨论结构曲率张量及其与位错密度张量之间的关系．

为了对所谓结构曲率有一个比较直观的概念，像上面那样将理想的连续介质看作是点阵常数为零的初基立方晶体。在初态下

每一点上的参考轴以标架 $(\boldsymbol{i}_1, \boldsymbol{i}_2, \boldsymbol{i}_3)$ 确定，而在终态下变换为标架 $(\boldsymbol{e}_1, \boldsymbol{e}_2, \boldsymbol{e}_3)$. 在初态或理想晶体中一个典型的步长是 $\varepsilon\boldsymbol{i}_i$，而 $\varepsilon\boldsymbol{e}_i(P)$ 是终态或实际晶体中相应点 P 上的步长. 设系统 $\boldsymbol{i}$ 与 $\boldsymbol{e}$ 之间的变换关系为

$$\boldsymbol{e}_i(P) = D_{ij}(P)\boldsymbol{i}_j, \tag{7.54}$$

$$\boldsymbol{i}_i = E_{ij}(P)\boldsymbol{e}_j(P), \tag{7.55}$$

$$D_{ij}E_{jk} = \delta_{ik}, \tag{7.56}$$

这个变换完全确定晶体(或介质)的畸变.

实际晶体(或终态下)含有连续分布的位错，其中位错密度张量和一个回路所环绕位错的总 Burgers 矢量可以用矩阵 D_{ij} 和 E_{ij} 表示，推导如下所述.

采用 §1.3 节所述"真实" Burgers 矢量的定义法 (即 Frank 方案)，在实际晶体中作闭合回路 Γ，令其连结 x_i 与 $x_i + dx_i$ 的线元为 $\boldsymbol{i}_i dx_i$，因此

$$\oint_\Gamma \boldsymbol{i}_i dx_i = 0. \tag{7.57}$$

这些线元用实际晶体中的点阵参考标架明显表示出，则上式成为

$$\oint_\Gamma E_{ij}(P)\boldsymbol{e}_j dx_i = 0. \tag{7.58}$$

在参考晶体(即初态，理想晶体)中，这些相应路径线元之和可通过将式 (7.58) 里的 $\boldsymbol{e}_j$ 换为理想晶体中与它相应的基矢 $\boldsymbol{i}_j$ 而得到，即是将被积函数换为 $E_{ij}(P)\boldsymbol{i}_j$，于是回路积分的结果就不是零，而会出现一个闭合余量. 按照定义，此量应该等于此回路所环绕所有位错的总 Burgers 矢量

$$\boldsymbol{b} = \oint_\Gamma E_{ij}(P)\boldsymbol{i}_j dx_i. \tag{7.59}$$

应用 Stokes 定理，将回路积分转变为面积分

$$\boldsymbol{b} = \boldsymbol{i}_j \oint_{s(\Gamma)} \varepsilon_{ikl} E_{ij,l} dS_k \tag{7.60}$$

回顾 $\boldsymbol{b}$ 与位错密度张量 $\boldsymbol{\alpha}$ 间的定义关系

$$b_j = \int_{s(\Gamma)} \alpha_{jk} dS_k, \tag{7.61}$$

与式 (7.60) 比较，即可见

$$\alpha_{jk}=\varepsilon_{ikl}E_{ij,l}. \tag{7.62}$$

式 (7.59) 和式 (7.62) 就是“真实” Burgers 矢量 $\boldsymbol{b}$ 和张量 $\boldsymbol{\alpha}$ 用变换矩阵 $E_{ij}(P)$ 表示的表达式.

据此，通过小面元 dS_k 的位错的总 Burgers 矢量 db 就是

$$d\boldsymbol{b}=\boldsymbol{i}_j\alpha_{jk}dS_k. \tag{7.63}$$

同样，按照 Read 方案，根据定义，所谓“局部” Burgers 矢量 $\boldsymbol{b}'$ 是实际晶体中的回路闭合余量，也就是实际晶体中与以上定义的“真实” Burgers 矢量相对应的矢量. 显然，在式 (7.63) 中用 $\boldsymbol{e}_j$ 代换 $\boldsymbol{i}_j$ 即可得出此量

$$d\boldsymbol{b}'=\alpha_{jk}\boldsymbol{e}_j dS_k=\alpha_{jk}D_{jl}\boldsymbol{i}_l dS_k. \tag{7.64}$$

式 (7.54) 和式 (7.55) 所表示的形变大小是任意的，所以这些公式原则上可用于大形变. 不过在这里作了特别的简化，采用普通的微分，而没有照标准的张量分析作协变微分. 关于大形变的较严格的处理将在本书第二卷最后的章节中论述.

现在局限于小形变的情况，此时

$$D_{ij}=\delta_{ij}+\beta_{ij}, \tag{7.65}$$

$$E_{ij}=\delta_{ij}-\beta_{ij}, \tag{7.66}$$

如前面所作的那样，β_{ij} 的反称部分定义为旋转 ω_{ij}，对称部分定义为应变 e_{ij}. 所谓的结构曲率就是标架 $(\boldsymbol{e}_1, \boldsymbol{e}_2, \boldsymbol{e}_3)$ 在空间旋转的速率. 在小形变下定义为

$$\kappa_{ij}\equiv\omega_{i,j}, \quad \omega_i=\varepsilon_{ikl}\omega_{kl}. \tag{7.67}$$

根据

$$\beta_{ij}=e_{ij}+\omega_{ij},$$

$$\alpha_{ij}=\varepsilon_{ikl}\beta_{lj,k},$$

并注意到 $\alpha_{mm}=-2\omega_{m,m}$，可得到

$$\kappa_{ij}\equiv\omega_{i,j}=\frac{1}{2}\delta_{ij}\alpha_{kk}-\alpha_{ij}+\varepsilon_{ikl}e_{lj,k}. \tag{7.68}$$

若令

$$K_{ij}=\frac{1}{2}\delta_{ij}\alpha_{kk}-\alpha_{ij}, \tag{7.69}$$

则

$$\kappa_{ij} = K_{ij} + \varepsilon_{ikl} e_{lj,k}, \tag{7.70}$$

此式两端取旋度，即可见左端旋度为零

$$\varepsilon_{jmn} \kappa_{ij,m} = \varepsilon_{jmn} \omega_{i,jm} = 0,$$

所以

$$\varepsilon_{jmn} K_{ij,m} + \varepsilon_{jmn} \varepsilon_{ikl} e_{lj,km} = 0. \tag{7.71}$$

此式左端第二项就是形变歧度 η_{in}，所以

$$\eta_{in} = -\varepsilon_{jmn} K_{ij,m}, \tag{7.72}$$

或写作

$$\boldsymbol{\eta} = -\mathbf{K} \times \nabla \tag{7.72$'$}$$

张量 $\mathbf{K}$ 称为 Nye 曲率或纯点阵曲率。在式(7.70)中若右端第二项可以略去，则

$$\kappa_{ij} = \mathbf{K}_{ij}, \tag{7.73}$$

所以 K_{ij} 表示应力为零时的点阵曲率或结构曲率。

按照 Kröner，也可以作如下的考虑：假定物体不受外力，而且其中所含位错是均匀分布的，$\boldsymbol{\eta} = (-\mathrm{Rot}\boldsymbol{\alpha})^s = 0$，即 $\mathrm{Inke}=0$，故 $\mathbf{e} = 0$，而 $\boldsymbol{\beta} = \boldsymbol{\vartheta}$. 根据 $\boldsymbol{b}$ 和 $\boldsymbol{\alpha}$ 的定义公式

$$\boldsymbol{b} = \oint_\Gamma d\boldsymbol{x} \cdot \boldsymbol{\beta} = \int_{S(\Gamma)} d\boldsymbol{S} \cdot \boldsymbol{\alpha},$$

即

$$\oint_\Gamma dx_i \beta_{ij} = \int_{S(\Gamma)} dS_k \alpha_{kj}. \tag{7.74}$$

另一方面

$$\oint_\Gamma dx_i \beta_{ij} = \oint_\Gamma dx_i \vartheta_{ij} = -\oint_\Gamma x_i d\vartheta_{ij}, \tag{7.75}$$

但 $d\vartheta_{ij} = \varepsilon_{ijk} d\vartheta_k$，所以

$$\oint_\Gamma dx_i \beta_{ij} = -\varepsilon_{ijk} \oint_\Gamma x_i d\vartheta_k. \tag{7.76}$$

通过下式定义张量 $\mathbf{K}$

$$d\vartheta_k = K_{kl} dx_l, \tag{7.77}$$

代入式(7.76)，应用 Stokes 定理，并注意当 $\boldsymbol{\alpha}$ 是常量时 $\mathbf{K}$ 也是常量，可得出右端是

$$-\varepsilon_{ijk}\oint_{\Gamma} x_i K_{kl} dx_l = -\varepsilon_{ijk}\varepsilon_{lmn}\int_S dS_m (x_i K_{kl})_{,n}$$

$$= -\varepsilon_{ijk}\varepsilon_{imn}\int_S dS_m K_{kl}.$$

将 $\varepsilon_{ijk}\varepsilon_{imn}$ 展开，化简右端，然后与式(7.74)比较，得到

$$\alpha_{ij} = \delta_{ij}K_{kk} - K_{ij}, \tag{7.78}$$

由此

$$K_{ij} = \frac{1}{2}\delta_{ij}\alpha_{kk} - \alpha_{ij}. \tag{7.79}$$

根据 Kröner 的假设，有 $\mathbf{e} = 0$，式(7.79)与式(7.68)的关系就是很显然的了.

无论 $\boldsymbol{\alpha}$ 与 $\mathbf{K}$ 是否为常量，均可仿照式(7.77)定义 $d\phi_i$

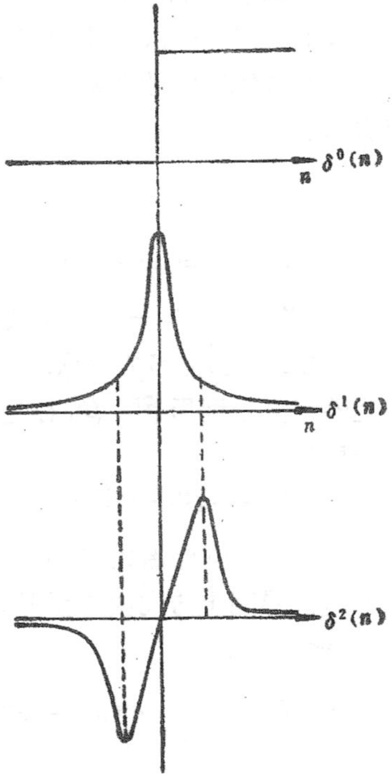

图 7.3

$$d\phi_i \equiv K_{ij} dx_j. \tag{7.80}$$

Krōner 认为这样定义的 $d\phi_i$ 代表为了补偿由于位错的引入(或位错场 α_{ij} 的建立)所产生的旋转不连续性而必须进行的旋转。若仿照 Burgers 回路和 Burgers 矢量的构成法，在介质中取一闭合路线对 ϕ_i 进行积分，余量以 D_i 表之

$$\begin{aligned} D_i = \oint_l d\phi_i = \oint_l K_{ij} dx_j &= -\int_{S(\Gamma)} \varepsilon_{lmn} K_{im,n} dS_l \\ &= \int_{S(\Gamma)} \eta_{il} dS_l. \end{aligned} \tag{7.81}$$

可见当 $\eta = 0$ 时，$d\phi_i$ 与 $d\vartheta_i$ 相合，并且是全微分。此时矢量 ϕ_i 存在，表示结构旋转中归因于位错场的部分。

由上式可见，对于一个小面积 ΔS_i 有

$$\Delta D_i = \eta_{ij} \Delta S_j, \tag{7.82}$$

此式与位错密度张量 α_{ij} 的定义公式 (7.1) 相类似，并可认为是 η_i^j 的定义。 Kröner 对此式的直观几何意义作了讨论，并与第二类 Volterra 畸变联系起来。

§ 7.4 界面条件

上面讨论的畸变场在整个空间是连续的，并可进行二阶导微。如果场 β^P 在区域 I, II 的界面上发生一个不连续变化，人们便会被引导至表面或界面分布的(膜)位错的概念。

区域 I, II 中的范性畸变分别用 $\boldsymbol{\beta}_{\mathrm{I}}^P$, $\boldsymbol{\beta}_{\mathrm{II}}^P$ 标之，整个无限介质中的范性畸变场便可表为

$$\boldsymbol{\beta}^P = \boldsymbol{\beta}_{\mathrm{I}}^P + (\boldsymbol{\beta}_{\mathrm{II}}^P - \boldsymbol{\beta}_{\mathrm{I}}^P)\delta^0, \tag{7.83}$$

式中 $\delta^0 \equiv \delta^0(n)$ 是 Heaviside 阶梯函数，在 I 中 $\delta^0(n) = 0$，在 II 中 $\delta^0(n) = 1$；宗量 n 是沿界面上方向由 I 至 II 的法矢量 $\boldsymbol{n}$ 所量距离。此函数 $\delta^0(n)$ 有如下性质：

$$\frac{\partial}{\partial n}\delta^0(n) = \delta^1(n), \quad \frac{\partial}{\partial n}\delta^1(n) = \delta^2(n),$$

$\delta^1(n)$ 是 Dirac δ 函数，$\delta^2(n)$ 是描述偶极层分布的广义函数。所

有这些 δ 均仅依赖于 n. 还有 $\nabla\delta^0=\boldsymbol{n}\delta^1$, $\nabla\delta^1=\boldsymbol{n}\delta^2$. 若 f 是坐标的连续函数，则

$$\frac{\partial}{\partial n}(f\delta^1)=f\delta^2. \tag{7.84}$$

我们计算场 $\boldsymbol{\beta}^P$ 的歧度张量 $\mathbf{H}$

$$\mathbf{H}=-\nabla\times\boldsymbol{\beta}^P\times\nabla, \tag{7.85}$$

第一次导微，得到*

$$-\boldsymbol{\alpha}=\nabla\times\boldsymbol{\beta}^P=\nabla\times\boldsymbol{\beta}^P_{\text{I}}+\nabla\times(\overset{\downarrow}{\boldsymbol{\beta}}{}^P_{\text{II}}-\overset{\downarrow}{\boldsymbol{\beta}}{}^P_{\text{I}})\delta^0$$
$$+\mathbf{n}\times(\boldsymbol{\beta}^P_{\text{II}}-\boldsymbol{\beta}^P_{\text{I}})\delta^1 \tag{7.86}$$

右端前两项表示空间连续分布的位错，最后一项具有面旋度的形式。与式 (7.14)′

$$\boldsymbol{\alpha}=-\text{Rot}\,\boldsymbol{\beta}^P$$

比较，可将由

$$\boldsymbol{n}\times\boldsymbol{\beta}^P|_{\text{II}}-\boldsymbol{n}\times\boldsymbol{\beta}^P|_{\text{I}}=-\bar{\boldsymbol{\alpha}} \tag{7.87}$$

定义的张量 $\bar{\boldsymbol{\alpha}}$ 看作是位错的面密度．界面上分布的位错也可以描述为空间分布

$$\alpha'_{ij}=\bar{\alpha}_{ij}\delta^1(n), \tag{7.88}$$

显然

$$\int_{-\infty}^{+\infty}\alpha'_{ij}dn=\int_{-\infty}^{+\infty}\bar{\alpha}_{ij}\delta^1(n)dn=\bar{\alpha}_{ij}, \tag{7.89}$$

而 $\bar{\alpha}_{ij}$ 不依赖于 n。

继续进行导微，应用公式

$$\nabla=\boldsymbol{n}\frac{\partial}{\partial n}+\overset{n}{\nabla},\quad \overset{n}{\nabla}\equiv-\boldsymbol{n}\times(\boldsymbol{n}\times\nabla). \tag{7.90}$$

将导数分为垂直与平行界面的两个部分，可得

$$\mathbf{H}=\boldsymbol{\alpha}\times\nabla=-\nabla\times\boldsymbol{\beta}^P\times\nabla-\nabla\times(\boldsymbol{\beta}^P_{\text{II}}-\boldsymbol{\beta}^P_{\text{I}})$$
$$\times\nabla\delta^0-[\nabla\times(\overset{\downarrow}{\boldsymbol{\beta}}{}^P_{\text{II}}-\overset{\downarrow}{\boldsymbol{\beta}}{}^P_{\text{I}})\times\boldsymbol{n}+\overset{\downarrow}{\boldsymbol{n}}\times(\overset{\downarrow}{\boldsymbol{\beta}}{}^P_{\text{II}}-\overset{\downarrow}{\boldsymbol{\beta}}{}^P_{\text{I}})$$
$$\times\overset{n}{\nabla}]\delta^1-\boldsymbol{n}\times(\boldsymbol{\beta}^P_{\text{II}}-\boldsymbol{\beta}^P_{\text{I}})\times\boldsymbol{n}\delta^2, \tag{7.91}$$

---

* 箭号 ↓ 表示微分算符所作用的函数，下同。

右端前两项显然表示空间连续分布的(形变)歧度密度，第二行括号中的两项表示歧度密度的面分布，其中前一项描述 $\boldsymbol{\alpha}$ 在分界面上的突变，而后一项是由于 $\bar{\alpha}$ 的存在所引起. 最后一项相应于畸变歧度的某种偶极层分布.

可以将 H 中决定于面密度的部分写作

$$\mathbf{H}^B = \bar{\mathbf{H}}\delta^1 + \bar{\bar{\mathbf{H}}}\delta^2, \tag{7.92}$$

$$\bar{\mathbf{H}} \equiv -\overline{\mathrm{Ink}}(\boldsymbol{\beta}^P_{\mathrm{II}} - \boldsymbol{\beta}^P_{\mathrm{I}}), \tag{7.93}$$

$$\bar{\bar{\mathbf{H}}} \equiv -\overline{\overline{\mathrm{Ink}}}(\boldsymbol{\beta}^P_{\mathrm{II}} - \boldsymbol{\beta}^P_{\mathrm{I}}), \tag{7.94}$$

算符 $\overline{\mathrm{Ink}}$ 及 $\overline{\overline{\mathrm{Ink}}}$ 定义为

$$\overline{\mathrm{Ink}}\,\boldsymbol{\beta} \equiv \nabla \times \overset{\downarrow}{\boldsymbol{\beta}} \times \boldsymbol{n} + \overset{\downarrow}{\boldsymbol{n}} \times \overset{\downarrow}{\boldsymbol{\beta}} \times \overset{n}{\nabla}, \tag{7.95}$$

$$\overline{\overline{\mathrm{Ink}}}\boldsymbol{\beta} \equiv \boldsymbol{n} \times \boldsymbol{\beta} \times \boldsymbol{n}, \tag{7.96}$$

因此

$$\bar{\mathbf{H}} = \boldsymbol{\alpha} \times \boldsymbol{n}|_{\mathrm{II}} - \boldsymbol{\alpha} \times \boldsymbol{n}|_{\mathrm{I}} + \bar{\boldsymbol{\alpha}} \times \overset{n}{\nabla}, \tag{7.97}$$

$$\bar{\bar{\mathbf{H}}} = \bar{\boldsymbol{\alpha}} \times \boldsymbol{n}. \tag{7.98}$$

无论人们如何想象这些范性畸变的不连续性的引入过程，$\boldsymbol{s}^T$ 的存在与 $\boldsymbol{\beta}^T$ 相应的连续性是必须保证的. 那就是说，在界面上应有

$$\boldsymbol{s}^T|_{\mathrm{II}} - \boldsymbol{s}^T|_{\mathrm{I}} = 0 \tag{7.99}$$

以及

$$\boldsymbol{n} \times \nabla \boldsymbol{s}^T|_{\mathrm{II}} - \boldsymbol{n} \times \nabla \boldsymbol{s}^T|_{\mathrm{I}} = 0, \tag{7.100}$$

相当于

$$\boldsymbol{n} \times \boldsymbol{\beta}^T|_{\mathrm{II}} - \boldsymbol{n} \times \boldsymbol{\beta}^T|_{\mathrm{I}} = 0, \tag{7.101}$$

因此与式 (7.87) 相应应有

$$\boldsymbol{n} \times \boldsymbol{\beta}|_{\mathrm{II}} - \boldsymbol{n} \times \boldsymbol{\beta}|_{\mathrm{I}} = \bar{\boldsymbol{\alpha}}. \tag{7.102}$$

自然应该有

$$\overline{\mathrm{Ink}}(\boldsymbol{\beta}^T_{\mathrm{II}} - \boldsymbol{\beta}^T_{\mathrm{I}}) = 0, \tag{7.103}$$

$$\overline{\overline{\mathrm{Ink}}}(\boldsymbol{\beta}^T_{\mathrm{II}} - \boldsymbol{\beta}^T_{\mathrm{I}}) = 0, \tag{7.104}$$

所以

$$\overline{\mathrm{Ink}}(\boldsymbol{\beta}_{\mathrm{II}}-\boldsymbol{\beta}_{\mathrm{I}})=\bar{\mathbf{H}}, \tag{7.105}$$

$$\overline{\overline{\mathrm{Ink}}}(\boldsymbol{\beta}_{\mathrm{II}}-\boldsymbol{\beta}_{\mathrm{I}})=\bar{\bar{\mathbf{H}}}. \tag{7.106}$$

由于对称部分 $\boldsymbol{\beta}^s=\mathbf{e}$, $\mathbf{H}^s=\boldsymbol{\eta}$, 所以

$$\overline{\mathrm{Ink}}(\mathbf{e}_{\mathrm{II}}-\mathbf{e}_{\mathrm{I}})=\bar{\boldsymbol{\eta}}, \tag{7.107}$$

$$\overline{\overline{\mathrm{Ink}}}(\mathbf{e}_{\mathrm{II}}-\mathbf{e}_{\mathrm{I}})=\bar{\bar{\boldsymbol{\eta}}}, \tag{7.108}$$

而

$$\bar{\boldsymbol{\eta}}=(\boldsymbol{\alpha}\times\boldsymbol{n}|_{\mathrm{II}}-\boldsymbol{\alpha}\times\boldsymbol{n}|_{\mathrm{I}})^s+(\bar{\boldsymbol{\alpha}}\times\nabla)^s, \tag{7.109}$$

$$\bar{\bar{\boldsymbol{\eta}}}=(\boldsymbol{\alpha}\times\boldsymbol{n})^s \tag{7.110}$$

给定了场 $\boldsymbol{\alpha}$ 或 $\boldsymbol{\beta}^P$, 用以上推出的诸公式就不难计算 $\boldsymbol{\eta}$, $\bar{\boldsymbol{\eta}}$ 和 $\bar{\bar{\boldsymbol{\eta}}}$.

下面将要证明在线性弹性弹性理论中，内应力状态唯一地由 $\boldsymbol{\eta}$, $\bar{\boldsymbol{\eta}}$, $\bar{\bar{\boldsymbol{\eta}}}$ 所决定，并且也不难看出，所谓弹性力学的第一边界值问题，即给定边界位移求弹性场的问题，可以用"给定 $\bar{\boldsymbol{\eta}}$, $\bar{\bar{\boldsymbol{\eta}}}$"的语言表述.

最后应当指出：位错不可在介质中中止的要求是始终必须满足的. 不过在存在面密度 $\bar{\boldsymbol{\alpha}}$ 时，表面位错 $\bar{\boldsymbol{\alpha}}$ 可能由表面出来，而对空间密度提供某些贡献.

对于空间密度 $\boldsymbol{\alpha}$, 无散条件是

$$\alpha_{ij,j}=0,$$

而对于每一个 $\bar{\alpha}\neq 0$ 的界面应有方程

$$\overset{n}{\nabla}_i\bar{\alpha}_{ij}+n_i(\alpha_{ij}|_{\mathrm{II}}-\alpha_{ij}|_{\mathrm{I}})=0, \tag{7.111}$$

式中 $\overset{n}{\nabla}_i$ 是算符 $\overset{n}{\nabla}=-\boldsymbol{n}\times(\boldsymbol{n}\times\nabla)$ 的第 i 个分量. 此式表明，在 $\bar{\boldsymbol{\alpha}}$ 的散度不为零的地方 $\boldsymbol{\alpha}$ 必然与界面相遇，并在该处发生弯折. 将方程 $\bar{\boldsymbol{\alpha}}=\boldsymbol{n}\times(\boldsymbol{\beta}_{\mathrm{II}}-\boldsymbol{\beta}_{\mathrm{I}})$ 及 $\boldsymbol{\alpha}=\nabla\times\boldsymbol{\beta}$ 代入式 (7.111) 可见它必然被恒等地满足. 任何给定的密度分布 $\boldsymbol{\alpha}$ 和 $\bar{\boldsymbol{\alpha}}$ 必须分别满足条件 $\alpha_{ij,i}=0$ 及条件 (7.111).

例如小角差晶界、孪晶间界及某些相间界都可以作为面位错的例子.

关于界面位错及失配位错，本书第二卷中将有专章论述.

§ 7.5 连续分布位错的位移场[1]

在 § 3.1 中利用 Green 张量函数推导了各向同性介质中离散位错环的 Burgers 位移公式. 在 § 5.4 中进一步处理了各向异性的情况. 现在要采用相似的方法,即利用 Green 张量函数，导出连续分布位错的位移场. 在各向同性情况下的表达式可以看作是 Burgers 公式的推广.

在 § 7.1 中我们充分讨论了非协调范性畸变 $\boldsymbol{\beta}^P$ 与弹性畸变 $\boldsymbol{\beta}$, 以及它们与赝位错密度张量 $\boldsymbol{\alpha}$ 的关系. 我们有*

$$\beta_{ij}^T = \beta_{ij} + \beta_{ij}^P, \tag{7.112}$$

$$e_{ij}^T = \beta_{(ij)}^T = u_{(i,j)}^T = e_{ij} + e_{ij}^P; \tag{7.113}$$

Hooke 定律是

$$c_{ijkl}e_{kl} = \sigma_{ij}; \tag{7.114}$$

平衡方程是

$$\sigma_{ij,j} + f_i = 0, \tag{7.115}$$

故

$$c_{ijkl}u_{k,lj}^T + f_i = c_{ijkl}e_{kl,j}^P. \tag{7.116}$$

Green 张量函数的定义方程是

$$c_{ijkl}G_{jn,ik}(\boldsymbol{r}) + \delta_{ln}\delta(\boldsymbol{r}) = 0, \tag{7.117}$$

根据 δ 函数的性质,可见

$$u_n^T(\boldsymbol{r}) = -\int c_{ijkl}G_{jn,ik}(\boldsymbol{R})u_l^T(\boldsymbol{r}')dV' \tag{7.118}$$

由式 (7.116),此式可变换为

$$u_n^T(\boldsymbol{r}) = +\int G_{jn}(\boldsymbol{R})[f_i(\boldsymbol{r}') - c_{ijkl}e_{kl,i'}^P(\boldsymbol{r})]dV'. \tag{7.119}$$

考虑体力 $f_i(r') = 0$ 的情况,注意到

$$e_{kl}^P = \beta_{(kl)}^P$$

---

* 回忆张量下标在圆括号中表示对称化,在方括号中表示反对称化.

1) de Wit, R., The Displacement Field of a Dislocation Distribution, in Dislocation Modelling of Physical Systems, M. F. Ashby et al. eds., Pergamon Press, 304 (1981).

以及 c_{ijkl} 对于下角标的对称性，于是式 (7.119) 成为

$$u_n^T(r)=-\int c_{ijkl}G_{jn,i}(\boldsymbol{R})e_{kl}^P(\boldsymbol{r}')dV'$$

$$=-\int c_{ijkl}G_{jn,i}(\boldsymbol{R})\beta_{kl}^P(\boldsymbol{r}')dV'. \qquad (7.120)$$

为了进一步推导，首先要把第三章中曾遇到的立体角 Ω 用另一形式表出．已知

$$\Omega(\boldsymbol{r})=\int\frac{x_m dS'_m}{R^3}, \qquad (7.121)$$

并有 Stokes 定理

$$\int_S \varepsilon_{ijk}T_{,j}dS'_i=\oint_c T dl'_k \qquad (7.122)$$

因此，为了把 $\Omega(\boldsymbol{r})$ 写为一个回线积分，只需要求得满足如下方程的一个函数 $A_k(\boldsymbol{r})$ 即可

$$\varepsilon_{pnk}A_{k,p}(\boldsymbol{r})=x_m/r^3, \qquad (7.123)$$

这相当于求出场 $\boldsymbol{r}/r^3$ 的矢势 $A(\boldsymbol{r})$ 的问题． de Wit 指出，方程 (7.123) 有一个解是

$$A_k(\boldsymbol{r})=\frac{\varepsilon_{ijk}x_j a_k}{r(r+\boldsymbol{r}\cdot\boldsymbol{a})} \qquad (7.124)$$

式中 $\boldsymbol{a}$ 是一个任意常矢量．这样，立体角就可以表示为

$$\Omega(\boldsymbol{r})=\int_S \varepsilon_{pmk}A_{k,p}(\boldsymbol{R})dS'_m=\oint_c A_k(\boldsymbol{R})dl'_k. \qquad (7.125)$$

$A_k(\boldsymbol{r})$ 中矢量 $\boldsymbol{a}$ 的任意性表示了前文中所提出的立体角表示式的不唯一性．

其次，要引入一个辅助函数．定义

$$J_{klmn}(\boldsymbol{r})=\int c_{ijkl}G_{jn,i'm'}(\boldsymbol{r}')(4\pi R)^{-1}dV', \qquad (7.126)$$

这个函数也类似于一种势函数． J 具有如下两个有用性质：

(1) 对 J_{klmn} 的第三个下角标求散度，可得到

$$J_{klmn,m}(\boldsymbol{r})=\int c_{ijkl}G_{jn,i'm'}(\boldsymbol{r}')(4\pi R)^{-1}_{,m}dV'$$

$$= \int c_{ijkl} G_{jn,i'}(\boldsymbol{r}')(4\pi R)^{-1}_{,mm} dV'$$

$$= -\int c_{ijkl} G_{jn,i'}(\boldsymbol{r}')\delta(R) dV$$

$$= -c_{ijkl} G_{jn,i}(\boldsymbol{r}). \tag{7.127}$$

第一个等式得自于积分号下微分，第二个等式是分部积分的结果，此时面积分在无穷远处为零。而第三个等式是由于

$$(4\pi R)^{-1}_{,mm} + \delta(R) = 0. \tag{7.128}$$

式 (7.127) 是 J 的第一个有用性质。

(2) 对 J_{klmn} 的第一个下角标求散度，可得到

$$J_{klmn,k}(\boldsymbol{r}) = \int c_{ijkl} G_{jn,i'm'}(\boldsymbol{r}')(4\pi R)^{-1}_{,k} dV'$$

$$= \int c_{ijkl} G_{jn,i'k'}(\boldsymbol{r}')(4\pi R)^{-1}_{,m} dV'$$

$$= -\int \delta_{ln}\delta(\boldsymbol{r}')(4\pi R)^{-1}_{,m} dV'$$

$$= -\delta_{ln}(4\pi r)^{-1}_{,m} = \delta_{ln} x_m / 4\pi r^3$$

$$= \delta_{ln}\varepsilon_{pmk} A_{k,p}(\boldsymbol{r})/4\pi, \tag{7.129}$$

这就是 J 的第二个有用性质。

现在回到位错密度张量 $\boldsymbol{\alpha}$

$$\alpha_{pl} = -\varepsilon_{pmk}\beta^P_{kl,m}, \tag{7.130}$$

与此等价

$$\varepsilon_{pmk}\alpha_{pl} = \beta^P_{ml,k} - \beta^P_{kl,m}. \tag{7.131}$$

式 (7.120)，略去 u^T_n 的上角标 T，可写成

$$u_n(\boldsymbol{r}) = -\int c_{ijkl} G_{jn,i}(\boldsymbol{R})\beta^P_{kl}(\boldsymbol{r}') dV'$$

$$= \int J_{klmn,m}(\boldsymbol{R})\beta^P_{kl}(\boldsymbol{r}') dV'$$

$$= \int J_{klmn}(\boldsymbol{R})\beta^P_{kl,m'}(\boldsymbol{r}') dV'$$

$$= \int J_{klmn}(\boldsymbol{R})[\beta^P_{ml,k'}(\boldsymbol{r}') - \varepsilon_{pmk}\alpha_{pl}(\boldsymbol{r}')] dV'$$

$$= \int J_{klmn,k}(\boldsymbol{R})\beta^{p}_{ml}(\boldsymbol{r}')dV' - \int \varepsilon_{pmk}J_{klmn}(\boldsymbol{R})\alpha_{p'l}(\boldsymbol{r}')dV'$$

$$= (4\pi)^{-1}\int \delta_{ln}\varepsilon_{pmk}A_{k,p}(\boldsymbol{R})\beta^{p}_{ml}(\boldsymbol{r}')dV'$$

$$- \int \varepsilon_{pmk}J_{klmn}(\boldsymbol{R})\alpha_{pl}(\boldsymbol{r}')dV'$$

$$= (4\pi)^{-1}\int A_k(\boldsymbol{R})\varepsilon_{pmk}\beta^{p}_{mn,p'}(\boldsymbol{r}')dV'$$

$$- \int \varepsilon_{pmk}J_{klmn}(\boldsymbol{R})\alpha_{pl}(\boldsymbol{r}')dV'$$

$$= (4\pi)^{-1}\int A_k(\boldsymbol{R})\alpha_{kn}(\boldsymbol{r}')dV'$$

$$- \int \varepsilon_{pmk}J_{klmn}(\boldsymbol{R})\alpha_{pl}(\boldsymbol{r}')dV'. \tag{7.132}$$

式 (7.132) 是本节要求的基本结果，它给出各向异性线性弹性的，无限大均匀物体中连续分布位错 $\boldsymbol{\alpha}$ 产生的位移场 $\boldsymbol{u}(\boldsymbol{r})$，通过两个势函数 A_k(7.124) 和 J_{klmn}(7.126) 表示。 此式是 Burgers 位移公式推广于连续分布位错和各向异性弹性介质的完整表达式。

先将此普遍公式应用于各向异性介质中的一个离散位错环 c。此时位错密度张量 $\boldsymbol{\alpha}$ 是

$$\alpha_{pl}(\boldsymbol{r}) = \delta_p(c)b_l, \tag{7.133}$$

式中

$$\delta_p(c) = \oint_c dl'_p\delta(\boldsymbol{R}), \tag{7.134}$$

代入式 (7.132)，得到位移场表达式

$$u_n(\boldsymbol{r}) = -(4\pi)^{-1}\oint_c A_k(\boldsymbol{R})b_n dl'_k$$

$$- \oint_c \varepsilon_{pmk}J_{klmn}(\boldsymbol{R})b_l dl'_p, \tag{7.135}$$

这是 Burgers 公式的一个推广.

根据 Stokes 定理，上式可以变形如下:

$$u_n(\boldsymbol{r}) = -(4\pi)^{-1}\int_S \varepsilon_{pmk}A_{k,p}(\boldsymbol{R})b_n dS'_m$$

$$-\int_S [J_{klmn,m}(\boldsymbol{R})b_l dS'_k - J_{klmn,k}(\boldsymbol{R})b_l dS'_m]$$

$$=\int_S c_{ijkl}G_{jn,i}(\boldsymbol{R})b_l dS'_k, \tag{7.136}$$

与式 (3.4) 完全一致.

最后讨论各向同性介质的情况. 此时弹性常数张量是

$$c_{ijkl}=\lambda\delta_{ij}\delta_{kl}+\mu(\delta_{ik}\delta_{jl}+\delta_{il}\delta_{jk}), \tag{7.137}$$

由于 c_{ijkl} 对于下角标的对称性，以及关系

$$\lambda=\frac{2\mu\nu}{1-\nu}, \tag{7.138}$$

所以弹性常数张量也可以写作

$$c_{ijkl}=2\mu\left[\delta_{ik}\delta_{jl}+\frac{\nu}{1-2\nu}\delta_{ij}\delta_{kl}\right]. \tag{7.139}$$

Green 张量函数写作

$$G_{jn}(r)=(8\pi\mu)^{-1}\left[\delta_{jn}r_{,qq}-\frac{1}{2(1-\nu)}r_{,jn}\right], \tag{7.140}$$

于是函数 $J_{klmn}(r)$ 成为

$$J_{klmn}(r)=\int\left[\delta_{ln}r'_{,k'q'q'm'}+\delta_{kn}r'_{,l'q'q'm'}-\frac{1}{1-\nu}r'_{,k'l'm'n'}\right.$$

$$\left.+\delta_{kl}\frac{\nu}{1-\nu}r_{,n'q'q'm'}\right](32\pi^2R)^{-1}dV'. \tag{7.141}$$

已知有积分公式

$$\int r'_{,q'q'}R^{-1}dV'=-4\pi r, \tag{7.142}$$

于是通过分部积分最后可得到

$$\varepsilon_{pmk}J_{klmn}(\boldsymbol{r})=-(8\pi)^{-1}\varepsilon_{pmk}\left[\delta_{kn}r_{,lm}+\delta_{kl}\frac{\nu}{1-\nu}r_{,nm}\right]. \tag{7.143}$$

由于 ε_{pmk} 的反称性，故式 (7.143) 中对 (km) 对称的项消失. 现在将式 (7.143) 代入式 (7.132)，得到

$$u_n(\boldsymbol{r}) = -(4\pi)^{-1}\int A_k(\boldsymbol{R})\alpha_{kn}(\boldsymbol{r}')dV'$$

$$+ (8\pi)^{-1}\int\left[\varepsilon_{pmn}R_{,lm} + \varepsilon_{pml}\frac{\nu}{1-\nu}R_{,nm}\right]\alpha_{pl}(\boldsymbol{r}')dV', \tag{7.144}$$

这是各向同性介质中连续分布位错位移公式的一个形式.

利用恒等式

$$\varepsilon_{pmn}R_{,p} = \varepsilon_{mnl}R_{,p} - \varepsilon_{pnl}R_{,m} + \varepsilon_{pml}R_{,n} \tag{7.145}$$

可以将上式改写为更接近于 Burgers 公式的形式. 先变为

$$u_n(\boldsymbol{r}) = -(4\pi)^{-1}\int A_k(\boldsymbol{R})\alpha_{kn}(\boldsymbol{r}')dV'$$

$$+ (8\pi)^{-1}\int\Big[\varepsilon_{mnl}R_{,pm} - \varepsilon_{pnl}R_{,mm}$$

$$+ \frac{1}{1-\nu}\varepsilon_{pml}R_{,nm}\Big]\alpha_{pl}(\boldsymbol{r}')dV', \tag{7.146}$$

利用 $\boldsymbol{\alpha}$ 的无散性质

$$\alpha_{pl,p} = 0,$$

于是通过分部积分,可将式 (7.146) 简化为

$$u_n(\boldsymbol{r}) = -(4\pi)^{-1}\int A_k(\boldsymbol{R})\alpha_{kn}(\boldsymbol{r}')dV'$$

$$- (8\pi)^{-1}\int\left[\varepsilon_{pnl}R_{,mm} - \frac{1}{1-\nu}\varepsilon_{pml}R_{,nm}\right]\alpha_{pl}(\boldsymbol{r}')dV', \tag{7.147}$$

这是 Burgers 位移公式的另一推广形式.

以上结果是 de Wit 所得到的.

注意在式 (7.132) 中及以下略去了 $u_n^T(\boldsymbol{r})$ 的上标 T,并回顾式(7.112)至式(7.114),因而不可将总位移 $\boldsymbol{u}^T$ 与弹性位移 $\boldsymbol{u}$ 相混淆. 不能由公式 (7.132) 或式 (7.147), 依一般弹性力学 (协调性弹性力学)的常规方法,直接导出应力张量 $\sigma_{ij}(\boldsymbol{r})$. 必须注意到(7.113)和 (7.114), 并引用 $\boldsymbol{\alpha}$ 与 $\boldsymbol{\beta}^P$ 的关系,确定 $\mathbf{e}^P$, 然后方能由 $\boldsymbol{u}^T$ 计算弹性应力场.

最后，我们引述 Mura[1] 及 Willis[2] 所得到的关于$\boldsymbol{\beta}$的一个积分表达式。

当体力不为零时，平衡方程是

$$\sigma_{kl,l}+f_k=0, \tag{7.148}$$

$$c_{klmn}\beta_{mn,l}+f_k=0. \tag{7.149}$$

考虑无限介质，并假定当 $r=|\boldsymbol{r}|\to\infty$ 时

$$\boldsymbol{f}\to O(r^{-3}), \quad \boldsymbol{\beta}\to O(r^{-2}), \tag{7.150}$$

由于

$$\alpha_{lj}=\varepsilon_{nmj}\beta_{ln,m}, \tag{7.151}$$

$$\varepsilon_{ikl}\varepsilon_{lmn}=\delta_{km}\delta_{ln}-\delta_{kn}\delta_{lm},$$

故

$$\beta_{mr,n}-\beta_{mn,r}=\varepsilon_{rnl}\alpha_{ml}. \tag{7.152}$$

由式 (7.149) 及 (7.152) 可得

$$c_{klmn}\beta_{mr,nl}+f_{k,r}-c_{klmn}\varepsilon_{rnt}\alpha_{mt,l}=0. \tag{7.153}$$

另外，有 Green 张量函数的定义方程

$$c_{klmn}G_{mp,nl}(\boldsymbol{r}-\boldsymbol{r}')+\delta_{kp}\delta(\boldsymbol{r}-\boldsymbol{r}')=0, \tag{7.154}$$

将此式乘以 $f_{p,s'}(\boldsymbol{r}')-c_{plqn}\varepsilon_{snt}\alpha_{qt,l'}(\boldsymbol{r}')$，并对 $\boldsymbol{r}'$ 积分，与式 (7.149) 比较，于是得到

$$\beta_{ms}(\boldsymbol{r})=\int[f_{p,s'}(\boldsymbol{r}')+c_{plqn}\varepsilon_{nst}\alpha_{qt,l'}(\boldsymbol{r}')]G_{mp}(\boldsymbol{r}-\boldsymbol{r}')d\boldsymbol{r}' \tag{7.155}$$

最后，进行分部积分，并注意到当 $R=|\boldsymbol{r}-\boldsymbol{r}'|\to\infty$ 时 $\mathbf{G}(\boldsymbol{r}-\boldsymbol{r}')\sim O(R^{-1})$，故面积分为零，于是得到

$$\beta_{ms}(\boldsymbol{r})=\int[f_p(\boldsymbol{r}')G_{mp,s'}(\boldsymbol{r}-\boldsymbol{r}') + c_{plqn}\varepsilon_{nst}\alpha_{ql}(\boldsymbol{r}')G_{mp,l'}(\boldsymbol{r}-\boldsymbol{r}')]d\boldsymbol{r}', \tag{7.156}$$

这就是所要求出的公式。当然，这个表达式并不是什么异乎寻常的结果。

1) Mura, T., *Phil. Mag.*, 8, 843, (1963).
2) Willis, J. R., *Int. J. Engng, Sci.*, 5, 171, (1967).

§ 7.6 静力学中的应力函数法

求解连续分布位错产生的应力场的另一方法是应用应力函数。

对于所研究的含有连续分布位错的物体，静力平衡态依然由方程

$$\sigma_{ij,j} + f_i = 0$$

描述。若体力密度为零，则化为

$$\sigma_{ij,j} = 0,$$

或者写作

$$\mathrm{Div}\boldsymbol{\sigma} = 0.$$

根据恒等式(A.27)

$$\mathrm{Div}\mathrm{Ink} \equiv 0,$$

可知必定存在某一个二阶对称张量 χ，使

$$\boldsymbol{\sigma} = \mathrm{Ink}\boldsymbol{\chi}, \tag{7.157}$$

此张量 χ 称为"二阶"应力函数，指二阶微分而言；上式用分量形式写出是

$$\sigma_{11} = -\frac{\partial^2\chi_{22}}{\partial x_3^2} - \frac{\partial^2\chi_{33}}{\partial x_2^2} + 2\frac{\partial^2\chi_{23}}{\partial x_2\partial x_3}, \tag{7.158}$$

$$\sigma_{23} = -\frac{\partial}{\partial x_1}\left(-\frac{\partial\chi_{23}}{\partial x_1} + \frac{\partial\chi_{31}}{\partial x_2} + \frac{\partial\chi_{12}}{\partial x_3}\right) + \frac{\partial^2\chi_{11}}{\partial x_2\partial x_3}, \tag{7.159}$$

轮换下角标，便得到其余四个应力分量。

这应力函数与弹性力学应力函数的古典表示法是一致的[1]。若命

(i) $\chi_{12} = \chi_{23} = \chi_{31} = 0,$ (7.160)

$$\chi_{11} = -\phi_1,\ \chi_{22} = -\phi_2,\ \chi_{33} = -\phi_3,$$

则得到

---

1) 见 Love, A. E. H., A Treatise on the Mathematical Theory of Elasticity, Cambridge Univ. Press, 88 (1944).

$$\sigma_{11}=\frac{\partial^2\phi_2}{\partial x_3^2}+\frac{\partial^2\phi_3}{\partial x_2^2},\tag{7.161}$$

$$\sigma_{23}=-\frac{\partial^2\phi_1}{\partial x_2^2\partial x_3^2},\tag{7.162}$$

这就是 Maxwell 的应力函数表示法，而函数 ϕ 就是 Maxwell 应力函数。

(ii) $\chi_{11}=\chi_{22}=\chi_{33}=0$, (7.163)

$$\chi_{23}=\frac{1}{2}\phi_1,\ \chi_{31}=\frac{1}{2}\phi_2,\ \phi_{12}=\frac{1}{2}\phi_3,$$

则得到

$$\sigma_{11}=\frac{\partial^2\phi_1}{\partial x_2\partial x_3},\tag{7.164}$$

$$\sigma_{23}=-\frac{1}{2}\frac{\partial}{\partial x_1}\left(-\frac{\partial\phi_1}{\partial x_1}+\frac{\partial\phi_2}{\partial x_2}+\frac{\partial\phi_3}{\partial x_3}\right),\tag{7.165}$$

这就是 Morera 的应力函数表示法，而函数 ϕ 就是 Morera 应力函数。

平面问题是 $\partial/\partial x_3=0$，此时式 (7.157) 用分量形式写出便是：

$$\sigma_{11}=-\frac{\partial^2\chi_{33}}{\partial x_2^2},\ \sigma_{22}=-\frac{\partial^2\chi_{33}}{\partial x_1^2},\ \sigma_{12}=+\frac{\partial^2\chi_{33}}{\partial x_1\partial x_2}\tag{7.166a}$$

$$\sigma_{23}=-\frac{\partial}{\partial x_1}\left(-\frac{\partial\chi_{23}}{\partial x_1}+\frac{\partial\chi_{31}}{\partial x_2}\right),$$

$$\sigma_{31}=-\frac{\partial}{\partial x_2}\left(-\frac{\partial\chi_{23}}{\partial x_1}+\frac{\partial\chi_{31}}{\partial x_2}\right),\tag{7.166b}$$

$$\sigma_{33}=-\frac{\partial^2\chi_{11}}{\partial x_2^2}+\frac{\partial^2\chi_{22}}{\partial x_1^2}+2\frac{\partial^2\chi_{12}}{\partial x_1\partial x_2}.\tag{7.166c}$$

试与附录 A.5 中式 (A.121) 比较，可见 $\chi_{33}=-\chi$，即 χ_{33} 与 Airy 应力函数仅相差一负号。

对于含有连续分布位错的物体，源方程是

$$\mathrm{Inke}=\boldsymbol{\eta},\tag{7.167}$$

$$\eta = (-\mathrm{Rot}\boldsymbol{\alpha})^S \tag{7.168}$$

物体是 Hooke 固体

$$\sigma_{ij} = c_{ijkl}e_{kl}, \tag{7.169}$$

$$e_{ij} = s_{ijkl}\sigma_{kl}, \tag{7.170}$$

s_{ijkl} 是 c_{ijkl} 的逆张量

$$c_{ijkl}s_{klmn} = \frac{1}{2}(\delta_{im}\delta_{jn} + \delta_{in}\delta_{jm}). \tag{7.171}$$

将 (7.157) 和 (7.170) 代入方程 (7.167)，得到关于应力函数 $\boldsymbol{\chi}$ 的方程

$$\mathrm{Ink}[s_{ijkl}(\mathrm{Ink}\boldsymbol{\chi})_{kl}] = \boldsymbol{\eta}, \tag{7.172}$$

给定了位错密度场 $\boldsymbol{\alpha}$，即可定出 $\boldsymbol{\eta}$，然后由方程 (7.172) 解出 χ，代入式 (7.157) 或式 (7.158)，(7.159) 等，即可算出此连续分布位错场的应力场.

对于一般各向异性情况，方程 (7.172)，不能化为比较简单的或标准形式求解.

下面具体讨论各向同性情况. 此时

$$c_{ijkl} = \lambda\delta_{ij}\delta_{kl} + \mu(\delta_{ik}\delta_{jl} + \delta_{il}\delta_{jk}), \tag{7.173}$$

$$s_{ijkl} = \lambda'\delta_{ij}\delta_{kl} + \mu'(\delta_{ik}\delta_{jl} + \delta_{il}\delta_{jk}), \tag{7.174}$$

式中

$$\lambda' = -\frac{1/2\mu}{m+1}, \quad \mu' = 1/4\mu,$$

$$m = 1/\nu. \tag{7.175}$$

Hooke 定律的形式是

$$\sigma_{ij} = 2\mu\left(e_{ij} + \frac{1}{m-2}e_{kk}\delta_{ij}\right), \tag{7.176}$$

$$e_{ij} = \frac{1}{2\mu}\left(\sigma_{ij} - \frac{1}{m+1}\sigma_{kk}\delta_{ij}\right). \tag{7.177}$$

根据式 (A.33)，方程 (7.167) 的分量形式是

$$\begin{aligned}\eta_{ij} &\doteq (\mathrm{Ink}\,\boldsymbol{e})_{ij} \\ &= e_{ij,kk} + e_{kk,ij} - (e_{jk,ki} + e_{ki,jk})\end{aligned}$$

$$+(e_{kl,kl}-e_{kk,ll})\delta_{ij}, \tag{7.178}$$

写作矢量微分算子的形式是

$$\eta_{ij}=\Delta e_{ij}+\nabla_i\nabla_j e_{kk}-(\nabla_i\nabla_k e_{jk}+\nabla_j\nabla_k e_{ki}) \\ +(\nabla_k\nabla_l e_{kl}-\Delta e_{kk})\delta_{ij}. \tag{7.178$'$}$$

将 Hooke 定律代入，并注意到 $\nabla_j\sigma_{ij}=0$，便可得到

$$\Delta\sigma_{ij}+\frac{m}{m+1}(\nabla_i\nabla_j\sigma_{kk}-\Delta\sigma_{kk}\delta_{ij})=2\mu\eta_{ij}. \tag{7.179}$$

现在定义两个辅助函数 χ'_{ij} 和 η'_{ij}

$$\chi'_{ij}=(2\mu)^{-1}\left(\chi_{ij}-\frac{1}{m+2}\chi_{kk}\delta_{ij}\right), \tag{7.180}$$

$$\eta'_{ij}=2\mu\left(\eta_{ij}+\frac{1}{m-1}\eta_{kk}\delta_{ij}\right), \tag{7.181}$$

于是有

$$\chi_{ij}=2\mu\left(\chi'_{ij}+\frac{1}{m-1}\chi'_{kk}\delta_{ij}\right), \tag{7.182}$$

$$\eta_{ij}=(2\mu)^{-1}\left(\eta'_{ij}-\frac{1}{m+2}\eta'_{kk}\delta_{ij}\right), \tag{7.183}$$

并假定辅助条件

$$\nabla_i\chi'_{ij}=0, \tag{7.184}$$

于是，根据

$$\boldsymbol{\sigma}=\mathrm{Ink}\boldsymbol{\chi}$$

以及式 (7.182) 与式 (7.177) 的相似性，可见与式 (7.179)相似，应有

$$(2\mu)^{-1}\sigma_{ij}=\Delta\chi'_{ij}+\frac{m}{m-1}(\nabla_i\nabla_j\chi'_{kk}-\Delta\chi'_{kk}\delta_{ij}), \tag{7.185}$$

将此式代入式 (7.179)，得到

$$\Delta\Delta\chi'_{ij}-\Delta(\nabla_i\nabla_k\chi'_{kj}+\nabla_j\nabla_k\chi'_{ki})+\frac{m}{m+1}\nabla_i\nabla_j\nabla_k\nabla_l\chi'_{kl} \\ +\frac{1}{m+1}\Delta\nabla_k\nabla_l\chi'_{kl}\delta_{ij}=\eta_{ij}. \tag{7.186}$$

不难示明，若令 $\boldsymbol{\gamma}=\nabla\cdot\boldsymbol{\chi}'=\mathrm{Div}\boldsymbol{\chi}'$，则条件 $\nabla_j\chi'_{ij}=0$ 相当于 $\boldsymbol{\gamma}=0$，而

$$-\Delta(\nabla_i\nabla_k\chi'_{kj}+\nabla_j\nabla_k\chi'_{ki})+\frac{m}{m+1}\nabla_i\nabla_j\nabla_k\nabla_l\chi'_{kl}$$

$$+\frac{1}{m+1}\Delta\nabla_k\nabla_l\chi'_{kl}\delta_{ij}, \tag{7.187}$$

相当于

$$\mathrm{Def}[(m+1)\Delta\boldsymbol{\gamma}-m\nabla\nabla\cdot\boldsymbol{\gamma}]-\Delta\nabla\cdot\boldsymbol{\gamma}\mathbf{I} \tag{7.188}$$

由于 $\boldsymbol{\gamma}=0$，所以此式为零，即式 (7.176) 为零，这就使式 (7.186) 简化为

$$\Delta\Delta\chi'_{ij}=\eta_{ij}, \tag{7.189}$$

与此相似，可得

$$\Delta\Delta\chi_{ij}=\eta'_{ij}, \tag{7.190}$$

与式 (1.189) 等价．这一对方程就是各向同性无限介质情况下由 η 决定 $\boldsymbol{\chi}$ 的方程．它们是标准的非齐次双调和方程，其解是

$$\chi'_{ij}(r)=-(8\pi)^{-1}\int\eta_{ij}(\boldsymbol{r}')|\boldsymbol{r}-\boldsymbol{r}'|dV', \tag{7.191}$$

$$\chi_{ij}(r)=-(8\pi)^{-1}\int\eta'_{ij}(\boldsymbol{r}')|\boldsymbol{r}-\boldsymbol{r}'|dV', \tag{7.192}$$

这是本节所得的具体有用结果．

作为例子，用本节的方法推导离散位错的 Peach-Koehler 应力公式 (3.32)．

将式 (7.168)

$$\eta_{ij}=(-\varepsilon_{jmn}\alpha_{in,m})^S$$

代入式 (7.191)

$$\chi'_{ij}(\boldsymbol{r})=-(8\pi)^{-1}\int\eta_{ij}(\boldsymbol{r}')RdV'$$

$$=\left[+(8\pi)^{-1}\int\varepsilon_{jmn}\alpha_{in,m'}(\boldsymbol{r}')RdV'\right]^S, \tag{7.193}$$

经过分部积分，得到

$$\chi'_{ij}(r')=(8\pi)^{-1}\left(\int\varepsilon_{jmn}\alpha_{in}(r')R_{,m}dV'\right)^S. \tag{7.194}$$

对于离散位错环 c，$\boldsymbol{\alpha}$ 只是在沿位错轴线的小管道中不为零(参看图 3.1)。定义有效位错密度 $\bar{\alpha}_{in}$

$$\bar{\alpha}_{in}=\int_{\Sigma_\perp}\alpha_{in}dS' \tag{7.195}$$

$\Sigma_\perp$ 是管道的垂直截面；根据定义

$$\bar{\alpha}_{in}=t_ib_n, \tag{7.196}$$

$\boldsymbol{t}$ 是位错线 c 的切线矢量. 在式 (7.194) 中，令 $dV'=dl'dS'$，将式 (7.195) 代入，并应用式 (7.196)，即得到

$$\begin{aligned}\chi'_{ij}(\boldsymbol{r})&=\frac{1}{8\pi}\left(\oint_c\varepsilon_{jmn}\bar{\alpha}_{in}(r')R_{,m}dl'\right)^s\\&=\frac{1}{8\pi}\left(\oint_c\varepsilon_{jmn}b_nR_{,m}dl'_i\right)^s\\&=\frac{b_n}{8\pi}\oint_c\frac{1}{2}R_{,m}(\varepsilon_{jmn}dl'_i+\varepsilon_{imn}dl'_j),\end{aligned} \tag{7.197}$$

还有

$$\chi'_{kk}(\boldsymbol{r})=\frac{b_n}{8\pi}\oint_cR_{,m}\varepsilon_{kmn}dl'_k. \tag{7.198}$$

将式 (7.197) 和式 (7.198) 代入应力表达式 (7.185) [注意式 (7.182)]，即得

$$\begin{aligned}\sigma_{ij}(\boldsymbol{r})=\frac{\mu b_n}{4\pi}\oint_c\Big[&\frac{1}{2}R_{,mkk}(\varepsilon_{jmn}dl'_i+\varepsilon_{imn}dl'_j)\\&+\frac{m}{m-1}\varepsilon_{kmn}(R_{,mij}-R_{,mll}\delta_{ij})dl'_k\Big].\end{aligned} \tag{7.199}$$

这就是 Peach-Koehler 应力公式 (3.32).

现在简短推导能量公式. 弹性介质中的总弹性能量是

$$E=\frac{1}{2}\int_{V'}\sigma_{ij}e_{ij}dV', \tag{7.200}$$

现在注意内应力系统. 根据定义 $\boldsymbol{\sigma}=\mathrm{Ink}\boldsymbol{\chi}$，则

$$E=-\frac{1}{2}\int_{V'}\varepsilon_{ijk}\varepsilon_{lmn}e_{il}\chi_{kn,jm}dV', \tag{7.201}$$

经过一次分部积分，给出

$$E=-\frac{1}{2}\varepsilon_{ijk}\varepsilon_{lmn}\left[\int_{S'}e_{il}\chi_{kn,m}dS'_j-\int_{V'}e_{il,j}\chi_{kn,m}dV'\right],\tag{7.202}$$

再对此式中的体积分进行一次分部积分，得到

$$E=-\frac{1}{2}\varepsilon_{ijk}\varepsilon_{lmn}\left[\int_{S'}e_{il}\chi_{kn,m}dS'_j-\int_{S'}e_{il,j}\chi_{kn}dS'_m\right]$$

$$+\frac{1}{2}\int_{V'}\chi_{kn}\eta_{kn}dV'.\tag{7.203}$$

若考虑无限大介质，由于 e_{il} 等在无限远处消失，所以面积分为零，而

$$E=\frac{1}{2}\int_{\infty}\chi_{kn}\eta_{kn}dV',\tag{7.204}$$

这就是内应力源 $\boldsymbol{\alpha}$ 所引起的弹性自能，可记作 $E(\boldsymbol{\eta})$，给定了 $\boldsymbol{\alpha}$ 原则上就可以计算 $E(\boldsymbol{\eta})$。

§7.7 离散位错的弹性能

对离散位错可导出有意思的能量公式。如§3.4中所述，考虑一个位错 $c'(\boldsymbol{b}')$ 在某个外应力场(可以是其它缺陷产生的应力场)中的弹性相互作用能

$$E^K=b'_i\int_{S_0}\sigma^K_{ij}(\boldsymbol{r}')dS'_j,$$

在不致引起混淆的情况下略去 $\boldsymbol{\sigma}$ 的上标 K。现在将式 $\boldsymbol{\sigma}=\mathrm{Ink}\boldsymbol{\chi}$ 代入，并换为 $\boldsymbol{\chi}'$ 表示，然后应用 Stokes 定理，于是得到

$$E^K=-2\mu b'_i\oint_{c'}\varepsilon_{ikl}\left(\chi'_{ln}+\frac{1}{m-1}\chi'_{pp}\delta_{ln}\right)_{,k}dl'_n.\tag{7.205}$$

若此处的 $\boldsymbol{\sigma}$(因而是 $\boldsymbol{\chi}'$)是由另一位错 $c''(\boldsymbol{b}'')$ 所产生，则应力函数应该由式(7.197)及式(7.198)给出。改变一下下角标及符号，写作

$$\chi'_{ln}(\boldsymbol{r})=-\frac{b''_j}{8\pi}\oint_{c''}\frac{1}{2}R_{,m}(\varepsilon_{jmn}dl''_l+\varepsilon_{jml}dl''_n),\tag{7.206}$$

$$\chi'_{pp}(r) = -\frac{b''_l}{8\pi}\oint_{c''} R_{,m}\varepsilon_{jmp} dl''_p, \tag{7.207}$$

代人式 (7.205)，给出

$$E^{c'c''} = \frac{\mu b'_i b''_j}{8\pi}\oint_{c'}\oint_{c''}\varepsilon_{ikl}\varepsilon_{jmn}R_{,km}$$

$$\times\left(dl'_n dl''_l + \delta_{ln} dl'_p dl''_p + \frac{2}{m-1} dl'_l dl''_n\right), \tag{7.208}$$

此式可以简写为

$$E^{int} = b'_i b''_j M_{ij}, \tag{7.208$'$}$$

仿照电磁学的术语，式中 M_{ij} 称为“位错互感”

$$M_{ij} = \frac{\mu}{8\pi}\oint_{c'}\oint_{c''}\varepsilon_{ikl}\varepsilon_{jmn}R_{,km}$$

$$\times\left(dl'_n dl''_l + \delta_{ln} dl'_p dl''_p + \frac{2}{m-1} dl'_l dl''_n\right). \tag{7.209}$$

若令 $c' = c'' = c$，则 M_{ij} 成为“位错自感”，而位错 $c(\boldsymbol{b})$ 的弹性自能即是

$$E^c_S = \frac{1}{2} b_i b_j M_{ij}(c). \tag{7.210}$$

经过比较繁复的变换，可以从式 (7.208) 导出第三章中的 Blin 公式 (3.62)。

应用恒等式 (A.33)，能够将 M_{ij}(7.209) 写作如下形式。

$$M_{ij} = -\frac{\mu}{8\pi}\oint_{c'}\oint_{c''}\Big[(R_{,kk} dl'_i dl''_j - R_{,ki} dl'_k dl''_j - R_{,jk} dl'_i dl''_k)$$

$$+\frac{2}{1-m}(R_{,kk} dl'_j dl''_i - R_{,jk} dl'_k dl''_i - R_{,ik} dl'_j dl''_k)$$

$$+\frac{m+1}{m-1} R_{,lk} dl'_l dl''_k \delta_{ij}$$

$$+\frac{2m}{m-1}(R_{,ij} dl'_k dl''_k - R_{,ll} dl'_k dl''_k \delta_{ij})\Big], \tag{7.211}$$

借助于等式

$$\oint_c R_{,k} dl_k = \int_S \varepsilon_{ijk} R_{,kj} dS_i = 0, \tag{7.212}$$

上式可以简化为

$$M_{ij}=-\frac{\mu}{8\pi}\oint_{c'}\oint_{c''}\left[R_{,kk}\left(dl'_i dl''_j+\frac{2}{m-1}dl'_j dl''_i\right)\right.$$
$$\left.+\frac{2m}{m-1}(R_{,ij}-R_{,ll}\delta_{ij})dl'_k dl''_k\right]. \tag{7.213}$$

如果两个 Burgers 矢量是相等的，即 $\boldsymbol{b}'=\boldsymbol{b}''$（例如在计算自能时就是如此），则在能量表达式 (7.210) 中仅需用到 M_{ij} 的对称部分，所以在式 (7.213) 中将 i，j 任意互换，而 M_{ij} 成为

$$M_{ij}=-\frac{\mu}{8\pi}\oint_{c'}\oint_{c''}\left[\frac{m+1}{m-1}R_{,kk}dl'_i dl''_j\right.$$
$$\left.+\frac{2m}{m-1}(R_{,ij}-R_{,ll}\delta_{ij})dl'_k dl''_k\right]. \tag{7.214}$$

当所考虑的位错的 Burgers 矢量 $\boldsymbol{b}$ 在 x_3 方向，即 $\boldsymbol{b}=(0, 0, b)$，那么在应用式 (7.210) 和 (7.213) 时便只需要 M_{33}。采用式 (7.214) 的形式

$$M_{33}=\frac{\mu}{8\pi}\oint_{c'}\oint_{c''}\left[-\frac{m+1}{m-1}(R_{,11}+R_{,22}+R_{,33})dl'_3 dl''_3\right.$$
$$\left.+\frac{2m}{m-1}(R_{,11}+R_{,22})(dl'_1 dl''_1+dl'_2 dl''_2+dl'_3 dl''_3)\right], \tag{7.215}$$

如果问题具有圆柱对称，可采用柱坐标 (ρ, ϕ, z)：

$$\begin{cases}x_1=\rho\cos\phi,\\ x_2=\rho\sin\phi,\\ x_3=z.\end{cases} \tag{7.216}$$

式 (7.215) 成为

$$M_{33}=\frac{\mu}{4\pi}\oint_{c'}\oint_{c''}\left[-\frac{m+1}{m-1}\frac{dz'dz''}{R}+\frac{m}{m-1}\left(\frac{1}{R}+\frac{Z^2}{R^3}\right)\right.$$
$$\times(\cos\Phi d\rho' d\rho''+\sin\Phi\rho'' d\rho' d\phi''$$
$$\left.-\sin\Phi\rho' d\phi' d\rho''+\cos\Phi\rho'\rho'' d\phi' d\phi''+dz'dz'')\right], \tag{7.217}$$

式中

$$
\begin{cases}
Z = z' - z'', \\
\Phi = \phi' - \phi'', \\
R^2 = \rho'^2 + \rho''^2 - 2\rho'\rho''\cos\Phi + Z^2.
\end{cases} \tag{7.218}
$$

将 (7.217) 写成以下形式在使用中是方便的:

$$
M_{33} = \frac{\mu}{4\pi}\oint_{c'}\left[-\frac{m+1}{m-1}A_z dz' + \frac{m}{m-1}(B_\rho d\rho' + B_\phi \rho' d\phi' + B_z dz')\right], \tag{7.219}
$$

式中

$$
\begin{cases}
A_z = \oint_{c''}\frac{dz''}{R}, \\
B_\rho = \oint_{c''}\left(\frac{1}{R} + \frac{Z^2}{R^3}\right)(\cos\Phi d\rho'' + \sin\Phi \rho'' d\phi''), \\
B_\phi = \oint_{c''}\left(\frac{1}{R} + \frac{Z^2}{R^3}\right)(-\sin\Phi d\rho'' + \cos\Phi \rho'' d\phi''), \\
B_z = \oint_{c''}\left(\frac{1}{R} + \frac{Z^2}{R^3}\right)dz''.
\end{cases} \tag{7.220}
$$

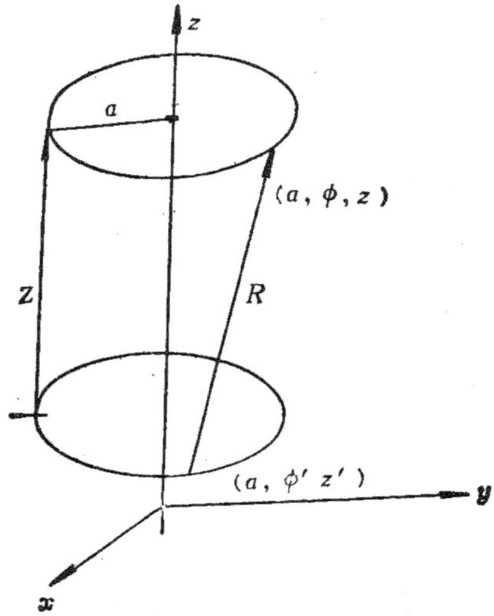

图 7.4

函数 A，B 与静磁学中的矢势类似。它们可以被认为是一组位错势，是能量计算中的一个有用的中间步骤。

§7.8 例

利用上节柱对称问题的结果，可以计算几个有趣的例题[3]。

首先考虑两个同轴的、半径相同的圆环，如图 7.4 所示。圆的半径为 a，故令 $\rho=\rho'=a=$ 常数。还有 $z-z'=Z$。于是式 (7.219) 简化为

$$M_{33}=\frac{\mu}{4\pi}\int_0^{2\pi}\frac{m}{m-1}B_\phi a\,d\phi, \tag{7.221}$$

式中

$$B_\phi=\int_0^{2\pi}\left(\frac{1}{R}+\frac{Z^2}{R^3}\right)\cos\Phi a\,d\phi', \tag{7.222}$$

$$R^2=2a^2-2a^2\cos\Phi+Z^2. \tag{7.223}$$

为了计算 B_ϕ，数学过程比较繁复。现在要引用静磁学中圆环电流矢势的表示式，它的 ϕ 分量 A_ϕ 是

$$A_\phi=\int_0^{2\pi}\frac{\cos\Phi a\,d\phi'}{R}. \tag{7.224}$$

电动力学教程中已算出 A_ϕ 的显式表示式

$$A_\phi=4k^{-1}\left[\left(1-\frac{1}{2}k^2\right)\mathbf{K}-\mathbf{E}\right], \tag{7.225}$$

式中 $\mathbf{K}$ 和 $\mathbf{E}$ 分别是模量为 k 的第一类和第二类完全椭圆积分，此处

$$k^2=\frac{4a^2}{4a^2+Z^2}. \tag{7.226}$$

其次，注意到

$$a\frac{\partial}{\partial a}\left(\frac{1}{R}\right)=-\frac{1}{R}+\frac{Z^2}{R^3}, \tag{7.227}$$

于是就不难看出，根据式 (7.222) 和式 (7.224)，有

$$B_\phi=\partial(aA_\phi)/\partial a, \tag{7.228}$$

应用 A_ϕ 的表达式(7.225)，以及椭圆积分导数间的标准关系，可得

$$B_\phi = 2k(\mathbf{K}-\mathbf{E}), \tag{7.229}$$

这样，最后得到

$$M_{33} = \mu \frac{m}{m-1} ak(\mathbf{K}-\mathbf{E}). \tag{7.230}$$

于是，两个共轴的、具有相同半径的、其 Burgers 矢量均平行于其轴线的位错圆环，其间的相互作用能，根据公式 $E^{int} = b_i b'_i M_{ij}$，为

$$E^{int} = \mu b^2 \frac{m}{m-1} ak(\mathbf{K}-\mathbf{E}), \tag{7.231}$$

此公式首次为 Kröner 得到.

为计算圆环位错的自能，可令

$$Z = r_0 \ll a, \tag{7.232}$$

此时 $k \simeq 1$，椭圆积分的渐近式是 $\mathbf{K} \simeq \ln(8a/r_0)$，$\mathbf{E} \simeq 1$，所以自能 $E^{(S)}$ 为

$$E^{(S)} = \frac{\mu b^2}{2} \frac{m}{m-1} a \left[\ln\left(\frac{8a}{r_0}\right) - 1\right], \tag{7.233}$$

与第四章中所得结果一致.

其次考虑一个“圆柱”位错，实际上它是由 $\left(+\frac{L}{2}, -\frac{L}{2}\right)$ 区间内紧密堆积的许多圆环位错组成. 图 7.5 绘出它的一个截面图.

函数 M_{33} 式(7.230)可以通过 k 看作是 Z 的函数，从而是 (z, z') 的函数

$$M_{33}(z, z') = \mu \frac{m}{m-1} ak(\mathbf{K}-\mathbf{E}) \tag{7.234}$$

如果诸位错圆环平行于圆柱轴线的分布是均匀的，则在长度 dz' 上位错的数目为 ndz'，n 为单位长度上的匝数，是一个常数. 于是，位于 z 处的一匝位错与其它所有位错相互作用给出的 M_{33} 是

$$M_{33}(z) = \int_{-L/2}^{+L/2} M_{33}(z, z') n dz', \tag{7.235}$$

整个圆柱的 M_{33} 是

$$M_{33}=\int_{-L/2}^{+L/2}M_{33}(z)n\,dz。\tag{7.236}$$

将积分变量换为 k

$$k=[4a^2/(4a^2+Z^2)]^{1/2},\tag{7.237}$$

则

$$\begin{aligned}M_{33}(z)&=-\mu\frac{m}{m-1}n2a^2\int_{k_-}^{k_+}\frac{\mathbf{K}-\mathbf{E}}{k(1-k^2)^{1/2}}dk\\&=\mu\frac{m}{m-1}n2a^2[\mathbf{K}(1-k^2)^{1/2}]_{k_-}^{k_+},\end{aligned}\tag{7.238}$$

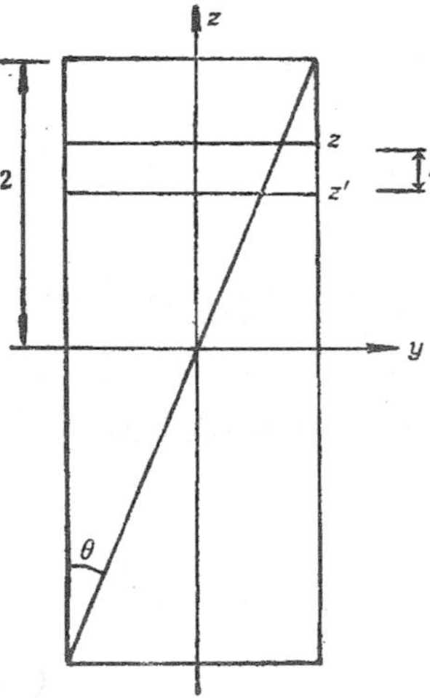

图 7.5

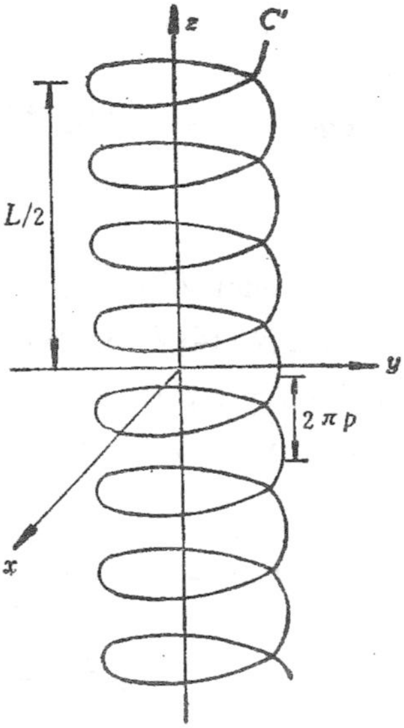

图 7.6

式中定义

$$k_\pm=\left[\frac{4a^2}{4a^2+(Z\pm L/2)}\right]^{1/2},\tag{7.239}$$

进一步计算，得到

$$M_{33}=-\mu\frac{m}{m-1}n^2 8a^3\int_1^{k_0}\frac{\mathbf{K}}{k^2}dk$$

$$= \mu \frac{m}{m-1} n^2 8a^3 \left[\frac{\mathbf{E}}{k}\right]_1^{k_0},\qquad(7.240)$$

式中

$$k_0 = \left[\frac{4a^2}{4a^2 + L^2}\right]^{1/2} = \sin\theta.\qquad(7.241)$$

由自能公式 $E^{(S)} = \frac{1}{2} b_i b_j M_{ij}$ 得到此圆柱位错的自能为

$$E^{(S)} = \mu b^2 \frac{m}{m-1} n^2 4a^3 \left[\frac{\mathbf{E}(k_0)}{k_0} - 1\right].\qquad(7.242)$$

有关系 $2a = L\tan\theta$，所以上式可改写为

$$E^{(S)} = \mu b^2 L \frac{m}{m-1} n^2 2a^2 \left[\frac{\mathbf{E}(\sin\theta)}{\cos\theta} - \tan\theta\right].\qquad(7.243)$$

若圆柱极长，$a \ll L$，则自能近似地可以表为

$$E^{(S)} \simeq \mu b^2 L \frac{m}{m-1} n^2 \pi a^4,\qquad(7.244)$$

这也是 Kröner 得到的结果.

最后，我们引述 de Wit 关于螺旋形位错的结果. 螺旋形位错示于图 7.6 中，Burgers 矢量与其轴平行，a 和 p 是常数. 设 $L \gg a$，$a \gg r_0$（r_0 是位错芯半径）. de Wit 得到，若匝数 $N \gg 1$，则其自能是

$$E^{(S)} = \frac{\mu b^2}{4\pi} L \left\{\frac{m}{m-1}\left[\frac{a^2}{p^2} + 2a\rho p \frac{\partial}{\partial p}\left(\frac{T}{p^2}\right) - 1\right]\right.$$

$$\left. + \ln\frac{2L}{\rho} - 1 + 2S\right\},\qquad(7.245)$$

式中 S 和 T 是无穷级数

$$S = \sum_{n=1}^{\infty} I_n\left(\frac{na}{p}\right) K_n\left(\frac{n\rho}{p}\right),\qquad(7.246)$$

$$T = \sum_{n=1}^{\infty} I'_n\left(\frac{na}{p}\right) K'_n\left(\frac{n\rho}{p}\right),\qquad(7.247)$$

$$\rho = a + r_0.\qquad(7.248)$$

I_n 和 K_n 分别是第一类和第二类修正贝塞耳函数，I'_n 和 K'_n 是它们

对于其宗量的一阶导函数.

在 $p \gg a$ 与 $p \ll a$ 两种极限情况下，级数 S 和 T 有较简单的表达式，可以得到以下的结果：

(i) $p \ll a$，即密绕情况. 准确至 p/a 的二级项，有

$$E^{(S)} = \mu b^2 L \frac{m}{m-1}\left[n^2\pi a^2 - \frac{n}{2}(a\rho)^{1/2}(\ln 2\pi n r_0 + 1)\right] + \frac{\mu b^2}{4\pi} L\left[\ln\frac{2L}{\rho} - \frac{2m-1}{m-1}\right], \tag{7.249}$$

式中 $n = N/L$，是螺旋单位长度上的匝数. 此式中主导项表示螺旋的圆柱部分的贡献. 含 r_0 的一级项表示位错芯截面大小的影响. 最后，二级项表示螺旋轴向分量的贡献，它类似一个半宽度 $\rho \simeq a$（而不是 r_0）的螺型位错.

(ii) $p \gg a$，即近于直线的螺旋. 有

$$E^{(S)} = \frac{\mu b^2}{4\pi} L \left\{\ln\frac{2L}{r_0} - \frac{2m-1}{m-1} - \frac{a\rho}{4p^2} \times \left[2\frac{m+1}{m-1}\left(\gamma + \ln\frac{r_0}{2p}\right) + \frac{5m-1}{m-1}\right]\right\}, \tag{7.250}$$

式中主导项表示沿轴的一个螺型位错的贡献，二级项表示螺旋诸匝之间的弱相互作用.

如果在 S 和 T 的级数表达式中取更多项，以上结果还可以逐步更精确化.

小结

由于本章引入了一般读者所不很熟悉的表示式甚多，所以在最后把一些最重要的定义和公式列出如下：

位错密度张量 $\boldsymbol{\alpha}$ 定义为

$$\alpha_{ij} = \Delta b_j / \Delta S_i. \tag{7.1}$$

总畸变张量 $\boldsymbol{\beta}^T$ 通过下式定义

$$du_j^T = \beta^T_{ij} dx_i, \tag{7.7}$$

$$\beta^T_{ij} = \beta_{ij} + \beta^P_{ij}. \tag{7.8}$$

位错密度与畸变张量之间的关系是

$$\boldsymbol{\alpha} = \mathrm{Rot}\boldsymbol{\beta} = -\mathrm{Rot}\boldsymbol{\beta}^P. \tag{7.14}$$

位错密度张量是无散的

$$\mathrm{Div}\boldsymbol{\alpha} = 0. \tag{7.20}$$

畸变张量的歧度记为 $\mathbf{H}$

$$\mathbf{H} = \mathrm{Ink}\,\boldsymbol{\beta} = -\mathrm{Ink}\boldsymbol{\beta}^P. \tag{7.21}$$

张量$\mathbf{H}$的对称部分记为 $\boldsymbol{\eta}$，故 $\boldsymbol{\eta} = \mathbf{H}^S$

$$\boldsymbol{\eta} = \mathrm{Ink}\mathbf{e}, \tag{7.24}$$

$$\boldsymbol{\eta} = (-\mathrm{Rot}\boldsymbol{\alpha})^S. \tag{7.25}$$

张量 $\boldsymbol{\beta}$ 和 $\boldsymbol{\beta}^P$ 有分解式

$$\boldsymbol{\beta} = \mathrm{Grad}\,\boldsymbol{u}' + \mathrm{Ink}\,\boldsymbol{\iota} + \boldsymbol{\vartheta}, \tag{7.34}$$

$$\boldsymbol{\beta}^P = \mathrm{Grad}\boldsymbol{u}'^P + \mathrm{Ink}\boldsymbol{\iota}^P + \boldsymbol{\vartheta}^P. \tag{7.38}$$

弹性应变张量是

$$\mathbf{e} = \mathrm{Def}\,\boldsymbol{u}' + \mathrm{Ink}\,\boldsymbol{\iota}. \tag{7.41}$$

旋转张量ω 也有分解式

$$\omega_{ij} = \frac{1}{2}(u'_{j,i} - u'_{i,j}) + \vartheta_{ij}. \tag{7.43}$$

点阵曲率张量定义为

$$\kappa_{ij} = \omega_{i,j}, \quad \omega_i \equiv \varepsilon_{ikl}\omega_{kl}, \tag{7.67}$$

它的表达式是

$$\kappa_{ij} = K_{ij} + \varepsilon_{ikl}e_{jl,k}, \tag{7.68}$$

$$K_{ij} = \frac{1}{2}\alpha_{kk}\delta_{ij} - \alpha_{ij}, \tag{7.69}$$

有

$$\boldsymbol{\eta} = -\mathbf{K} \times \nabla. \tag{7.72}$$

当存在界面时要考虑位错的面密度

$$\bar{\alpha} = \boldsymbol{n} \times \boldsymbol{\beta}^P|_{\mathrm{II}} - \boldsymbol{n} \times \boldsymbol{\beta}^P|_{\mathrm{I}} \tag{7.87}$$

畸变歧度张量 $\mathbf{H}$ 中决定于面密度的部分是

$$\mathbf{H}^B = \bar{\mathbf{H}}\delta^1 + \bar{\bar{\mathbf{H}}}\delta^2, \tag{7.92}$$

$$\bar{\mathbf{H}} = -\overline{\mathrm{Ink}}\,(\boldsymbol{\beta}^P_{\mathrm{II}} - \boldsymbol{\beta}^P_{\mathrm{I}}) = \overline{\mathrm{Ink}}\,(\boldsymbol{\beta}_{\mathrm{II}} - \boldsymbol{\beta}_{\mathrm{I}}), \tag{7.93}$$

$$\bar{\bar{\mathbf{H}}} = -\overline{\overline{\overline{\mathrm{Ink}}}}(\boldsymbol{\beta}_{\mathrm{II}}^{P} - \boldsymbol{\beta}_{\mathrm{I}}^{P}) = \overline{\overline{\overline{\mathrm{Ink}}}}(\boldsymbol{\beta}_{\mathrm{II}} - \boldsymbol{\beta}_{\mathrm{I}}), \tag{7.94}$$

取其对称部分，即有

$$\bar{\boldsymbol{\eta}} = \overline{\mathrm{Ink}}(\mathbf{e}_{\mathrm{II}} - \mathbf{e}_{\mathrm{I}}), \tag{7.107}$$

$$\bar{\bar{\boldsymbol{\eta}}} = \overline{\overline{\mathrm{Ink}}}(\mathbf{e}_{\mathrm{II}} - \mathbf{e}_{\mathrm{I}}). \tag{7.108}$$

二阶应力函数 $\boldsymbol{\chi}$ 由下式定义

$$\boldsymbol{\sigma} = \mathrm{Ink}\boldsymbol{\chi}, \tag{7.157}$$

它满足方程

$$\mathrm{Ink}[s_{ijkl}(\mathrm{Ink}\boldsymbol{\chi})_{kl}] = \boldsymbol{\eta}. \tag{7.172}$$

在各向同性情况下，此方程化为

$$\Delta\Delta\chi'_{ij} = \eta_{ij}, \tag{7.189}$$

$$\Delta\Delta\chi_{ij} = \eta'_{ij}. \tag{7.190}$$

无限介质中总弹性能量是

$$E = \frac{1}{2}\int_{\infty} \chi_{ij}\eta_{ij}dV, \tag{7.204}$$

因此给定了场 $\boldsymbol{\alpha}$ 原则上就可以求出介质中的弹性场与弹性能量。

一般性参考文献

[1] Kröner, E., Kontinuumstheorie der Versetzungen und Eigenspannungen, Springer (1958).

[2] Eshelby, J. D., The Continuum Theory of Lattice Defects, Solid State Physics, vol. 3, 79(1956).

[3] de Wit, R., Continuum Theory of Stationary Dislocations, Solid State Physics, vol. 10, 249(1960).

[4] Kröner, E., Continuum Theory of Defects, in Physique des defauts, R. Baliau et al. eds., Les Houches (1980); North-Holland (1981).

[5] Kröner, E., Description of Dislocation Distribution, in Dislocation Modelling of Physical Systems, M. F. Ashby et al. eds., Perg amon Press, 285(1981).

第八章　晶体点阵中的位错

本书前数章所论述的都是连续介质中的位错，所得结果可以描述晶体位错的远程性质．但是对于位错中心部分，连续介质弹性理论无法处理，必然出现发散困难；只好想象把位错芯挖去，这等于认为位错芯根本不存在，是一个空洞，因此也就谈不上说明位错芯的结构．为了研究位错中心，必须如实地将此地区看作是离散的原子点阵，即是要采用某一种点阵模型．

本章所要讨论就是几种位错点阵模型及处理方法和结果．包括 Frenkel-Kontorova 比较早期的工作，著名的 Peierl-Nabarro 模型，完全的离散点阵模型，以及含位错晶体点阵的计算机模拟．由本章内容可以看出，这方面的工作还大大地有待于发展．

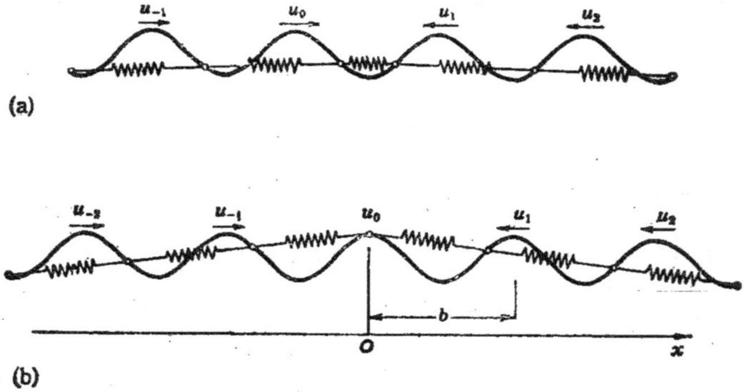

图　8.1

§ 8.1　Frenkel-Kontorova 模型和孤立子

Frenkel 和 Kontorova[1] 在 1938 年处理了一个线型原子链

1) Frenkel, J. and Kontorova, T., *Phys. Z. Sowj.*, 13, 1 (1938).

在一维周期势场中平衡与运动的问题，此链中原子之间的相互作用遵从线性力律，也即是可以用 Hooke 弹簧去模拟．原子链位于一个一维周期势场中，设此势场是正弦型的，可以认为它模拟晶体中的原子势．这个系统示于图 8.1 中．原子链的直线取为 x 轴，链中诸原子用 n 编号，$n=0, \pm 1, \pm 2, \cdots$．一维周期势的周期记为 a．原子 n 的坐标为 x_n，可写

$$x_n=(n+\xi_n)a, \tag{8.1}$$

$0 \leqslant \xi_n < 1$，$\xi_n a$ 是原子 n 离开基底势场极小点(即能谷)的位移．原子 n 的势能为

$$A(1-\cos 2\pi x_n/a), \tag{8.2}$$

原子 n 与原子 $n+1$ 间的相互作用能为

$$\frac{\alpha}{2}[(x_{n+1}-x_n)-a]^2, \tag{8.3}$$

因此原子链的总势能是

$$U=A\sum_n(1-\cos 2\pi x_n/a)+\frac{\alpha}{2}\sum_n[(x_{n+1}-x_n)-a]^2, \tag{8.4}$$

即

$$U=A\sum(1-\cos 2\pi\xi_n)+\frac{\alpha a^2}{2}\sum_n(\xi_{n+1}-\xi_n)^2. \tag{8.5}$$

原子 n 处于平衡的条件是

$$\frac{\partial U}{\partial \xi_n}=0, \tag{8.6}$$

即

$$\alpha a^2(\xi_{n+1}-2\xi_n+\xi_{n-1})=2\pi A\sin 2\pi\xi_n, \tag{8.7}$$

这是一组差分方程，称为 Frenkel-Kontorova 方程．若相邻原子位移之差很小，即当 $\xi_{n+1}-\xi_n \ll 1$，则差分方程可表为微分方程

$$\alpha a^2\frac{d^2\xi}{dn^2}=2\pi A\sin 2\pi\xi, \tag{8.8}$$

积分可得

$$\left(\frac{d\xi}{dn}\right)^2=\frac{2A}{\alpha a^2}(1-\cos 2\pi\xi). \tag{8.9}$$

确定积分常数时是考虑到扰动大致集中于原子链的中部，在长链的两端扰动几近于零，即当 $n\to\pm\infty$，$\xi\to 0$，$\frac{d\xi}{dn}\to 0$. 再次积分得到

$$\tan\left(\frac{\pi\xi}{2}\right)=\exp\{\pm\pi(n-n_0)/l_0\}, \tag{8.10}$$

式中

$$l_0^2=\alpha a^2/4A,$$

“+”表示原子链中的原子数比能谷数多一个的情况，“—”表示原子数比能谷数少一个的情况. $u=\xi a$ 是原子偏离能谷最低点的位移:

$$u=\xi a=\frac{2a}{\pi}\tan^{-1}[\exp\{\pm\pi(n-n_0)/l_0\}], \tag{8.11}$$

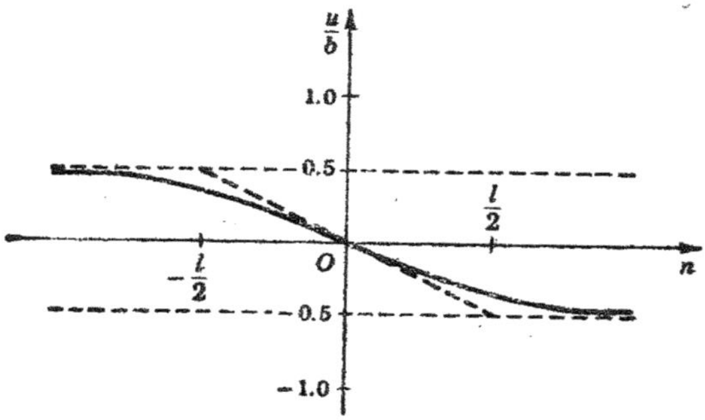

图 8.2

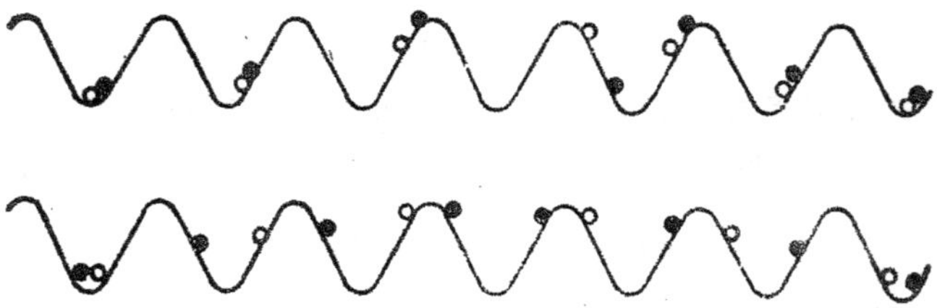

图 8.3

u 作为 n 的函数图解示意地示于图 8.2 中；由图可见，在区间 $n_0 \pm \frac{1}{2}$ 中，u 较大，而在此区间以外，链中原子基本上处于能谷的最低点，也即是原子链的扰动集中在 $n = n_0$ 附近，以 $n = n_0$ 为中心.

这个解所相应的原子组态示于图 8.3(a)，(b) 中.

现在进而考察动态的 Frenkel-Kontorova 方程. 在上面方程 (8.8) 中加入一个正比于加速度的项：$m\ddot{v}_n$，即得运动方程

$$\alpha a^2 \frac{\partial^2 \xi}{\partial n^2} - m a^2 \frac{\partial^2 \xi}{\partial t^2} = 2\pi A \sin 2\pi\xi \ , \tag{8.12}$$

这是一个非线性方程，是典型的 sine-Gordon 方程. 为了求解这个方程，可设扰动中心以速度 w 运动，于是

$$\xi = \xi\left(n - \frac{wt}{a}\right). \tag{8.13}$$

方程 (8.12) 成为

$$\alpha a^2 \left(1 - \frac{m w^2}{\alpha a^2}\right) \frac{d^2 \xi}{d n^2} = 2\pi A \sin 2\pi\xi. \tag{8.14}$$

仿静态解的形式，有

$$\xi = \frac{\pi}{2} \tan^{-1}\left[\exp\left\{\pm \pi\left(n - \frac{wt}{a}\right) \Big/ \sqrt{\frac{\alpha}{4A}(1 - \beta^2)}\right\}\right], \tag{8.15}$$

$$\beta^2 = w^2 / w_0^2,$$
$$w_0^2 = \alpha a^2 / m,$$

这个解在数学上称为上述 sine-Gordon 方程的孤立子 (soliton) 解.

根据记述，1834 年 8 月，J. Scott-Russell 在英国运河畔观察到一个高 1—1.5 呎的孤立的水波，沿河传播而保持波形不变；他在 1844 年 "Report on Waves" 一书中生动地描述了这一现象. 到20世纪五十至六十年代，数学家对若干非线性方程的解进行了比较深入的研究，证明 Scott-Russell 观察到的孤立波是描述浅水水波的 Korteweg-de Vries 方程的一个特解，称为孤立子

解. 好几种形式的非线性微分方程，如刚才提到的 KdV 方程

$$\frac{\partial u}{\partial t}+6u\frac{\partial u}{\partial x}+\frac{\partial^3 u}{\partial x^3}=0. \tag{8.16}$$

sine-Gordon 方程

$$\frac{\partial^2 u}{\partial x^2}-\frac{\partial^2 u}{\partial t^2}=\sin u \tag{8.17}$$

以及 Klein-Gordon 方程

$$\frac{\partial^2 u}{\partial x^2}-\frac{\partial^2 u}{\partial t^2}=F(u) \tag{8.18}$$

都具有这种特解. 这种孤立子解的特点是具有局域的性质，在时间演变过程或相互碰撞过程中保持其等同不变性. 现在孤立子理论在物理学的很多方面都得到应用[1].

令人感到兴趣的是含时 Frenkel-Kontorova 方程的解是孤立子在凝聚态物理理论中的第一次出现，远远早于孤立子的现代研究. 下面即将说明 Frenkel-Kontorova 系统的某些状态相当于位错，所以这个事实表明非线性方程的孤立子解与晶体缺陷有密切联系.

现在考察一下，Frenkel-Kontorova 所提出并处理的这个简单模型系统究竟可以模拟哪些实际系统的原子组态.

Frenkel-Kontorova 系统在一定意义下代表一个刃型位错.

想象晶体由滑移面分为上下两半，如图 8.4 所示. Frenkel-Kontorova 原子链代表上半晶体最下面的一个原子面，即紧靠滑移面上方的原子面 A. 链中每一"原子"表示垂直于纸面的一列原子. 基底周期势场表示晶体中其它原子对 A 面上原子的作用. 或者说 Frenkel-Kontorova 系统就是描述 A 面的原子列在 B 面上的运动.

回顾以上所述，$n\to\infty$ 时，$\xi_n\to 0$，$\frac{\partial \xi}{\partial n}\to 0$ 的条件显然与含

1) 例如 Solitons & Condensed Matter Physics, A. R. Bishop and T. Schneider eds., Springer (1978).

位错晶体的未滑移地区和已滑移地区的状况相符合．原子链中原子数比能谷数多一个相当于正刃型位错，原子数比能谷数少一个相当于负刃型位错．扰动中心即是位错中心．$u(n)$ 作为 n 的函数不是阶梯函数，在 $n=n_0$ 附近它是平滑变化的，说明这个位错有一定宽度，避免了连续弹性介质模型的发散困难．

可以认为，Frenkel-Kontorova 系统的含时运动方程及其解表示一个运动位错．

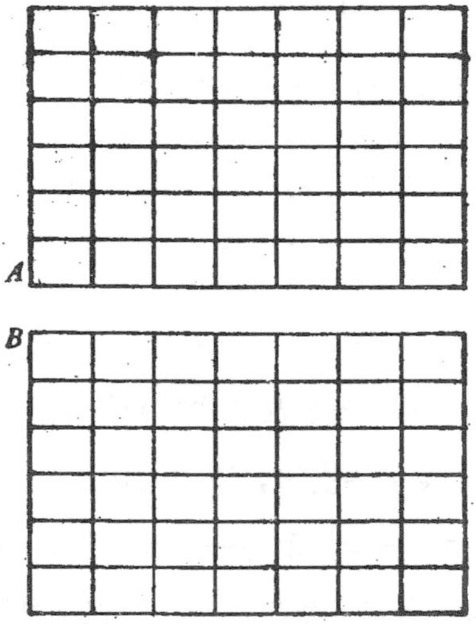

图 8.4

按照这个简单模型的原型并不能明显确定使位错发生运动所需的外加临界切应力，Nabarro 认为这个模型与晶体滑移的物理过程联系并不十分紧密．尤其是原子链中原子数等于基底能谷数的情况，多少相应于 Dehlinger 所称的“Verhakung”，Nabarro 认为可以表示一个挤列子（Crowdion）的存在和运动．

Kochendörfer 和 Seeger 指出，若不是要求静态 Frenkel-Kontorova 方程的解遵守 $n\to\infty$ 时，$\xi_n\to 0$，$\dfrac{\partial\xi}{\partial n}\to 0$的条件，也即是说，在解方程（8.8）最后一步积分时选取不同的积分常数，则

可得到另一些型式的解，它们表示稳定的一行等距同号位错或不稳定的一行符号交替的位错．这些解可以用椭圆函数表示．具体地讲，代表同号位错行的解是

$$\pi\left(\xi-\frac{1}{2}\right)=\operatorname{am}(\pi n/l_0k), \tag{8.19}$$

式中 k 是椭圆函数的模量，$0<k<1$． 代表交替异号位错行的解是

$$\pi\left(\xi-\frac{1}{2}\right)=\sin^{-1}k^{-1}\operatorname{sn}(\pi n/l_0), \tag{8.20}$$

式中 k^{-1} 是椭圆函数的模量，$1<k\leqslant\infty$．

继后，Frank 和 van der Merwe，Seeger 和 Kochendörfer，以及 Indenbom 对于类似 Frenkel-Kontorova 的系统曾作了若干进一步的研究．Frank 和 van der Merwe 将基底周期势的形式普遍化为

$$A(1-\cos 2\pi x/a-r^2\cos 4\pi x/a), \tag{8.21}$$

以期能够更好一些地符合真实晶体中的点阵势．当 $r^2\leqslant\frac{1}{4}$，效果是使能谷变尖锐，而使能峰变宽，不过对解所起作用实际上不大．当 $r^2>\frac{1}{4}$，势能曲线上会出现另一个小能谷，如图 8.5 所示．这种中间能谷的出现使此种系统可以简单模拟某种“不全”位错．

Kochendörfer 和 Seeger 采用微扰法处理 Frenkel-Kontorova 系统，应用于考虑动力学问题以及含两个或两个以上非平衡位错组的静力学问题． Indenbom 用一个普遍的周期势 $W(\xi)$ 去代替

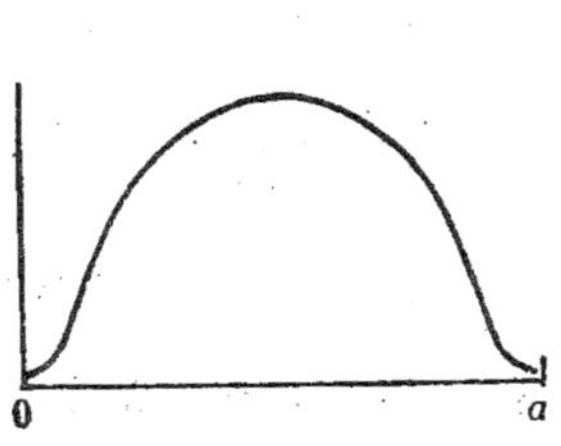

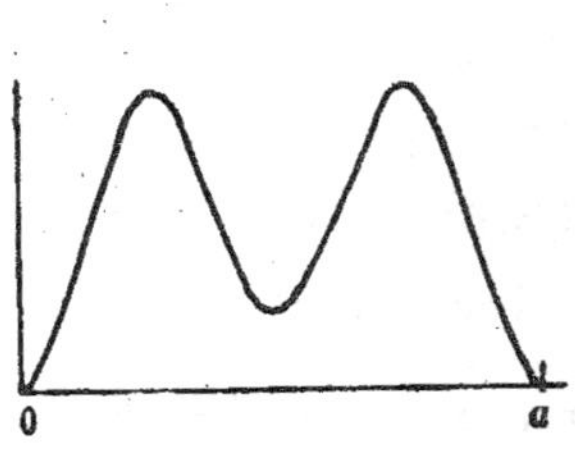

图 8.5

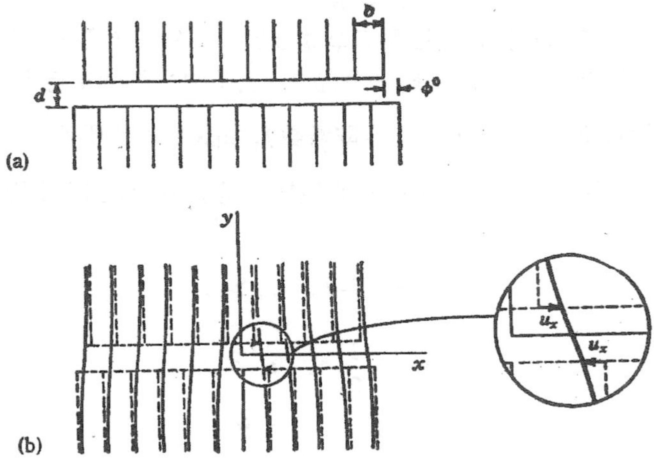

图 8.6

正弦型势，得到一些结果．但总起来讲，以上这些结果对于位错理论意义都并不十分重大．

Frenkel-Kontorova 模型推广应用于外延生长层的理论及无公度系统理论曾获得一定的成功[1,2]．总之，这个模型的历史意义还是应该受到重视的．

§ 8.2　部分离散模型：Peierls-Nabarro[3]

Peierls 和 Nabarro 所提出并处理的晶体中位错的模型是把晶体分为滑移面上边和下边两个部分，将这两个部分各看作是连续弹性体，只是这两个部分通过滑移面的相互作用是非 Hooke 型的，要计及点阵结构的影响．因此，这个位错模型并非彻底的离散点阵模型，而是可以恰当地称为部分离散模型．本节导出 Peierls-

1) van der Merwe, J. H., in Single Crystal Films, M. H. Francombe and H. Sato eds., Pergamon Press, 139 (1964).

2) Bak, P., *Rep. Progr. Phys.*, **45**, 587 (1982).

3) Peierls, R. E., *Proc. Roy. Soc.*, **52**, 23 (1940); Nabarro, F. R. N., *Proc. Roy. Soc.*, **59**, 256 (1947).

Nabarro 理论的基本方程及其解.

为了简明起见，先处理简单立方晶体中的一个刃型位错. 设想晶体沿某一 [010] 切开，一分为二，上下两半晶体平行于 (100) 方向相对位移 $\frac{1}{2}b$ ($b=a$,点阵常数)，如图 8.6(a) 所示. 这样滑移面上下两行原子在图中所示的坐标系里沿 x_1 方向相对的位置错开应是

$$\begin{aligned}\phi_x^0 &= +\frac{1}{2}b, \quad x_1>0,\\ &= -\frac{1}{2}b, \quad x_1<0,\\ &= 0, \qquad\quad x_1=0.\end{aligned} \tag{8.22}$$

现在由于滑移面上、下的原子间有相互作用，当位置错开后放任它们自由，它们就会力图相互接近，向相互对齐的方向弛豫. 若暂略去垂直于滑移面方向上的位移，其结果就是每个原子会发生如图 8.6(b) 中所示的那样的小位移 $u_1(x)$ 叠加在原来整体的 ϕ_x^0 之上，而达到最后的平衡态位置

$$\begin{aligned}\phi_1(x_1) &= +\frac{b}{2}+2u_1(x_1), \quad x_1>0,\\ &= -\frac{b}{2}+2u_1(x_1), \quad x_1<0,\\ &= 0, \qquad\qquad\qquad x_1=0.\end{aligned} \tag{8.23}$$

在左右方无穷远处上下原子列应该对齐，即是

$$u_1(+\infty) = -u_1(-\infty) = -\frac{b}{4}, \tag{8:24}$$

显然这样就构成一个以 x_3 轴为中心线的纯刃型位错，它与图 1.3 中所示的位错是一样的.

把上、下两部分晶体各看作是一个弹性整体，那么在图 8.6(a) 所示的阶段，即未弛豫的阶段，暂时可认为两部分都是自由的，不受力的. 当把两半晶体结合起来时，如上所述，$x_2=0$ 上、下两方的原子会在其相互作用力的作用下发生位置弛豫和位移 $u_1(x_1)$,

用弹性力学的语言来说，就是在上、下两半晶体的限定平面 $x_2=0$ 上，各自受到一个切应力 $\sigma_{12}[\phi(x_1)]$ 的作用，最后导致平衡组态。因为原来考虑的就是原子间的相互作用力，所以切力与相对位移之间的关系不会是 Hooke 型的线性关系，而可以假设为上节所述的正弦关系，即是设

$$\sigma_{12}(x_1,0)=-c\sin(2\pi\phi_1/b)=c\sin(4\pi u_1/b). \qquad (8.25)$$

当相对位移小时应回复到线性关系（先暂令 $d\neq b$）

$$\sigma_{12}(x_1,0)=2\mu e_{12}=-\frac{\mu\phi_1}{d}, \qquad (8.26)$$

与上式比较，可见

$$c=\frac{\mu}{2\pi d}, \qquad (8.27)$$

于是

$$\sigma_{12}(x_1,0)=\frac{\mu b}{2\pi d}\sin\frac{4\pi u_1(x_1)}{b}. \qquad (8.28)$$

正弦型力律是一个一级近似，部分离散模型不一定要采用正弦力律；下面我们也将讨论对正弦律的修正，以及其它形式的具体部分离散模型，例如 van der Merwe 模型。不过，Peierls-Nabarro 的原始正弦力律假设能够得出若干有意义的结果，在位错的点阵理论发展中占有一定的历史地位，在对位错的定性理解方面起了相当的作用。所以我们下面要比较细致地进行一些推导和计算。

现在要推出 $u_1(x_1)$ 所满足的方程。一个直观的方法是 Eshelby[1] 提出的，采用连续展布位错的概念。设许多平行于 x_3 的无限小刃型位错连续地分布于 $x_2=0$ 面上（x_1x_3 面），其密度是 x_1 的函数，在 x_1 至 x_1+dx_1 区间中小位错的合成 Burgers 矢量为 $b(x_1)dx_1$，给出相应的位移为 $-2du_1(x_1')=-2(du_1/dx_1')dx_1'$。整个全位错由所有这些无限小位错构成，总 Burgers 矢量应为

$$b=\int_{-\infty}^{+\infty}b(x_1')dx_1'=-2\int_{-\infty}^{+\infty}\left(\frac{du_1}{dx_1'}\right)dx_1'. \qquad (8.29)$$

1) Eshelby, J. D., *Phil. Mag.*, 40, 903 (1949).

根据刃型位错应力场的公式可见，诸无限小位错产生的合成应力场是

$$\sigma_{12}(x_1,0)=-\frac{\mu}{2\pi(1-\nu)}\int_{-\infty}^{+\infty}\frac{b(x_1')}{x-x'}dx_1'$$

$$=\frac{\mu}{\pi(1-\nu)}\int_{-\infty}^{+\infty}\frac{(du_1/dx_1)_{x_1=x_1'}}{x_1-x_1'}dx_1, \qquad (8.30)$$

故有

$$\int_{-\infty}^{+\infty}\frac{(du_1/dx_1)_{x_1=x_1'}}{x_1-x_1'}dx_1'=-\frac{b(1-\nu)}{2d}\sin\frac{4\pi u_1(x_1)}{b}, \qquad (8.31)$$

这就是 $u_1(x_1)$ 所满足的(积分)方程，文献中称为 Peierls-Nabarro 积分方程.

这个方程也可以用比较形式的方法推导. 考虑 $x_2>0$ 的半无限空间，其中充满各向同性的连续弹性介质. 设沿 x_3 轴每单位长度作用一个方向为 x_1 正向、大小为 F 的集中力，求解此力系在此介质中产生的弹性场. 这是一个平面弹性问题，可用应力函数法处理. 根据 Leibfried[1)]，取应力函数

$$\chi=-B\theta r\sin\theta=-B\theta x_2. \qquad (8.32)$$

按照正规方法可算出应力场

$$\begin{cases}\sigma_{rr}=2B\cos\theta/r,\\ \sigma_{\theta\theta}=0,\\ \sigma_{r\theta}=0,\end{cases} \qquad (8.33)$$

或

$$\begin{cases}\sigma_{11}=-2B\dfrac{x_1^3}{r^4},\\ \sigma_{22}=-2B\dfrac{x_1x_2^2}{r^4},\\ \sigma_{12}=-2B\dfrac{x_1^2x_2}{r^4}.\end{cases} \qquad (8.34)$$

---

1) Leibfried, G., Z. *f. Phys.*, **126**, 459 (1949).

相应的位移场是

$$\begin{cases} u_1 = -\dfrac{B}{2\mu}\left\{(1-\nu)\ln\dfrac{r^2}{r} + \dfrac{x_2^2}{r^2}\right\}, \\ u_2 = -\dfrac{B}{2\mu}\left\{(1-2\nu)\theta - \dfrac{x_1 x_2}{r^2}\right\}. \end{cases} \tag{8.35}$$

为了确定常数 B，考虑如图 8.7 所示半径为 r_0 的半圆柱面. σ_{rr} 的 x_1 分量在此面上积分的结果应等于 $-F$，即

$$F = -\int \sigma_{rr}\cos\theta dS = \int_0^{\pi} 2B\cos^2\theta d\theta = B\pi, \tag{8.36}$$

$$B = F/\pi。\tag{8.37}$$

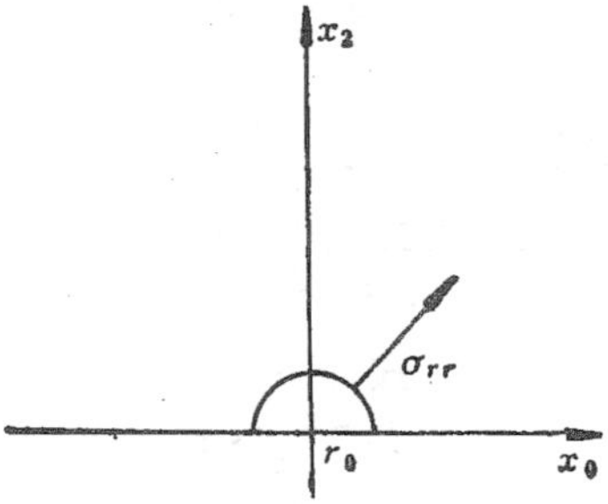

图 8.7

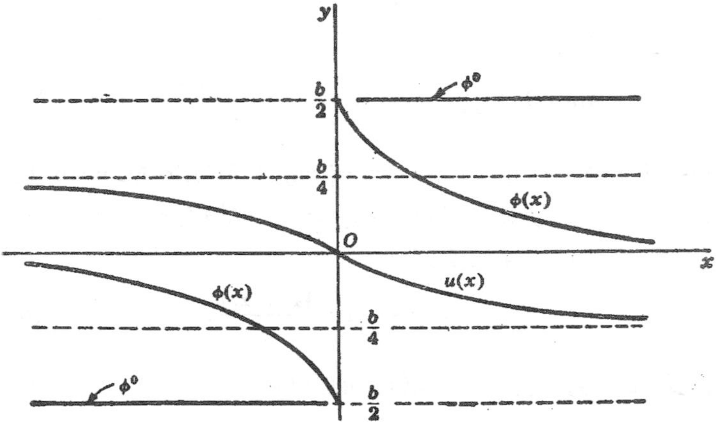

图 8.8

在此半无限弹性体的边界面上 $x_2 = 0$，$r = x_1$，故

$$u_1 = -\frac{F}{2\pi\mu}\left[(1-\nu)\ln\left(\frac{x_1^2}{r_0^2}\right)\right], \tag{8.38}$$

$$\frac{du_1}{dx_1} = -\frac{(1-\nu)F}{\mu\pi}\frac{1}{x_1}. \tag{8.39}$$

现在设想作用在 $x_2 = 0$ 面上的力并不是如上的集中力 F，而是一个分布力系，在 x_1' 至 $x_1' + dx_1'$ 区间内作用力为 $-\sigma_{12}(x_1')dx_1'$；根据上式，它对 $\frac{du_1(x)}{dx_1}$ 的贡献是

$$\frac{(1-\nu)\sigma_{12}(x_1')dx_1'}{\mu\pi(x_1 - x_1')}. \tag{8.40}$$

所有元 dx_1' 贡献之叠加就是积分

$$\frac{du_1(x_1)}{dx_1} = \frac{1-\nu}{\mu\pi}\int_{-\infty}^{\infty}\frac{\sigma_{12}(x_1')dx_1'}{x_1 - x_1'}. \tag{8.41}$$

我们知道有 Hilbert 变换形式如下:

$$\begin{cases} f(x_1) = \dfrac{1}{\pi}\displaystyle\int_{-\infty}^{+\infty}\frac{g(\xi)}{x_1 - \xi}d\xi, \\ g(x_1) = -\dfrac{1}{\pi}\displaystyle\int_{-\infty}^{+\infty}\frac{f(\xi)}{x_1 - \xi}d\xi. \end{cases} \tag{8.42}$$

应用于上式即得

$$-\sigma_{12}(x_1) = \frac{\mu}{(1-\nu)\pi}\int_{-\infty}^{+\infty}\frac{(du_1(x_1')/dx_1')}{x_1 - x_1'}dx_1'. \tag{8.43}$$

这是一个一般的结果，可将它用于位错的 Peierls-Nabarro 模型．此时 $x_2 > 0$ 的半无限弹性体就是上半晶体的模拟，而在 $x_2 = 0$ 的面上受到正弦型力律的切力

$$\sigma_{12}(x_1) = \frac{\mu b}{2\pi d}\sin\frac{4\pi u_1(x_1)}{b}, \tag{8.44}$$

代入式 (8.43)，得到关于 $u_1(x_1)$ 的方程

$$\int_{-\infty}^{+\infty}\frac{(du_1/dx_1)_{x_1=x_1}}{x_1 - x_1'}dx_1 = -\frac{b(1-\nu)}{2d}\sin\frac{4\pi u_1(x_1)}{b}, \tag{8.45}$$

这就是 Peierls-Nabarro 积分方程.

这个方程还没有系统的求解方法. Peierls 指出它有一个特解是

$$u_1(x_1) = -\frac{b}{2\pi}\tan^{-1}\frac{x_1}{\zeta}, \tag{8.46}$$

式中

$$\zeta = \frac{d}{2(1-\nu)}. \tag{8.47}$$

将此 $u_1(x_1)$ 代入上面的方程，可以验证它是满足 $x_1 = \pm\infty$ 处边界条件的解.

函数 $u_1(x_1)$ 和 $\phi(x_1)$ 的图形绘于图 8.8 中.

从这个解首先能够得到的是位错芯宽度的一个观念. 由上面 $u_1(x_1)$ 的表达式 (8.46) 可见：在 $x_1 = \zeta$ 处，

$$u_1(x_1) = \pm b/8 = u_1(\pm\infty)/2.$$

因此在区域 $x_1 = \pm\zeta$ 以外，滑移面上下两方的原子错开的程度就比较小，也就是排列对齐的情况比较良好. 距离愈远处排列愈整齐，$\phi(x_1)$ 随 x_1 之增大而比较快地趋于零，所以有理由将区间 $x_1 = (\zeta, -\zeta)$ 定义为位错芯的宽度，在此区域内原子键畸变的程度较大，线性弹性理论在此处失效. 而在此区域以外，扰动或形变比较微小，线性弹性论的结果就是可用的良好近似. 这样，位错芯的宽度记为

$$w = 2\zeta = \frac{d}{1-\nu},$$

一般 $\nu = 0.3$，故 $w \simeq 1.5d$，这个宽度是窄的.

将解 (8.46) 代入式 (8.44)，可以得到

$$\sigma_{12}(x_1, 0) = -\frac{\mu b}{2\pi(1-\nu)}\frac{x}{x^2+\zeta^2}, \tag{8.48}$$

并且由 $b'(x_1)$ 的定义式 (8.29) 及解 (8.46)，可得

$$b'(x_1') = \frac{b}{\pi}\frac{\zeta}{x_1'^2+\zeta^2}. \tag{8.49}$$

回顾第二章中曾推出直线刃型位错产生弹性场相应的应力函数 χ_e 是

$$\chi_e = -\frac{\mu b x_2}{2\pi(1-\nu)} \ln[(x_1^2 + x_2^2)^{\frac{1}{2}}], \tag{8.50}$$

所以，这里展布位错相应的应力函数就是

$$\begin{aligned}\chi &= \frac{\mu}{2\pi(1-\nu)} \int_{-\infty}^{+\infty} b'(x_1') x_2 \ln[(x_1 - x_1')^2 + x_2^2]^{\frac{1}{2}} dx_1' \\ &= \frac{\mu b x_2 \zeta}{4\pi^2(1-\nu)} \int_{-\infty}^{+\infty} \frac{\ln[(x_1' - x_1')^2 + x_2^2]}{x_1^2 - \zeta^2} dx_1',\end{aligned} \tag{8.51}$$

积分的结果得到

$$\chi = \frac{\mu b x_2}{4\pi(1-\nu)} \ln[x_1^2 + (x_2 \pm \zeta)^2]. \tag{8.52}$$

对于上半平面(空间) $x_2 > 0$，项 $(x_2 \pm \zeta)$ 中取"+"号；下半平面 $x_2 < 0$，取"—"号．这样，自然就消除了位移场和应力场的下(内)发散问题，无需像第二章里对 Volterra 位错所做的那样，在弹性体中挖去半径为 r_0 的柱体来避免发散困难．由这个应力函数计算出 Peierls 位错完整的应力场表达式如下：

$$\begin{cases}\sigma_{12} = \dfrac{-\mu b}{2\pi(1-\nu)} \left\{\dfrac{x_1}{x_1^2 + (x_2+\zeta)^2} - \dfrac{2x_1 x_2 (x_2+\zeta)}{[x_1^2 + (x_2+\zeta)^2]^2}\right\}, \\ \sigma_{11} = \dfrac{\mu b}{2\pi(1-\nu)} \left\{\dfrac{3x_2 + 2\zeta}{x_1^2 + (x_2+\zeta)^2} - \dfrac{2x_2(x_2+\zeta)^2}{[x_1^2 + (x_2+\zeta)^2]^2}\right\}, \\ \sigma_{22} = \dfrac{\mu b}{2\pi(1-\nu)} \left\{\dfrac{x_2}{x_1^2 + (x_2+\zeta)^2} - \dfrac{2x_1^2 x_2}{[x_1^2 + (x_2+\zeta)^2]^2}\right\}, \\ \sigma_{33} = \nu(\sigma_{11} + \sigma_{22}) = \dfrac{\mu b}{\pi(1-\nu)} \dfrac{x_2 + \zeta}{x_1^2 + (x_2+\zeta)^2}.\end{cases} \tag{8.53}$$

将此应力表达式与第二章中得到的 Volterra-Burgers 刃型位错的应力场表达式 (2.21)—(2.22) 比较，可见在 $r = (x_1^2 + x_2^2)^{\frac{1}{2}} \gg \zeta$ 的地区二者相同．而这里参数 ζ 的出现消除了 Volterra-Burgers 位错在 $r = 0$ 处具有的奇点，也就是说，Peierls-Nabarro 模型由于部分地计及了点阵的离散性，就合理得到位错芯结构的一个理想化结构图象，直观地可以用 Burgers 矢量的分布函数 $b'(x_1')$ 表明，虽然简单，但是是一个有意义的成功的尝试。

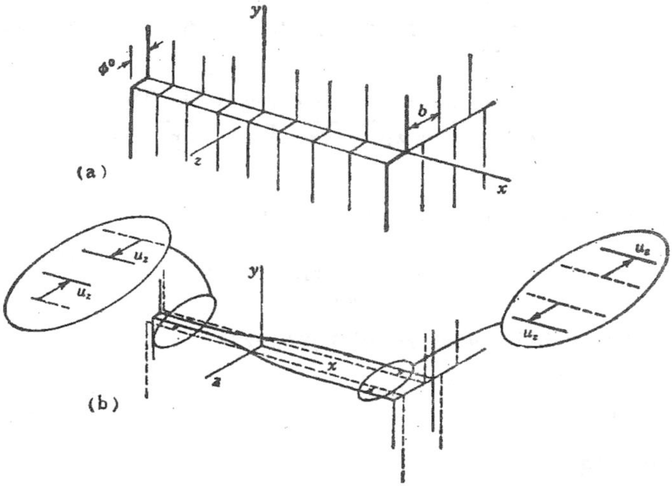

图 8.9

螺型位错也可以用与关于刃型位错相类似的方法处理。还是像上面一样，将晶体沿滑移面(0 1 0)一分为二。首先给定如图 8.9(a)中所示的相对位移，表示为

$$
\begin{aligned}
\phi_3^0 &= +\frac{b}{2}, \quad x_1 > 0, \\
&= -\frac{b}{2}, \quad x_1 < 0, \\
&= 0, \qquad x_1 = 0.
\end{aligned}
\tag{8.54}
$$

然后让原子进行弛豫，如图 8.9(b) 所示，构成一个右手螺型位错，此时

$$
\begin{aligned}
\phi_3(x_1) &= \frac{b}{2} + 2u_3(x_1), \qquad x_1 > 0, \\
&= -\frac{b}{2} + 2u_3(x_1), \quad x_1 < 0, \\
&= 0, \qquad\qquad x_1 = 0.
\end{aligned}
\tag{8.55}
$$

如同对刃型 Peierls 位错所作的分析那样，直观地将此螺型 Peierls 位错看作是由连续分布的诸无限小螺型位错合成. 类似地有 $b'(x_1') = -2\frac{du_3(x_1')}{dx_1'}$. 根据螺型 Burgers 位错的结果，可得到

$$\sigma_{23}(x_1, 0) = \frac{\mu}{2\pi}\int_{-\infty}^{+\infty}\frac{b'dx_1'}{x_1 - x_1'} = \frac{-\mu}{2\pi}\int_{-\infty}^{+\infty}\frac{(\partial u_3/\partial x_1)_{x_1=x_1'}}{x_1 - x_1'}dx_1'. \tag{8.56}$$

仍采用 Peierls-Nabarro 的正弦力律,即是设

$$\sigma_{23}(x_1, 0) = \frac{\mu b}{2\pi d}\sin\frac{4\pi u_3(x_1)}{b}, \tag{8.57}$$

于是相应的 Peierls-Nabarro 积分方程就是

$$\int_{-\infty}^{+\infty}\frac{(du_3(x_1)/dx_1)_{x_1=x_1'}}{x_1 - x_1'}dx_1' = \frac{-b}{2d}\sin\frac{4\pi u_3(x_1)}{b}, \tag{8.58}$$

相应的特解是

$$u_3(x_1, 0) = -\frac{b}{2\pi}\tan^{-1}\frac{x}{\eta}, \tag{8.59}$$

$$\eta = d/2.$$

由此得到

$$\sigma_{23}(x_1, 0) = \frac{\mu b}{2\pi}\frac{x_1}{x_1^2 + \eta^2}, \tag{8.60}$$

$$b'(x_1') = \frac{b}{\pi}\frac{\eta}{x_1'^2 + \eta^2}. \tag{8.61}$$

可以看出，螺型 Peierls 位错与刃型不同之处仅在于用参量 $\eta = (1-\nu)\zeta$ 代替了参量 ζ,因此宽度 2η 较刃型更窄.

一般地讲,连续分布无限小螺型位错的总应力场是

$$\sigma_{23}(x_1, x_2) = \frac{\mu}{2\pi}\int_{-\infty}^{+\infty}\frac{b'(x_1 - x_1')}{(x_1 - x_1')^2 + x_2^2}dx_1', \tag{8.62}$$

将 b' 的表达式 (8.61) 代入,并完成积分,得到

$$\sigma_{23}(x_1, x_2) = \frac{\mu b}{2\pi}\frac{x_1}{x_1^2 + (x_2 \pm \eta)^2}. \tag{8.63}$$

同样，在 $(x_2\pm\eta)$ 项中，正号"+"用于上半空间，负号"－"用于下半空间。用通常线性弹性力学公式，由 σ_{23} 确定 $u_3(x_1, x_2)$，结果是

$$u_3(x_1, x_2) = -\frac{b}{2\pi}\tan^{-1}\frac{x_1}{x_2\pm\eta}, \tag{8.64}$$

然后计算 $\sigma_{13}(x_1, x_2)$

$$\sigma_{13}(x_1, x_2) = \mu u_{3,1} = -\frac{\mu b}{2\pi}\frac{x_2\pm\eta}{x_1^2+(x_2\pm\eta)^2}. \tag{8.65}$$

与刃型位错一样，在 $r \gg \eta = d/2$ 的远处，螺型 Peierls 位错的弹性场与 Volterra-Burgers 位错一样。参量 η 的出现消除了位错芯的发散困难。值得注意的不同之点在于螺型 Peierls 位错在其中心附近产生应力分量 $\sigma_{rx_3}(\sigma_{rz})$，这是由于位错在 $x_2=0$ 面上展布所致。

Foreman 等[1)]对 Peierls-Nabarro 的处理法进行了改进，他们引入带有参数的唯象力律以代替硬性的正弦力律，希望能够更现实地模拟点阵势。他们从假定形式如下的函数 $u_1(x_1)$ 出发

$$u_1(x_1) = -\frac{b}{2\pi}\left[\tan^{-1}\frac{x}{\zeta a}+(a-1)\frac{x_1\zeta}{x_1^2+a^2\zeta^2}\right], \tag{8.66}$$

式中 a 是一个可调变的参数。代入前面推出的普遍关系式 (8.43)

$$\sigma_{12}(x_1, 0) = \frac{-\mu}{(1-\nu)\pi}\int_{-\infty}^{+\infty}\left(\frac{du_1}{dx_1}\right)_{x_1=x_1'}\frac{dx_1'}{x_1-x_1'},$$

算出

$$\sigma_{12}(x_1, 0) = \frac{\mu}{\pi}\left[\frac{x_1\zeta}{x_1^2+a^2\zeta^2}+2a(a-1)\frac{x_1\zeta^3}{(x_1^2+a^2\zeta^2)^2}\right]. \tag{8.67}$$

在计算时，若把 $u_1(x_1)$ 写成算符形式

$$u_1(x_1) = -\frac{b}{2\pi}\left[1-(a-1)\frac{\partial}{\partial a}\right]\tan^{-1}\frac{x_1}{a\zeta}, \tag{8.68}$$

则将有便于积分的进行。回顾前面的公式，容易看出，若 $a=1$，

---

1) Foreman, A.J. et al., *Proc. Roy. Soc.*, **A64**, 156 (1951).

则式 (8.66) 和式 (8.67) 就是正弦型力律的结果. 如果还是按照定义,滑移面上下原子的相对位置错开 ϕ_1 表为

$$\begin{aligned}\phi_1 &= \frac{b}{2} + 2u_1(x_1), \qquad x_1 > 0,\\ &= -\frac{b}{2} + 2u_1(x_1), \quad x_1 < 0,\\ &= 0, \qquad\qquad\qquad x_1 = 0,\end{aligned} \tag{8.69}$$

则可验证在 x_1 大时, 即 $\phi_1 \to 0$ 时, 式 (8.66) 和式 (8.67) 表示的位移和切应力满足 Hooke 定律

$$\sigma_{12} = \mu\phi_1/b, \tag{8.70}$$

与参数 a 无关. 这个位移和切应力所暗含的力律是如下的参数形式:

$$\sigma_{12} = \frac{\mu}{2\pi}\frac{1}{2a^2}[2(2a-1)\sin\theta - (a-1)\sin 2\theta], \tag{8.71}$$

$$\frac{2\pi\phi_1}{b} = \theta - \frac{a-1}{a}\sin\theta, \tag{8.72}$$

此处 θ 与 x_1 的关系是

$$\theta = 2\cot^{-1}(x_1/a\zeta). \tag{8.73}$$

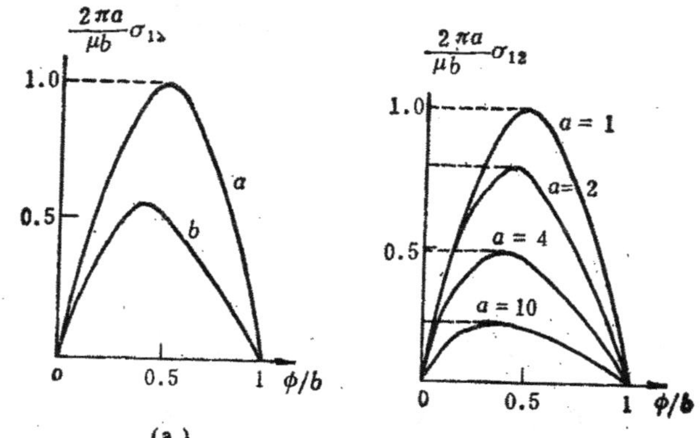

图 8.10

当 ϕ_1 小时，由式 (8.71) 和式 (8.72) 显然可得到关系式 (8.70)。当 $a>1$，如为 2，3，4，5 等，就不是正弦型力律的情况了. a 的值愈大，则位错宽度 w 愈大，而 σ_{12} 峰值 $(\sigma_{12})_{max}$ 愈加下降. 存在着如下的近似关系：

$$w \simeq \frac{\mu b}{2\pi(1-\nu)} \frac{1}{(\sigma_{12})_{max}}, \tag{8.74}$$

取 $\nu=\frac{1}{3}$，则

$$w \simeq 3\mu b/4\pi(\sigma_{12})_{max}. \tag{8.75}$$

下表中列出当 a 取几个数值时的位错宽度及 σ_{12} 峰值，表明力律的非正弦性对这两者的影响. 表中数值是取 $\nu=\frac{1}{3}$ 计算的，同时也请参看图 8.10.

a	1	2	3	4	5	10	$\to\infty$
$(1-\nu)W/b$	1.000	1.255	1.653	2.076	2.507	4.697	$0.442a$
$(2\pi/\mu)(\sigma_{12})_{max}$	1.000	0.787	0.594	0.471	0.389	0.207	$2.202/a$
$2\pi(1-\nu)W(\sigma_{12})_{max}/\mu b$	1.000	0.988	0.982	0.978	0.975	0.973	0.973

Foreman 等研究了直径 1.3mm 肥皂泡作的泡筏模型，发现相当于 $a=4$ 的力律接近于这种泡筏的情况. 取 $a=4$ 推出的位错宽度也确实很符合于这种泡筏中观察到的位错宽度.

继此以后，Kroupa 和 Lejček[1] 将这个参数法推广，使得当给定了任意一个切力律之后，就能够计算相对位移函数 $\phi_1(x_1)$. Foreman 还提出可以在力律中引进二次谐波，以描述某种一维分解，他应用这种方法研究了 α-Fe 中的平面分解位错.

§ 8.3 位错的能量及其它问题

下面先继续讨论 Peierls-Nabarro 模型，计算位错的能量，并论述所谓 Peierls-Nabarro 力. 然后，介绍 van der Merwe 的模

1) Kroupa, F. and Lejček, L., *Czech. J. Phys.*, **B22**, 813 (1972).

型，它也是一种部分离散模型.

一个 Peierls 位错的能量由两部分组成，即 (i) 上、下两个半无限介质的弹性应变能；(ii) 滑移面上、下两层原子的相互作用能，常称为失配能或错排能

$$E = E_{el} + E_{mf}. \tag{8.76}$$

先计算弹性能 E_{el}，所用的方法显然就是一般的线性弹性力学方法. 若以 L 表示晶体尺寸的一个大数，则，将散度定理应用于介质中能量密度的体积分就得到

$$E_{el} = \int_{-L}^{+L} \sigma_{12}(x_1, 0) u_1(x_1) dx_1. \tag{8.77}$$

也可以从作用在上下两个界面上的切应力 σ_{12} 当原子发生弛豫位移 u_1 时所作的功出发考虑，得出同样的公式. 将刃型位错的表达式

$$u_1(x_1) = -\frac{b}{2\pi} \tan^{-1}\left(\frac{x_1}{\zeta}\right),$$

$$\sigma_{12}(x_1) = \mu\zeta x_1/\pi(x_1^2 + \zeta^2)$$

代入，得到

$$E_{el} = \frac{\mu b^2}{2\pi^2(1-\nu)} \int_{-L}^{+L} \frac{\phi \tan^{-1}\phi d\phi}{1-\phi^2}, \tag{8.78}$$

$$\phi = x_1/\zeta.$$

当 L 大时

$$E_{el} \to \frac{\mu b^2}{4\pi(1-\nu)} \ln \frac{L}{2\zeta}, \tag{8.79}$$

这是半径为 L 的柱体中刃型位错的弹性能. 为了计及柱体表面上应力所作的功相应的能量，就还要加上一项 E'_{el}

$$E'_{el} = -\frac{1}{2}\int_0^{2\pi} (\sigma_{rr}u_r + \sigma_{r\theta}u_\theta) r d\theta \big|_{r=L} = \frac{\mu b^2 \gamma}{4\pi(1-\nu)}, \tag{8.80}$$

$$\gamma = (1-2\nu)/4(1-\nu).$$

螺型位错相应的弹性能是

$$E_{el}=\frac{\mu b^2}{4\pi}\ln\frac{L}{2\eta},\tag{8.81}$$

$$\eta=(1-\nu)\zeta,$$

$$E'_{el}=0。\tag{8.82}$$

其次计算失配能.

刃型位错滑移面上的局部切应变是

$$e_{12}(x_1,0)=-\phi_1/2d=-\frac{(b/2)+2u_1(x_1)}{2d}.\tag{8.83}$$

局部应变能包含两项贡献：$\sigma_{12}de_{12}+\sigma_{12}de_{21}=2\sigma_{12}de_{12}$。因而在滑移面上，$\delta x_2=d$，一个 $\delta V=\delta x_1\delta x_2\delta x_3=d\delta x_1$（$\delta x_3=$ 单位长度）的体积元内所含失配能为

$$\delta E_{mf}(x_1)=-2\int d\delta x_1\sigma_{12}de_{12}=2\int_{b/4}^{u_1}\delta x_1\sigma_{12}du_1$$

$$=\frac{-\mu b\delta x_1}{\pi d}\int_{b/4}^{u_1}\sin\frac{4\pi u_1}{b}du_1=\frac{\mu b^2\delta x_1}{4\pi^2 d}\left(1+\cos\frac{4\pi u_1}{b}\right).$$

(8.84)

滑移面上的总失配能就是积分

$$E_{mf}=\frac{\mu b^2}{4\pi^2 d}\int_{-\infty}^{+\infty}\left(1+\cos\frac{4\pi u_1}{b}\right)dx_1$$

$$=\frac{\mu b^2}{2\pi^2 d}\int_{-\infty}^{+\infty}\cos^2\left[\tan^{-1}\left(\frac{x_1}{\zeta}\right)\right]dx_1$$

$$=\frac{\mu b^2}{2\pi^2 d}\int_{-\infty}^{+\infty}\frac{\zeta^2dx_1}{x_1^2+\zeta^2}=\frac{\mu b^2}{4\pi(1-\nu)}.\tag{8.85}$$

比较严格的算法应该计算一对对原子键能的变化，然后作加和，这里用积分代替加和当然是一个近似.

与此相似，螺型 Peierls 位错的失配能可以算出为

$$E_{mf}=\frac{\mu b^2}{4\pi}.\tag{8.86}$$

失配能或错排能的上面这种算法基本上还是一种连续极限的处理法，不能反映位错中心在点阵中取不同相对位置时失配能的

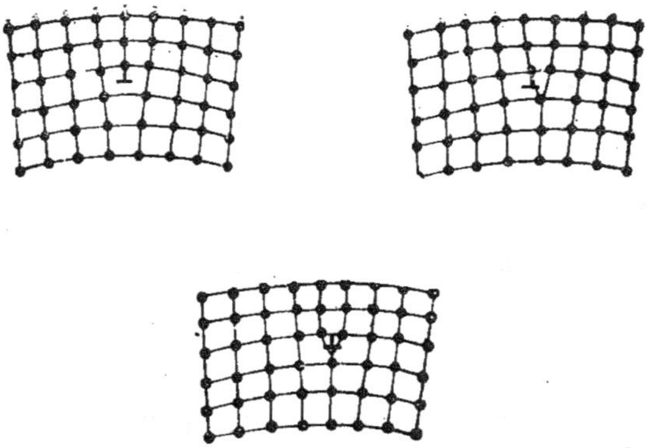

图 8.11

变化．为了改进这一点，Nabarro 引入一个参数 $\alpha(0 \leqslant \alpha \leqslant 1)$ 来表述位错中心的相对位置；具体地讲，αb 就表示位错中心离开其对称位置的距离，参看图 8.11．这样，若取位错中心为原点，则滑移面上的原子列（平行于 x_3，即平行于位错轴的原子列）的坐标可以近似表为

$$x_1 = \left(\frac{1}{2} n + \alpha\right) b, \tag{8.87}$$

$$n = 0, \pm 1, \pm 2, \cdots.$$

将上面式 (8.84) 中的 δx_1 换为原子间距 b，即表示一对原子列的失配能，因此总的失配能由叠加式

$$E_{mf} = \frac{\mu b^3}{8\pi^2 d} \sum_{n=-\infty}^{+\infty} \cos^2\left[\tan^{-1}\left(\frac{1}{2} n + \alpha\right)\left(\frac{b}{\zeta}\right)\right] \tag{8.88}$$

表出．根据 Fourier 积分理论，有 Poisson 求和公式

$$\sum_{n=-\infty}^{+\infty} f(n) = \sum_{s=-\infty}^{+\infty} \int_{-\infty}^{+\infty} f(t) \cos 2\pi s t \, dt, \tag{8.89}$$

所以 E_{mf} 可以写作

$$E_{mf} = \frac{\mu b^3}{\delta \pi^2 d} \sum_{s=-\infty}^{+\infty} \int_{-\infty}^{+\infty} \cos^2\left[\tan^{-1}\left(\frac{1}{2} t + \alpha\right)\left(\frac{b}{\zeta}\right)\right] \cos 2\pi s t \, dt. \tag{8.90}$$

更换变数，令

$$Z = \left(\frac{1}{2}t + \alpha\right)\left(\frac{b}{\zeta}\right), \tag{8.91}$$

然后用复变函数的回路积分技术计算积分，结果得到

$$E_{mf} = \frac{\mu b^2\zeta}{2\pi d} + \frac{\mu b^2\zeta}{\pi d}\sum_{s=1}^{\infty}\exp\left(-\frac{4\pi\zeta s}{b}\right)\cos 4\pi\alpha s. \tag{8.92}$$

由于后面那个级数收敛相当快，因此取第一项就是足够好的近似．于是得到

$$E_{mf} = \frac{\mu b^2}{4\pi(1-\nu)}\left[1 + 2\exp\left(-\frac{4\pi\zeta}{b}\right)\cos 4\pi\alpha\right], \tag{8.93}$$

此式中含 α 的第二项就反映失配能与位错中心所处位置的关系，并显示了能峰与能谷的存在．位错在其滑移面中运动要周期性地历经能峰与能谷，需要一定的作用力才能越过能峰或势垒．势能的陡度为

$$F = \frac{\partial E_{mf}}{\partial(\alpha b)} = \frac{1}{b}\frac{\partial E_{mf}}{\partial \alpha} = -\frac{2\mu b}{1-\nu}\exp\left(-\frac{4\pi\zeta}{b}\right)\sin 4\pi\alpha \tag{8.94}$$

当 $\sin 4\pi\alpha = -1$，F 成为极大 $F_{\max}$，与此极大值相应的切应力是

$$\sigma_{\max} = \frac{F_{\max}}{b} = -\frac{2\mu}{1-\nu}\exp\left[-\frac{2\pi d}{d(1-\nu)}\right], \tag{8.95}$$

这是使晶体中的位错不被势垒陷住，能够运动所需的最低切应力，也就是位错运动的临界切应力．文献中称为 Peierls-Nabarro 力．

后来的一些作者曾在推广的意义下使用 Peierls 力一词，意指晶体点阵对于受外加切应力而运动的位错的阻力；不一定指用 Peierls-Nabarro 模型算出的这种力，读者在阅读下文及其它文献书籍时应该注意到这一点．

以下简短介绍另一种部分离散模型： van der Merwe 模型[1]．朴素地去理解，van der Merwe 模型与 Peierls-Nabarro 模型是

---

1) van der Merwe, J. H., *Proc. Roy. Soc.*, **A63**, 616 (1950).

类似的，不同仅是几何上的不同．具体地讲，例如对于刃型位错，Peierls-Nabarro 模型是沿滑移面将晶体一分为二，把这两部分之间的相互作用作为原子间的非 Hooke 相互作用处理．而 van der Merwe 模型是垂直于滑移面，沿滑移线，将晶体一分为二，这两部分之间的相互作用还是像上面那样处理． Peierls-Nabarro 模型研究了滑移面上的切变弛豫，而 van der Merwe 模型则是研究位错的附加半原子平面左右两侧的拉伸型形变的弛豫．

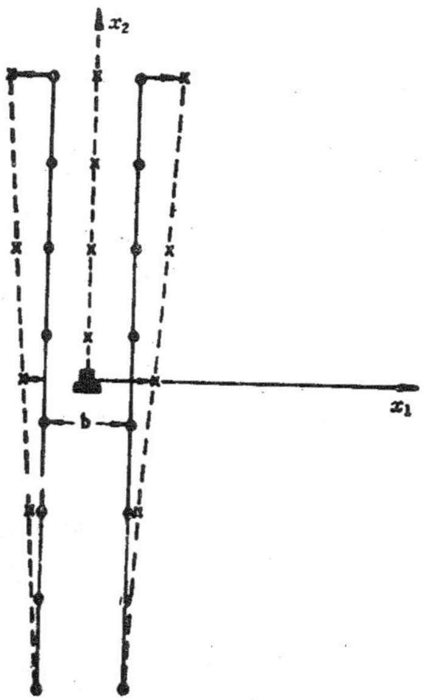

图 8.12

试观察如图 8.12 所示的几何布置．刃型位错“⊥”在 x_3 轴上，方向由纸面向外；滑移面为 $x_2=0$，$\boldsymbol{b}$ 的方向平行于 x_1．为了造成此刃型位错，要把完整晶体沿 $x_1=0$ 平面一分为二，由 $x_2=0$ 面上方插入一个半原子平面（$x_1=0$，$x_2\geqslant 0$）；此半平面上原子的位置用“×”号标记．原两半晶体中原子初态（未弛豫）位置用“●”号标记，而弛豫后的位置也用“×”号标出．与 Peierls-Nabarro 模型类似，左右两半晶体看作是连续弹性体，通过 $x_1=0$ 的平面以某种非 Hooke 型的原子间(正拉伸)力律相互作用.

假设此力律是正弦型的，用与以上类似的方法，便可导出如下的积分方程：

$$\frac{\mu}{\pi(1-2\nu)}\sin\frac{4\pi u_1(x_2)}{b}=\frac{\mu}{\pi(1-\nu)}\int_{-\infty}^{+\infty}\frac{(du_1/dx_2)_{x_2=x_2'}}{x_2'-x_2}dx_2', \tag{8.96}$$

与 Peierls-Nabarro 积分方程相似，式中 $u_1(x_2)\equiv u_1\left(\frac{b}{2},x_2\right)$ 是右方半无限晶体的表面 x_1 方向的位移. 此方程有特解

$$u_1(x_2)=\frac{1}{4}b+\frac{b}{2\pi}\tan^{-1}\left(\frac{x_2}{\delta}\right), \tag{8.97}$$

$$\delta=b(1-2\nu)/4(1-\nu)\simeq\frac{1}{8}b.$$

回忆 Peierls 位错的半宽 $\zeta=b/2(1-\nu)$，所以这里的半宽 δ 仅及 ζ 的六分之一，即是 van der Merwe 模型中位错的宽度更窄，说明正弦型力律对于 van der Merwe 模型比之对于 Peierls-Nabarro 模型所给出的效果更差. 拉伸正弦型力律是对称的，它没有考虑到真正的(或较正确的)原子间力是不对称的，使原子接近比使之分开较为困难；所以这种对称的力律是一种极其粗糙的近似. Bullough 曾提出一种参数方法，与上述 Foreman 的参数法相似，可以计入拉伸力律的某种非对称性，并能合理地与固态惰性气体中的原子间力相符合. 研究发现，使用这种力律，在位错产生张应力的一侧会发生一种小的可逆微裂缝. 因此，van der Merwe 模型就是适用于预计位错宽度极小，并且以微裂缝弛豫的情况.

如果考虑全面一些，应该可以把 Peierls-Nabarro 模型与 van der Merwe 模型结合起来，处理一个四“象限”的部分离散模型. 在这里一个分界面是滑移面 $x_2=0$，另一分界面是位错的附加半原子面所在的平面 $x_1=0$，把这样分割而成的四个象限中的晶体物质看作是连续弹性体，而跨过界面的相互作用用某种合理的原子间力型的力律去模拟. 不过现在还没有做这样的工作. 估计由

于弹性力学中这种"象限"体的边界值问题不像半空间问题那样已有显式的解析解，所以要这样做数学上的困难将是主要的障碍．

§8.4 离散模型：点阵静力学

位错是晶体中的缺陷．不言而喻，本书至此所处理过的一切模型都仅仅是晶体位错的粗糙模拟．虽然所得结果在远距离处合理可用，但对位错中心的近程结构，理论既不严格，也不合理，这就是整个位错理论的中心困难之所在．物理上正确合理的处理方法当然是彻底的离散点阵模型，人们对这个课题进行努力探索也经历了二十几年了．

Maradudin[1] 对于静态离散点阵中的位错首次提出一个数学处理，他的原始工作是考虑简化的卤化硷晶体点阵中的一个〈110〉螺型位错，计算了原子位移和应变能．所用的模型是简单的：晶体点阵表示为由平行于位错线（x_3 轴）的诸原子列构成，假定每一列原子仅与其最近邻原子列以简谐力相互作用．螺型位错的生成可以想像为沿如图 8.13 中 $x_2=0$，$x_1\geq 0$ 面切开，切割面上下两岸平行于 x_3 相对位移一个 x_3 方向上的点阵距离 b，然后复合．在此过程中，每一原子列均各自沿其长度方向作刚性位移，即是各原子列中诸原子的间距保持不变，这样，点阵中原子的位移即均限于 x_3 方向，而其大小仅依赖于原子列的 x_1，x_2 坐标，即 $u_3=u_3(x_1,x_2)$．这就是与连续弹性理论中的反平面应变问题相类似的一个二维问题．

试参看图 8.13，8.14，图中示出简单立方点阵中螺型位错的两种组态，是 Maradudin 绘出的．一个阵点的 (x_1, x_2) 坐标记作 (m, n)：在组态 I（图 8.13）中，m 和 n 均为半奇整数；在组态 II（图 8.14）中，m 为整数而 n 为半奇整数．位于 (m, n) 处的原子 x_3 方向的位移 u_3 记作 $\tilde{w}_{m,n}$．$w_{m,n}$ 是位置的一个多值函数，即是在完成绕行 x_3 轴（位错线）一周后此量变化一个量值 b（Burgers 矢量

---

1) Maradudin, A. A., *J. Phys. Chem. Solids*, 9, 1 (1958).

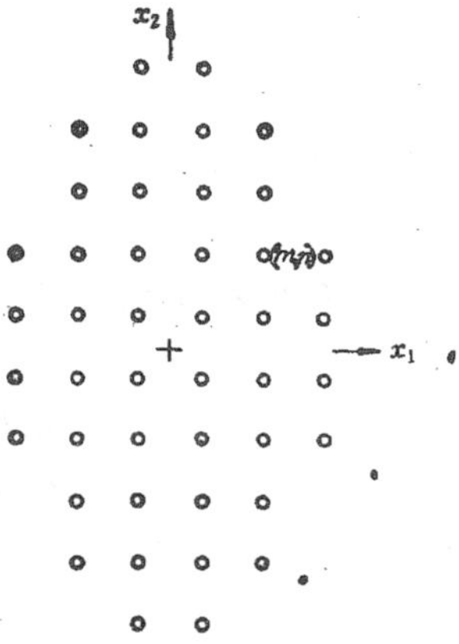

图 8.13

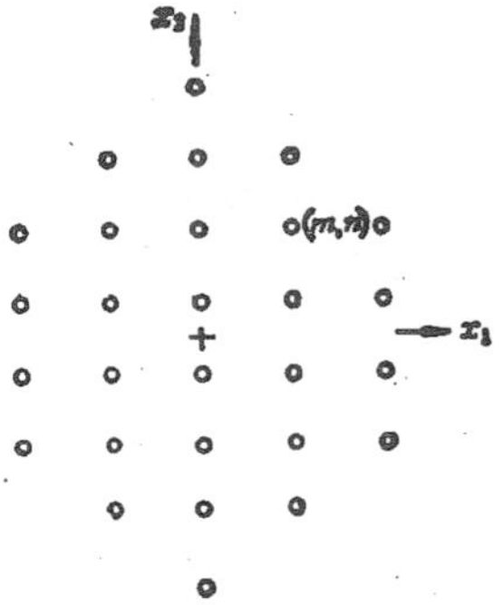

图 8.14

大小)．由于这个多值性，所以最好引进一个切割面；此切割面的位置当然是任意的，只要含 x_3 轴即可．不过为了数学上的方便，取切割面为 $x_2=0$，$x_1\geq 0$ 的半平面，与上面所述的操作相一致。

在简谐近似下，上述组态 I (图 8.13) 的原子平衡方程为

$$
\begin{aligned}
A(w_{m+1,n}+w_{m-1,n})+B(w_{m,n+1}+w_{m,n-1})\\
-2(A+B)w_{m,n}\\
=Bb(\delta_{m,p+\frac{1}{2}}\delta_{n,\frac{1}{2}}-\delta_{m,p-\frac{1}{2}}\delta_{n,-\frac{1}{2}}),
\end{aligned} \tag{8.98}
$$

式中 m 和 n 俱为半奇整数，p 是包括零在内的正整数，A 和 B 分别是 x_1 和 x_2 方向上最近邻间对于 x_3 方向位移的力常数． 方程右端的 δ 函数表示切割面上下两岸原子 w 的不连续性.

上面这个方程是 Maradudin 的基本方程，他曾得出其解，见原始文献． 这里我们引述另一个求解 $w_{m,n}$ 的方法，即 Bullough 和 Tewary[3] 的 Green 函数法．这个方法比较简捷，简述如下。

在点阵静力学中，可以用作用在点阵中某些原子上的力来表征缺陷．在目前螺型位错的情况下，显然要对切割两岸上的原子施加作用力．这些原子的坐标是 $(p+1/2,\ \pm 1/2)$，“＋”指上岸“－”指下岸，p 取包括零的一切正整数值，见图 8.13．如上所述，使这两组原子 (＋，－) 在 x_3 方向上相对位移一量 b，即造成一个

螺型位错．在简谐近似下，所需的力比例于 b，等于 Bb．这里 B 就是上面定义的与 x_2 方向相关的力常数．

定义力矩阵 $\mathbf{F}(\boldsymbol{l})=\mathbf{F}(m,n)$

$$\mathbf{F}(\boldsymbol{l})=Bb[\delta_{m,p+\frac{1}{2}}\delta_{n,\frac{1}{2}}-\delta_{m,p+\frac{1}{2}}\delta_{n,-\frac{1}{2}}] \tag{8.99}$$

$\boldsymbol{l}$ 是二维点阵指标．

通过下式定 Green 函数矩阵 $\mathbf{G}$，力常数矩阵 $\boldsymbol{\phi}$ 和位移矩阵 $\mathbf{w}$：

$$\mathbf{w}=\mathbf{G}\mathbf{F}, \tag{8.100}$$

$$\mathbf{G}=\boldsymbol{\phi}^{-1}. \tag{8.101}$$

仅考虑最近邻相互作用,则力常数矩阵可以表示为

(i) $\boldsymbol{l}\neq\boldsymbol{l}'$

$$\begin{aligned}\phi(\boldsymbol{l},\boldsymbol{l}')=&-A[\delta_{m,m'-1}\delta_{n,n'}+\delta_{m,m'+1}\delta_{n,n'}]\\&-B[\delta_{m,m'}\delta_{n,n'-1}+\delta_{m,m'}\delta_{n,n'+1}];\end{aligned} \tag{8.102}$$

(ii) $\boldsymbol{l}=\boldsymbol{l}'$

$$\phi(\boldsymbol{l},\boldsymbol{l})=2(A+B), \tag{8.103}$$

最后这个等式是由晶体势在刚体平移操作之下不变的条件得出．由以上 $\phi(\boldsymbol{l},\boldsymbol{l}')$ 和 $\phi(\boldsymbol{l},\boldsymbol{l})$ 的表达式显然可见 ϕ 仅依赖于 $\boldsymbol{l}$ 与 $\boldsymbol{l}'$ 之差,即 $\phi(\boldsymbol{l},\boldsymbol{l}')=\phi(\boldsymbol{l}-\boldsymbol{l}')$，于是 ϕ 的宗量就可以简单用单变量 $\boldsymbol{l}$ 表示．现在引入 $\phi(\boldsymbol{l})$ 的 Fourier 变换式 $\phi(\boldsymbol{k})$

$$\phi(\boldsymbol{k})=\sum_{l}\phi(\boldsymbol{l})\exp(i\boldsymbol{k}\cdot\boldsymbol{l}) \tag{8.104}$$

以及

$$G(\boldsymbol{k})=[\phi(\boldsymbol{k})]^{-1}, \tag{8.105}$$

并有

$$F(\boldsymbol{k})=\sum_{l}F(\boldsymbol{l})\exp(-i\boldsymbol{k}\cdot\boldsymbol{l}), \tag{8.106}$$

$$w(\boldsymbol{k})=\sum_{l}w(\boldsymbol{l})\exp(-i\boldsymbol{k}\cdot\boldsymbol{l}), \tag{8.107}$$

这里 $\boldsymbol{k}$ 在图 8.13 所示点阵的倒易点阵的第一布里渊区中变化．

根据式 (8.102) 至 (8.105)，可以算得

$$G(\boldsymbol{k}) = 1/[2A(1-\cos k_1) + 2B(1-\cos k_2)]. \tag{8.108}$$

由式(8.99)和式(8.106)，有

$$F(\boldsymbol{k}) = Bb\sum_{p} 2i\sin\left(\frac{1}{2}k_2\right)\exp\left[-i\left(p+\frac{1}{2}\right)k_1\right], \tag{8.109}$$

式中 k_1, k_2 是 $\boldsymbol{k}$ 的两个分量：$-\pi \le k_1, k_2 \le \pi$. 对 p 的求和可以进行，得到

$$F(\boldsymbol{k}) = Bb\frac{\sin\left(\frac{1}{2}k_2\right)}{\sin\left(\frac{1}{2}k_1\right)}. \tag{8.110}$$

由以上 $G(\boldsymbol{k})$ 和 $F(\boldsymbol{k})$ 的表达式得出

$$w(\boldsymbol{k}) = Bb\frac{\sin\left(\frac{1}{2}k_2\right)}{\sin\left(\frac{1}{2}k_1\right)}\frac{1}{2A(1-\cos k_1)+2B(1-\cos k_2)}. \tag{8.111}$$

最后，进行 Fourier 逆变换，求出 $w(\boldsymbol{l})$

$$w(\boldsymbol{l}) = w_{m,n} = \frac{Bb}{4\pi}\iint_{-\pi}^{+\pi} dk_1 dk_2 \frac{\sin\left(\frac{1}{2}k_2\right)}{\sin\left(\frac{1}{2}k_1\right)} \times \frac{\exp[i(k_1 m + k_2 n)]}{2A(1-\cos k_1)+2B(1-\cos k_2)}, \tag{8.112}$$

这就是 Maradudin 的积分表达式. Maradudin 在他的原始工作中完成了上面的二重积分，并给出 $A=B$ 特殊情况下的数值结果.

我们对大 l 处 $w(\boldsymbol{l})$ 的渐近行为感到兴趣. 在式(8.112)中，当 l 大时，被积函数中的指数项在大 $\boldsymbol{k}$ 范围内振荡很快，另外在 $\boldsymbol{k}=0$ 处有一个奇点，因此对积分的主要贡献来自于 k 值小的范围. 这样可以得到渐近表达式

$$\lim_{l\to\infty} w(\boldsymbol{l}) \to \frac{Bb}{\pi^2}\iint_0^\infty dk_1 dk_2 \frac{k_2}{k_1}\frac{\sin 2mk_1 \sin 2nk_2}{Ak_1^2 + Bk_2^2}$$

$$= \frac{b}{2\pi} \tan^{-1}\left[\left(\frac{B}{A}\right)^{\frac{1}{2}} \frac{m}{n}\right]. \tag{8.113}$$

若取坐标系，使位移为零的线作 x_1 轴，则

$$w(\boldsymbol{l}) \to \frac{1}{4} b - \frac{b}{2\pi} \tan^{-1}\left[\left(\frac{B}{A}\right)^{\frac{1}{2}} \frac{m}{n}\right],$$

$$= \frac{b}{2\pi} \tan^{-1}\left[\left(\frac{A}{B}\right)^{\frac{1}{2}} \frac{n}{m}\right]. \tag{8.114}$$

当 $A = B$，此结果便与各向同性弹性论的结果完全相合；即，在第二章推出的 $u_3(x_1, x_2)$，式 (2.2)

$$u_3(x_1, x_2) = \frac{b}{2\pi} \tan^{-1}\left(\frac{x_2}{x_1}\right),$$

因而证明了在远距离处连续介质弹性力学是可用的.

现在计算应变能 E. 有

$$E = -\frac{1}{2} \tilde{\mathbf{F}} \cdot \mathbf{w} = -\frac{1}{2} \tilde{\mathbf{F}}\mathbf{G}\mathbf{F}, \tag{8.115}$$

$\tilde{\mathbf{F}}$ 表示 $\mathbf{F}$ 的转置矩阵. 根据上文中 F 的表达式 (8.99)，并注意到 $w_{m,\frac{1}{2}} = -w_{m,-\frac{1}{2}}$，算出此螺型位错每单位长度的能量是

$$E = Bb \sum_m w_{m,\frac{1}{2}}, \tag{8.116}$$

此式与 Maradudin 原来导出的公式全同，不过他的方法比较繁复. 这个能量 E 等于外力在切割面上所作的功. 回顾在第二章里讨论位于一个外半径和长度均有限的粒体中心处的螺型位错的情况，由于此位错的存在，柱体会发生扭转；为了抵消这个扭转，必须在柱体上下两端作用一对力矩. 不过，柱体的外表面是自由的，位错应力场在外表面上的效果为其在内截断表面上的效果抵消. 但在位错的离散点阵模型中并没有这样一个内截断表面，所以也就无从发生抵消，于是就需要作外表面边界条件的修正. Maradudin 计算了和式 $\sum_m w_{m,\frac{1}{2}}$，并且加上了表面修正，得出含螺型位错的半径为 R 的柱体单位长度的应变能为

$$E = \frac{b^2}{2\pi}(AB)^{\frac{1}{2}}\left[\ln 2\gamma - \frac{1}{2}\ln\frac{1}{2}(1+c) + \frac{1}{4}\ln c + \ln\frac{R}{(\xi\eta)^{\frac{1}{2}}}\right], \tag{8.117}$$

式中 γ 是 Euler 常数（$=0.57722\cdots$），$c=A/B$，ξ 和 η 分别是 x_1 和 x_2 方向上原子最近邻距离. 此式与连续介质模型的结果相似，具有外半径对数发散，不过位错中心的奇点以及任意的内截断半径已经避免.

Maradudin 的工作在位错理论的发展中是重要的，但也具有如下的重要缺点：

(i) x_1，x_2，x_3 三个方向上的原子位移彼此间没有耦合；

(ii) 只考虑了最近邻原子列间的相互作用；

(iii) 采用过分简化的简谐近似，这个近似对于大的原子相对位移，特别是对于切割面两岸的原子，是不成立的.

Celli[1] 对 Maradudin 模型作了一些修改，用以计算金刚石结构晶体中一个螺型位错的应变能，特别是用于硅和锗. 这个工作是很有意义的，但仍具有上述的三个缺点. Celli 认为最近邻相互作用近似对于这种结构是合理的. 但是已知在金刚石、锗、硅这一类共价晶体中四极矩相互作用显著，这种相互作用是比较长程的，所以最近邻相互作用近似成问题.

Boyer 和 Hardy[2] 对立方金属中的螺型位错进行了比较实际的处理. 他们的计算基本上以 Maradudin 模型为基础，不过没有限止于最近邻相互作用近似，并且还可以计入原子在 x_1，x_2，x_3 三个方向上位移之间的耦合. 但是，未计入非谐效应，因此在位错芯附近的大形变区中需要某些修正.

Boyer 和 Hardy 的计算也可以用上述 Bullough 和 Tewary 的 Green 函数方法实现.

---

1) Celli, V., J. *Phys. Chem. Solids*, **19**, 100 (1961).

2) Boyer, L. L. and Hardy, J. R. *Phil. Mag.*, **24**, 647 (1971).

考虑 $\boldsymbol{l}$ 位原子位移的三个直角坐标分量，记作 $w_\alpha(\boldsymbol{l}), \boldsymbol{l}=(m, n)$. 引起这个位移的是作用在诸 $\boldsymbol{l}'$ 位原子上的力，它的三个直角坐标分量记作 $F_\beta(\boldsymbol{l}')$. 于是矩阵方程

$$\mathbf{w} = \mathbf{GF}$$

的形式就是

$$w_\alpha(\boldsymbol{l}) = \sum_{l'} G_{\alpha\beta}(\boldsymbol{l}, \boldsymbol{l}')F_\beta(\boldsymbol{l}'), \qquad (8.118)$$

在形式上，这个方程定义了矩阵 $\mathbf{G}$ 和 $\boldsymbol{\phi} = \mathbf{G}^{-1}$ 其矩阵元是$G_{\alpha\beta}(\boldsymbol{l}, \boldsymbol{l}')$ 和 $\phi_{\alpha\beta}(\boldsymbol{l}, \boldsymbol{l}')$. 它们的物理意义与上述一致，即 $G_{\alpha\beta}(\boldsymbol{l}, \boldsymbol{l}')$ 表示当 β 方向单位大小的力作用在 $\boldsymbol{l}'$ 位原子上时所产生 $\boldsymbol{l}$ 位原子的 α 方向的位移；与此相关，$\phi_{\alpha\beta}(\boldsymbol{l}, \boldsymbol{l}')$ 表示当 $\boldsymbol{l}'$ 位原子发生一个 β 方向单位大小的位移时 $\boldsymbol{l}$ 位原子所受一 α 方向的力. 对于完整晶体，平移不变性保证 $\mathbf{G}$ 和 $\boldsymbol{\phi}$ 的宗量为 $\boldsymbol{l}$ 与 $\boldsymbol{l}'$ 之差: $\boldsymbol{l}-\boldsymbol{l}'$. 力常数可由原子间势导出，或是通过与中子散射数据拟合算出. 然后从力常数计算静态 Green 函数矩阵 $\mathbf{G}$，也可以直接由中子散射数据计算矩阵 G. 方程 (8.118) 是很普遍的，可用于任何类型的缺陷. 主要的问题在于计算力矩阵 $\mathbf{F}$，它确定待处理的特殊缺陷. 前文中式 (8.99) 已经写出 Maradudin 关于螺型位错简单模型的 $\mathbf{F}$ 矩阵. Boyer 和 Hardy 提出一个对更普遍螺型位错的情况构作 $\mathbf{F}$ 矩阵的办法.

试考察如图 8.15 所示的晶体，用荫影标出的半平面是切割面，它终止于位错中心线，要求这个切割面不含任何一个点阵点. 在点阵模型中，一个螺型位错的产生是由诸原子键的重分布而实现. 具体地讲，若一个 $\boldsymbol{l}$—$\boldsymbol{l}'$ 键通过切割面但并不通过位错线，l 位在切割面之左，$\boldsymbol{l}'$ 位在右，则此键将脱离 l 位原子，而与位于 $\boldsymbol{r}(\boldsymbol{l})-\boldsymbol{b}$ 处的原子相连. 若 $\boldsymbol{l}$—$\boldsymbol{l}'$ 键通过位错线，则将此键用两个强度为原键之半的键代替，其中一个脱离并重新连结如上述. 这个设想的过程能给出所要求的跨过切割面的位移不连续量. 回顾力常数矩阵 $\boldsymbol{\phi}$ 的定义，可见由于键的重新分布而产生作用在 $\boldsymbol{l}$ 位原子上的力分量为

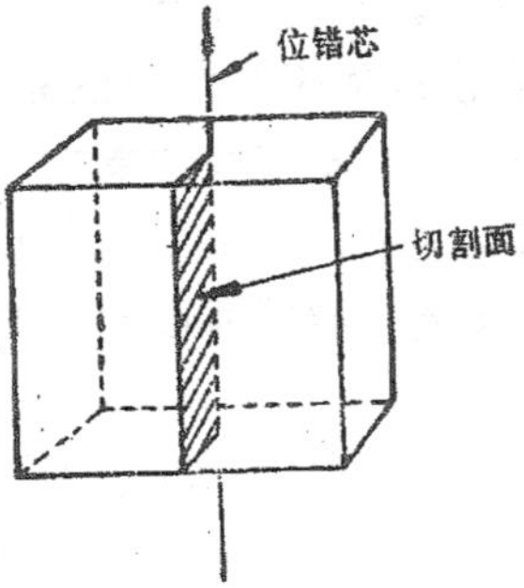

图 8.15

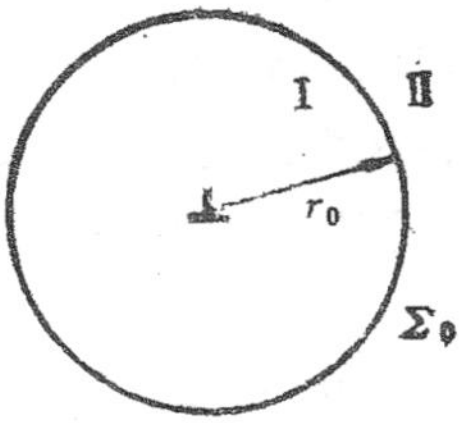

图 8.16

$$F_\alpha(\boldsymbol{l}) = \sum_{\beta, \boldsymbol{l}'} \phi_{\alpha\beta}(\boldsymbol{l}, \boldsymbol{l}') b_\beta \times [\boldsymbol{l}/\boldsymbol{l}'], \qquad (8.119)$$

式中记号 $[\boldsymbol{l}/\boldsymbol{l}']$ 是一个离散函数：

(i) 若 $\boldsymbol{l}$ 位原子在切割面之左，$\boldsymbol{l}—\boldsymbol{l}'$ 键通过切割面但不与位错线相交，则 $[\boldsymbol{l}/\boldsymbol{l}'] = +1$；

(ii) 若 $\boldsymbol{l}—\boldsymbol{l}'$ 与位错线相交，则 $[\boldsymbol{l}/\boldsymbol{l}'] = +1/2$；

(iii) 其它情况，$[\boldsymbol{l}/\boldsymbol{l}'] = 0$.

若将 l 位原子取在切割面之右，则 (i)，(ii) 中 $[\boldsymbol{l}/\boldsymbol{l}']$ 之值反号（"—"）.

F 矩阵一经确定，则可用 Fourier 展开法由式 (8.118) 求得 **w**，Boyer 和 Hardy 就是这样作的．Tewary 采用实空间的方法处理点缺陷，求解方程 (8.118)．此法也可用于位错．与 $\boldsymbol{k}$ 空间的方法相比较，实空间方法较易利用缺陷的几何对称性．

Boyer 和 Hardy 曾将这种方法用于计算铝中 ⟨110⟩ 螺型位错产生的位移场；分别采用了一个次近邻相互作用模型和一个第五近邻相互作用模型，并将所得结果与连续介质模型相比较．发现第五近邻模型与连续介质模型结果之间的差异比第二近邻模型给出的差异大．从物理学来考虑不难理解，原子间的较长程相互作用会导致力的展布，从而使位错芯的非局域性更显著，而这种非局域效应在通常的连续介质模型中是被忽略的．Boyer 和 Hardy 还将此法用于处理体心立方金属（钾、α 铁和一种称为 I_{s0} 的各向同性模型 bcc 点阵)中的〈111〉螺型位错，求其位移场．钾所用的是第五近邻相互作用模型，α 铁用的是次近邻相互作用模型． 结果发现与铝的情况相似：钾的结果与连续介质模型结果之间差异比铁的情况大．有意思的是，对于所谓的 I_{r0}，发现原子有很小的极径向位移(用柱极坐标系表示)，而连续介质模型预期这种位移应为零．

Boyer 和 Hardy 虽然在 Maradudin 工作的基础上做了相当可观的改进，但仍含有未计及非谐效应这个重要缺点．非谐性会影响 Green 函数矩阵 **G** 和力矩阵 **F**．处理非谐效应的一个方法是在式 (8.119) 中的原子位移里计入若干高阶项，于是 **F** 就成为 **w** 的函数，而方程 (8.118) 成为一组非线性方程，可用数值方法求解．问题在于原子位移相当大，取少数几个高阶项可能不够．但另一方面，将 **F** 矩阵展开为原子位移的幂级数，对于以后的计算也不是现实可行的办法．绕过这一困难的方法之一是在局部地区采用一种假设的封闭形式的力律，例如 Peierls-Nabarro 的正弦型力律，以代替式 (8.119) 中的线性力律．Hölzler 和 Siems 就曾采用这种办法计算过简单模型点阵中一个螺型位错的位移场、应变能与 Peierls 能．这种作法的好处在于从一开始就在力律中计入了点阵的周期性，它自然地使得当原子位移大时作用在原子上的力发生非简谐性的“软化”．在实际的计算中往往需要将力表示为几个适当的这种正弦项的组合，这又会给数学处理带来麻烦；不过，无论如何，还是比 **F** 矩阵的简单幂级数展开为有利．

Evans 和 Celli 对于一个简单立方点阵，假设次近邻线性相互作用，计算了一个刃型位错偶极子的位移场与应变能．他们所用的方法也是 Green 函数法．所得结果在远处也渐近地收敛至连续弹性介质模型的结果．

关于刃型位错我们在下面论述计算机模拟的一节中还要继续讨论．

本节所处理的是含有位错的点阵的静力学．将本节的方法推广，可以处理含位错晶体的点阵动力学，其结果即可得出点阵振动性质(如声子频率和态密度)受位错影响而发生的改变．还能计算位错对声子的散射，从而预计位错对晶体热阻的贡献[3]． 这些问题将在本书第二卷中论述．

§ 8.5 计算机模拟

准确确定位错芯原子组态的合理方法是采用半离散模型，即是把晶体划分为两个区域：靠近位错芯(包含位错芯)的区域I，在此以外的为区域II．将区域I看作是离散的原子点阵，其中的原子彼此以某种原子间势相互作用，并遵守某种(区域I，II间界上的)边界条件． 区域II取得足够远离位错芯，以致这个区域可以作为连续弹性体处理，见图8.16．这样，这种模型就可称为半离散模型．至今用此法研究过的几乎全是直线位错．

若晶体中的应变场已经确定，或者说晶体中已有一定的应变场，则所有原子离开其点阵平衡位置的位移便可由此确定．对于含有位错的晶体，以位错产生的弹性状态作为起始状态，也就是把适用于区域II的弹性力学解延拓至区域I中，确定区域I中原子的位置，以此作为计算考虑的起始态．将区域I，II之间的边界记作Σ_0．Σ_0以内，即区域I中的原子是通过某种并非谐和近似的原子间势彼此相互作用所以弹性解给出的这些原子位置并不是最终能量最低的平衡位置，而必然要向最终的平衡组态弛豫．因为原子间势的作用程r^*实际上有限，所以在区域I中原子进行弛豫的过程中，区域II中只有在边界Σ_0附近，距离Σ_0在r^*以内的原子才会受到影响，发生某种响应．自此以远的地区就可以放心地作为连续弹性介质处理．现在的工作就是用计算机模拟上述这个弛豫过程，求出原子最终的平衡组态及能量(即位错芯能量)．为了实现这个目的，最好是将区域I合理地取得小一些，就是不包含太多的原子，使得计算量不是太大，可以在合理的时间内完成．但是，可以想见的是，只有将区域I取得较大，这个模拟才愈接近于真实，所以必然地要采取一种妥协或折衷．

其次是区域I，II间间界Σ_0上的边界条件问题． 若令Σ_0以外(即区域 II 中)的原子始终固定在它们由弹性力学解所确定的位置上,或者说在区域 I 中原子弛豫的整个过程中,区域II始终处于其起始的 Volterra 场组态,这就称为刚性边界的半离散方法.另一方面,若设 Σ_0 以外区域 II 中在势作用程 r^* 以内的那些原子以某种方式响应区域 I 中邻近边界的原子的作用,或者说以某种方式跟随区域 I 中原子弛豫过程中历经的组态,这就称为可变(柔性)边界的半离散方法.刚性边界方法的好处是简单,但难以满足计算效率的要求.用可变边界方法,可以大大减少所需区域 I 中的原子数,并且能够缓和刚性边界条件所带来的某些相当强的约束.所以虽然过去有相当多的工作是采用刚性边界方法做的,但现在一般认为还是可变边界方法比较优越.可变边界方法又有三种不同形式,简称为 Flex-S, Flex-I 和 Flex-II 在下文中将加以适当介绍.

关于晶体中原子间势的问题在下面还要讨论,现在假设原子间势已经取定,例如是由某种粒子对势 $V(\boldsymbol{r}_{ij})$ 确定的,那么原则上就可以采取如下所述的两种方法中的一种对区域 I 中的原子位置弛豫作模拟计算.这两种方法是:(1)静力学弛豫法和(2)动力学弛豫法.

静力学弛豫法是逐次逼近地确定原子的平衡位置,可简单描述如下:

令 $\boldsymbol{x}$ 表示系统的广义坐标,例如区域 I 中原子在某个直角坐标系中的坐标.假定系统的势能 U 为广义坐标的一个函数,$U=U(\boldsymbol{x})$.与 $\boldsymbol{x}$ 相关的广义力为

$$\boldsymbol{F}=-\frac{\partial U(\boldsymbol{x})}{\partial \boldsymbol{x}}=F(\boldsymbol{x}). \tag{8.120}$$

若 $\boldsymbol{x}=\boldsymbol{x}^{(e)}$ 是系统的一个平衡组态,它相应于势能 U 的一个极小,显然 $\boldsymbol{F}(\boldsymbol{x}^{(e)})=0$.但是若系统不处在平衡态,但接近于平衡,则在一级近似下有

$$\boldsymbol{F}(\boldsymbol{x})=\mathbf{K}(\boldsymbol{x}-\boldsymbol{x}^{(e)}), \tag{8.121}$$

这里

$$\mathrm{K}=\left.\frac{\partial \boldsymbol{F}}{\partial \boldsymbol{x}}\right|_{\boldsymbol{x}=\boldsymbol{x}^{(e)}} \tag{8.122}$$

是力常数矩阵，或力常数算子．而 $\boldsymbol{x}^{(e)}$ 可表为

$$\boldsymbol{x}^{(e)}=\boldsymbol{x}-\mathrm{K}^{-1}\boldsymbol{F}, \tag{8.123}$$

$$\mathrm{K}^{-1}\equiv \mathrm{G}, \tag{8.124}$$

G 是点阵格林函数，或格林函数算子，它是算子(矩阵)K之逆*．由式 (8.123) 可以确定 $\boldsymbol{x}^{(e)}$；不过由于 K 依赖于 $\boldsymbol{x}^{(e)}$，所以一般要采取逐次逼近法．

令 $\boldsymbol{x}=\boldsymbol{x}_0$ 是系统的一个起始组态．求出 $\mathrm{K}_0=(\partial \boldsymbol{F}/\partial \boldsymbol{x})_{\boldsymbol{x}=\boldsymbol{x}_0}$，以及 $\boldsymbol{F}_0=\boldsymbol{F}(\boldsymbol{x}_0)$．代入式 (8.123)，得到第一次近似 $\boldsymbol{x}_1=\boldsymbol{x}_0-\mathrm{K}_0^{-1}\boldsymbol{F}_0$．然后求 K_1，$\boldsymbol{F}_1$ 及二次近似 $\boldsymbol{x}_2=\boldsymbol{x}_1-\mathrm{K}_1^{-1}\boldsymbol{F}_1$．这样逐次叠代，直到 $\boldsymbol{F}$ 小于某一个预定的限度．此法中最费时的一步是 K 的数值求逆，因此，在原子位置仅需不大调整的情况下，此法才令人满意．

其次简短讨论一下动力学弛豫法．在此法中是将区域 I 中的原子看作是一个质点系，用数值法求此质点系的古典运动方程之积分．令 Σ_0 上及 Σ_0 以外(区域 II 中)的原子固定在线性弹性力学解所给定的位置上．

设质点系含有 N 个粒子，质量均为 m，坐标记作 $x_i(i=1, 2, \cdots, N)$．古典运动方程组是

$$m\dot{v}_i=F_i,\quad i=1, 2, \cdots, N, \tag{8.125}$$

$$v_i=\dot{x}_i, \tag{8.126}$$

F_i 可以由势函数 $V(r_{ij})$ 求出

$$F_i=-\sum_{j\neq i}^{N}\frac{\partial V(r_{ij})}{\partial x_j}. \tag{8.127}$$

为了将方程组 (8.125)，(8.126) 进行数值积分，可将 x_i 展开

$$x_i(t+\Delta t)=x_i(t)+\dot{x}_i(t)\Delta t+\frac{1}{2}\ddot{x}_i(t)\Delta t^2+\cdots, \tag{8.128}$$

---

* 这里的 K 相当于上节中的 $G^{-1}\equiv\phi$．

或

$$x_i(t+\Delta t)=x_i(t)+v_i(t)\Delta t+\frac{1}{2m}F_i(t)\Delta t^2+\cdots, \tag{8.129}$$

$$v_i(t+\Delta t)=v_i(t)+\frac{1}{m}F_i(t)\Delta t+\cdots. \tag{8.130}$$

令起始时刻 t_0 时，区域 I 中的原子均静止于由弹性力学解所确定的位置上，由式 (8.127) 求出诸 $F_i(t_0)$，然后求出 $v_i(t_0+\Delta t)=v_i(t_1)$ 及 $x_i(t_0+\Delta t)=x_i(t_1)$，这是第一次近似．由此可以再求 $F_i(t_1)$，$v_i(t_1+\Delta t)$ 及 $x_i(t_1+\Delta t)$；如此等等．反复叠代，直到势能达到极小．

时间间隔 Δt 的取法是很重要的．一般在起始阶段 Δt 需要取得较小，例如 10^{-4}s，以便防止过大的速度导致不现实大的位移．在经过一些弛豫后，Δt 就可以取得大一些，以便节省计算时间．为了尽快地达到平衡，每当势能达到一个相对极小时，便令所有的速度为零，然后重新开始计算．动能必须重新增大，而势能继续降低，直至平衡组态．

无论是取刚性边界条件还是可变边界条件，都可以选用静力学弛豫法或动力学弛豫法．

现在我们具体描述一下刚性边界法和可变边界法．

刚性边界法于 1955 年最初由 Huntington 等[1] 用于对 NaCl 中的一个刃型位错进行模拟计算．在 60 至 70 年代，此法为许多工作者所采用．Huntington 早期的工作仅处理了 20 个原子列，而到 70 年代之初已发展到处理 2565 个原子列[2]．

这个方法的步骤在上文中已概略论述．这个方法的优点是简单易行，但它含有几个显而易见的缺点．首先是设定刚性边界实际上是将位错芯边界上在弛豫过程中可能出现的应变、应力边界条件变化略而不计，因而也就是给区域 I 施加了某些人为的约束．

---

1) Huntington, H. B. et al., *Phys. Rev.*, **100**, 1117 (1955); **113**, 1696 (1959).
2) Duesbery, M. S. et al., *Proc. Roy. Soc.*, **A332**, 85 (1973).

例如区域 I 的平均体积膨胀必须为零，这是与理论考虑及实验事实都不符合的。

其次，区域 II 中的原子位置由线性弹性力学解给定，而区域 I 中原子位置是基于某种非谐的原子间势计算的，在跨越 Σ_0 时，这两者之间出现一个突变，因而使得位错芯组态不能平滑地过渡到它周围物质的组态。

除此之外，实践证明，增加区域 I 中的原子数还是不能有助于显著提高原子位移的收敛速度，因此，此法所需的计算量总是较大的。

为了克服刚性边界法的缺点，在 70 年代人们引入了可变(柔性)边界法，后面这个方法可以使必须考虑的区域 I 原子数目减少很多，能使区域 II 中所用的弹性解得到改进，并且可以解除刚性边界所带来的某些约束．除此之外，利用此法还可以处理更复杂的情况，例如位错与其他晶体缺陷的相互作用等。

下面依次简单介绍 Flex-S，Flex-I 和 Flex-II 三种方法。

Sinclair[1] 于 1971 年提出的可变边界方法称为 Flex-S 法。Sinclair 引用各向异性介质中静止直线位错位移场的一般解（参看本书第五章）

$$\boldsymbol{u}(\boldsymbol{x}) = \boldsymbol{u}_V + 2\mathrm{Re}\sum_{\alpha=1}^{3}\boldsymbol{A}(\alpha)\sum_{m=1}^{\infty} a_{\alpha m}\eta_\alpha^{-m}, \qquad (8.131)$$

式中 $\boldsymbol{u}_V$ 是 Volterra 解，它可以写作

$$\boldsymbol{u}_V(\boldsymbol{x}) = \frac{1}{\pi}\mathrm{Im}\sum_{\alpha=1}^{3}\boldsymbol{A}_\alpha D_\alpha \ln(\eta_\alpha/r_0) + \boldsymbol{u}^0, \qquad (8.132)$$

$$\eta_\alpha = x_1 + p_\alpha x_2. \qquad (8.133)$$

它是位移场的主要部分，矢量 $\boldsymbol{A}_\alpha$，标量 D_α 和 p_α 完全由弹性常数、位错方向及其 Burgers 矢量确定．系数 $a_{\alpha m}$ 依赖于 Σ_0 上的边界条件．Sinclair 将式(8.131)右端第二项的无穷和截断，写作

$$\boldsymbol{u}(\boldsymbol{x}) = \boldsymbol{u}_V(\boldsymbol{x}) + 2\mathrm{Re}\sum_{\alpha=1}^{3}\sum_{m=1}^{m} a_{\alpha m}\boldsymbol{S}_{\alpha m}(\boldsymbol{x}), \qquad (8.134)$$

---

1) Sinclair, J. E., *J. Appl. Phys.*, 42, 5321 (1971).

$$S_{am} = A_a(x_1 + p_a x_2)^{-m}. \tag{8.135}$$

将势能作为区域 I 中所含 N 个原子坐标 $\boldsymbol{x}_i(i = 1, 2, \cdots, N)$，以及 $3n$ 个系数 a_{am} 的函数

$$U = U(\boldsymbol{x}_i, a_{am}). \tag{8.136}$$

实际上现在就是将集合 $(\boldsymbol{x}_i, a_{am})$ 作为系统的广义坐标.

现在先忽略区域 I, II 之划分，于是总势能便可改写为

$$U = U(\boldsymbol{x}_i),\ i = 1, 2, \cdots, \infty. \tag{8.137}$$

如原子间势采用粒子对中心势的形式，则

$$U = \sum_{\substack{l,m=1 \\ l \neq m}}^{\infty} V(r_{lm}), \tag{8.138}$$

$r_{lm} = |\boldsymbol{x}_l - \boldsymbol{x}_m|$. 作用在原子 i 上的力 $\boldsymbol{F}_i$ 是

$$\begin{aligned} \boldsymbol{F}_i &= -\frac{\partial U}{\partial \boldsymbol{x}_i} = -\sum_{\substack{j=1 \\ j \neq i}}^{\infty} \frac{\partial V(r_{ij})}{\partial \boldsymbol{x}_i} \\ &= -\sum_{\substack{j=1 \\ j \neq i}}^{\infty} V'(r_{ij}) \frac{\boldsymbol{x}_i - \boldsymbol{x}_j}{r_{ij}}. \end{aligned} \tag{8.139}$$

由此可得

$$\begin{aligned} \frac{\partial \boldsymbol{F}_i}{\partial \boldsymbol{x}_l} &= -(\boldsymbol{x}_i - \boldsymbol{x}_l) \frac{\partial}{\partial \boldsymbol{x}_i}\left[\frac{V'(r_{il})}{r_{il}}\right] + \left[\frac{V'(r_{il})}{r_{il}}\right] \mathbf{I} \\ &= \frac{(\boldsymbol{x}_i - \boldsymbol{x}_l)(\boldsymbol{x}_i - \boldsymbol{x}_l)}{r_{il}^2}\left[V''(r_{il}) - \frac{V'(r_{il})}{r_{il}}\right] \\ &\quad + \left[\frac{V'(r_{il})}{r_{il}}\right] \mathbf{I}, \end{aligned} \tag{8.140}$$

式中 $i, l = 1, \cdots, N,\ i \neq l$. 对于 $i = l$ 的情况，有

$$\frac{\partial \boldsymbol{F}_l}{\partial \boldsymbol{x}_l} = \sum_{\substack{j=1 \\ j \neq l}}^{\infty} \frac{\partial^2 V(r_{jl})}{\partial \boldsymbol{x}_j \partial \boldsymbol{x}_l} = -\sum_{\substack{j=1 \\ j \neq l}}^{\infty} \frac{\partial \boldsymbol{F}_l}{\partial \boldsymbol{x}_j}. \tag{8.141}$$

参看式 (8.122)，可见这些 $\partial \boldsymbol{F}_i / \partial \boldsymbol{x}_l$ 就是静力学弛豫法中力常数算子(张量) $\mathbf{K}$ 的一部分.

现在设想将晶体分为两个区域：区域 I 和区域 II，于是 U 对广义坐标的函数依赖关系应表为 $U = U(\boldsymbol{x}_i, a_{am})$，而表示式

(8.139) 仍然成立，不过求和仅遍及有限个原子，即区域 I 中的及区域 II 中与 I 中原子有相互作用的那些原子. 此时张量 **K** 的另一部分应该与诸量 $a_{\alpha m}$ 有关. 具体地讲，定义广义力

$$F_{\alpha m} = -\frac{\partial U}{\partial a_{\alpha m}}, \tag{8.142}$$

可以推得

$$F_{\alpha m} = \sum_{x_i \in \mathrm{II}} \boldsymbol{F}_i \cdot \boldsymbol{S}_{\alpha m}(\boldsymbol{x}_i), \tag{8.143}$$

$$\frac{\partial \boldsymbol{F}_{\alpha m}}{\partial \boldsymbol{x}_l} = \frac{\partial \boldsymbol{F}_l}{\partial a_{\alpha m}} = \sum_{x_s \in \mathrm{II}} \frac{\partial \boldsymbol{F}_l}{\partial \boldsymbol{x}_s} \boldsymbol{S}_{\alpha m}(\boldsymbol{x}_s), \tag{8.144}$$

$$\frac{\partial \boldsymbol{F}_{\alpha m}}{\partial a_{\beta l}} = \frac{\partial \boldsymbol{F}_{\beta l}}{\partial a_{\alpha m}} = \sum_{x_s \in \mathrm{II}} \frac{\partial \boldsymbol{F}_{\alpha m}}{\partial \boldsymbol{x}_s} \cdot \boldsymbol{S}_{\beta l}(\boldsymbol{x}_s).$$

这些表达式确定了静力学弛豫法中所需的 $\boldsymbol{F}$ 及 **K** 的分量. Sinclair 方法 Flex-S 就是取 $x_i(i=1,\cdots,N)$ 和 $a_{\alpha m}(\alpha=1,2,3;\ m=1,\cdots,n)$ 为系统广义坐标的静力学弛豫法. Sinclair 首先将此法用于 α 铁中〈100〉刃型位错的模拟计算，并且还用于研究断裂的模拟问题.

Gehlen 等[1]和 Teodosiu 等[2]于 1972 年独立分别提出另一种可变边界法，后来被称为 Flex-I 法. 此法的基本思想是使区域 I 和区域 II 有一部分交叠；如图 8.17 所示，对于一个直线位错，取两个柱面 $\Sigma_0(r_0)$ 和 $\Sigma_1(r_1)$，令 Σ_1 以内的区域为区域 I，Σ_0 以外的区域为区域 II，Σ_0 和 Σ_1 之间就是重叠的地区.

采用如下的逐次逼近法：首先，令 Σ_1 上及 Σ_1 以外的原子固定在 Volterra 解给定的位置上，让区域 I 中原子进行位置弛豫. 第二步是采用某种内插法，导出由第一步中弛豫导致的 Σ_0 面上的位移或表面力，然后计入这些边界条件，计算区域 II 中的线性弹性力学解. 继之，令 Σ_1 上及 Σ_1 以外的原子固定在第二步所得解

---

1) Gehlen, P. C. et al., *J. Appl. Phys.*, **43**, 3921 (1972).
2) Teodosiu, C. and Nicholae V., *Rev. roum. sci. techn. -méc. appl.*, **17**, 919 (1972).

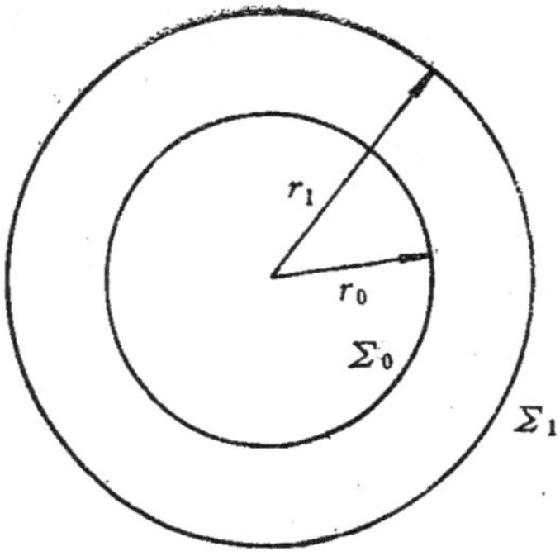

图 8.17

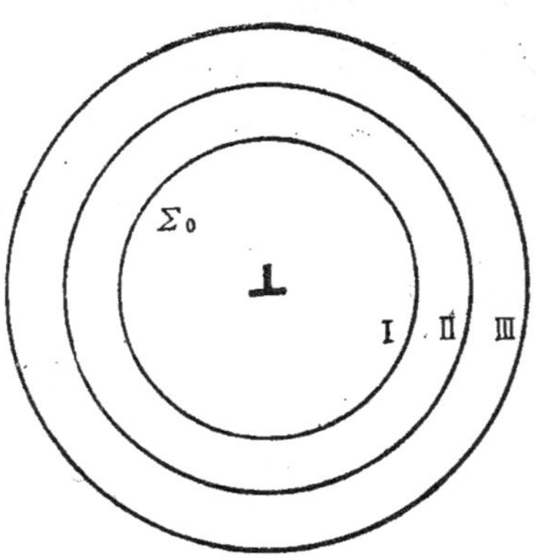

图 8.18

给定的位置上，让区域 I 弛豫．如此反复进行，直至收敛．

Gehlen 等也曾将此法用于 α 铁中的〈100〉刃型位错．

Hoagland, Hirth 和 Gehlen 1976 年[1]提出后来被称为 Flex-II 的又一种可变边界法，Flex-II 被认为是最令人满意的方法．

Flex-II 明显考虑直线位错周围的三个区域，如图 8.18 所示．在区域 I 中，原子单独地弛豫．在区域 II，III 及晶体的其余部分，原子按照线性弹性理论作集体位移．不过，假定在这三个区域中的原子都以同样的原子间势相互作用．区域 II 定义为含有所有那些原子，至少区域中有一个原子对它给予作用力．区域 III 是区域 II 以外的部分，其中的原子与区域 II 中的原子相互作用．显然，区域 II 与区域 III 的厚度都应该等于原子间力的最大作用程．

一般按照位错的 Volterra 解确定晶体所有原子的起始位置．第一步是保持区域 I，II 之间的边界 Σ_1 固定，令区域 I 中的原子进行弛豫，至势能极小的组态．第二步是计算此时作用在区域 II 中的原子上的力，然后用线性弹性理论中的格林张量函数确定整个晶体中由它们引起的位移．这两个步骤交替叠代进行，直到作

1) Hoagland, R. G. et al., *Phil. Mag.*, **34**, 413 (1976).

用在区域 I 和 II 中每一原子上的力小于某一预设的下限.

由于假定晶体在区域 I 以外的区域都具有线性弹性行为，因此在区域 III 及其以外的地区中都不会出现未平衡力. 实际上，这些地区中的原子的确只与那些按照线性弹性力学平衡方程发生位移的原子相互作用. 此外，在区域 III 以外地区中的原子位置在计算中无需加以存储；因为可以在叠代的最后，将所有叠代步骤中作用在区域 II 中原子上的未平衡力的效应加和起来，计算那些地区中的原子位置.

由于广义平面应变的 Green 张量函数在原点发生对数发散，它不能用来计算作用在区域 II 中一个原子上的力所产生的紧靠其作用点附近处的位移. 因此，在局部地区要用点阵 Green 函数代替连续统 Green 函数. 计算点阵 Green 函数的一种方法是设想取一小块完整晶体，在其中心的原子列上作用一个线力，其表面原子固定在由线性弹性 Green 函数确定的位置上，然后令此晶体的原子进行位置弛豫.

Puls 等[1]及 Sinclair 等[2]对几种可变边界法进行了比较，认为就一给定精确度的计算效率而言，Flex-II 法是最优的. 这样，Flex-II 法中所取区域 I 就可以较小，不过此时又会带来问题，即区域 I 较小则表示用线性弹性力学处理的区域比较接近于位错线，该处的应变达到百分之几的量级，所以要当心. 其次，Flex-II 法不能直接给出离位错线足够远处线性弹性场的一个改善的解析形式，这也是此法的缺点之一.

应该指出，位错芯结构的原子模拟诚然是非常有意义的，但一般只能给出有关位错如何影响晶体力学性质的定性信息. 此外，位错芯结构是不能直接用实验研究的. 但是，我们知道，推广意义下的 Peierls 力强烈地依赖于位错芯结构，这个量在一定程度上可以用实验测知，同时，它也是可以用原子模型计算的.

---

1) Puls, M. P. and Woo, C. H., Atomic Energy of Canada Ltd., Report AECL-5238 (1975).

2) Sinclair, J. E. et al., *J. Appl. Phys.*, **49**, 3890 (1978).

基本上有两种方法曾用来借助原子模型计算 Peierls 力．第一种方法，曾被称为线性内插法，是将位错中心置于各个晶体学不等价的位置上，计算区域 I 的能量，作为位错中心位置的函数．结果给出“Peierls”势垒，然后由微分求出“Peierls”力．在这个方法里，点阵的弛豫只是在位错位置相应于能量极小时进行，而中间组态是假定所有离子或一部分离子在极小之间线性地移动而确定，这就是所谓“线性内插”．

第二种方法与此大不相同．它是模拟地将一个切应力作用于晶体，并监视位错在弛豫中的运动．根据各向异性线性弹性力学，由预设的外加切应力导出相应的切应变，通过将这个应变场引入晶体点阵而实现模拟地施加应力．然后逐渐地令外加应力增大，直至达到一个临界值，此时位错开始运动，这就是 Peierls 应力．

在较早的工作中，这个方法是应用刚性边界模型．显然这就要求将区域 I 取得足够地大，以致边界不影响或阻滞位错的运动．这个方法能够描述位错芯在应力作用之下的结构非线性重排，但它不能给出 Peierls 势垒的形状． Woo 和 Puls 较近期的工作[1]采用了 Flex-II 与所谓共轭梯度弛豫方法相结合，能够给出应力下位错完整的 Peierls 势垒．过程的细节可以参看原始文献．

关于缺陷的原子模型计算已经积累了相当多的工作．Vitek[2]和 Perrin[3] 曾对 1974 年以前的文献作了比较详尽的总结，Puls[4]则综述了 1974 至 1980 年间的工作． Bullough 和 Tewary 的评述文章[5]也是比较全面的．

我们将在下面三章里适当的地方分别简单介绍有关铜、铁和离子晶体中位错原子计算的研究结果．我们将见到：关于面心方和体心立方金属位错芯的原子模拟研究在相当大程度上增进了人们对位错芯结构的了解；不过，真正定量的模拟还有待于构作基于

---

1) Woo, C. H. and Puls, M. P., *Phil. Mag.*, **35** 1641 (1977).
2) Vitek, V., *Crystal Lattice Defects*, **5**, 1 (1974).
3) Perrin, R. C., *J. Phys., Paris, Colloq.*, **35**, C7-103 (1974).
4), 5) 一般性参考文献 [7], [3].

更基本原理的原子间势．除了这个问题以外，关于所取原子集合区域(即区域 I)表面边界条件的仔细讨论也是近期模拟工作中主要关注的问题．在前文中曾说明：位错周围位移场的线性弹性解与对位错芯所作的假定有关．例如，将最简单的位错解在内半径 $r=r_0$ 处切断即得到简单的 Burgers 解．若位错芯的“形状”有所不同，则在一般的位移场中可能出现另一些项． Sinclair[1] 将 Eshelby 等所得之解应用于他的模拟计算工作，保证过渡区域II中的“原子”位移与区域 I 中的原子组态协调．这个区域 II 的大小依赖于势作用程的大小，而在此弹性区中，原子的位置由弹性连续体中点的位置定义．所进行的计算是一个变分计算，即是令普遍弹性解中高阶项的系数有系统地变化，直至区域 I 弛豫至平衡时，区域 II 中原子所受合力亦为零．Sinclair 证明：用这个方法处理可以令原子区域 I 的尺度大大减小，并且当然总是能够得到所研究的位错的最佳弹性解．Gehlen 等[2]采用 Johnson 势(见下节)，用与以上稍稍不同的方法也导出了最佳弹性解．并示明了在铁的立方刃型位错下方存在一个椭圆膨胀源．虽然这个结果是对特定物质中特定类型位错得到的，但是了解这种其它的线性弹性场之存在肯定对于讨论位错的行为有意义． 此外，Sinclair 和 Bullough 还讨论了将三阶各向异性弹性解包括在区域 II 的位移场中是否恰当的问题，但数学上的复杂性使得不很容易判断从这种作法中能够得到多少有意义的结果．

总之，可以认为，缺陷的原子模型计算是非常有意义的工作，而且还是处于发展阶段，许多问题尚有待实践探索．

§ 8.6 原子间势问题

上述我们已经大体上说明了处理位错芯的半离散模型以及具体的几种模拟方法．如前面所指出，完成这类工作要求使用快速大容量的计算机和高效的算法．现有的大型电子计算机已能满足

1) Sinclair, J. E., *J. Appl. Phys.*, **42**, 5321 (1971).
2) Gehlen, P. C. et al., *J. Appl. Phys.*, **43**, 3921 (1972)

要求，关于算法，一般认为 Fletcher 所设计的一种用于大规模最优化问题的数值法是很有效的．因此目前技术性问题不大，而问题在于输入信息在物理上的合理性与成立性，这还要靠它所给出的最终结果的意义来判断．主要的输入信息是原子间势，它的形式在很大程度上决定最后结果．因此我们在本节中对原子间势问题作一个适当的讨论．

固体中的原子间势能函数对于点阵平衡性质，点阵动力学以及点阵缺陷态的许多种理论计算都是基本重要的．但是可惜无论直接测定或“先验”的理论计算都极为困难，因此一般实际上采用某种模型势．若要模型势在物理上合理，则它必须满足若干基本的要求，例如

(i) 具有符合于点阵的对称性；

(ii) 在刚体平移及转动操作下不变；

(iii) 能使点阵稳定．

此外，此势必须给出若干可观测物理量的正确值，例如正确的声子谱，高阶弹性常数，缺陷的生成能和激活能等等．还应该计及对一些肯定的关系，(例如弹性常数的 Cauchy 关系)发生可能偏离的情况．

除了这些一般要求之外，模型势还要反映所针对考虑的材料的一些特点．例如，对于金属就要计入近自由电子气的贡献；正是由于电子气的存在，所以确定金属中原子间势的问题就比非金属困难．对于离子晶体来说，除了一些短程的和介电效应以外，离子间的库仑相互作用就能相当好地给出原子间势．在 Si, Ge 和金刚石之类的同极晶体中，一般认为四极矩相互作用给出长程的原子间势．再看金属，电子气的作用可以给出原子间的多体相互作用和依赖于晶体体积的势．

下面主要讨论金属中的模型势．

构作模型势的简单方法是将势写成粒子对势的形式，其中包含一些半待定常数，这些常数值未明显(显式)表示电子气的效应．然后通过固体的某些性质的测量值来完全确定这些常数，并且期

望它们能够一定程度地反映电子气的效应. 另一个做法是假定粒子对势所表现的那一部分势能与电子气的行为无关，而为了表征电子气的效应，在势能函数中增添一个与体积有关的项.

最常用的粒子对势形式有如下几种:

(i) Born-Mayer 势

$$V(r) = A\exp[-\rho(r - r_0)/r_0], \tag{8.145}$$

式中 A 和 ρ 是特性常数，r_0 是最近邻平衡距离;

(ii) Morse 势

$$V(r) = A\exp[-2\rho(r - r_0)] - 2A\exp[-\rho(r - r_0)]; \tag{8.146}$$

(iii) Lennard-Jones 势

$$V(r) = A_n/r^n - A_m/r^m; \tag{8.147}$$

(iv) Bukingham 势，它是上述形式的组合

$$V(r) = Ae^{-\rho r} - A_n/r^n - A_m/r^m, \tag{8.148}$$

还可以构作其它形式的组合. 应该注意上列所有的势都是中心型离子对势，即是仅依赖于 $r = |\boldsymbol{r}|$，而无方向依赖关系，因而不能解释对于 Cauchy 关系的偏离. 解决的办法是如上所述地加入依赖于体积的反映电子气效应的一项，它可以说明对 Cauchy 关系的偏离.

另一个办法是不用一单个表达式去表示离子对势，而是采用组合多项式的形式. 将 r 空间分为若干区域，在每个区域中将 $V(r)$ 写成多项式

$$V(r) = \sum_n A_n r^n, \tag{8.149}$$

对于不同的区域，A_n 取不同的值. Johnson 曾采用这种形式构作铁和钒晶体中的原子间势. 他用了三次多项式，根据弹性常数的测量值，连续性条件，并将他的势函数与动力学损伤势匹配，这样来确定诸系数 A_n. Engert 等也采用了三次多项式去表示铜中的 $V(r)$. 应用好几种观测数据去确定诸系数 A_n，这些数据包括布里渊区若干点上的声子频率，点阵空位的形成能及层错能. 最

后，还包括一个由电子气引起的依赖于体积的项.

对于计算机模拟计算，势函数的这种组合多项式表示式特别方便. 由于可以通过对诸系数 A_n 的选择而将大量由实验得到的信息纳入势函数，因而这种势是比较可靠的.

Johnson 和 Englert 等所得到并应用的铜和铁中系数 A_n 的具体数值将在下两章中讨论铜和铁的位错原子计算时用表列出.

Johnson 后来曾设计过一种非中心型的原子间势，以弥补上述中心型势的缺点. 但不幸的是，这种势并非在空间旋转下不变的，这是一个比较严重的缺憾，因而这种势的成立性有问题.

下面简短地说明一下在势的估算中计及电子气效应的概况[3].

Launay 提出过一个简单的模型将电子作为普通的气体处理，它只与格波的纵分量发生耦合，从而影响本征的中心型势，使得对 Cauchy 关系的偏离量正好等于电子气的体积弹性模量. Shimizu 和 Niu 提出裸离子之间的非中心型相互作用应该加入 Launay 模型中去，前者应部分地导致对 Cauchy 关系的偏离. Singh 等在研究钠的点阵动力学的工作中，以 Launay 模型为基础提出一个一般的最近邻相互作用和中心型相互作用的模型. Bhatia 提出的模型是仅包括最近邻相互作用，同时包括一个由电子气贡献的与体积有关的项，后者是用 Thomas-Fermi 方法计算的. Leibfried 和 Brenig 的模型是包括最近邻和次近邻中心型相互作用，再近似地计入电子气的效应. 这些简单模型的共同主要缺点是它们违反了基本的点阵平移不变性的要求，Sharma 和 Joshi 曾作了努力试图消除电子气模型中的这个与实际不符的特征. Fuchs 早期的工作中是考虑库仑相互作用的正离子点阵，浸没在均匀的负电荷介质中. Clark 发展了这个模型计算. Benig 对电子密度假设了一个半经验表达式，以此来估算电子对原子间势的贡献.

Singh 和 Joshi 应用了 Thomas-Fermi 模型来表征金属中的电子密度，在这个模型近似下，原子间势由下式给出：

$$V(r) = Z^2 e^2 \chi(\xi)/r, \tag{8.150}$$

这基本上是一个屏蔽库仑势的形式，式中

$$\xi = \frac{r}{a_H}\left[\frac{(2Z^{1/2})^{2/3}}{0.88}\right], \tag{8.151}$$

a_H 是玻尔半径，$\chi(\xi)$ 称为 Thomas-Fermi 函数. 一般 $\chi(\xi)$ 要用数值计算确定，不过也曾提出过几种有用的简单表达式，举例如下：

(i) Sommerfeld 近似

$$\chi(\xi) = [1 + (\xi/5.2)^{0.8}]^{-3.7}; \tag{8.152}$$

(ii) Linhard 近似

(a) $$\chi(\xi) = \xi/(\xi^2 + 3)^{1/2}, \tag{8.153}$$

(b) $$\chi(\xi) = 1/2\xi; \tag{8.154}$$

(iii) Bohr 近似

$$\chi(\xi) = e^{-\xi}; \tag{8.155}$$

(iv) Molière 近似

$$\chi(\xi) = 0.35e^{-0.3\xi} + 0.55e^{-1.2\xi} + 0.1e^{-6\xi}. \tag{8.156}$$

Lax 曾对金属中自由电子对原子间势的贡献作过一个一般的讨论，他将势函数写作 Fourier 表示

$$V(\boldsymbol{r}) = \frac{4\pi Z e^2}{(2\pi)^3}\int \frac{\exp(i\boldsymbol{k}\cdot\boldsymbol{r})}{k^2 + S_c^2(\boldsymbol{k})}\, d\boldsymbol{k}, \tag{8.157}$$

式中 $S_c(\boldsymbol{k})$ 是一个依赖于 $\boldsymbol{k}$ 的屏蔽参量. 对于汤川型相互作用，即形如 $V(r) = \frac{Z^2e^2}{r}\exp(-k_0 r)$ 之类的屏蔽库仑相互作用，参量 S_c 不依赖于 $\boldsymbol{k}$. Krebs 曾采用过与此相似的模型研究硷金属的点阵动力学.

上述的关于电子气贡献的模型基本上都是唯象的，它们曾用于点阵动力学的研究，得到不同程度的成功. 但是在静态点阵缺陷的计算中还极少用到，实际上这些模型势并不比常用于缺陷计算的各种半经验势的合理性为差.

还应指出，赝势法也被认为是确定金属中原子间势的一个很有效的方法. 对之我们不准备在此详述.

Johnson 曾在绝热近似和 Hartree-Fock 近似的前提下发展了一个较严格的固体点阵动力学理论处理. 他借助于静电相互作用表出动力学矩阵，包括原子核间的直接静电相互作用和核与电子的相互作用;后者又包括两项贡献,即在电子密度未受微扰时核与电子的静电作用，及表示核位移导致电子密度改变对前一项修正的项. Johnson 所得的重要结果是证明了将电子-核相互作用表示为一个粒子对势的近似相当于刚性离子模型，而这个近似模型在 $k=0$ 时是精确的. 对于点阵静力学来说，Johnson 的结果的重要意义在于证明了点阵静力学格林函数对于声子谱的细节是不敏感的，提示人们静力学格林函数主要决定于动力学矩阵在小 k 时的行为. 因此就意味着理论处理中若仅涉及静力学格林函数,粒子对近似就是合理可用的.

关于原子间势的问题，有兴趣的读者可以参看一般性参考文献 [5，6]，以及 Bacon 和 Liang[1] 及 Vitek 等近来的工作.

一般性参考文献

[1] Nabarro, F. R. N., Theory of Crystal Dislocations, Oxford (1967).

[2] Hirth, J. P. and J. Lothe, Theory of Dislocations, 2nd ed., John Wiley & Sons (1982).

[3] Bullough, R. and V. K. Tewary, Lattice Theories of Dislocations, in Dislocations in Solids, vol. 3, p. 1; ed. by F. R. N. Nabarro, North-Holland (1979).

[4] Teodosiu, C., Elastic Models of Crystal Defects, Springer (1982).

[5] Interatomic Potentials and Simulation of Lattice Defects, P. C. Gahlen et al. eds., Plenum Press (1972).

[6] Interatomic Potentials and Crystalline Defects, Conf. Proc. of Metallurgical Society of AIME (1981).

[7] Puls, M. P., Atomic Models of Single Dislocations, in Dislocation Modelling of Physical Systems, M. F. Ashby et al. eds., Pergamon Press, 249(1981).

1) Bacon, J. D. and Liang, M. F., *Phil. Mag.*, **A53**, 163 (1986).

第九章　密积结构：面心立方

自此以下，本书第一卷的最后三章论述特定结构晶体中的位错，着重于它们的几何方面，也就是它们的晶体学特征．特别是各种晶体中的全位错之分解为不全位错的可能性，以及不全位错的若干有意思的性质，这是我们的中心论题．只有通过这些描述和讨论，才能使人们更接近于认识晶体中实际存在的位错．

我们从密积结构开始．本章全部论述立方密积结构，即面心立方结构．这一方面是因为人们对于面心立方晶体的研究工作和成果最多；另一方面，作为入门，熟悉了这种结构的几何特征，描述的图象和记号语言以后，处理其它的结构也会比较容易了．

位错芯的结构问题要决定于具体点阵结构，模拟计算方法已在上一章中作了介绍，在下面适当的地方将叙述所得到的原子计算的结果．此外，将对各种位错之间的相互作用及与它们不可分的堆垛层错之能量作半定量的分析，其目的也是在于明了不全位错的性质及出现的现实性．

研读这三章大部分内容的有效方法之一就是请读者自己动手把一些重要的图重画一遍，这样会有助于对三维构型的想象和理解．

这三章里所述内容相当大的一部分是与实验观察并行发展的．

关于位错的观测方法可以参看，例如，S. Amelinckx, The Direct Observation of Dislocations (1964); P. B. Hirsch, A. Howie, R. B. Nicholson, D. W. Pashley and M. J. Whelan, Electron Microscopy of Thin Crystals (1977) (中译本，吴自勤等译，科学出版社)；以及 C. T. Humphreys, Imaging of Dislocations, 载于 Dislocations in Solids, vol. 5 (Nabarro 编，1980)．

§ 9.1 密积结构晶体中的堆垛次序和层错

金属元素晶体最常见的两种结构是面心立方结构和六角密积结构，这是两种密堆积结构，可以想象它们是由同样半径的球体紧密堆积构成. 图 9.1 中示出这两种结构的惯用晶胞.

面心立方的 (111) 面和六角密积结构的 (0001) 面是原子密排面，如图 9.2 所示. 我们用记号 A 标志这个面中原子球中心的位置，从而将这个原子层称为 A 层.

面心立方晶体和六角密积晶体就是由一个个这样的密排原子面堆叠而成. 设想 A 层的上方叠置同样的一层密排原子面. 为了使势能最小，这个第二层中原子球中心的投影不能再是诸 A 位置，也就是说第二层的原子不能直接位于第一层原子的正上方. 第二层原子球中心的投影必然落在图中所示的 B 位置或 C 位置. 设若第二层落在 B 位置，则称之为 B 层. 这样两层的堆垛次序可记为 AB.

现在考查第三层. 基于以上同样的理由，第三层原子球的中心不能处于第二层原子球的正上方，所以应有两种可能，或者是其中心投影落在 C 位置，从而构成一个 C 层，或者是落在 A 位置，即是处在第一层的正上方，构成另一个 A 层. 这样重复堆叠，就可以

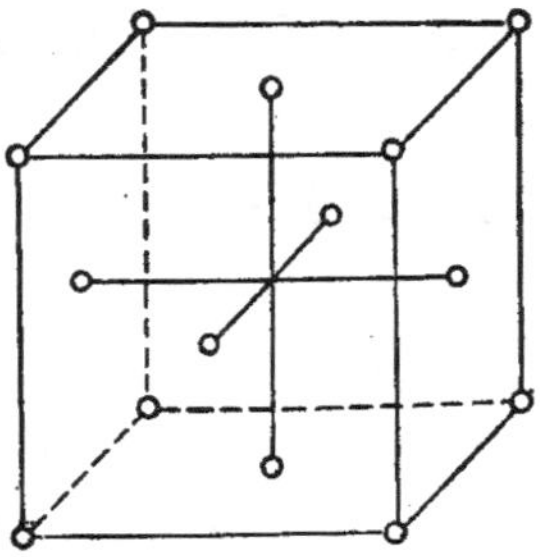

(a)

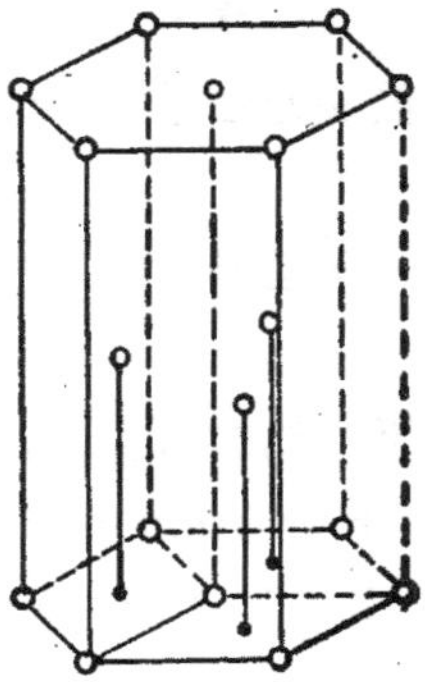

(b)

图 9.1

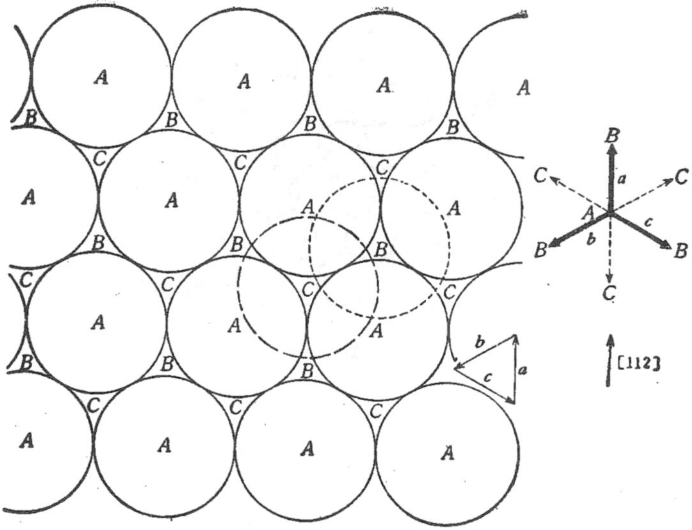

图 9.2

产生两种不同的堆垛次序，用记号表示如下：

$$\cdots ABCABCABC\cdots, \tag{9.1}$$

$$\cdots ABABABAB\cdots. \tag{9.2}$$

次序 (9.1) 形成面心立方结构，次序 (9.2) 形成六角密积结构. 如上所述，诸如 AA, BB, CC 之类的堆垛方式一般是不许可的.

这样，图 9.2 所示的，就是面心立方 (111) 面或六角密积 (0001) 面的俯视图. 为了清楚起见，我们在图 9.3 和图 9.4 中分别绘出在面心立方 $(0\bar{1}1)$ 面和在六角密积 $(11\bar{2}0)$ 面上原子排列的投影图，并且标出几个重要的晶体学方向. 图中示出两个原子面，记作 a 面和 b 面，它们的定义在图 9.2 中给出. 注意这两个面上原子的排列状况完全相同，仅在 $[\bar{2}11]$ 方向上错开一个距离 $\frac{1}{4}[\bar{2}11]$，a 面与 b 面之间的间距为 $\frac{1}{4}[0\ \bar{1}\ 1]$.

从图中可以看出，就一个 a 面或 b 面中原子的排列方式来讲，面心立方结构的原子是依 $ABCABC$ 的次序沿 $[0\ 1\ 1]$ 方向排成

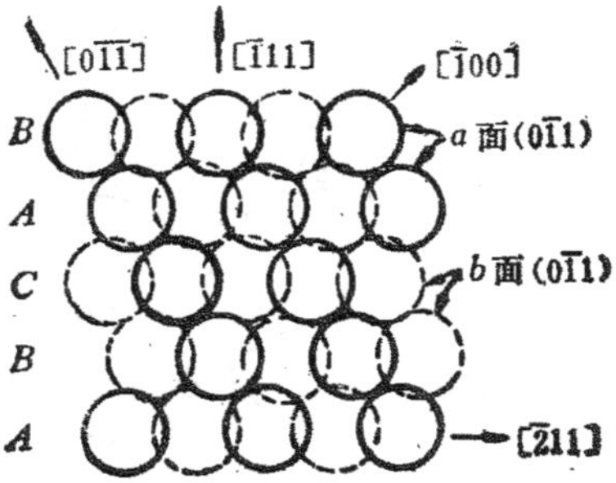

图 9.3

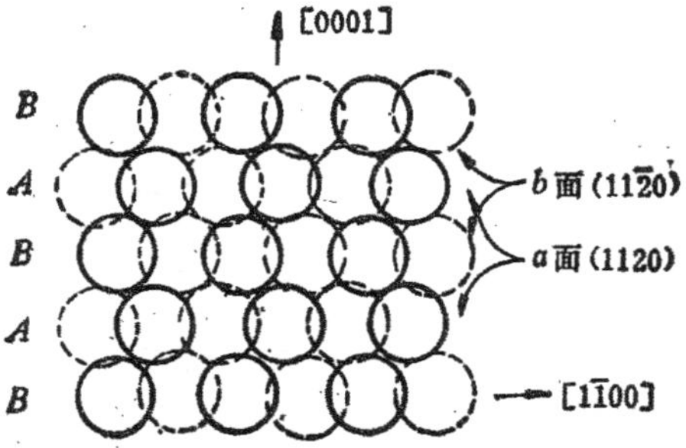

图 9.4

一条直线，此 [011] 方向与底面 (111) 成一角度. 在六角密积结构中则是依 $ABABAB$ 的次序向 [0001] 方向排成一条折线，每两个原子曲折一次. 这个重要特征清楚地说明了两种结构堆垛次序之不同，下面在讨论堆垛层错时，这个特征将会有助于我们的理解.

在图 9.5 和图 9.6 中分别示出面心立方的 (111) 面与 (0$\bar{1}$1) 面及六角密积结构 (0001) 面与 (11$\bar{2}$0) 面的直接比较.

密积结构堆垛次序的另一种有用的常见表示法是用符号 ▽ 表示次序 AB, BC, CA, 用符号 △ 表示次序 BA, AC, CB. 于是序列 (9.1) 和 (9.2) 就可以分别表示为

$$\cdots \triangledown\triangledown\triangledown\triangledown\triangledown\triangledown \cdots \qquad (9.1)$$

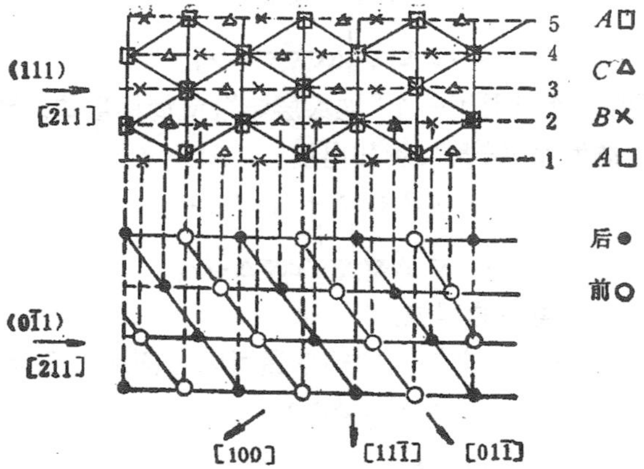

图 9.5

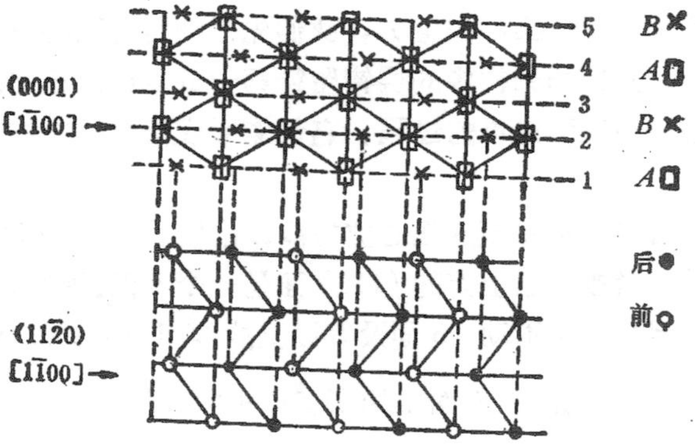

图 9.6

或 $\cdots\triangle\triangle\triangle\triangle\triangle\triangle\cdots$

及

$$\cdots\nabla\triangle\nabla\triangle\nabla\triangle\cdots, \tag{9.2'}$$

这种记号用于示明堆垛层错是很方便的.

由此可见,理想完整的面心立方结构相当于无限序列 $\cdots\nabla\nabla\nabla\nabla\nabla\nabla\cdots$,而理想完整的六角密积结构相当于无限序列 $\cdots\nabla\triangle\nabla\triangle\nabla\triangle\cdots$. 如果在这种序列中发生一个"错误",例如面心立方序列成为

$$\begin{array}{c} \cdots ABCACABC\cdots, \\ \uparrow \\ \cdots\triangledown\ \triangledown\triangledown\ \triangle\triangledown\triangledown\triangledown\cdots, \end{array} \tag{9.3}$$

就说在"↑"所之处出现了一个"堆垛层错",或简称层错. 六角密积序列中也可能发生"错误",例如出现

$$\begin{array}{c} \cdots ABABCACAC\cdots, \\ \uparrow\ \uparrow \\ \cdots\triangledown\ \triangle\triangledown\ \triangledown\triangledown\triangle\triangledown\triangle\cdots, \end{array} \tag{9.4}$$

这就构成另一种类型的层错.

顺便提到,面心立方结构中的孪晶可以方便地表示为

$$\cdots\triangledown\triangledown\triangledown\triangledown\uparrow\triangle\triangle\triangle\triangle\cdots. \tag{9.5}$$

晶体中堆垛层错的存在早已由电子显微镜技术给出直接的实验证据.

下面为了便于集中注意力，我们先仔细讨论面心立方结构中的层错. 六角密积结构中的层错留待第十章中继续论述.

设想以下三种简单的过程，它们能形成面心立方结构中的堆垛层错.

(1) *滑移* 从完整的面心立方晶体出发,取一个 (111) 面,记之为 A 面. 紧接着它上方的 (111) 面是一个 B 面. 现在,令 A 面及其以下的半个晶体不动，B 面及其以上的半个晶体整体作一个 $\frac{1}{6}\langle 112\rangle$ 的滑移,即是 B 面中的所有原子由 B 位置滑移至 C 位置. 由图 9.2 可见，这个滑移是沿 A 面上势能谷进行的，因此容易实现. 这样,自 B 面以上各层按 $B\rightarrow C\rightarrow A\rightarrow B$ 变换,而原来的堆垛序列 $\cdots ABCABCABC\cdots$ 就变成了

$$\begin{array}{c} \cdots ABCACABCABC\cdots, \\ \uparrow \\ \cdots\triangledown\triangledown\ \triangledown\ \triangle\ \triangledown\triangledown\triangledown\triangledown\triangledown\cdots, \end{array} \tag{9.6}$$

箭号"↑"所指之处出现一个层错.

这个层错绘于图 9.7 中,此图与完整面心立方晶体的图 9.3 相对应. 注意，原来 $ABCABC$ 诸层原子在 [011] 方向排成一条直线；当有了层错 (9.6) 以后，在箭号"→"所指的地方就出现一

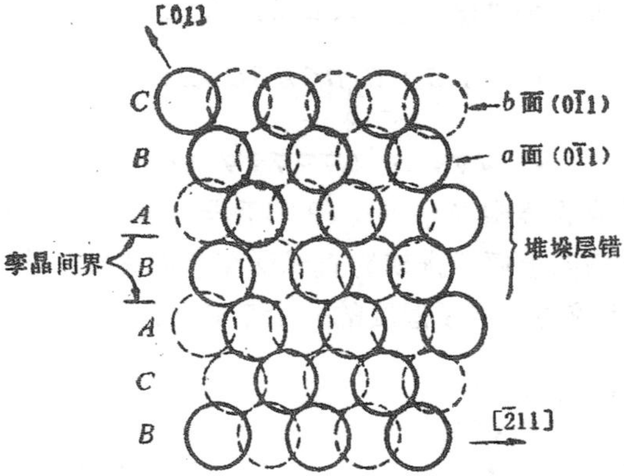

图 9.7

个曲折. 显然形成了两个孪晶晶界，这样的孪晶只有一个原子厚度.

(2) **抽去一层** 同样，从完整晶体出发. 取一个 A 面，将其上方的 B 面整个抽去，然后令第三层 C 面及其以上的半个晶体整体地垂直向下落一 $\frac{1}{3}[111]$. 于是，自 C 面以上各层的标记完全没有更改，而原来的堆垛序列变成

$$
\begin{array}{c}
\cdots ABCACABCAB\cdots, \\
\uparrow \\
\cdots\triangledown\triangledown\triangledown\ \triangle\triangledown\triangledown\triangledown\triangledown\triangledown\triangledown\cdots.
\end{array}
\tag{9.7}
$$

这样构成的层错与(9.6)完全一样，也可以绘出如图 9.7 所示的图形.

顺便指出，若在原来完整的 $ABCABC$ 序列中插入二层，如 AC，使之成为

$$
\cdots ABC\boxed{AC}ABCABC\cdots,
$$
$$\uparrow$$

则效果与(9.7)一样.

(3) **插入一层** 从完整晶体出发，取一个 A 面. 令其上方的 B 面及其以上的半个晶体整体向上移 $+\frac{1}{3}[1\ 1\ 1]$，然后在留下

的空隙中插入一个 C 层. 于是,原来的堆垛序列变成

$$\begin{array}{c}\cdots ABCA\boxed{C}BCABCABC\cdots \\ \uparrow\ \ \uparrow \\ \cdots\nabla\nabla\nabla\ \Delta\ \ \Delta\nabla\nabla\nabla\nabla\nabla\nabla\cdots\end{array} \tag{9.8}$$

这样构成的层错与(9.6),(9.7)不同,绘于图 9.8 中. 注意,原在 [011] 方向上原子排成的直线现在产生曲折; 与图 9.7 不一样,这里是生成两个原子厚度的一个孪晶层.

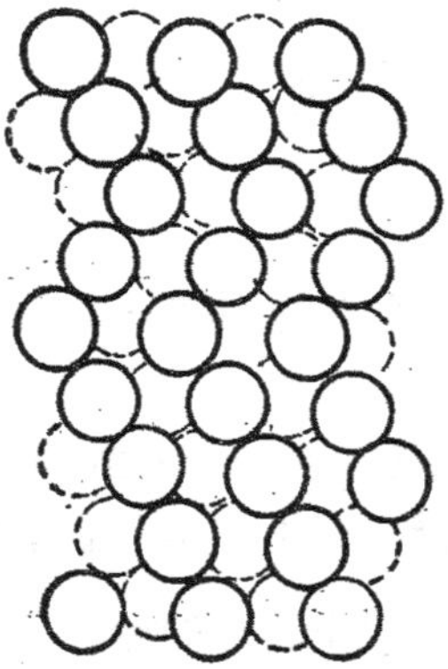

图 9.8

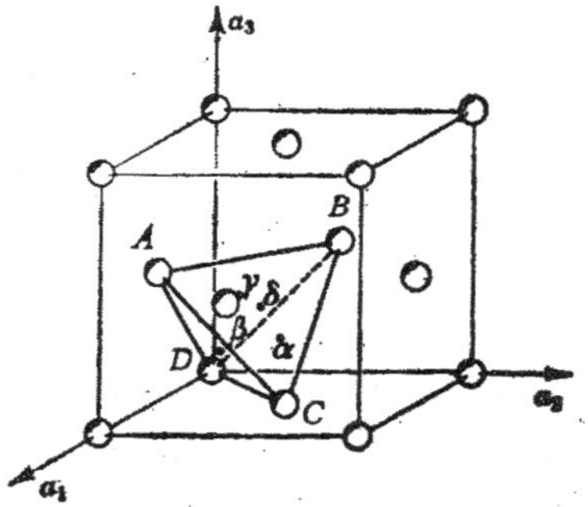

图 9.9

上述第 (2) 类层错和第 (3) 类层错曾为 Frank 分别称为 "intrinsic" (本征的)和 "extrinsic" (非本征的)层错, 在许多文献中沿用了这种名称.

所有上述层错,包括单个孪晶界 (9.5), 都保持晶体原子的紧密堆积,因此,在硬球模型下所有最近邻原子键均无畸变. 对密积结构提出的各种原子间力律都预计原子结合能的一大部分是分布在最近邻键中,因此人们预期,当把上述的诸类型层错与那些使最近邻键变形或破损的表面(如晶界或自由表面)相比较时, 则具有低得多的表面能.

N. Thompson[1] 在 1953 年的一篇论文里曾引入了一个基本

---

1) Thompson, N., *Proc. Phys. Soc.*, B66, 481(1953).

的参考四面体和一套标记，沿用这一套记号可以对上面涉及的面心立方点阵中的几个矢量及其间的几何关系获得一个很清晰的图象，对于研究层错，以及在下面研究面心立方点阵中的各种位错及其 Burgers 矢量所在的面和方向时，帮助极大.

考虑图 9.9 所示的立方单胞. 把原点记为 D; (010), (100), (001) 三个面心依次记为 A, B, C, 它们的坐标即分别是 $\left(\frac{1}{2}, 0, \frac{1}{2}\right)$, $\left(0, \frac{1}{2}, \frac{1}{2}\right)$ 和 $\left(\frac{1}{2}, \frac{1}{2}, 0\right)$. 以 A, B, C, D 为顶点联成一个四面体(如图 9.9 所示)，称为 Thompson 四面体.

与各个顶点相对的面分别用括号中的小写字母标志，如 (a), (b), (c), (d), 显然

$$
\begin{aligned}
&(\mathrm{a}) = (1\bar{1}1), \quad (\mathrm{b}) = (\bar{1}11), \\
&(\mathrm{c}) = (11\bar{1}), \quad (\mathrm{d}) = (111),
\end{aligned} \tag{9.9}
$$

(a), (b), (c), (d) 四个面的中点分别记为 α, β, γ, δ.

若以 P, Q, R, S 代表上面任意拉丁字母或希腊字母，并引入如下约定：

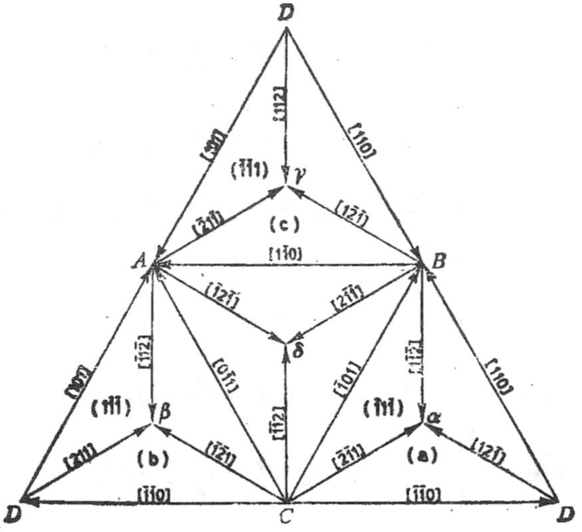

图 9.10

（1）$\boldsymbol{PQ}$ 表示由 P 至 Q 的矢量，

（2）$\boldsymbol{PQ/RS}$ 表示由 $\boldsymbol{PQ}$ 中点联至 $\boldsymbol{RS}$ 中点，长度为此联线两倍的矢量．于是应有

$$\boldsymbol{PQ} = -\boldsymbol{QP}, \tag{9.10}$$

$$\boldsymbol{PQ/RS} = -\boldsymbol{RS/PQ}, \tag{9.11}$$

$$\boldsymbol{PQ} + \boldsymbol{QR} = \boldsymbol{PR}, \tag{9.12}$$

$$\boldsymbol{PQ} + \boldsymbol{RS} = \boldsymbol{PR/QS}. \tag{9.13}$$

现在我们把 Thompson 四面体展开，如图 9.10 所示．其中的各个矢量均可具体写出如下：

$$\begin{aligned} &\boldsymbol{AB} = \frac{1}{2}[\bar{1}10], \quad &\boldsymbol{CD} = \frac{1}{2}[\bar{1}\bar{1}0], \\ &\boldsymbol{CA} = \frac{1}{2}[0\bar{1}1], \quad &\boldsymbol{DB} = \frac{1}{2}[011], \\ &\boldsymbol{DA} = \frac{1}{2}[101], \quad &\boldsymbol{CB} = \frac{1}{2}[\bar{1}01], \end{aligned} \tag{9.14}$$

这是 Thompson 四面体的六个棱边，是面心立方结构中全位错的 Burgers 矢量．其次有

$$\begin{aligned} &\boldsymbol{A\alpha} = \frac{1}{3}[\bar{1}1\bar{1}], \quad &\boldsymbol{B\beta} = \frac{1}{3}[1\bar{1}\bar{1}], \\ &\boldsymbol{C\gamma} = \frac{1}{3}[\bar{1}\bar{1}1], \quad &\boldsymbol{D\delta} = \frac{1}{3}[111], \end{aligned} \tag{9.15}$$

这是面心立方结构中密排面的面间矢量，亦即上述第 (2)，(3) 类层错的位移矢量．最后

$$\begin{aligned} &\boldsymbol{A\delta} = \frac{1}{6}[\bar{1}2\bar{1}], \quad &\boldsymbol{B\delta} = \frac{1}{6}[2\bar{1}\bar{1}], \\ &\boldsymbol{C\delta} = \frac{1}{6}[\bar{1}\bar{1}2], \quad &\boldsymbol{C\beta} = \frac{1}{6}[\bar{1}\bar{2}1], \\ &\boldsymbol{D\beta} = \frac{1}{6}[211], \quad &\boldsymbol{A\beta} = \frac{1}{6}[\bar{1}1\bar{2}], \\ &\boldsymbol{D\gamma} = \frac{1}{6}[112], \quad &\boldsymbol{A\gamma} = \frac{1}{6}[\bar{2}1\bar{1}], \end{aligned} \tag{9.16}$$

$$B\gamma = \frac{1}{6}[12\bar{1}],\qquad B\alpha = \frac{1}{6}[1\bar{1}\bar{2}],$$

$$C\alpha = \frac{1}{6}[\bar{2}\bar{1}1],\qquad D\alpha = \frac{1}{6}[12\bar{1}],$$

这是上述第 (1) 类层错的滑移矢量.

有些文献中为了描述方便起见,引入 $\boldsymbol{t}$ 矢量,$\boldsymbol{f}$ 矢量和 $\boldsymbol{n}$ 矢量三个名称. $\boldsymbol{t}$ 矢量是最小的点阵平移矢量,在这里是 $\frac{1}{2}\langle 110\rangle$ 型的矢量. $\boldsymbol{n}$ 矢量是密排面法向间距矢量,$\frac{1}{3}\langle 111\rangle$. 而 $\boldsymbol{f}$ 矢量是层错位移矢量,上述第 (1) 类层错 $\boldsymbol{f}=\frac{1}{6}\langle 112\rangle$, 第 (2) 类层错 $\boldsymbol{f}=-\boldsymbol{n}$, 第 (3) 类层错 $\boldsymbol{f}=+\boldsymbol{n}$.

作为小结,再将面心立方点阵中重要的矢量列于下表:

符　　号	矢量类型	符　　号	矢量类型
AB	$\frac{1}{2}\langle 110\rangle$	$\delta D/C\gamma$	$\frac{1}{3}\langle 110\rangle$
$A\alpha$	$\frac{1}{3}\langle 111\rangle$	$\delta\gamma/BD$	$\frac{1}{6}\langle 013\rangle$
$A\delta$	$\frac{1}{6}\langle 112\rangle$	$\delta B/D\gamma$	$\frac{1}{6}\langle 123\rangle$
$\alpha\beta$	$\frac{1}{6}\langle 110\rangle$		

§9.2　面心立方结构中的不全位错

在本书第一章开始处曾给出近完整晶体中位错的直观定义,定义为晶体已滑移地区与未滑移地区之间的分界线. 在第一章里要求晶体已滑移地区回复完整晶体结构, 所以要这个滑移矢量等于一个(或少数几个)最小点阵平移矢量,或者用上节的记号,要滑移矢量为一个 $\boldsymbol{t}$ 矢量. 这样形成的位错是晶体中的全位错. 重要晶体结构中的全位错在第一章的最后曾经陈述.

现在放宽这个条件, 即是允许造成位错的切割面两岸的相对位移不为一个最小点阵平移 $\boldsymbol{t}$，而可以是某一个矢量 $\boldsymbol{f}$ 或 $\boldsymbol{n}$. 于是一般地讲，当完成了产生位错的操作之后，在想象的切割面上会留下一片层错，而位错线就是这片有限的层错与完整地区间的分界线，或者说是这片层错的边界线. 这样形成的位错就是晶体中的不全位错 (Partials).

有的中文书籍将它们称为部分位错或偏位错，均取其位移矢量不等于最小点阵平移矢量，或等于其一部分之意.

由上节中所述第(1)类层错的形成，也可以理解不全位错的出现. 试观察图 9.2，考虑 B 层在 A 层之上的滑移. 造成一个全位错的滑移矢量是从一个 B 位置到另一个 B 位置，即 $\frac{1}{2}\langle 110\rangle$. 从图中可看出，这个运动需要越过一个较高的势垒，在能量上是不利的. 但由一个 B 位置到一个 C 位置的运动是沿势能谷进行，较易实现. 此时虽然会生成一片具有表面能的层错，但在能量上终究比 $B \rightarrow B'$ 过程有利. 如是，晶体中的"全"滑移 $B \rightarrow B'$ 就倾向于分成两步来完成，即 $B \rightarrow C \rightarrow B'$，用 Thompson 记号写作 $\boldsymbol{AB}=\boldsymbol{A\delta}+\boldsymbol{\delta B}$. 而一个全位错就可以分解为两个不全位错或"部分"位错，其间以一片层错相连. 因为不全位错定义为层错的边缘，所以也同全位错一样，不能终止于晶体内部.

现在按上节所述的三类层错，对面心立方结构中不全位错的基本类型加以具体讨论.

(1) Shockley 位错　上述第(1)类层错的边界线称为 Shockley 不全位错，相应的位移(滑移)矢量是 $\frac{1}{6}\langle 112\rangle$，或者说是 $\boldsymbol{A\delta}$ 类型的矢量，这就是 Shockley 位错的 Burgers 矢量.

由于这个不全位错由第一类层错的边缘所定义，因此这不全位错线必定只能位于该层错所在的 $\{111\}$ 面上；所以不全位错必定是一条平面曲线，与第一章中所述作为一条任意空间闭曲线的一般位错不同.

Shockley 不全位错的滑移矢量显然在位错线所在的平面内，

而且按其定义，此位错的任何运动不能离开此面，即层错面，(也就是 Shockley 不全位错的滑移面). 因此，一个 Shockley 不全位错只能作滑移，而不能作攀移运动，所以人们有时用"glissile"(可滑的)一词去形容这种不全位错.

Shockley 不全位错线的取向在 {1 1 1} 平面上并无条件限制，因此它可以是纯刃型的，也可以是纯螺型的或是混合型的. 不过即使是纯螺型的 Shockley 不全位错，它也依然只能局限在原来层错所在的 {1 1 1} 平面上滑移，而不是象一般纯螺型位错那样能在含位错线的任一平面上滑移.

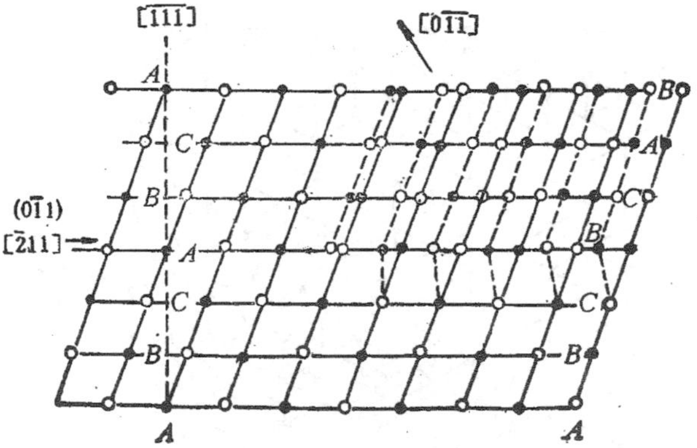

图 9.11

因为不全位错是堆垛层错的边缘，所以它的周围并不完全为"好"区域所环绕，这是不全位错与全位错区别特征的又一说法.

下面在图 9.11，图 9.12，图 9.13 和图 9.14 中分别示意绘出纯刃型的，纯螺型的，30° 混合型的和任意弯曲的 Shockley 不全位错的图像.

(2) **负 Frank 位错** 上述第(2)类层错的边界线称为负 Frank 不全位错，相应的位移矢量是 $-\frac{1}{3}\langle 111\rangle$，或者说是 $-\boldsymbol{D\delta}$ 类型的矢量，或 $-\boldsymbol{n}$. 即负 Frank 位错的 Burgers 矢量.

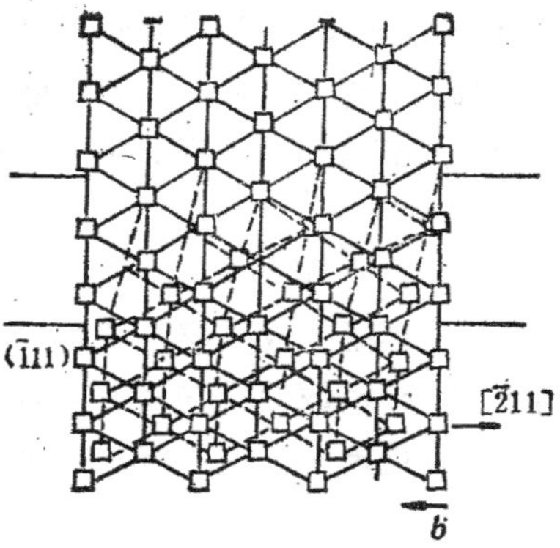

图 9.12

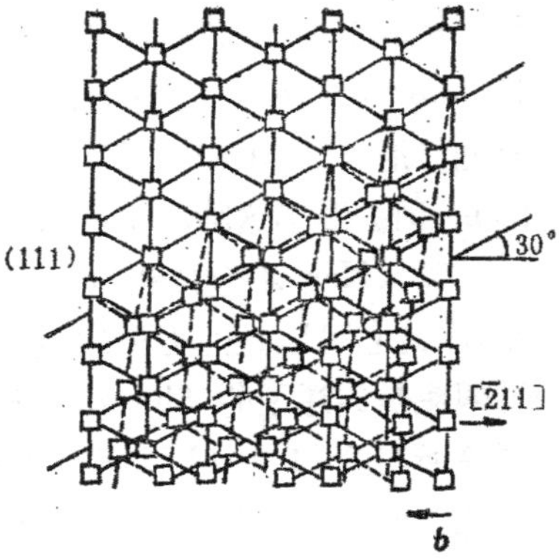

图 9.13

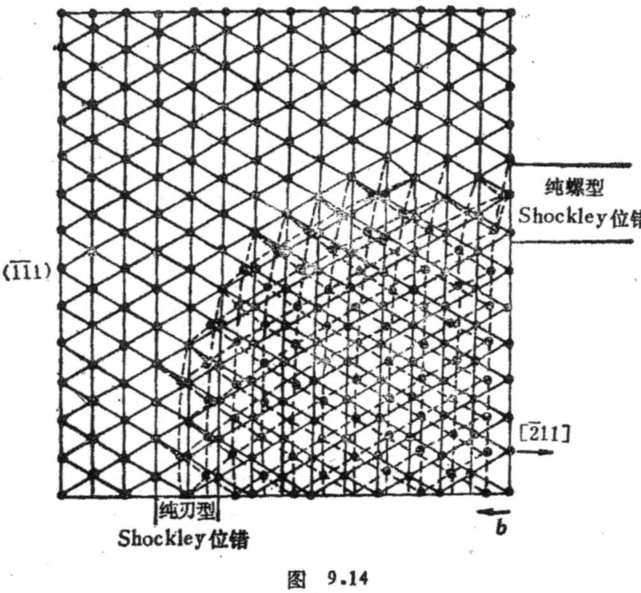

图 9.14

可以想象抽去晶体中的某半个 B 层，然令它上方的 C 层及其以上部分晶体垂直下落于下方的 A 层上，于是造成一个半无限的第（2）类层错，它的边界线就是一个负 Frank 不全位错.

同 Shockley 不全位错一样，Frank 不全位错也只能是处在该层错平面上的任意一条平面曲线. 但由于造成 Frank 不全位

错的位移矢量 $-n$ 是与相应的层错面垂直，所以处处与位错线垂直，因而 Frank 不全位错必定是纯刃型的，没有其它的类型.

同样，由于层错平面不能变更，仅可扩大或缩小，因此它的边界——Frank 不全位错必定被限制在这个平面上运动. 于是 Frank 不全位错只能作攀移而不能滑移.由此人们有时用"sessile"（不可滑的）一词去形容这种不全位错.

图 9.15 中示出负 Frank 不全位错的图象. 由图可以清楚地看出抽去半个 B 层所造成的原子排列形式.

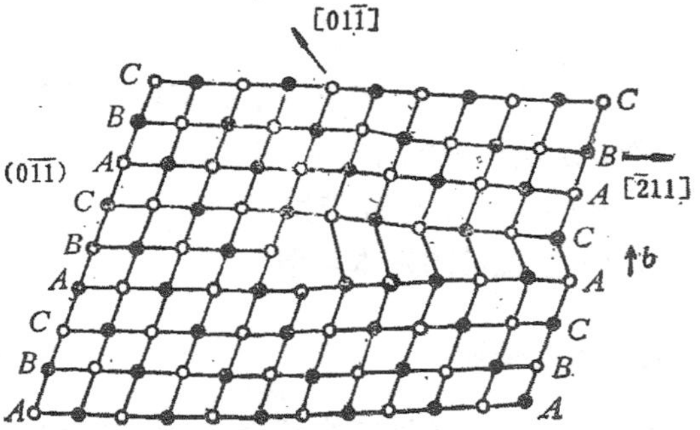

图 9.15

(3) **正 Frank 位错** 上述第(3)类层错的边界称为正 Frank 不全位错，相应的位移矢量是 $+n$. 想象令晶体中某半个 B 层(以及其以上部分晶体)向上运动一个 $\frac{1}{3}\langle 111\rangle$，然后在所产生的空隙中插入半个 C 层，于是构成一个半无限的第 (3) 类层错. 它的边界就是一个正 Frank 不全位错.

同负 Frank 不全位错一样，正 Frank 不全位错也只能是 {111} 面上的一条平面曲线，它是纯刃型的，只能在 {111} 面上攀移，而不能作滑移运动. 所以正 Frank 不全位错同样也是一种"sessile"位错. 由此可见，正、负 Frank 不全位错具有很相似的特征，不同之处仅在于其位移矢量 (Burgers 矢量)分别为 $+n$ 和 $-n$。

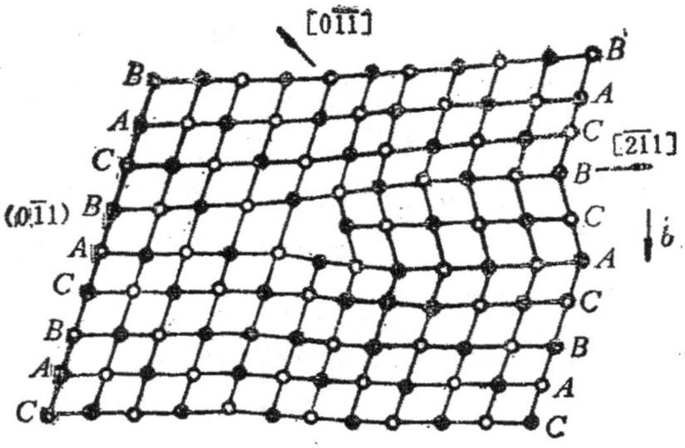

图 9.16

图 9.16 中绘出正 Frank 不全位错的图象．由图可以清楚地看出，插入半个 C 层所造成的原子排列形式．

以上所述 Shockley 不全位错和正、负 Frank 不全位错就是面心立方晶体中不全位错的基本类型*．

§ 9.3　扩展位错和位错锁

在第一章里曾引入位错反应的概念，说明在满足降低系统总能量的条件下数个位错可以合并为一个位错，而一个位错也可以(或进而)分解为数个位错．在此过程中要求反应前后 Burgers 矢量之和不变，即

$$\Sigma \boldsymbol{b}_k = \Sigma \boldsymbol{b}_{k'}. \tag{9.17}$$

反应自上式之左至右进行的能量判据可近似写作

$$\Sigma b_k^2 > \Sigma b_{k'}^2. \tag{9.18}$$

现在具体考虑面心立方晶体中一个处在{111}面上的$\frac{1}{2}\langle 110\rangle$型全位错．从几何学的角度以及前节中所述关于$\frac{1}{6}\langle 112\rangle$型滑移

---

* 请读者注意，本章至此所述层错及不全位错的构成中想象的位移矢量与§1.2 中的定义说法稍有不同．直观地讲，在§1.2 中是假定切割面的上岸不动，下岸位移一个 $\boldsymbol{d}$；在这里看来是下岸不动，上岸位移．其实并无原则差别．

进行的说明都能看出，一个 $\frac{1}{2}\langle 110\rangle$ 型全位错可能分解为两个 $\frac{1}{6}\langle 112\rangle$ 型的 Shockley 不全位错，即，例如

$$AB \rightarrow A\delta + \delta B. \tag{9.19}$$

如图 9.17 所示，一条全位错线变成一条第(1)类层错带，它的两个边界是两个不全位错；这个过程称为位错的扩展，所形成的组态称为一个扩展位错.

容易验证，这个位错分解扩展反应满足上述近似能量判据(9.18).

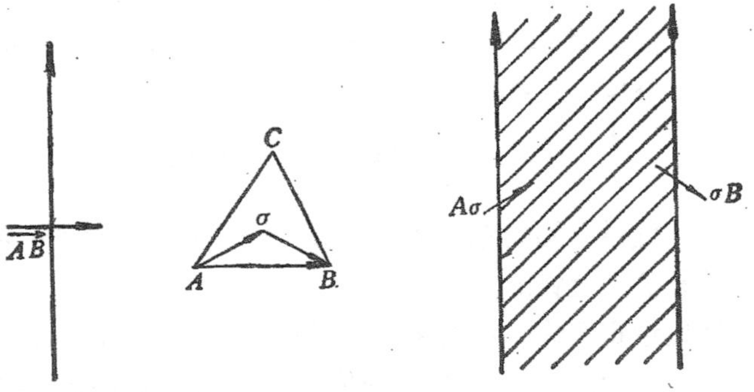

图 9.17

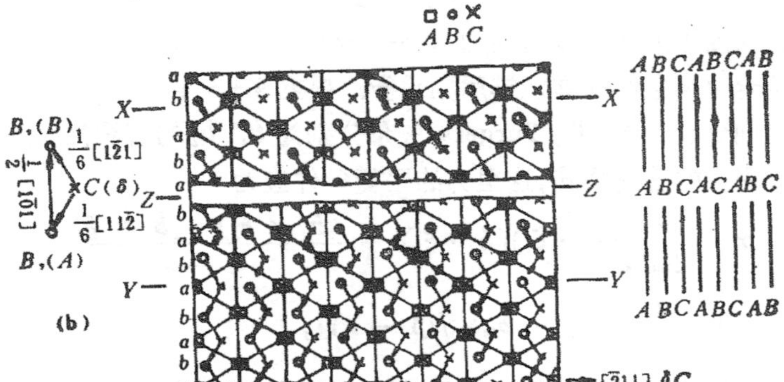

图 9.18

图 9.18 示意表示一个扩展位错的原子排列在滑移面（$\{111\}$面）上的投影.

为了进一步弄清楚扩展位错的几何形式，请参看图 9.19. 图 9.19(a) 示出完整晶体中诸 $(0\bar{1}1)$ 面的排列，并绘出了 (111) 面和 $[0\bar{1}1]$ 方向. 由 § 9.1 中图 9.3 和图 9.5 可见，在一个 $\frac{1}{2}[0\bar{1}1]$ 距离上含有两个 $(0\bar{1}1)$ 原子面，分别称为 a 面和 b 面，图 9.19(a) 中表明了这些面. 图 9.19(b) 中绘出一个全位错 $\boldsymbol{b}=\frac{1}{2}[0\bar{1}1]$，可以清楚地看出这个位错含有两个半平面：$a$，$b$，它们的边缘终止在滑移面 (111) 上. 图 9.19(c) 表明这个全位错分解为两个 Shockley 不全位错的情况

$$\frac{1}{2}[0\bar{1}1]\rightarrow\frac{1}{6}[\bar{1}\bar{1}2]+\frac{1}{6}[1\bar{2}1], \tag{9.20}$$

这两个不全位错之间的宽度为 d，也即是其间堆垛层错的宽度为 d，这也就是扩展位错的宽度.

扩展位错宽度的平衡值 d 可由系统能量极小条件或力平衡条件求出，这两个观点当然是彼此等价的. 若如前所述，层错单位面积的能量为 γ，则当两个不全位错之间的距离改变 dx，势能的增加应为 $dU=\gamma dx$. 势能的负梯度相当于一个力，即作用在不全位错单位长度上的一个吸引性力 $F=-dU/dx=-\gamma$. 此力应与两个不全位错之间的弹性排斥力平衡. 根据 § 4.6 中导出的，关于两个方向分别为 $\boldsymbol{\xi}_1$，$\boldsymbol{\xi}_2$，Burgers 矢量分别为 $\boldsymbol{b}_1$，$\boldsymbol{b}_2$ 的直线位错间相互作用力的普遍公式，这里力的平衡条件应为

$$\begin{aligned}\gamma&=\frac{\mu}{2\pi d}\left[(\boldsymbol{b}_1\cdot\boldsymbol{\xi}_1)(\boldsymbol{b}_2\cdot\boldsymbol{\xi}_2)+\frac{(\boldsymbol{b}_1\times\boldsymbol{\xi}_1)\cdot(\boldsymbol{b}_2\times\boldsymbol{\xi}_2)}{1-\nu}\right]\\&=\frac{\mu}{2\pi d}\left[b_{1s}b_{2s}+b_{1e}b_{2e}/(1-\nu)\right],\end{aligned} \tag{9.21}$$

式中下标 s 表示 $\boldsymbol{b}$ 的螺型分量，即平行于位错线的分量；e 表示 $\boldsymbol{b}$ 的刃型分量，即垂直于位错线的分量. 若 $\boldsymbol{b}_1$，$\boldsymbol{b}_2$，$\boldsymbol{\xi}$ 诸矢量的方向关系如图 9.20 中所示，则由上式解出

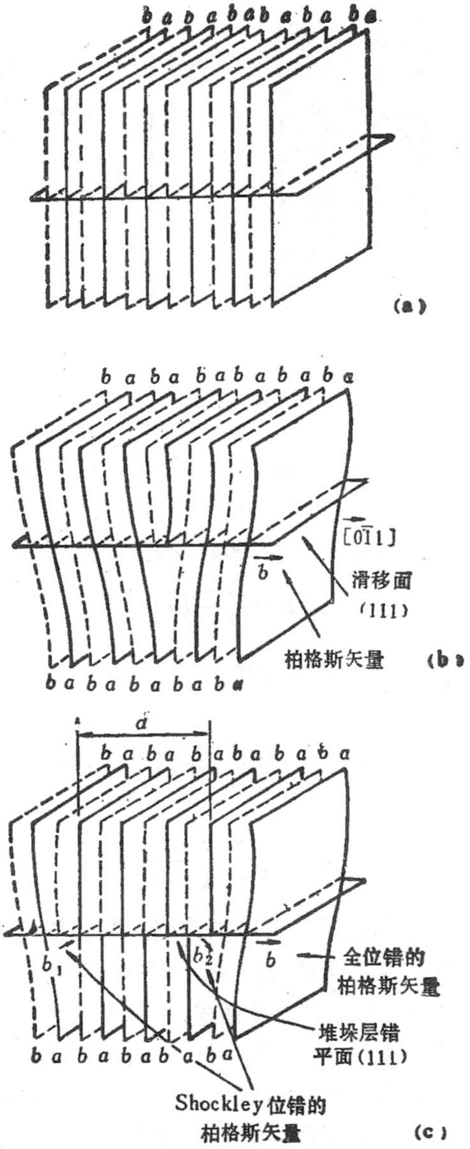
b a b a b a b a b a b a
(a)
b a b a b a b a b a b a
[0$\bar{1}$1]
$\vec{b}$
滑移面
(111)
柏格斯矢量
b a b a b a b a b a
(b)
d
b a b a b a b a b a b a
b_1
b_2
$\vec{b}$
全位错的
柏格斯矢量
堆垛层错
平面(111)
b a b a b a b a b a
Shockley位错的
柏格斯矢量
(c)

图 9.19

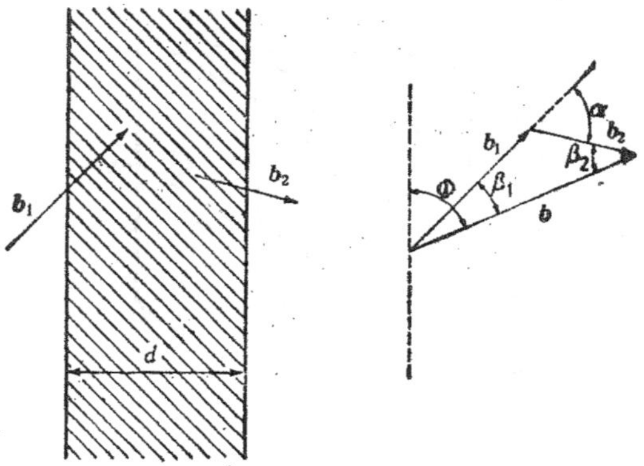

图 9.20

$$d = [\mu b_1 b_2/4\pi\gamma(1-\nu)][(2-\nu)\cos\alpha - \nu\cos(2\phi+\beta_2-\beta_1)]. \tag{9.22}$$

若不全位错的两个边都是 Shockley 不全位错，则

$$b_1 = b_2 = b = \left|\frac{1}{6}[112]\right|,$$

$$\beta_1 = \beta_2 = 30°, \quad \alpha = 60°,$$

于是得到

$$d = d_0\{1 - 2\nu\cos 2\phi/(2-\nu)\}, \tag{9.23}$$

式中

$$d_0 = \frac{\mu b^2}{8\pi\gamma}\frac{2-\nu}{1-\nu}, \tag{9.24}$$

这是最简单的关于单层错带扩展位错宽度的结果，是由各向同性弹性理论推出的．在实验中可以测定 d 和 ϕ．若用图解表示 d 和 $\cos 2\phi$ 的函数关系，则得到一条直线，其斜率为 $2\nu/(2-\nu)$，截距为 d_0；由此，如果 b 和 μ 为已知，则可导出 γ 和 ν．

实际的面心立方晶体并不是各向同性弹性介质，所以上面的公式不便直接应用，对于位于立方晶体 (111) 面上的扩展位错带，可以引入有效切变模量 μ_{eff} 和有效泊松比 ν_{eff}，作为立方晶系弹性常数的函数，近似表示如下：

$$\mu_{\rm eff}=\left[\frac{1}{2}c_{44}(c_{11}-c_{22})\right]^{1/2} \tag{9.25}$$

及

$$\frac{\mu_{\rm eff}}{1-\nu_{\rm eff}}=\frac{1}{3}(c+c_{12})\left[\frac{c_{44}(c-c_{12})}{c_{11}(c_{11}+c_{12}+2c_{14})}\right]^{1/2}\left(1+\frac{2c_{11}}{c}\right), \tag{9.26}$$

式中

$$c=\left[\frac{1}{2}(c_{11}+c_{12}+2c_{44})c_{11}\right]^{1/2}. \tag{9.27}$$

对于平行于〈110〉方向的位错,这些表达式是精确的.

顺便在此指出:六角密积晶体的 (0001) 面和面心立方晶体的 (111) 面是一样的.对于在此面上的扩展位错带也可以应用式 (9.22);但有效切变模量 $\mu_{\rm eff}$ 和有效泊松比 $\nu_{\rm eff}$ 用六角晶系的弹性常数近似表达如下:

$$\mu_{\rm eff}=\left[\frac{1}{2}c_{44}(c_{12}-c_{12})\right]^{1/2} \tag{9.28}$$

$$\frac{\mu_{\rm eff}}{1-\nu_{\rm eff}}=\frac{c_{11}c_{33}-c_{13}^2}{c_{33}(2\delta_1+\delta_2)^{1/2}}, \tag{9.29}$$

式中

$$\delta_1=(c_{11}/c_{33})^{1/2}, \tag{9.30}$$

$$\delta_2=(c_{11}c_{33}-c_{13}^2-2c_{13}c_{44})/c_{33}c_{44}, \tag{9.31}$$

这里诸 c_{ik} 是在 x_3 轴平行于晶体的六重轴的坐标系里取的.

关于扩展位错带宽度的公式 (9.22) 常被用来由 d 的测量值确定层错能 γ,严格地讲,这个公式只适用于厚样品的理想情况,对于用电子显微术观察的薄样品还要考虑若干实际的效应,最主要的是薄样品表面与位错的相互作用.

在这里我们要指出一个记号的表示问题.那就是,当处理涉及两个或两个以上 {111} 面上的位错组态时,常常需要区分实际上是从 Thompson 四面体外面还是里面去观察一个扩展位错.对于一个具体的面,例如面 (d),这就相当于从它的正面或背面去观

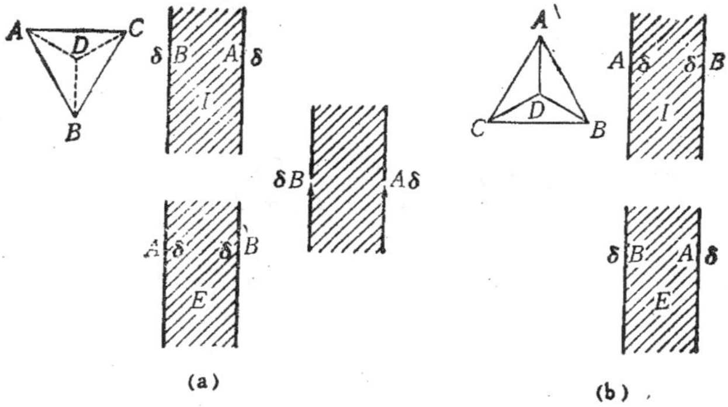

图 9.21

察两种情况；在这两种情况下，左、右的关系恰好倒反. 图 9.21 示出这两种情况；记号的约定法是：顺位错的正方向看过去，标志不全位错的字符应由左至右读. 例如左上小图的位错方向若为由下至上，则自左至右两个不全位错分别为 **δB** 和 **Aδ**. 若位错方向为由上至下，则应由该图的右方向左方读去，两个不全位错为 **δA** 和 **Bδ**. 其它的几个情况仿此办理. 当然，如果位错方向已在图中标出，则标记不全位错的字符不必写在不全位错的两侧，如 $\delta|B$，写在一侧即可，如 $\delta B|$，等等.

既扩展的位错上的某些段落或某些点可能由于某种原因而致使扩展宽度缩小，或者近乎为零，即是两个不全位错又重行合并，这个过程称为束集，这一段重新合并的位错线(或一个点)也称为束集. 束集的例示于图 9.22 中.

扩展位错发生束集的原因主要是由于这些局部地区的层错能

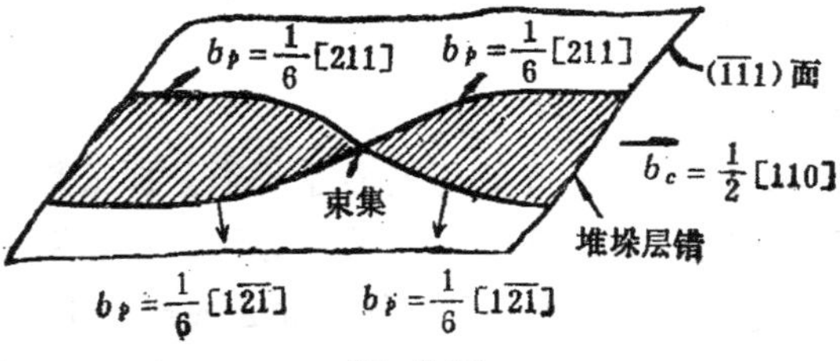

图 9.22

发生变化，例如，可以由于杂质原子之存在，或者位错由一个平面过渡到另一平面(割阶或屈折)，或其它位错几何形式的变化，均能引起束集．应力状态的变化也可能引致束集．

扩展位错的束集当然也是能量极小的新的平衡态，在它的形成中除层错能的本征变化以外，涉及的组态能量变化的来源大致有：(i) 两个不全位错间距离之减小；(ii) 不全位错形成弧线而引起应力场之改变；(iii) 不全位错线本身长度之增长，等等．关于束集的能量关系曾进行过若干理论计算，在这里不准备详加讨论[1]．

下面讨论压杆位错和位错锁[2-5]，这是由扩展位错由一个{111}面折到另一个{111}面(例如由(d)面到(c)面)上去时，或是两个面上两个相互平行的扩展位错部分发生反应时，在此两面的交线上产生一个不能动的位错("压杆")，这样形成的一种比较复杂的位错组态("锁")．所谓"压杆"(stair rod)和锁的名称是很形象的．

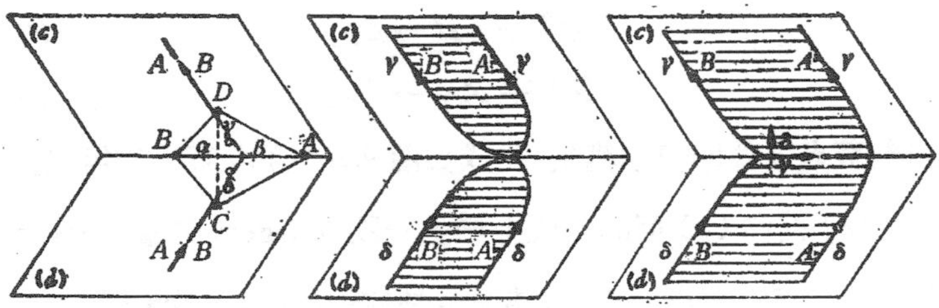

图 9.23

1) 例如参看 Shoeck, G. and *Seeger, A.*, Rep. Conf. on Defects in Crystalline Solids, 340 (1955).

2) Thompson, N., *Proc. Phys. Soc.*, **40**, 1014. (1951).

3) Lomer, W. M., *Phil. Mag.*, **42**, 1327 (1951).

4) Cottrell, A.H., *Phil. Mag.*, **43**, 645 (1952).

5) Jøssang, J. et al., *J. Appl. Phys.*, **36**, 2400 (1965).

先具体考虑第一种过程.

(i) 位错 $\boldsymbol{AB}$ 由 (d) 面弯折至 (c) 面，此时 (c) 与 (d) 之间的夹角为锐角，如图 9.23 所示. 在此图中绘出了两个面上的位错线和相应的 Thompson 四面体的位置. 容易看出，此位错在 (c) 面和 (d) 面上都是可以滑移的.

现在设想全位错 AB 在 (c) 面和(d)面上分解为扩展位错. 根据图 9.23(a)，由于 (c) 和 (d) 成锐角，所以现在是从 Thompson 四面体的外面去观察这些扩展位错，于是，按照上文中所作的约定和说明，这个分解之后的诸位错的 Burgers 矢量应是如图9.23(b)中所示，即是自左至右，希腊字母在外. 先假定在两个面的交线上扩展位错发生束集. 于是，由此节点向外，可见，不全位错 Burgers 矢量之和为零

$$\boldsymbol{\gamma B} + \boldsymbol{A\gamma} + \boldsymbol{\delta A} + \boldsymbol{B\delta} = 0. \tag{9.32}$$

考察 $\boldsymbol{B\delta}$ 与 $\boldsymbol{\gamma B}$ 之间的相互作用，不难证明它们之间的力是吸引性的，因此，它们倾向于合并. 对于 $\boldsymbol{\delta A}$ 与 $\boldsymbol{A\gamma}$，相互作用也与此相似. 因此，这两对不全位错倾向于发生反应

$$\boldsymbol{B\delta} + \boldsymbol{\gamma B} \rightarrow \boldsymbol{\delta\gamma}, \tag{9.33}$$

$$\boldsymbol{\delta A} + \boldsymbol{A\gamma} \rightarrow \boldsymbol{\delta\gamma}. \tag{9.34}$$

这样，节点条件即自动满足，生成如图 9.23(c) 中所示的组态. 这就是在 (c) 面和 (d) 面的交线上产生一段 Burgers 矢量为 $\boldsymbol{\delta\gamma} = \frac{1}{6}[\bar{1}\ \bar{1}\ 0]$，可以看出，这段位错必定是纯刃型的，无论 (c) 面或 (d) 面都不是它的滑移面，所以它对 (c) 面和 (d) 面上的扩展位错起着“栓锁”或“压杆”的作用，它称为压杆位错.

(ii) 位错 $\boldsymbol{AB}$ 由 (d) 面弯折至 (c) 面，此时 (c) 与 (d) 之间的夹角为钝角，如图 9.24 所示. 特别要注意此时 Thompson 四面体的位置，在现在钝角的情况下 (c) 面是原来 (c) 面向外的延展，故以 $(\bar{c})$ 记之. 设在 $(\bar{c})$ 面和 (d) 面上发生全位错的扩展分解.

由图可见，对于 (d) 面上的位错，我们是从 Thompson 四面

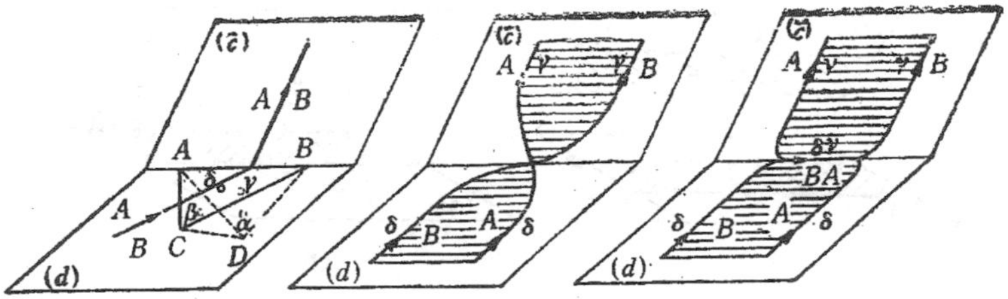

(a) (b) (c)

图 9.24

体外面去观察，而对于 $(\bar{c})$ 面上的扩展位错，是从 Thompson 四面体里面去观察。所以当假定发生束集时，四个不全位错及其 Burgers 矢量的布置应如图 9.24(b) 所示。注意在 $(\bar{c})$ 面上，希腊字母是在里边，即分解为

$$\boldsymbol{AB} \to \boldsymbol{A\gamma} + \boldsymbol{\gamma B}. \tag{9.35}$$

在 (d) 面上依然是

$$\boldsymbol{AB} \to \boldsymbol{\delta B} + \boldsymbol{A\delta}. \tag{9.36}$$

同样可以论证，$\boldsymbol{A\gamma}$ 与 $\boldsymbol{\delta B}$ 之间及 $\boldsymbol{\gamma B}$ 与 $\boldsymbol{A\delta}$ 之间的相互作用是吸引性的，因此倾向于发生合并，形成一段 Burgers 矢量为 $\boldsymbol{\gamma\delta/AB}$ 的位错

$$\boldsymbol{A\gamma} + \boldsymbol{\delta B} \to \boldsymbol{\gamma\delta/AB}, \tag{9.37}$$

(注意应用节点条件)。$\boldsymbol{\gamma\delta/AB} = \frac{1}{3}[001]$，它垂直于 $\boldsymbol{AB}$，并垂直于 $(\bar{c})$ 和 (d) 面之间的平分角面，所形成的位错与上例一样是处在 $(\bar{c})$ 和 (d) 的交线上，如图 9.24(c) 中所示。这段位错也是纯刃型的，它也是一个压杆位错。

现在考虑第二种过程，即分别处在两个 $\{111\}$ 面上，并与此二面交线平行的两个扩展位错部分地发生反应的过程。

(i) 位错 $\boldsymbol{AB}$ 和 $\boldsymbol{BD}$ 分别位于 (d) 面和 (a) 面上，(d) 和 (a) 之间的夹角为锐角。这两个位错各自在滑移面 (d) 和 (a) 上分解，形成两个扩展位错，如图 9.25 所示。扩展位错经过运动互相接近，靠近 (d)，(a) 交线的一边在交线上相遇，发生如下的反应

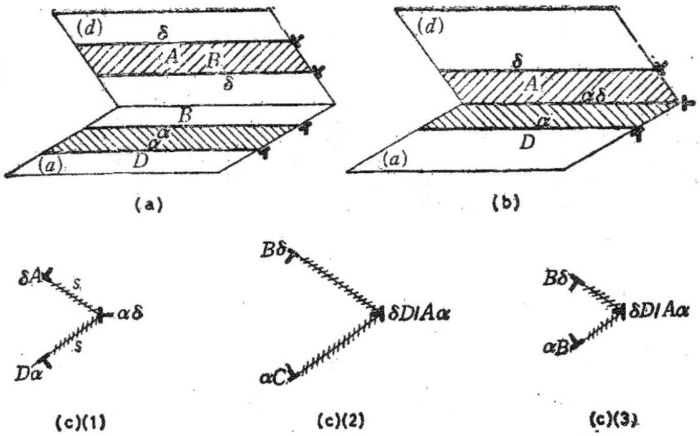

图 9.25

$$\underbrace{D\alpha+\alpha B}_{(a)\text{面上}}+\underbrace{B\delta+\delta A}_{(d)\text{面上}}\to\underbrace{D\alpha}_{(a)}+\alpha\delta+\underbrace{\delta A}_{(d)} \qquad (9.38)$$

在交线上留下一个 Burgers 矢量为 $\boldsymbol{\alpha\delta}$ 的位错. 参照上段的讨论,位错 $\boldsymbol{\alpha\delta}$ 是一个压杆位错,它自身不能离开交线,并且对分别位于 (a) 面和 (d) 面上的不全位错起牵制作用.

对于 (a) 与 (d) 成锐角的情况,还可能发生如下类似的反应:

$$\underbrace{B\delta+\delta A}_{(d)}+\underbrace{D\alpha+\alpha C}_{(a)}\to\underbrace{B\delta}_{(d)}+\delta D/A\alpha+\underbrace{\alpha C}_{(a)} \qquad (9.39)$$

及

$$\underbrace{B\delta+\delta A}_{(d)}+\underbrace{D\alpha+\alpha B}_{(a)}\to\underbrace{B\delta}_{(d)}+\delta D/A\alpha+\underbrace{\alpha\beta}_{(a)} \qquad (9.40)$$

它们分别示于图 9.25(c_2)—(c_3) 中,所形成的位错 $\boldsymbol{\delta D/A\alpha}$ 也是一个压杆位错.

(ii) 当 (a), (d) 面成钝角时,可能发生如下的反应:

$$\underbrace{\alpha D+C\alpha}_{(a)}+\underbrace{B\delta+\delta A}_{(d)}\to\underbrace{\alpha D}_{(a)}+BC/\delta\alpha+\underbrace{\delta A}_{(d)}, \qquad (9.41)$$

如图 9.26 所示. 位错 $\boldsymbol{BC/\delta\alpha}$ 是一个压杆位错.

以上所述的 (i), (ii) 两种情况最后都是生成两个 Shockley

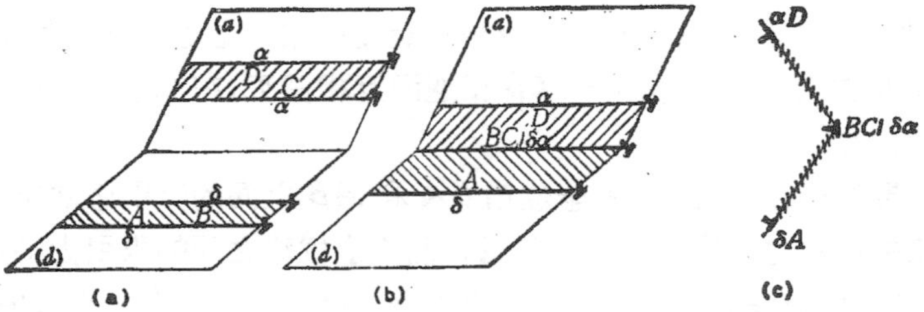

图 9.26

不全位错加上一个压杆位错以及其间相连的层错这样的复合组态，通称为位错锁. 式(9.38)所表示的称为 Lomer-Cottrell 锁，式(9.39)，(9.40)，(9.41)所表示的称为 Hirth 锁. 这些位错锁对滑移起阻碍作用，在加工硬化过程有重要的影响.

顺便在此指出，处在〈110〉线上的 Frank 不全位错能发生分解

$$\delta D \rightarrow \delta\beta + \beta D, \tag{9.42}$$

生成一个压杆位错 $\delta\beta$ 和一个 Shockley 不全位错 βD. 下面在讨论层错四面体的形成和扩展割阶组态时要考虑这种过程和结构(参看图 9.37).

最后，在这里介绍一下扩展位错偶(极子)的几何形式. 若两个扩展位错位于相邻的平行滑移面上，符号相反的不全位错之间的相互吸引可能导致它们相互湮灭. 发生这种事件的条件是这一对不全位错(或至少它们长度的一部分)要处在同一公共的(111)面上，并且二者都平行于某一共同的〈111〉方向，此时它们二者均可在该公共(111)面上分解，在原滑移面与此公共(111)面的交线上各留下一个压杆位错. 这个过程示于图 9.27 中. 图中所绘出的是分别位于两个相邻(d)面上的两个扩展位错: $BA = B\delta + \delta A$ 和 $AB = A\delta + \delta B$. 它们的不全位错 δA 和 $A\delta$ 在同一(b)面上成为相互平行的，它们之间有吸引力，在此情况下发生如下分解:

$$\delta A \rightarrow \delta\beta + \beta A, \tag{9.43}$$

$$A\delta \rightarrow A\beta + \beta\delta, \qquad (9.44)$$

这时还需要外应力的协助. 分解和运动的结果是位错 $\delta\beta$ 和 $\beta\delta$ 各留在交线 AC 上,βA 和 $A\beta$ 相遇而互相湮灭,在 (b) 面上留下一片层错.

要这个过程发生,不全位错 βA 和 $A\beta$ 之间的吸引必须超过层错的作用力. 后者是一个常量,而不全位错之间的吸引力则是依其间距离 w 的负一次方变化 $(\propto 1/w)$,所以 w 显然有一极大值,w 超出此极大值时上述过程便不能发生. 层错能 γ 愈小,则 w(或与之相应的面间距 H, 见图)愈大,粗略地有 $H \propto 1/\gamma$. 因此,若定出 H(或 w) 的最大值,便可估计 γ 之值.

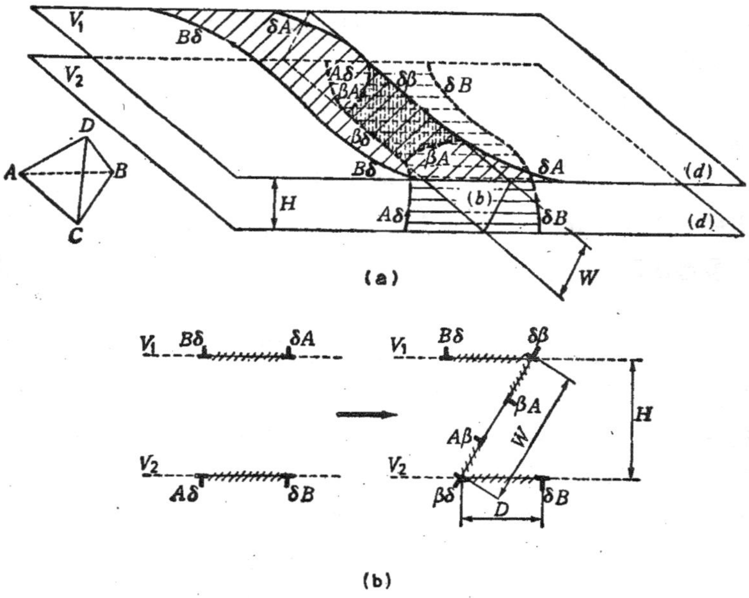

图 9.27

Steeds[1] 曾考虑过四种不同的位错偶,示意地绘于图 9.28 中. 其中 (a) 和 (c) 两种可称为 Z 型的: (a) 仅含有 intrinsic 层错 I,

1) Steeds, J.W., *Phil. Mag.*, 16, 771 (1967),

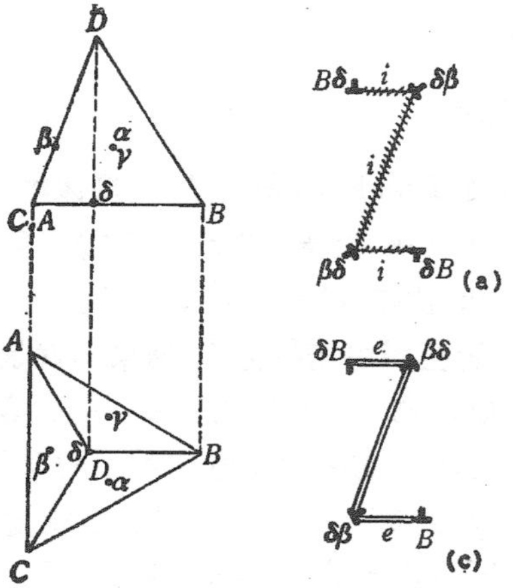

图 9.28

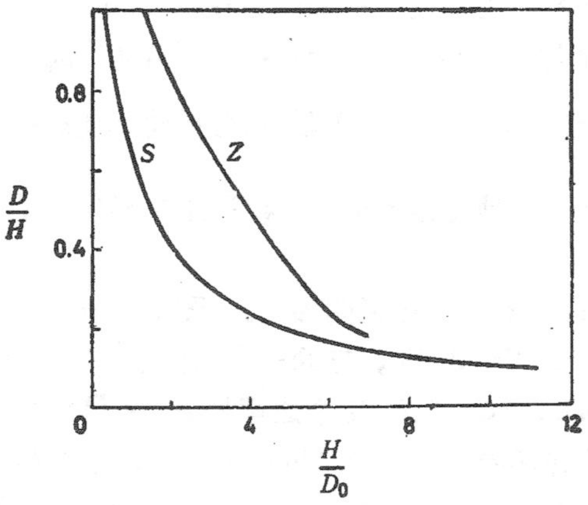

图 9.29

而(c)仅含 extrinsic 层错 E. 另外两种(b)和(d)可称为 S 型的,(d)所含层错的顺序为 $I—E—I$,(b)所含层错的顺序为 $E—I—E$. Steeds 用各向异性弹性力学计算了组态(a)(Z)和组态(d)(S)的平衡位形,结果表示于图 9.29 中,它是 D/H 对 H/D_0 的关系曲线,这里 D_0 是孤立的扩展位错宽度. 他还计算了上述四种情况下 H 对 $\gamma/\mu b$ 的关系曲线,称为"转变曲线". 用这些计算的关系和H的实验值也能估算层错能γ.

§9.4 Frank 环与层错四面体

在§9.2中曾描述了正、负 Frank 不全位错. 晶体中点阵空位在密排面上凝聚可形成负 Frank 位错("intrinsic")环,而间隙原子的凝聚可形成正 Frank 位错("extrinsic")环.

当这种环小时,一般其边缘会沿着密排方向,结果环就是{111}面上以⟨110⟩为边的三角形或六角形,环的内部是一片第(2)类或第(3)类(I或E)层错. 这种环的截面示意地示于图9.30(b),(d)之中. Frank 环一般不易、或不能滑移,但攀移较为容易. Frank 环的攀移通过空位或间隙原子的继续凝聚或扩散逸去而实现,导致环的扩大或缩小.

Frank 环的有趣特性之一是:若在负 Frank 环内生成一个 Shockley 不全位错,或是在正 Frank 环内相继生成两个 Shockley 不全位错,并扫过该环的整个环面,则可将此环变成一个$\frac{1}{2}\langle 110\rangle$型的全位错环. 这种过程示意地绘于图9.30(b),(c),(e),(f)中.

今就负 Frank 环具体说明如下. 图9.31表示一个位于(d)面上的三角形负 Frank 环,它的三个边分别平行于 Thompson 四面体的棱AB,BC,CA,每个边都是$\boldsymbol{b}_1 = \boldsymbol{D\delta}$的负 Frank 不全位错. 设若在环内生成一个 Shockley 不全位错$\boldsymbol{\delta C}$,并扫过整个环面,那么这个环就会变成一个 Burgers 矢量为$\boldsymbol{b}_R = \boldsymbol{D\delta} + \boldsymbol{\delta C} = \boldsymbol{DC}$的全位错环,示于图中. 由图可见,在最后所形成的位错环中,位错线段BC和CA的滑移面分别是(a)面和(b)面,而线段AB的滑移面根本就不是一个{111}面. 在一定的应力条件下,AB段基本上不能滑移,而BC和CA两段的运动情况当视(a)面和(b)面上应力的分解状态而定. 设若应力状态有利于(a)面上的滑移,那么线段CA就将相对地不易运动;于是,线段BC在(a)面上就会成为端点B,C固定的一个 Frank-Read 源.

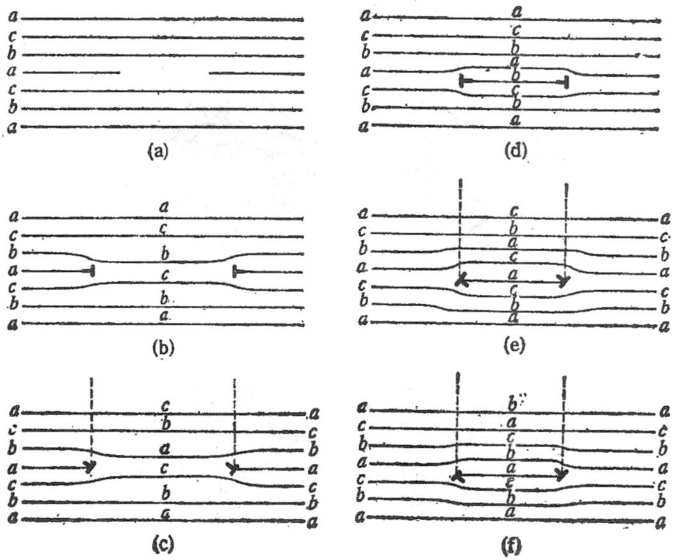

图 9.30

有人把这个三角形 $\frac{1}{2}\langle 110\rangle$ 位错环称为 R 位错[1]，并将它的形成与分布的观念应用于说明淬火的电阻的回复及淬火状态下屈服点的改变等具体问题.

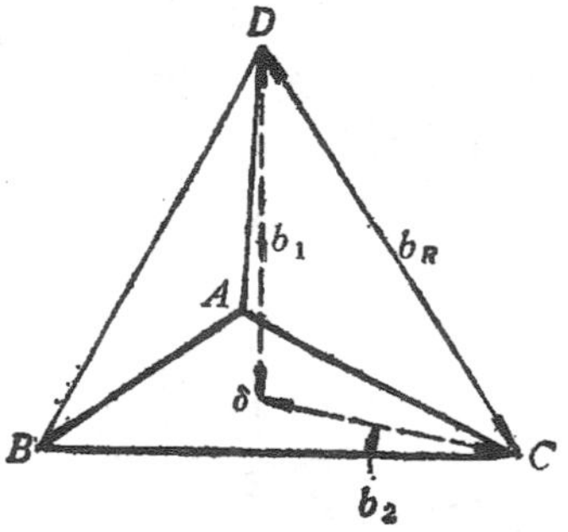

图 9.31

正 Frank 环的转变由图 9.30(e),(f) 说明. 原来正 Frank 环中的第 (3) 类层错表示为序列 $\underset{\uparrow}{ABCBABC}$. 插入的 B 层及其以上的部分晶体进行一个 $\frac{1}{6}\langle 112\rangle$ 滑移（即是一个 Shockley 不全位错扫过环面），使此 B 层变为 A 层，自此以上各层依 $A\rightarrow C\rightarrow B\rightarrow A$ 方式变换，于是变为序列

1) Kuhlmann-Wilsdorf, D., *Phil. Mag.*, 3, 125 (1958).

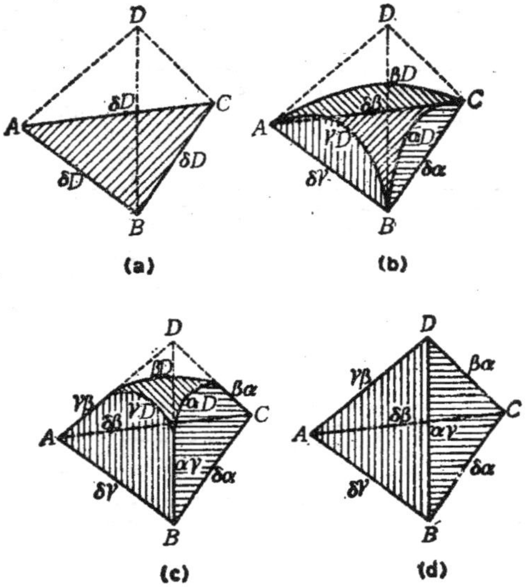
D
A
C
B
δD
δD
δD
(a)
D
βD
C
A
δβ
γD
αD
δγ
δα
B
(b)
D
βD
γβ
βα
αD
γD
δβ
C
A
αγ
δα
δγ
B
(c)
D
γβ
βα
δβ
A
C
αγ
δα
δγ
B
(d)

图 9.32

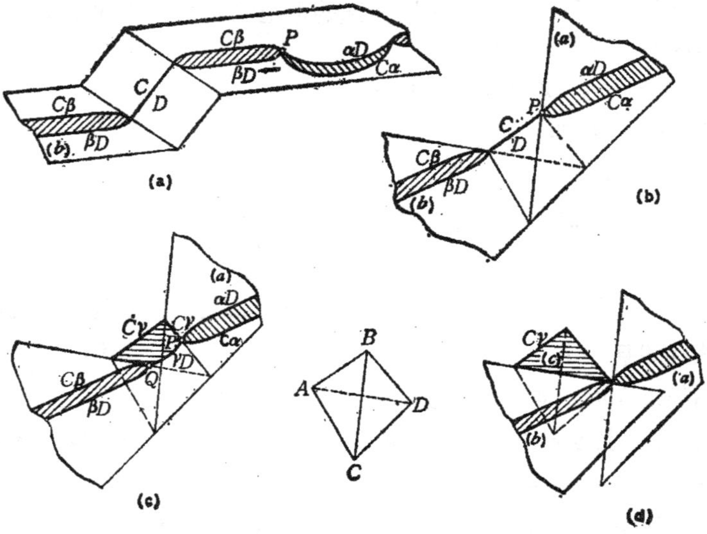
Cβ
P
αD
βD
Cα
C
D
Cβ
(b)
βD
(a)
(a)
αD
P
Cα
C
D
Cβ
βD
(b)
(b)
(a)
αD
Cγ
Cγ
Cα
P
γD
Cβ
Q
βD
(c)
B
A
D
C
Cγ
(c)
(a)
(b)
(d)

图 9.33

$ABC\underset{\uparrow}{A}CABC$，显然造成一个第(2)类层错，即是出现一个负Frank环．然后，从序列 $ABCA\underset{\uparrow}{C}ABC$ 中箭号所指的 C 层开始，再作一个 $\frac{1}{6}\langle 112\rangle$ 型的滑移 $C\rightarrow B\rightarrow A\rightarrow C$．于是与上段所述的一样，这个环就变成一个以全位错 $\frac{1}{2}\langle 1\ 1\ 0\rangle$为边的环，而堆垛序列成为无瑕的 $ABCAB\underset{\uparrow}{C}ABC$，也就是变成了一个 R 位错．

Frank 环的另一个有趣性质是由它出发能形成一个层错四面体[1]，现在说明如下．

参看图 9.32．图 9.32(a) 中绘出 (d) 面上的一个负 Frank 环 ABC．现在位错线段 AB，BC，CA 可分别在 (c)，(a)，(b) 面上发生分解，如图 9.32(b) 所示，在 AB，BC，CA 线上留下压杆位错 $\boldsymbol{\delta\gamma}$，$\boldsymbol{\delta\alpha}$ 和 $\boldsymbol{\delta\beta}$．分解出去的 Shockley 不全位错，例如 $\boldsymbol{\gamma D}$ 和 $\boldsymbol{\alpha D}$，又会在相应的棱 (BD) 上发生反应，形成另一压杆位错 $\boldsymbol{\alpha\gamma}$（在 BD 线上）；如图 9.32(c) 所示．最后构成一个完整的四面体，或截角四面体，如图 9.32(d)。它的四个面都是第(2)类(intrinsic)层错，而六个棱边是低能的压杆位错．这就称为一个层错四面体．层错四面体在低层错能金属中的存在已为实验观察明确表明．

层错四面体可以借助于好几种机制形成，这里我们再描述一种机制 (Loretto)[2]。

考虑如图 9.33(a) 所示的位错 $\boldsymbol{CD}$，它位于 (b) 面上，分解为 $\boldsymbol{CD}\rightarrow\boldsymbol{C\beta}+\boldsymbol{\beta D}$，此位错含有一个束集长割阶，也绘于图中．现在设想此位错在图中 P 点右方的一段发生交滑移，扩展到 (a) 面上，变成 $\boldsymbol{\alpha D}+\boldsymbol{C\alpha}$．节点 P 向左移动，到达割阶的端点，成为图 9.33(b) 中的形状．在此要注意 Thompson 四面体的相对位置．从现在开始，割阶以线段 PQ 表示，它处在 Thompson 四面体的 AB 棱边上，这是一段全位错 $\boldsymbol{CD}$．它在 (c) 面上进行分解 $\boldsymbol{CD}\rightarrow$

---

1) Silcox, J. and Hirsch, P.B., *Phil. Mag.*, **4**, 72 (1959).
2) Loretto, M.H. et al., *Phil. Mag.*, **11**. 459 (1965). Loretto, M.H., *Phil. Mag.*, **12**, 125 (1965).

$C\gamma+\gamma D$，Frank 不全位错 $C\gamma$ 留在 AB 棱边上，而 Shockley 不全位错 γD 在 (c) 面上向 D 点运动. 随着这个运动，P，Q 两点分别沿棱边 BD 和 AD 向 D 点移动，留下沿 BD 和 AD 上的 Frank 位错 $C\gamma$，如图 9.33(c). 最后，PQ 在 D 点会合，留下一个以 $C\gamma$ 为边的完全 Frank 环，即图 9.33(d) 中的三角形 $(\bar{c})ABD$. 于是我们得到一个三角 Frank 环，以它为底，借助于前文中描述的过程，可以产生一个层错四面体.

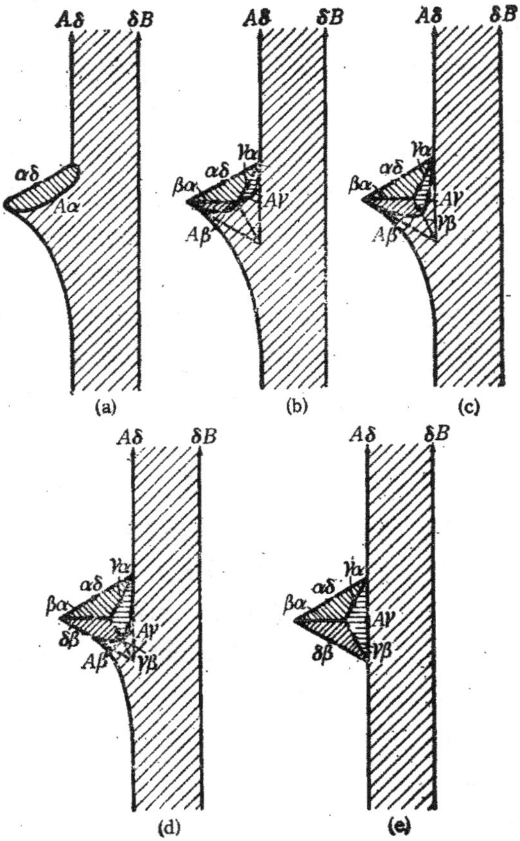

图 9.34

关于层错四面体的形成过程，还有一些有意思的设想。例如曾提出它能在扩展的螺型位错上形成．试考虑一个位于(d)面上、平行于棱边的螺型位错 $\boldsymbol{AB}$，它已分解为不全位错 $\boldsymbol{A\delta}+\boldsymbol{\delta B}$，如图 9.34 所示．在热平衡下沿位错线只有很少数的割阶，而点缺陷(例如空位)将沿不全位错扩散，并在某些地点凝成集团．构成例如处于(a)面上的一个小片．这个小片崩坍为一个第(2)类层错($\boldsymbol{f}=-\boldsymbol{n}$)，其边缘一段是位于($a$)面上的负 Frank 不全位错 $\boldsymbol{A\alpha}$，另一段位于(a)和(d)的交线上，是压杆位错 $\boldsymbol{\alpha\delta}=\boldsymbol{A\delta}-\boldsymbol{A\alpha}$．这个情况绘于图 9.34(a) 中．凝聚继续进行，形成(a)面上的一个小三角形，它的边是 Thompson 四面体的相应的三个棱边．当位错 $\boldsymbol{A\alpha}$ 到达棱边 BD，CD 位置以后，它就可以开始在(b)面和(c)面上分解，变为

$$\boldsymbol{A\alpha}\to\boldsymbol{A\beta}+\boldsymbol{\beta\alpha}, \tag{9.45}$$

$$\boldsymbol{A\alpha}\to\boldsymbol{A\gamma}+\boldsymbol{\gamma\alpha}. \tag{9.46}$$

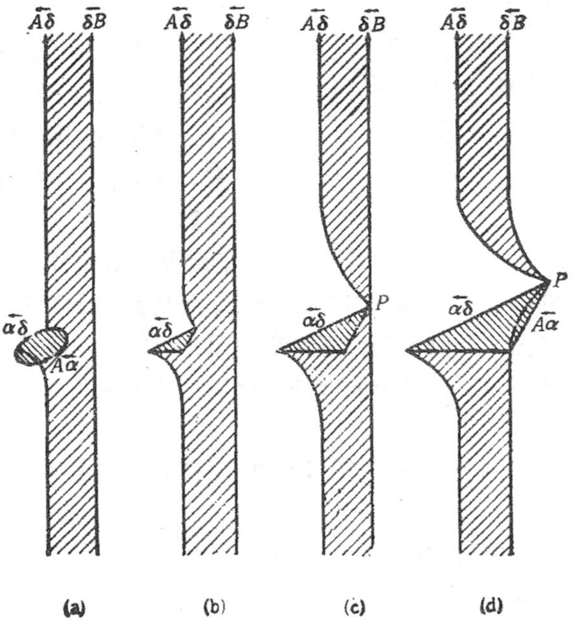

图 9.35

压杆位错 $\beta\alpha$，$\gamma\alpha$ 分别留在棱边 CD，BD 上，而 Shockley 不全位错 $A\beta$ 和 $A\gamma$ 分别在 (b)，(c) 面上向 A 点滑移，并在棱边 DA 上发生反应，生成沿 DA 线的压杆位错 $\gamma\beta$，同时位错 $A\beta$ 在边 CA 上也与位错 $A\delta$ 发生反应，生成位错 $\delta\beta$. 这个阶段绘于图 9.34(c)，(d) 中. 到最后，如图 9.34(e) 中所绘出，会形成一个完整的层错四面体，附着在扩展螺型位错的一个边上.

关于在螺型扩展位错上形成大三角形 Frank 环的另一种设想过程示于图 9.35 中.

纯螺型扩展位错的完全扩展割阶在应力作用下，其边缘处可以经过一定的变形及比较复杂的位错分解及反应，产生分离的层错四面体. 这个机制将在下节中描述了完全扩展割阶的构型以后再加以说明.

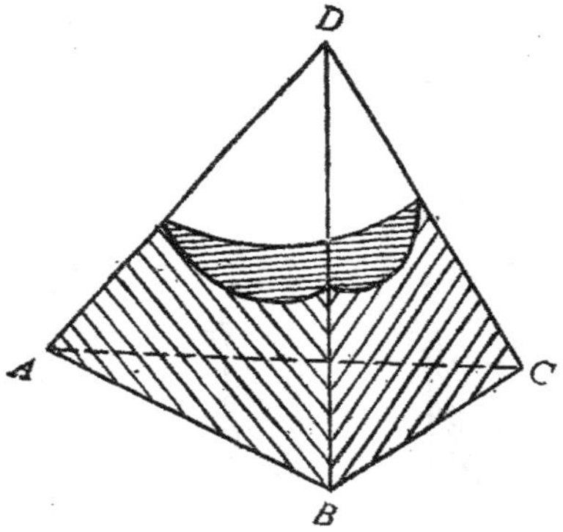

图 9.32(*A*)

不久以前，刘、王[1]在一篇简讯中再讨论了三角 Frank 环分解形成层错四面体的过程，根据他们的分析和力学计算，说明在上面图 9.32 中所示 Shockley 位错在四面体面上的运动及棱边上压杆位错的形成中，诸 Shockley 位错不应向上弯曲，而是会向下弯曲；所以应该用下面的图 9.32(A) 来代替原来的图 9.32(c). 这是一个有意思的有趣细节，不过这个细节并不影响关于层错四面体产生的一般设想.

最后，再简短讨论一下正 Frank 环和其它类型的由点缺陷凝聚而成的环.

上面已经指明，并在图 9.30 中也绘出，一个围绕着 extrinsic

---

1) Lin and Wang, *Phil. Mag.*, **A51**, L77 (1985).

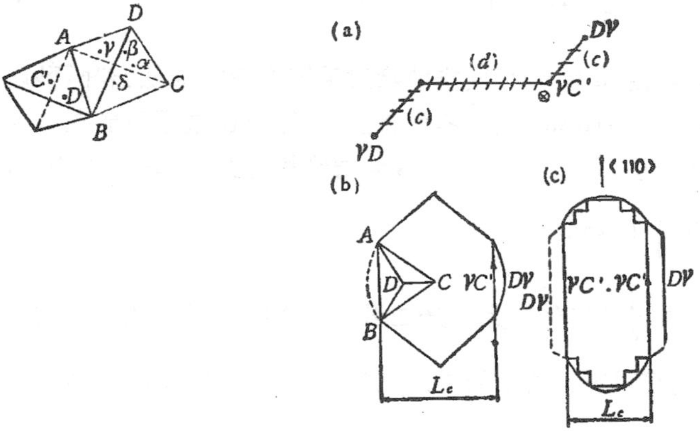

图 9.36

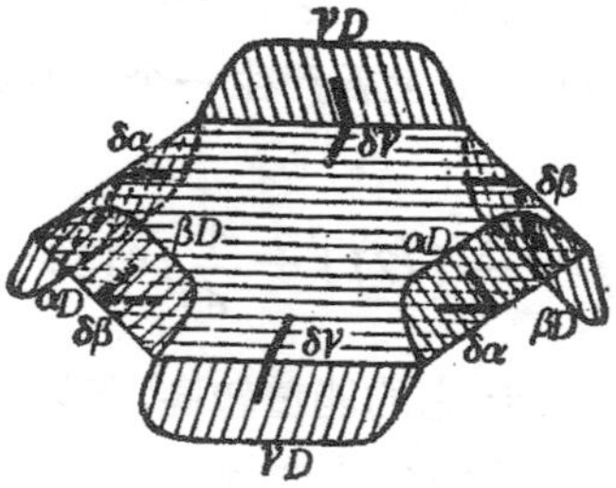

图 9.37

层错的正 Frank 环可以借助于两个 Shockley 不全位错依次扫过该环面而使之成为一个不包含层错的全位错环．具体地讲，第一步是

$$\frac{1}{3}[111]+\frac{1}{6}[\bar{1}\bar{1}2]\rightarrow\frac{1}{6}[114], \tag{9.47}$$

这里驱动力是来自将 extrinsic 层错转变为 intrinsic 时层错能之降低；注意，$\frac{1}{6}[114]$的长度与$\frac{1}{2}[110]$一样．第二步是

$$\frac{1}{6}[114]+\frac{1}{6}[\bar{1}2\bar{1}]\rightarrow\frac{1}{2}[011], \tag{9.48}$$

驱动力来自 intrinsic 层错消除时系统能量的降低.若两种层错能量之差比 intrinsic 层错能大相当多,则上述过程可能在第一步结束时就停止,留下一个 intrinsic 层错片,边缘不全位错的 Burgers 矢量为 $\frac{1}{6}[114]$.

这种 $\frac{1}{6}[114]$环当它是边缘为⟨110⟩之类的线段围成的六角形环时,它可以不通过层错的消除,而是通过其中两个边上位错的分解

$$\frac{1}{6}[114]\rightarrow\frac{1}{6}[112]+\frac{1}{3}[001] \tag{9.49}$$

来降低能量.结果是在该西边上各留下一个 $\delta\gamma/AB$ 型的压杆位错, 在两个截交的{111}面上各产生一个 Shockley 不全位错.因为另一种反应

$$\frac{1}{6}[114]\rightarrow\frac{1}{6}[121]+\frac{1}{6}[0\bar{1}3] \tag{9.50}$$

生成 $\delta\gamma/BD$ 型压杆位错,它的能量较高,所以这种分解不易进行,这样就倾向于只沿上述的两个边进行分解. 在没有进行分解的边上会发生攀移,结果会变成一个拉长的环,这种环示于图 9.36 中.

Frank 环 $D\delta$ 也可能呈六角形, 在它的六个边上都能进行分解,成为图 9.37 所示的样式.注意, 每一对边上一个是成锐角的二面转折,另一个是成钝角的二面转折.

根据实验结果和推理, 还提出过几种更复杂的环. 例如在淬火的铝和铝镁合金中可能存在某种同心的二重环和三重环, 这类环的设想的模型示于图 9.38 中.

另一种设想的结构是一个 Frank 环被两个"同时"生成的 Shockley 环扫过, 结果变成两个半个无层错的环, 这个过程绘于图 9.39 中. 反应式是

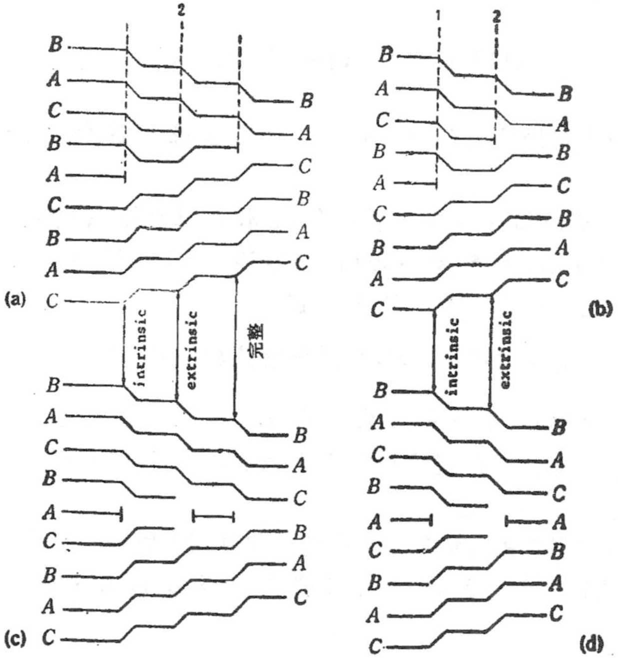

图 9.38

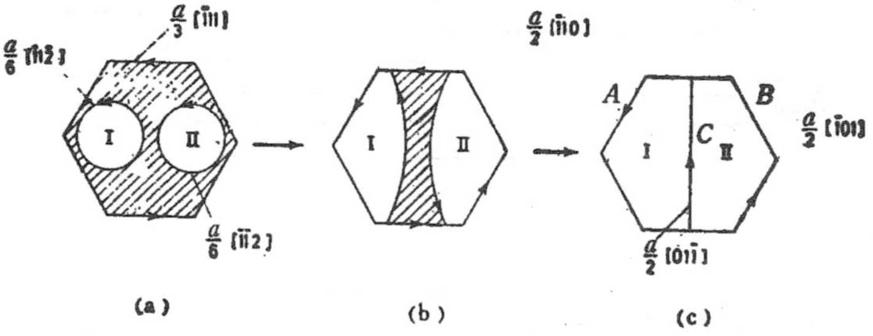

图 9.39

$$\frac{1}{3}[\bar{1}\ 1\ 1]+\frac{1}{6}[\bar{1}\ 1\ \bar{2}]\rightarrow\frac{1}{2}[\bar{1}\ 1\ 0], \tag{9.51}$$

$$\frac{1}{3}[\bar{1}\ 1\ 1]+\frac{1}{6}[\bar{1}\ \bar{2}\ 1]\rightarrow\frac{1}{2}[\bar{1}\ 0\ 1]. \tag{9.52}$$

在中间分界线上是

$$\frac{1}{6}[\bar{1}1\bar{2}]+\frac{1}{6}[\bar{1}\bar{2}1]\rightarrow\frac{1}{2}[01\bar{1}],\tag{9.53}$$

后面这三个矢量都在($\bar{1}11$)面上．有实验证实这种环是存在的．

在高温(300—400℃)下电子(1MeV)辐照的铜镍合金中曾发现Burgers矢量为[100]的间隙原子环．这种环是长方形的，其边平行于⟨011⟩方向．它们是纯刃型的，并且不可滑动．它们不包含层错，但能够自动分解为两个$\frac{1}{2}$⟨110⟩位错．这个[100]位错也可能分解为一个Hirth位错锁，其中两个Shockley不全位错在交于上述⟨110⟩线的两个{110}面上，而压杆位错即在该⟨110⟩线上．

经过离子轰击的镍基合金中还发现过间隙原子的多层环，其简单模型示于图9.40中．这个模型与实验结果是相符合的．

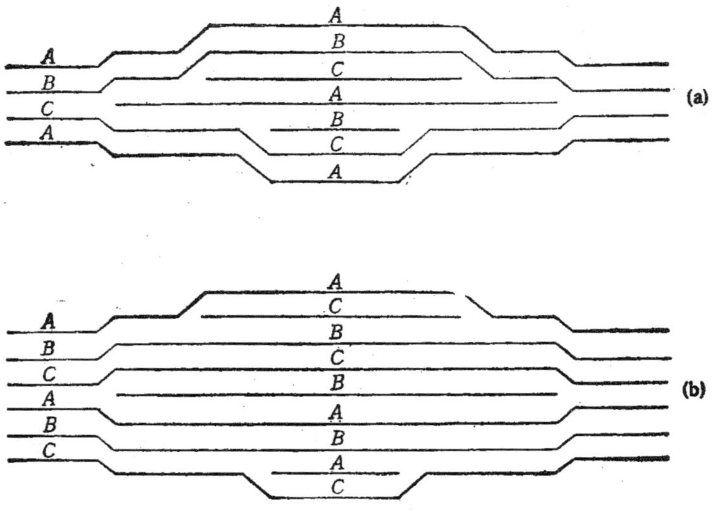

图 9.40

§9.5 位错割阶的构型

本节阐述面心立方结构中扩展位错割阶的基本具体形式，在描述中处处要用到前数节中得到的结果.

先用图表明两个容易明了的例. 图 9.41 表示含有两个割阶的纯刃型扩展位错. 位错所在的面为 (d)，割阶所在的面为 (a) 或 $(\bar{a})$，即割阶面与位错面交角分别为锐角和钝角的情况. 这里的长割阶实际上是 (a) 面上一段不长的扩展位错，一个割阶等于前节中图 9.22 和 9.23 所示的两个位错转折，因而得到图 9.4(a) 中绘出的构型. 图中左边的割阶是面交于钝角的转折，因此在面的交线上形成 $\boldsymbol{\alpha\delta/BC}$ 型的压杆位错. 右边是面交于锐角的转折，相应的压杆位错因而是 $\boldsymbol{\alpha\delta}$ 型的. 图 9.41(b) 所示的是另一种略有不同的割阶分解方式，两个扩展割阶所含的是 extrinsic 层错.

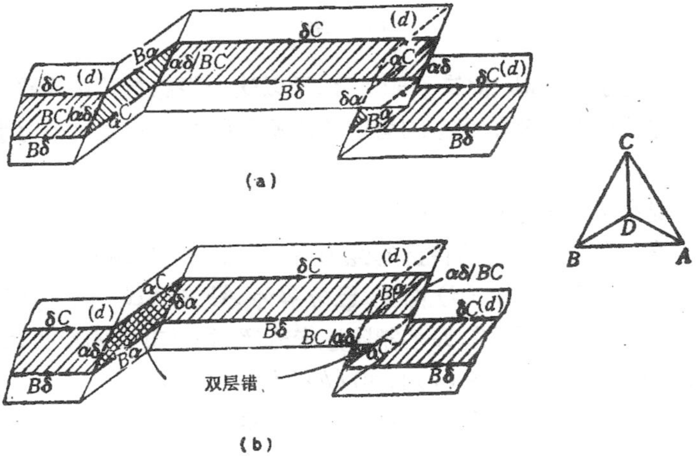

图 9.41

图 9.42 表示纯螺型 intrinsic 扩展位错的长割阶构型. 同样，左边割阶是钝角转折，右边割阶是锐角转折，与上述刃型位错相似. 不过现在割阶由于几何的要求，不能分解为两个 Shockley 不全位错，而是分解为一个 Shockley 不全位错和一个 Frank 不全

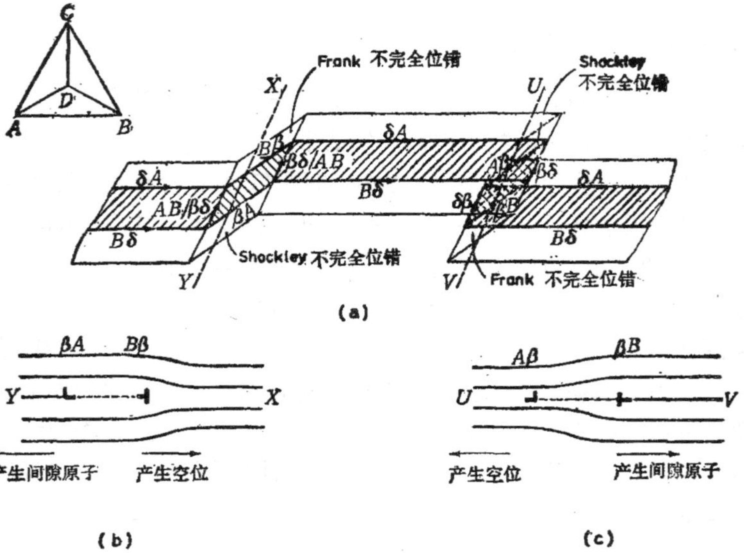

图 9.42

位错. 由于 Frank 位错不能滑移,所以这个组态是"sessile"的.

这两种扩展割阶组态的稳定性依赖于所含压杆位错相对于收缩节点的稳定性.

现在考虑全分解的割阶.

第一个情况是锐角转折的纯刃型 intrinsic 扩展位错,参看图 9.43. 位错 $\boldsymbol{AB}$ 位于 (d) 面上,已分解为 $\boldsymbol{A\delta}+\boldsymbol{\delta B}$. 割阶是与棱边 CD 平行的线段 PQ,最初割阶还未分解,处于束集的状态,如图 9.43(a). 然后,割阶在 (a) 面和 (b) 面上分解为

$$\boldsymbol{AB}\rightarrow\boldsymbol{\beta A}+\boldsymbol{\alpha\beta}+\boldsymbol{B\alpha}. \tag{9.54}$$

位错 $\boldsymbol{\alpha\beta}$ 留在 PQ 线上,它是一个压杆位错. 位错 $\boldsymbol{\beta A}$ 在 (b) 面上滑移,$\boldsymbol{B\alpha}$ 在 (a) 面上滑移,形成图 9.43(b) 和 (b') 中所示的形状. 位错 $\boldsymbol{\beta A}$, $\boldsymbol{B\alpha}$ 继续滑移,会分别与 (d) 面上的不全位错 $\boldsymbol{A\delta}$, $\boldsymbol{\delta B}$ 在面 (d)-(b)、(d)-(a) 的交线上相遇,而发生反应

$$\boldsymbol{\beta A}+\boldsymbol{A\delta}\rightarrow\boldsymbol{\beta\delta}, \tag{9.55}$$

$$\boldsymbol{B\alpha}+\boldsymbol{\delta B}\rightarrow\boldsymbol{\delta\alpha}, \tag{9.56}$$

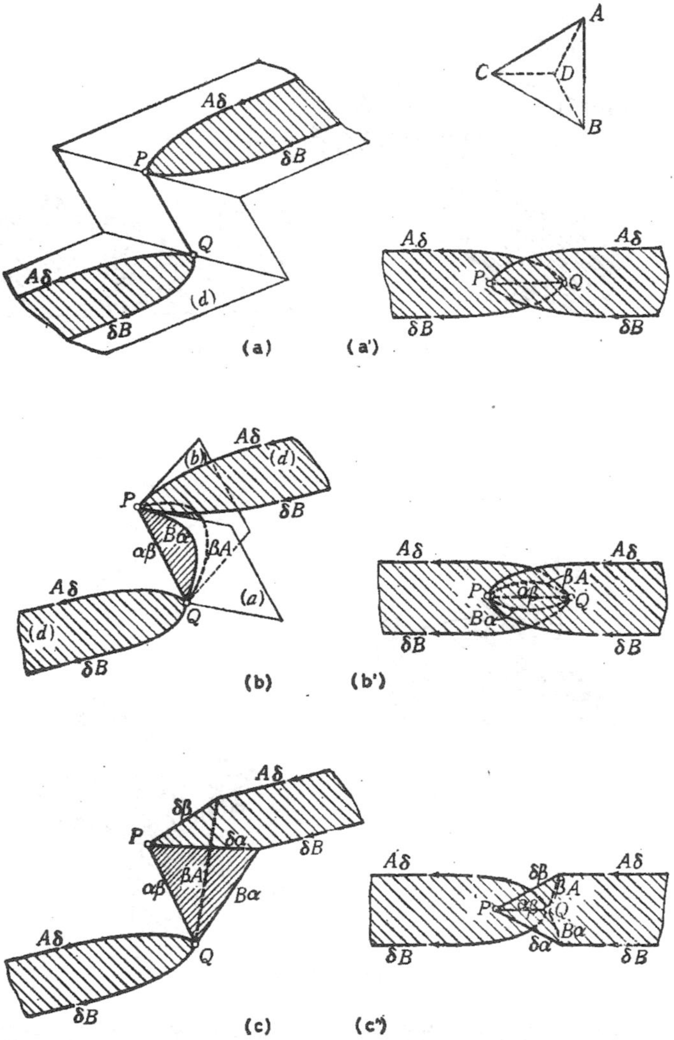

图 9.43

这就形成图 9.43(c) 和图 9.43(c′) 中所示的组态，这图是一个可能的中间状态．最后，当如上的反应在上、下两个 (*d*) 面上都完成时，得到的构型如图 9.43(d)，(d′) 所示．这个割阶经过如上所述

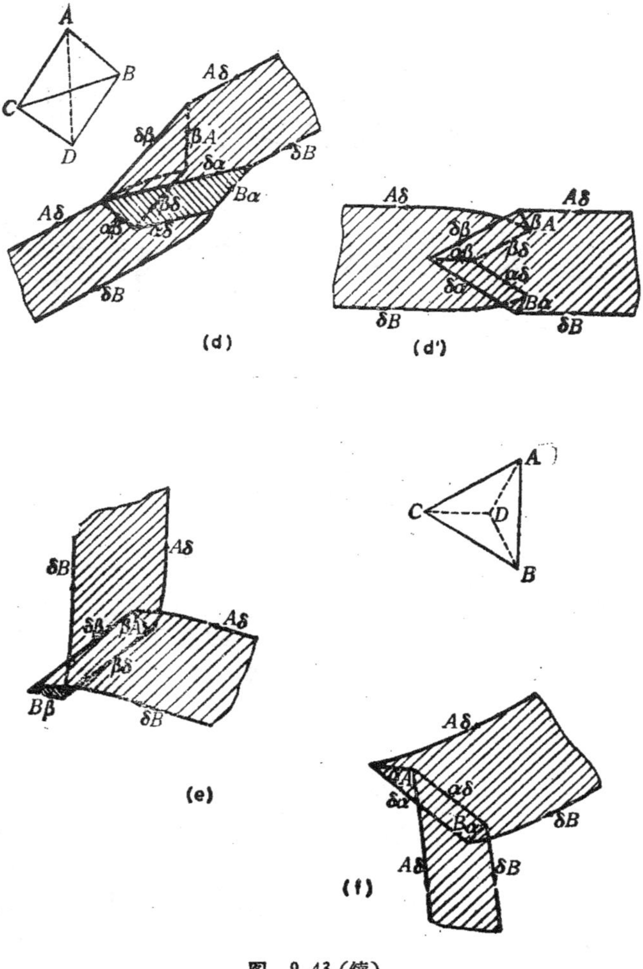

图 9.43 (续)

的一系列分解和反应，构成的组态比较复杂，它是不可滑动的.

其次讨论锐角转折的纯螺型 intrinsic 扩展位错，它分解的各个阶段示于图 9.44 中. 扩展位错还是位于 (*d*) 面上，两个 (*d*) 面之间是割阶线段 *PQ*，开始时是处于束集状态(图9.44(a)，(a′)). 这个割阶首先在 (*c*) 面上一般地发生分解扩展，如图 9.44(b)，(b′)，

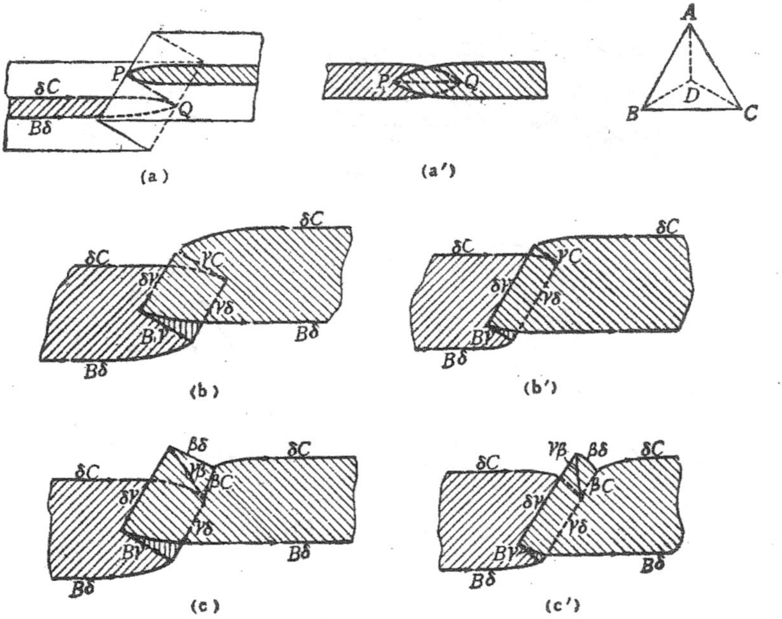

图 9.44

这相当于上面图 9.41 中右边的锐角情形。现在的割阶是一块近乎矩形的层错，它由四个边围成，这四个边是：Shockley 不全位错 $\boldsymbol{B\gamma}$，两个压杆位错 $\boldsymbol{\gamma\delta}$ 和 $\boldsymbol{\delta\gamma}$，它们位于割阶面与位错面的交线上，以及一个 Frank 不全位错 $\boldsymbol{\gamma C}$。这个 Frank 位错可以进一步分解为

$$\boldsymbol{\gamma C} \to \boldsymbol{\gamma\beta} + \boldsymbol{\beta C}, \tag{9.57}$$

就是变成图 9.44(c)，(c′) 所示的小三角形 $\boldsymbol{\gamma\beta}$，$\boldsymbol{\beta\delta}$，$\boldsymbol{\beta C}$，结果又出现两个压杆位错。这个最终组态也比较复杂，它也是不可滑动的。

在上节中曾提到，由螺型扩展位错的扩展割阶处可以发展出一个层错四面体，这是一个很有趣的过程，现在具体说明如下。

看图 9.45。图 9.45(a) 等于图 9.44(c)，(c′)，它是一个平衡组态。在施加了适当的应力时，整个组态会发生一定的变形，形成一

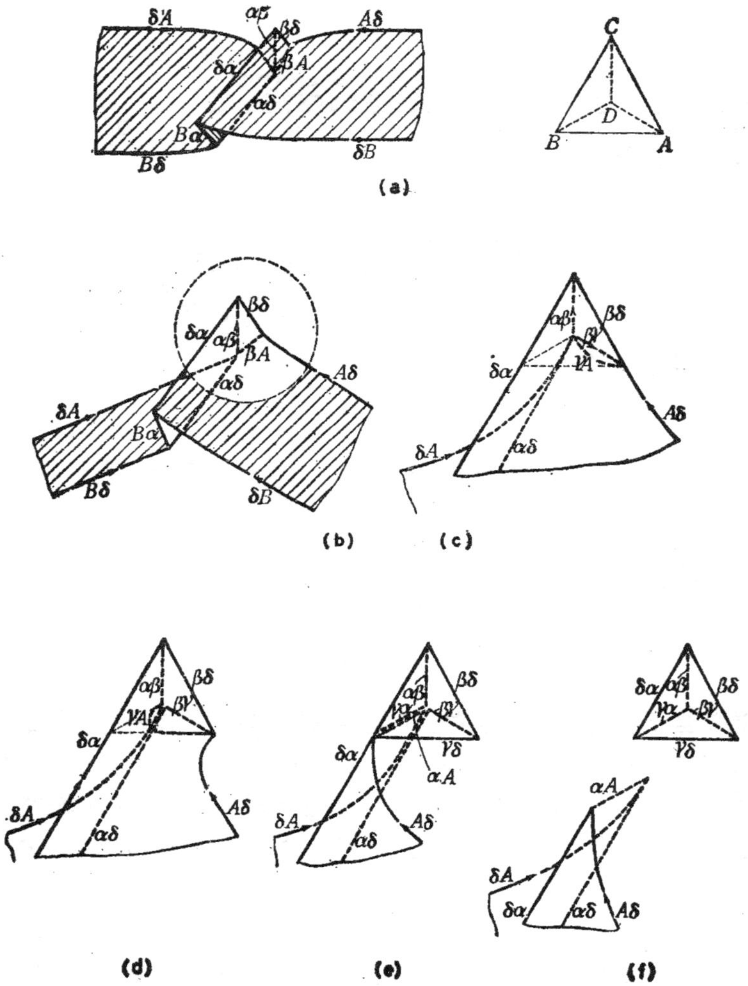

图 9.45

个尖顶，如图 9.45(b) 所示。在图 9.45(c) 里绘出尖顶的细部。要注意此图中 Thompson 四面体的相对位置。此时，Shockley 位错 $\boldsymbol{\beta A}$ 先逐渐滑到棱边 $\boldsymbol{DC}$ 的位置，然后发生分解 $\boldsymbol{\beta A} \rightarrow \boldsymbol{\beta\gamma} + \boldsymbol{\gamma A}$. 位错 $\boldsymbol{\beta\gamma}$ 留在 $\boldsymbol{DC}$ 线上，而位错 $\boldsymbol{\gamma A}$ 在 (c) 面上滑动(图9.45(a)),

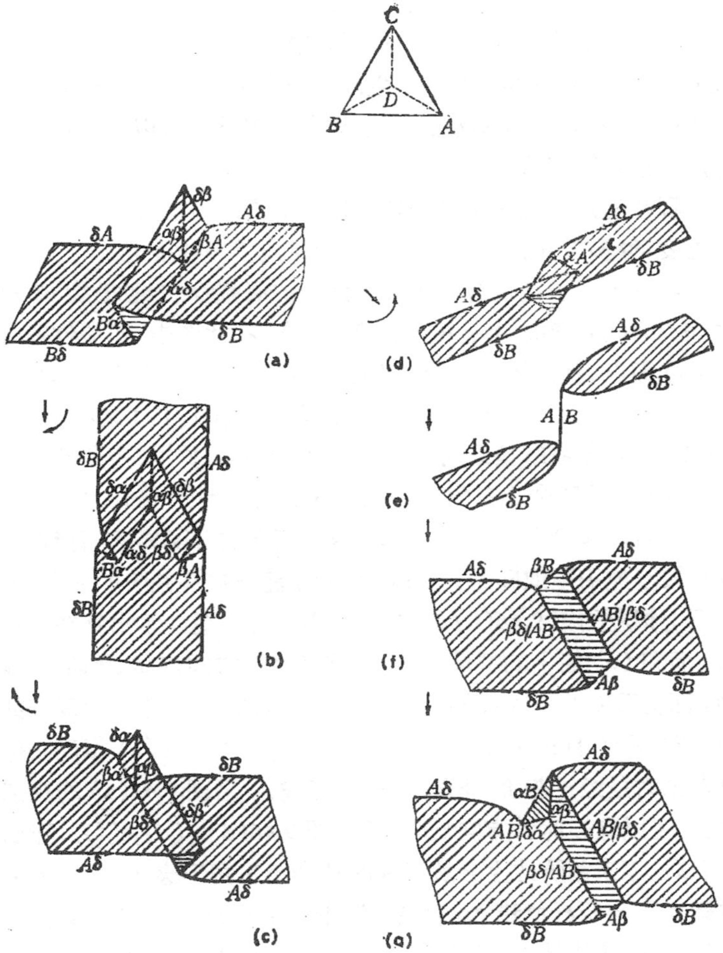

图 9.46

直至最后扫过整个的(c)面.跟随着这个过程,(*d*)面上 Shockley 位错 $\boldsymbol{A\delta}$ 的端点也沿着棱边 AB 由 A 点移至 B 点,形成图 9.45(e)所表示的状态,在棱边 AB 上是由于位错 $\boldsymbol{\gamma A}$ 与 $\boldsymbol{A\delta}$ 的反应而形成的位错 $\boldsymbol{\gamma\delta}$. 现在,在棱边 BD 上位错 $\boldsymbol{\gamma A}$ 分解: $\boldsymbol{\gamma A} \rightarrow \boldsymbol{\gamma\alpha}+$

αA，于是就形成了一个完整的层错四面体，示于图 9.45(e) 中. 这个层错四面体从它的母体——螺型位错的扩展割阶上分离出去，最后成图 9.45(f) 中的情况，生成了一个独立的四面体，而割阶回复到图 9.45(a) 的原始组态. 这样在应力下就可以依此过程不断地产生层错四面体.

现在简短描述一下带割阶的扩展位错. 当位错方向在位错平面上变动(旋转)时，位错割阶的构型相应就发生变化.

第一个例子是从含锐角转折完全扩展割阶的纯螺型位错出发，图 9.46(a) 实际上是重绘图 9.44(c). 在此图中，扩展位错带位于 (d) 面上，我们将令此带绕 (d) 的法线旋转. 在图 9.46(a)开始，向顺时针方向旋转的两个阶段示于图 9.46(b)，(c) 之中. 在图 9.46(a) 中，即纯螺型取向下，割阶在两个面上扩展；主要部分是在 (a) 面上，而那个小三角形是在 (b) 面上. 让位错开始向顺时针方向旋转，割阶面积在 (a)，(b) 两个面上的分配将逐渐接近. 当位错转至纯刃型取向时，(a) 面和 (b) 面上扩展割阶的面积相等. 实际上相应的图 9.46(b) 就是图 9.43(d′). 图中示出处在对称的 (a) 面和 (b) 面上的扩展割阶. 继续顺时针方向旋转，割阶在 (a)，(b) 面上又变为不对称的. 直至旋转了 180°，位错又回复到纯螺型取向，示于图 9.46(c) 中. 不过此时它与图 9.46(a) 相反，位错自左至右是经过割阶“下降”了一个距离. 由图 9.46(a) 的组态出发，也可以向逆时针方向旋转，参看图 9.46(d)，(e)，(f). 开始旋转以后，原来割阶边上分解出来的那个小三角形会闭合，Shockley 位错 βA 与压杆位错 $\alpha\beta$ 合并，变成边线 Frank 位错 αA，图 9.46 (d). 在继续旋转中，割阶回复原来束集形式，图 9.46(e). 尔后，这个束集割阶可以在 (b) 面上展开. 但此时显然已经不是锐角转折，而是钝角转折，故此位错及割阶组态应如图 f 所绘，小 Frank 位错进一步分解，出现一个小三角形，最后变成图 9.46(g) 所示的完全分解组态.

第二个例子是从具有钝角转折的纯刃型位错出发（图 9.47). 在顺时针旋转中，由于 δA 和 $B\delta$ 的线张力，压杆位错 $\delta\gamma/AB$ 等

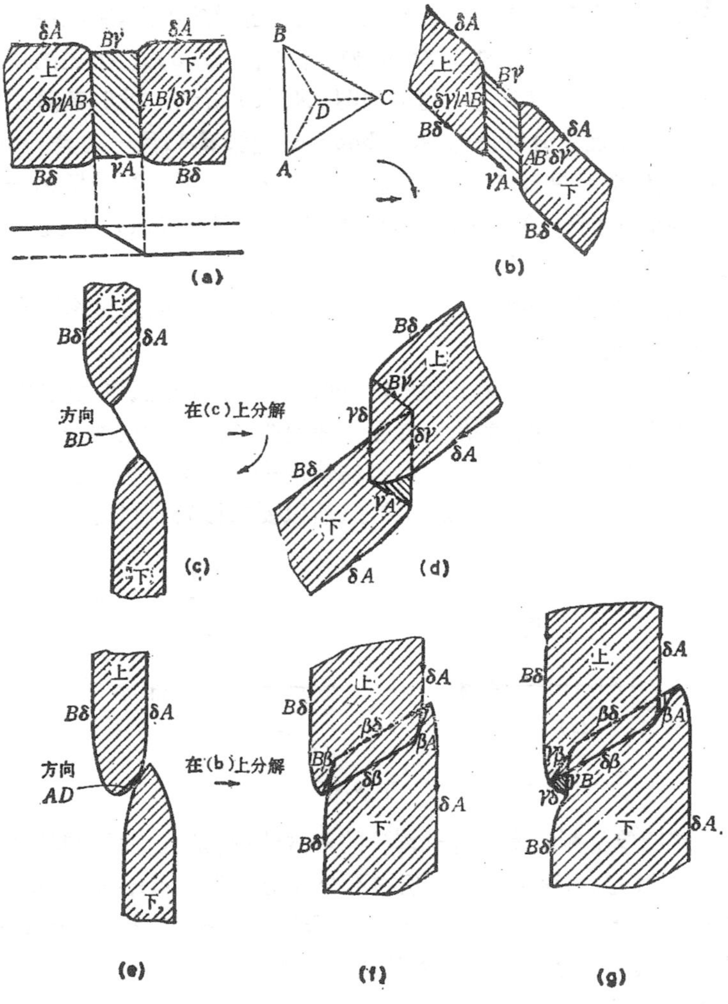

图 9.47

渐渐变短，如图 9.47(b). 当到达螺型位置时，两个 Shockley 不全位错 $\boldsymbol{B\gamma}$ 和 $\boldsymbol{\gamma A}$ 合并，重新成为束集的割阶. 这个束集割阶线段可能位于棱边 AD 上，也可能在棱边 BD 上，后一情况可能性较大，如图 9.47(c). 这段位错能够在 (c) 面上分解为两个 Shockley

不全位错：$BA \to B\gamma + \gamma A$. 由于现在是锐角组态，所以在面的交线上生成的压杆位错为 $\gamma\delta$ 和 $\delta\gamma$，如图 9.47(d). 上述的束集割阶若位于棱边 AD 上，则将如图 9.47(e) 所示. 此时割阶线段遂可在 (b) 面上分解，一边是 Shockley 位错 βA，另一边是Frank 位错 $B\beta$，绘于图 9.47(f) 中. 最后，Frank 位错会再分解为一个小三角形，位于 (c) 面上. 完全分解组态在图 9.47(g) 中绘出，它是不可滑的.

上面综述了长割阶的几何构型. Hirsch[1] 曾简短讨论过它们的稳定取向角区间.

现在考虑单位割阶，即是其长度仅为一个原子层厚度的割阶.

将上面所述的长割阶看作是一段有限长度的位错线一般是合理的. 但是对于单位割阶这种极端情况来讲，有关的那些概念是否都保留为有意义，这就成问题了，所以要加以特别讨论.

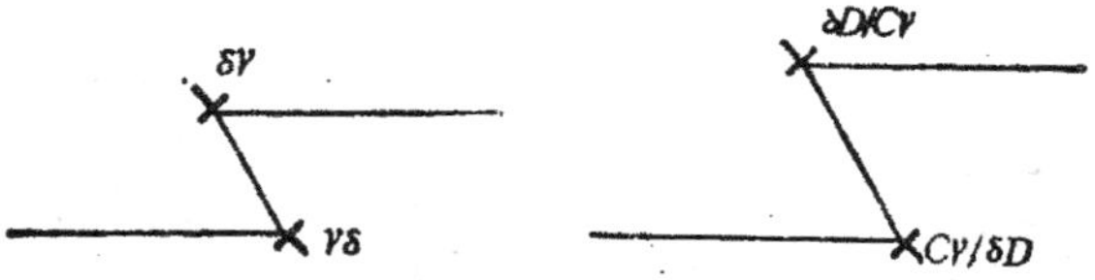

(a) (b)

图 9.48

若把单位割阶看作是长割阶的极限情况，那么，如果割阶是扩展的，我们就将得到两个极短的不全位错（Shockley-Shockley 或 Shockley-Frank），加上一对压杆位错偶（$AB/\delta\gamma$-$\delta\gamma/AB$ 型或 $\delta\gamma$-$\gamma\delta$ 型）. 由于现在扩展割阶两边的不全位错(即使能应用这个概念的话)极短，所以它们之间的排斥作用就小，因此这个短割阶的扩展宽度肯定比长割阶宽度小，不过无论如何，压杆位错偶的线度必定远大于割阶边缘不全位错的线度.

这个压杆位错偶中两个位错的距离是原子间距数量级，也就

1) Hirsch, P.B., *Phil. Mag*, 7,67 (1962).

是位错芯直径的数量级。因此这个位错偶实际上是一列原子错排(失配)线。

具体考虑一对 $\delta\gamma$-$\gamma\delta$ 位错偶，它们位于棱边 AB 上；沿 AB 的投影即如图 9.48 所示。这类位错的 Burgers 矢量为 $\pm\frac{a_0}{6}[1\bar{1}0]$；沿位错(偶)线，即 AB 线上的原子间距为 $\frac{a_0}{2}[1\ 1\ 0]$；而这两个压杆位错的“滑移”面之间的垂直距离为 $\frac{a_0}{2}[0\ 0\ 1]$。由是可知，相应于每一个原子坐位有一个以上述三个矢量为边的空的平行六

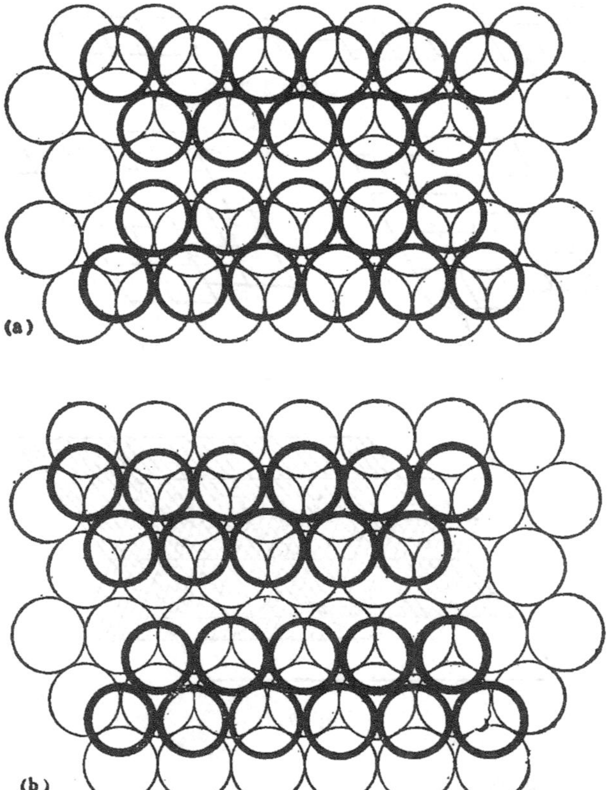

图 9.49

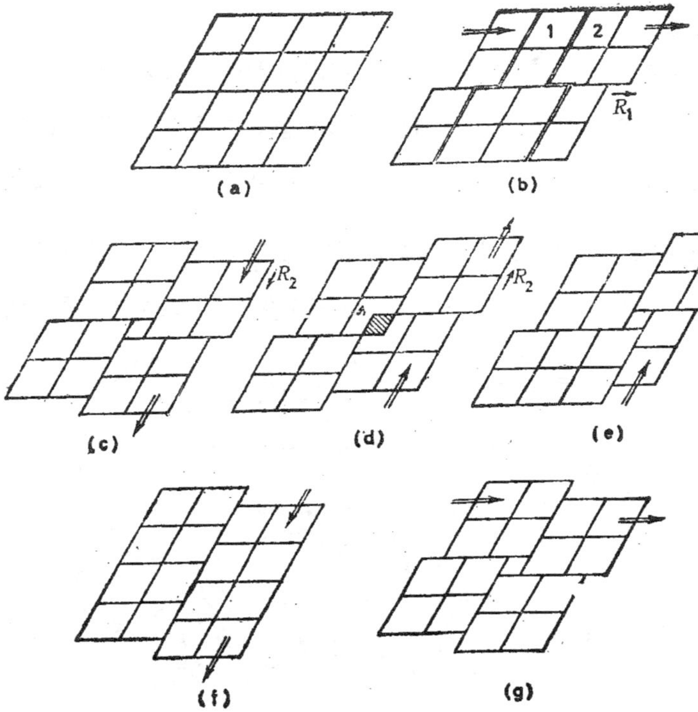

图 9.50

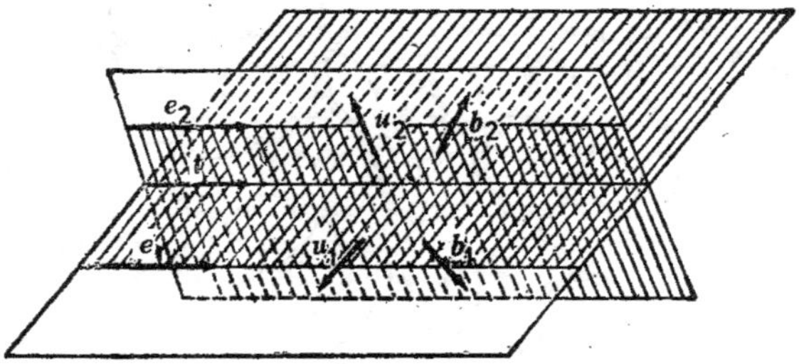

图 9.51

面体，其体积为

$$\left(\frac{a_0}{6}[1\bar{1}0] \times \frac{a_0}{2}[110]\right) \cdot \frac{a_0}{2}[001] = \frac{a_0^3}{12}.$$

每个"原子体积"是 $a_0^3/4$，因此单位割阶中的压杆位错偶 **δγ-γδ** 相当于一列"三分之一空位"．与此相似，可证压杆位错偶 **γδ/AB-AB/γδ** 相当于一列"三分之一间隙原子"，压杆位错偶 **δD/Cγ-Cγ/δD** 相当于一列"三分之二间隙原子"，而压杆位错偶 **δα/AB-AB/δα** 相当于一列"三分之二空位"．

图 9.49(a)，(b) 示出两个空位列的模型． 表 9.1 列出四种压杆位错偶的特性，其中相对能量是根据能量正比于 b^2，并且计入间隙原子与点阵空位之形成能不同，假定前者约为后者的三倍，而估计的．

表 9.1 压杆位错偶*

偶	b	b^2(相对)	特 征	每原子体积	相对能量
δγ-γδ	$\frac{1}{6}\langle 1\ 1\ 0\rangle$	1	空位	$\frac{1}{3}$	1
δγ/BA-BA/δγ	$\frac{1}{3}\langle 0\ 0\ 1\rangle$	2	间隙原子	$\frac{1}{3}$	3
δD/Cγ-Cγ/δD	$\frac{1}{3}\langle 1\ 1\ 0\rangle$	4	间隙原子	$\frac{2}{3}$	6
δα/AB-AB/δα	$\frac{1}{6}\langle 0\ 1\ 3\rangle$	5	空位	$\frac{2}{3}$	5

* 引自 Amelinckx, 128, (1979), Table 7.

§ 9.6 层错的交截

另一个有趣的几何组态问题是堆垛层错的交截，这与以前讨论过的位错交截及割阶产生相类似．

先考虑一个简单的图象． 请参看图 9.50，图 9.50(a) 示出完整晶体，每一斜方块代表一个晶体中的原子． 图 9.50(b) 示出已进行了一个位移矢量为 $\boldsymbol{R}_1$ 的切移，这个 $\boldsymbol{R}_1$ 不等于点阵平移矢量，因而引入一个堆垛层错． 在图 9.50(c) 中，我们再进行另一个切移 $\boldsymbol{R}_2$．可以直观地看出，这样引致两个层错的交截，而生成一个不全空位割阶线．如果第二个切移是 $-\boldsymbol{R}_2$，即是将上面的第二切移方向反转，则所得到的将是一个不全间隙原子割阶，如图 9.50

(d)所示. 图 9.50(e) 中是另外一个交截方式，第二个切移仍为 $-\boldsymbol{R}_2$，但发生切移的面现在是(2)而不是(1)(见图 9.50(a))，于是这交截所产生的就是不全空位割阶. 图 9.50(f) 与 (g) 表示先进行切移 $\boldsymbol{R}_2$，然后切移 $\boldsymbol{R}_1$，即交换两个切移的次序，与图 9.50(b)，(c) 比较，可见最后结果不变.

所产生割阶线单位长度上点缺陷的数目 n 可以计算如下. 设两个层错前沿的不全位错 Burgers 矢量分别是 $\boldsymbol{b}_1$，$\boldsymbol{b}_2$，两个位错都是直线，方向为 $\boldsymbol{t}_1$，$\boldsymbol{t}_2$，运动方向分别是 $\boldsymbol{u}_1$，$\boldsymbol{u}_2$. 可以不失一般性地取 $\boldsymbol{t}_1=\boldsymbol{t}_2=\boldsymbol{t}$，$\boldsymbol{t}$ 是两个层错面的交线，并令 $\boldsymbol{u}_1$，$\boldsymbol{u}_2$ 均垂直于 $\boldsymbol{t}$，如图 9.51 所示.

晶体为平面 $(\boldsymbol{t}, \boldsymbol{u})$ 分为两个部分，按照 Frank 约定，其中在法矢量 $\boldsymbol{n}=\boldsymbol{t}\times\boldsymbol{u}$ 正方向的一部分应相对于另一部分位移一个矢量 $\boldsymbol{b}$ (即 $\boldsymbol{b}_1$ 或 $\boldsymbol{b}_2$). 更进一步假定第二个切移是沿两部分晶体中第一次切移发生以前的同一个晶面进行，简而言之，是照图 9.50

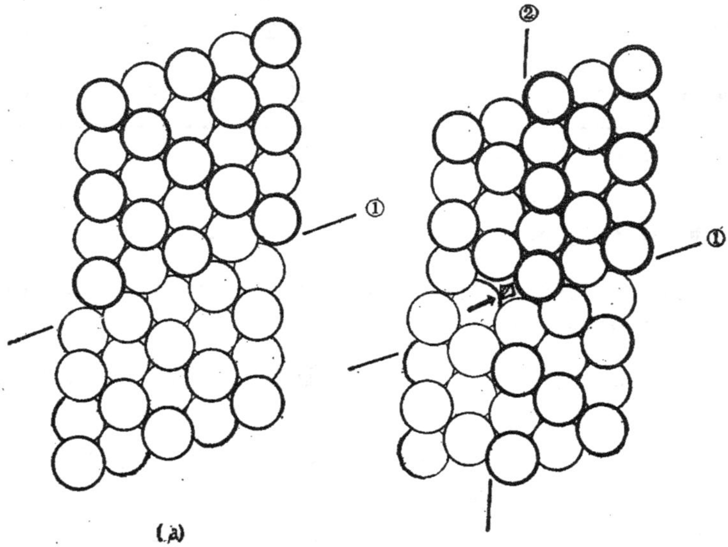

(a)

(b)

图 9.52

(d) 而不是照图 9.50(e) 中所绘的方式进行，或者说第二个前沿不全位错是沿图 9.50(b) 中的路径(1)而不是路径 (2) 传播。每单位长度割阶线上产生的体积改变为 $(\boldsymbol{b}_1 \times \boldsymbol{b}_2) \cdot \boldsymbol{t}$，$\boldsymbol{t}$ 可表为

$$\boldsymbol{t} = (\boldsymbol{u}_1 \times \boldsymbol{u}_2)/|\boldsymbol{u}_1 \times \boldsymbol{u}_2|.$$

于是如以 d 表原子间距 $d = \frac{1}{2}(a_0\sqrt{2})$，$\Omega$ 表示原子体积 $\Omega = \frac{1}{4}a_0^3$，则

$$n = d(\boldsymbol{b}_1 \times \boldsymbol{b}_2) \cdot (\boldsymbol{u}_1 \times \boldsymbol{u}_2)/|\boldsymbol{u}_1 \times \boldsymbol{u}_2| \cdot \Omega. \tag{9.58}$$

若 n 等于正数，则生成的是空位割阶；若 n 为负数，则生成的是间隙原子割阶. 由此式显然可见，交换切位移次序，即交换式中矢积的下标 1，2，所得结果不变.

若第二个层错前沿不全位错传播路线是图 9.50(b) 中的 (2)，而不是(1)，则“空位”与“间隙原子”互换；还要注意，若 $\boldsymbol{u}_1$ 或 $\boldsymbol{u}_2$ 的方向倒反，则点缺陷的性质也互换.

图 9.52(a)，(b) 示出面心立方结构中一种可能交截的图象. 在图 9.52(a) 中引入第一个层错，图 9.52(b) 中引入另一个层错.

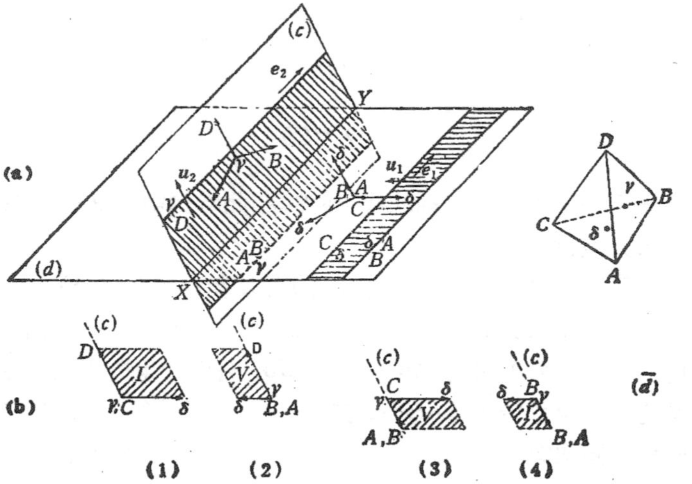

图 9.53(a),(b)

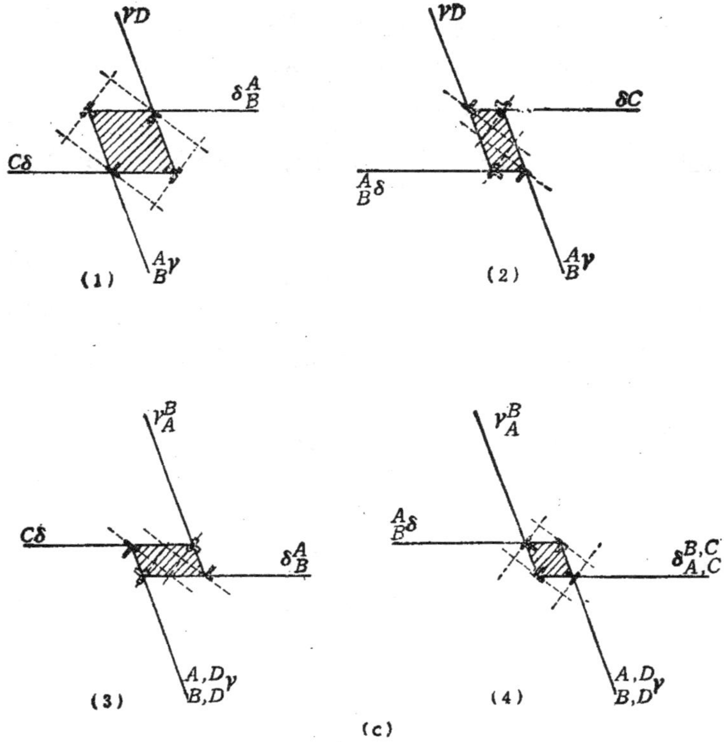

图 9.53(c)

割阶表示为一条沿它的轴的线，显然，在此特例中，这割阶相当于一个部分空位列.

为了讨论各种不同的可能情况，可以参看图 9.53(c).

设第一个层错的面为 (d)，第二个层错的面为 (c). 面 (d) 上可能的层错位移矢量为 $\boldsymbol{A\delta}$, $\boldsymbol{B\delta}$ 和 $\boldsymbol{C\delta}$，它们产生同样的层错，并且是前沿不全位错的 Burgers 矢量. 而对于截线 XY，它们可以有两种不同取向，即与之垂直，或成 60° 角. 面 (c) 上层错矢为 $\boldsymbol{\gamma A}$, $\boldsymbol{\gamma B}$ 或 $\boldsymbol{\gamma D}$，性质与上述 $\boldsymbol{A\delta}$ 等相同. 可以将 (c) 面上任一个

层错矢与 (d) 面任一层错矢相结合，于是得到图 9.53(b) 中所示的四种基本上不同的可能情况. 图中 V 代表空位列，I 代表间隙原子列.

考虑特殊情况(1)，此时

$$t=\frac{1}{\sqrt{2}}[110],\quad d=\frac{1}{2}(a_0\sqrt{2});$$

$\boldsymbol{b}_1=(\boldsymbol{C\delta})=\frac{1}{6}a_0[1\bar{1}\bar{2}]$，在 $(d)\equiv(1\bar{1}1)$ 中. $\boldsymbol{b}_2=(\boldsymbol{\gamma D})=\frac{a_0}{6}[\bar{1}1\bar{2}]$，在 $(c)\equiv(1\bar{1}\bar{1})$ 中. 代入公式求得

$$n=\frac{a_0\sqrt{2}}{2}\cdot\frac{a_0^2}{36}[440]\cdot[110]\frac{1}{\sqrt{2}}\cdot\frac{4}{a_0^3}=\frac{4}{9},$$

与此相似，可得情况 (2) 和 (3) 下 $n=2/9$；而在情况(4)下，$n=1/9$.

从形式上来讲，以上所述的构型还可以描述为如图 9.53(c) 所示的组态. 那里给出一对弯折的层错，在弯折线上各有一个压杆位错，形成一个压杆位错偶. 可以设想，不全位错 $\boldsymbol{\gamma B}$ 首先扫过面 (c)，使得 (d) 面族变成阶梯形的. 然后不全位错 $\boldsymbol{B\delta}$ 在 (d) 面上传播，当它遇到阶梯时会发生分解 $\boldsymbol{B\delta}\rightarrow\boldsymbol{B\gamma}+\boldsymbol{\gamma\delta}$. 将压杆 $\boldsymbol{\gamma\delta}$ 留在交截线上，然后 $\boldsymbol{B\gamma}$ 在交滑移面 (c) 上运动造成大小为单位阶梯分数的一个阶梯，继之发生分解 $\boldsymbol{B\gamma}\rightarrow\boldsymbol{B\delta}+\boldsymbol{\delta\gamma}$，这样就形成了压杆位错偶 $\boldsymbol{\gamma\delta}$-$\boldsymbol{\delta\gamma}$.

也可以想象这里一个压杆位错是由两个前沿不全位错形成，另一压杆位错由两个后沿不全位错形成，例如

$$\boldsymbol{B\delta}+\boldsymbol{\gamma B}=\boldsymbol{\gamma\delta},\quad \boldsymbol{\delta A}+\boldsymbol{A\gamma}=\boldsymbol{\delta\gamma},\tag{9.59}$$

这种压杆位错偶模型给出的点缺陷体积与上文中推出的相同. 例如具有 $\boldsymbol{b}$ 为 $\frac{1}{6}[\bar{1}0\bar{1}]$ 的压杆位错理论滑移面之间距离为 $\frac{1}{6}[010]$，因此体积为

$$\left\{\frac{a_0}{6}[\bar{1}0\bar{1}]\times\frac{a_0}{2}[110]\right\},\ \frac{a_0}{6}[010]=\frac{1}{36}a_0^3,$$

这样

$$n = \frac{1}{36}a_0^3 / \frac{1}{4}a_0^3 = \frac{1}{9}.$$

另一种表示法是取压杆位错位于层错弯折的钝角线上，结果不变.

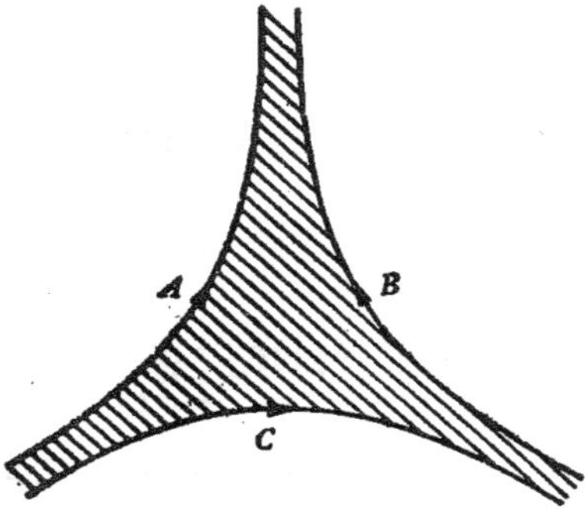

图 9.54

§ 9.7 扩展节点的若干构型

当三个扩展位错相遇时，节点可能是集束的，也就是说在相遇处扩展位错都束集起来. 节点也可能是扩展的，就是形成例如图 9.54 所示的形状.

孤立的节点，即是略去与晶体表面及其它位错、缺陷的相互作用时，其平衡几何布置由层错能 γ 与各不全位错的自能及相互作用能之间的平衡确定. 我们准备在下一章里，讨论六角密积结构中的不全位错以后，再对孤立扩展节点的几何组态作一些定量计算(§ 10.3).

现在介绍一两种有趣的构型. 其一是一种扩展位错节与集束位错节交替出现的网络. 考虑如图 9.55(a) 所绘出的情况，这里面 (a) 上的一个带 $\boldsymbol{DC}$ 与面 (d) 上的带 $\boldsymbol{BC}$ 发生相互作用. 在面 (a) 与面 (d) 的交线上，不全位错 $\boldsymbol{C\delta}$ 和 $\boldsymbol{\alpha C}$ 可以发生反应，形成 $\boldsymbol{\alpha\delta}$，后者进一步吸引 $\boldsymbol{\delta B}$，最后在交线上形成不全位错 $\boldsymbol{\alpha B}$，它能在面 (a) 上运动，如图 9.55(b) 所示. 由于 $\boldsymbol{\alpha B}$ 被不全位错 $\boldsymbol{\alpha C}$ 和

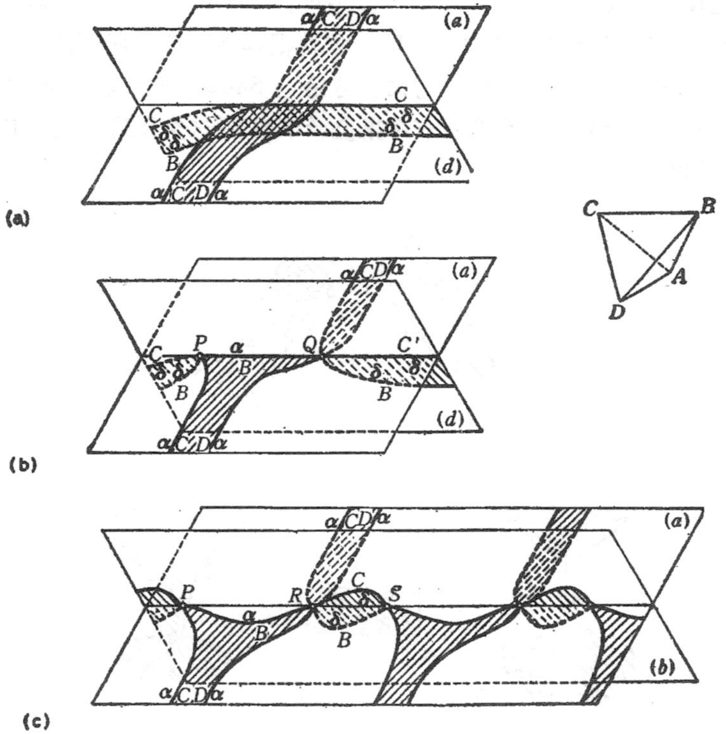

图 9.55

Dα 所吸引，因此它会向内弯曲，形成如图 9.55(c) 中所示的扩展节点．在图 9.55(b) 中的 P, Q 点上沿面交截线发生位错束集．若发生好几个这样的位错交截，那么如图 9.55(c) 中的 R, S 束集点会相互接近而湮灭，结果构成扩展节点与束集节点交替排列的序列网络．

在同一滑移面上的扩展位错相互作用也能生成扩展一束集节点对，例如参看图 9.56(a)．在适当方向的应力之下，例如 **δB-Aδ** 和 **δC-Bδ** 可以被迫相互接近，图 9.56(b)．由于总 Burgers 矢量间所夹的角为钝角，所以远程相互作用是吸引性的．不过，相遇的不全位错之间的近程相互作用却是排斥性的，所以需要适当的应力，

以使反应 $\boldsymbol{AB}+\boldsymbol{BC}\rightarrow\boldsymbol{AC}$ 得以进行.这个反应是能量增益的,因而一旦束集状态在应力下实现,它就很容易进行.所形成的位错线段 $\boldsymbol{AC}$ 可以在同样的(d)面上分解为 Shockley 不全位错,产生如图 9.56(c) 所示的扩展一束集位错节对. 这类反应能给出广延的网络.

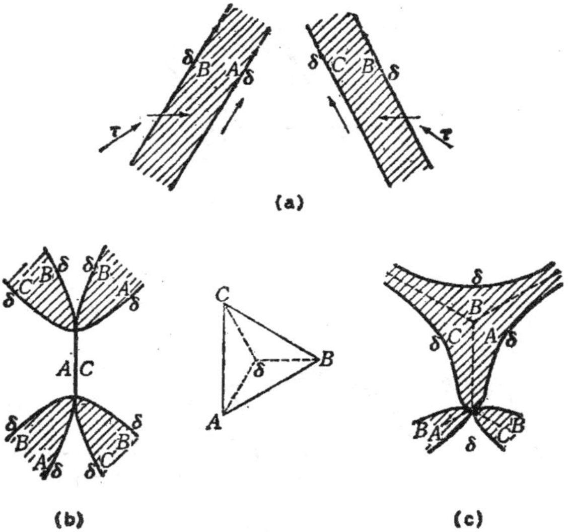

图 9.56

下面再简短描述有关三重层错带的几个有趣的例子.

首先试观察图 9.57. 图 9.57(a) 中所示的两个扩展位错 $\boldsymbol{\delta B}+\boldsymbol{C\delta}$ 和 $\boldsymbol{\delta A}+\boldsymbol{C\delta}$ 分别位于两个相继的滑移面 (d) 上. 两个带总体是相互排斥的,所以需要应力以使它们足够靠近. 于是会存在一个亚稳位置,超过此位置之后位错反应能自动进行. 带的部分交叉可以生成图 9.57(b) 中所绘出的组态,其中三个不全位错的 Burgers 矢量均为 $\boldsymbol{C\delta}$,而在一个带中层错是 intrinsic,在交叠部分,层错是 extrinsic. 参看 X-Y 线上的截面图,图 9.57(c),就能明了这一点. 在电子显微镜下所实际观察到的构型如图 9.57

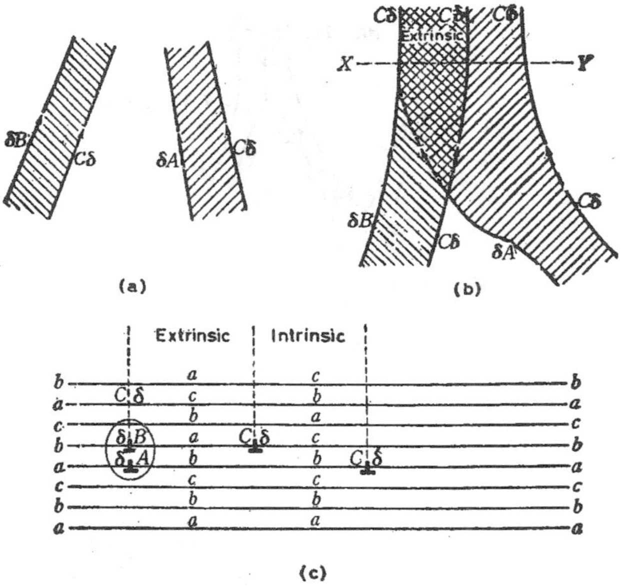

图 9.57(a)—(c)

(d) 所绘，图 9.57(e) 绘出两个平面上的诸 Shockley 不全位错．当两个平面之间的距离较大，大于一个原子层间距时，交叠部分最好描述为两个交叠的 intrinsic 层错，而不是一个 extrinsic 层错．

三重带还可以由相互交截的滑移面上的单带间相互作用而形成．参看图 9.58．图 9.58(a) 中扩展位错 $\boldsymbol{BC}$ 和 $\boldsymbol{CD}$ 分别位于面 (a) 和面 (d) 上．在两个扩展位错相交处形成一个束集，并发生如下的反应：$\boldsymbol{B\delta} + \boldsymbol{C\alpha} \rightarrow \boldsymbol{BC}/\boldsymbol{\delta\alpha}$．所形成的这个压杆位错会吸引不全位错 $\boldsymbol{\delta C}$，与它发生反应 $\boldsymbol{B\delta} + \boldsymbol{C\alpha} + \boldsymbol{\delta C} \rightarrow \boldsymbol{B\alpha}$，生成一段不全位错 $\boldsymbol{B\alpha}$，后者能在面 (a) 上滑动，见图 9.58(b) 这个位错线段被不全位错 $\boldsymbol{\alpha D}$ 和 $\boldsymbol{C\alpha}$ 牵引，向面 (a) 上弯曲，如图 9.58(c) 所示．若 extrinsic 层错能足够小，则不全位错 $\boldsymbol{\alpha D}$ 能跨过不全位错 $\boldsymbol{C\alpha}$ 和 $\boldsymbol{B\alpha}$，于是形成图 9.58(d) 中的复杂组态．最后，取决于原

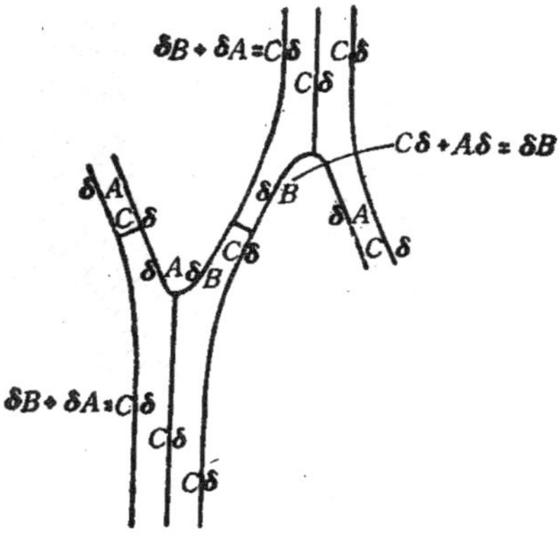

(d)

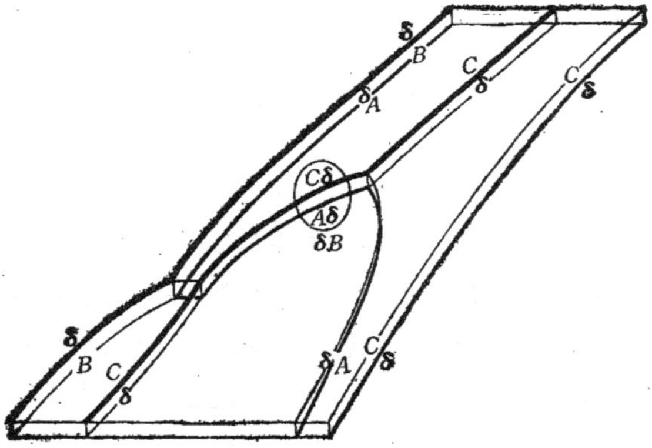

(e)

图 9.57(d),(e)

始两个扩展位错的相对取向，可能形成一个三重带（图 9.59(a)），或一个 intrinsic-extrinsic 扩展位错节对（图 9.59(b)），它们二者是拓扑等价的，可由一种组态经过连续形变变成另一种组态.

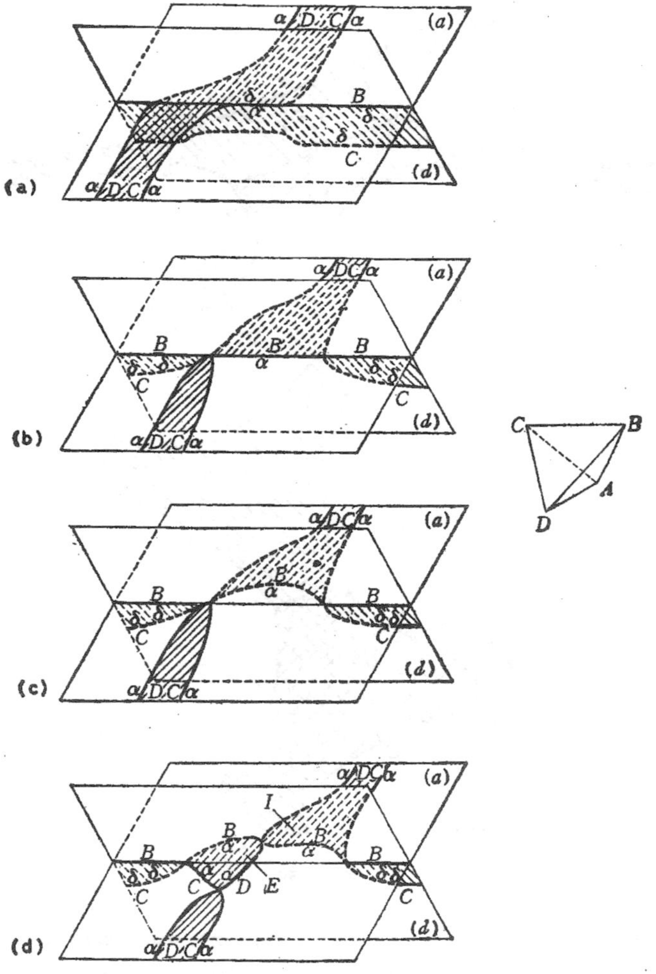

图 9.58

最后考查一下如图 9.60 所示相互作用机制. 图 9.60(b) 示出分别位于相继的两个平面上的两个扩展位错，它们如图中所绘地那样交叉. 若两个不全位错 **αC** 发生相互作用，生成一个不滑的单位割阶，就会给出如图 9.60(a) 和 (c) 所表示的组态. 图 9.60(a)

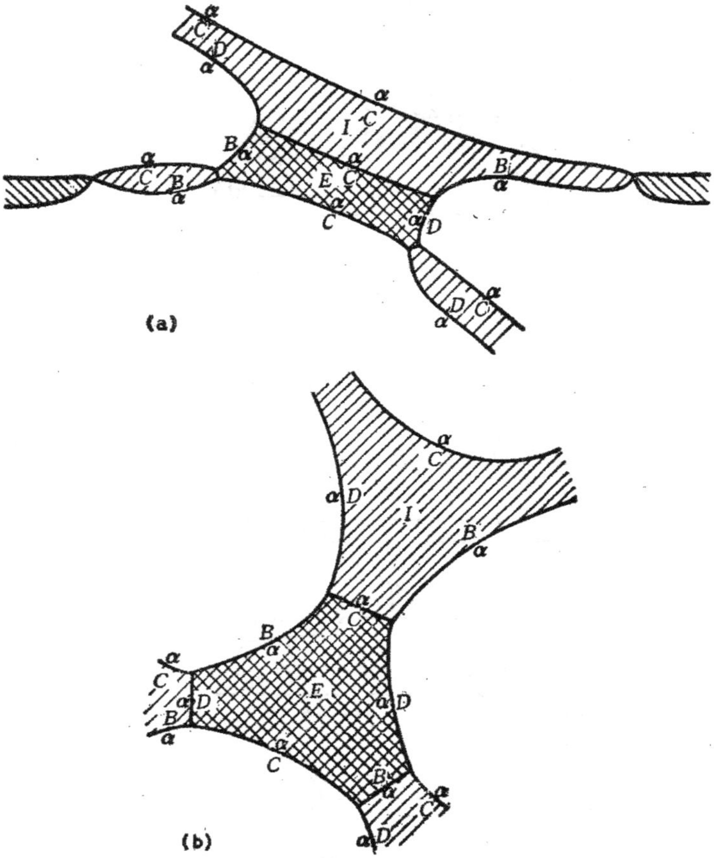

图 9.59

中是一个三重带，图 9.60(c) 中是一个 intrinsic-extrinsic 扩展位错节对．两个相继平面上的 intrinsic 层错自动生成一个 extrinsic 层错．图 9.60(a) 和图 9.60(c) 中所示组态也是相互拓扑等价的．

§ 9.8 交滑移的几何

我们在本节中简略论述交滑移的几何．所谓交滑移就是位错(或一段位错线)在一定条件下从一个滑移面过渡到另一可能的滑

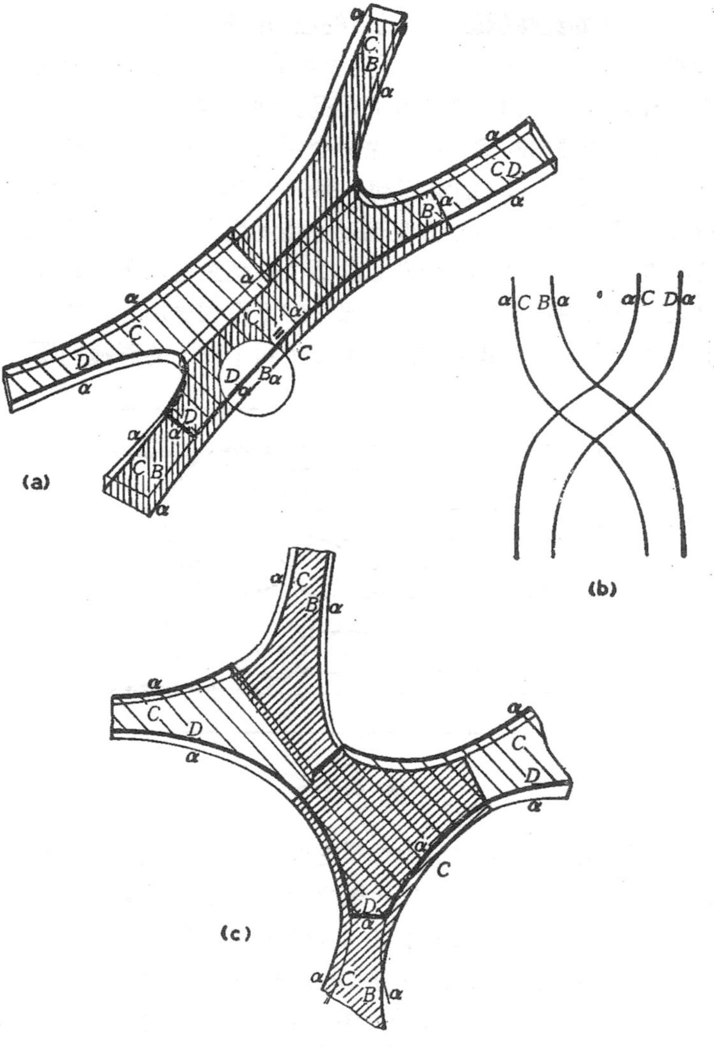

图 9.60

移面的过程．人们认为，交滑移在面心立方金属加工硬化的第 III 阶段中起重要作用．

在面心立方晶体中所有 {111} 面都可以作为滑移面；这些

面的交线是〈110〉型的线，全位错的 Burgers 矢量与此平行．因此，一个滑移的纯螺型位错在适当的应力条件下能够从一个(111)面转移到另一(111)面上去，即是发生交滑移． 致使位错由原滑移面转移至交滑移面的障碍或原因是多种多样的．

作为一个理想的例，试考虑两个平行同号螺型位错的相互作用，其中一个位错(P)固定不动，另一个位错(Q)在某一滑移面上滑移．现在讨论不动位错使运动位错发生交滑移的可能性．这个情况表示于图 9.61 中．所设想的两个纯螺型是两条与纸面垂直的直线，方向由纸面向外．图中水平的平行线表示可动位错Q的可能滑移面{111}． 我们的图象类似于两个粒子的碰撞问题．

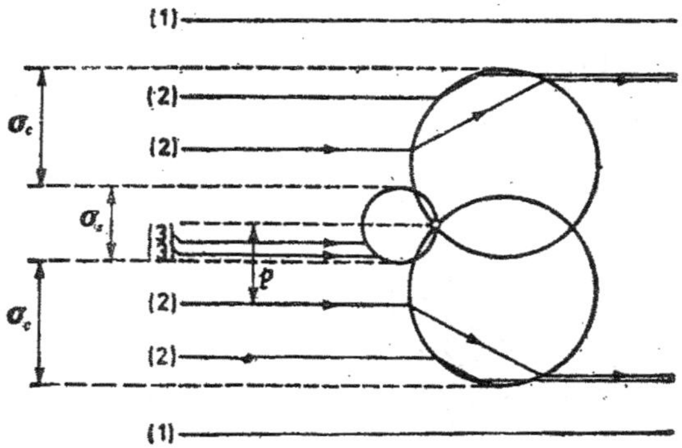

图 9.61

由前面的讨论可知这两个位错之间的相互作用力比例于$1/r$．假定令位错在交滑移面上滑移所需之应力σ比在原滑移面上滑移所需之应力σ_0为高，那么就会发生如下三种情况：(1)当Q滑移的面距离P足够远时，会继续在原滑移面上运动；(2)当此距离减小到一定大小以后，由于P，Q的相互作用使Q发生交滑移；(3)当距离更小，至小于某个数值，则Q会被P所阻碍，不能继续滑动．此距离用字母p记之，可称为“碰撞参数”．上述p的三个区间表示在图中．交滑移开始和终止的点的几何轨迹是圆；同样，运动位错停止的点的几何轨迹也是一个圆，这些圆的半径显然依赖于σ和σ_0．

在以（1）标出的诸面上滑移的位错，其运动路线将不被偏折．在以(2)标出的诸面上滑移的位错，到达其原滑移面与图中大圆交点处即开始发生交滑移，即是沿图中所示的方向运动，直至第二次与大圆相交，自此点以后，位错回到原运动方向，即再次沿“水平线”滑移．最后，在以(3)标出的诸面上运动的诸位错将停止在面(3)与小圆的交点处．如是，便可以相对于静止位错定义一个阻止截面 σ_i 和一个交滑移截面 σ_c，示于图中．若二螺型位错符号相反，则相互吸引，此时代替阻止作用的是两个位错的复合．后面这个情况也可以作出相类似的图形．

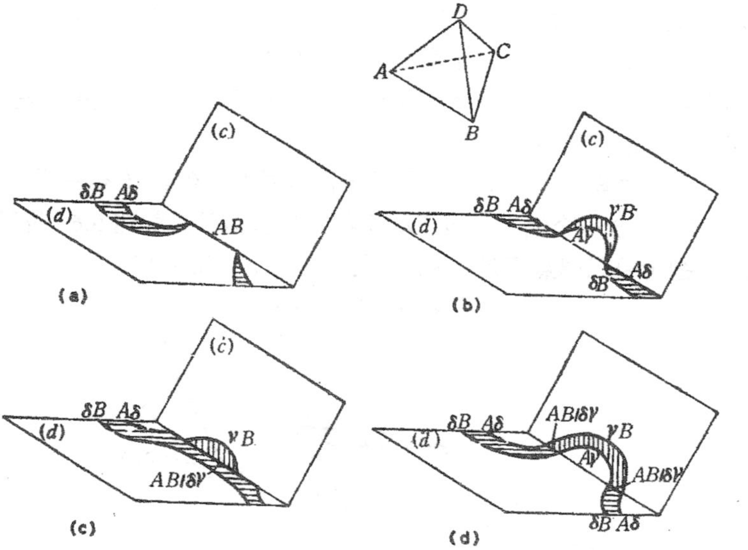

图 9.62

现在考虑扩展位错的交滑移．如上所述，扩展位错必然局限在它所含的层错的平面上运动，因此它(的一部分)若要转移到交滑移面上去，则必须经过束集的阶段．这样就需要供给能量，因此在应力下才能实现．然后，束集的位错线段再在交滑移面上扩展．考查螺型位错 AB，交滑移事件可以下式表之：

$$\delta B + A\delta \rightarrow AB \rightarrow A\gamma + \gamma B, \tag{9.59}$$

图示于图 9.62 中．纯螺型扩展位错原在 $(\bar{d})$ 面上，图 9.62(a) 表明它先形成位于 AB 棱边上的一段束集位错线段．图 9.62(b) 表示这一段在 (c) 面上进行交滑移，扩展成为 $\boldsymbol{A\gamma}+\boldsymbol{\gamma B}$，这时留下两个结点．另一种可能的程序是：靠近棱边的(领先的)不全位错 $\boldsymbol{A\delta}$ 在应力下分解，成为一个位于棱边上的压杆位错 $\boldsymbol{AB/\delta\gamma}$ 和在(c) 面上运动的不全位错 $\boldsymbol{\gamma B}$，如图 9.62(c)．反应式如下：

$$\boldsymbol{\delta B}+\boldsymbol{A\delta}\rightarrow\boldsymbol{\delta B}+\boldsymbol{AB/\delta\gamma}+\boldsymbol{\gamma B}. \tag{9.60}$$

最后，压杆位错 $\boldsymbol{AB/\delta\gamma}$ 的主要的一段会与后至的不全位错 $\boldsymbol{\delta B}$ 进行反应，成为不全位错 $\boldsymbol{A\gamma}$，后者能在 (c) 面上滑动．于是形成图 9.62(d) 中的式样，其中留下在 AB 棱边上的两小段压杆位错，它们是不可动的．上述两种情形下都在 (c) 面上形成有两个钉扎处的半环，它能否作为 Frank-Read 源运动，要视钉扎之间的距离与应力状态而定(见第一章)．

另一种设想的交滑移过程是下面这样的：位错 $\boldsymbol{\delta A}+\boldsymbol{B\delta}$ 在 (d) 面上，含一个位于棱边 BD 上的束集长割阶，如图 9.63 所示．这个割阶可以端点不动，而本身在 (c) 面上分解滑移

$$\boldsymbol{BA}\rightarrow\boldsymbol{B\gamma}+\boldsymbol{\gamma A}, \tag{9.61}$$

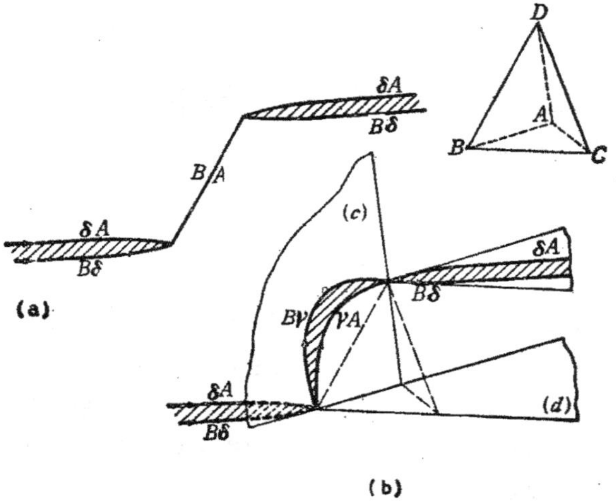

图 9.63

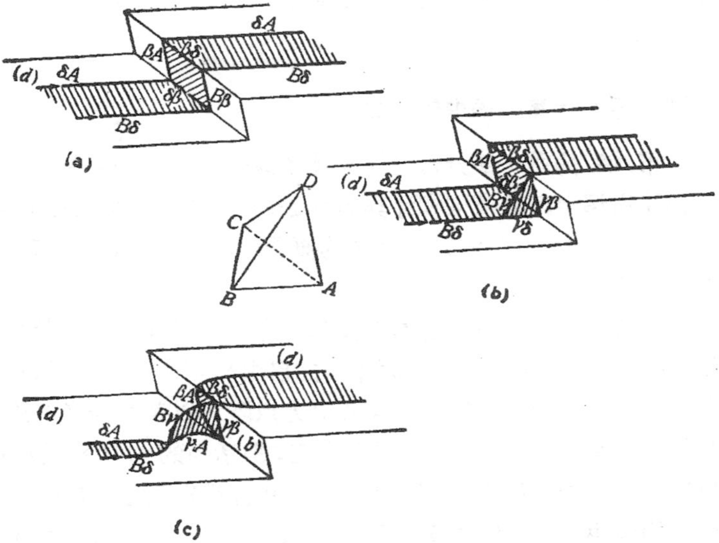

图 9.64

即是造成交滑移.

分解的(扩展的)割阶也可以导致交滑移. 例如图 9.64 中所示扩展割阶处在 (*b*) 面上,它右边的 Frank 不全位错 $\boldsymbol{B\beta}$ 可以在 (*c*) 面上分解

$$\boldsymbol{B\beta} \rightarrow \boldsymbol{\gamma B} + \boldsymbol{B\gamma}, \tag{9.62}$$

而进一步 $\boldsymbol{B\gamma}$ 又能与 $\boldsymbol{B\delta}$ 反应,形成一段位于棱边 AB 上的压杆位错 $\boldsymbol{\gamma\delta}$

$$\boldsymbol{B\gamma} + \boldsymbol{B\delta} \rightarrow \boldsymbol{\gamma\delta}, \tag{9.63}$$

即是形成前面所描绘过的那个小三角形(图 9.47),如图 9.64(b)所示. 现在假定 (*c*) 面上的应力适当地大,那么扩展位错的另一边 $\boldsymbol{\delta A}$ 可与压杆位错 $\boldsymbol{\gamma\delta}$ 合并

$$\boldsymbol{\delta A} + \boldsymbol{\gamma\delta} \rightarrow \boldsymbol{\gamma A}. \tag{9.64}$$

最后这个 Shockley 不全位错 $\boldsymbol{\gamma A}$ 能在 (*c*) 面上滑移,形成如图 9.64(c) 的状况. 注意,现在 $\boldsymbol{B\gamma} + \boldsymbol{\gamma A}$ 在 (*c*) 面上是一个完全可

滑的扩展位错. 当然,由图可见,最后组态与上面描述的没有很大的不同.

§ 9.9 原子计算: 铜中的位错

第八章的后一部分讨论了晶体中缺陷(位错)的"原子计算",介绍了所谓半离散模型和计算方法,并且论述了原子间势的问题.

在本节中,我们叙述关于铜的原子计算,作为面心立方金属的实例和代表.

所有的计算所用的基本步骤都一样. 为了模拟一个长直线位错,取含于一个直角平行六面体中的自由相互作用的原子,这些原子构成具有铜的点阵常数的面心立方点阵,以某种恰当的原子间势相互作用. 例如,对于纯刃型位错,取适当的 {110}, {111} 和 {112} 晶面作为平行六面体的表面. 将位错安置在这个平行六面体的中央,令位错垂直于两个 {112} 面. 一般在直位错线的情况下,在位错线的方向上仅需取六个 {112} 晶面便足够,这就是平行六面体在 ⟨112⟩ 方向上的尺寸; 外 {112} 表面上采用周期性边界条件. 当位错不是完全直线,或考虑直线位错与其它缺陷相互作用,因而失去了简单的对称性时,所取 {112} 面的数目就要修改. 在另外两个垂直方向,即滑移方向 ⟨110⟩ 及滑移面法线方向 ⟨111⟩ 上,所取晶体尺度应尽量大,以计算机容量为限. 滑移方向上所取尺度要大,这一点特别重要,这是因为铜中的位错趋向于分解为一对不全位错,边界的存在和约束必然对于为了达到最终平衡组态所需的不全位错滑移产生影响. 在平行六面体晶体一对 {110} 表面和一对 {111} 表面上所采用的边界条件取决于所选择的势及弛豫过程的一些细节.

Bullough[1] 及 Cotterill 和 Doyama[2] 首次作了计算. 他们所用的原子集合体就是上面所描述的那种平行六面体晶体. Bullough 应用纯排斥性 Born-Mayer 势

1) Bullough, R., *Bull. Amer. Phys. Soc.*, **10**, 323 (1965).
2) Cotterill, R.M.J. and Doyama, M., *Phys. Rev.*, **145**, 465(1966).

$$V(r)=A\exp[-\rho(r-r_0)/r_0], \tag{9.65}$$

式中 r 是原子核对间间距；常数 $A=0.051\text{eV}$，$\rho=13\text{Å}$，$r_0=2.551\text{Å}$，它们是 Gibson 等由辐射损伤实验确定的。维持此集合体的表面与弹性各向异性位错组态相容，这样来保持总的平衡。采用以上形式的势结果是不理想的，给出层错能极低，仅及几分之一个 erg/cm^2，所以全位错将完全分解，两个不全位错之间的排斥相互作用不易被平衡，而其间的分离距离仅人为性地被它们为固定边界所阻而决定。这个工作的实在意义仅在于它首次演示了这种大型多体弛豫计算用现有的电子计算机是易行的。

Cotterill 和 Doyama 采用 Morse 势

$$V(r)=D\{\exp[-2\alpha(r-r_e)]-2\exp[-\alpha(r-r_e)]\}, \tag{9.66}$$

式中 D 是原子对的解离能，r_e 是孤立原子对的平衡距离，α 是一个参量，它是相互作用“硬度”的一个量度。对于铜，Girifalco 和 Weizer 得到

$$D=0.3429\text{eV},\quad r_e=2.8660\text{Å},\quad \alpha=1.3588\text{Å}^{-1}, \tag{9.67}$$

条件是原子对势基本上遍及晶体中所有的原子。这样长程的势用于现在的弛豫问题是不便的，因此，Cotterill 和 Doyama 将势的作用范围作了一个合理的切断，就是令每一个原子仅与它邻近的 176 个原子有相互作用。这个范围的选择是明智的；因为层错能灵敏地依赖于此截断距离，而选择 176 恰好使势可以与层错能的经验值 $\gamma=30.8\text{erg/cm}^2$ 相合。在这个截断距离的情况下

$$D=0.3266\text{eV},\quad r_e=2.9130\text{Å},\quad \alpha=1.2866\text{Å}^{-1}, \tag{9.68}$$

点阵在原子对势的作用下平衡，给出铜的点阵常数 $a_0=3.6028\text{Å}$。这个事实，即点阵在粒子对势下维持平衡，而没有任何体积力或三体相互作用，意味着弹性常数必然遵守 Cauchy 关系。但实际上铜的弹性常数并不如此，表示对于铜结构的响应行为来说，这样一种势甚至不能给一个恰当的简谐近似描述。再加上要求给出一个合于经验的层错能而选择截断范围的作法显然含有的人为性，这些都使人们认为取上列的势函数形式是不利的。不过，Cotterill

和 Doyama 的工作还是演示了位错的模拟计算是可行的.

比较晚近关于铜的计算工作是采用 Englert 等设计的势函数，它的形式如下：由 10 个有结点的样条三次多项式（knotted cubic spline polynomial）构成

$$V(r)=A_K(r-r_K)^3+BK(r-r_K)^2+CK(r-r_K)^2+DK, \tag{9.69}$$

式中K取值由 1 至 10，r_K 是一个样条三次多项式与相继的多项式相接(此时一阶及二阶导数连续)时的原子间距，或者说每一个样条三次多项式是在 $r_K \leqslant r \leqslant r_{K+1}$ 中成立. 下表列出铜的 Englert 势中几个参数的数值（V 以 eV 为单位）

表 Englert 势

K	r_K(Å)	A_K	B_K	C_K	D_K
1	1.0	−667.9458	1081.8838	−628.5649	138.1100
2	1.5	−49.0449	79.9655	−47.6408	10.8050
3	2.0	−3.2382	6.3981	−4.4591	0.8453
4	2.551	−0.258148	1.045285	−0.357854	−0.218930
5	3.061199	−2.221407	0.650164	0.507164	−0.155699
6	3.341810	1.507669	−1.219882	0.347295	−0.011272
7	3.607658	−0.080144	−0.017445	0.018353	0.023168
8	4.209149	2.186182	−0.162063	−0.089620	0.010455
9	4.311190	−1.575972	0.507171	−0.054405	0.001945
10	4.418461	0.0	0.0	0.0	0.0

表中的系数值是通过将势与下列的物理特性拟合而确定的.

(1) 对于原子间距小于最近邻的情况，使势仔细地与"辐照损伤" Born-Mayer 势

$$V(r)=A\exp[-\rho(r-r_0)/r_0] \tag{9.70}$$

相合.

(2) 此粒子对势与依赖于体积的约束使原子集合联系成一稳定面心立方点阵，它具有正确的点阵常数 $a_0=3.608$ Å.

(3) 在最近邻和次近邻原子平衡位置处导数dV/dr和d^2V/dr^2之值应该与铜的轴对称力常数相容. Bullough 和 Hardy 曾得出

这些常数，与铜的声子色散数据符合甚佳。这样得到的导数数值为

	$r_1(0.551\,\text{Å})$	$r_2(3.608\,\text{Å})$
$\frac{dV}{dr}$	-0.573	0.0294×10^{-4}dynes
$\frac{d^2V}{dr^2}$	3.349	-0.0559×10^{4}dynes/cm

(4) 粒子对势 $V(r)$ 应能导出空位生成能的合理数值 $E_f^V=1.14\text{eV}$。

(5)粒子对势应该与弛豫后的层错能数值(接近于 70erg/cm²)相容。

Perrin 等[1]应用这个势计算了铜中一个刃型位错的平衡形位和位错与某些点缺陷的相互作用能。所取原子集合平行六面体如上文所述，在位错线方向上取六个{112}原子面，两个外{112}面上采用周期性边界条件。另外两个垂直方向上取 50 个{110}面和 18 个{111}面，总共取 504 个原子。采用动力学猝灭方法模拟弛豫过程。首先令平行六面体晶体表面原子层进行一定的适当的各向异性弹性位移，然后让内部原子进行弛豫，直到内部位形与预置的表面位移完全协调，这样就达到了所要求的弛豫位形。对于纯刃型滑移位错，计算得出它分解为两个 Shockley 不全位错时分解距离为 $9b$。继后，Norgett 等[2]又进行了计算，采用1120个原子的集合体，并应用 Fletcher 的快速共轭梯度弛豫法，得到分解距离为$13b$。对于分解的螺型位错以及具有中间特性的位错也进行了精确的模拟计算。结果表明分解距离由纯刃型位错的 39 Å 持续减小至纯螺型位错的 15 Å；这些数值大小及转变方式均与 Stobb 和 Sworn[3] 对这类位错进行的弱束电子显微镜观察结果符合甚好。

---

1) Perrin, R.C. et al., in Interatomic Potentials and Simulation of Lattice Defects, P. C. Gehlen et al. eds., 509 (1972).

2) Norgett, M.J. et al., *J. Phys. F.*, 2, L73 (1972).

3) Stobbs, W. M. and Sworn, C.H., *Phil. Mag.*, 24 1365(1971).

计算所得位错原子位形结果曾用图表示，由之可以看到两个不全位错的位置，以及刃型与螺型位错的差异．有兴趣的读者可参看原始文献。

Perrin 和 Savino[1] 利用上面所得的原子组态计算了电子显微镜弱束像，以期与实验进行精确的比较．结果表明，Stobb 和 Sworn 根据连续弹性理论所估计的层错能为 41erg/cm^{2}是不正确的.原子点阵的模拟计算表明此值应该稍大于 70erg/cm^2。这个结果当然与 Englert 势的细节有关,实际上后者是与 $\gamma=70$erg/cm^2 拟合的．由于 Englert 势在相当于理想层错组态的原子间距处较"软",因而使得两个不全位错的宽度甚大；两个 Shochley 不全位错的 Peierls 宽度在弹性模型中是 $2b$，而用原子模型估算是略大于 $5b$；于是，滑移面上下的相对位移函数最好是描述为无限小位错的连续分布，而不是象连续体弹性理论中那样描述为被理想层错分隔开的两个孤立的位错芯.

Perrin 等还研究了这种位错及其它类型位错与空位和本征间隙原子的相互作用．关于点缺陷本书将在第二卷中讨论.

一般性参考文献

[1] 钱临照，杨顺华，晶体中位错理论的基础，晶体缺陷与金属强度，上册，p. 1. 科学出版社 (1962).

[2] Read, W. T., Dislocations in Crystals, McGraw-Hill (1953).

[3] Hirth, J. P. and J. Lothe, Theory of Dislocations, 2nd ed., John Wiley & Sons (1982).

[4] Amelinckx, S., "Dislocations in Particular Structures", in Dislocations in Solids, vol. 2, p. 67; ed. by F. R. N. Nabarro, North-Holland (1979).

1) Perrin, R.C. and Savino, E.J., AERE Harwell Report, T.P. 507 (1972).

第十章　六角密积，体心立方和共价结构

本章继续讨论几种重要结构中的位错，涉及六角密积，体心立方和金刚石结构以及闪锌矿、纤锌矿结构等. 仍是着重于不全位错及扩展位错构造的几何方面，论述方法与上章相似. 关于密积结构的一般性质及若干记号语言已在上一章第一节中叙述，读者要先熟悉那里的内容。

上一章开始处所作的若干说明对于本章仍然适用.

§10.1　六角结构中的层错和不全位错

在 §9.1 中曾简略地描述了六角密积结构的堆垛次序和堆垛层错.

为了以下的论述方便、明确起见，首先要仿照面心立方结构的 Thompson 记号系统，对于六角密积结构中重要的晶体学面和方向规定一套记号. 对此曾提出过几种方案，在这里我们列举两种.

第一种是以图 10.1 中所绘的双三角锥为基准. 三角锥的底面是三角形 ABC，上下两个顶点记作 S, T，线段 ST 的中点，也即是三角形 ABC 的中心，记作 σ. 于是六角点阵基面上的三个 $\boldsymbol{a}$ 矢量就是

$$\boldsymbol{AB} = \boldsymbol{a}_1, \quad \boldsymbol{BC} = \boldsymbol{a}_2, \quad \boldsymbol{CA} = \boldsymbol{a}_3,$$

而

$$\boldsymbol{c} = \boldsymbol{TS}, \quad \frac{1}{2}\boldsymbol{c} = \boldsymbol{T\sigma} = \boldsymbol{\sigma S}.$$

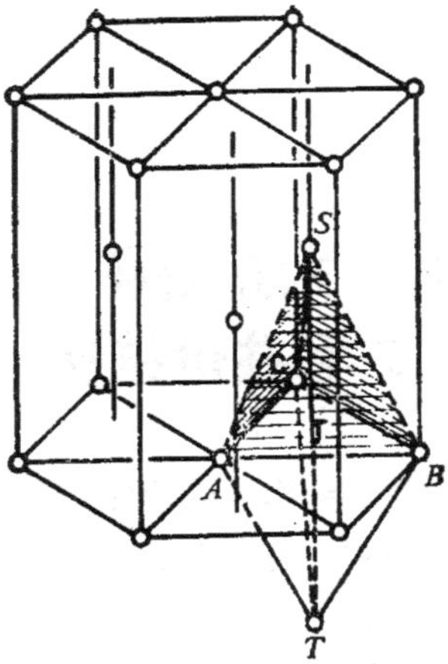

图 10.1

$\boldsymbol{SA}/\boldsymbol{TB}=\boldsymbol{ST}+\boldsymbol{AB}=\boldsymbol{c}+\boldsymbol{a}_1$,即 $\frac{1}{3}[\bar{1}2\bar{1}3]$ 类型的矢量. $\boldsymbol{A\sigma}$ 是 $\frac{1}{3}[01\bar{1}0]$ 类型的矢量.

六角密积结构中的基面 (0001) 与面心立方结构中的 (111) 面是同样的原子密排面. 图 10.2 示出此面上几个重要方向的指数.

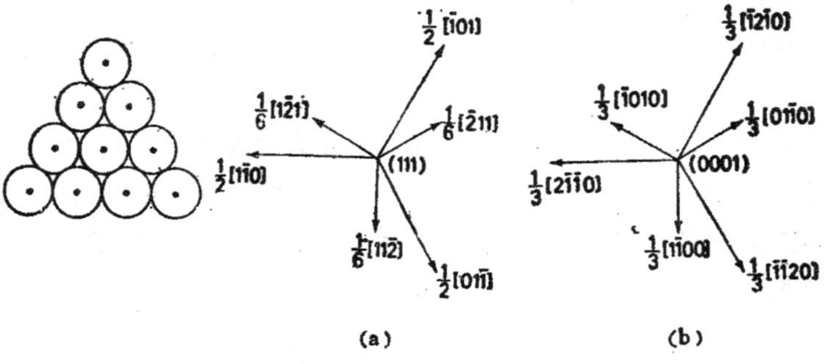

图 10.2

另一种记号系统是以图 10.3 所示的平行六面体晶胞作基础，它的底面记作 $ABCD$,而 α 和 σ 分别标志三角形 ABC 和 CBD 的

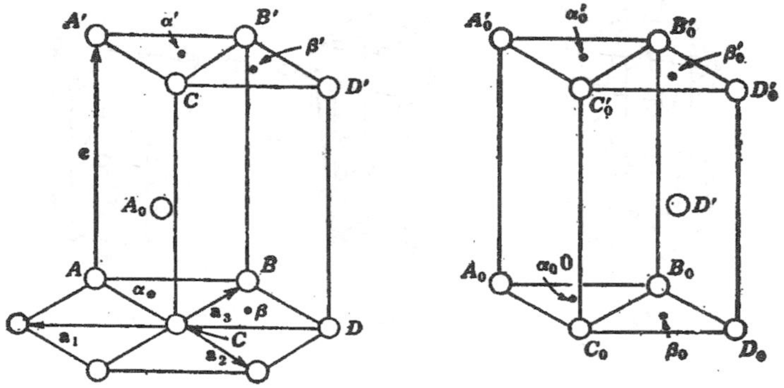

(a)　　　　(b)

图 10.3

中心．采用这种记号系统，各个重要晶体学方向的表示也是很简明的．

下面列出几个重要方向的表示记号．

记号: (1)	(2)	方向类型
AB	***AC***	$\frac{1}{3}[\bar{1}2\bar{1}0]$
TS	***AA′***	$[0001]$
TA/SB	***CB′***	$\frac{1}{3}[\bar{1}\bar{1}23]$
Aσ	***Aα***	$\frac{1}{3}[\bar{1}100]$
σS	$\boldsymbol{\alpha A_0}$	$\frac{1}{2}[0001]$
AS	$\boldsymbol{BA_0}$	$\frac{1}{6}[20\bar{2}3]$

也可以定义类似于 ***t***, ***n*** 和 ***f*** 的矢量，它们是 $\boldsymbol{t}-\boldsymbol{TS}$,

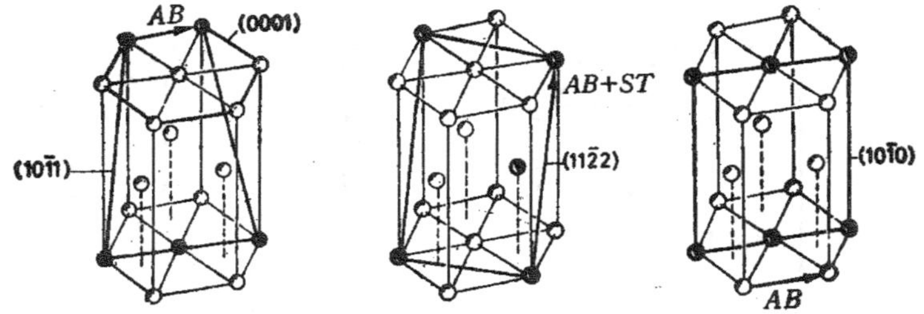

(a) (b) (c)

图 10.4

$\boldsymbol{n}=\sigma \boldsymbol{S}$, $\boldsymbol{p}=\boldsymbol{A}\sigma$, $\boldsymbol{a}=\boldsymbol{AB}$.

在图 10.4 中示出几个重要的面：$(10\bar{1}1)$, $(11\bar{2}2)$ 和$(10\bar{1}0)$，它们是可能的滑移面.

现在继续讨论六角密积结构中的层错. 如上章所述，理想完整的六角密积结构相当于无限序列

$$\begin{gathered}\cdots A\;B\;A\;B\;A\;B\;A\;B\cdots,\\ \cdots\nabla\triangle\nabla\triangle\nabla\triangle\nabla\cdots.\end{gathered}\tag{10.1}$$

形式地讲,其中的堆垛层错可能是

(1)
$$\begin{gathered}\cdots A\;B\;A\;B\;C\;B\;C\;B\;C\cdots,\\ \cdots\nabla\triangle\nabla\underset{\cdot}{\nabla}\triangle\nabla\triangle\nabla\cdots;\end{gathered}\tag{10.2}$$

(2)
$$\begin{gathered}\cdots A\;B\;A\;B\;C\;A\;C\;A\;C\cdots,\\ \cdots\nabla\triangle\nabla\underset{\cdot}{\nabla}\underset{\cdot}{\nabla}\triangle\nabla\triangle\cdots;\end{gathered}\tag{10.3}$$

(3)
$$\begin{gathered}\cdots A\;B\;A\;B\;C\;A\;B\;A\;B\cdots,\\ \cdots\nabla\triangle\nabla\underset{\cdot}{\nabla}\underset{\cdot}{\nabla}\underset{\cdot}{\nabla}\triangle\nabla\cdots;\end{gathered}\tag{10.4}$$

(4)
$$\begin{gathered}\cdots A\;B\;A\;B\;C\;B\;A\;B\;A\cdots,\\ \cdots\nabla\triangle\nabla\underset{\cdot}{\nabla}\underset{\cdot}{\triangle}\triangle\nabla\triangle\cdots.\end{gathered}\tag{10.5}$$

图 10.5 中示出上述 (2) 式层错的一个原子模型投影图. 由图可见，这个层错相当于在六角结构中出现了一片四个原子层厚度的面心立方结构层. 此图中 $(11\bar{2}0)$ 面与面心立方结构中的$(0\bar{1}1)$面相当.

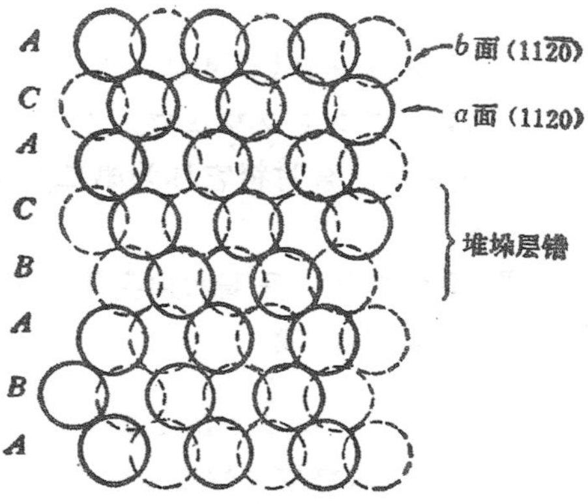

图 10.5

现在设想以下的几种简单过程，它们能形成六角密积结构中的堆垛层错.

(1) 抽去一层(或插入一层)，带平移　从完整的六角密积晶体出发，在某个 A 层之上抽去一个 B 层，使之成为

$$\cdots ABABA\,|\,ABAB\cdots, \tag{10.6}$$

然后令该 A 层及其以下的半个晶体不动，而分界线 | 以上的半个晶体作一个整体的 $\frac{1}{3}[\bar{1}\ 1\ 0\ 0]$ 平移，即是

$$\begin{array}{l|l} \cdots ABABA & ABAB\cdots \\ & \downarrow\downarrow\downarrow\downarrow \\ & CACA\cdots, \end{array} \tag{10.7}$$

结果形成序列

$$\cdots ABABACACA\cdots, \tag{10.8}$$

$$\cdots\triangledown\triangle\triangledown\triangle\underset{\bullet}{\triangle}\triangledown\triangle\triangledown\cdots,$$

这就是上述的第 (1) 式层错，有时将它称为第一类 intrinsic 层错，记作 I_1.

(2) 切移　还是从完整晶体出发，直接作切移

$$\begin{array}{l|l} \cdots ABABAB & ABABAB\cdots \\ & \downarrow\downarrow\downarrow\downarrow\downarrow\downarrow \\ & CACACA\cdots \end{array} \tag{10.9}$$

给出序列

$$\cdots A\ B\ A\ B\ A\ B \,\vdots\, C\ A\ C\ A\ C\ A \cdots, \tag{10.10}$$

$$\cdots \bigtriangledown \bigtriangleup \bigtriangledown \bigtriangleup \bigtriangledown \underset{\cdot}{\bigtriangledown} \underset{\cdot}{\bigtriangledown} \bigtriangleup \bigtriangledown \bigtriangleup \bigtriangledown \cdots,$$

这就是上述第(2)式层错，有时将它称为第二类 intrinsic 层错，记作 I_2.

(3) **插入一层，不带平移** 完整六角密积序列 $\cdots A\ B\ A\ B\ A\ B \cdots$ 中直接插入一个 C 层，形成

$$\cdots A\ B\ A\ B\ \overset{\downarrow}{C}\ A\ B\ A\ B \cdots, \tag{10.11}$$

$$\cdots \bigtriangledown \bigtriangleup \bigtriangledown \underset{\cdot}{\bigtriangledown} \underset{\cdot}{\bigtriangledown} \underset{\cdot}{\bigtriangledown} \bigtriangleup \bigtriangledown \cdots,$$

这就是上述第(3)式层错，有时将它称为 extrinsic 层错，记作 E.

注意层错 I_1 和 E 不能由一个单独的切变形成或消去；但 I_1 和 E 可以通过一个单个切变彼此转变. 若把上述操作过程用 $\boldsymbol{t}$, $\boldsymbol{n}$, $\boldsymbol{p}$, $\boldsymbol{a}$ 诸矢量表述便可看出这一点.

不全位错依然由堆垛层错的边沿定义. 现分别描述如下：

(1) Shockley **位错** 第二类 *intrinsic* 层错 I_2 的边界线就是六角密积结构中的 Shockley 不全位错，其 Burgers 矢量为 $\boldsymbol{A\sigma}$（或记作 $\boldsymbol{A\alpha}$ 或 $\boldsymbol{C\beta}$）. 这种不全位错与面心立方结构中的 Shockley 不全位错相应.

全位错 $\boldsymbol{AB}$ 在基面上分解扩展

$$\boldsymbol{AB} \rightarrow \boldsymbol{A\sigma} + \boldsymbol{\sigma B}, \tag{10.12}$$

如同面心立方中的情况一样. 不过六角密积结构中只有一组(0001)面，而面心立方结构中有四组{111}面，所以六角晶体的情况比较简单.

六角晶体中的 Shockley 不全位错同面心立方晶体中的 Shockley 不全位错一样，也是"glissile".

图 10.6 示出六角晶体中的 Shockley 不全位错. 六角晶体中的 Shockley 位错也可以是纯刃型的、纯螺型的或混合型的. 它在基面上可以成为一个封闭曲线，只能滑移而不能攀移，所以不能转

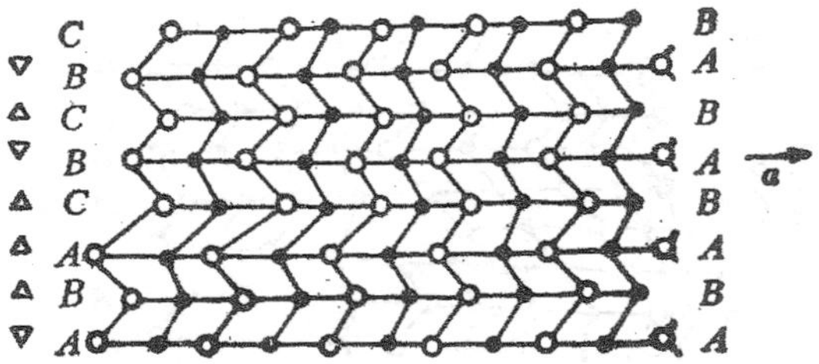

图 10.6

移到另一个基面上去.

(2) 正 Frank 位错 Extrinsic 层错 E 的边界线是六角密积结构中的正 Frank 不全位错. 它可以是基面上的一条闭合曲线(环), 所围绕的层错 E 由间隙原子在基面上凝聚形成. 正 Frank 不全位错的 Burgers 矢量是 $\boldsymbol{\sigma S}$,或记作 $\boldsymbol{\alpha A_0}$, 就是矢量 $+\boldsymbol{n}$.

正 Frank 位错(环)是纯刃型的,它是"sessile"不全位错. 图 10.7 示出一个正 Frank 位错,它只能攀移,不能滑移.

(3) 负、正 Frank 位错 第一类 intrinsic 层错 I_1 的边界线构成六角密积结构中另外两种 Frank 不全位错. 例如抽去一层带平移的操作构成的层错 I_1, 实际上可以是由空位在基面上凝聚崩坍,形成一个高能量层错,然后再经过一个平移 $\boldsymbol{p}$ 而完成. 所以此层错的边缘所定义的不全位错的 Burgers 矢量即是 $-\boldsymbol{n}+\boldsymbol{p}$, 称为负 Frank 不全位错. 采用上述字符记号,此 Burgers 矢量是

$$\boldsymbol{AT}=\boldsymbol{A\sigma}+\boldsymbol{\sigma T}, \tag{10.13}$$

或

$$\boldsymbol{A'A_0}=\boldsymbol{A'\alpha'}+\boldsymbol{\alpha' A_0} \tag{10.14}$$

由密堆积球模型显然可见,此 Burgers 矢量 $\boldsymbol{AT}$ (或 $\boldsymbol{A'A_0}$)与基面上全位错 Burgers 矢量 $\boldsymbol{AB}$ 大小相等, 因此这个负 Frank 不全位错弹性自能与全位错的弹性自能相等.

图 10.8 示出这种负 Frank 不全位错. 它也只能攀移, 不能

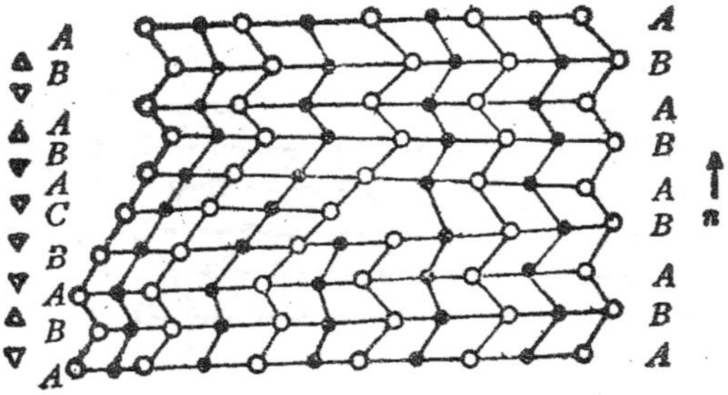

图 10.7

滑移，属于“sessile”位错.

若进行插入一个部分原子密排层，然后实行平移操作，也造成一个部分 I_1 型层错，它的边沿是另一种正 Frank 不全位错，其 Burgers 矢量为 $+\boldsymbol{n}+\boldsymbol{p}$，或用字符记号写出为

$$\boldsymbol{AS}=\boldsymbol{A\sigma}+\boldsymbol{\sigma S}, \tag{10.15}$$

$$\boldsymbol{AA_0}=\boldsymbol{A\alpha}+\boldsymbol{\alpha A_0}. \tag{10.16}$$

显然，这种(或可称为第一种)正 Frank 不全位错的弹性自能与负 Frank 不全位错(及全位错)的弹性自能相等.

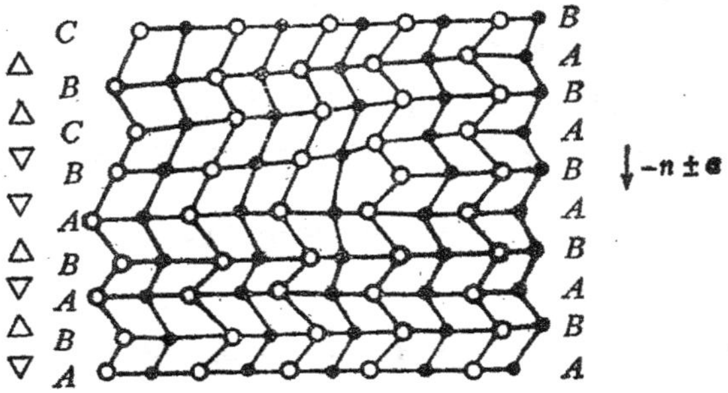

图 10.8

图 10.9 示出这种正 Frank 不全位错，它也是只能攀移，不能滑移.

以上所列举的是六角密积结构中不全位错的基本类型，包括

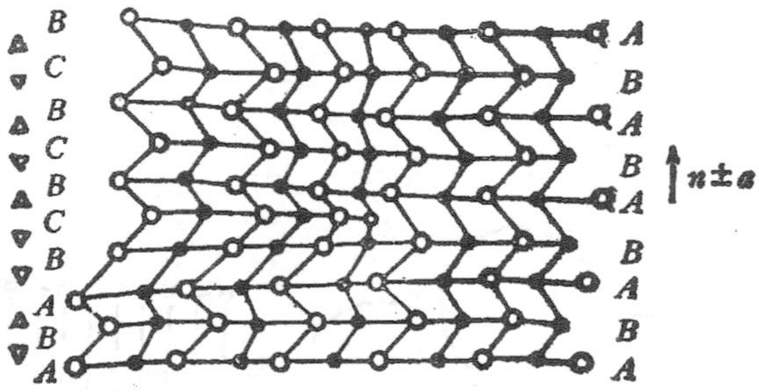

图 10.9

Shockley 位错，两种正 Frank 位错和一种负 Frank 位错.

(4) 其它 Frank 和 Nicholas 指出有可能出现比 Burgers 矢量更大的不全位错. 在此应用第二种字符记法比较方便. 例如:

(i) 位错 $\boldsymbol{A\beta}$. 这种不全位错位于基面中，并围绕一个 I_2 型层错. 这种位错对于分解反应

$$\boldsymbol{A\beta} \to \boldsymbol{AC} + \boldsymbol{C\beta} \tag{10.17}$$

具有临界的稳定性，而反应 $\boldsymbol{A\beta} \to 2\boldsymbol{A\alpha}$ 的可能性很小.

(ii)位错 $C\alpha'$. 这种位错对于分解反应

$$\boldsymbol{C\alpha'} \to \boldsymbol{CC'} + \overrightarrow{\boldsymbol{C'\alpha'}} \tag{10.18}$$

具有临界的稳定性. $\boldsymbol{C\alpha'}$ 是不可滑的，而 $\boldsymbol{CC'}$ 在 $(01\bar{1}0)$ 面上，$\boldsymbol{C'\alpha'}$ 在 (0001) 面上，分别是可滑的.

最后，注意全位错 $\boldsymbol{AA'}$ 对于分解反应

$$\boldsymbol{AA'} \to \boldsymbol{AA_0} + \boldsymbol{A_0A'} \tag{10.19}$$

是不稳定的. 与此相似，还有分解反应

$$\boldsymbol{AB'} \to \boldsymbol{AA_0} + \boldsymbol{A_0B'} \tag{10.20}$$

也可以实现.

§ 10.2 六角结构中的位错环

本节论述六角晶体中的不全位错环及其相互作用.

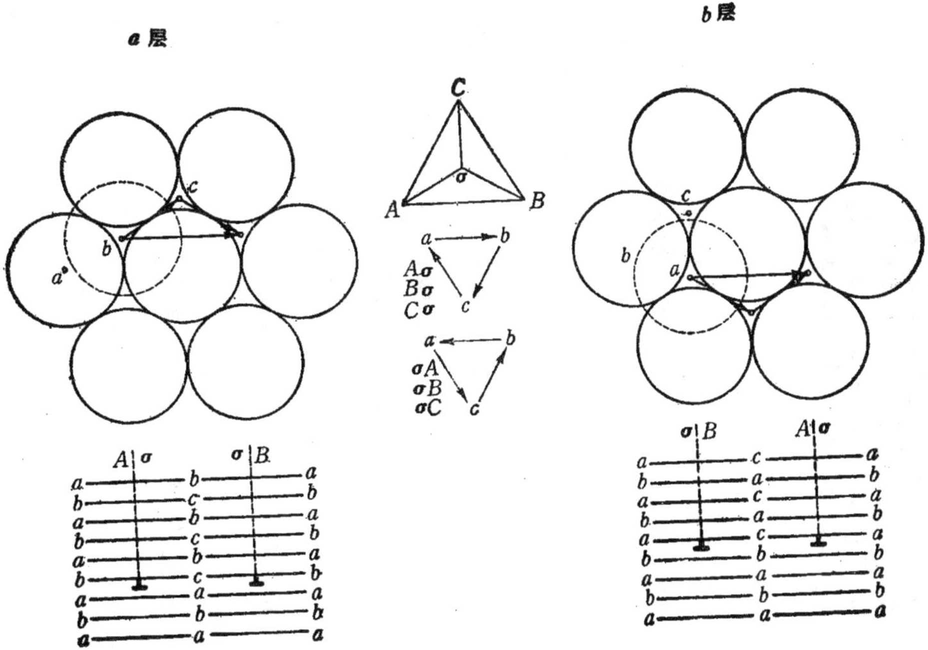

图 10.10

依照上节中关于不全位错的讨论，可见不全位错环能够由部分晶体在 (0001) 面上进行切移形成（Shockley 环，滑移环），或是由空位或间隙原子在 (0001) 面上凝聚形成（Frank 环，棱柱环）.

在六角结构中堆垛次序是 $ABABAB$，即全同的 (0 0 0 1) 面依次标为 A，B. 一经标定之后，则在 A 面上或是在 B 面上进行切移所形成的滑移环在晶体学上是有所不同的；与此相似，在 A 面上进行点阵空位或间隙原子的凝聚形成的棱柱环与在 B 面上凝聚形成的棱柱环在晶体学上也有所不同.

首先看滑移环，或者，更简便一些，看一个基面上的全位错 $\boldsymbol{AB}=\frac{1}{3}[\bar{1}2\bar{1}0]$ 分解为两个 Shockley 不全位错的情况*. 参考于图 10.10，图 10.10(a) 表示的是以 A 层不动为基准，它上方邻接的 B 层滑动. 显然可见，第一个滑移是原子沿矢量 $\boldsymbol{A\sigma}$ 由 B 位置移至 C 位置，第二个滑移是沿 $\boldsymbol{\sigma B}$ 由中间态 C 位置移至第二个 B 位置. 此分解应写作

$$\boldsymbol{AB} \to \boldsymbol{A\sigma} + \boldsymbol{\sigma B}, \tag{10.21}$$

图 10.10(a) 下面的分图表示这个扩展位错的堆垛次序.

其次看图 10.10(b)，表示一个不动的 B 层为基准，它上方邻接的 A 层滑动. 在此，第一个滑移显然是原子沿 $\boldsymbol{\sigma B}$ 由 A 位置至 C 位置，第二个滑移是沿 $\boldsymbol{A\sigma}$ 由中间态 C 位置至第二个 A 位置. 此过程应写作

$$\boldsymbol{AB} \to \boldsymbol{\sigma B} + \boldsymbol{A\sigma}, \tag{10.22}$$

下面的分图表示堆垛次序.

现在看滑移环就很明显了. 试考察图 10.11 所示的滑移环，此环是部分 B 层滑动 $\boldsymbol{A\sigma}$ 所形成的 Shockley 环，环的方向示于图中. 下面的图表示通过 P，Q 两点的截面. 在 Q 点位错方向是垂

---

* 这里和下文中注意区分原子层符号 A，B 和矢量符号 $\boldsymbol{AB}$ 等.

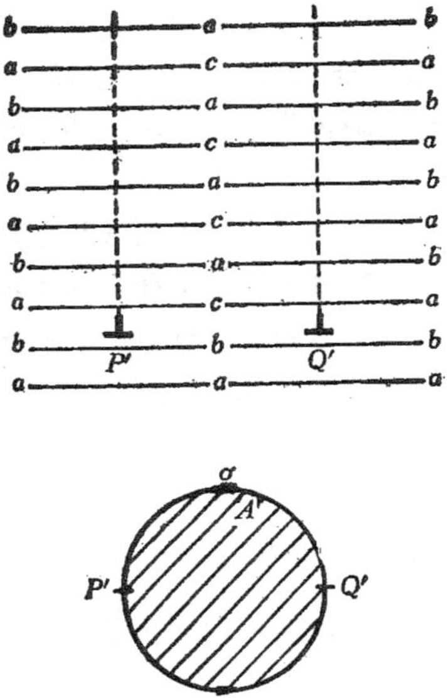

图 10.11

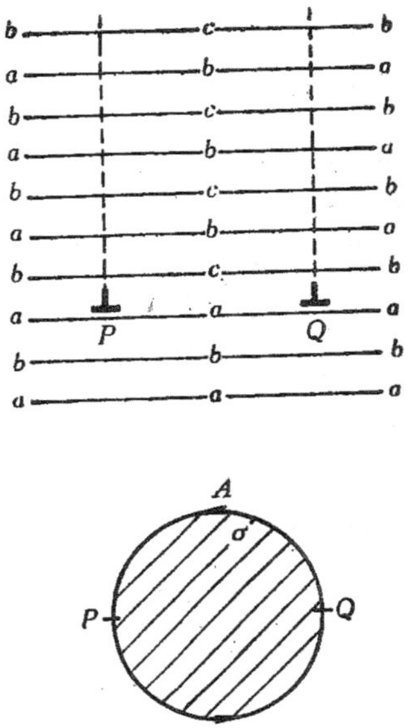

图 10.12

直于纸面向内，而在 P 点位错方向是由纸面向外。因此，按照上述几段中的说明，右边位错 Q 的 Burgers 矢量应记作 $\boldsymbol{\sigma A}$，左边位错 P 的 Burgers 矢量应记作 $\boldsymbol{A\sigma}$；总之是将希腊字 σ 写在环内，拉丁字 A 写在环外，就足以表明这个环的特征.

其次考察图 10.12，它是部分 A 层滑动 $\boldsymbol{\sigma A}$ 所形成的 Shockley 环. 相应的方向，和 P', Q' 点均示于图中. 按照与上面相同的说明和约定右边位错 Q' 的 Burgers 矢量应记作 $\boldsymbol{A\sigma}$，而左边位错 P' 记作 $\boldsymbol{\sigma A}$. 所以此环的特征应该将字符 A 写在环内，字符 σ 写在环外来加以表示，如图中所示.

总之，如上所述，若标定了各个层的记号，则在 A 层上的滑移环与在 B 层上的滑移环晶体学特征不同，具体的字符标记法示于图中.

现在考虑由点阵空位凝聚、崩坍形成的棱柱位错及由间隙原子凝聚形成的棱柱位错环. 这两种环的情况有所不同.

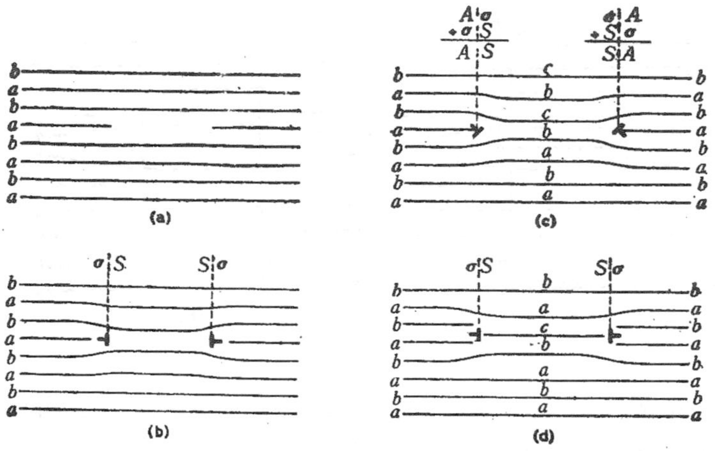

图 10.13

如上节所述，若空位在 B 层上凝聚，相当于抽去一部分 A 层，然后崩坍，造成上方 B 层直接落在下方 B 层之上的一片高能层错，在能量上不利，所以倾向于再进行一个 $B\to A\to C\to B$ 的滑移，最后构成一个 **SA** 型负 Frank 位错环，降低了能量. 所环绕的层错是 I_1 型的，见图 10.13.

间隙原子则可能在 B，A 之间凝聚一片 C 层，造成一片 E 型层错，其边缘是 σS 型正 Frank 不全位错. 这种情况与空位凝聚不同之处在于如此造成的 E 型层错较之直接 B-B 相叠置的层错能量为低，所以不一定要像空位盘的情况那样继之进行一个平移. 也即是 σS 型的正 Frank 位错环可以存在. 另外，若在 C 层以上进行一个 $A\to B\to C\to A$ 的滑移，使环中层错变为 I_1 型，在能量上也是有利的. 这样就生成一个 **AS** 型的正 Frank 位错环. 综上所述，负 Frank 环必定带平移，属于 **SA** 型；而正 Frank 环有两种，一种带平移，属于 **AS** 型，另一种不带平移，属于 σS 型，是纯棱柱环. 请参看图 10.14.

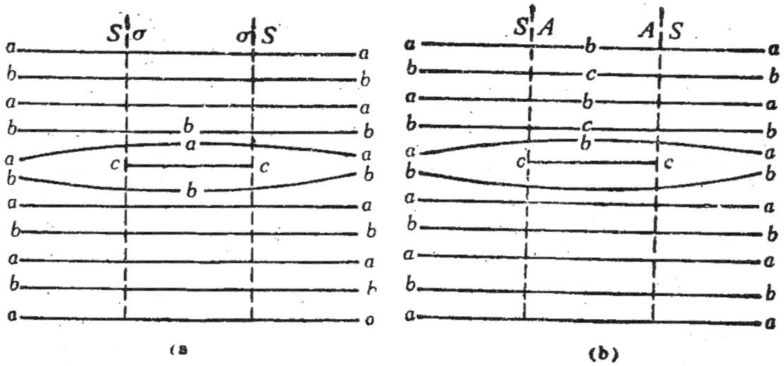

图　10.14

注意，$\boldsymbol{AS}$ 型和 $\boldsymbol{SA}$ 型的正、负 Frank 环既然操作含有 $\boldsymbol{A\sigma}$ 之类的平移分量，那就像上面讨论 Shockley 环那样，有必要区分凝聚是在 A 层上发生还是在 B 层上发生这两种情况. 参照上文中关于 Shockley 环的结果，可见对于这两种类型的 Frank 环，Burgers 矢量的垂直分量总是 $\boldsymbol{\sigma S}$ 和 $\boldsymbol{S\sigma}$，但当凝聚在 A 层上进行时，平移分量是 $\boldsymbol{\sigma A}$，而当凝聚是在 B 层上进行时，平移分量是 $\boldsymbol{A\sigma}$. 因此，要像图 10.15 中那样，将字符 σ 和 A 分别写在环圈内、外来标识环的特征.

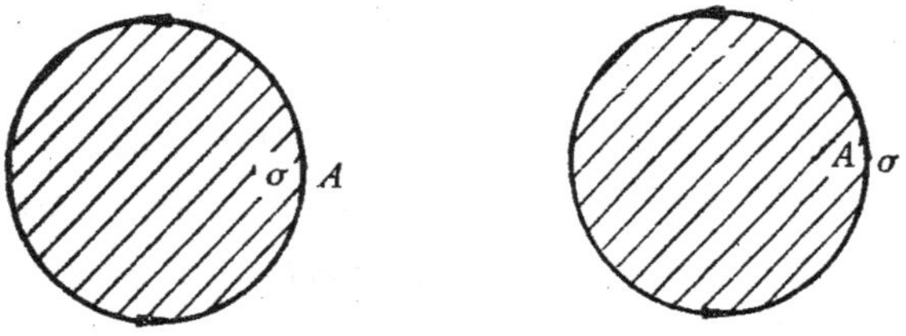

图　10.15

也有可能发生双层的凝聚而产生 $\boldsymbol{ST}$ 或 $\boldsymbol{TS}$ 型的棱柱环. 不过这种环不稳定，如上节指出，可能发生分解，如

$$\boldsymbol{ST} \to \boldsymbol{SA} + \boldsymbol{AT} \tag{10.23}$$

变成两个同心环，其间以一片层错相连. 这种环示意地绘于

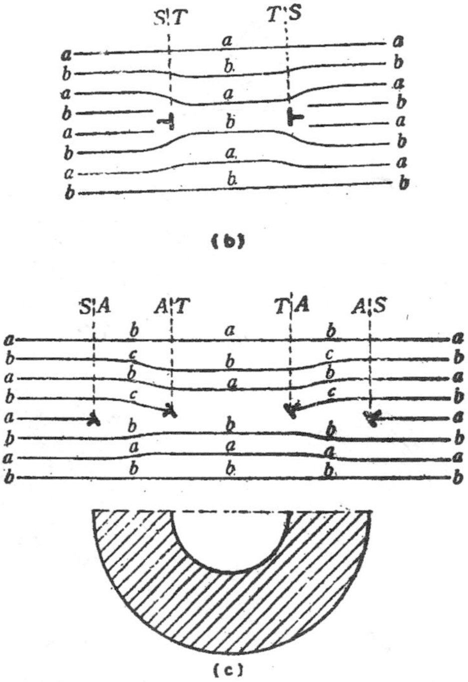

图 10.16

图 10.16 中.

最后我们简短讨论一下六角密积晶体中位错环之间的相互作用及位错环与扩展位错的相互作用. 由于六角结构中只有唯一的一组晶面,即基面,是位错环与扩展位错所在的平面，所以这种相互作用要比面心立方的情况频繁得多，并且显然对于位错运动和力学性质会带来相当的影响.

为了简明扼要,这里只准备说明两组例子.

首先讨论空位型棱柱环(即 SA 型 Frank 环）之间的相互作用。

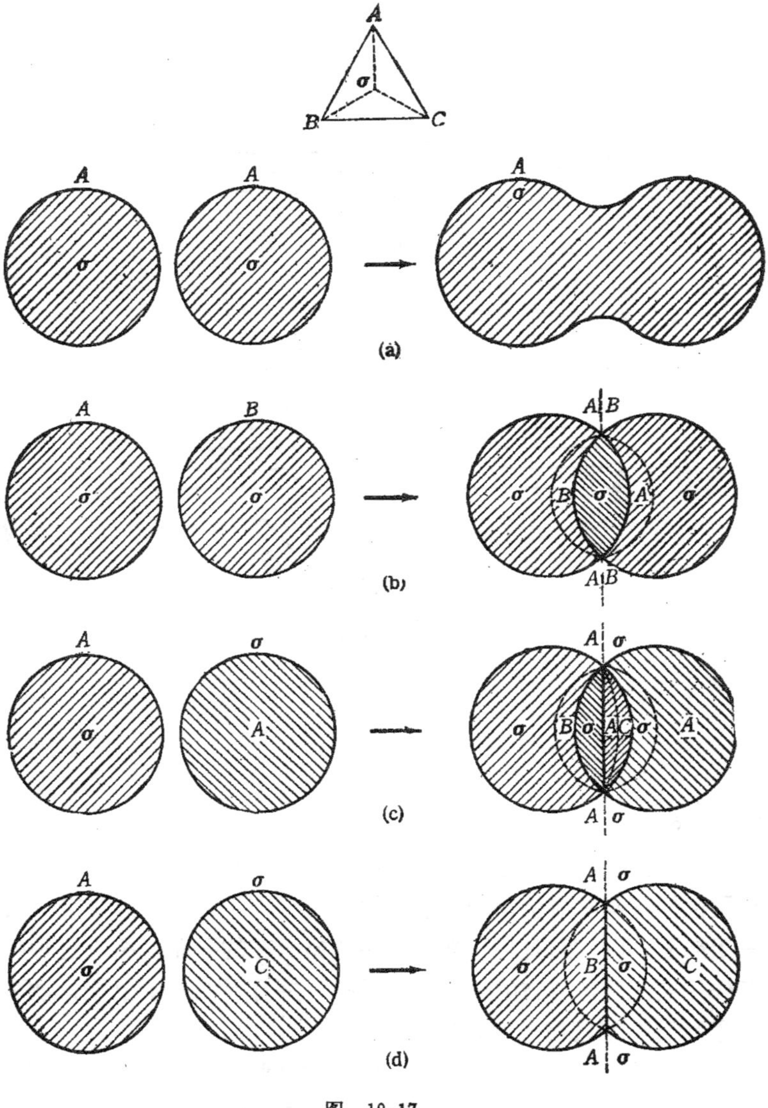

图 10.17

设有两个 $\boldsymbol{SA}$ 型环，它们 Burgers 矢量的垂直分量都是 $\boldsymbol{S\sigma}$，但其平移分量可以平行或者不平行，即一个是 $\boldsymbol{A\sigma}$，另一个可以是 $\boldsymbol{\sigma A}$，也可以是 $\boldsymbol{B\sigma}$ 或 $\boldsymbol{C\sigma}$. 此外，两环可以处于同一面上，也可以分别处在相继的两个面上. 这样，显然就会出现四种情况. 这四种情况在图 10.17(a) 至 (d) 中绘出. 所用的记号就是上几段中所说明的记号.

图 10.17(a) 中是两个全同的环，即具有相同 Burgers 矢量，位于同一面上的两个环. 当它们接触以后很自然会融汇为一个整环，如右边分图所示.

图 10.17(b) 中的两个环位于同一面上，但 Burgers 矢量水平分量的方向不同. 接触反应后所形成的组态示于右图中. 具体地

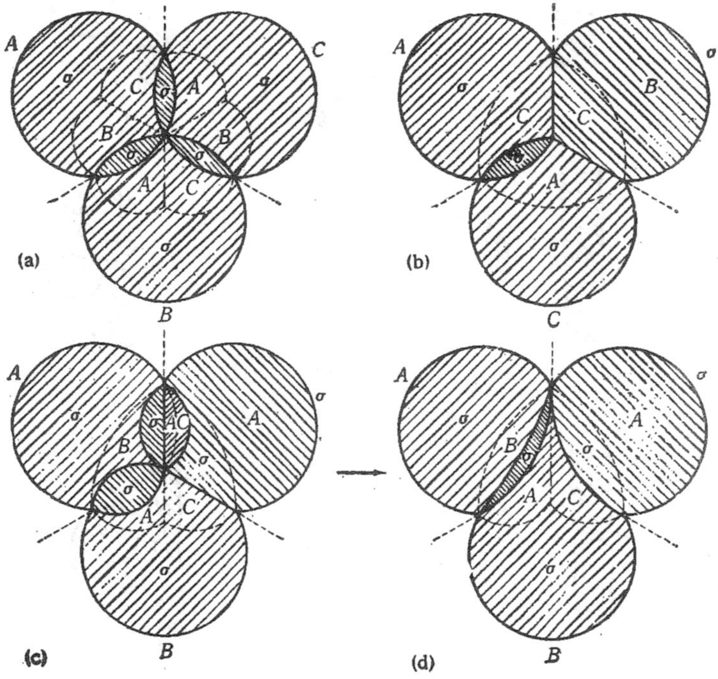

图 10.18

讲，因为 $A\sigma$ 与 $B\sigma$ 之间夹角为 120°，所以两环相互吸引．接触后进行反应 $SA+BS\to AB$ 产生一段全位错，此全位错然后又发生分解，成为图中的形状．

图 10.17(c) 中的两个环 Burgers 矢量的水平分量平行，但处在不同的面上，因而环绕的层错型不同．这两个环从整体讲会相互吸引．根据能量的考虑，最后的组态应比较复杂，形成三重不全位错 $B\sigma+\sigma A\ +C\sigma$，其中彼此相邻的两个不全位错相互排斥，而靠外边的两个不全位错相互吸引，结果如右边分图所示．

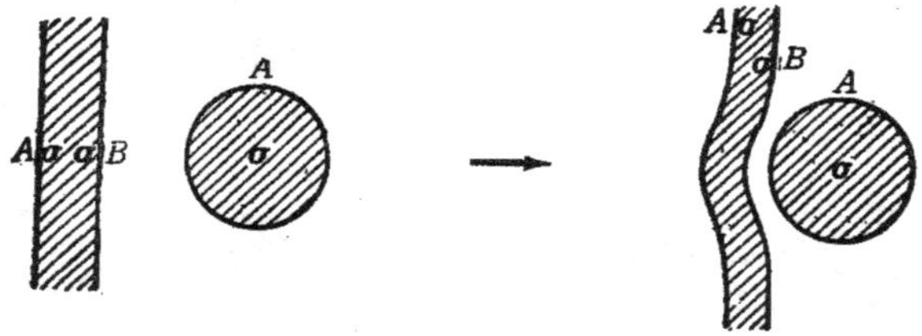

(a)

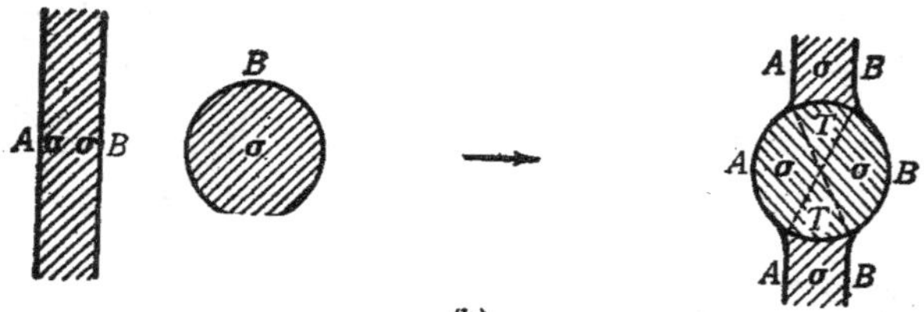

(b)

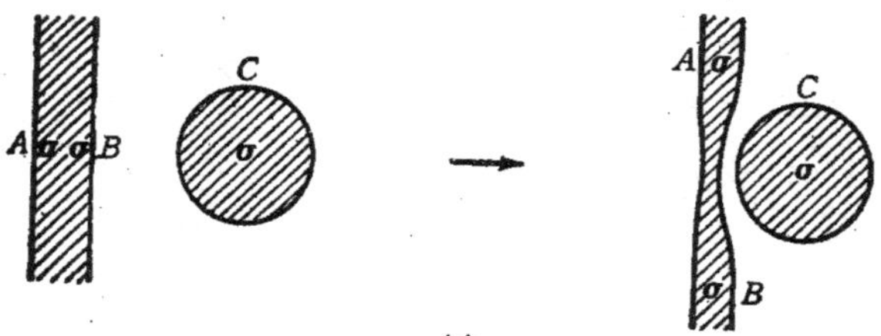

(c)

图 10.19 (a)—(c)

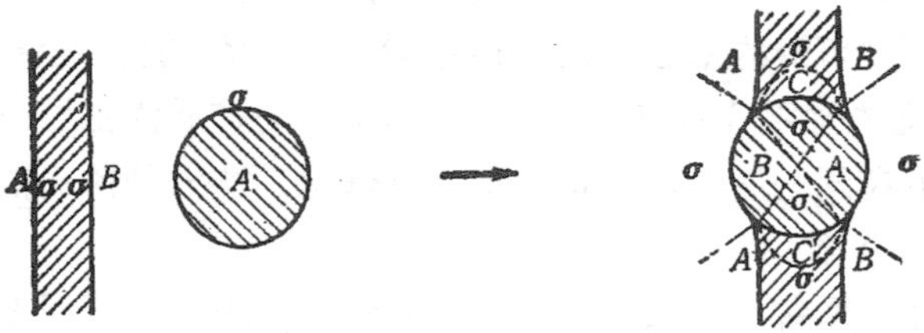

(d)

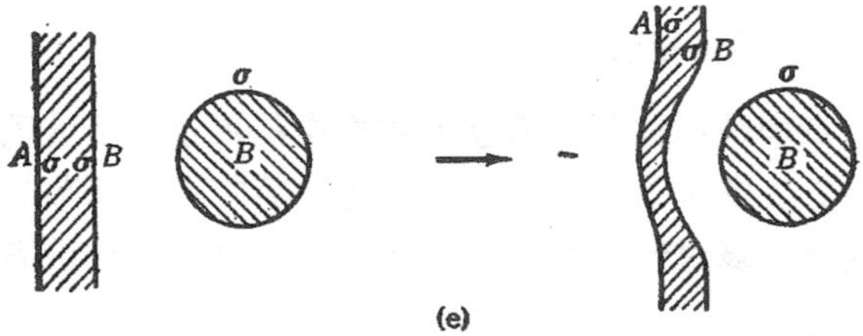

(e)

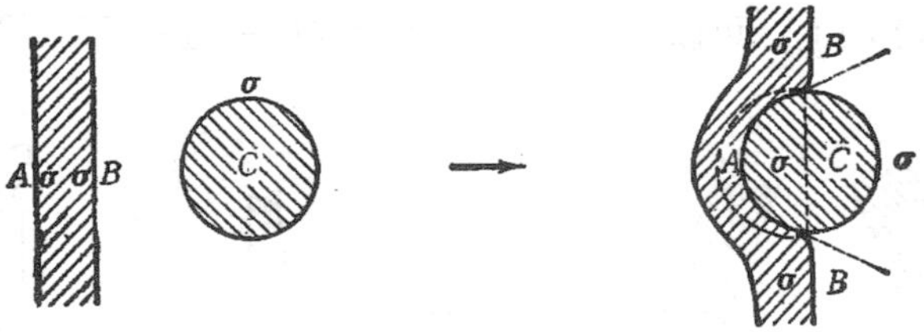

(f)

图 10.19 (d)—(f)

图 10.17(d) 中的两个环位于不同面上，Burgers 矢量也不同. 但反应的结果比较简单，即 $\boldsymbol{\sigma A}+\boldsymbol{\sigma C}$ 形成 $\boldsymbol{B\sigma}$，成为右边分图的形式.

间隙型棱柱环(即 $\boldsymbol{AS}$ 型 Frank 环) 的情况可以仿照上面的例进行讨论.

还可以考虑三个环的接触与反应，那也是很令人感兴趣的，参看图 10.18.

可滑的基面扩展位错与不可滑棱柱位错环之间的相互作用也

是很重要的．我们用图例来对之加以说明，见图 10.19.

在图中可滑的基面扩展位错总 $A\sigma + \sigma B$，棱柱位错环 Burgers 矢量的水平分量有三种可能取向，环与扩展位错可以在同一面上或不在同一面上，于是出现六种情况．这六种情况依次绘于图 10.19(a) 至 (f) 中.

在此不准备一一加以说明，只须指出，最后的平衡组态是由层错能及不全位错之间的相互作用力(还有位错自力)决定的.

§ 10.3 平衡扩展位错节

在上一章中曾描述了面心立方结构中扩展位错节的若干有意思的几何组态．在本节中要进一步定量计算扩展位错节的平衡形状．因为这个计算对于六角密积结构和面心立方结构没有什么不同，因此推迟到这里讨论.

一个扩展位错节位于面心立方的 (111) 面上或六角密积结构的 (0001) 面上，可以设想它是由两个扩展位错带"聚变"而

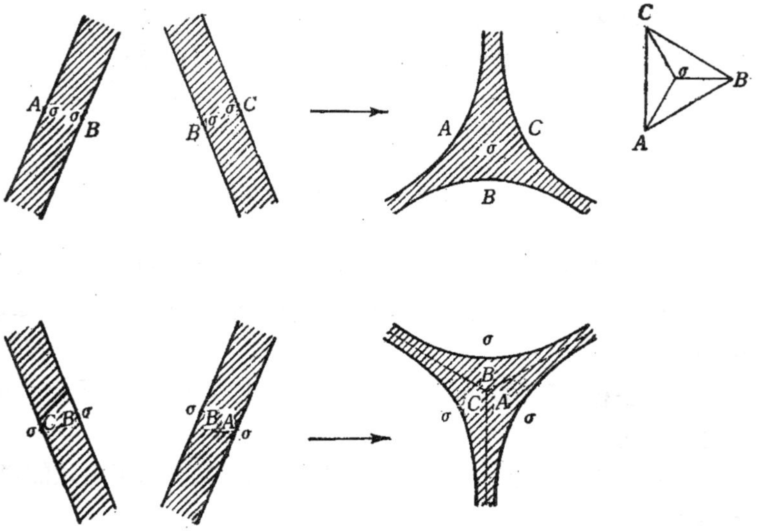

图 10.20

成，如图 10.20 所示.

人们之所以对扩展位错节感到兴趣，是因为由对它构型的几何参量的测量结果可以确定层错能 γ，所以有不少工作者对它的平衡形状进行了理论计算. 他们采用了各种不同的近似，严格的解析处理看来是困难的.

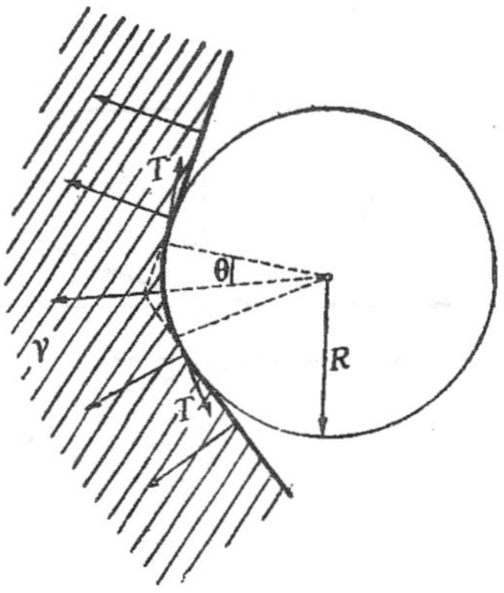

图 10.21

最简单的近似是将各个不全位错看作是孤立的，它的线张力 T 是

$$T = \frac{1}{2}\mu b^2. \qquad (10.24)$$

这样一个不全位错的线段(线元)在一侧受到层错的拉力，每单位长度大小为 γ，另一方面，两端受到线张力的作用，如图 10.21 所示.

力的平衡条件表示为

$$2T\sin\theta = 2R\theta\gamma. \qquad (10.25)$$

当 θ 小时，$\sin\theta = \theta$，故得到曲率半径 R 与层错能 γ 的关系如下：

$$R = T/\gamma = \mu b^2/2\gamma, \qquad (10.26)$$

由 R 的测量值可以确定 γ.

稍稍细致一点的考虑是计及位错的特性，即是计及 $\boldsymbol{b}$ 与位错线的夹角. 令在不全位错线上的 P 点处 $\boldsymbol{b}$ 与位错线的夹角为 ϕ，该点上的曲率半径为 R. 则可得公式

$$\gamma = \frac{\mu b^2}{4\pi R}\frac{1-\nu\cos^2\phi}{1-\nu}\ln\left(\frac{R}{b}\right), \qquad (10.27)$$

上面的结果可以称为零级近似.

Siems 等人[1]用变分法处理这个问题，平衡位形相当于总能量为极小的状态，这里总能量包括不全位错的自能和相互作用能以及层错能，参看图 10.22. 他们作了如下的一系列假定：

---

1) Siems, R. et al., *Z.Phys.*, **165**, 502 (1961).

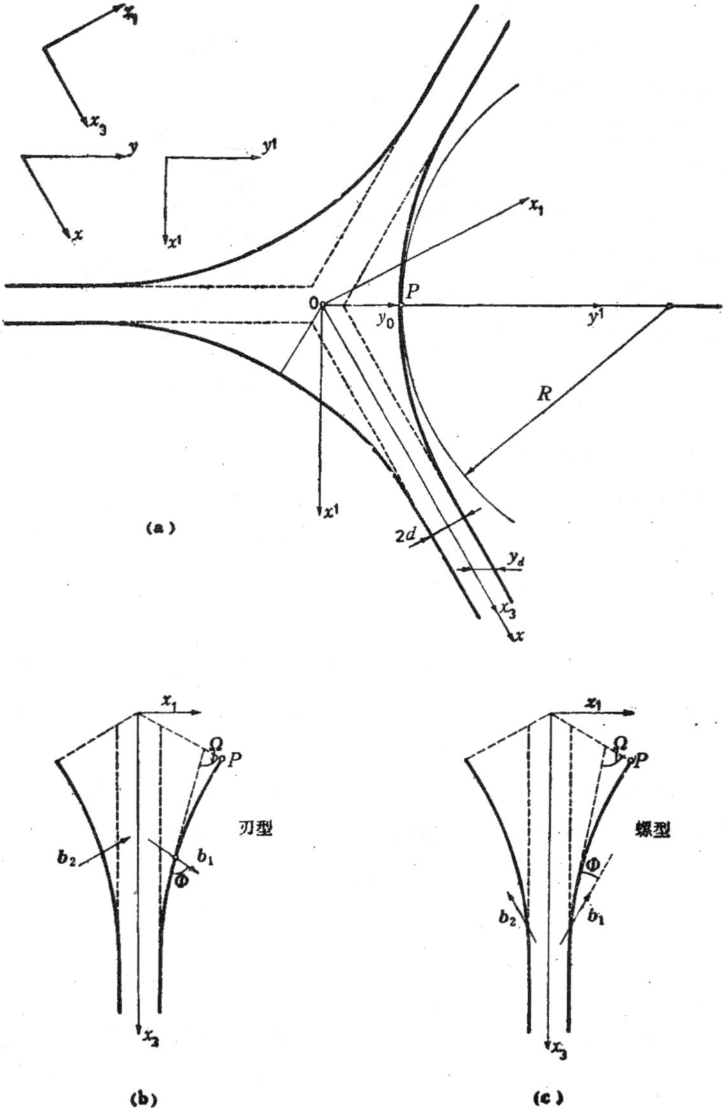

x1
x3
y
x
y1
x1
x1
O
P
y0
y1
R
x1
(a)
2d
yd
x3
x
x1
Ω
P
刃型
b2
b1
Φ
x3
(b)
x1
Ω
P
螺型
Φ
b2
b1
x3
(c)

图 10.22

(1) 总能量是一个支的能量的三倍，这意味着图 10.22(a) 的图形具有完善的三重对称性。

(2) 每一支的几何布置也是对称的，例如图 10.22(b)，(c)。

(3) 仅考虑同一支中不全位错间的相互作用。

(4) 固体是弹性各向同性的，无限大的。

为了方便起见，使用三套坐标系，清楚地绘出在图 10.22(a) 中。它们是斜坐标 (x, y)，轴间角为 60°；以及直角坐标 (x^1, y^1) 和 (x_1, x_3)。有如下的关系：

$$x^1 = \frac{\sqrt{3}}{2} x, \quad y^1 = y + \frac{1}{2} x, \quad x_3 = x + \frac{1}{2} y. \tag{10.28}$$

一个线元可在任一坐标系中表出

$$(ds)^2 = (dx^1)^2 + (dy^1)^2 = (1 + y' + y'^2)dx^2, \tag{10.29}$$

式中 $y' = dy/dx$。表面的面元是

$$dA = \frac{\sqrt{3}}{2} y dx. \tag{10.30}$$

考虑两种极端情况：在远离位错节中心的地方扩展位错带是纯刃型的，或者是纯螺型的。前者称为刃型节，后者称为螺型节，分别示于图 10.22(b) 和 (c) 中。图中也绘出接近位错节中心处扩展位错的形状。

螺型扩展位错带的两个不全位错的 Burgers 矢量在参考系 (x_1, x_3) 中的分量是(图 10.22(c))

$$b_{1,x_1} = -b_{2,x_1} = \frac{1}{2} b, \quad b_{1,x_3} = b_{2,x_3} = -\frac{\sqrt{3}}{2} b. \tag{10.31}$$

刃型扩展位错带的两个不全位错的 Burgers 矢量的分量是 (图 10.22(b))

$$b_{1,x_1} = b_{2,x_1} = \frac{\sqrt{3}}{2} b, \quad b_{1,x_3} = -b_{2,x_3} = \frac{1}{2} b. \tag{10.32}$$

现在要计算如图 10.22(a) 中实线所示曲线组态相对于原始虚线组态的能量增加。为此，再作近似，将每一支的曲线位错线段看作是由许多很短的、平行于 $x_3(x)$ 的小直线线段组成，它们的坐

标是 (x_1, x_3)；x_1 是 x_3 的函数，表征曲线不全位错的形状. 这样，同一支的两个不全位错之间的相互作用就化为两两平行的直位错线元之间相互作用贡献之和，两个线元间的距离为 $2x_1$. 由本书第四章中所得结果可知，两个原距离为 $2d$、最后距离为 $2x_1$ 的直线位错，终态与初态的相互作用能量差为（每单位线长度）

螺型分量：$-(\mu/2\pi)b_{1s}b_{2s}\ln(x_1/d)$，(10.33)

刃型分量：$-\{\mu/[2\pi(1-\nu)]\}b_{1e}b_{2e}\ln(x_1/d)$. (10.34)

因此对于刃型扩展位错支，每单位线长度相互作用能量为

$$2\mathscr{E}_{\text{int}} = -\frac{\mu b^2}{2\pi}\left[\frac{3}{4} - \frac{1}{4(1-\nu)}\right]\ln\left(\frac{y}{y_d}\right), \quad (10.35)$$

式中用了 $y/y_d = x_1/d$. 此式可以写成

$$2\mathscr{E}_{\text{int}} = -K_e\ln(y/y_d), \quad (10.36)$$

$$K_e = (\mu b^2/8\pi)(2-3\nu)/(1-\nu). \quad (10.37)$$

与此相似，对于螺型扩展位错支，可得

$$2\mathscr{E}_{\text{int}} = -K_s\ln(y/y_d), \quad (10.38)$$

$$K_s = (\mu b^2/8\pi)(2+\nu)/(1-\nu). \quad (10.39)$$

将相互作用能的一半看作是属于不全位错 1，于是与此不全位错相关系的总相互作用能就是

$$E_{\text{int}} = \int_{D_1}\mathscr{E}_{\text{int}}dx_3 = -\frac{1}{2}K\int_{D_1}\ln(y/y_d)\left(dx + \frac{1}{2}dy\right), \quad (10.40)$$

积分沿位错线 D_1 进行，即 x_3 由 0 至∞：x 由 0 至∞，y 由 y_0 至 y_d

$$E_{\text{int}} = -\frac{1}{2}K\left[\int_0^\infty \ln(y/y_d)dx + \frac{1}{2}\int_{y_0}^{y_d}\ln(y/y_d)dy\right], \quad (10.41)$$

式中第二项与 y 无关，因而在变分问题中不起作用，将在那里略去.

其次，与右半边层错带相联系的层错能增量显然是 $(0 \leqslant x \leqslant \infty, y > 0)$

$$E_{sf}=\frac{\sqrt{3}}{2}\gamma\int_0^\infty (y-y_d)dx. \tag{10.42}$$

不全位错线自能的计算也采取与计算相互作用能时同样的近似，即是把弯曲的位错线段用平行于 x_3 的许多小直线位错线元近似表示，也就是略去位错线与 Burgers 矢量的相对取向特征．于是单位线长度的自能便可表示为

$$\mathscr{E}=\alpha\mu b^2. \tag{10.43}$$

对于刃型情况

$$\alpha=\alpha_e=\left[\frac{\pi}{4}(1-\nu)\right][\ln(R/r_0)-2\ln 2-2]. \tag{10.44}$$

螺型情况

$$\alpha=\alpha_s=\left(\frac{\pi}{4}\right)[\ln(R/r_0)-2\ln 2-2], \tag{10.45}$$

此公式可由第四章中相关的公式得到．式中 r_0 是内切断半径，可取之等于 b． R 是外切断半径，取为位错节周围无其它位错的自由区域的线度．另一合乎逻辑的取法是将 R 取为扩展节的曲率半径，如图所示．幸而最后结果对 R 的取法并不十分敏感．不全位错线能量的增量于是是

$$\begin{aligned}E_{self}&=\mathscr{E}\int_0^\infty ds-\mathscr{E}\int_0^\infty dx_3\\&=\mathscr{E}\int_0^\infty (1+y'+y'^2)^{1/2}dx-\mathscr{E}\int_0^\infty dx.\end{aligned} \tag{10.46}$$

总的能量增量是

$$E_{total}=E_{int}+E_{sf}+E_{self}=\int_0^\infty V(y,y')dx, \tag{10.47}$$

$$\begin{aligned}V\equiv&-\frac{1}{2}K\ln(y/y_d)+\frac{\sqrt{3}}{2}(y-y_d)\\&+\mathscr{E}(1+y'+y'^2)^{1/2}-\mathscr{E}.\end{aligned} \tag{10.48}$$

现在要寻求一个特定的适当 $y(x)$ 的形式（即弯曲不全位错的形状），使 E_{total} 成为极小．这是一个典型的变分问题，变分泛函是 V．函数 $y(x)$ 应为如下的 Euler 方程确定：

$$\frac{\partial V}{\partial y}-\frac{d}{dx}\left(\frac{\partial V}{\partial y'}\right)=0, \tag{10.49}$$

边界条件是曲线 $y(x)$ 应该通过 $x=0$, $y=y_0$ 及 $x=\infty$, $y=y_d$. 由于 V 并不显式地依赖于 x, 因此上面的方程有初积分

$$V-y'\frac{\partial V}{\partial y'}=C \tag{10.50}$$

由条件 $y=y_d$, $y'=0$ 可定出 C, $C=0$. 方程(10.49)和(10.50)的具体形式是

$$-(K/y)+\sqrt{3}\,\gamma-(3/2)\mathscr{E}y''/(1+y'+y'^2)^{3/2}=0 \tag{10.51}$$

和

$$\begin{aligned}&-K\ln(y/y_d)+\gamma\sqrt{3}\,(y-y_d)\\&\quad+\mathscr{E}(2+y')/(1+y'+y'^2)^{1/2}-2\mathscr{E}=0,\end{aligned} \tag{10.52}$$

原则上这一对方程就确定了 $y(x)$, 即曲线不全位错的平衡形状. 但我们实际上更感到兴趣的是位错节的可测量的几何特征. 容易算出

$$2d=K/\gamma \tag{10.53}$$

或

$$y_d=K/\gamma\sqrt{3}, \tag{10.54}$$

于是由方程 (10.52) 可以确定 y_0, 因为当 $x=0$, $y=y_0$, 并且 $x=0$, $y'=-\frac{1}{2}$, 代入 (10.52), 得到关系

$$-K\ln(y_0/y_d)+\gamma\sqrt{3}\,(y_0-y_d)=0.267\mathscr{E}. \tag{10.55}$$

引入无量纲参量 $\zeta_0=y_0/y_d$, 并注意到 $y_d=K/(\gamma\sqrt{3})$, 则此式变为

$$\ln\zeta_0=\zeta_0-1-0.267(\mathscr{E}/K). \tag{10.56}$$

应用 $\mathscr{E}$ 的近似表示式 $\mathscr{E}=\alpha\mu b^2$, 由此可定出 ζ_0, 从而可得到

$$\gamma=K\zeta_0/(y_0\sqrt{3}), \tag{10.57}$$

这就是要求的层错能用扩展位错节的可测几何参量表示的结果.

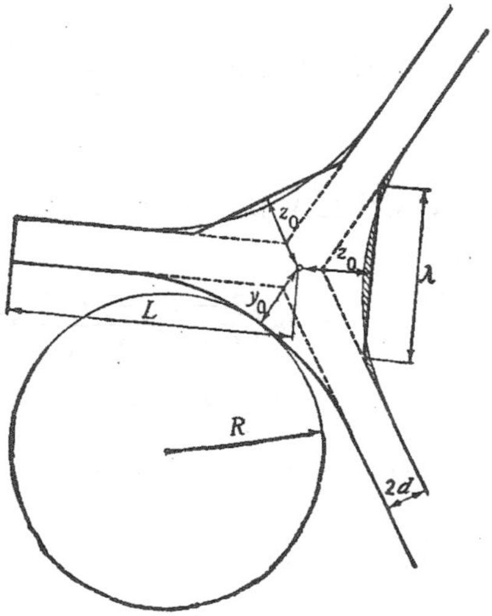

图 10.23

这是第一种近似.

下面讨论第二种近似,还是一种变分法处理[1]. 现在在计算不全位错线能量时计入位错的特征,即位错线与其 Burgers 矢量的夹角 ϕ,于是线能量就近似写作

$$E(\phi)=2Q(1-\nu\cos^2\phi)=\alpha(2-\nu-\nu\cos^2\phi), \qquad (10.58)$$

式中

$$Q=\frac{\mu b^2}{8\pi(1-\nu)}\ln\left(\frac{R}{b}\right), \qquad (10.59)$$

R 仍取为上述的曲率半径,并且认为对数项在变分中变化不灵敏,所以近似地把它作为常数处理. 主要考虑 ϕ 的变化. 参看图 10.22 (b),(c),可见对于刃型扩展位错节有 $\phi=\Omega$,对于螺型节有 $\phi\equiv\omega=\left(\frac{\pi}{2}-\Omega\right)$

$$\tan\omega=\cot\Omega=\frac{dy'}{dx'}=\frac{1}{\sqrt{3}}(2y'+1), \qquad (10.60)$$

---

1) Siems, R., *Disc. Faraday Soc.*, 38, 42(1964).

式中 $y' = dy/dx$，所以

$$\cos 2\phi = (1-\tan^2\phi)/(1+\tan^2\phi) = p\,\frac{3-(1+2y')^2}{3+(1+2y')^2}. \tag{10.61}$$

对于螺型节 $p=+1$，对于刃型节 $p=-1$，由此得到单位线长度能量的较好表达式

$$\mathscr{E}_{\text{self}} = Q\left[2-\nu-p\nu\left(\frac{3-(1+2y')^2}{3+(1+2y')^2}\right)\right]. \tag{10.62}$$

令 $w=(1+y'+y'^2)^{1/2}$，故 $(1+2y')^2 = 4w^2-3$，而

$$\mathscr{E}_{\text{self}} = Q\left[2-\nu-p\nu\left(\frac{3}{2w^2}-1\right)\right]. \tag{10.63}$$

沿一条不全位错线的线能量增量是

$$E_{\text{self}} = Q\int_0^\infty\left[2-\nu-p\nu\left(\frac{3}{2w^2}-1\right)\right]w\,dx - Q\int_0^\infty\left[(2-\nu)-\frac{1}{2}p\nu\right]dx, \tag{10.64}$$

于是变分泛函 $V(y, y')$ 成为

$$V(y, y') = -\frac{1}{2}K\ln(y/y_d) + \frac{\sqrt{3}}{2}\gamma(y-y_d) + Q\left\{(2-\nu)(w-1)+\nu p\left[w-(3/2w)+\frac{1}{2}\right]\right\}, \tag{10.65}$$

而 Euler-Lagrange 方程是

$$-K/y+\gamma\sqrt{3}-Qy''\left\{\left(\frac{1}{2}w^3\right)(6-3\nu-9\nu p) + 27\nu p/4w^5\right\}=0. \tag{10.66}$$

引入变量 $r=y/y_d$，$\xi = x/y_d$，并显然 $y' = dr/d\xi \equiv r'$，此方程的初积分即是

$$-\ln r + r - 1 + (Q/K)[\{(2-\nu)(2+r') - \nu p(1-r')\}/w - \{3\nu p(r'+2r'^2)/2w^3\}$$

$$-4+2\nu+\nu p]=0. \tag{10.67}$$

令在 $x=x_0$ 处 $r=r_0$，在此点上 $r'=-\frac{1}{2}$，于是有

$$\ln r_0=r_0-1+T, \tag{10.68}$$

式中

$$T=\left[\frac{1}{2}(\sqrt{3}-1)\right]\left[\frac{(2-\nu)\sqrt{3}}{2-\nu(1+2p)}-1\right]\ln\left(\frac{R}{b}\right). \tag{10.69}$$

我们可以采用曲率半径 R 代替 y_0 作为一参数表征位错节．有

$$R=2w^3/y''\sqrt{3}, \tag{10.70}$$

显式表示式是

$$R=\frac{\mu b^2 r_0}{4\pi\gamma(r_0-1)}\left\{1+\frac{\nu(3p+1)}{2(1-\nu)}\right\}\ln\left(\frac{R}{r}\right). \tag{10.71}$$

假定所研究的晶体 μ 和 ν 为已知，位错的 Burgers 矢量 $\boldsymbol{b}$ 也是已知的．ϕ 由测量得出．r_0 由式(10.68)得出，y_0 取测量值，与常数 μ, ν, b 一起代入式(10.71)，即可算出 γ．

Jøssang 等人[1]也用能量方法处理了位错节问题．他们用直位错线段的组合来近似表示位错节形状，如图 10.23 所示．用来描述位错节的参量是 d, R, z_0 和 λ．参量 z_0 是这样选择的，使折线组态下的层错面积与平滑组态下的层错面积相同；这样就有 $z_0=1.1y_0$，y_0 是上几段中所采用的，Siems 等人引入的参量．现在就可以精确计算如图中虚线所示三个扩展位错带构成的组态与实线所示折线位错组态之间的能量差．然后，再以 z_0(或 λ)为参量，求此能量之极小，由此确定位错节的平衡形状．

具体的表达式比较冗长复杂，不准备在此引述．若干结果列于下页表中．表中列出三个参数：γ, $\gamma/\alpha\mu b\left(\alpha=\frac{1}{2}b\rho^{-1}\right.$，$\rho$ 是位错芯参量$\Big)$，和 Σ_0

1) Jøssang, T. et al., *Acta Met.*, 13, 279(1965).

表 Σ

$\gamma_1/\alpha\mu b$	ν							
	0.16	0.20	0.24	0.28	0.32	0.36	0.40	0.44
44.000	4.84	5.15	5.51	5.95	6.47	7.13	7.97	9.08
30.000	5.06	5.40	5.79	6.25	6.82	7.52	8.42	9.62
20.500	5.28	5.64	6.05	6.55	7.16	7.91	8.87	10.16
14.000	5.50	5.87	6.32	6.85	7.49	8.28	9.31	10.69
9.500	5.71	6.11	6.58	7.14	7.82	8.67	9.76	11.21
6.500	5.92	6.34	6.83	7.42	8.14	9.04	10.18	11.72
4.400	6.13	6.57	7.09	7.71	8.47	9.41	10.62	12.24
3.000	6.33	6.80	7.34	7.99	8.78	9.77	11.05	12.75
2.050	6.53	7.02	7.59	8.27	9.09	10.13	11.46	13.24
1.400	6.73	7.23	7.83	8.54	9.40	10.49	11.88	13.74
0.950	6.93	7.46	8.07	8.81	9.72	10.84	12.30	14.24
0.650	7.12	7.67	8.31	9.08	10.02	11.19	12.70	14.72
0.440	7.32	7.89	8.56	9.35	10.33	11.55	13.12	15.22
0.300	7.52	8.10	8.80	9.62	10.63	11.90	13.52	15.71
0.205	7.71	8.31	9.03	9.89	10.93	12.24	13.92	16.19
0.140	7.89	8.52	9.26	10.15	11.23	12.58	14.32	16.66
0.095	8.09	8.74	9.50	10.41	11.53	12.93	14.73	17.15
0.065	8.27	8.94	9.73	10.67	11.83	13.27	15.12	17.62

$$\Sigma_0 \equiv \sqrt{3}\, z_0/2d = \frac{1}{2}(\lambda/2d) + 1. \qquad (10.72)$$

ρ 与 $2d$ 之间的关系是

$$\frac{\rho}{2d} = \frac{4\pi\gamma}{\alpha\mu b}\,\frac{1-\nu}{2-\nu(1+2\cos 2\phi)}, \qquad (10.73)$$

此时 $\alpha \simeq 4$.

计算层错能 γ 的方法如下：测量 z_0，如果 d 也可以测出，则直接从公式 (10.72) 计算 Σ_0. 然后，根据这个 Σ_0 值，可从表中确定与合适 ν 值及 ϕ 值相应的 $\gamma/\alpha\mu b$ 的值. 取 $\alpha \sim 4$，于是给出 $\gamma/\mu b$ 之值.

若 d 未能量出，则可从式 (10.72) 和 (10.73) 中消去 d，得到

$$\Sigma_0 = \sqrt{3}\, z_0 \frac{4\pi\gamma}{\rho\alpha\mu b}\,\frac{1-\nu}{2-\nu(1+2\cos 2\phi)}, \qquad (10.74)$$

取 $\rho a \sim \frac{1}{2} b$，则此式是 Σ_0 与 γ 间的一个关系。而表是 Σ_0 与 γ 之间的另一关系。这相当于对这两个变量的两个方程。其解给出 γ，与 d 的理论值及 z_0 的实测值相应。

§ 10.4 六角密积结构中位错的原子计算

在 § 9.9 中叙述了面心立方金属铜中位错的原子计算；在本章下文 § 10.8 中还要介绍体心立方金属铁的原子计算。本节简述关于六角密积金属的计算，这是 Bacon 等较近期的工作（1981，1986）。

Bacon 等人指出，许多六角密积结构金属均具有很重要的实用价值，并表现独特的形变特性和一系列有意思的物理性质。在涉及位错行为的方面，人们特别感到兴趣的是基面滑移和棱柱面滑移的晶体学特征，因为这方面的信息有助于对不同金属特性的理解。

六角密积金属原子计算工作的发展迟于面心立方和体心立方金属，Bacon 等人认为，其主要原因在于难以获得能准确模拟个别金属物理性质（例如 c/a 比，弹性性质，声子行为，层错能等）的原子间势。而现在可行、且比较好的办法是应用一种势，它简单地描述一个稳定的六角密积结构，而不是某种特定的金属。Bacon 和 Matin[1] 对于势的问题进行了充分的讨论，评述了自 1972 至 1979 年间的工作，涉及若干经验势及离子-离子赝势。他们最后示明 Linnard-Jones 型势在生成一个稳定六角密积结构及给出物理性质的近似数值方面能令人满意，故可以用于缺陷结构的计算机模拟。

在 § 8.6 中已经说明，Linnard-Jones 势是原子对势，其形式是

$$v(r) = \varepsilon_0 \left[\left(\frac{d}{r} \right)^{12} - \left(\frac{d}{r} \right)^{6} \right],$$

1) Bacon, D. J. and Matin, J. W., *Phil. Mag.*, **A43**, 883, 901 (1981).

为了将此势应用于计算实验，必须将它截断，这个截断会影响点阵参数 a 和 c. Bacon 等人说明，为了使六角密积结构比面心立方结构稳定，并使前者在棱柱面〈$11\bar{2}0$〉方向 5% 切变下稳定，必须使截断距离超出邻近 5 个原子层. 他们采用了两个截断距离，分别在第 5 层至第 6 层之间及第 6 层与第 7 层之间，相应地将截断的势记为 *lj*5 和 *lj*6. 在后来的工作中 (1986)，这两种势又记为 *lj*50 和 *lj*56. 数字 50 和 56 分别表示第 5 层和第 6 层以内的原子数，也就是与中心原子相互作用的原子数，因为这个数目较大，所以需要取比较大的计算晶块和较多的弛豫原子. Bacon 和 Matin 曾用表列出由 *lj*5 和 *lj*6 两种势计算的六角密积结构晶体的若干物理参数，包括点阵参数 a，轴比 c/a，结合能 h_s，空位生成能 h_v^f，层错能 γ，几个弹性常数等，可与实际金属的实测值相比较.

考虑三种基本类型的位错，其 Burgers 矢量均为 $\frac{1}{3}\langle 2\bar{1}\bar{1}0\rangle$，其方向分别为 [0001] (棱柱刃型)，〈$2\bar{1}\bar{1}0$〉(基面螺型) 和〈$01\bar{1}0$〉(基面刃型). 计算时取晶块为长方体，取位错方向为 z 轴，另外两个坐标轴是与 z 轴垂直的晶体学轴. 所取晶块大小可用 x，y，z 三个方向上取的晶面数来表示，对于上述三种位错这数目分别是：棱柱刃型，$30\times 24\times 2$ (含 360 个原子)；基面螺型，$68\times 32\times 2$ (含 1088 原子)；基面刃型，$36\times 16\times 4$ (含 576 原子). 实际计算中所取弛豫原子数大都比此数小. 采用刚性边界条件，在上述的基本区域 I 外面要取一个区域 II. 在位错方向 (z 轴) 上采用周期边界条件. 原子的初始位置由各向同性弹性解确定，然后令区域 I 中原子弛豫，应用 Fletch 和 Reeves 的共轭梯度法 (1964) 计算，直到能量达到极小.

棱柱刃型位错的结构对于如 Ti, Zr, Hf 这一类以棱柱面滑移为主的金属是重要的. 易于在棱柱面上进行滑移提示人们 $\frac{1}{3}$〈$11\bar{2}0$〉位错可能在棱柱面上发生某种分解或散布. 具体地讲，曾提出可能发生如下两种分解反应：

$$\frac{1}{3}\langle 11\bar{2}0\rangle \to \frac{1}{18}\langle 42\bar{6}3\rangle + \frac{1}{18}\langle 24\bar{6}\bar{3}\rangle,$$

$$\frac{1}{3}\langle 11\bar{2}0\rangle \to \frac{1}{9}\langle 11\bar{2}0\rangle + \frac{2}{9}\langle 11\bar{2}0\rangle,$$

这里第一个反应由相邻棱柱面在硬球模型下的相对位移产生，而且不全位错的 Burgers 矢量不在棱柱面内．第二个反应会产生一

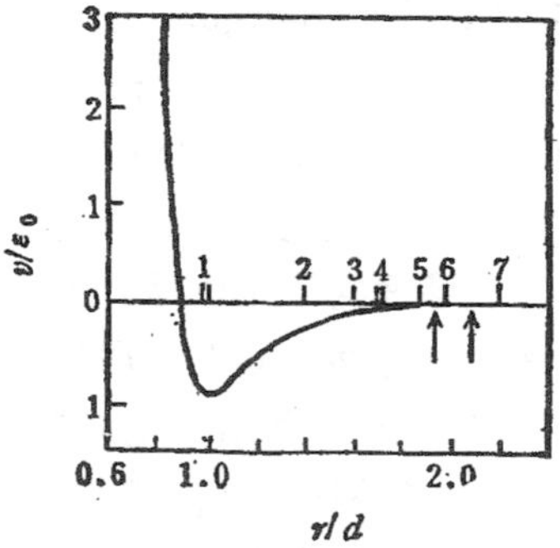

图 10.24 (a)

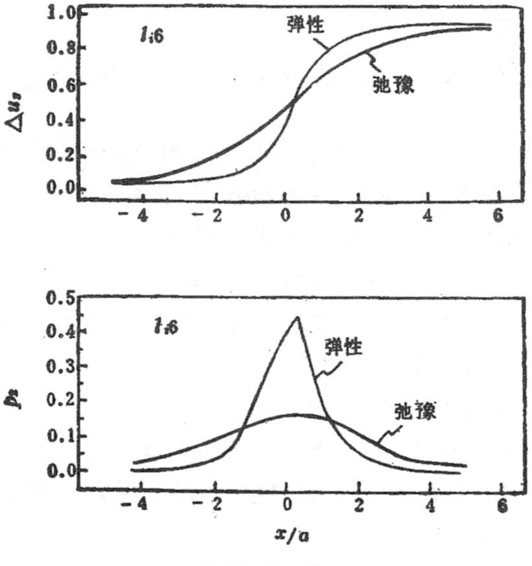

图 10.24 (b)

个芯，其中两个相邻$\{1\bar{1}00\}$棱柱面具有体心立方结构中$\{112\}$面的堆垛次序． 注意到 Ti，Zr，Hf 具有体心立方结构的高温相，所以这个反应可能是合适的．Bacon 和 Matin 首先用模拟计算来检验这种分解的可能性． 他们计算的结果用图细致地表出，包括原子位置的投影图(即类似于 Vitek 等[1)]设计的所谓“微分位移图”)，Δu 和位错密度 ρ 沿 x 轴方向的分布；此处 ρ_x 定义为 $d(\Delta u_x)/dx$，是在滑移方向上的 Burgers 矢量分布函数．图 10.24 (a)—(b) 引自原始文献．计算结果是采用 *lj*6 势所得出的．

由关于 ρ_x 的图可以清楚地看出在 Linnard-Jones 晶体中(即 *lj*6 势及 *lj*5 势相互作用)，不发生上列第二式的分解反应．上面第一式的分解要求有垂直于基面的原子位移．但若在模拟计算中先预设原子有垂直于基面的小位移，则在继后的弛豫过程中它们终于会回到基面，所以这个分解也不能给出位错芯结构的合适描述．总之，模拟计算基本上排除了棱柱刃型位错的上述两种分解形式．

其次，进行了关于基面上位错分解的探讨．采用 *lj*5 势和 *lj*6 势，在基面上都会存在稳定的层错，因而会发生分解为两个 Shockley 位错的反应

$$\frac{1}{3}\langle 11\bar{2}0\rangle \to \frac{1}{3}\langle 10\bar{1}0\rangle + \frac{1}{3}\langle 01\bar{1}0\rangle,$$

模拟计算的结果直接证实了这一点． 例如能量最小组态下 $\rho_x(x)$ 和 $\rho_z(x)$ 的图解上出现两个分离的峰，表示两个不全位错的存在．峰的极大之间的距离可以定义为两个不全位错之间的距离，但因为不全位错本身有一定宽度，由峰的宽度反映出来，所以这个距离并不等于不全位错间层错的宽度．对于基面螺型位错，采用 *lj*5 势和 *lj*6 势算出的分解距离分别为 $3.5a$ 和 $10a$；对于基面刃型位错，用 *lj*5 势，算出分解距离为 $7.5a$．弹性理论得出相应的值为 $3a$，$11a$ 和 $7a$，二者很相接近．但弹性理论中不全位错的宽度比点阵理论的宽度(峰宽)小很多，所以弹性理论给出的层错带宽度比点阵

---

1) Vitek, V. et al., *Phil. Mag.*, **20**, 1049 (1970).

理论给出的带宽度大许多.

Bacon 和 Matin 继之研究了上面三种位错在晶体中有应力时(应变下)的行为. 计算工作所取晶块的几何及尺寸如上所述. 模拟方法是从上面得到的已弛豫组态出发,给定一个均匀应变(切变),使区域 II 中的原子位置固定不变,区域 I 中原子继续进行弛豫,直至平衡. 在每次平衡后将应变增加一个小量,再依样进行弛豫. 最终应变达到一个值, 此时位错开始通过晶体运动. 重复计算 Δu 和 ρ 曲线,以监视位错的芯结构及其运动.

对于上述三种类型的位错模拟计算都得到有意义的结果. 在三种情况下,在尚未达到临界应力(Peierls 应力)以前, 位错芯结构都发生显著变化. 因此就不能用类似传统的办法, 计算无应力的芯结构处在滑移面上不同地点时的能量, 以估计 Peierls 应力. 看来计算机模拟给出的 Peierls 应力是高的, 这也许是应用 Linnard-Jones 势的后果, 因为这种势模拟一种"硬球"固体. 三种情况比较,基面刃型位错在最低的应力下开始运动,其次是基面螺型位错. 层错能的变化影响不大,并且在运动时层错带几乎消失. 棱柱刃型位错在运动中仍然不发生分解.

另一个有意思的问题是关于螺型位错交滑移的研究[1]. 位错交滑移在晶体形变中是一个重要的过程, 尤其对于六角密积这种滑移系统较少的晶体是如此. 在模拟计算中考虑一个沿 $[2\bar{1}\bar{1}0]$ 方向的螺型位错, 取作 z 轴. x, y 方向分别为 $[01\bar{1}0]$ 和 $[0001]$. 此位错的平衡组态是分解的. 现在在一级棱柱面 $(01\bar{1}0)$ 上施加应变 e_{31}, 计算 Δu_x, Δu_z 和 $\rho_x(x)$. 结果发现, 随着应力的增大, 位错芯的分布变化, 其效果是使左边不全位错的 Burgers 矢量减小, 右边的增大, 层错带趋向于消失. 这就是交滑移前实际的束集过程. 当应变达到临界值 0.053, 束集过程完成,右方的位错变成全位错. 应变达到 0.06 时, 发生棱柱滑移,

1) 参看 Bacon, J. D. and Matin, J. W. in Dislocation Modelling of Physical Systems, *Pergamon Press*, 269 (1981).

即是交滑移．计算结果表明在束集刚要完成，交滑移即将开始发生之时，位错芯宽度会变得非常小；用 *li*5 势和 *li*6 势计算的结果彼此接近．这个过程与通常所想像两个不全位错对称地相互接近，终于结合的过程是不相同的．根据不全位错的精细结构可以对这种不对称过程给予一定的解释．具体地讲，当螺型位错分解时两个不全位错都含刃型分量，左边是负刃型，右边是正刃型，所以左边位错下方的棱柱面面间距减小，右边位错上方的棱柱面面间距减小．当外加切应力是使螺型位错沿棱柱面向下运动的情况，它会使左边位错的 Burgers 矢量减小，右边位错的 Burgers 矢量增大，于是造成上述不对称性．当切力(切变)的方向倒反时，此效应倒反．这是一个几何性的效应，在任何结构中，只要螺型发生分解，产生的不全位错具有刃型分量时，相似的效应应该发生．

Bacon 和 Liang[1] 最近发展了关于六角密积晶体中位错的原子计算工作．

开始仍是改进所用原子间势的问题．他们引用了四种形式的原子间势．第一种是上面所说的 *li*5 和 *li*6 势，记作 *li*50 和 *li*56，分别在第 7—8 原子层及第 8—9 原子层之间截断(平滑地变为零)．第二种是 Johnson 和 Beeler (1981) 为 Ti 的计算所选用的势，它是短程的，在第 1—2 原子层之间截断，记作 *ti*12．此势可用以模拟非基面缺陷．第三种是 Basinski 等人 (1970) 由正交化平面波计算导出的振荡形的势，曾应用于关于 Na 的计算，记作 *na*56，Bacon 和 Liang 将它在第 8—9 原子层之间截断．第四种是 Duesbury 和 Taylor (1979) 为 Be 的研究由非局域赝势计算得到的振荡形势，Bacon 和 Liang 把势的作用程延至第 16 原子层，记作 *be*134．Bacon 等对于将这几种形式的势用于六角密积金属的模拟作了比较仔细的讨论，并把初算结果与实际金属物理性质的数据作了对比．这几种势示于图 10.24(c) 中．

---

1) Bacon, D. J. and Liang, M. H., *Phil. Mag.*, **A53**, 163 (1986).
Liang, M. H. and Bacon, D. J. *ibid.*, **A53**, 181, 205 (1986).

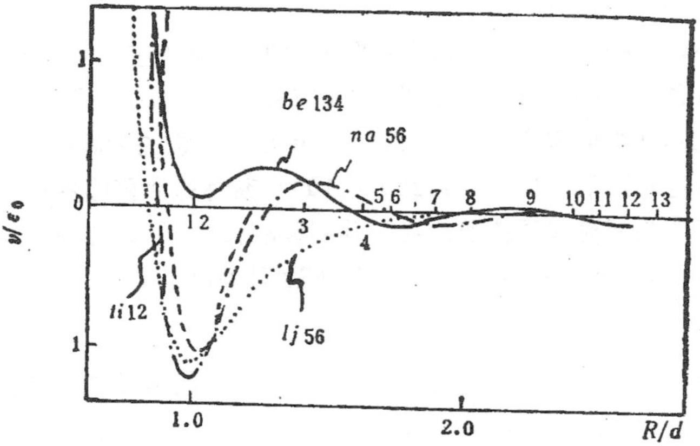

图 10.24 (c)

Bacon 等研究了基面(0001)和非基面$(10\bar{1}0)$，$(10\bar{1}1)$和$(11\bar{2}2)$上平移层错的稳定性，结果表明稳定层错可以在这些面上存在．与层错相关的平移矢量和体积膨胀可以用硬球模型很好理解，与所用的势关系不很大．他们用这些势计算了层错能γ。

采用这些形式的势研究了无应力晶体中几类位错的芯结构；这些位错的 Burgers 矢量分别为 $\boldsymbol{b}_1=\frac{1}{3}\langle 11\bar{2}0\rangle$ 和 $\boldsymbol{b}_2=\frac{1}{3}\langle 11\bar{2}3\rangle$．$\boldsymbol{b}=\boldsymbol{b}_1=\frac{1}{3}\langle 11\bar{2}0\rangle$ 的螺型位错和沿 $\langle 1\bar{1}00\rangle$ 方向的刃型位错都在基面上分解，但并不一定总是成为两个 Shockley 不全位错．在一种晶体中，螺型位错当在$\{1\ \bar{1}\ 0\ 0\}$面上展布时芯结构较稳定，处于[0001]方向上的刃型位错在所有模型中均不分解．关于 $\boldsymbol{b}=\boldsymbol{b}_2=\frac{1}{3}\langle 11\bar{2}3\rangle$的位错的情况是：处于$\langle 1\bar{1}00\rangle$方向上的位错有两种稳定的芯态，其中一种由$\{11\bar{2}1\}$和$\{11\bar{2}2\}$面上的微孪晶和微裂缝组合而成；另一种芯态是其中的$\langle 11\bar{2}3\rangle$ Burgers 矢量密度散布在$\{11\bar{2}2\}$面上．$\langle 11\bar{2}3\rangle$螺型位错有多种稳定形式，Burgers 矢量密度集中在$\{10\bar{1}\bar{1}\}$，$\{11\bar{2}2\}$和

$\{1\bar{1}00\}$ 的组合平面上.

Liang 和 Bacon 继续研究了外加滑移(切)应变对于上述模拟位错芯的影响,确定了临界应变(应力). 一个模型晶体中螺型位错的芯结构使得它进行 $\langle 11\bar{2}0\rangle$ (0001) 系统的滑移的临界应变(应力)远低于进行 $\langle 11\bar{2}0\rangle$ $(1\bar{1}00)$ 系统的滑移临界应变,这就是复现基面滑移的情况. 另一种模型晶体中,位错芯在 $\{1\bar{1}00\}$ 上散布,此时棱柱滑移就容易很多;不过刃型位错却是裂开并不可滑的.

与 $\boldsymbol{b}=\frac{1}{3}\langle 11\bar{2}3\rangle$ 位错相关的范性性质是复杂的,依赖于势的形式及切应变(应力)的方向. 如果应变相应于 [0001] 方向伸张,则刃型位错一般与 $\{11\bar{2}1\}$ 孪生或 $\{11\bar{2}2\}$ 滑移相联系;如应变方向倒反,则产生 $\{11\bar{2}2\}$ 滑移或 $\{11\bar{2}2\}$ 孪生. 在前一种应变(应力)下,螺型位错在 $\{10\bar{1}\bar{1}\}$ 或 $\{11\bar{2}2\}$ 上滑移,取决于势,而与无应变芯结构关系不大;当应变方向倒反,滑移的几何倒反.

还有一些细节,读者如有兴趣可以参看原始文献.

§10.5 体心立方结构中的层错

许多金属和合金均具有体心立方结构. 体心立方结构的惯用晶胞示于图 10.25(a) 中. 重要的两个晶体学面是 {110} 类型的面和 {112} 类型的面. {110} 是体心立方结构的原子密排面,而 {112} 是最常见的共格孪生面.

图 10.25(b) 示出体心立方 (110) 面上的原子排列;给出两个层,分别可用 a, b 记之. 于是在 [110] 方向的堆垛序列便可写作 $\cdots a\ b\ a\ b\ a\ b\cdots$. 当然,不要与六角密积结构的序列 $\cdots A\ B\ A\ B\ A\ B\cdots$ 相混淆. a, b 两层之间的间距为 $\sqrt{2}a/2$. 图中示出几个重要的晶体学方向. [111] 是原子密排方向,也是 (112) 面与 (110) 面的交线.

(112) 面与 (110) 面垂直,图 10.26 示出一个 (112) 面上的原

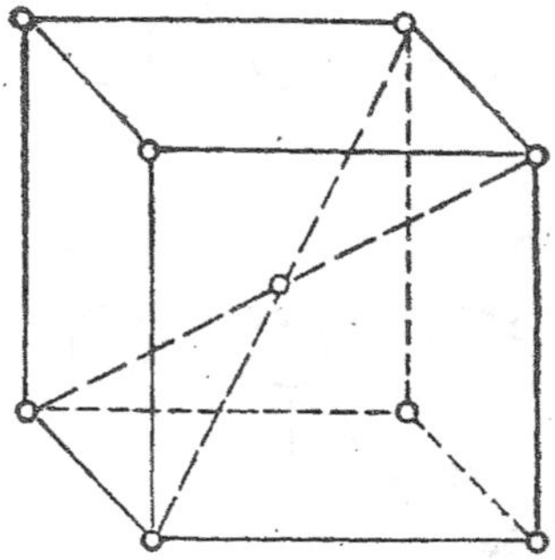

图 10.25 (a)

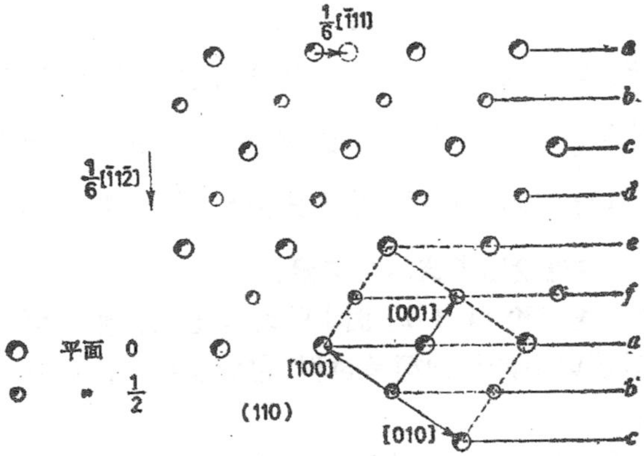

图 10.25 (b)

子排列，其上两个重要的方向是 [111] 方向和 [110] 方向。从图 10.25 中可以看出，(112) 面的堆垛方式是以六个这样的层为周期，重复堆叠。这六个层在图 10.25 中用数字 a, b, c, d, e, f 标出。在 (112) 面上投影的位置用相应的数字标出(图 10.26)。用字符标记，写作 $A_1A_2B_1B_2C_1C_2$，或 $ABCDEF$。因此，由 (1 1 2) 面的堆垛来看，完整的体心立方晶体点阵应以无限序列 $\cdots A_1A_2B_1B_2C_1C_2A_1A_2\cdots$ 或 $\cdots ABCDEFABCDEF\cdots$ 表之。我们下面采用第二种记法。

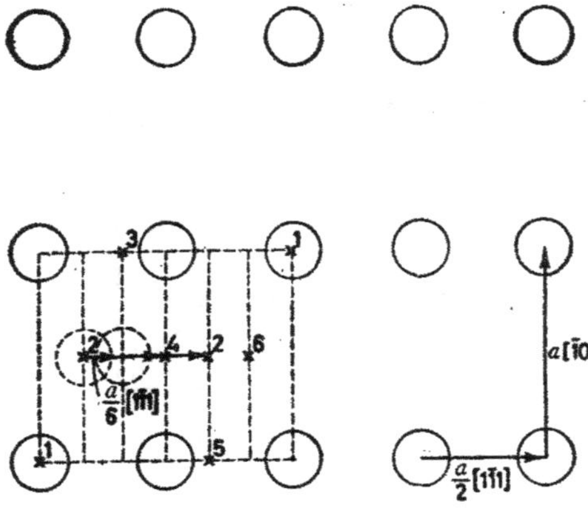

图 10.26

A, B, $C\cdots$等面上原子排列方式完全一样。相邻二面（二层）之间间距为 $\frac{a}{6}[112]$，但相对位移一个矢量，此矢量在[111]方向和[110]方向上的两个分量分别为 $\frac{a}{6}[111]$ 和 $\frac{a}{2}[1\,1\,0]$，在图 10.25 中也绘出了这两个矢量。

现在首先讨论{1 1 2}面上的堆垛层错。像上面讨论密积结构那样，设想以下的几种简单过程，它们能形成体心立方结构中的堆垛层错：

（1）第一种平移　从完整的体心立方晶体出发，在重复序列 $ABCDEF$ 中取一个 F 层，令它及它以下的半个晶体不动，而它上方的 A 层及其以上半个晶体平移一个矢量 $\frac{1}{6}[111]$；这样，由图显然可见，此 A 层移到了 E 层的位置，而其以上各层的新位置如下：

$$\begin{array}{cccccccccccccccc} \cdots A & B & C & D & E & F & \vdots & A & B & C & D & E & F & A & B\cdots \\ & & & & & & \vdots & \downarrow & \downarrow & \downarrow & \downarrow & \downarrow & \downarrow & \downarrow & \downarrow \\ & & & & & & \vdots & E & F & A & B & C & D & E & F\cdots, \end{array} \qquad (10.75)$$

结果形成序列：

$$\begin{array}{cccccccccccccc} \cdots A & B & C & D & E & F & E & F & A & B & C & D & E & F\cdots, \\ & & & & & & \uparrow & \uparrow \end{array} \qquad (10.76)$$

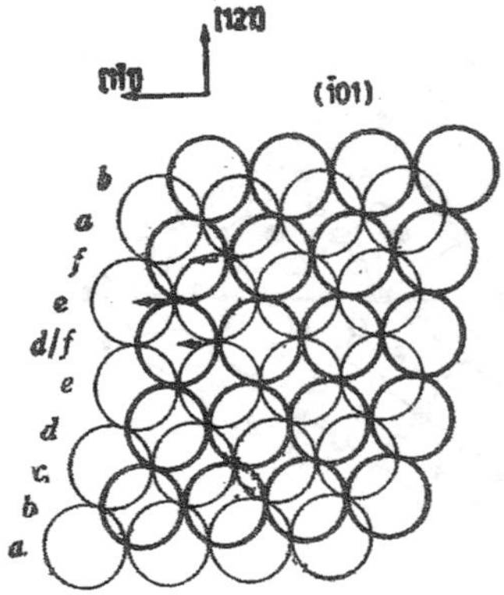

图 10.27

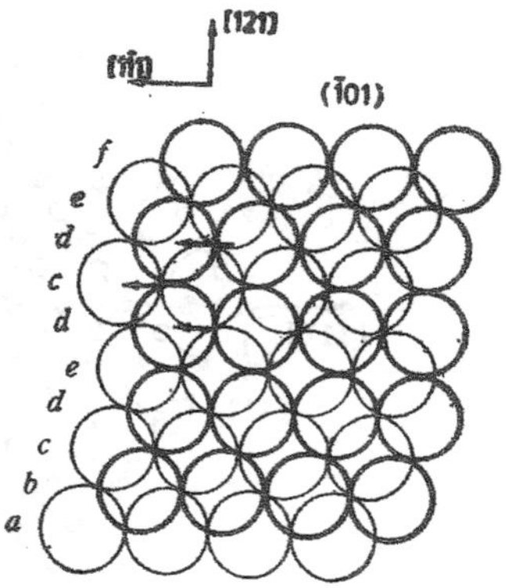

图 10.28

这个层错的原子排列在(110)面上的投影如图 10.27 所示. 可以看出，这个层错相当于一层初基孪晶. 此层错称为第一类 intrinsic 层错 I_1，有的书上称为孪晶层错或第 I 类层错.

(2) 第二种平移　和(1)一样，取一个 F 层，令它以下不动，而它上方的 A 层及其以上晶体平移一个与(1)中的平移相反的矢量 $-\frac{1}{6}[1\ 1\ 1]$. 如此，这个 A 层将移到 C 层的位置，而其以上相继各层的新位置如下：

$$
\begin{array}{l|llllllll}
\cdots A\,B\,C\,D\,E\,F & A & B & C & D & E & F & A & B\cdots \\
 & \downarrow & \downarrow & \downarrow & \downarrow & \downarrow & \downarrow & \downarrow & \downarrow \\
 & C & D & E & F & A & B & C & D\cdots,
\end{array}
\tag{10.77}
$$

结果形成序列

$$\cdots A\,B\,C\,D\,E\,F\,C\,D\,E\,F\,A\,B\cdots, \tag{10.78}$$

其效果犹如在 EF，CD 之间抽去 AB 二层，原子排列在(110)面上的投影示于图 10.28 中. 此层错称为第二类 intrinsic 层错 I_2. 有的书上称为双层错或第 II 类层错.

(3) 插入二层　在完整序列 $ABCDEF$ 中，AB，CD 之间插入二层 EF，构成序列

$$\cdots A\,B\,C\,D\,E\,F\,A\,B\,\underset{\uparrow}{E}\,\underset{\uparrow}{F}\,C\,D\,E\,F\,A\,B\cdots, \tag{10.79}$$

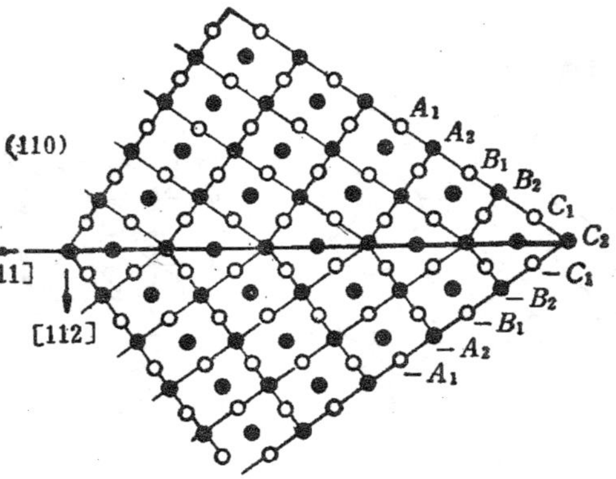

图 10.29

这是一个 extrinsic 层错 E，它的原子排列图像绘于图 10.28 中.

(4) **孪生** 若完整序列 $ABCDEF$ 的某一个 F 层以上诸层各相对进行一个 I_1 型层错的平移，则形成

$$\begin{array}{r|ccccccccc}
\cdots A\,B\,C\,D\,E\,F & A & B & C & D & E & F & A & B & \cdots \\
 & \downarrow & \downarrow & \downarrow & \downarrow & \downarrow & \downarrow & \downarrow & \downarrow & \\
 & E & F & A & B & C & D & E & F & \cdots \\
 & & \downarrow & \downarrow & \downarrow & \downarrow & \downarrow & \downarrow & \downarrow & \\
 & & D & E & F & A & B & C & D & \cdots \\
 & & & \downarrow & \downarrow & \downarrow & \downarrow & \downarrow & \downarrow & \\
 & & & C & D & E & F & A & B & \cdots \\
 & & & & \downarrow & \downarrow & \downarrow & \downarrow & \downarrow & \\
 & & & & B & C & D & E & F & \cdots \\
 & & & & & \downarrow & \downarrow & \downarrow & \downarrow & \\
 & & & & & A & B & C & D & \cdots,
\end{array} \tag{10.80}$$

即是变成序列

$$\cdots A\,B\,C\,D\,E\,\underset{\uparrow}{F}\,E\,D\,C\,B\,A\cdots, \tag{10.81}$$

生成一个完整的孪晶 T，见图 10.29.

其次简短描述 (110) 面上的层错. 为此观察图 10.30，其中示出 $\{110\}$ 面两个相继的层 a，b，以及两个邻近的准平衡位置 a' 和 a''(b' 及 b'')，它们相对于平衡位置的位移是 $\pm\frac{1}{8}[1\ 1\ 0]$.

于是，可以将序列 $\cdots ababab\cdots$ 中某一 b 层上方的 a 层平

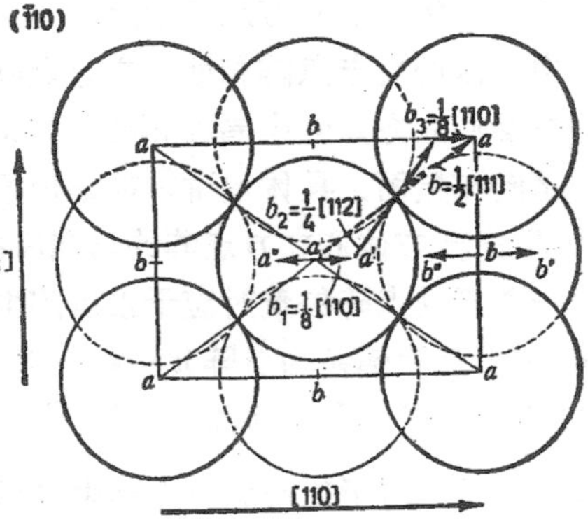

图 10.30

移至位置 a'，以上 b 层自然移至 b' 位置．这样，形成序列

$$\cdots abab\underset{\uparrow}{\ } a'b'a'b'\cdots. \qquad (10.82)$$

在箭号↑指示之处出现一个层错，可称为 $\frac{1}{8}[110]$ 层错，有的书上称为第 III 类层错．

与此相似，若将上述 a 层位移至 a'' 位置，则造成序列

$$\cdots abab\underset{\uparrow}{\ } a''b''a''b''\cdots, \qquad (10.83)$$

箭号↑指示之层错是 $-\frac{1}{8}[110]$ 层错，同样称为第 III 类层错．$\pm\frac{1}{8}[110]$ 层错二者的能量相同．这种层错附近键的畸变比较厉害，近邻数由正规结构中的八个现在变为九个．能够直观地预料这种层错的能量与上文中所述第 I 类层错的能量可以比较．

最后，将两个相邻的 (110) 面相对位移 $\frac{1}{6}[1\ 1\ 1]$ 也能造成一种层错，可称为〈111〉层错，或第 IV 类层错．它引起键的畸变和垂直于层错方向的膨胀都较大．

与前文中所叙述的一样，各类层错的边沿定义相应的各类不全位错．有些细节将在下节中进行论述．

在本节的最后应该提到体心立方点阵中晶体学面和方向的另一种字符标记法．由于体心立方点阵和面心立方点阵互为倒易点阵，所以可以用标志面心立方点阵中晶面和晶向的符号来标志体心立方点阵相应的晶向和晶面．具体地讲，就是用第九章中所介绍的 Thompson 记号来标志体心立方点阵的晶向和晶面． 只是不要忘记一点，即一个倒易点阵矢量对应于正点阵中密勒指标与之相同的一族晶面，对于互为倒易的点阵此论断均成立．因此，例如，对于体心立方点阵，记号 $\boldsymbol{A\delta}$ 表示晶面 $(\bar{1}2\bar{1})$，而记号 (d) 表示矢量 $\frac{1}{2}[111]$．这样，对于体心立方点阵中的晶向和晶带就能一目了然了．

§10.6 体心立方结构中的扩展位错和位错环

体心立方晶体的滑移方向几乎唯一地是 $\langle 111\rangle$ 方向． 曾观察到 Nb 在 77K 下在 $\langle 100\rangle$ 方向上进行滑移，这是罕见的例外．关于滑移面，比较肯定的是 $\{110\}$ 和 $\{112\}$，有时见到 $\{123\}$；在低温下几乎不变地是 $\{110\}$ 作用． 最短的点阵平移矢是 $\frac{1}{2}\langle 111\rangle$，它就是最常出现的全位错的 Burgers 矢量．

根据各向同性弹性力学，下面这个反应在能量上是可能的：

$$\frac{1}{2}[111]+\frac{1}{2}[1\bar{1}\bar{1}]\rightarrow[100]. \tag{10.84}$$

另外两个反应

$$\frac{1}{2}[111]+\frac{1}{2}[11\bar{1}]\rightarrow[110], \tag{10.85}$$

$$[100]+[010]\rightarrow[110], \tag{10.86}$$

其中第一个在能量上不利，第二个稳定性有问题．

现在我们考虑 $\{112\}$ 面上位错的分解．最容易实现的反应是

$$\frac{1}{2}[111]\rightarrow\frac{1}{6}[111]+\frac{1}{3}[111]. \tag{10.87}$$

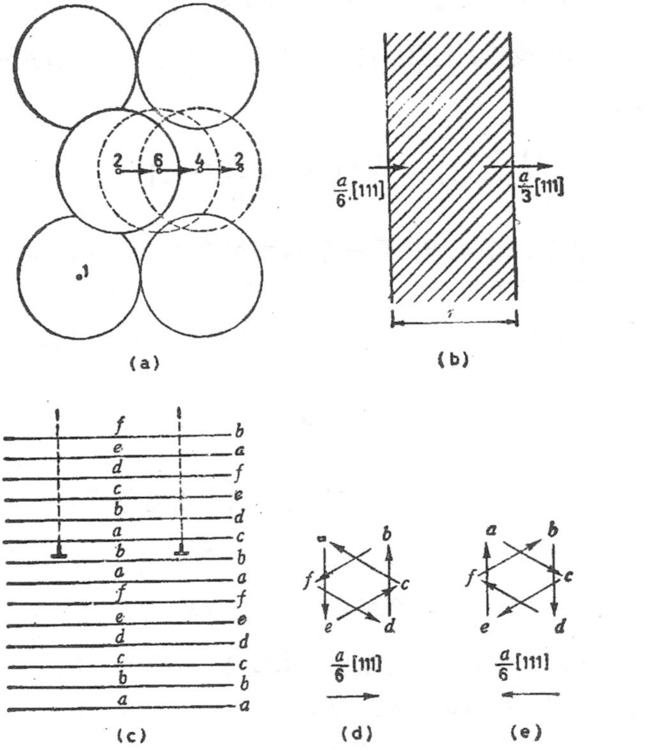

图 10.31

图 10.31 示出一个纯刃型位错的这种分解.

图 10.31 (a) 表示 {112} 的一个 A 层和在它上方滑动的 B 层. 结合上节中的图, 可见第一个位移 $\frac{1}{6}$ [1 1 1] 是使 B 层变成 F 层, 第二个位移 $\frac{1}{3}$ [1 1 1] 是使现在的 F 层通过 D 层位置变为 B 层. (1 1 2) 面上的扩展位错示意地绘于图 10.31(b) 中. 图 10.31(c) 表示各个 (1 1 2) 层的堆叠状况, 很显然, 与此扩展位错相联系的层错是一个 I_1 型层错. 图 10.31(d) 和图 10.31(e) 则分别具体示明当一个 $\frac{1}{6}$ [1 1 1] 不全位错向右和向左移动时, 所扫过地区各

(1 1 2) 层位置(字符标号表示)的变化.

也可以设想，上面反应中后面那个 $\frac{1}{3}[111]$ 位错进一步发生分解

$$\frac{1}{3}[111] \rightarrow \frac{1}{6}[111] + \frac{1}{6}[111] \tag{10.88}$$

所产生的第二个层错带是一个 I_2 型层错，它的层错能是高的.

上述分解不限于 (112) 面上的刃型位错，对于混合型滑动位错均可进行. 这样的分解不限制位错在 (112) 面上的滑移运动.

下面讨论螺型位错的非共面分解. 已知每一个 ⟨111⟩ 矢量是三个 {112} 型晶面的晶带轴，即每一个 ⟨111⟩ 矢量是一组三个 {112} 型面的交线，这从上节末所述倒易 Thompson 四面体记号系统可以明显看出. 这样，一个 $\boldsymbol{b}=\frac{1}{2}[111]$ 的螺型位错就可以在三个 {112} 型的面上进行分解，成为三个 $\frac{1}{6}[111]$ 的不全位错，并各带出一片层错，如图 10.32 所示. 图 10.32(a) 示出的三个层错带都是 I_1 型层错. 图 10.32(b) 表示的三个不全位错运动方向与图 10.32(a) 中所示的相反，所生成的层错带都是 I_2 型层错. 这两种组态在应力之下会发生改变，这一点留待下节中讨论螺型位错的 sessile-glissile 转变时再论述. 在此只须指出，无论哪一种分解组态都会阻碍位错的滑移，如果要求位错在{112}或{110} 面上滑移，则必须供给一定能量，使组态改变.

与前文中所述面心立方和密排六角结构一样，体心立方结构中点阵空位和间隙原子的凝聚也能形成棱柱位错环. 这里先讨论 {112} 型面上的四种环.

首先考虑点阵空位在一个 {112} 面上凝聚为一个单层的情况. 例如，设想在完整堆垛序列中抽去一个 $B(2)$ 层的一部分，然后令空洞崩坍，此过程的位移矢量为 $\frac{1}{6}[11\bar{2}]$. 这样就使 $C(3)$层

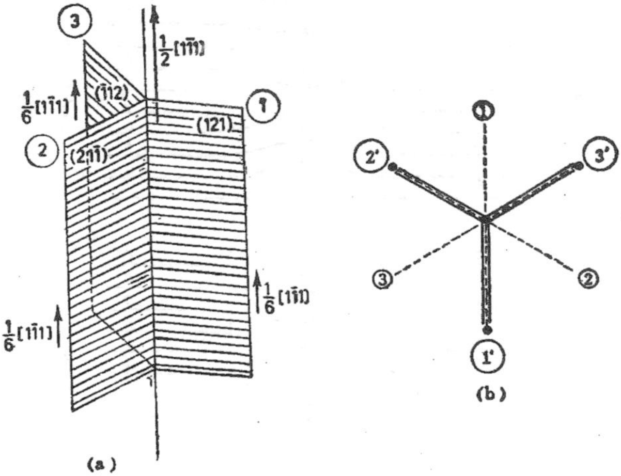

图 10.32

直接处在 $A(1)$ 层之上，由上节中的图中可见，此时上层的原子几乎直接位于下层原子的上方，所以造成的层错能量很高．避免的办法之一是继此以后进行一个 $C(3) \to B(2)$ 或 $C(3) \to F(6)$ 的平移．若平移为 $C \to B$，则平移矢量为 $\frac{1}{2}[\bar{1}10] + \frac{1}{6}[111] = \frac{1}{6}[421]$，此矢量与原崩坍过程的位移矢量 $\frac{1}{6}[1\ 1\ 2]$ 合成，给出最后位错环的总 Burgers 矢量为 $\frac{1}{6}[4\ 2\ 1] + \frac{1}{6}[112] = \frac{1}{2}[111]$，这是一个全位错环，它所环绕的面积上无层错．其次，若平移为 $C \to F$，则平移矢量为 $\frac{1}{2}[110]$，而环的 Burgers 矢为 $\frac{1}{6}[112] + \frac{1}{2}[110] = \frac{1}{3}[121]$。这是一个不全位错环，它环绕一个 I_1 型层错片，这一地区的 $\{112\}$ 堆垛次序为 $\cdots ABCDEFAFABCDEF\cdots$．

另一种过程是空位的双层凝聚，相当于抽去两个部分 $\{1\ 1\ 2\}$ 层，然后崩坍，形成一种 $\frac{1}{3}\langle 112\rangle$ 类型不全位错环．例如抽去

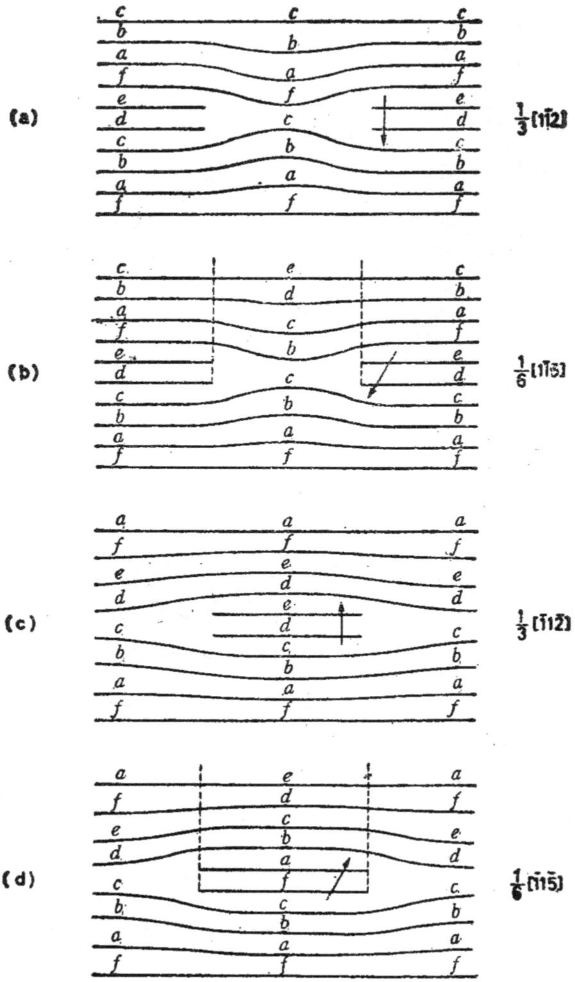

图 10.33

的是 D、E 二层，于是造成序列 $\cdots ABCDEFABCFABCDEF\cdots$，这个位错环的 Burgers 矢量即为 $\frac{1}{3}[112]$。

若一个 $\frac{1}{6}[111]$ 不全位错扫过此环内部，则环的 Burgers

矢量成为

$$\frac{1}{3}[112]+\frac{1}{6}[111]\to\frac{1}{6}[115], \tag{10.89}$$

而堆垛序列变为：$\cdots ABCBCDEFABCDEF\cdots$. 这个环是"sessile"的，它所围绕的层错为 I_1 型.

与此相似，间隙原子的双层凝聚也可形成棱柱位错环，这相当于插入两个部分 $\{112\}$ 层。例如插入的是 D，E 二层，于是造成序列 $ABCDEDEFABCDEF$，这是一个 I_1 型层错. 位错环的 Burgers 矢量为 $\frac{1}{3}[112]$.

若一个 $\frac{1}{6}[111]$ 不全位错扫过此环内部，则其 Burgers 矢量成为

$$\frac{1}{3}[112]+\frac{1}{6}[111]\to\frac{1}{6}[115], \tag{10.90}$$

而堆垛序列变为 $\cdots ABCFABCDEF\cdots$. 这个环也是"sessile"的，它所围绕的层错属于 I_2 型.

以上所述四种不全位错环的示意图绘于图 10.33 中.

下面简短讨论 $\{1\ 1\ 0\}$ 面上的不全位错. 回顾图 10.30，可以看出如下的分解是可能的

$$\frac{1}{2}[111]\to\frac{1}{8}[110]+\frac{1}{4}[112]+\frac{1}{8}[110], \tag{10.91}$$

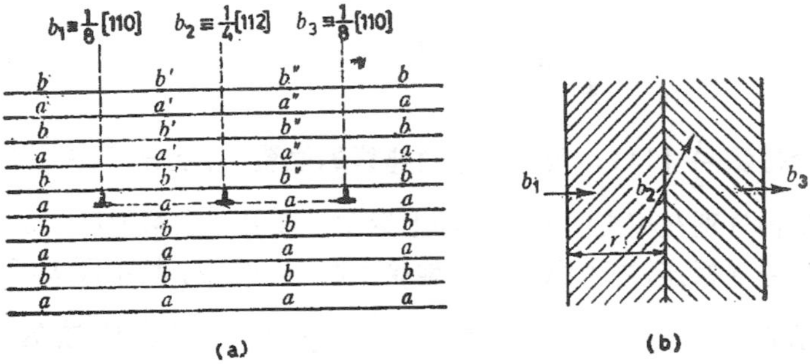

图 10.34

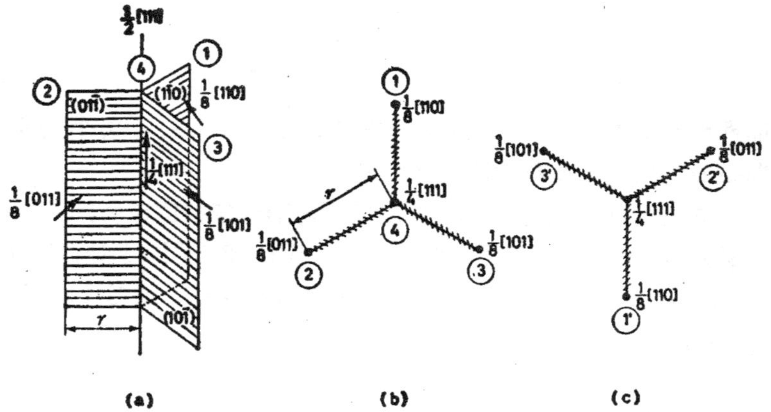

图 10.35

即分解为三个不全位错. 在图 10.34 中绘出这个扩展位错的原子层堆叠形式以及层错带的示意图. 显然这个扩展位错（诸不全位错及层错带)在 (110) 面上是可滑的。

上面讨论过螺型位错向三个 {112} 面上的非共面分解，向共晶带的三个 {110} 面上它也能作类似的分解. 由倒易 Thompson 四面体可见，属 (111) 晶带的三个 {110} 面是 (1$\bar{1}$0), (01$\bar{1}$) 和 ($\bar{1}$01). 纯螺型位错 $\frac{1}{2}$ [111] 可能进行如下的分解:

$$\frac{1}{2}[111] \to \frac{1}{4}[111] + \frac{1}{8}[110] + \frac{1}{8}[011] + \frac{1}{8}[101]. \tag{10.92}$$

不全位错 $\frac{1}{4}$ [111] 留在原来位错线的位置上，另三个 $\frac{1}{8}\langle 110\rangle$不全位错分别在相应的 {110} 面上运动，各以一片第 III 类层错与原位错线相连，这个组态示意地绘于图 10.35 中. 其中图 10.35(c) 所示的组态与图 10.35(b) 等价，同一 $\frac{1}{2}$ [111] 螺型位错的不同

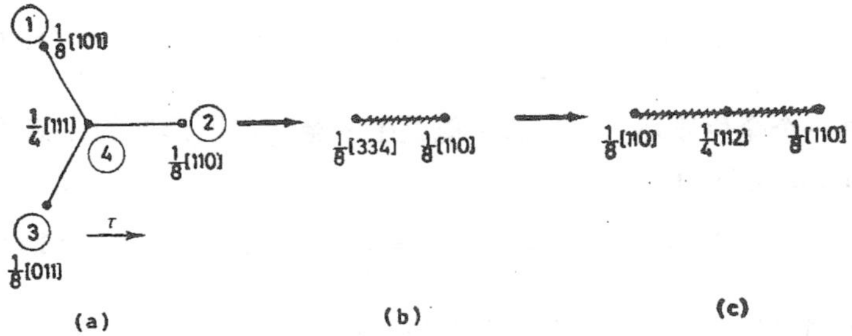

图 10.36

部分原则上可按这两种不同组态中的一种进行分解．不过，与上述在三个 {1 1 2} 面上的分解相比较，图 10.35 中的组态具有较高的总能量，所以前面那种分解较容易发生．

图 10.35 中的组态还可以进一步变化，参看图 10.36．在应力下，两个 $\frac{1}{8}\langle 110\rangle$ 位错和 $\frac{1}{4}[111]$ 位错可能合并

$$\frac{1}{8}[101]+\frac{1}{8}[011]+\frac{1}{4}[111]\rightarrow\frac{1}{8}[334]\tag{10.93}$$

变为图 10.35(b) 中的形式；然后 $\frac{1}{8}[334]$ 位错再在同一单个 (110) 面上分解

$$\frac{1}{8}[3\ 3\ 4]\rightarrow\frac{1}{8}[1\ 1\ 0]+\frac{1}{4}[1\ 1\ 2],\tag{10.94}$$

最终成为图 (c) 所示的共面可滑组态．

体心立方晶体中 {110} 面上层错和不全位错环的实验证据不很肯定，所以这里只简单地从几何方面描述一下．

抽去一部分 (110) 层，例如 a，然后让空洞崩坍，其结果显然将使两个 b 层直接相触，造成一个(一片)能量很高的层错，因此一般继之进行一个平移，以避免这种情况．一种平移是移至一个正规的堆垛位置，即是由 b 移至 a，于是形成一个位错环，其 Burgers 矢量为

$$\frac{1}{2}[110]+\frac{1}{2}[001]\to\frac{1}{2}[111], \tag{10.95}$$

这是一个全位错环。另一种可能是由 b 至 a'，所形成的位错环的 Burgers 矢量为

$$\frac{1}{2}[\bar{1}10]+\frac{3}{8}[110]\to\frac{1}{8}[\bar{1}70], \tag{10.96}$$

它所围绕的层错类型是 $\cdots ababa'b'a'b'\cdots$.

抽去两个 {1 1 0} 层造成的也是一个全位错环，其 Burgers 矢量为 [$\bar{1}$ 1 0].

§10.7 螺型位错的转变及交滑移的几何

在上一节中曾描述了一个 $\frac{1}{2}[111]$ 螺型位错在三个共晶带的 {112} 面上分解的组态. 在应力下原来对称的组态会变成不对称的. 现在比较仔细地讨论应力作用的后果.

试观察图 10.37 所示的情况. 在此施加了一个应力 τ，使得最大分切应力的平面与 (1 2 1) 面成 α 角. 这时位错 (1) 将位于中心轴线上，是不可滑的. 而位错 (2) 比位错 (1) 所受的力大，因而层错带不对称，$r_2 > r_3$. 将应力反向将造成图 10.37(b) 所示的情况，现在位错 (1) 将离开轴线，而位错 (2) 占据轴线位置，并且会有 $r_1 > r_3$.

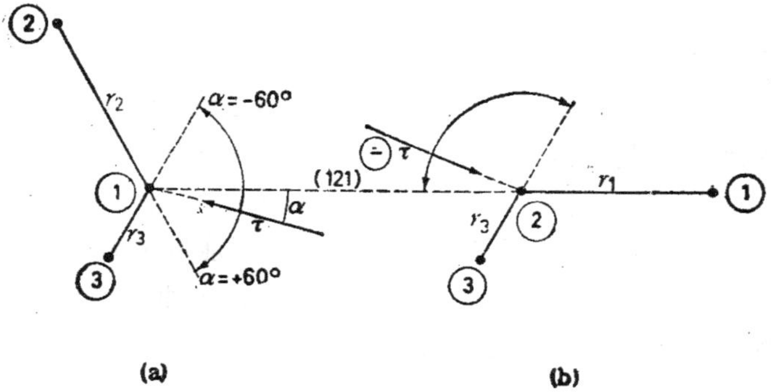

图 10.37

图 10.37(a) 中位错 (2) 和 (3) 受力平衡的方程是

$$-\gamma_1 + b\tau\cos(60° - \alpha) + \frac{\mu b^2}{2\pi}\left(\frac{1}{r_2} + \frac{r_2 + \frac{1}{2}r_3}{r_2^2 + r_2 r_3 + r_3^2}\right) = 0 \tag{10.97}$$

和

$$-\gamma_1 + b\tau\cos(60° + \alpha) + \frac{\mu b^2}{2\pi}\left(\frac{1}{r_3} + \frac{\frac{1}{2}r_2 + r_3}{r_2^2 + r_2 r_3 + r_3^2}\right) = 0, \tag{10.98}$$

这一对方程可以用数值法对 r_2，r_3 求解． 计算结果绘于图 10.38 中；对应于不同的 α 值，绘出 r (以 $\mu b^2/2\pi\gamma_1$ 为单位)对 $b\tau/\gamma_1$ 的依赖关系．该图表明，在图 10.37(a) 的几何布置下，r_2 总是随 τ 一起增大；当 $b\tau = \gamma_1/\cos(60° - \alpha)$，$r_2$ 变为无限大．当 $\alpha = 15°$，r_3 的曲线成为水平的，即是此时 r_3 基本上保持不变，而 r_2 随 τ 迅速增大．

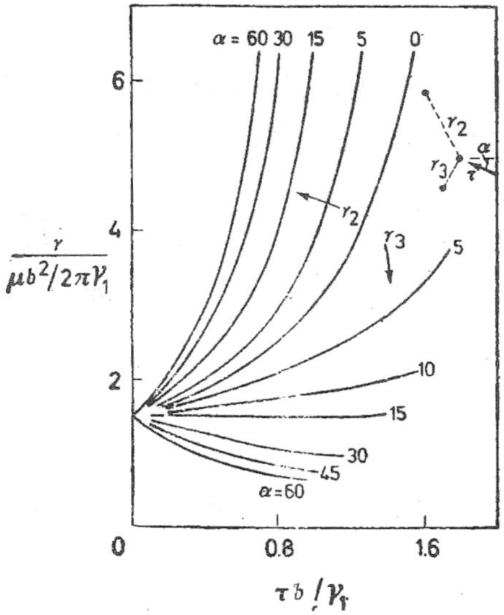

图 10.38

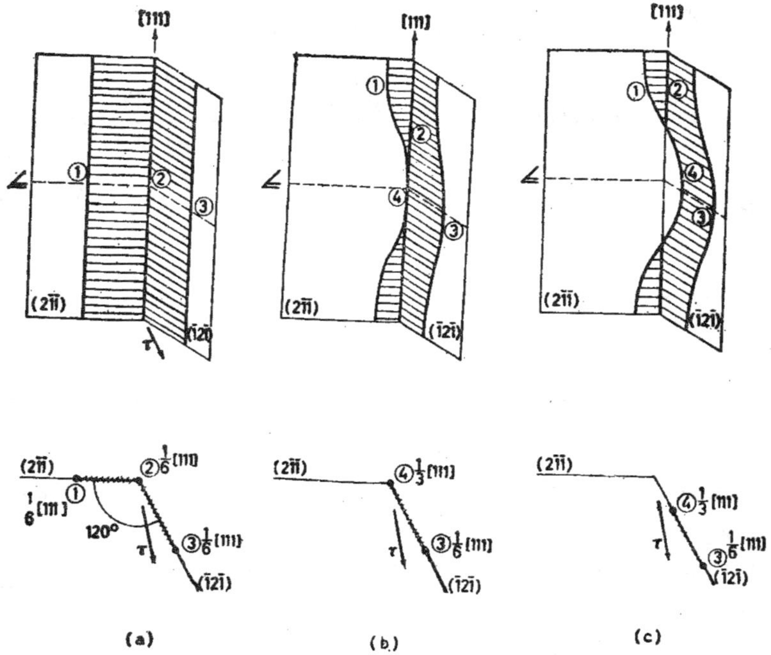

图 10.39

Kroupa 等[1]提出一个过程，通过这个过程，分解在两个 {1 1 2} 面上的螺型位错可转变为一个可滑组态。显然，Kroupa 等的设

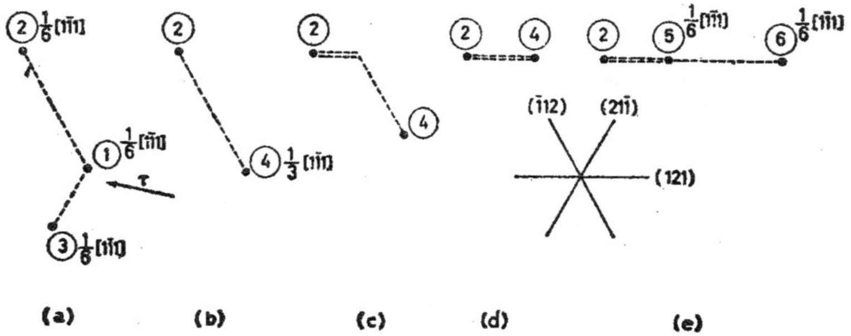

图 10.40

1) Kroupa, F. and Vitek, V., *Can. J. Phys*, **45** 945, (1967).

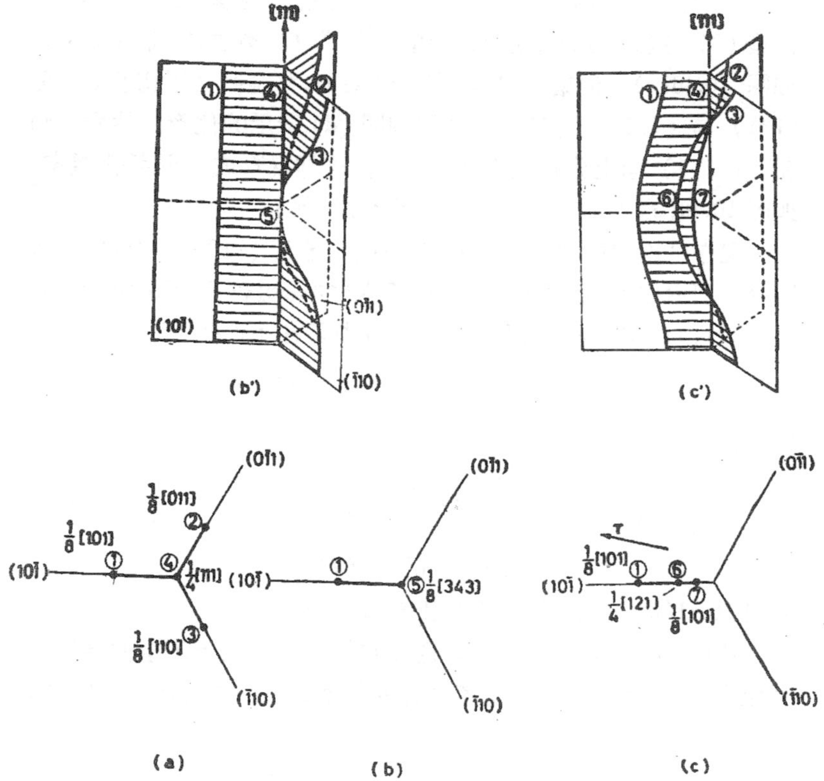

图 10.41

想是受了面心立方结构中相应交滑移机制模型的启发．为此，可以参看图 10.39．图中绘出两个位错，(1) 和 (2)，在两个 {112} 面的交线上束集起来，由此形成位错 (4)，它滑入 $(\bar{1}2\bar{1})$ 面，这样形成可滑的组合：位错 (4)-(3)． 这个过程是受热激活的，Kroupa 等也计算了相应的激活能．

Mitchell[1] 提出另一种稍有不同的机制，如图 10.40 所示．图中绘出，首先作为热激活的结果，不全位错 (3) 与位错 (1) 结合，

1) Mitchell, T. E., *Phil. Mag.*, **17** 1169, (1968).

形成不全位错 (4) (图 b). 继之，在适当的、足够大的应力之下，位错 (2) 在 (121) 面上运动，产生一个第 *II* 类层错(即双层错)，如图 10.40(c). 位错 (4) 现在可以跟上，移至两个层错面，即面 (121) 与 (112) 的交线上，达到如图 (d) 所示的位形. 然后 (4) 在 (1 2 1) 面上分解成 (5) + (6)，这样就形成一个可滑组态，如图 10.40(e) 所示. 这个过程也是热激活的.

现在讨论螺型位错由分解在三个共晶带 {110} 面上的组态转变为可滑组态的过程. Kroupa 等人[1)]的设想表示于图 10.41 中. 图 10.41(a) 示出原始组态. 在适当应力条件下位错 (2) 和 (3) 束集到轴 [111] 上，与位错 (4) 合并，形成一段位错 (5)，$\frac{1}{8}$[343]，图 10.41(b). 这个位错在 (101) 面上分解

$$\frac{1}{8}[343] \rightarrow \frac{1}{4}[121] + \frac{1}{8}[101] \tag{10.99}$$

$$(5) \rightarrow (6) + (7),$$

见图 10.41(c)，如是构成可滑组态 (1)-(6)-(7).

Mitchell 设想一个过程，通过它将 {112} 面上不全位错的角型组态转变为 (011) 面上不对称的角型组态. 参看图 10.42. 图

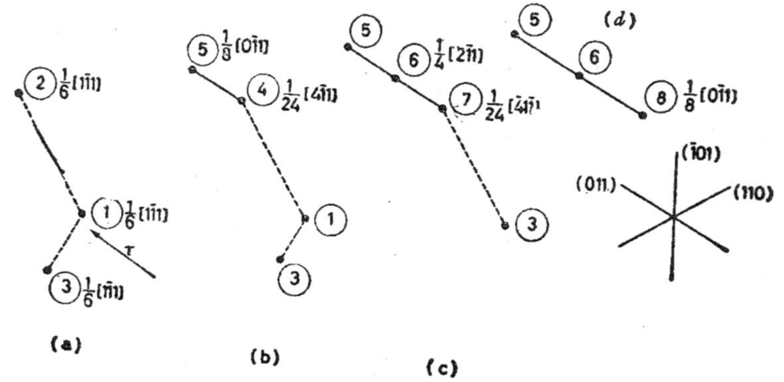

图 10.42

1) 与上页末注同一出处.

10.42(a) 中是 {112} 面上不对称的角型组态. 在应力下位错 (2) 分解为一个可滑位错 (5) 和一个压杆位错 (4)

$$\underset{(2)}{\frac{1}{6}[1\bar{1}1]} \longrightarrow \underset{(5)}{\frac{1}{8}[0\bar{1}1]} + \underset{(4)}{\frac{1}{24}[411]}, \qquad (10.100)$$

如图 10.42(b) 所示. 这一步比位错 (2) 直接交滑移到 (0 1 1) 面上容易发生，因为后面这种运动会造成一个第 IV 类层错. 此外,这个分解可以导致能量的盈余,仅仅层错的生成需要能量.

位错 (1) 与 (4) 发生反应,生成位错 (6) 和 (7)

$$\underset{(4)}{\frac{1}{24}[411]} + \underset{(1)}{\frac{1}{6}[1\bar{1}1]} \longrightarrow \underset{(6)}{\frac{1}{2}[2\dot{1}1]} + \underset{(7)}{\frac{1}{24}[\bar{4}1\bar{1}]}, \qquad (10.101)$$

示于图 10.42(c) 中,此时位错 (7) 取代了位错 (4). 然后,位错 (3) 与压杆位错 (7) 合并,生成可滑位错 (8)

$$\underset{(7)}{\frac{1}{24}[\bar{4}1\bar{1}]} + \underset{(3)}{\frac{1}{6}[1\bar{1}1]} \longrightarrow \underset{(8)}{\frac{1}{8}[0\bar{1}1]}, \qquad (10.102)$$

如图 10.42(d) 所示. 由于这最后一步在能量上是不利的，所以需要热激活,或应力的作用.

图 10.43 示出一个比较简单的事件序列. 热激活可能导致位

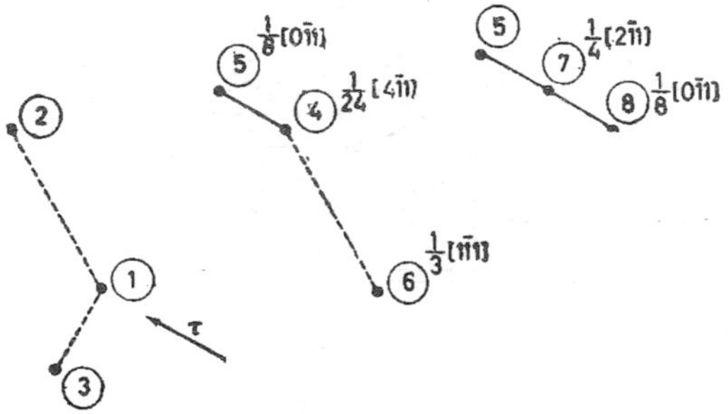

(a) (b) (c)

图 10.43

错 (1) 与 (3) 合并成为位错 (6)

$$\frac{1}{6}[1\bar{1}1]+\frac{1}{6}[1\bar{1}1]\longrightarrow\frac{1}{3}[1\bar{1}1], \tag{10.103}$$

(1) (3) (6)

而位错 (2) 仍分解为如下所示的位错 (4), (5):

$$\frac{1}{6}[111]\longrightarrow\frac{1}{8}[0\bar{1}1]+\frac{1}{24}[411] \tag{10.104}$$

(2) (5) (4)

见图 10.43(b). 最后,位错 (4) 与位错 (6) 发生反应

$$\frac{1}{24}[411]+\frac{1}{3}[111]\longrightarrow\frac{1}{4}[211]+\frac{1}{8}[011], \tag{10.105}$$

(4) (6) (7) (8)

这样生成 (0 1 1) 面上的可滑组态,如图 10.43(c) 所示.

Kroupa 等[1)]曾提出过一种隧道过程,使 α-Fe 中 $\frac{1}{2}\langle 111\rangle$不可滑螺型位错转变为 $(1\bar{1}0)$ 面上的可滑组. 不可滑的初始形位示于图 10.44 中,包含三个 $\frac{1}{6}[111]$ 不全位错, 其中一个位于 $(2\bar{1}1)$ 面上, 一个位于 $(1\bar{1}0)$ 面上, 第三个在这两个面的交线

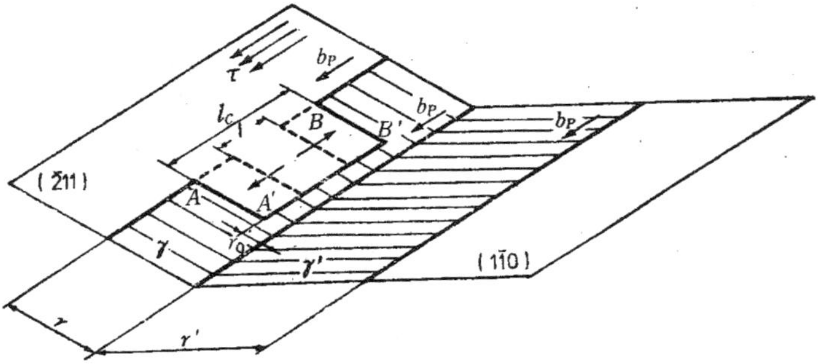

图 10.44

1) Kroupa, F. and Lejček, L. *Czech J. Phys.*, **B25**, 65 (1975).

上．这个角型组态要转变成位于 $(1\bar{1}0)$ 面上的平面组态．他们设想在应力下位于 $(\bar{2}11)$ 面上的不全位错被推向不可动的中心位错(即轴线上的位错)，若至少有一段长为 l_c 的位错相互接近到位错芯半径 r_0 的数量级 (l_c 可称为临界长度)，那么这一段就可以合并(束集)，再在 $(1\bar{1}0)$ 面上扩展．扭折 AA'，BB' 分别向左、右运动，就可以延伸这个束集，从而使 $(1\bar{1}0)$ 面上的平面组态扩大，这被称为一种隧道过程．Kroupa 等估算在应力为 50 kg/mm² 数量级条件下这个隧道过程可以发生，在 0—8K 区间内屈服点不依赖于温度．此结论与实验结果原则上相符．

最后讨论两种交滑移的过程 (Mitchell[1])．第一种是一个可滑组由 $(\bar{1}01)$ 面交滑移至 (011) 面上的过程，参看图 10.45．原始组态是位于 $(\bar{1}01)$ 面上的可滑组，不全位错 (1)-(2)-(3)．在应力下，位错 (1) 可以分解

$$\underset{(1)}{\frac{1}{8}[101]} \longrightarrow \underset{(5)}{\frac{1}{8}[0\bar{1}1]} + \underset{(4)}{\frac{1}{8}[110]}, \qquad (10.106)$$

位错 (5) 和 (4) 位于 (011) 面上，如图 10.43(b) 所示．继之位错 (2) 和 (4) 可以发生反应，产生位错 (6) 和 (7)

$$\underset{(4)}{\frac{1}{8}[110]} + \underset{(2)}{\frac{1}{4}[1\bar{2}1]} \longrightarrow \underset{(6)}{\frac{1}{4}[2\bar{1}\bar{1}]} + \underset{(7)}{\frac{1}{8}[\bar{1}\bar{1}0]}, \qquad (10.107)$$

见图 10.43(c)．最后位错 (7) 和 (3) 反应，生成位错 (8)

$$\underset{(7)}{\frac{1}{8}[\bar{1}\bar{1}0]} + \underset{(3)}{\frac{1}{8}[101]} \longrightarrow \underset{(8)}{\frac{1}{8}[0\bar{1}1]}, \qquad (10.108)$$

结果，原处在 (101) 面上的可滑组，现在终于通过比较繁复的位错反应和滑移过程，转移到 (011) 面上，变成了另一可滑组：位

1) Mitchell, T. E., *Phil. Mag.*, **17**, 1169 (1968).

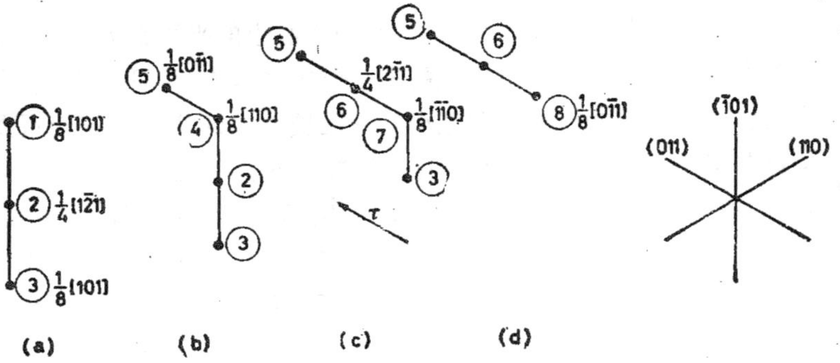

图 10.45

错 (5)-(6)-(8)，如图 10.43(d) 所示.

其次讨论一个可滑组由 (011) 面交滑移至 ($\bar{1}$12) 面上的过程，参看图 10.46. 原始组态是位于 (011) 上的可滑组：不全位错 (1)-(2)-(3)，图 10.46(a). 在应力下，位错 (1) 可以在 ($\bar{1}$12) 面上分解

$$\frac{1}{8}[0\ \bar{1}\ 1] \longrightarrow \frac{1}{6}[1\ \bar{1}\ 1] + \frac{1}{24}[\bar{4}\ 1\ \bar{1}], \qquad (10.109)$$

(1) (5) (4)

成为位错 (5) 和 (4)，如图 10.46(b). 继之，位错 (2) 和 (4) 可以合并，生成位错 (6)，如图 10.46(c) 所示

$$\frac{1}{24}[\bar{4}\bar{1}1] + \frac{1}{4}[2\bar{1}1] \rightarrow \frac{1}{24}[8\bar{5}5]. \qquad (10.110)$$

(4) (2) (6)

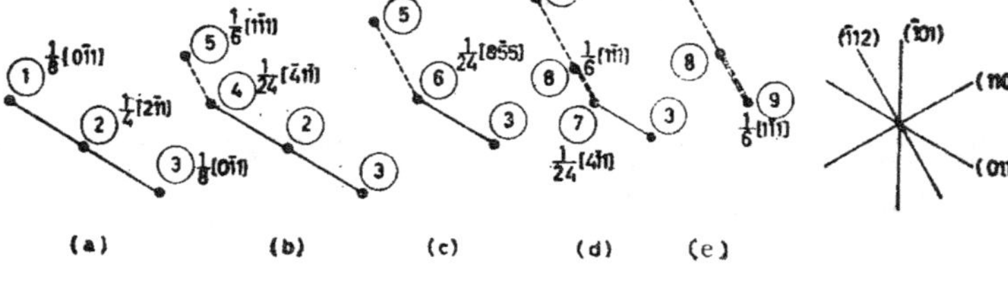

图 10.46

然后，位错 (6) 在 $(\bar{1}12)$ 面上分解，生成位错 (7) 与 (8)，如图 10.46(d)

$$\frac{1}{24}[8\bar{5}\bar{5}] \rightarrow \frac{1}{24}[4\bar{1}1] + \frac{1}{6}[1\bar{1}1], \qquad (10.111)$$

(6)　　　(7)　　　(8)

这一步会产生一个双层错，由于位错 (7)，(8) 是相互排斥的，这有助于此层错的生成. 最后，位错 (7) 和 (3) 在应力下能够复合，形成位错 (9)

$$\frac{1}{24}[4\bar{1}1] + \frac{1}{8}[0\bar{1}1] \rightarrow \frac{1}{6}[1\bar{1}1], \qquad (10.112)$$

(7)　　　(3)　　　(9)

这样就得到了位于 (112) 面上的可滑组： 位错 (5)-(8)-(9)，交滑移过程于是完成.

§10.8 原子计算：铁中的位错

我们在第八章的最后两节中概述了位错的原子计算，在第九章最后叙述了关于铜的计算结果. 在本节中准备讨论铁中的位错，作为体心立方金属的代表.

首先还是确定原子间势的问题. 在体心立方铁的缺陷模拟计算中，应用最广泛的是 Johnson 所设计的两种半经验势，称为第 I 类和第 II 类 Johnson 势，它们都可以写成三次样条多项式的形式

$$V(r) = A_K(r - P_K)^3 + B_K r + C_K, \qquad (10.113)$$

$K = 1, 2, 3, 4$. 这两种势差别不大，诸系数列于下表之中.

第 I 类 Johnson 势是保证在最近邻和次近邻处其径向导数与短程弹性常数 c_{11}，c_{12}，c_{44} 协调. 此势在第二和第三近邻的中点处为零，且其斜率与曲率也均为零. 在短程范围内与 Erginsoy 等的辐照损伤势相符合. 用于构作第 I 类势的弹性常数中已除去了传导电子的贡献，这些短程弹性常数遵守 Cauchy 关系. 第 I 类势是一种平衡粒子对势，它可维持体心立方铁点阵的平衡，给出

表　第I类和第II类 Johnson 势*)

势	K	r_K	A_K	B_K	C_K	P_K
I	1	1.00	−2.195976	2.704060	−7.436448	3.097910
	2	2.40	−0.639230	0.477871	−1.581570	3.115829
	3	3.00	−1.115035	0.466892	−1.547967	3.066403
	4	3.44	0	0	0	0
II	1	1.00	−4.719041	−0.395690	0.809049	2.569932
	2	2.40	0.886887	0.437641	−1.450695	3.083269
	3	3.00	−1.057432	0.434665	−1.441617	3.069839
	4	3.44	0	0	0	0

*) 每一条样多项式在 $r_K \leqslant r \leqslant r_{K+1}$ 中成立. V: eV, r_K: Å.

正确的点阵参数,与此不同,第 II 类 Johnson 势是由未除去电子贡献的弹性常数构作的,因此必须施加某种外加约束,以使点阵维持于其正确的点阵参数.

在缺陷计算中使用第 II 类 Johnson 势有一个明显的优点,即是它是由未除去电子贡献的全弹性常数构作的,因此它给出的由缺陷引起的远程位移及应变能与弹性连续体模型的结果可以直接关联.

发现这两类势能够给出与实验结果符合甚好的声子色散曲线.

这两类势都不含层错能的信息;因此,若是这种势在作用,体心立方点阵在不均匀形变下可能会失稳. 如将此势用于研究位错芯的结构,则失稳的可能性特别重要,这是由于层错能若在某种情况下成为负值,那么就会发生位错的不稳定分解. 为了避免这种可能性,Ballough 和 Perrin 采用一种较长程的势,它给出一个正的层错能,并已仔细地与铁的声子色散数据拟合. 这个势表示为五次多项式,并且设计为隐含地计及了表面能,因此,例如,可以用来研究 α 铁中空洞的稳定性.

Chang 和 Graham 也曾构作了 α 铁中的一种势,与 Johnson 势相似,不过所用的是四次多项式,它可以与三阶弹性常数拟合,

这种势可以写作

$$V(R)=0.95205-1.04034R+0.15143R^2+0.14177R^3-0.03880R^4,\quad 1.678\leqslant R\leqslant 2.370, \tag{10.114}$$

$$V(R)=68.497-161.98R+143.99R^2-56.994R^3+8.7420R^4,\quad 0.8\leqslant R\leqslant 1.678, \tag{10.115}$$

式中 $R=r/d$，r 是原子间距，$2d=2.86\,\text{Å}$，是 α 铁的点阵参数。此式中 V 以 $4d^3c_{11}=16.825\text{eV}$ 为单位，系数是根据零压下的弹性常数确定的。此势与铁的色散数据及德拜温度相符。

Bullough 和 Perrin[1] 曾采用第 I 类 Johnson 势研究了离散的本征间隙原子聚集形成位错环核的形态。所取的原子集合六面体甚大，约含 6000 个原子。采用动力学猝灭弛豫方法计算，计算表明，若逐个将间隙原子置于此六面体中心，则它们会聚集起来，形成位于 {110} 面上的间隙小片，具有很高的层错能。当此小片长大到约含 16 个原子时，它会自动消去层错，以降低其能量，然后在 {110} 面为表面的滑移棱柱上重新取向，直至自己精确地位于某一恰当的 {111} 面上。如果这一重新取向不受边界条件约束，则将容易进行。工作表明，最好是令表面原子响应一定的约束力，而不要采用刚性边界条件。这样，这个工作就说明了辐照 α 铁中实验观察到的 {111} 小位错环是如何由辐照产生的离散间隙原子形核而形成的。这个工作首次演示了位错可以由点缺陷的聚集加上切变过程形成，并且展示了形态转变的全过程。较近的高分辨率电子显微镜观察表明 {110} 面上极小的间隙原子片存在，证实了理论计算的现实性。

对于 α 铁中的位错曾进行过较详细的研究，计算了位错的能量和原子组态。体心立方点阵中的位错最简单的类型可能就是所谓“立方刃型位错”，这是位于 {1 0 0} 面上，Burgers 矢量为

1) Bullough, R. and Perrin, R. C., *Proc. Roy. Soc.*, **A305**, 541(1968).

$a_0\langle 1\ 0\ 0\rangle$ 的刃型位错．这种位错是由如下反应形成的：

$$\frac{1}{2}a_0[111]+\frac{1}{2}a_0[1\bar{1}\bar{1}]\rightarrow a_0[100], \tag{10.116}$$

它也能直接由点缺陷聚集形成，当然需要热条件合适． Bullough 和 Perrin[1] 及 Gehlen 等[2] 都进行过计算．采用第 II 类 Johnson 势，取一个适当的原子平行六面体，边界原子维持在适应于含有位错的各向异性铁晶体的表面位置．结果表明这种位错是很窄的，有效位错芯半径在 1.25b 至 1.65b 之间，并且还显示在紧接着位错的下方存在微裂缝．图 10.47 示出 Gehlen 等的结果，位错下方的高伸张应力区域显然可见．Bullough 和 Perrin 将一个间隙原子引入位错芯区，进入之后间隙原子的畸变场基本上消失，但得到一个很大的结合能 (~3.5eV)．这个能量与这种间隙原子的总形成能是有公度的，表示位错芯有如一个局部自由表面与此间隙原子发生作用，因此，按照定义，这就是一个微裂缝区．也曾计算过这种位错与一个点阵空位的相互作用能，结果表明主导的相互作用是二阶非均匀相互作用，而并不是一阶尺寸效应相互作用．

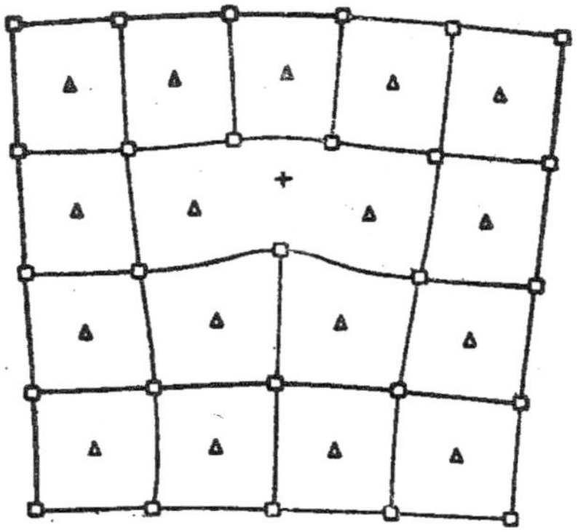

图 10.47

在体心立方金属的范性形变中起重要作用的是 $\frac{1}{2}\langle 111\rangle$ 螺型位错，关于这种位错的分解及位错芯结构曾进行了不少计算工作．若要充分理解这些工作，需要复习一下上面 § 10.5 中关于体

1) Bullough, R. and Perrin, R. C., in Dislocation Dynamics, 175(1968).
2) Gehlen, P. C. et al., *J. Appl. Phys.*, **39**, 5246(1968).

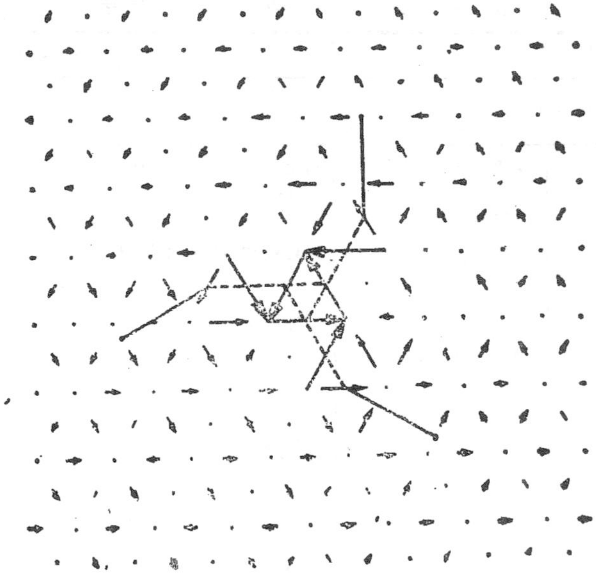

图 10.48

心立方晶体中 $\frac{1}{2}\langle 111\rangle$ 螺型位错向共晶带的三个 $\{112\}$ 面上分解几何构型的细节. 在这里准备介绍一下 Vitek 的比较成功的工作。

Vitek 等[1]曾应用第 I 类 Johnson 势，并应用一系列类同的势，计算 $\frac{1}{2}\langle 111\rangle$ 螺型位错的位错芯组态. 结果表明正确的芯组态应解释为是在三个共晶带的 $\{112\}$ 面上孪生方向的对称三角形分解. 与其他研究者的工作相比较，Vitek 等设计的投影图表示法也大大有助于原子组态的说明. 他们除采用 Johnson 势外，并应用可变边界条件. 所得到的一个原子位移图示于图 10.48 中，此图是 $\{111\}$ 面上的投影. 这里圆点表示完整点阵的原子位置. 螺型位错线垂直于纸面. 两个原子之间的相对位移的 [111]

1) Vitek, V et al., *Phil. Mag.* **21**, 104 (1970).

表 BCC 金属中 Peierls 应力的计算结果

材 料	势	方 法	Peierls 应力* $10^{-3}\mu$
$\frac{1}{2}\langle 111\rangle$ 螺型位错			
一般 bcc	经验; J_2, J_1, J_3	刚性边界,在 {1 1 0} 和 {1 1 2} 面上切变	22—71
Na, K	赝势	同上	1.74—6.15
一般 bcc	经验;	刚性边界,线性内插	驼峰 Peierls 势垒,最大高度: $2.5-10\times10^{-3}\mu b^2$
α-Fe	紧束缚近似;	刚性边界,线性内插	24—32
Mo	原子实: Born-Mayer 势		71—92
W			18—26
α-Fe	同上	刚性边界,在 {1 1 0} 和 {1 1 2} 面上切变	46—69 20—34
$\frac{1}{2}\langle 111\rangle\{112\}$ 非螺型位错			
一般 bcc	经验; J_2, J_1, J_3	刚性边界,线性内插	3.1—3.3 .25
	J_2, J_1 J_3	刚性边界,在{110}和{112}面上切变	1.6—2.9 10
$\langle 100\rangle$ 螺型位错			
α-Fe	经验; J_0, J_3	刚性边界,在(110)面上切变	18—26
CsCl 模型	经验		7
$\frac{1}{2}\langle 111\rangle\{110\}$ 刃型位错			
α-Fe	经验; J_0	刚性边界,在 (110) 面上切变	4
α-Fe	经验; J_0	刚性边界,线性内插	6
一般 bcc	经验; J_2, J_3 J_3	刚性边界,在 (110) 面上切变	1.3—1.8 4.0

* μ 是⟨111⟩方向的切变模量.

分量用这两个原子间隔中点处的小箭号的长度表示. 从图中可以看出, [111] 螺型位错向三个 {112} 面上的分解,以及继后跨过三个 {110} 面的位移. 三个 {112} 面用位错芯附近的实线表示, 三

表 Peierls 力的实验值

材 料	Peierls 应力($10^{-3}\ \mu$)	实 验 方 法
K	2—4	流变应力(4K)
Mo	8	流变应力(4K)
Ta	7	流变应力(4K)
α-Fe	7	流变应力(4K)
Nb	6	流变应力(4K)

个{110}面用虚线表示。Vitek 等人指出，这些计算所得最重要的结果大概是，螺型位错位错芯的一般原子组态并不依赖于原子间势的细节。

这种三角分裂的位错对于外加切应力如何响应的问题很有意义，Duesbery 等曾用模拟计算法研究，还有 Basinski 等及 Yamaguchi 和 Vitek 也曾进行了有关的工作。结果指出，体心立方晶体中的螺型位错具有特别高的 Peierls 应力，这乃是由于位错芯的三角分裂导致一个基本上不可滑的组态。此外，还应该强调指出，这些计算得到的 Peierls 应力不仅对于原子间势不敏感，而且对许多体心立方晶体来说，其绝对大小与低温屈服应力接近。

最后，我们把体心立方金属中 Peierls 应力的若干计算结果列于下表中，此表引自 Puls (1981)[1]。另外，将一些实验结果也列出，以便比较。读者若对细节感到兴趣，可以参看 Puls 的综述及原始文献。

§ 10.9 立方金刚石结构

立方金刚石结构的空间点阵是面心立方，与每一阵点联系的是由两个原子组成的基元，分别位于 0 0 0 和 $\frac{1}{4}\frac{1}{4}\frac{1}{4}$，参看图 10.49。图 10.49(a) 示出诸原子在单胞的 (0 0 1) 面上的投影，图 10.49(b) 示出一个单胞，并示出四面体键连的位形。图 10.49(c) 绘出四面体网络，请注意此图中的几个晶体学方向。

1) Puls, M. P., in Dislocation Modelling of Physical Systems, 249 (1981).

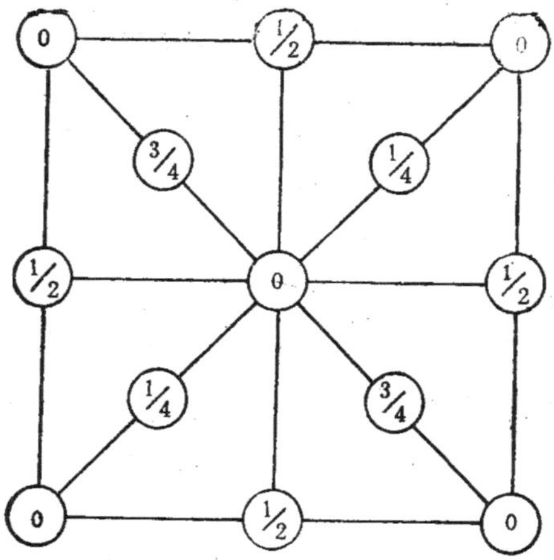

(a)

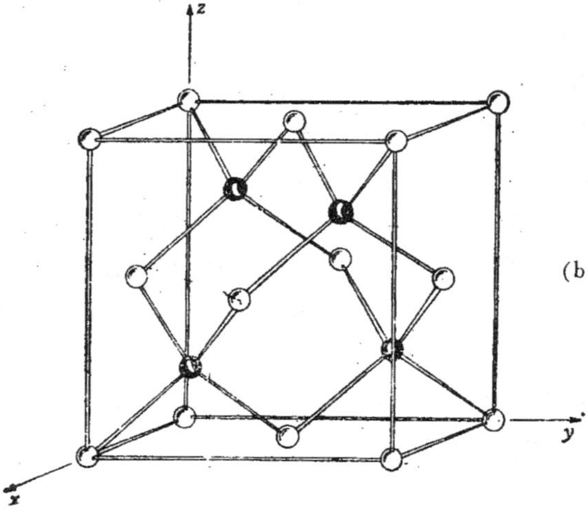

(b)

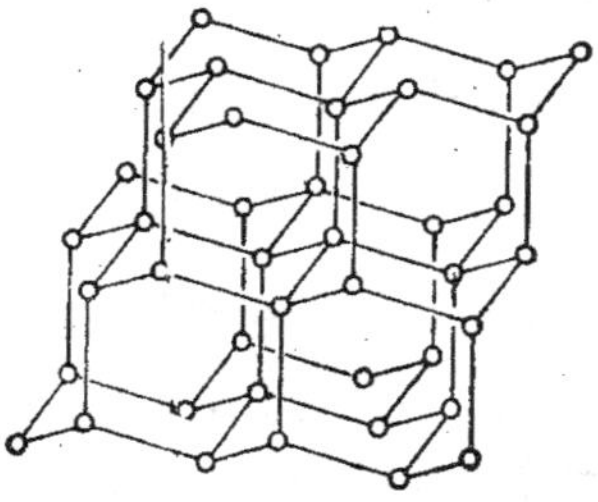

(c)

(b)

图 10.49

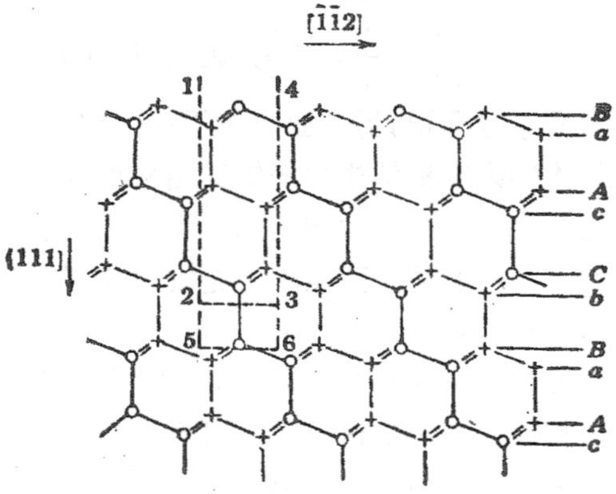

图 10.50

为了表明此结构中的层错和位错，经常要应用 $(1\ \bar{1}\ 0)$ 面上的投影. 图 10.50 绘出这个投影. 这个图看来比较复杂，实际上同图 9.3 是一样的. 在这里只标出原子中心的位置；参看图 9.3，这里也绘出一个 "a" 面和一个 "b" 面，都画在纸面平面上. "a" 面上的原子中心用记号 "o" 标出，"b" 面上的原子中心用记号 "+" 标出. 仿照面心立方点阵诸 $\{1\ 1\ 1\}$ 层的标记法，这里基元含两个原子，若 000 位原子构成的层以大写字母 A, B, C 标记，$\frac{1}{4}\frac{1}{4}\frac{1}{4}$ 位原子构成的层以小写字母 a, b, c 标记，则金刚石结构的堆垛序列写作 $Aa\ Bb\ Cc\ Aa\ Bb\ Cc$. 此堆垛记号也示于图中.

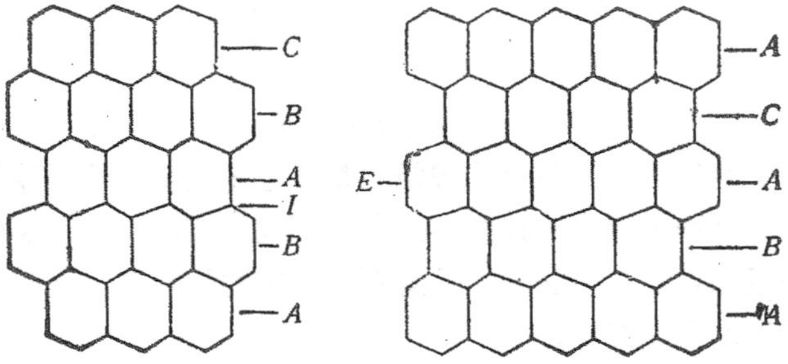

图 10.51

因为金刚石结构也可以描述为由两个面心立方格子穿插而成，彼此位移一个矢量 $\left(\frac{1}{4}, \frac{1}{4}, \frac{1}{4}\right)$. 因此以上的标记法相当于一个亚点阵用大写字母标记，另一亚点阵用小写字母标记.

下文中要讨论的闪锌矿结构和纤锌矿结构均与金刚石结构有关系. 闪锌矿(立方硫化锌)结构与金刚石结构几何上相同，不同之处仅在于闪锌矿结构的两个亚点阵上是安置着不同类种的原子(如 ZnS, InSb, SiC 等).

金刚石结构的框架是面心立方点阵，它的 $\{111\}$ 面族是双层 Aa 等. 在抽去和插入操作中这双层不可分，因此金刚石结构堆垛序列的写法可以略去小写字母，记作 $ABCABC$，即是与面心立方写法一样. 金刚石结构中的层错也和面心立方中的层错一样(相对应)，即是有 intrinsic 层错 I

$$\cdots ABCAB\underset{\uparrow}{\ }ABC\cdots$$

和 extrinsic 层错 E：

$$\cdots ABCAB\underset{\uparrow}{A}CABC\cdots,$$

这两种层错示于图 10.51 中.

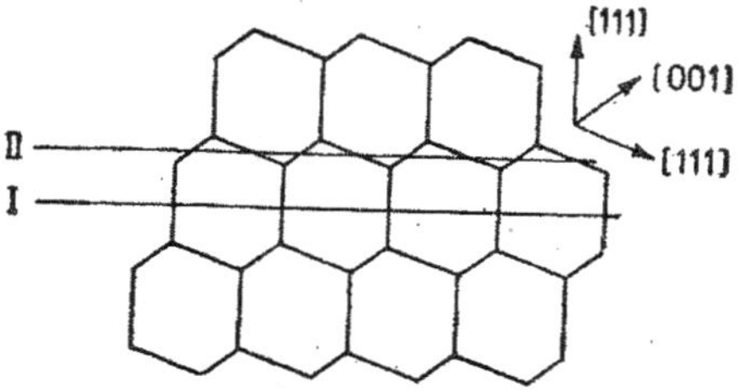

图 10.52

对于共价晶体，最近邻键组态是最重要的. 由于层错 I 和 E 所涉及的分别是双层的抽去和插入，因此层错的存在仅影响第四近邻的组态，所以一般预期金刚石结构中的层错能比面心立方结构中相应的层错能小.

金刚石结构中全位错的 Burgers 矢量与面心立方结构中的

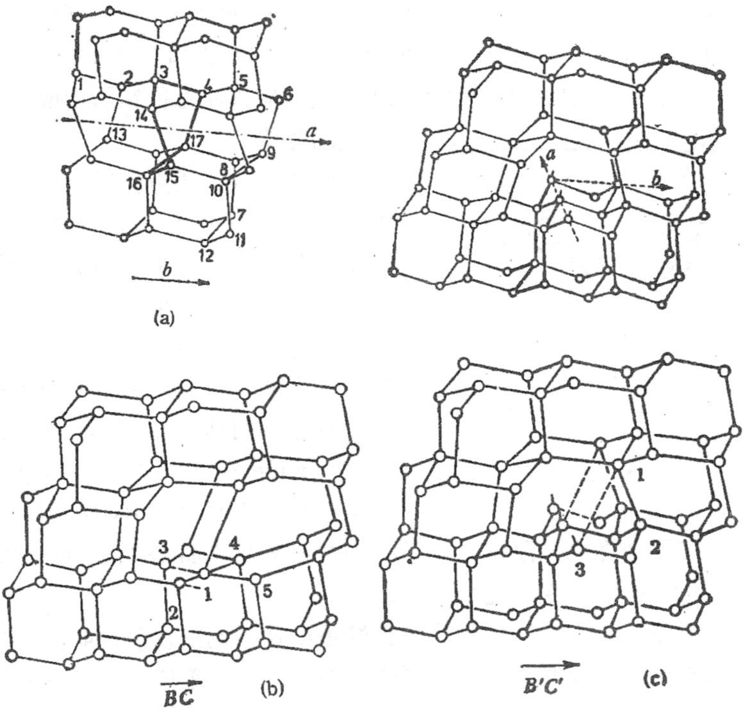

图 10.53

一样，也是 $\frac{1}{2}\langle 110\rangle$. 滑移面也是 $\{111\}$ 面. 金刚石结构中的全位错主要的是平行于 $\langle 110\rangle$ 方向，因此主要出现两种位错，即纯螺型位错和所谓 60° 位错. 后者是由于 $\boldsymbol{b}$ 与位错间成 60° 角而命名.

由于金刚石结构 $\{111\}$ 的堆垛方式具体是双层式的，即 $AaBbCcAaBbCc$，所以要区分两类滑移面. 其中第 I 类滑移面是通过同样字母所标记的层间(如 A, a 间)，第二类滑移面通过不同的大小字母所标记的层间(如 a, B 间). 我们在图 10.52 中绘出这两类滑移面的位置. Hirth 和 Lothe 将第 I 类滑移面上的全位错称为属于 "shuffle set"，第 II 类滑移面上的全位错属于

"glide set". 图 10.53(a), (b), (c) 中分别示出四面体网络中的一个螺型位错，一个 60° "shuffle set" 的位错和一个 60° "glide set" 的位错，引自 Hornstra 的论文. 应该注意位错所造成的虚悬键的位置.

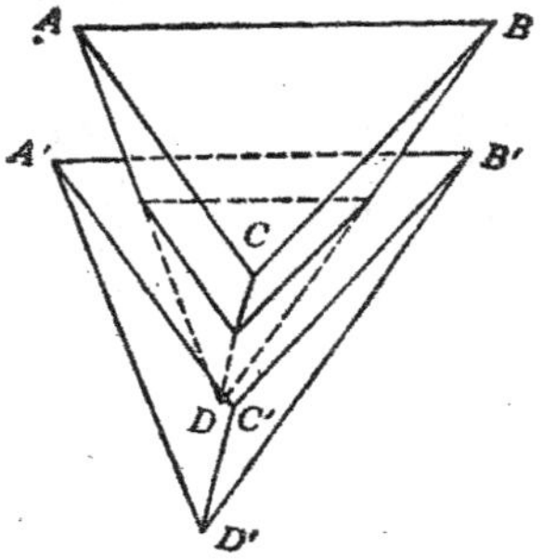

图 10.54

为了区分这两组位错，要采用两个穿插的 Thompson 四面体，如图 10.54 所示. 这两个四面体分别与金刚石结构的两个穿插的面心立方格子对应. 一般的约定是: 第一类 (shuffle set) 位错的 Burgers 矢量表示在四面体 $A'B'C'D'$ 上，第 II 类 (glide set) 位错的 Burgers 矢量表示在四面体 $ABCD$ 上. 除带撇与不带撇之分以外，矢量间的关系与简单面心立方点阵的 Thompson 记号系统完全一样.

金刚石结构中位错的分解最好是结合图例来加以说明. 首先必须指出，上述第 I 类位错 (shuffle set) 与第 II 类位错 (glide set) 的运动及分解图式均不相同，因此分别按其特点命名.

第 I 类和第 II 类 60° 位错都能分解，形成扩展位错.

第 II 类位错 Burgers 矢量位于四面体 $ABCD$ 上，其滑移面在两个不同字母(如 a, C) 标志的层之间. 试考虑 60° 位错 $\boldsymbol{AB}$，它能分解为两个 Shockley 不全位错 $\boldsymbol{\delta B}$ 和 $\boldsymbol{A\delta}$. 此全位错与分解后的两个不全位错分别示于图 10.55(b) 和 (c) 中. 图 10.55(a) 中用字符 II 标出此位错滑移面的具体位置. 紧靠滑移面 II 上方的原子面标以数字 1，再上一层相应的原子面标以数字 2. 全位错线假定垂直于纸面向内. 令图 10.55(a) 中居于位错左边的部分平面 1 上的原子作位移 $\boldsymbol{\delta B}$，如小箭号所示，则造成图 10.55(b) 中的扩展位错. 由相继各层的字符标记可以看出，此扩展位错所含层错为 intrinsic 层错. 这个构型 $\boldsymbol{AB} \to \boldsymbol{\delta B} + \boldsymbol{A\delta}$ 比较简单，这是由于滑移面 II 系位于 a, C 两层(不同字母)之间所致. 此时位

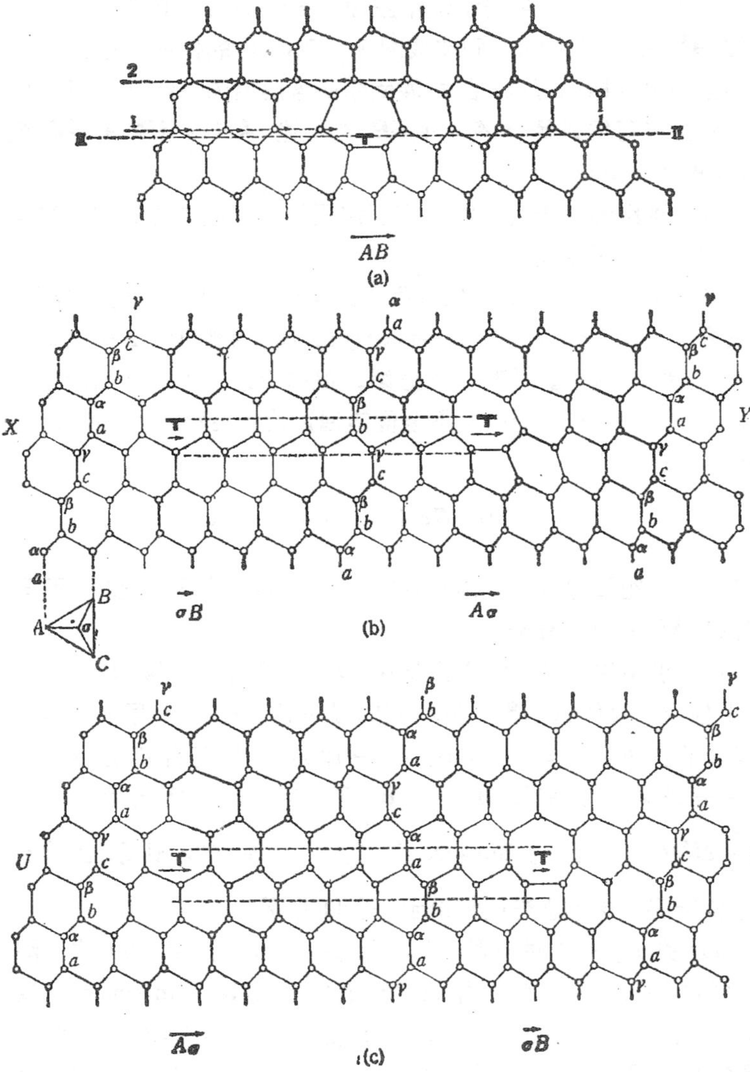

图 10.55

错 $\boldsymbol{AB}$, $\boldsymbol{\delta B}$ 和 $\boldsymbol{A\delta}$ 均能作通常意义下的(即对于 Volterra 位错所定义的)滑移,因此这类位错(II)称为"glide set"。

若图 10.55(a) 中居于位错左边的部分平面 2 上的原子作一位移 $\boldsymbol{A\delta}$，如箭号所示，则造成图 10.55(c) 中的扩展位错。由相继各层的字符标记可见，此扩展位错所含层错为 extrinsic 层错。这个构型应写作 $\boldsymbol{AB} \to \boldsymbol{A\delta} + \boldsymbol{\delta B}$，与上述 $\boldsymbol{AB} \to \boldsymbol{\delta B} + \boldsymbol{A\delta}$ 相似，也属于"glide set"。

属于这组的位错之分解，相互作用及压杆位错的形成等均与面心立方的情况相同。

第 I 类位错 Burgers 矢量位于四面体 $A'B'C'D'$ 上，其滑移面在两个相同字母(如 A, a) 标志的层之间，在图 10.52 中以 I 标志。这类 60° 位错 $A'B'$ 也能分解，但由于这一类滑移面所在位置，所以一个 Shockley 型不全位错通过此类滑移面时将造成如下的堆垛序列

$$\cdots AaBbCcA \vdots cAaBbCc \cdots,$$

这是一个高能量的、不现实的层错。因此，位错 $\boldsymbol{A'B'}$ 要按照不同于位错 $\boldsymbol{AB}$ 的方式分解。

可以设想的一种分解方式是在 (d) 面 (注意，即第 II 类滑移面)上生成一对位错 $\boldsymbol{A\delta}$ 和 $\boldsymbol{\delta B}$，其间以一片 intrinsic 层错相连。层错带的左边是不全位错 $\boldsymbol{A\delta}$，另一边是一个复合组态 $\boldsymbol{\delta B} + (\boldsymbol{BA} + \boldsymbol{A'B'})$。这里$(\boldsymbol{BA} + \boldsymbol{A'B'})$是一对位错，位于相距一个键长 $\frac{1}{2}\boldsymbol{D\delta}$的两个面上，Burgers 矢量大小相等，方向相反，因此是一个位错偶。这个位错偶等价于一行间隙原子。

60° 第 I 类位错的这种分解示于图 10.56(a) 和 (b) 中。图 10.56(a) 是未分解的全位错，图 10.56(b) 绘出具有 intrinsic 层错带的扩展位错组态。图 10.57(a) 是复合位错组态 $\boldsymbol{\delta B}^i = \boldsymbol{\delta B} + (\boldsymbol{BA} + \boldsymbol{A'B'})$的空间网络模型，这里角标"$i$"表示间隙原子型位错偶。

在(d)面上产生的两个不全位错之间也可以形成一个 nextrinsic 层错带，如上面讨论第 II 类位错分解时所述。这时 (d) 面上

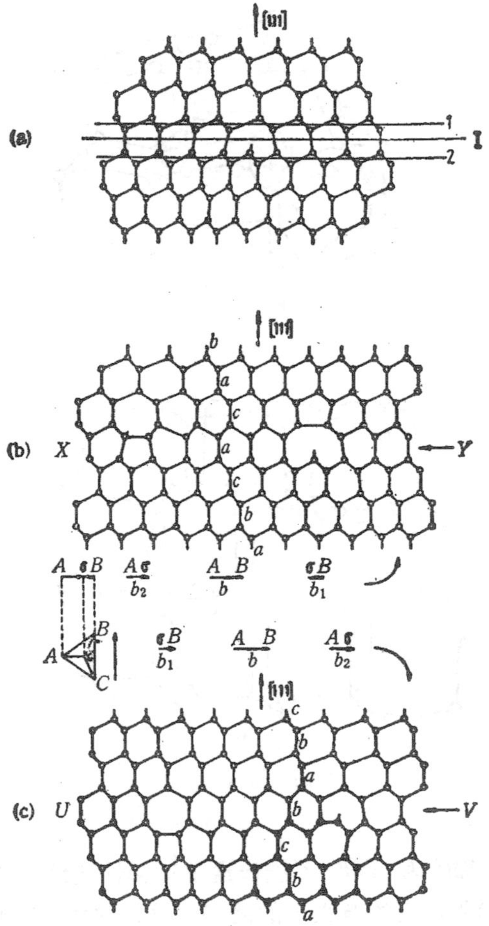

图 10.56

的位错分解应写作 $\delta A+B\delta$,而位错偶仍写作 $(BA+A'B')$,现在这位错偶等价于一行点阵空位. 这个组态示于图 10.56(c)中. 图 10.57(b) 是复合位错组态 $B\delta^v=B\delta+(BA+A'B')$ 的空间网络模型. 这里角标"v"表示点阵空位.

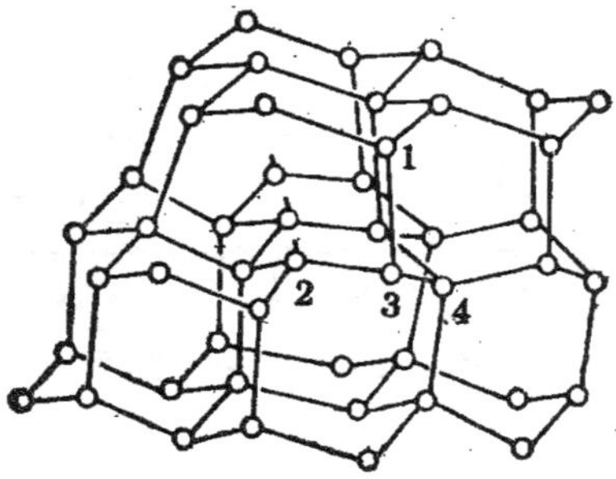

(a)

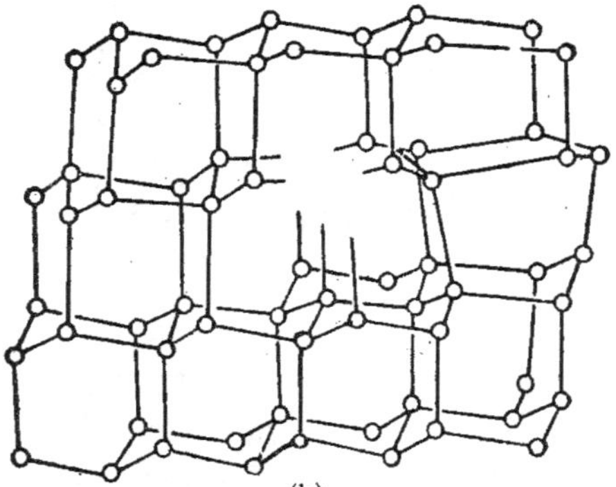

(b)

图 10.57

位错组合 δB^{i} 和 $B\delta^{v}$ 不能作通常对弹性连续体中位错(即 Volterra 位错)所定义的意义下的滑移．试以 δB^{i} 为例，参看图 10.57(a) 和 10.58(a)，可见它若要向右移动，则必须令原子行 1—3 之间的键切移至原子行 1—2 之间，此外原子行 3，4 的位置还要调整，即 3 行向右而 4 行向左移．这个过程简示于图 10.58 中．这种运动是一种短程的切移，而且是同产生净位错运动的切移相反的，并且也可以看作是间隙原子行的位错芯扩散运动． Hirth 和 Lothe 把这种运动称为“shuffling”(曳步)，从而把这一类，即第 1 类全位错称为“shuffle set”的位错。

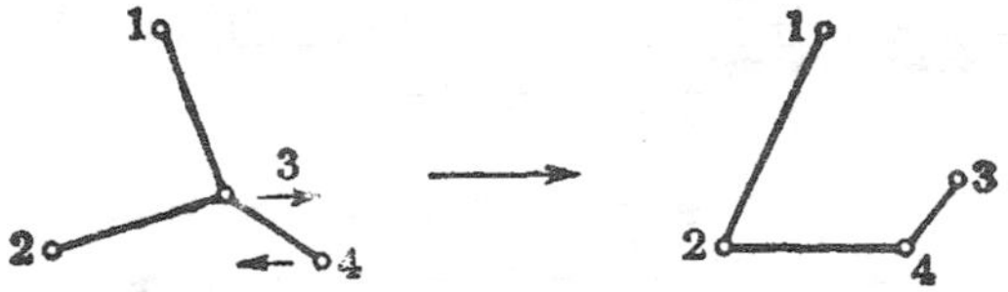

图 10.58

Hornstra[1] 对这几类位错曾有较详细的描述。这里在图 10.59 (a), (b), (c), (d) 中分别对第 I、第 II 类位错形成 intrinsic 和

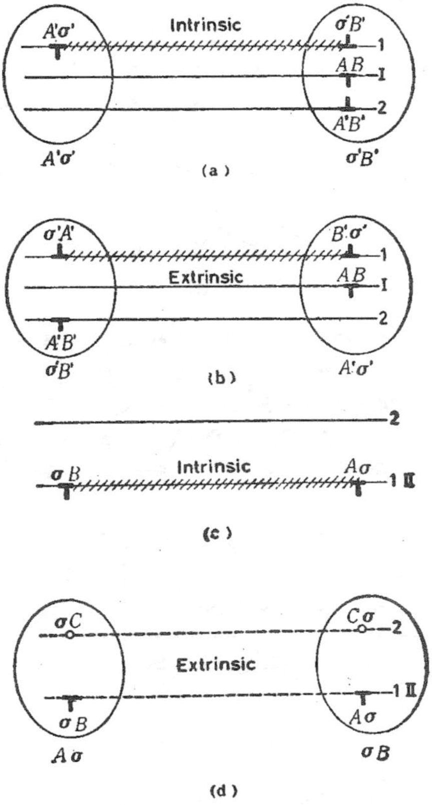

图 10.59

1) Hornstra, J., *J. Phys. Chem. Solids*, 5, 129(1958).

extrinsic 层错带的分解方式再作一个示意的图解，作为一个小结。这几个图的表示方法与前面稍有不同。

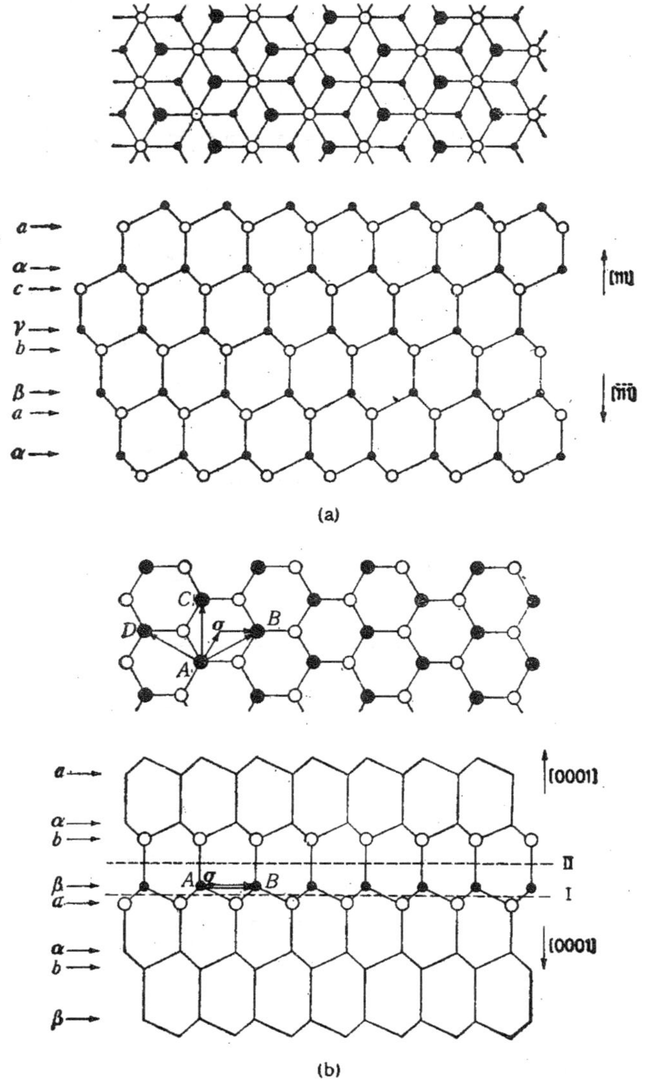

图 10.60

§ 10.10 闪锌矿和纤锌矿结构

闪锌矿结构同金刚石结构一样，不同之处仅在于金刚石结构的基元由同类的两个原子组成，而闪锌矿结构的基元由异类的两个原子组成．空间点阵同样是面心立方点阵．

纤锌矿结构属于六角晶系，它与六角密积结构的关系正如同闪锌矿结构对面心立方结构的关系．明确地讲，纤锌矿结构是以六角密积结构为基础，而其基元由异类的两个原子组成．如果把纤锌矿结构的基元所含的两个异类原子换成同类原子(例如碳)，那它就变成了六角金刚石结构．

在图 10.60(a)，(b) 中分别示出闪锌矿结构和纤锌矿结构的两种投影图．

由上面的叙述和图，可见闪锌矿结构 {1 1 1} 面的堆垛次序应写作

$$\cdots AaBbCcAaBbCc\cdots,$$

而纤锌矿结构 (0 0 0 1) 面的堆垛次序为

$$\cdots AaBbAaBbAaBb\cdots.$$

于是，在闪锌矿结构中，主要的堆垛层错类型应是 intrinsic 层错 I

$$\cdots AaBbCcAaBbAaBbCc\cdots$$

及 extrinsic 层错 E

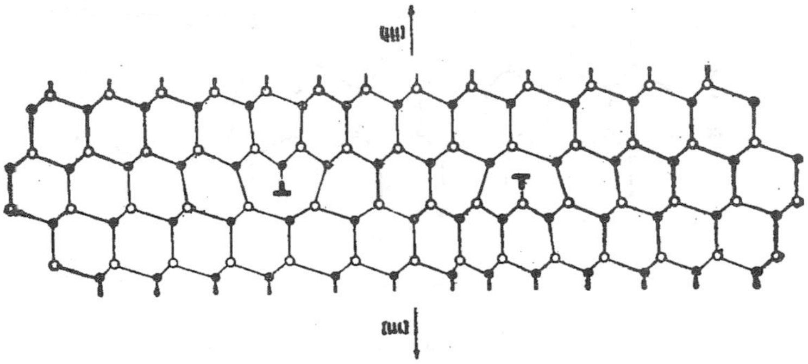

图 10.61

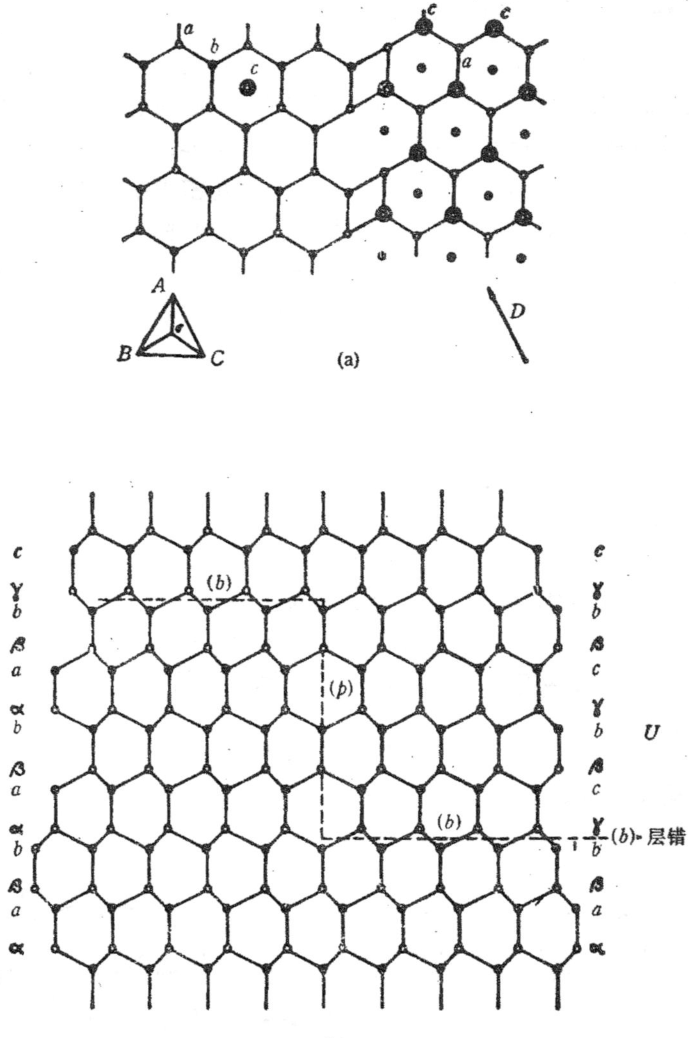

图 10.62

$$\cdots AaBbCcAaBbAaCcAaBbCc\cdots$$

分别相应于抽去或插入一对双层形成的结果。抽去或插入一个单

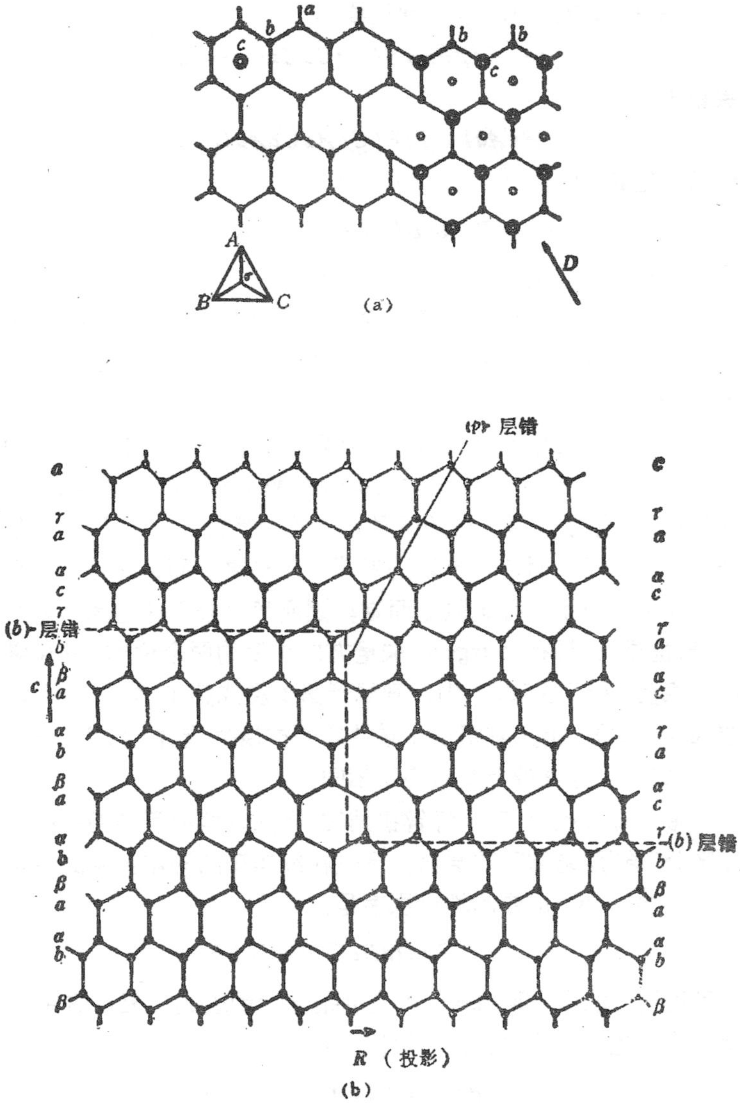

图 10.63

层将给出具有很高能量的不现实的层错。

在纤锌矿结构中,会出现层错 I_1

$$\cdots AaBbAaBbAaCcAaCc\cdots,$$

层错 I_2

$$\cdots AaBbAaBbCcAaCcAaCc\cdots$$

以及层错 E

$$\cdots AaBbAaBbCcAaBbAaBb\cdots,$$

分别相应于六角密积结构中的三种层错。

闪锌矿结构和纤锌矿结构的晶体是极性晶体,即 [111] 方向与 $[\bar{1}\bar{1}\bar{1}]$ 方向(或 [0001] 与 $[000\bar{1}]$)不等价。用实验可以区分 ± [111] (或 ± c) 轴。

闪锌矿结构中的位错与立方金刚石结构中的位错具有相同的几何形式。不过,由于闪锌矿结构含有两种不同的原子类元,因此 60° 第 I 类位错又可区分为两种,视其虚悬键是位于阳离子上还是位于阴离子上而定,也就是视其附加半原子面是终止于一行锌原子还是终止于一行硫原子而定;因而可以分别命名为"锌位错"和"硫位错"。具有 Burgers 矢量方向相反的两个位错,其化学性质也相反,示于图 10.61 中。同属于第 I 类或第 II 类 (shuffle set 或 glide set),但具有相反化学性质的扩展位错,由于相互作用不同,所以所含层错带宽度也将不相同。

最后应该指出,对于纤锌矿结构,有如六角密积结构一样,可以区分"单"层错和"双"层错,不过在纤锌矿结构中涉及的总是一对原子层。"单"层错的堆垛次序是:

$$\cdots AaBbAaBbCcBbCcBb\cdots$$

这种层错不能由 Shockley 不全位错之运动形成,但可能在晶体生长中产生。"双"层错的堆垛次序是

$$\cdots AaBbAaBbCcAaCcAaCc\cdots,$$

这种层错可以由 Shockley 不全位错之运动形成。电子显微镜的衍射实验可以区分这两种层错。请参看图 10.62 和图 10.63 所示的投影图。

一般性参考文献

[1] 钱临照、杨顺华，晶体中位错理论的基础，晶体缺陷与金属强度，上册，科学出版社，1(1962)。

[2] Hirth, J. P. and J. Lothe, Theory of Dislocations, 2nd ed., John Wiley & Sons (1982).

[3] Amelinckx, S., "Dislocations in Particular Structures", in Dislocations in Solids, vol. 2, ed. by F. R. N. Nabarro, North-Holland, 67(1979).

第十一章　其它结构中的位错

本章是本书第一卷的最后一章，继前二章之后，论述其余几种重要结构中的位错．本章内容包括有序合金中的反相畴界与超位错，层结构中的及离子晶体中的位错．它们是近年来实验和理论研究中感到兴趣的对象．最后还述及两种广义的位错模型，即同步切移位错及带型位错．

§11.1　有序合金中的反相畴

关于合金有序、无序的基本概念，以及有序化、有序度和序参量等的意义，读者已在学习固体物理或金属物理时熟悉[1]．我们所要讨论的是理想的完全有序的合金．

作为导引，讨论如下理想化的模型．试考查一种二元合金 AB，它排列为一个二维正方点阵．在完全有序态下，每种原子完全为异类原子所围绕，或者说两种原子各占据一个确定的亚点阵，如图 11.1(a) 中所绘出．图 11.1(b) 表示完全无序的 AB 合金，其

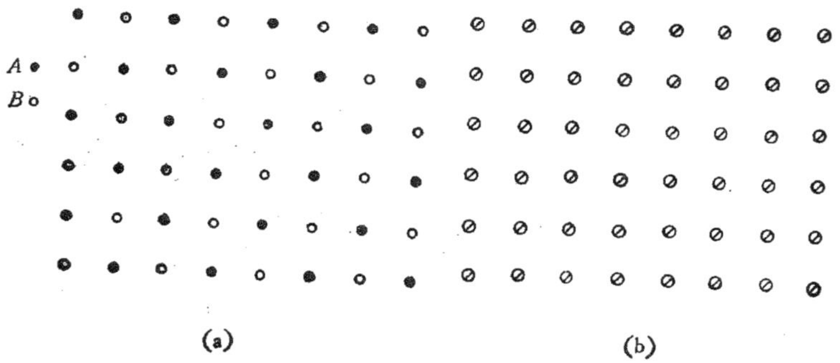

图　11.1

1）例如 P. 哈森，物理金属学，第七章；科学出版社(1984)。

中每一个原子坐位被原子 A 或原子 B 所占据的概率均为 $\frac{1}{2}$.

若以无序合金的点阵(格子)作为基础来看，则完全有序合金就均成一个"超点阵"(或"超格子")，这个超点阵的点阵平移矢量与原来无序点阵不同,一般前者是后者的一个简单矢量和.

图 11.2 表示有序 β 黄铜的一个单胞. 有序 β 黄铜是一种典型有序合金，图 11.1(a) 所示的二维有序正方点阵可以看作是它的一个简单模型.

从图 11.1 中可以看出，无序点阵中的全位错 Burgers 矢量为 ⟨10⟩ 类型,而这种位错在有序结构中就不是一个全位错了，因为在有序结构中 ⟨10⟩ 连接异类原子,这显然不是一个点阵平移矢量. 在超点阵中全位错的 Burgers 矢量为 ⟨20⟩，这种位错称之为"超位错",以别于原始无序点阵中的全位错. 当后面这种"全位错"在超点阵中运动，扫过一个面积后,此面积构成一个晶体中的界面.界面两侧的晶体结构与晶体取向均相同,只是在此界面上原子的近邻组态是"错误"的,即与正常组态不同(例如同类原子直接相对). 这种界面称为反相畴界,参看图 11.3. 于是,我们见到:超点阵中真正的全位错是超位错；原始无序点阵中的全位错在超点阵中成为一定意义下的不全位错；后面这种位错在超点阵中运动生成反相畴界,或者说有序结构中的反相畴界以位错为其边界线.超点阵中的超位错可以分解为普通的位错，其间以反相畴界相联*. 这几个概念与前面两章中所广泛讨论过的全位错、不全位错和堆垛层错的概念紧密相似.

若二元合金 AB 中,当最近邻对 A-B 的数目极大时系统的自由能为极小，则有序态应是平衡的稳定组态. 可以想象有序的平衡态是在无序基体中形成有序核,然后长大,直到有序区的边界均相互接触，这样一个过程的结果. 在这个过程中点阵几何一般没有多大变化,仅点阵参数可能发生微小的各向不同性变化,导致对称性的一定降低. 当两个取向平行的有序区接触时，会发生两种

---

* 有的作者把分解以后的组态称为一个超位错.

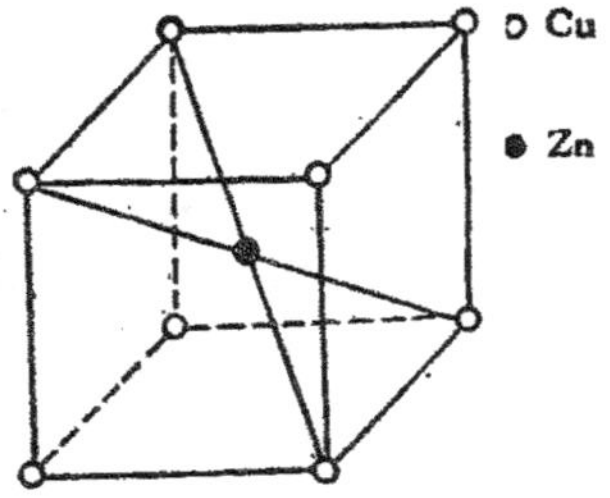

图 11.2

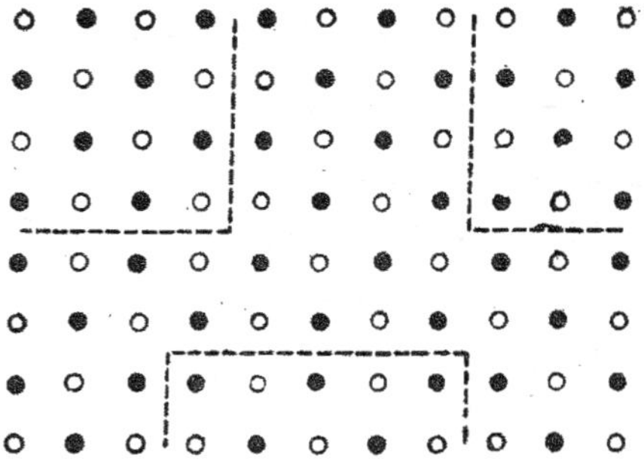

图 11.3

情况：其一是两个有序区中的 A, B 亚点阵相同，其二是两个区中的 A, B 亚点阵不同. 若是相同，则这两个区相遇后即融汇为一个区；若是不同，则两个区之间会形成一个边界，在此边界上原子具有“错误”的近邻，即是出现 $A-A$ 和 $B-B$ 最近邻对. 此时有序晶体形成畴结构，亚点阵互不相同的诸区称为反相畴（APD），其间的间界为反相畴界（APB）. 上述有序化过程中形成的畴间界称为热反相畴界，以区别于前面所说由普通位错运动产生的畴界，后者称为滑动反相畴界. 反相畴界两侧的畴晶体结构是全同的，但由一个平行位移 $\boldsymbol{R}$ 相联系. $\boldsymbol{R}$ 是一个“正常”（无序）点阵矢量，但不是超点阵矢量. 对于滑动反相畴界来说，$\boldsymbol{R}$ 一般等于造成此畴界的滑动位错的 Burgers 矢量，而此反相畴界（是一平面）就是这个位错的滑移面，即 $\boldsymbol{R}\cdot\boldsymbol{n}=0$，这一类畴界称为保守型反相畴界. 另一方面，由上面热反相畴界的形成过程可知，热反相畴界不总是平面，当它是平面时（或它的平面部分）也多半不是上述的滑移面，因此 $\boldsymbol{R}\cdot\boldsymbol{n}=t\neq 0$. 引入这样一个间界相当于插入或抽去一层厚为 t 的原子层. 若此层所含原子数不符合化学计量比，则此反相畴界的引入会使组分发生改变. 这类畴界称为非保守型反相畴界.

综上所述，有序合金中的反相畴界是一个面缺陷，它可能在晶体中闭合，或是终止于晶体的外表面上，也可能终止在晶体内部的

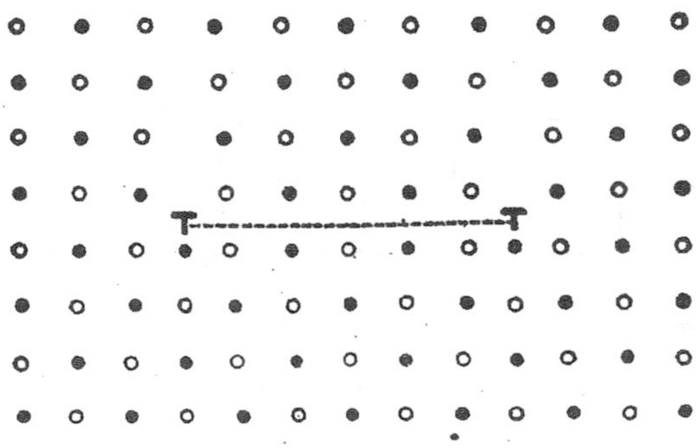

图 11.4

一条位错线上(不是超位错). 或者说，反相畴界在晶体内部的边缘是一条位错线. 图 11.4 示意地绘出反相畴界及其与位错的关系.

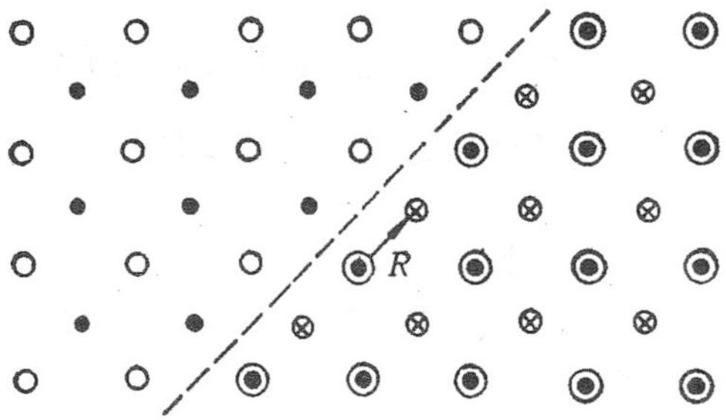

$ABP(1\bar{1}0)$

图 11.5

下面对几种典型的有序结构及其中的反相畴界作一简明的描述.

首先介绍有序 β 黄铜结构，或称 CsCl 结构，或 B_2 超结构. β 黄铜在无序状态下是体心立方结构，其完全有序态是以此体心立方点阵为基础的简单立方超结构，如图 11.2 所示. 矢量 $\frac{1}{2}\langle 1\ 1\ 1\rangle$ 是无序结构的一个点阵矢量，但不是超点阵矢量，因为它连结超点阵中一对异类的原子. 图 11.5 和图 11.6 中绘出两种

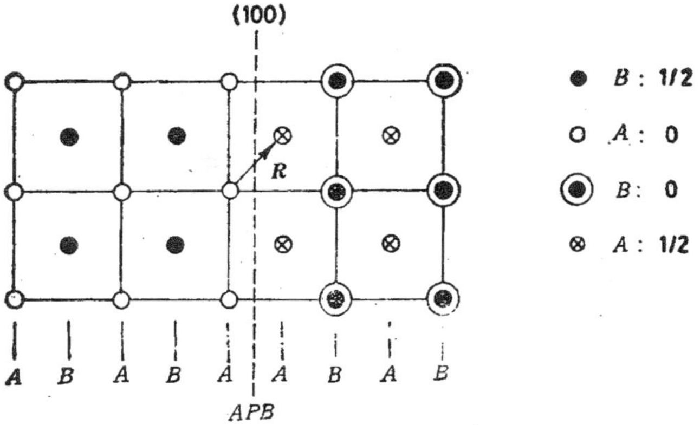

图 11.6

可能的反相畴界. 图 11.5 是超点阵在 (110) 面上的投影图，反相畴界是 $(\bar{1}01)$ 面，它与纸面 (110) 的交线平行于 [111] 方向，在图中用一条直线表示. 图中绘出反相畴界两侧的原子位置，位移矢量 $\boldsymbol{R}=\frac{1}{2}[111]$. 这是一个切变型的畴界，也即是一

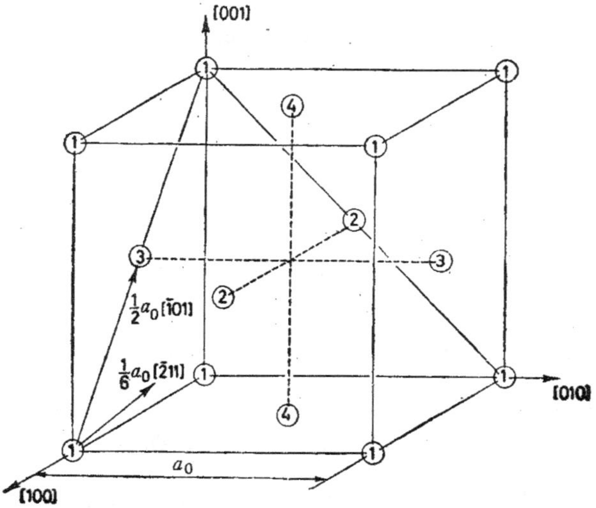

图 11.7

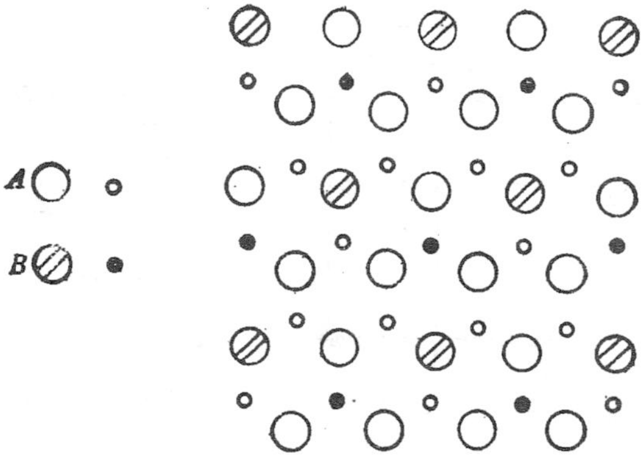

图 11.8

个保守型畴界. 图 11.6 是 (010) 面的投影, 反相畴界是 (100) 面,位移矢量仍是 $\boldsymbol{R}=\frac{1}{2}[111]$. 如图所示, 这种畴界的存在导致出现一个额外的 A 原子层,因而它是一个非保守型反相畴界.

其次介绍 Cu_3Au 结构,它的有序结构又称 LI_2 超结构, 许多组成为 AB_3 的合金都具有这种结构. 在无序态下, 这种合金具有面心立方结构,而在完全有序态下,合金结构变为以以上面心立方为基础的简单立方点阵. 具体地讲, 分为几个互相穿插的简单立方亚点阵, 各个亚点阵被不同的原子所占据. 此简单立方的单胞与原来面心立方的单胞相同. 图 11.7 示出一个面心立方单胞, 用数字 1, 2, 3, 4 标志单胞的顶角及三对面心位置. 在 Cu_3Au 的完全有序状态下,位置 1 为 Au 占据,位置 2, 3, 4 为 Cu 占据. 于是构成四个简单立方亚点阵. 亚点阵 1 由 Au 原子占据, 亚点阵 2, 3, 4 为 Cu 原子占据. 超点阵的 (111) 面示于图 11.8 中, 整个超结构是由诸全同的这种 (111) 面堆叠而成, 其堆垛序列显然和面心立方相同,即

$$\cdots ABCABCABC\cdots.$$

矢量 $\frac{1}{2}\langle 110\rangle$ 联结有序结构中两个异类的原子亚点阵, 因

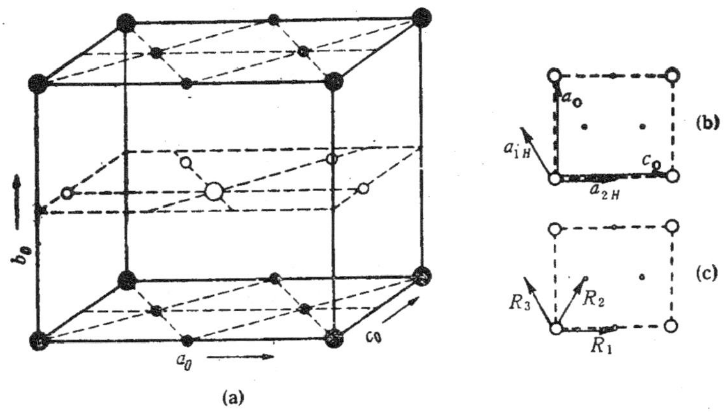

图 11.9

而是纯反相畴界位移矢量. 位移矢量 $\frac{1}{6}\langle 112\rangle$ 会产生堆垛层错，同时也包含化学键的误排. 一般滑动反相畴界是 $\{111\}$ 面.

下面再举一例. 试考查有序 Cu_3Ti 结构. 有序 Cu_3Ti 结构是以六角密积结构为基础的正交系超结构. 图 11.9 示出一个正交超晶胞和它底面(即是六角基面)上原子的排列. 整个完整的超结构是由诸全同的这种底面，在垂直于图 11.9(b) 的方向上，依 $\cdots ABABAB\cdots$ 的次序堆垛而成. 在此图中还绘出底面上六角结构基矢与正交结构基矢的关系. 图 11.9(b), (c), 中给出三个可能的反相畴界位移矢量 $\boldsymbol{R}_1$, $\boldsymbol{R}_2$, $\boldsymbol{R}_3$. 图 11.10(a), (b), (c) 分别示出三种反相畴界，相应于位移 $\boldsymbol{R}_1$, $\boldsymbol{R}_2$ 和 $\boldsymbol{R}_3$. 畴界面都是正交结构的 (1 0 0) 面. 由图显然可见，这三种反相畴界都不是保守型的.

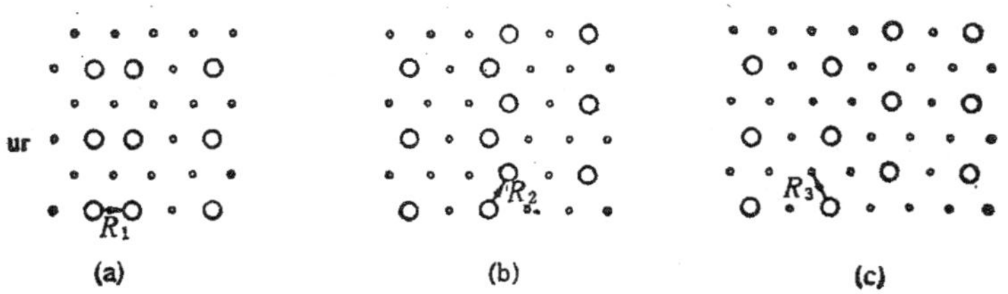

图 11.10

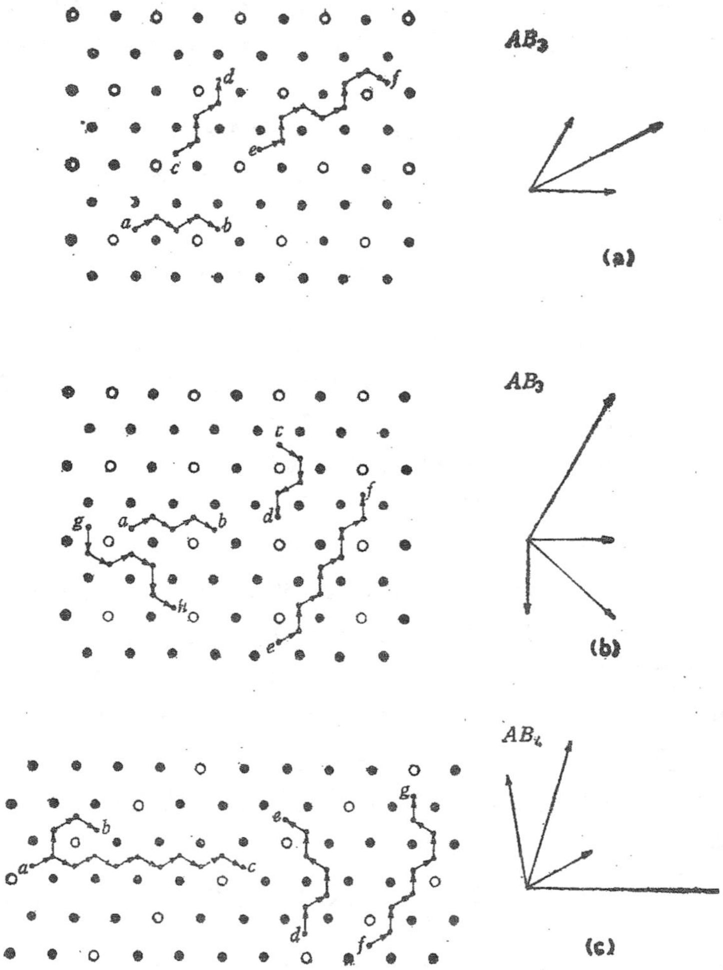

图 11.11

除了这几个例子以外，人们感到兴趣的超结构还有以面心立方点阵为基础的 CuAuI，CuPt 和 Ni_4Mo 有序结构，以体心立方点阵为基础的 Fe_3Al 有序结构，以及以六角密积结构为基础的 Mg_3Cd 有序结构等等。

现在简单说明反相畴界界面能的估算．二元合金 AB 的总组态势能 E 可以用键能或原子对相互作用能 v_{AA}，v_{BB} 和 v_{AB} 表示，写作

$$E = n_{AA}v_{AA} + n_{BB}v_{BB} - n_{AB}v_{AB}, \tag{11.1}$$

式中 n_{AA}，n_{BB} 和 n_{AB} 分别是 $A—A$，$B—B$，$A—B$ 键的数目．能量

$$v = v_{AB} - \frac{1}{2}(v_{AA} + v_{BB}) \tag{11.2}$$

称为有序化能．若 $v < 0$，则表示以损失 $A—A$ 或 $B—B$ 键为代价而生成 $A—B$ 键时，整个晶体能量降低．若 $v > 0$，则表示合金中同类原子趋向于簇聚．每破坏两个 $A—B$ 键，会生成一个 $A—A$ 键和一个 $B—B$ 键，此时晶体能量增加 2ϕ，$\phi \equiv -v$．

对于一个给定的超结构，一个反相畴界借助于其指数 (hkl) 及位移矢量 $\boldsymbol{R}$ 给定．对于这样一个确定的反相畴界，能够计算产生它所需要破坏的 $A—B$ 键数目．键 i 以键矢量 $\boldsymbol{l}_i = [uvw]$ 表示．考虑与此键垂直的平面上这种键的密度 n_i，此数应等于这种键在此面形成的格子的网眼大小之倒数．现在所注意的反相畴界记为 $H(hkl)$，与此面族相对应的倒易点阵矢量为 $\boldsymbol{b}_H[hkl]$．面 H 与垂直于键矢量 $\boldsymbol{l}_i$ 之面间的夹角之余弦为 $\cos(\boldsymbol{l}_i, \boldsymbol{b}_H) = (\boldsymbol{l}_i \cdot \boldsymbol{b}_H)/|\boldsymbol{l}_i||\boldsymbol{b}_H|$．因此，反相畴界 H 单位面积所截断的 i 类键的数目为

$$D_i = \frac{n_i(\boldsymbol{l}_i \cdot \boldsymbol{b}_H)}{|\boldsymbol{l}_i||\boldsymbol{b}_H|} = N_0 \frac{n_i(\boldsymbol{l}_i \cdot \boldsymbol{b}_H)}{|\boldsymbol{b}_H|}, \tag{11.3}$$

因为 $n_i/|\boldsymbol{l}_i|$ 实际上就等于一个原子所占据的平均体积之倒数，即等于原子的体密度，以 N_0 记之．这个面密度 D_i 与破折每个 i 键的能量 ϕ 之积就是这个反相畴界的界面能 $\gamma = D_i\phi$．若有几种取向的键，则各用不同的键矢量 $\boldsymbol{l}_i$ 确定，而破折键的面密度应对所有 $\boldsymbol{l}_i$ 求和，得出 $D = \sum\limits_i D_i$，故反相畴界的界面能即是

$$\gamma = D\phi。 \tag{11.4}$$

下面就有序 β 黄铜超结构和有序 Cu_3Au 超结构两个例子，应用上式计算反相畴界界面能.

在有序 β 黄铜 (B_2) 超结构中，$A—B$ 键平行于立方体各个对角线,即 $\boldsymbol{l}_i=\frac{a}{2}\langle 111\rangle$. 上面已经说明，反相畴界位移矢量 $\boldsymbol{R}=\frac{a}{2}[111]$，任何一个含矢量 [111] 的 (hkl) 面上进行切移 $\frac{a}{2}[111]$ 应破坏所有与此面截交的 $A—B$ 键，后者共有三种,即分别为 $\boldsymbol{l}_1=\frac{a}{2}[1\bar{1}\bar{1}]$，$\boldsymbol{l}_2=\frac{a}{2}[1\bar{1}1]$，$\boldsymbol{l}_3=\frac{a}{2}[11\bar{1}]$. 另外,在此结构中每一单胞含两个原子，$N_0=2/a^3$. 代入式

$$D_i=N_0\frac{\boldsymbol{l}_i\cdot\boldsymbol{b}_H}{|\boldsymbol{b}_H|},\tag{11.5}$$

并对 $i=1, 2, 3$ 相加,得到 $H(hkl)$ 所截交 $A—B$ 键的总数

$$D_H=\frac{1}{a^2}\frac{3h-k-l}{(h^2+k^2+l^2)^{1/2}}.\tag{11.6}$$

由于 $\boldsymbol{R}\cdot\boldsymbol{b}_H=0$，所以有 $h+k+l\doteq 0$，$-(k+l)=h$，故

$$D_H=\frac{1}{a^2}\frac{4h}{(h^2+k^2+l^2)^{1/2}},\tag{11.7}$$

于是,反相畴界 $H(hkl)$ 的比界面能 γ 就是

$$\gamma=D_H\phi=\frac{1}{a^2}\frac{4h\phi}{(h^2+k^2+l^2)^{1/2}},\quad h>k>l.\tag{11.8}$$

对于热反相畴界 $\boldsymbol{R}\cdot\boldsymbol{b}_H\neq 0$，当 $h>k>l\geqslant 0$，$h\geqslant k+l$ 时，可(近似)应用以上公式. 不过当 $h<k+l$ 时,要将 $l_4=\frac{a}{2}[111]$ 计算在内，并且将 $l_1=\frac{a}{2}[1\bar{1}\bar{1}]$ 换作 $\frac{a}{2}[\bar{1}\ 1\ 1]$,于是得到

$$D_H=\frac{1}{a^2}\frac{2(h+k+l)}{(h^2+k^2+l^2)^{1/2}}.\tag{11.9}$$

其次讨论 $Cu_3Au(LI_2)$ 超结构. 在这里矢量 $\frac{1}{2}[1\ 1\ 0]$，$\frac{1}{2}[1\bar{1}0]$，$\frac{1}{2}[\bar{1}\bar{1}0]$ 和 $\frac{1}{2}[\bar{1}10]$ 都相当于 $A(1)\rightarrow B(4)$ 的位移，

所以彼此等价，或者说均等价于 $\frac{1}{2}[110]$. 另外两组 $\frac{1}{2}\langle 110\rangle$ 矢量，即 $\frac{1}{2}[011]$ 和 $\frac{1}{2}[101]$，分别将 A 由亚点阵(1)移至亚点阵(2)和(3)，所以 $\frac{1}{2}[110]$ 不等价. 考虑 $\boldsymbol{R}=\frac{1}{2}[110]-H(hkl)$ 的畴界. 注意在切移 $\boldsymbol{R}=\frac{1}{2}[110]$ 时，键 $\frac{1}{2}[110]$ 和 $\frac{1}{2}[\bar{1}\bar{1}0]$ 保留不被切割. 键 $\frac{1}{2}[1\bar{1}0]$ 和 $\frac{1}{2}[\bar{1}10]$ 是同一个键. 其它的 $\frac{1}{2}\langle 110\rangle$ 键，如 $\frac{1}{2}[011]$ 和 $\frac{1}{2}[101]$ 的切割不产 A—B 键和 A—A 键数目的净变化. 因此对畴界没有贡献. 以 $N_0=4/a^3$，$l=\frac{a}{2}[1\bar{1}0]$，$\boldsymbol{b}_H=\frac{1}{a}[hkl]$ 代入公式，得

$$D=N_0\frac{\boldsymbol{l}\cdot\boldsymbol{b}_H}{|\boldsymbol{b}_H|}=\frac{2}{a^2}\frac{[1\bar{1}0]\cdot[hkl]}{(h^2+k^2+l^2)^{1/2}}=\frac{2(h-k)}{a^2(h^2+k^2+l^2)^{1/2}}, \tag{11.10}$$

但 $[110]\cdot[hkl]=0=h+k$，故

$$D=\frac{4h}{a^2(h^2+k^2+l^2)^{1/2}}. \tag{11.11}$$

在被切割的诸 $[1\ \bar{1}\ 0]$ 键中只有一半是 A—B 键，另一半是 B—B 键. 被切断的 B—B 键生成新 B—B 键；而被切断的 A—B 键有一半生成 A—A 键，另一半生成 B—B 键，所以每一个被切断的 A—B 键对畴界能量的贡献将为 ϕ，于是得到

$$\gamma=\frac{1}{2}D\phi=\frac{2\phi h}{a^2(h^2+k^2+l^2)^{1/2}},\quad h>k. \tag{11.12}$$

这个公式，和 β 黄铜的情况一样，也是只对切变畴界是严格成立的.

§11.2 反相畴界与位错

本节具体描述几种典型有序合金中的滑动反相畴界与位错，以及热反相畴与位错.

首先应该指出，许多有序合金结构可以看作是由原子密排层堆垛而成，各个原子层的原子布置图案彼此相同，都是由硬球被无方向的吸力键合构成．由面心立方和六角密积结构导出的超结构就是如此．在有序二元合金中，这些密排层所含的组元原子数符合化学计量比．当合金有序化以后，密排面上的单元网格与无序结构相比较一般变大，同时层间的重复距离也变大．作为例子，在图 11.11 中绘出合金 AB_3 两种形式和 AB_4 的密排原子面图案、等价的原子坐位之间最短的矢量，以及可能的不同滑移路径．图示的超点阵平移矢量是可能的超位错 Burgers 矢量，它们比较大，所以这种位错倾向于分解．因为所有密排面的原子布置图案彼此全同，所以在下面的讨论中考虑一个原子层在一个与它全同的层上滑动，确定层间重复距离，并研究具有不同 Burgers 矢量位错的分解图式．

(1) Cu_3Au 结构 (Ll_2)　这是典型的 AB_3 合金，它的有序结构是从面心立方结构导出，在上节中已经描述过．有序结构及密排面示于图 11.7 及图 11.8 之中．在各个密排面堆叠时必须保证每一个 A 原子放 12 个 B 原子所围绕，因此要求堆垛次序为 $\cdots abcabcabc\cdots$ 或…▽▽▽▽▽▽…这样，有序结构就保留为立方的，所有 {111} 面均彼此等价，所以只需要考虑一个面．

图 11.12(a) 再次绘出有序 Cu_3Au 的两个密排面．图上矢量 $a\rightarrow e$ 是〈110〉，它是超位错的 Burgers 矢量．矢量 $a\rightarrow c$（或 $c\rightarrow e$）是 $\frac{1}{2}$〈110〉，是普通（无序结构）全位错的 Burgers 矢量．矢量 1→2（或 2→3 等）是 $\frac{1}{6}$〈112〉，是普通 Shockley 不全位错的 Burgers 矢量．由此，超位错〈110〉可以分解为图 11.12 (b) 中所示的四个不全位错和三条条带的组态．若堆垛层错能量高则两边两个含层错的带分解将不明显，组态接近于图 11.12(c) 所示的形状．

在有序 Cu_3Au 和 Ni_3Mn 中都观察到过这一类分解．

(2) CuAuI 结构 (Ll_0)　有序 CuAuI 结构是从面心立方导

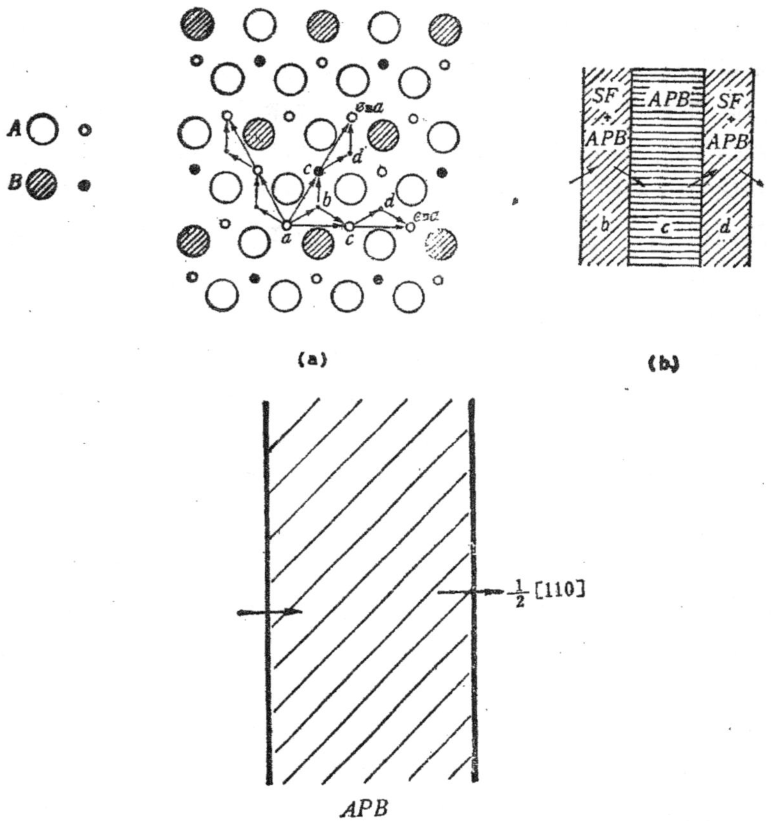

(a)　　(b)

APB
(c)

图　11.12

出的一个四角超结构，其单胞示于图 11.13(a) 中，立方形晶胞的诸 (001) 层相继更替由 Cu 和 Au 原子占据，所以属于四角晶系. 图 11.13(a) 中也示出可能的反相畴界位移矢量 $\boldsymbol{R}$，它们是 $\frac{1}{2}$ [101] 和 $\frac{1}{2}$ [011]. 若反相畴界面是 (100)，则 $\boldsymbol{R}=\frac{1}{2}$ [011] 给出一个保守型畴界，而 $\frac{1}{2}$ [101] 给出的畴界虽然有 $\boldsymbol{R}\cdot\boldsymbol{n}\neq 0$，但由于相应的抽去（或插入）的 (100) 面的组成符合化学计量比，所以不改变合金晶体的化学成分，见图 11.13(b).

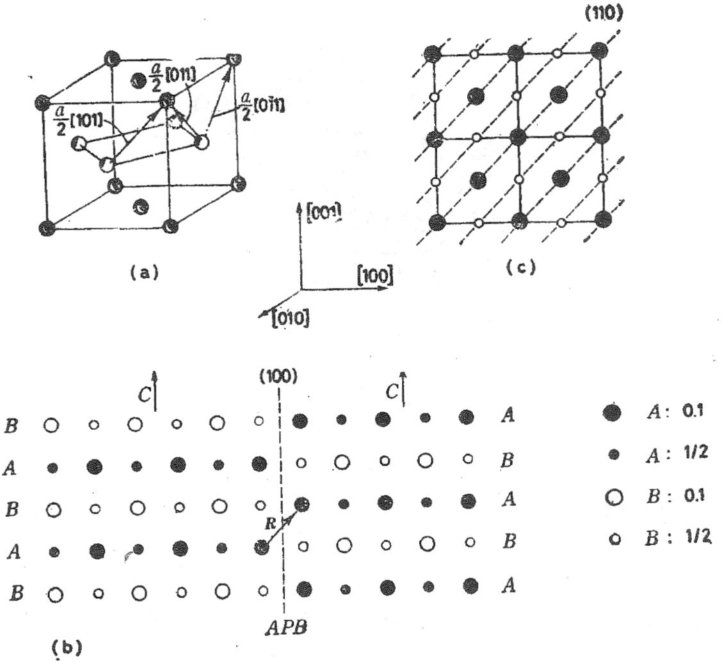

图 11.13

图 11.13(c) 表示 (001) 面的投影，由此图可以看出诸 (110)面也是相继更替由 Cu 和 Au 原子占据，以 (110) 为界面可以形成非保守型畴界.

图 11.14 表示这个结构的密排面，即 (111) 面. 由于它属于四角晶系，所以 (111) 面上的三个 $\langle 1\bar{1}0\rangle$ 方向并不都是彼此等价的. 具体地讲，有一个 $\langle 1\bar{1}0\rangle$ 方向上全都是同类原子，另两个方向上则是 A、B 原子相间. 在前面那个方向上行进一个 $\frac{1}{2}\langle 1\bar{1}0\rangle$，即从图中的 $a\rightarrow f$，不引起任何晶体学和化学性质的改变. 而在另外两个 $\langle 1\bar{1}0\rangle$ 方向上则须行进一个 $\langle 1\bar{1}0\rangle$，即是 $a\rightarrow e$ 或 $a\rightarrow e$；具体路径是 $a\rightarrow b\rightarrow c\rightarrow d\rightarrow e$ 和 $a\rightarrow b'\rightarrow c'\rightarrow d'\rightarrow e'$，其中 $a\rightarrow b$，$c\rightarrow d$，$a\rightarrow b'$ 等都是 $\frac{1}{6}\langle 1\ 1\ 2\rangle$

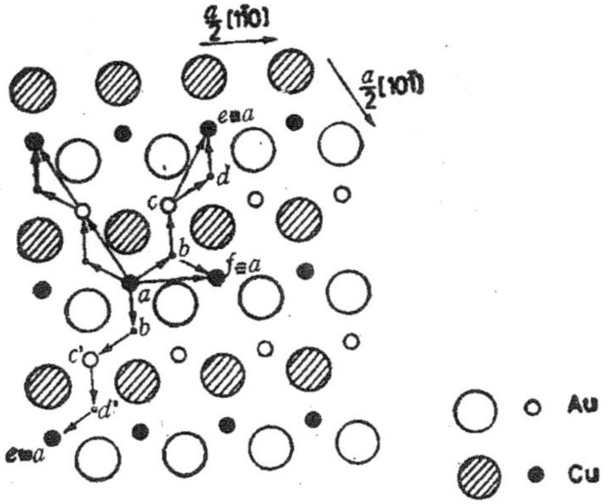

图 11.14

类型的矢量. 还要注意两类不同的 $\frac{1}{6}$ 〈112〉位移，一种例如 $a \to b$，位移前后小原子处于不同的化学环境;另一种例如 $c \to d$ (或 $a \to b'$)，位移前后小原子的化学环境相同. 当然，$\frac{1}{6}$ 〈112〉位移像在面心立方中一样，导致堆垛层错 I 的生成. 综上所述，位置 b，会生成反相畴界加层错;在位置 c，只有反相畴界;而在位置 d，只有层错. 这样，在 CuAuI 结构中一个 $a \to e$ (即〈$1\bar{1}0$〉) 超位错的分解就应该如图 11.15 所示.

在这种结构中扩展的超位错还可能有一种有趣的组态. 即首先可能生成孪生面为 (011) 的共格孪晶，图 11.16 表示这种

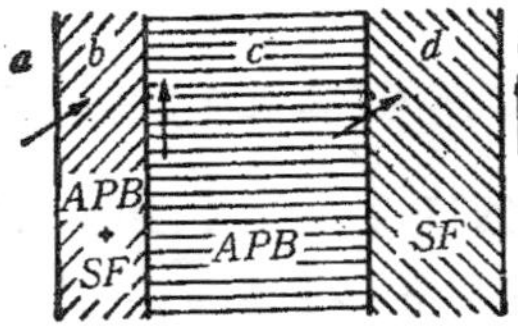

图 11.15

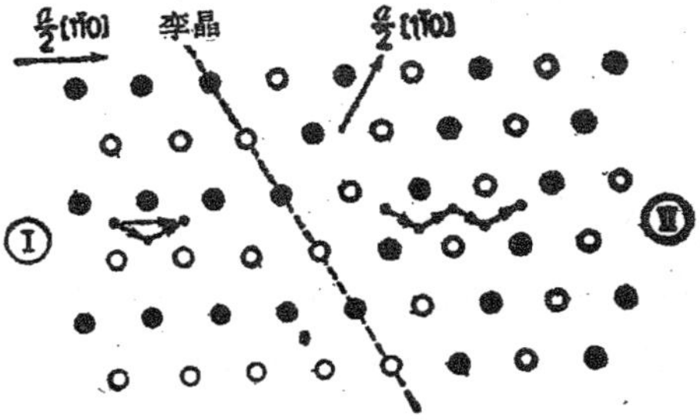

图 11.16

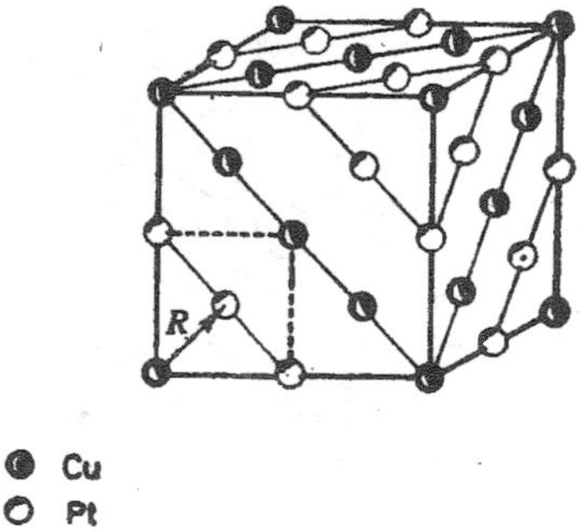

图 11.17

孪晶在 (111) 面上的投影. 孪晶界两边的 (111) 面一般是平行的，故此一个滑动位错可以跨过孪晶界传播. 于是在一个区域 (1) 中 $a \to f \to a$ 的位错在孪晶区域 (2) 中就可以分解为 $a \to b \to c \to d \to e$ 的位错,如图 11.16 中所示.

(3) CuPt 结构　有序 CuPt 结构也是以面心立方点阵为基础，其 (111) 面相继更替为 Cu 原子和 Pt 原子所占据，因此变为属于三角(等轴)晶系，其主轴 (三次轴) 与原立方点阵的 [111] 方向平行,垂直于全同原子面. 图 11.17 中绘出有序结构的一个晶胞. 可能的反相畴界位移 $\boldsymbol{R}=\frac{1}{4}[1\ 0\ 1]$, 此位移使晶体一部分中为 Cu 原子所占据的 (111) 半平面与另一部分中为 Pt 原子占据的 (11̄1) 半平面对齐. 图 11.18 示出 (100) 面上的投影及反相畴界.

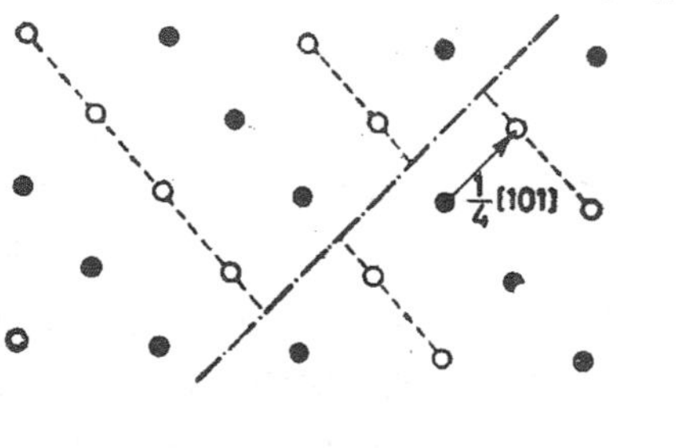

图 11.18

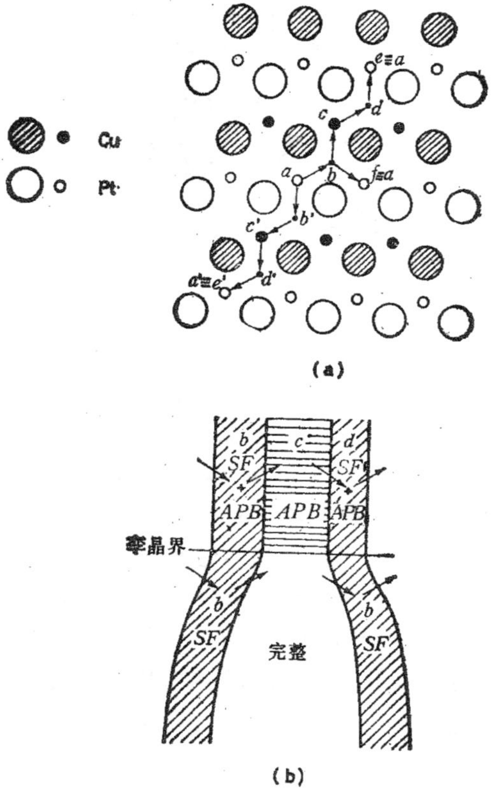

图 11.19

有序 CuPt 结构中诸原子层平行于 [111] 的堆垛次序可由面心立方的 $\cdots ABCABC\cdots$ 推出为 $\cdots a\beta c\alpha b\gamma\cdots$，其中 a，b，c 表示 Cu 层，α，β，γ 表示 Pt 层．垂直于 [111] 方向的 {111} 面的结构如图 11.19 所示．于是，在有序 CuPt 结构中就可以区分两类 {111} 面：第一类是依次完全为 Cu，Pt 原子占据的 (111) 面，第二类是具有如图 11.19 中所绘出原子图案的 $(\bar{1}11)$，$(1\bar{1}1)$ 和 $(11\bar{1})$ 面．还要注意，例如 $(11\bar{1})$ 面，其上原子布置与有序 CuAuI 的 (111) 面原子布置相似，但堆垛

次序不一样.

综上所述，显然在第一类滑移面上可作通常的 Shockley 滑移，形成的扩展位错与面心立方中的扩展位错类似. 在第二类滑移面上超位错的分解可以有两种方式，即如图中所示 $a \to b \to f$，或 $a \to b \to c \to d \to e(=a)$。反相畴界及层错带结构如图 11.19 (b)中所示.

再将 CuPt 的第二类 {111} 面堆垛与 CuAuI 的 {111} 面堆垛比较一下是有意义的. 试比较图 11.14 与图 11.19(a)，可见 CuPt 结构中相继的第二类 {111} 层有两个最近邻是同类原子，但 CuAuI 相应的两个最近邻是异类原子. CuPt 中的正常堆垛次序相当于 CuAuI 中的一个层错，反之亦然. 图 11.19(a) 中 $a \to b$ 的位移给出 CuPt 中的一个层错加反相畴界，而 $c \to d$ 的位移不给出化学环境的改变. 只给出堆垛层错. 所以 CuPt 中的超位错四重分解是和 CuAuI 中的分解具有相似的不对称性.

CuPt 中也可以生成孪晶，孪生面为面心立方点阵的 (1 0 0) 面或 (110) 面。孪晶界两侧的超位错分解图式与 CuAuI 相似，如图 11.19(b) 所示。

(4) Ni_4Mo 结构　有序 Ni_4Mo 结构的基本的原子密排层是图 11.11 示出的典型 AB_4 合金密排层，现重绘于图 11.20 中。此层的组成符合化学计量比，其上每一个密排方向都含有四个 B 原子随之以一个 A 原子，如此重复。垂直于此密排面诸层的重复单元含 15 个层，这 15 个层的位置投影在图中用数字 1—15 标出.

图中用小写字母标出滑移路径。最短的路径是 $a \to b \to c \to d' \to e'$，由四步组成，其中含有三个 Burgers 矢量不同的不全位错，并且这个路径与密排方向不平行. 另外，路径 $a \to k$ 与密排方向平行，由十步组成，所以如果完全分解就会发展出十个不全位错，其间是反相畴界与堆垛层错的条带. 在电子显微镜下曾确实观察到与此能够对应的图案.

(5) Cu_3Ti 结构　有序 Cu_3Ti 结构是由六角密积结构导出的正交超结构，如前所述，参看图 11.9(a). 这种结构的底面 (010)

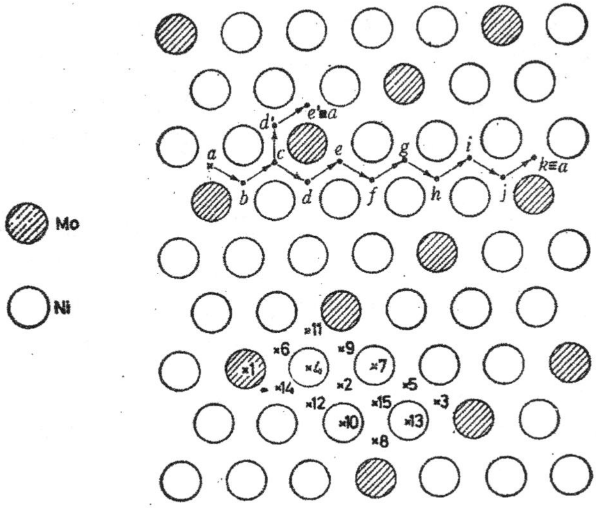

图 11.20

也在图 11.9(b) 中示出，现重绘于图 11.21(a) 中．注意其上的原子布置呈矩形图案，诸层的堆垛方式是六角密积式的，即 *abab* 式．

由图可见，沿原子密排方向有两种滑移路径：第一种是 $a \rightarrow e$，由四步组成；第二种是 $a'' \rightarrow i''$，由八步组成．另外一条路径

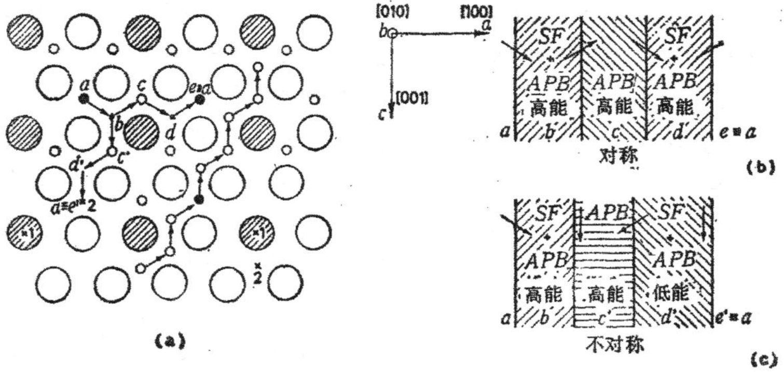

图 11.21

$a \rightarrow e'$ 也由四步组成，但不平行于密排方向，并含有三个不同的 Burgers 矢量．由图中还不难看出，有两种主要的化学误排，其中一种如图中的 c 位或 c' 位，含有两个 A 原子为最近邻，这显然是一种高能量的组态；另外一种如图中的 d' 位，像正常位置一样，没有两个 A 原子是最近邻，这种组态能量应较低，不过必定与堆垛层错相联系．由此可见，超位错 $a \rightarrow e$ 的分解应取图 11.21(b) 的方式，它是对称的；超位错 $a \rightarrow e'$ 的应取图 11.21(c) 的方式，它是非对称的．注意非对称组态的 Burgers 矢量布置．实验上曾研究过 Ni_3Mo 和 Ni_3Ta 中超位错分解．

(6) Mg_3Cd 结构　有序 Mg_3Cd 结构也是一种由六角密积结构导出的超结构，它是由形同图 11.12(a)(Cu_3Au) 这样的密排面依六角密积方式 *abab* 堆叠而成．注意有序 Mg_3Cd 结构的密排面与上述有序 Cu_3Ti 结构的密排面不同，Mg_3Cd 中的原子布置呈六角形图案．

Mg_3Cd 密排面上的滑移路径同 Cu_3Au 结构中密排面上的滑移路径一样，参见图 11.12(a)．如果只考虑最近邻关系，则此结构中的反相畴界的几何形式也同 Cu_3Au 中一样．扩展超位错必定是对称的，含有四个分量不全位错，其间有三个带．两侧的带是反相畴界加堆垛层错．四个不全位错的 Burgers 矢量均属 $\frac{1}{6}\langle 1 0 \bar{1} 0\rangle$ 类型．

实验上曾研究过 Mg_3Cd 和 Ni_3Sn 中的反相畴界和位错组态．

(7) CsCl 结构（β 黄铜结构）　上文中已数次述及有序 β 黄铜结构 (B_2)，它是最简单的一种超结构．它是以体心立方为基础的初基(简单立方结构)，每一阵点上的基元含两个原子：A (000) 和 $B\left(\frac{1}{2}\frac{1}{2}\frac{1}{2}\right)$.

体心立方点阵中全位错 Burgers 矢量为 $\frac{1}{2}\langle 111\rangle$，超点阵中的超位错 Burgers 矢量为其两倍，即 $\langle 1 1 1\rangle$．后者可分解为两个 $\frac{1}{2}\langle 111\rangle$，其间以一片反相畴界相连．$\langle 100\rangle$ 和 $\langle 110\rangle$ 也都是可

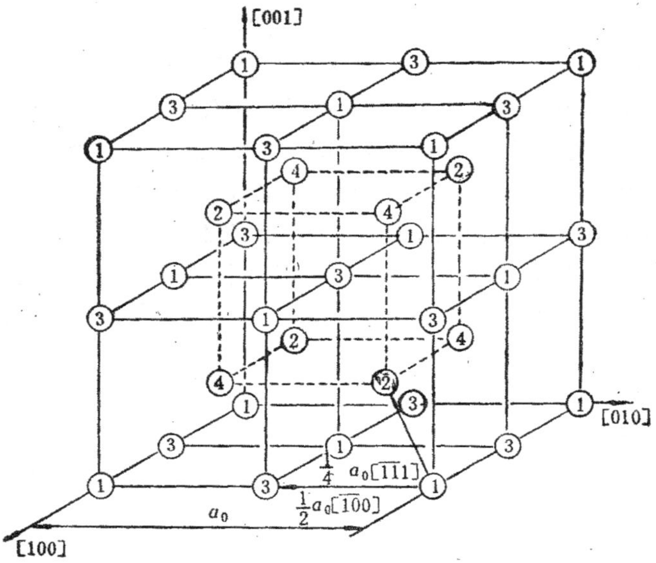

图 11.22

能的超位错 Burgers 矢量. 由于 {110} 反相畴界具有最低的界面能，所以 ⟨111⟩ 超位错会优先在此族面上分解. 例如 CuZn 具有比畴界能 $\gamma\{110\}=83\ \mathrm{ergscm^{-2}}$，应用前文所述的估算法可得刃型带的宽度约为 88 Å，螺型带的宽度约为 56 Å. 但在体心立方点阵中滑移面并非十分确定，而决定超位错分解宽度的反相畴界能量依赖于面指数，所以超位错的分解及螺型位错的交滑移等均取决于具体情况.

以合金 Fe_3Al 为例. 它在 560—800℃ 之间为非完全有序态，具有 B_2 (即 β 黄铜)超结构，由稍高于 560℃ 淬火可得亚稳非完全有序合金. 此结构的单胞示于图 11.22 中. 在完全有序态下亚点阵 1，3，4 完全为 Fe 原子 (*A* 原子)占据，亚点阵 2 为 Al 原子 (*B* 原子)占据，这种超结构命名为 DO_3 结构. 在非完全有序态下，亚点阵 1，3 完全为 Fe 原子 (*A*) 占据，而亚点阵 2，4 是无序的，可以看作是为 $\frac{1}{2}$ Fe 原子 (*A*) 和 $\frac{1}{2}$ Al 原子 (*B*) 所占据. 显然这样就

形成一个 B_2 超结构，其单胞为原来大单胞的 1/8. 在此亚稳态下，反相畴界能量非常低，估计几近于零，因而超位错的分解宽度较大。一个 $\langle 111\rangle$ 位错分解为分离的 $\frac{1}{4}\langle 111\rangle$ 位错. 在这种合金中，由于反相畴界缺乏各向异性，并且螺型位错易于发生交滑移，所以其中反相畴界及表观滑移线多呈波纹状，如实验观察中所见到。

(8) DO_3 结构　现在简短讨论一下完全有序 Fe_3Al 合金的结构，即 DO_3 超结构，其单胞已在图 11.22 中绘出. 现在要考虑四个面心立方的亚点阵。

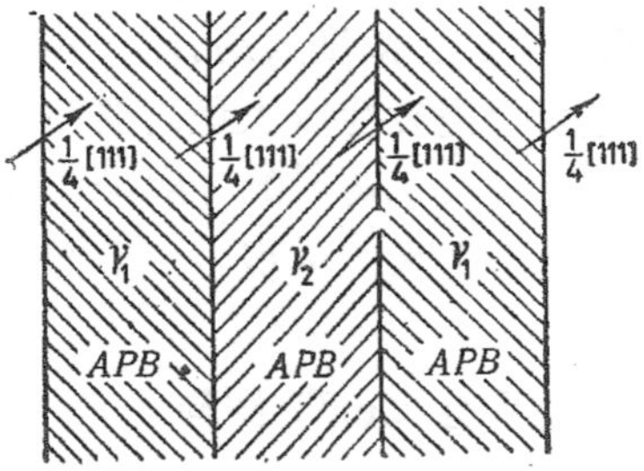

图 11.23

亚点阵 1, 3, 4 为 A 原子占据和 2 为 B 原子占据的状态是形成最多数目的异类原子最近邻对和次近邻对的组态. 可能的反相畴界位移矢量为 $\boldsymbol{R}_1=\frac{1}{4}\langle 111\rangle\ (1\rightarrow 4)$ 和 $\boldsymbol{R}_2=\frac{1}{2}\langle 100\rangle\ (4\rightarrow 2)$，以及 $\boldsymbol{R}_3=\frac{1}{2}\langle 111\rangle(2\rightarrow 4)$. $\boldsymbol{R}_1$ 造成错误的最近邻对(即 A-A 对)，而 $\boldsymbol{R}_2$ 仅造成错误的次近邻对，因此 $\boldsymbol{R}_2$ 型的反相畴界能量较低.

超位错的 Burgers 矢量为 $\langle 111\rangle$，它不稳定，将分解为四个 $\frac{1}{4}\langle 111\rangle$ 不全位错，其间有三个反相畴界带. 如图 11.23 所示. 两侧两个带的位移是 $\frac{1}{4}\langle 111\rangle$，所以是高能量反相畴界.

中间带的位移是 $\frac{1}{2}\langle 111\rangle$，所以是低能量反相畴界.

最后简短讨论一下热反相畴界. 热反相畴界一般不是什么位错的滑移面，它甚至无须是一个平面. 只有当反相畴界能量的各向异性大时，它才趋向于形成一个平行于能量极小面的平面. 上文中已经提到反相畴界的拓扑性质，即它们可形成一闭合曲面，或是边缘终止于晶体表面上(或晶粒间界上)，或是终止于一条位错线上. 它也可能终止于一个孪晶的尖端. 并且还根据 $\boldsymbol{R}\cdot\boldsymbol{n}$ 之是否为零区分此反相畴界为保守型的还是非保守型的；非保守型反相畴界改变晶体的化学组成. 反过来说，某一种组元的缺乏或超量显然可以通过引入适当的非保守型反相畴界而加以适应. 不过，如果一种组元的局部过量浓度太高，则此非保守型反相畴界的能量就会较高，这是由于需要生成大量同类原子对所致. 这种高能量状态可以借助于所谓反相畴界的分解来加以避免，此时组元的缺乏或超量将分布于一个大的体积中. 下面用一个具体的例子来说明这个观念.

设想一种二元合金具有 Cu_3Ti 结构，它含有过量的 B 原子. 由图 11.10 中可以看出，一个位于 (100) 平面中的反相畴界能够容纳过量的 B 原子. 无序结构中的全位错的最小 Burgers 矢量示于图 11.24 至图 11.26 中，记作 $\boldsymbol{b}_1$，$\boldsymbol{b}_2$，$\boldsymbol{b}_3$. 若在这种位错周围合

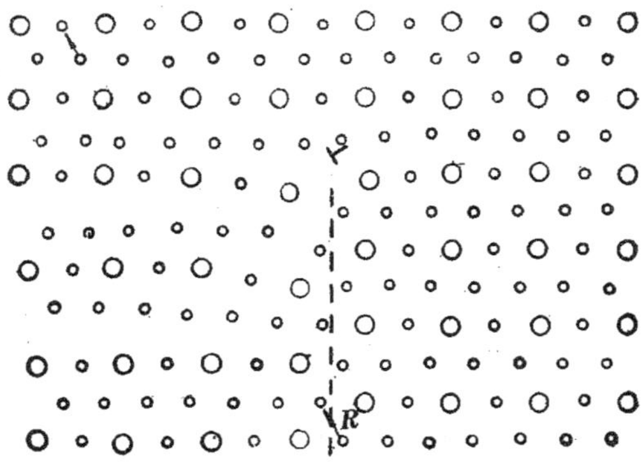

图 11.24

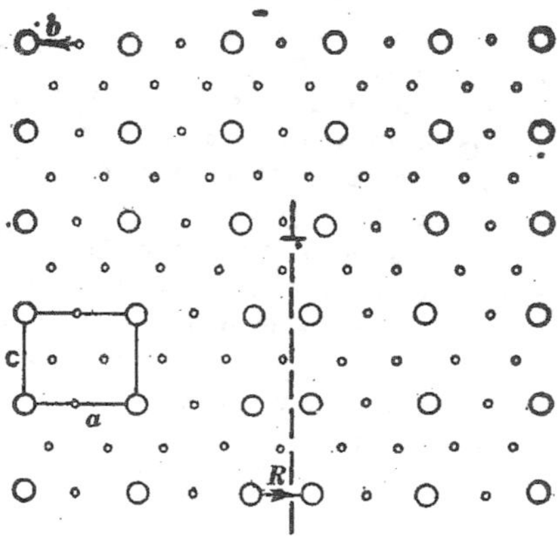

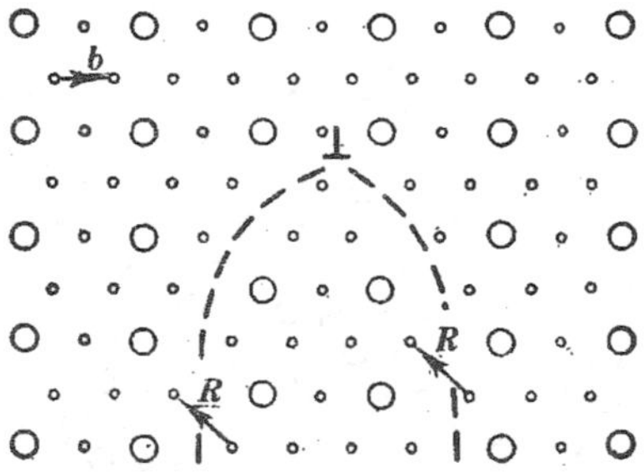

图 11.25

金有序化，那么就可以预期会产生三种反相畴界，分别示于图 11.24，图 11.25，图 11.26 中；在畴界上出现 B-B 原子对，可能最多数的 B 原子纳入畴界．图 11.24 所示的畴界为第 1 类畴界，其上 B-B 对密度最小，因而能量最低．其它两类畴界，示于图 11.25(a) 和图 11.26(a) 中，能量较高，将通过分解为几个第 1 类畴界以降低其能量．后者称为"部分"畴界（"partial"），从 partial dislocation 命名，它们系于同一个位错．不难看出，此位错的 Burgers 矢量应等于诸部分畴界位移矢量之和，准确到一个点阵平移矢量．具体地讲，对于图 11.25 所示的第 2 类畴界有

(a)

(b)

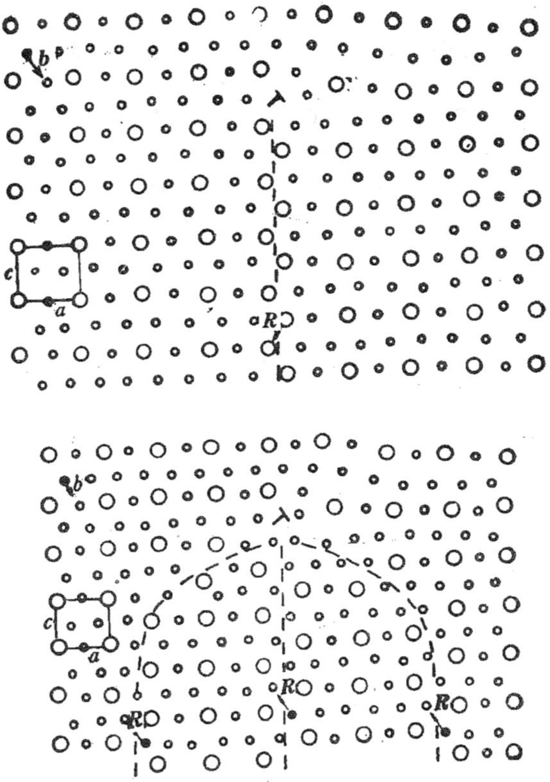

图 11.26

$$\boldsymbol{b}_2 = \frac{1}{2}[100], \qquad \boldsymbol{R} = \frac{1}{4}[\bar{1}02], \tag{11.13}$$

$$\boldsymbol{b}_2 = 2\boldsymbol{R} + [10\bar{1}], \tag{11.14}$$

即

$$\frac{1}{2}[100] = 2 \times \frac{1}{4}[\bar{1}02] + [10\bar{1}]. \tag{11.15}$$

对于图 11.26 所示的第 3 类畴界，有

$$\boldsymbol{b}_3 = \frac{1}{4}[102], \qquad \boldsymbol{R} = \frac{1}{4}[\bar{1}02],$$

$$\boldsymbol{b}_3 = 3\boldsymbol{R} + [10\bar{1}], \tag{11.16}$$

即

$$\frac{1}{4}[102] = 3 \times \frac{1}{4}[\bar{1}02] + [10\bar{1}]. \tag{11.17}$$

对有序 Ni_3Mo 曾研究过其中反相畴界的分解，此合金具有 B_2 超结构. 少量过量的 Mo 会引致反相畴界之出现. 曾观察到单的，和二重、三重反相畴界，与上述模型相符合。

§11.3 层结构

许多晶体可以看作是由诸原子层所构成，因此称为层结构. 有些层结构晶体所含原子层是标准的密排层，另一些晶体的原子层是稍有畸变的密排层. 还有一些晶体的原子层是密排层中有规则地去掉某些原子而构成的. 由于这些对密排结构的偏离，所以平行于密排层面的结构重复距离必然要增大. 并且由于这类晶体的滑移主要是沿上述原子层平面上进行，因此全位错的 Burgers 矢量也会增大，大于此面上的原子近邻间距，这些全位错于是倾向于分解为不全位错.

层结构晶体的研究一方具有实际和理论的意义，另一方面是特别易于运用电子显微术进行. 这是因为容易用生长法或解理法得到薄晶体，晶体平面就是所说的原子层平面，这样，用电子显微镜观察时，所有图案都正好位于观察平面内，所以进行解释特别方便. 历年来对这类晶体曾经做了大量细致的工作，我们在这里略举数例，作一定的说明. 读者可以从 Amelinckx 的综述论文里找到比较完整的研究工作总结.

由完整密排原子层组成的层结构晶体有碘化镉、氯化镉、硫化钼、氯化铬、溴化铬以及硫化镓、碲化镓、硒化镓、硒化铟等. 由非完整密排原子层组成的层结构晶体有石墨、滑石等. 另外，由非密排原子层组成的层结构晶体有硫化锡、硫化锡铅(硫锡铅矿)及钛酸铋等. 兹举例讨论如下.

(1) *石墨* 石墨是典型的层结构晶体. 它的每一个原子层都是六角形网络，诸层在 c 方向上叠置. c 轴方向的层间距约为基

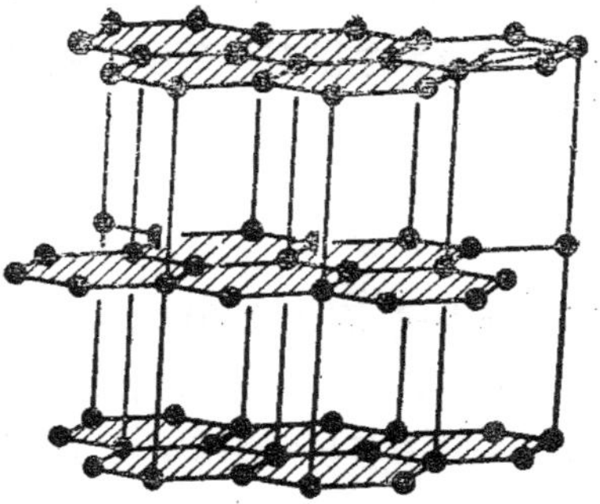

图 11.27

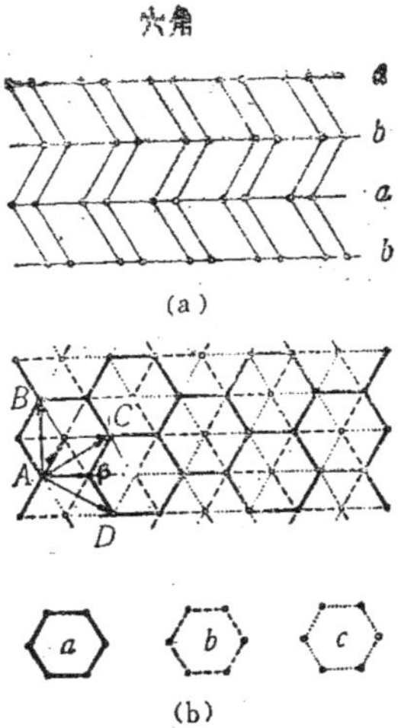

图 11.28

面上原子间距的 2.4 倍. 图 11.27 示出其空间结构，图 11.28 示出在两个面上的投影.注意基面是不满的密排层，即是有规则地从密排层抽去每个六角形中心的原子，于是形成六角网络.但是诸原子层的堆垛方式还是如同六角密积结构一样，即是依序列 $\cdots abab\cdots$ 堆垛.依立方密积结构序列 $\cdots abcabc\cdots$ 的方式堆垛也是可能的，这样就构成菱形系的石墨.后一种堆垛方式的投影图示于图 11.29 中. X射线衍射实验证据指出，在经过形变的石墨中有菱形堆垛的部分存在，说明 *abab* 堆垛次序与 *abcabc* 堆垛次序的能量差并不是很大.

在每个基面中，原子之间是共价键结合的；而诸层之间是借助范德瓦耳斯相互作用维系，因而是较弱的. 这样，基面自然就是主要的滑移面，并且是解理面.

六角石墨中的堆垛层错与六角密积结构中的层错一样，即是

(i) 第一类 intrinsic 层错 I_1

$$\cdots ababacac\cdots; \qquad (11.18)$$
$$\uparrow$$

(ii) 第二类 intrinsic 层错 I_2

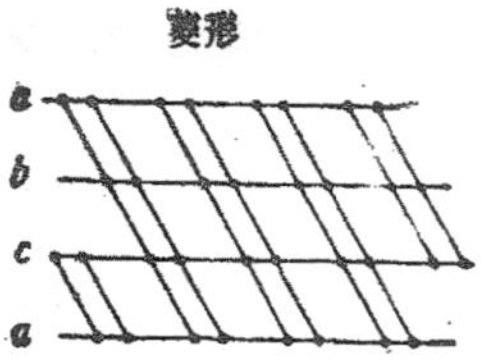

图 11.29

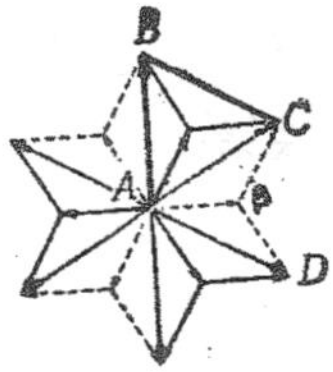

图 11.30

$$\cdots ababcacac \cdots; \qquad (11.19)$$
$$\uparrow$$

(iii) Extrinsic 层错 E

$$\cdots abababcabab \cdots. \qquad (11.20)$$
$$\uparrow$$

关于这三类层错及设想的形成过程曾在 § 10.1 中有过较详细的描述，读者可以回顾.

石墨的滑移面是基面，全位错的 Burgers 矢量在此面内，实验发现位错线亦在此面内. 在图 11.30 中绘出三个矢量 $\boldsymbol{AB}$,$\boldsymbol{AC}$,$\boldsymbol{AD}$，它们是连结晶体学等价原子的最短矢量，因而是可能的全位错矢量.

显然，Burgers 矢量 AB 可以分解如下：

$$AB \to A\beta + \beta B \qquad (11.21)$$

或

$$AB \to A\sigma + \sigma B\,. \qquad (11.22)$$

前一个分解方式会产生形如 $\cdots ababaacac \cdots$ 的能量较高的堆垛层错；而后一分解方式所产生的层错是 I_2 型，即 $\cdots ababcacac \cdots$. I_2 型层错的层错能较前一个层错的能量为低，并且在形变中的确观察到过 I_2 型层错，所以分解过程 $\boldsymbol{AB} \to \boldsymbol{A\sigma} + \boldsymbol{\sigma B}$ 是实际上会发生的. 图 11.31 示出石墨中一个位错带的模型，总 Burgers 矢量与位错(带)方向成 60° 角；两个不全位错及其间的一片菱形晶系结构层均显然可见. 由图 11.31(b) 还可以看出，所有 $C—C$ 键都没有破坏. 也请读者注意图中左右两个不全位错的 Burgers 矢量方向.

在上文中讨论密积六角结构时曾指出在序列 $ababab$ 中插入一个 c 层时，当视此 c 层的具体位置之不同而造成两种晶体学上不同的层错：

$$\cdots ababacbcbc\cdots, \quad (11.23)$$

$$\cdots ababcacac\cdots. \quad (11.24)$$

与它们相应的位错分解方式分别是

$$\boldsymbol{AB} \to \boldsymbol{A\sigma} + \boldsymbol{\sigma B}, \quad (11.25)$$

$$\boldsymbol{AB} \to \boldsymbol{\sigma A} + \boldsymbol{B\sigma}. \quad (11.26)$$

总之，若在 a, b 之间通过一个不全位错 $\boldsymbol{A\sigma}$ 或 $\boldsymbol{B\sigma}$ 或 ,$\boldsymbol{C\sigma}$ 则造成它上方各层依 $a \to b \to c \to a$ 变化，而位错 $\boldsymbol{\sigma A}$ 等通过此平面，则后果为 $a \to c \to b \to a$. 若不全位错在 b, a 之间通过，则后果与以上所述正好相反.

在石墨中也出现位于基面上，但 Burgers 矢量不在基面内的位错，例如位错 [0001] 或 $\boldsymbol{ST}$. 这类位错环同样可能由空位或间隙原子凝聚而形成，不过是双层的凝聚，故此倾向于分解为两个

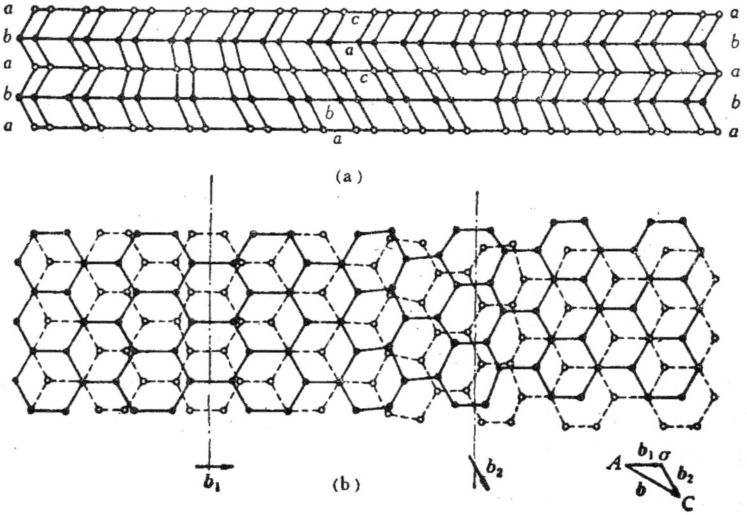

图 11.31

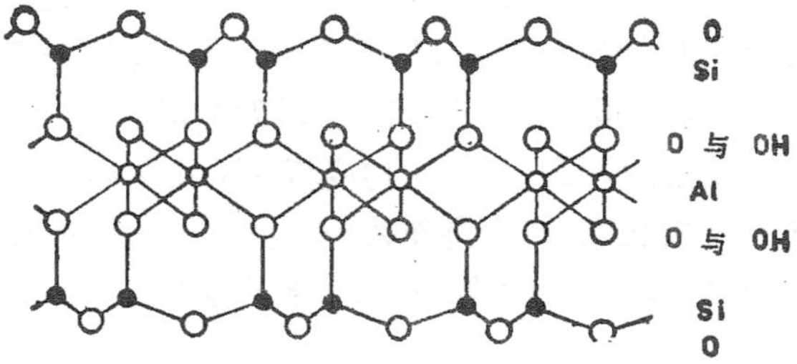

图 11.32

“同心”的不全棱柱位错环，后面每一个都是单层环，二环之间为堆垛层错环带. Burgers 矢量为 ***AT*** 或 ***AS*** 的单层环也可能生成，不过会形成高能层错，所以会进行一个环内切移，变成 σT 或 σS 类型的环，环内层错也变成能量较低的类型. 以上所述与密积六角结构的情况有相似之处.

(2) *滑石* 滑石具有一种复杂的硅酸盐层结构. 它的结构单元是一个多层“板块”，每个板块由七个单层构成如下：O—Si—(O—OH)—Mg—(O—OH)—Si—O. 图 11.32 绘出一个板块的截面. (O—OH) 层是密排层，Mg 处于两个密排层间的八面体间隙位置上. Si 原子有四个 O 原子作为近邻，这些 O 原子位于以 S

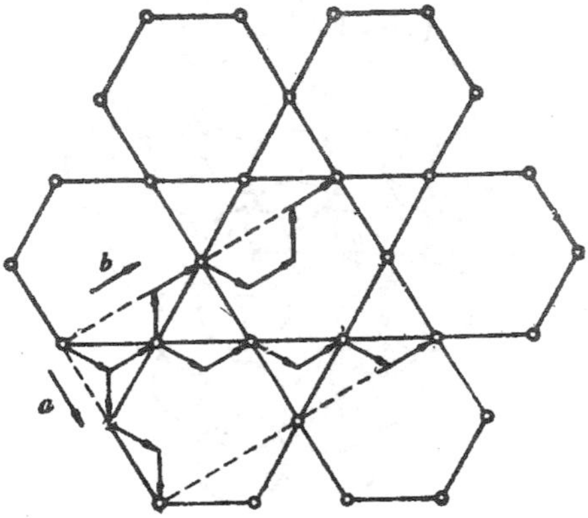

图 11.33

原子为中心的四面体的顶角上．板块的上、下两个边界层是O原子层，这个层的原子排列如图 11.33 所示，它也是一个不满的密排原子层(注意，图 11.32 中 Al 换成 Mg 时即为滑石)．

可以合理假定滑石在滑移中构成板块的诸单层不发生相对滑动，即是板块不发生切变，而是作为一个整体彼此相对滑动．实际上，这就是如图 11.33 所示的一个 O 原子层在另一个同样的层上进行滑动．

采用硬球模型，两个上下相邻板块的相邻O原子层的堆叠方式可能如图 11.34 所示，即是上一层的诸球纳入下一层的诸空谷中．图中亦示出这样的两个层相对滑移的三种可能路径，沿每一路径都是通过四个步骤完成一步完整的滑移，用小箭号示于图中．若仅考虑近邻关系，则此小步每一步所造成的组态是等价的，所以相应的层错能必定很小．这四步相应于四个不全位错，有两个不同的 Burgers 矢量．滑石中的这种四重位错带曾在电子显微镜下观察到．

也请注意图 11.33 中 b 方向上的滑移，它可分解为八个小步，亦即可包含八个不全位错．

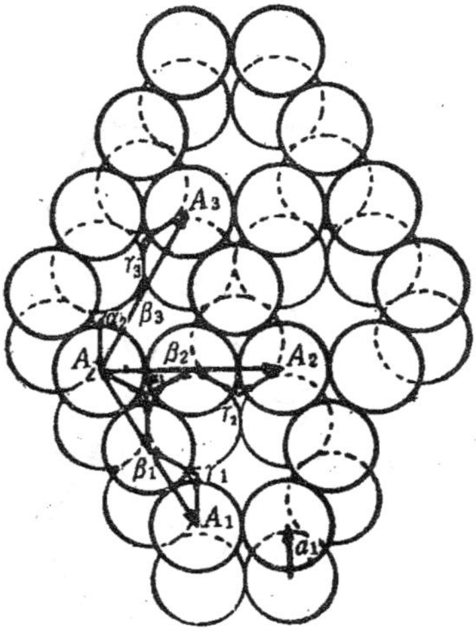

图 11.34

§ 11.4 离子晶体

离子晶体中的位错带有净的有效电荷，这是它们最显著地不同于金属及半导体中的位错的特性。许多有意思的效应均与位错的这种特性直接有关，例如

（1）离子晶体在压缩形变后，其离子电导率提高；

（2）在范性形变中会产生瞬时电流；

（3）在光敏卤化银的显影过程中位错作为光解银的成核中心；

（4）对一个已被弯曲的离子晶体施加电场会促使它进一步的形变；

（5）在一定切应力作用下离子晶体中位错运动的速度会被外加电场影响；

（6）这种脆性晶体的表面状态对它力学性质的影响也被认为与位错上的电荷有关，等等。

在本节中我们描述一种典型结构离子晶体中的位错的几何，计算它们所带的有效电荷。这就是 NaCl 结构中的位错。

氯化钠结构是人们所熟悉的：空间点阵是面心立方，基元由一个 Na 原子和一个 Cl 原子组成，坐标分别为 000 和 $\frac{1}{2}\frac{1}{2}\frac{1}{2}$。每个离子由六个最近邻异类离子围绕。有时也把 NaCl 结构表述为由两个穿插的面心立方亚点阵构成，相对位移 $\left[\frac{1}{2}\frac{1}{2}\frac{1}{2}\right]$，两个亚点阵分别为 Na 离子和 Cl 离子占据。惯用立方晶胞示于图 11.35 中。在若干情况下取此图中惯用晶胞八分之一的小立方体作为单元，示于图 11.36 中。

NaCl 结构中的全位错的 Burgers 矢量是 $\frac{1}{2}[110]$，它是连结两个同类离子的最短矢量。此结构的滑移系是 $[110](1\bar{1}0)$。$\{110\}$ 类型的面是电中性的面；$\{100\}$ 类型的面是解理面，有时它也作为滑移面。每一 (111) 面均含有同号电荷的离子，因此相继

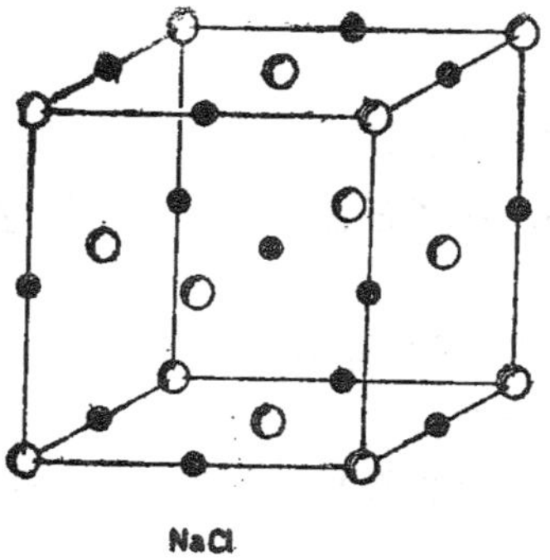

图 11.35

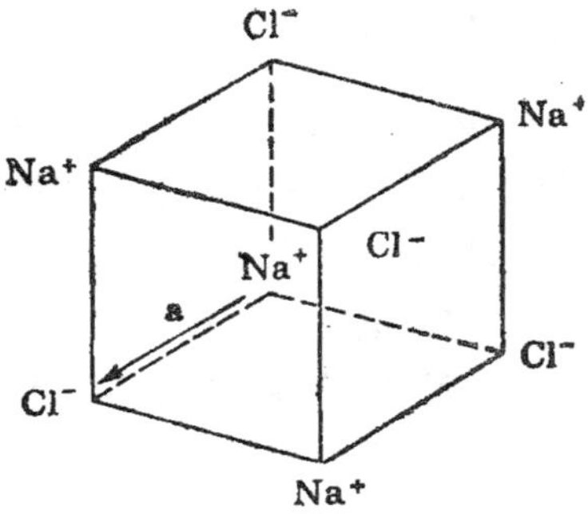

图 11.36

(111) 面之间的库仑相互作用是强的. 这些面是原子密排面，其间间距也大，但不作为滑移面.

NaCl 结构中的位错构型并不复杂. 图 11.37 绘出一个 [110] $(1\bar{1}0)$ 纯刃型位错，纸面（投影面）是 (001) 面. 由图显然可见，上方插入或下方抽去的是一对 (110) 型原子面. 图 11.38 示出一个 $b=\frac{1}{2}[110]$ 的螺型位错，注意此位错是由两相互穿插的螺旋面构成.

NaCl 结构中诸 {0 0 1} 面上原子排布的方式相似. 具体地讲，若从一层出发，揭去一层（或添上一层）得到的离子位形完全相

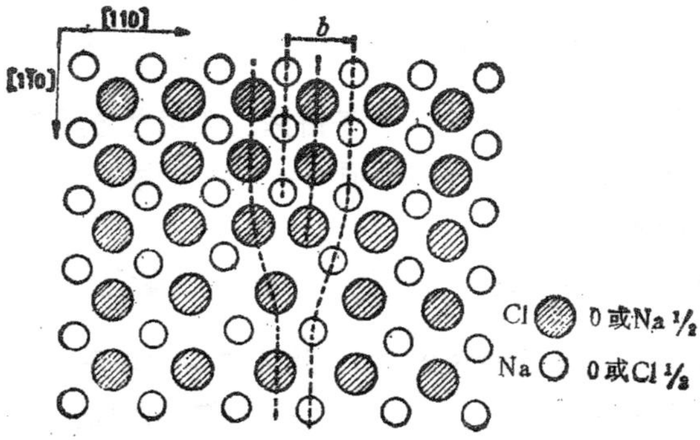

图 11.37

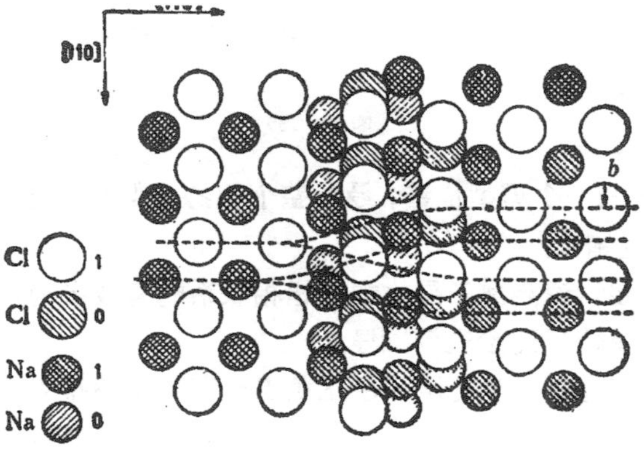

图 11.38

同,只是每一个离子换成与它异类的离子,所以第一层与第三层全同,第二层与第四层全同,如此等等.考虑到这一点,图 11.37 中所示刃型位错的结构就更容易明了.

有人预料在 NaCl 结构中会发生如下的分解反应:

$$\frac{1}{2}[110] \longrightarrow \frac{1}{4}[110] + \frac{1}{4}[110]. \tag{11.27}$$

不过其间层错带的宽度很小,仅约 4—5b 左右.如果上述分解发生,则有可能通过下列反应:

$$\frac{1}{2}[110] \longrightarrow \frac{1}{4}[110] + \frac{1}{4}[110], \tag{11.28}$$

$$\frac{1}{2}[\bar{1}01] \longrightarrow \frac{1}{4}[\bar{1}01] + \frac{1}{4}[\bar{1}01], \tag{11.29}$$

以及

$$\frac{1}{4}[110] + \frac{1}{4}[\bar{1}01] \longrightarrow \frac{1}{2}[011] \tag{11.30}$$

生成 $\frac{1}{2}[011]$. 最后这个位错是位于 $(1\bar{1}0)$ 与 (110) 面的交线

图 11.39

[1 1 $\bar{1}$] 上的一个刃型位错，最后整个组态类似于前述的 Lomer Cottrell 位错锁.

下面要讨论与离子晶体中位错相联系的有效电荷，为此要逐步地从简单情况开始进行推导.

首先考虑一条半无限的由正负点电荷 e 交替排列组成的一维直链，如图 11.39 所示. 它的一个端点记作 C，另一端在左方无限远处. 试考查图中 P 点处的电场，这个 P 点在端点的右下方，距离 C 点几个原子间距. 令 P 点处的电场等于放置在端点处的一个点电荷 $+q_1$ 所产生的场，也就是说，令端点的有效电荷等于 $+q_1$。现在让原子链平行于其自身向左平移一个原子间距，然后在原来 C 点处放置一个异号点电荷 $-e$. 根据位形的对称性，P 点上的电场应与原始状态时的电场大小相等、方向相反；这就是说，现在端点的有效电荷变成了 $-q_1$. 由于实际上是对离子链增加了一个电荷 $-e$，并且此链是半无限的，因此

$$(+q_1)+(-e)=(-q_1), \tag{11.31}$$

即

$$q_1=+\frac{1}{2}e. \tag{11.32}$$

具体地讲，这个端点为正电荷的链，在距离其端点不远处产生的场犹如在端点上放置有效电荷 $+\frac{1}{2}e$ 所产生的场. 若端点为负电荷，则链的有效电荷为 $-\frac{1}{2}e$.

现在考虑正负荷电离子构成的二维正方点阵. 第一种示于图 11.40(a) 中. 这是一个半无限平面，它的边缘 B 是一列同号(正)离子. 由上节的结果可知，此半平面相当于一单列电荷 $+\frac{1}{2}e$ 的

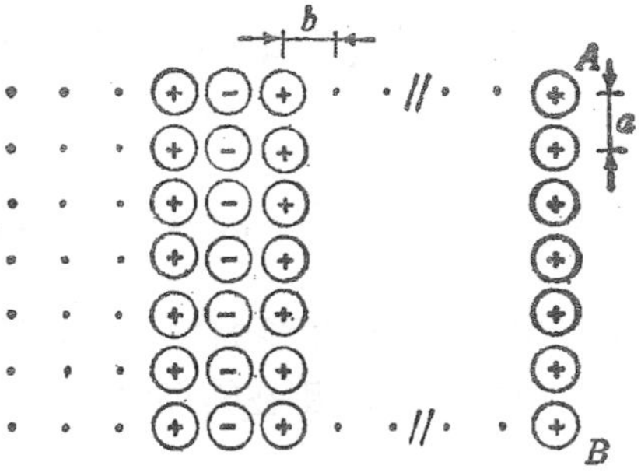

(a)

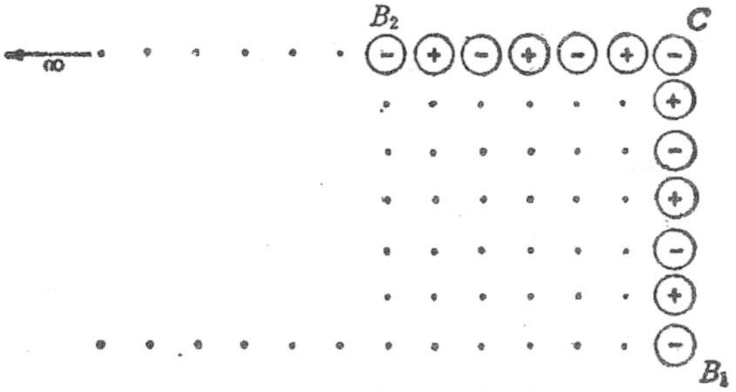

(b)

图 11.40

点电荷;或者说相当于一条电荷线,其电荷线密度为

$$\lambda = +e/2a。 \tag{11.33}$$

图 11.40(b) 中绘出另一种二维点阵，它相继的行中离子的排法是交错的. 这个离子层在 $-x$ 和 $-y$ 方向是无限的，因此有两个边缘 B_1, B_2 和一个顶角 C。 设原在 C 点处是一个负离子,并命在 P 点感受到的有效电荷为 $-q_2$. 仿照上节的做法,在 B_2 以上再加一行离子,并令此层整体向 $-y$ 方向作一个大小为 a 的平移. 这样，位于 C 点处是一个正离子，因此 P 点上感受到的有效电荷应该变为 $+q_2$. 但由上节可知，端点为正离子的半无限正负离子链的有效电荷为 $+\frac{1}{2}e$，故有

$$(-q_2)+\left(+\frac{1}{2}e\right)=(+q_2), \tag{11.34}$$

即

$$q_2=+\frac{1}{4}e, \quad -q_2=-\frac{1}{4}e, \tag{11.35}$$

也即是说，有两个边缘和一个顶角的如图 11.40(b) 中那样排布的离子层，若其顶角上是负离子，则在其顶角附近表现的有效电荷为 $-\frac{1}{4}e$. 若其顶角上是正离子，则有效电荷为 $+\frac{1}{4}e$.

采用类似的论证法，可见三维离子点阵所构成的立方体，当有一个顶角时，其有效电荷为 $\pm\frac{1}{8}e$.

也可以像下面这样来理解以上结果：因为一条线段、一个正方形面和一个立方体分别有两个、四个和八个顶点，它们应该分享此线段、方形面或立方体所含有的超量电荷 $\pm e$. 用一个正方形面作例子，此种超量电荷示意绘于图 11.41 中.

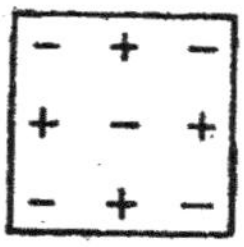

图 11.41

现在就可以讨论与离子晶体中位错相联系的电荷；先考查刃型位错.

图 11.42(a) 绘出一个刃型位错的露头点. 图面是一个 (0 0 1) 面，位错露头处用一个荫影的三角形标志. 设想此位错是包含在以诸 {1 0 0} 面围成的立方体内，这立方体有四个顶角在图 11.42 (a) 面上，记作 A, B, C, D; 根据上节的论述，这四个顶角的有效电荷是

$$q_A=+\frac{1}{8}e, \quad q_B=-\frac{1}{8}e,$$

$$q_C=-\frac{1}{8}e, \quad q_D=-\frac{1}{8}e. \tag{11.36}$$

若从图 11.42(a) 揭去一层 (0 0 1) 原子面，就会变成如图 11.42 (b) 所示的组态. 根据以上所述，图 11.42(b) 与图 11.42(a) 离子排布的形式相同，只是每个离子都改变其电荷符号. 现在四个顶

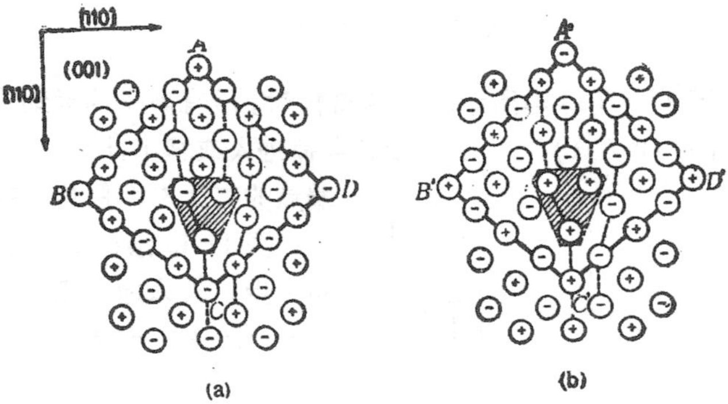

图 11.42

角的有效电荷是

$$q_{A'}=-\frac{1}{8}e,\quad q_{B'}=+\frac{1}{8}e,$$

$$q_{C'}=+\frac{1}{8}e,\quad q_{D'}=+\frac{1}{8}e. \tag{11.37}$$

由图 11.42(a) 揭去一层 (001) 后，净的电荷变化为 $-e$，这由计数四边形 $ABCD$ 中的电荷数目可直接看出。令图 11.42(a) 中荫影三角形区（即位错露头点）的有效电荷为 $+q_E$，那么图 11.42(b) 中相应的有效电荷应是 $-q_E$. 于是电荷的变化就应该是

$$[\Sigma\ \text{原始存在的有效电荷}]-[\Sigma\ \text{移去的电荷}]\rightarrow [\Sigma\ \text{最终存在的有效电荷}], \tag{11.38}$$

即

$$\left[q_E+\frac{1}{8}e-\frac{1}{8}e-\frac{1}{8}e-\frac{1}{8}e\right]-(-e) =\left[-q_E-\frac{1}{8}e+\frac{1}{8}e+\frac{1}{8}e+\frac{1}{8}e\right], \tag{11.39}$$

所以

$$q_E=-\frac{1}{4}e. \tag{11.40}$$

而图 11.42(b) 绘出的露头点的有效电荷为

$$q_B = -q_E = +\frac{1}{4}e. \tag{11.41}$$

当图 11.42(a) 中所示的位错滑移时，所有离子的运动均平行于图面[即 (0 0 1) 面]，所以没有电荷进入或移出此面，因此位错端点的有效电荷保持不变.

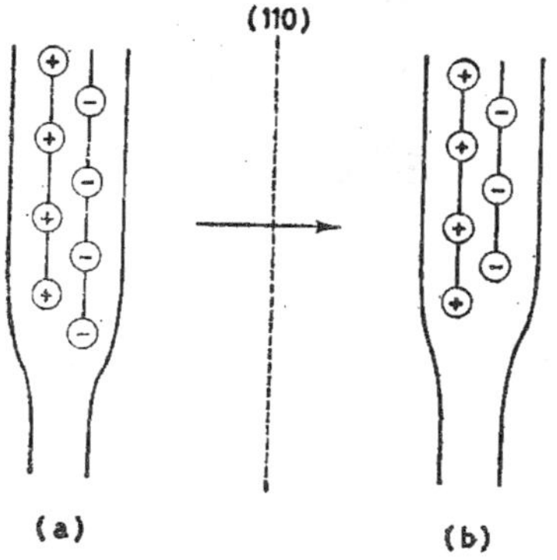

图 11.43

图 11.43 绘出此位错攀移的一步，具体地讲相当于抽去一行负离子，于是从左边的组态 (a) 变为右边的组态 (b). 若令组态 (a) 中的各个离子均改变其电荷符号，再整个对 (110) 面作镜像反映，就从组态 (a) 变成组态 (b)，可见这两个组态的有效电荷大小相等，符号相反. 这就是说，这个刃型位错在攀移过程中每进行一步，其有效电荷的符号改变一次.

刃型位错上的扭折不带净的有效电荷，这一点很容易看出. 试考查图 11.44，图面是一个刃型位错的滑移面，图中绘出一条带有扭折 K 的刃型位错. 可以想象原来是直线的位错，其 AK 这一段向前滑移了一个单位距离 a，形成图上所示的组态，产生扭折 K. 在此过程中位错线段 AK 作滑移，因而没有净电荷迁移；另外，位错露头点的有效电荷也没有改变. 因此，由电荷平衡的要求可见扭折是中性的，即不带任何有效电荷.

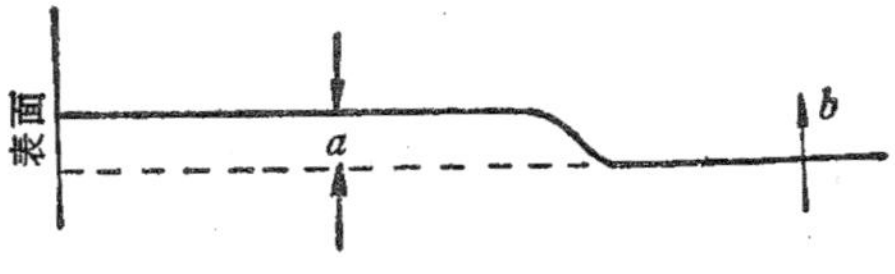

图 11.44

现在考虑刃型位错上的割阶. 在前文中已经说过，位错割阶与扭折甚为相似，只是扭折是在滑移面内，而单位割阶是垂直于滑

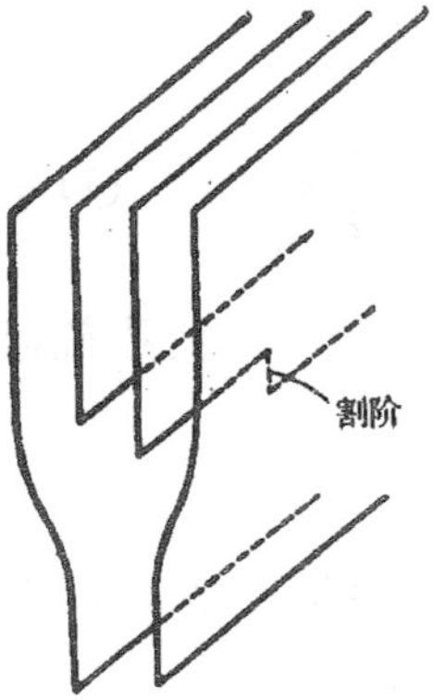

图 11.45

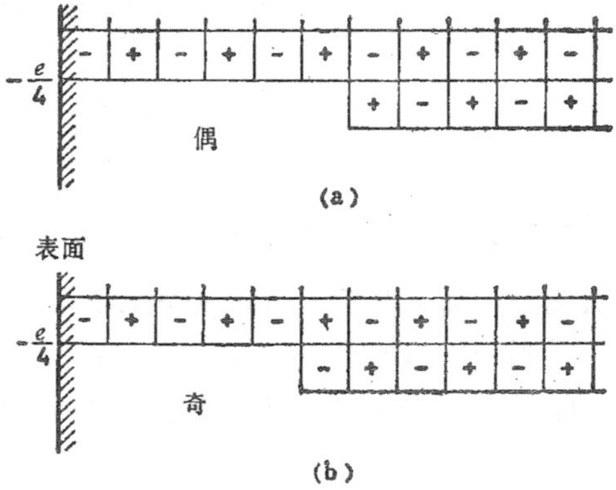

图 11.46

移面．NaCl 结构离子晶体中的一个位错割阶示于图 11.45 中，可以看作是一个完整位错的一段 AJ 向上攀移了一个单位距离 a．为了求得割阶 J 的有效电荷 q_J，考查图 11.46(a) 和 (b)．图中所示是带有割阶的不完整原子面，图 11.46(a) 绘出的割阶与表面距离偶数个原子间距，图 11.46(b) 绘出的割阶与表面距离奇数个原子间距．在表面处是一个负离子，根据上文所述，该处的有效电荷为 $-\frac{1}{4}e$．现在想象将正、负离子填到图示的不完整平面的下端，由 J 至 A，把它补齐．这样，对于图 11.46(a) 的情况(偶数间距)所置入的净电荷为 0，割阶的有效电荷记作 q_{JE}，最后形成完整的刃型位错，其有效电荷为 $+\frac{1}{4}e$．于是有

$$\left(-\frac{1}{4}e\right)+q_{JE}=+\frac{1}{4}e, \tag{11.42}$$

$$q_{JE}=+\frac{1}{2}e. \tag{11.43}$$

对于图 11.46(b)，割阶 J 距表面为奇数个单位间距，将此割阶有效电荷记作 q_{JO}．由图可见，若在 J 前放置一个正离子 $+e$，则此割阶变成图 11.46(a) 中所示的情形，也即是成为一个偶数间距的割阶．

因此其有效电荷满足

$$q_{J_O}+(+e)=q_{JE}, \tag{11.44}$$

即

$$q_{J_O}=(-e)+\left(+\frac{1}{2}e\right)=-\frac{1}{2}e. \tag{11.45}$$

由此可见，刃型位错上割阶的有效电荷为 $\pm\frac{1}{2}e$，正、负号依割阶与表面的距离为偶数个或奇数个单位距离而定.

带割阶位错的滑移将伴随着电荷的迁移.

割阶的有效电荷是半整数电子电荷，所以它不能被点缺陷的吸收或放出所中和.

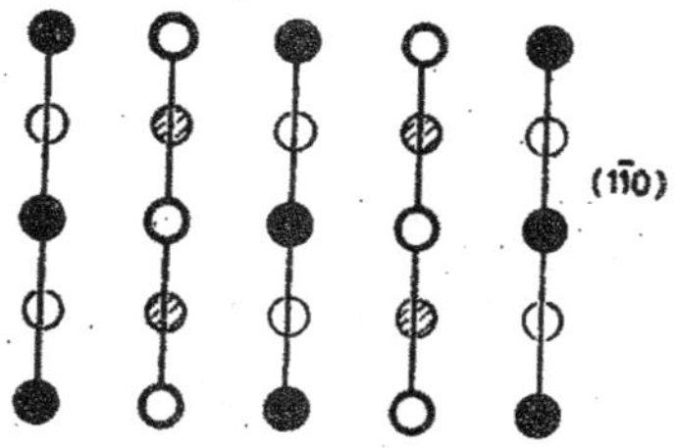

图 11.47

以下讨论螺型位错. 为此首先考查此结构中诸离子在 (1 $\bar{1}$ 0) 面上的投影，如图 11.47 所示. 由图可见，此结构可以看作是由诸离子列所组成，每一个离子列含有的离子是同号的. 沿 [1 1 0] 方向观察，这些离子列的排布方式如图 11.48.

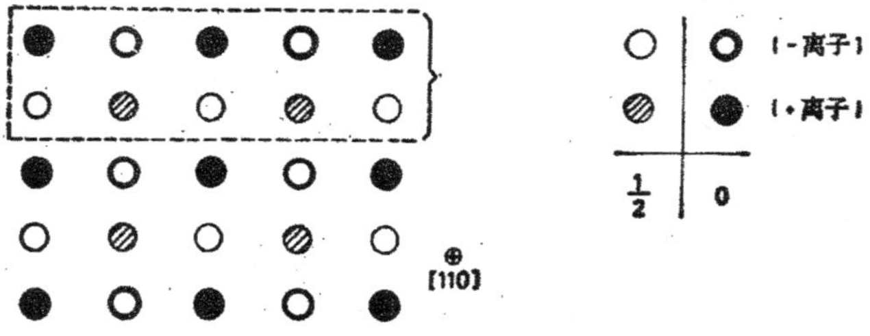

图 11.48

图 11.49 示出一个纯螺型位错，原子投影面是 (1 $\bar{1}$ 0) 面. 由图可见，螺型位错滑移时，上述这些同号离子组成的离子列沿自己的轴线平移，因此螺型位错的运动伴随着电荷沿位错轴线来回迁

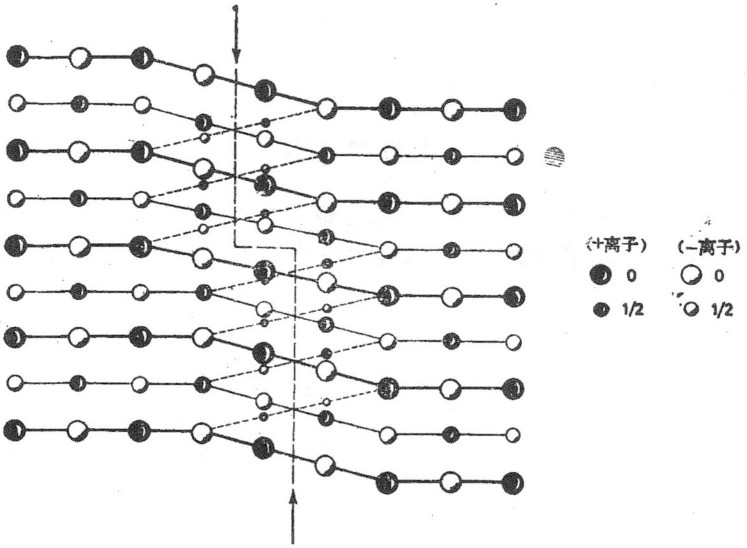

图 11.49

移.

为了估计螺型位错上扭折与割阶的有效电荷，想象如下的过程. 参看图 11.50，PQ 是一条纯螺型位错，它露头在上、下两个 (110) 面上，$\boldsymbol{b}$ [110]. 设想下面一段位错线 RQ 不动，而上端点 P 沿路径 $P \to T \to W \to Z \to P$ 运动一周. 显然，$P \to T$ 是在滑移面 $(1\bar{1}0)$ 上运动，而 $T \to W$ 是在交滑移面 (001) 上运动. 最后造成的组态是：在位错线上产生了一对扭折 K 和一对割阶 J，而在上表面上产生了一个原子厚度的、以 $PTWZ$ 为边沿的一片浮凸. 如果所有扭折和割阶压缩为一单个空洞，则此空洞体积应等于表面浮凸层的体积. 现在假定 P 在表面所走的迴路 $PTWZ$ 只环绕一个正离子(即位错线段的运动环绕一个正离子列)，那么在完成这个环行之后，就会使一个正离子上升移出该表面，而在晶体内部留下一对单位扭折和一对单位割阶. 由电荷平衡的论证可见，若以 q_K 和 q_J 分别表示单位扭折和割阶的有效电荷，则

$$2q_K + 2q_J = e, \qquad (11.46)$$

$$q_K + q_J = \frac{e}{2}. \quad (11.47)$$

作为良好的近似，也可认为

$$q_K + q_J = \frac{1}{4}e. \quad (11.48)$$

根据这个结果便可推出螺型位错在表面露头处的有效电荷 q_P 和 q_Q。 设想一个螺型位错位移一个离子间距是由一个单位扭

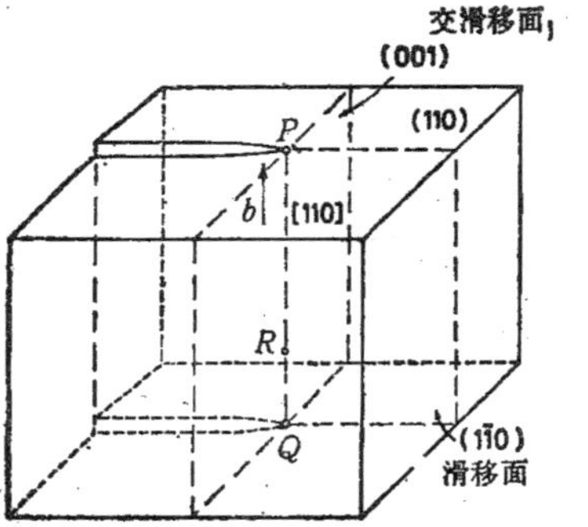

(a)

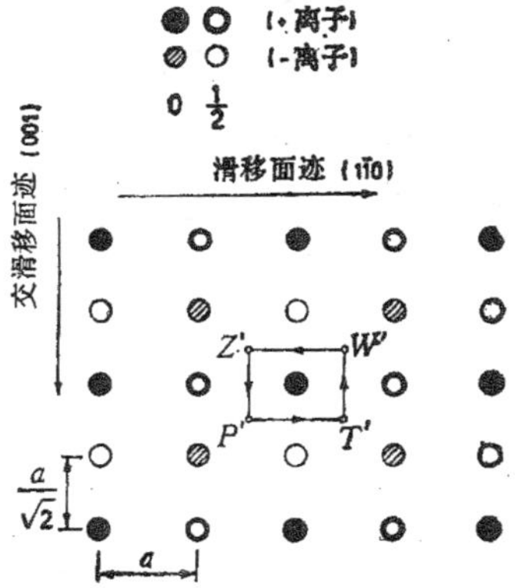

(b)

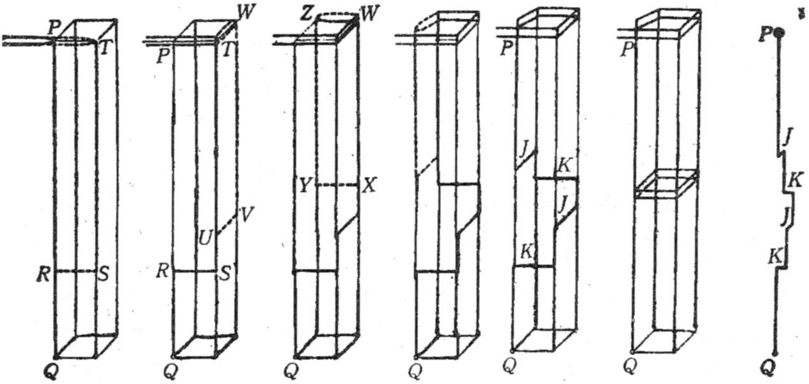

(c) (d) (e) (f) (g) (h) (i)

图 11.50

折由 Q 点移至 P 点而实现的，伴随着这个扭折的运动，有效电荷 $\frac{1}{4}e$ 由 Q 点迁移至 P 点．割阶的这个运动(即位错的单位位移)完成后，位错两端的有效电荷应分别变号．另一方面，P 点和 Q 点的有效电荷是彼此异号的．因此，应有

$$q_P = -q_Q, \tag{11.49}$$

$$q_P + \frac{1}{4}e = -q_P, \tag{11.50}$$

$$q_Q - \frac{1}{4}e = -q_Q, \tag{11.51}$$

故

$$q_P = -\frac{1}{8}e, \quad q_Q = +\frac{1}{8}e, \tag{11.52}$$

这就是所要求的螺型位错端点的有效电荷．

由此可以看到，当螺型位错运动时，其两端的有效电荷交替变号．

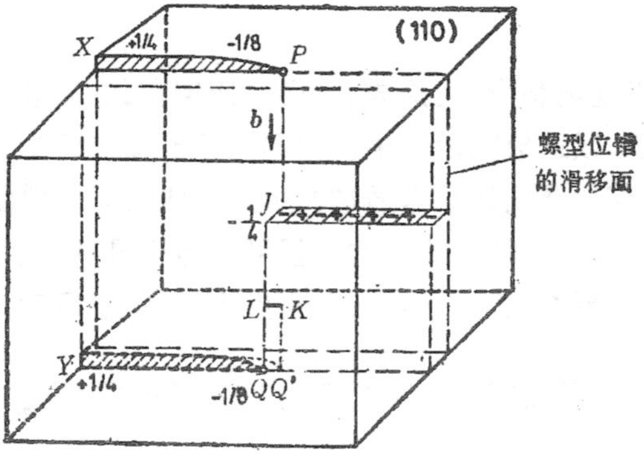

图 11.51

为此，考虑如图 11.51 的几何形式．回顾图 11.50(b) 可见，当螺型位错处在相继的滑移面上时，正离子列与负离子列实际上将互换，所以端点的有效电荷应变号．于是，如图 11.51 中的含割阶螺型位错 PJQ 的两个端点 P 和 Q 应具有同号的有效电荷，令它等于 $-\frac{1}{8}e$．另外，两个表面台阶顶点 X 和 Y 也应具有同号的有效

电荷$+\frac{1}{4}e$. 根据电荷守恒的要求

$$q_P + q_Q + q_J + q_X + q_Y = 0, \tag{11.53}$$

所以割阶 J 的有效电荷为

$$q_J = -\frac{1}{4}e. \tag{11.54}$$

现在令位错 PJQ 整体向右移动一个单位步，此时上下端点 P，Q 以及割阶 J 的有效电荷均应变号. 意味着在割阶上的最后一个离子必然变成正的，即是产生一个负离子间隙(或正离子空位). 这样，在移动前的有效电荷是

$$\left(-\frac{1}{8}e\right) + \left(-\frac{1}{8}e\right) + \left(-\frac{1}{4}e\right) = -\frac{1}{2}e, \tag{11.55}$$

移动以后是

$$\left(+\frac{1}{8}e\right) + \left(\frac{1}{8}e\right) + \left(+\frac{1}{4}e\right) + (-e) = -\frac{1}{2}e, \tag{11.56}$$

意即此时仍是电荷守恒. 这样，就必须假定在此过程中沿位错线发生电荷输运，以造成在运动中位错端点的电荷变号. 实际上，参看图 11.51，若位错的运动是通过扭折的生成与沿位错的运动而完成的，则电荷的守恒与输运的过程可以描绘得更为明晰. 由图见到，若 Q 点移至 Q' 点，产生一个扭折 LK，向上运动，则

$$q_Q = -\frac{1}{8}e, \quad q_Q = +\frac{1}{8}e, \quad q_{JK} = -\frac{1}{4}e, \tag{11.57}$$

$$q_{Q'} + q_{JK} = q_Q, \tag{11.58}$$

以后的运动过程读者不难想象.

根据以上所述，可以断定，一个螺型位错上的扭折具有两个顶角，每个顶点的有效电荷是$+\frac{1}{8}e$或$-\frac{1}{8}e$(二顶点同号)，所以螺型位错扭折的总有效电荷是$+\frac{1}{4}e$或$-\frac{1}{4}e$. 一个刃型位错上的扭折同样具有两个顶点，但其总有效电荷为零，故此二顶点的

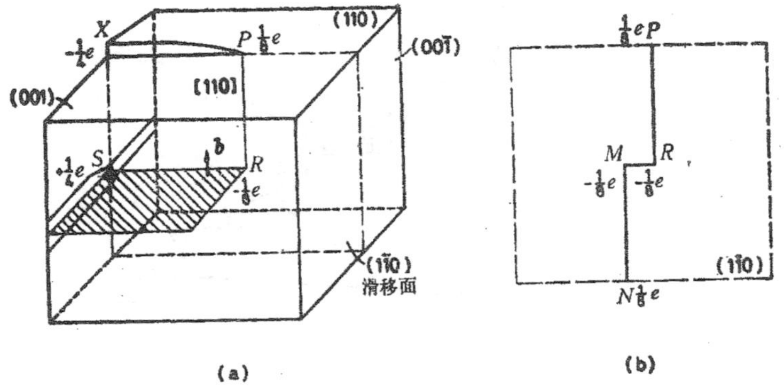

图 11.52

有效电荷异号，分别为 $+\frac{1}{8}e$ 和 $-\frac{1}{8}e$. 利用几何的论辩也容易说明这一点. 为此可以参看图 11.52. 图 11.52(a) 表示晶体部分滑移造成一段刃型位错 (SR) 和一段螺型位错 (RP) 的情况，各个特殊点的有效电荷均标于图上. 若将 RS 的一段向下旋转，最后可以到达图 11.52(b) 所示的组态，变成一个含有扭折 MR 的螺型位错 $NMRP$, 顶点 R 和 M 上的有效电荷显然都是 $+\frac{1}{8}e$. 我们把螺型和刃型位错的情况重绘于图 11.53 中.

这些结果有助于我们分析弯曲位错和混合位错的情况. 一个

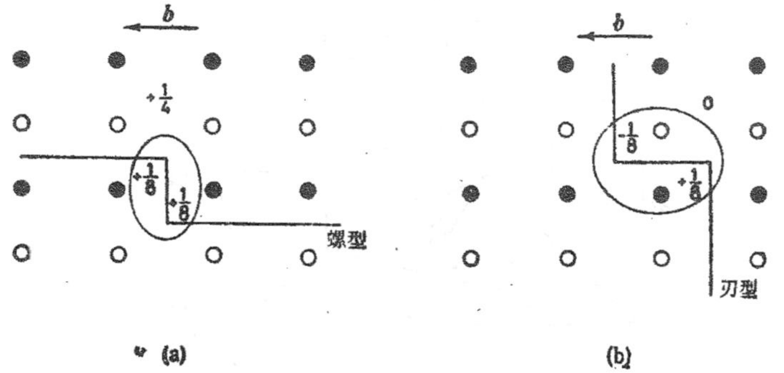

图 11.53

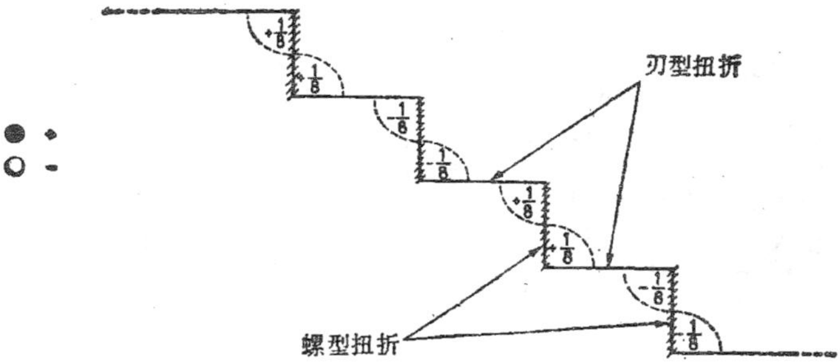

图 11.54

混合位错可以近似分解为一段段的螺型位错和刃型位错，也可以看成是含有许多扭折的一条螺型位错或一条刃型位错． 图 11.54 表示一条接近于 45° 的混合位错的分解．有效电荷的分布清楚地标明在图中．

最后我们简单地说明一下交截割阶和扭折的情况．在本书第一章中曾用图形描述交截割阶和扭折的形成．简单地讲，若(不动的)位错 1 被运动的位错 2 截交，则位错 1 上将产生一段大小方向等于位错 2 之 Burgers 矢量 $\boldsymbol{b}_2$ 的线段，这个线段究竟是割阶还是扭折，要具体分析．

对于 NaCl 结构的情况，我们在图 11.55 中绘出一个作为位错 1 的螺型位错及一个刃型位错，并绘出 12 个可能的 $\boldsymbol{b}_2$，分别用

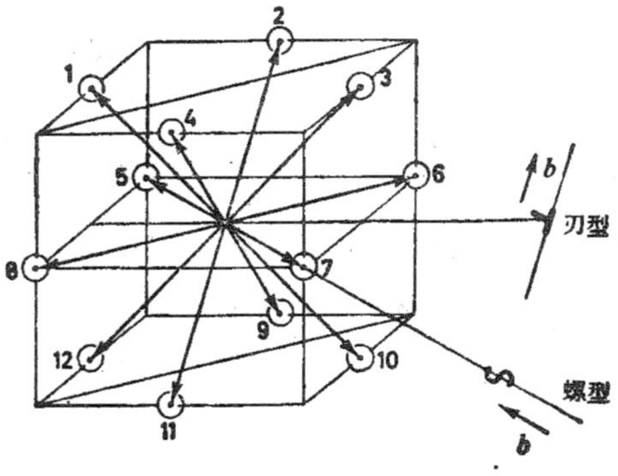

图 11.55

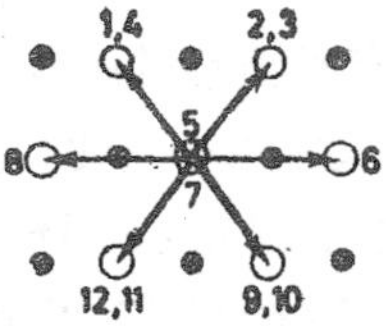

图 11.56

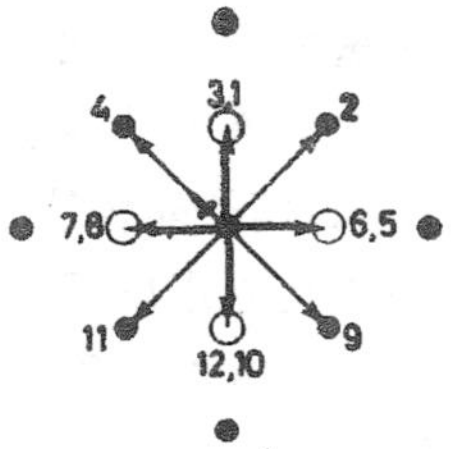

图 11.57

数字 1 至 12 标记．图 11.56 是沿螺型位错线观察的图，或垂直于此位错的投影图，图面为 (110)；图中绘出 12 个可能的割阶（或正确称为交截所可能产生的位错线段），其中 8 和 6 形成中性割阶；5 和 7 的移平行于位错线，所以不形成任何割阶或扭折；另外 8 个(即 1，2，3，4，9，10，11，12) 线段能够分解为一个荷电的割阶加上一个荷电的扭折．图 11.57 示出沿刃型位错线观察的图，图面为 (001)，像上面一样绘出 12 个可能产生的位错线段，其中 8 个线段(即 1，3，5，6，7，8，10，12) 能够分解为荷电的割阶和中性的扭折；2 和 11 产生纯粹的中性扭折；另外，4 和 9 产生纯粹的中性割阶．

§ 11.5 离子晶体中位错的原子计算

在本节中，我们简述关于离子晶体中位错的原子计算[1]．

离子晶体的原子模型和原子间势在一定程度上比金属简单：前者可以看作点电荷的集合，其间存在长程库仑相互作用．并且由于每个离子具有封闭的电子壳层，所以其间的作用力可以看作是无方向依赖的中心力；这样，离子芯间的短程相互作用可由简单的粒子对势给出．进一步，为了考虑离子的极化，曾提出所谓的壳模型 (SM)，但这种模型仍是中心力粒子对型的，它不能用于不遵守 Cauchy 关系的固体．于是又设计了所谓起伏壳模型 (Breathing Shell Model: BSM)，计及离子的壳半径简谐地响应所有周

1) 参看第八章一般性文献 [3，7]．

围离子总有效重叠压力，而离子间的有效距离被壳层的对称起伏形变所影响．这些模型基本上都是含有可调参数的半经验模型．

与金属相比，离子晶体所受到的注意较少．不过，新的方法或改进的技术往往首先用离子晶体作试验．例如 (1) Huntington 等关于位错芯结构的首次原子计算；(2) Bassani 和 Thomson 关于点缺陷与位错相互作用能的首次原子计算；(3) Maradudin 首次将点阵静力学用于位错；(4) Eisenbläter 首次尝试用位错的原子模型计算扭折与割阶的能量；(5) Petrasch 等首次应用非线性弹性力学结果表示一个位错原子模型的边界原子位置；(6) Hoagalnd 等关于 Flex-II 法的首次应用；(7) Woo 和 Puls 首次计算直线位错在应力下的完整 Peierls 势垒．

其所以如此，首先是由于离子晶体中的原子间势比金属中的原子间势较为确定地为人所知．其次是由于所研究的离子晶体的力学性质已知数据也较多．

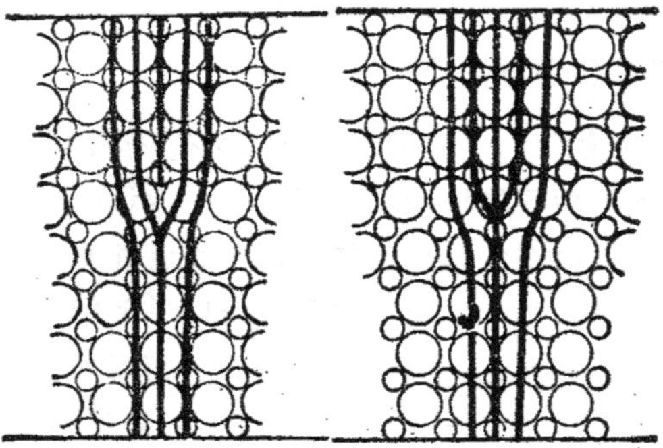

图 11.58

较近的细致和详尽的工作是关于离子晶体中点缺陷与位错的相互作用能的计算．作为这个工作的先导，曾对刚性边界法、Flex-S 和 Flex-II 法进行了仔细的比较，试验了不同的势模型，并发

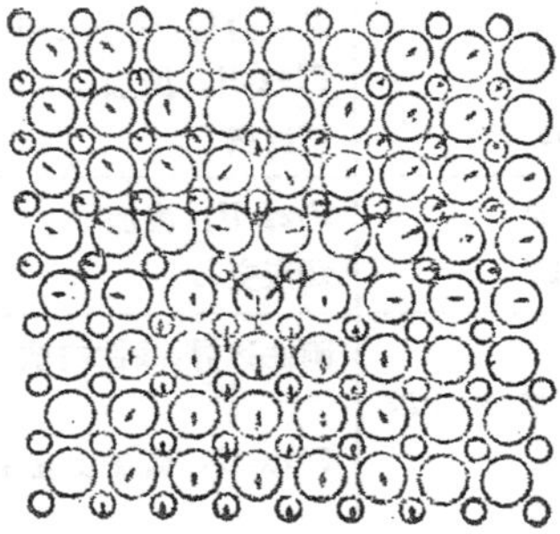

图 11.59

展了一个新方法计算 Peierls 力.

大多数的工作集中于研究面心立方离子晶体中的 $\frac{1}{2}$ [110]-(110) 刃型位错，另一些较少量的工作是研究 $\frac{1}{2}$ [110] 螺型位错及其它取向位错. 这是因为当位错取向不是沿着电荷交替的原子列的晶体学方向时计算库仑和困难较大.

Hoagland 等[1]用简单点离子模型（PIM）研究 KCl 中的 $\frac{1}{2}$ ⟨110⟩-{110} 刃型位错; Woo 和 Puls[2] 则是用起伏壳模型(BSM)研究 MgO 中的位错，对于位错芯结构都进行了较仔细的分析. Woo 和 Puls 指出: 若取原子间势拟合于切变模量 $\frac{1}{2}(c_{11}-c_{12})$ 及 c_{44}，则采用 PIM 与采用 BSM 所得的位错芯组态差别不大. 计算指出，如图 11.58 所示 $\frac{1}{2}$ ⟨110⟩-{110} 位错的两种对称

1) Hoagland, R. G. et al., *Phil. Mag.*, **34**, 413 (1976).
2) Woo, C. H. and Puls M. P., *Phil. Mag.*, **35**, 727 (1977).

表 离子晶体中 1/2⟨1 1 0⟩{1 1 0} 刃型位错 Peierls 应力的计算结果

材料	势**	方法	Peierls 应力* $10^{-3}\mu$
NaCl	各种 PIM	刚性边界,线性内插	6.12—9.33
	PIM	Flex-II, 施加	3.47
	BSM	切应变	0.751
KCl	PIM	Flex-II, 施加	2.04
	PIM	切应变	1.0—2.5
MgO	PIM 和 SM	刚性边界,线性内插	1.61—3.81
	模型 1, SM 和 PIM		0.92—0.94
	模型 2, SM	Flex-II, 施加切应变	1.36
	模型 1, BSM		1.50
	Sangstev, BSM		1.37

* $\mu=\frac{1}{2}(c_{11}-c_{12})$.

** PIM = 点离子模型; SM = 壳模型; BSM = 起伏壳模型.

表 Peierls 力的实验值

材料	Peierls 应力 ($10^{-3}\mu$)	方法
NaCl	0.5	流变应力(4K)
KCl	0.3—0.1	Bordoni 峰
MgO	1.0	位错速度
MgO	0.02—0.05	Bordoni 峰

组态中,左边的(第 I 型)组态是稳定的,而右边的(第 II 型)组态是处在势垒的顶部. 图 11.59 示出离子弛豫后的位置与原始 Volterra 解相应的位置之差. 图 11.60 是一个数学意义更明显的表示法,此处将量 ru_r(右边)和 ru_θ(右边)在以位错线为原点的平面极坐标中绘出. 这里 r 是场点的矢径量值, u_r 和 u_θ 分别表示弛豫后原子位置与起始 Volterra 解位置之差的径向与极角向分量. 这些计算所得的位错芯宽度均较窄,而且接近于平面应变态,都表明这种位错并无明显的分解趋势. Puls 和 So[1] 关于 NaCl 中 $\frac{1}{2}$

1) Puls, M. P. and So, C. B., *Phys. Stat. Sol.*, (b) 98, 87 (1980).

⟨1 1 0⟩刃型位错的研究也显示相同的特性：两个原来相距 $4b$ 或 $2b$ 的 $\frac{1}{4}\langle 1\ 1\ 0\rangle$不全位错趋向于重新合并为一个单独的 $\frac{1}{2}\langle 1\ 1\ 0\rangle$ 刃型位错.

最后，我们在上表中列出若干离子晶体 Peierls 应力的计算结果. 为了比较，也将一些实验结果列出. 此表引自 Puls(1981)[1]. Puls 的综述文献对一些细节有较好的说明.

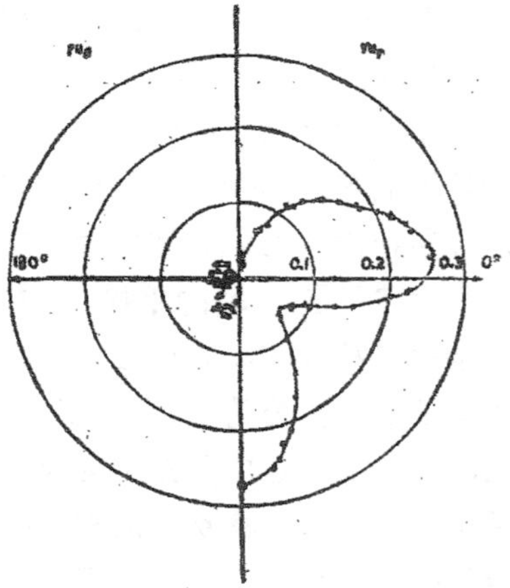

图 11.60

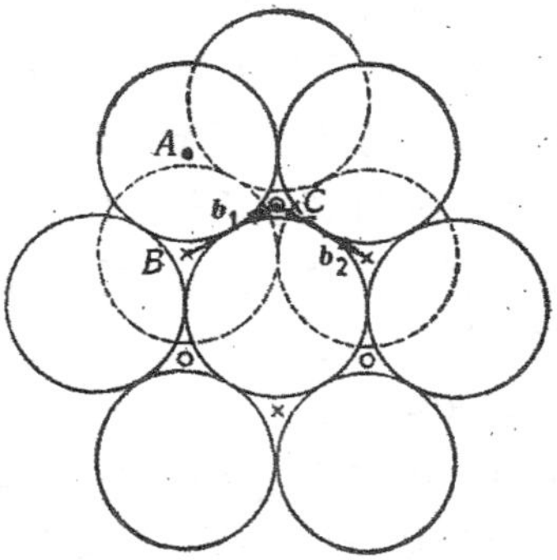

× 四面体间隙

○ 八面体间隙

图 11.61

§ 11.6 另外两种位错模型

本节准备论述两种广义的位错模型，这些位错可能出现在某些特殊的晶体结构中. 在文献中将这两种位错分别称为“同步切变位错”(Synchro-shear Dislocation) 和“带型位错”(Zonal Dislocation). 我们首先注意的不是名称，而是基本的模型概念.

先考虑所谓同步切变位错. 在图 11.61 中绘出两个密排球体的层 A, B，这种密排层我们在前面的章节中已经充分熟悉了. 现在要注意的是球体层之间的间隙位置：这间隙位置有两类，一类

1) 第八章一般性文献 [7].

是四面体型的，在图中用记号“×”标出；另一类是八面体型的，在图中用记号“∘”标出。若原子层 A 不动，其上方的 B 层位移 $\boldsymbol{b}_1$，到达 C 位置，则“×”变为八面体间隙，而“∘”变为四面体间隙。

假定我们所研究的晶体由两种原子构成，姑命之为 P，Q。其中 P 是大原子，形成密堆式堆垛，例如密积六角结构；Q 是小原子，占据该密积结构中的某种间隙位置，如八面体间隙。设想 P 原子（基体）的某一 A 层不动，其上方的 B 层由 B 位置平移至 C 位置。这个平移显然相当于一个 Shockley 不全位错滑移扫过这个滑移面 A。相应的平移矢量是 $\boldsymbol{b}_1$。P 原子构成的层经过这样的平移之后，诸 Q 原子所在的间隙位置就由八面体型的变为四面体型的，也就是说，现在诸 Q 原子是处在“错误”的位置。能量最低的要求使 Q 原子倾向于移动至正常位置，即移向新的八面体间隙位置。这相当于诸 Q 原子构成的亚层进行一个位移矢量为 $\boldsymbol{b}_2$ 的平移。这种运动甚为有趣，与一般全位错或不全位错移动时晶体相应的运动不一样。普通位错移动相应的晶体运动是晶体分为上、下两半，这两半晶体相对作整体的位移 $\boldsymbol{b}$。而现在的情况是由 P 原子构成 A 层以下的半晶体与 B 层以上的半晶体相对整体位移 $\boldsymbol{b}_1$，而其间所夹由 Q 原子构成的一个亚层却进行另一个平移 $\boldsymbol{b}_2$，$\boldsymbol{b}_2$ 与 $\boldsymbol{b}_1$ 不同。这样的合作运动也可以描述为一种位错移动的结果。这种机制称为“同步切移”，相应的位错称为“同步切移位错”。下文中将就一实例详细讨论。

这种同步切移的机制还可以推广。设想刚性的上、下两半晶体之间夹有不止一个原子亚层。当上、下两半晶体作整体相对平移 $\boldsymbol{b}$ 时，这些亚层同时分别作不同的协调合作平移 $\boldsymbol{b}_1$，$\boldsymbol{b}_2$，$\boldsymbol{b}_3$ 等。这里 $\boldsymbol{b}$ 与 $\boldsymbol{b}_1$，$\boldsymbol{b}_2$，$\boldsymbol{b}_3\cdots$ 彼此均不相同。当然，随着这种亚层数目的增加，运动与组态的复杂性也增加。引起这种复杂运动的晶体缺陷也是一种类型的位错，文献中称为“带型位错”（Zonal Dislocation）。

我们在图 11.62 中绘出 (a)“经典”的位错，(b) 同步切变位错和 (c) 带型位错的示意图。

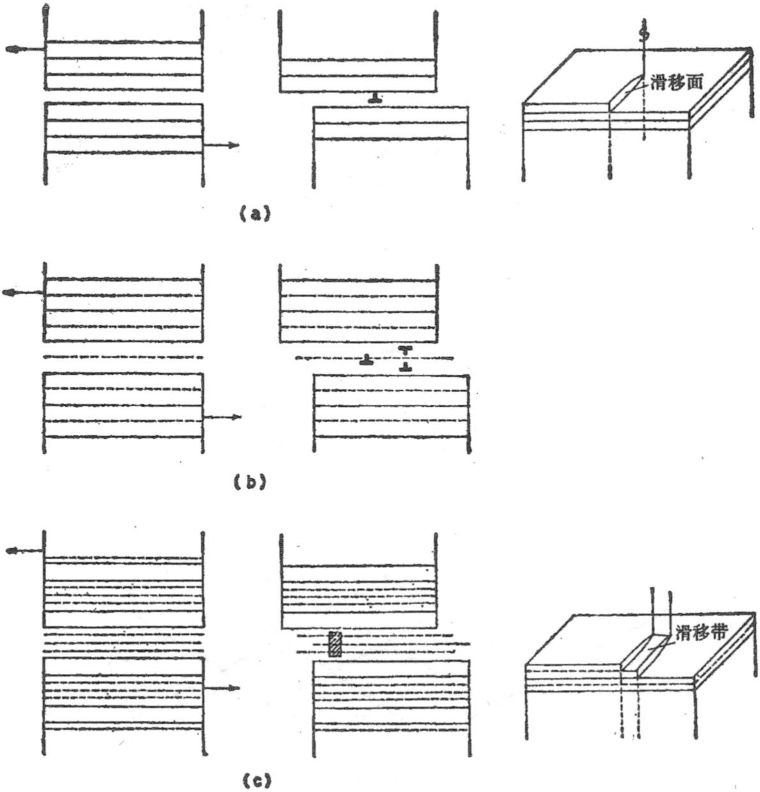

图 11.62

作为具体例子，现在描述氧化铝晶体中的同步切变位错[1]．

氧化铝晶体结构是氧离子形成密积六角结构（用拉丁字母 a，b 表示），铝离子占据此六角密积结构八面体间隙位置的 2/3（用希腊字母表示），另 1/3 的八面体间隙位置为空位．这铝原子层与上文中所述石墨结构的碳原子层相似，其中空位也形成一个六角网络，此网络对于氧原子六角点阵的可能相对位置有三个，分别用字符 γ_1，γ_2，γ_3 表之，这即是说，铝原子层的位置就是用这三个希腊字母表示．这样，氧化铝晶体结构可表示为序列

1) Kronberg, M. L., *Acta Met.*, **5** 507 (1957).

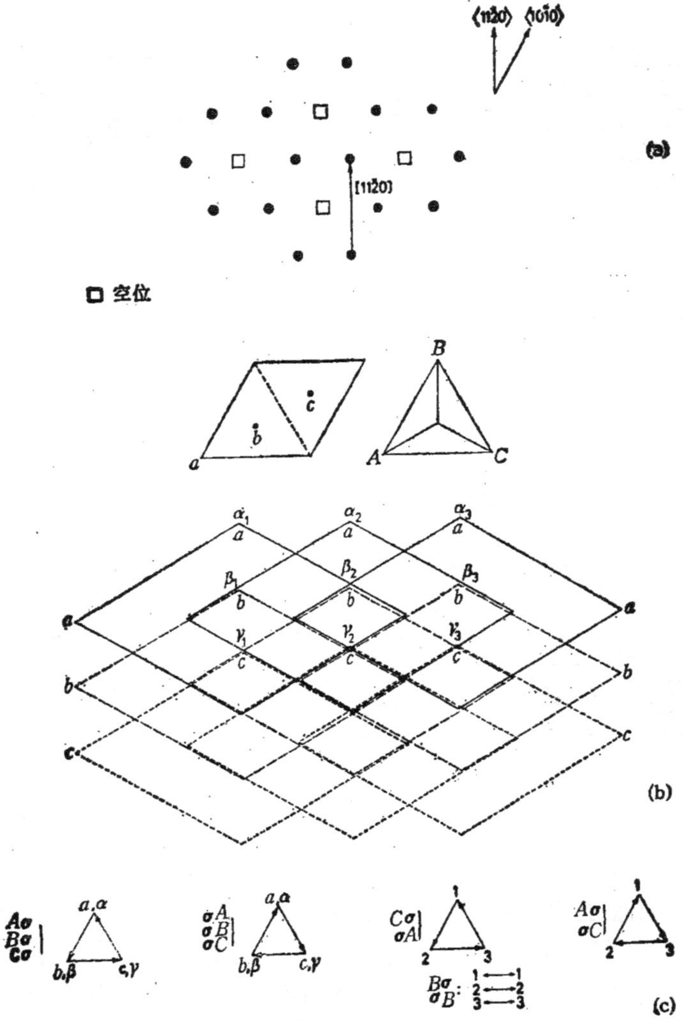

图 11.63

$$\cdots|a\gamma_1 b\gamma_2 a\gamma_3 b\gamma_1 a\gamma_2 b\gamma_3|a\gamma_1 b\gamma_2\cdots, \tag{11.59}$$

|…|表示周期重复，请参看图 11.63。

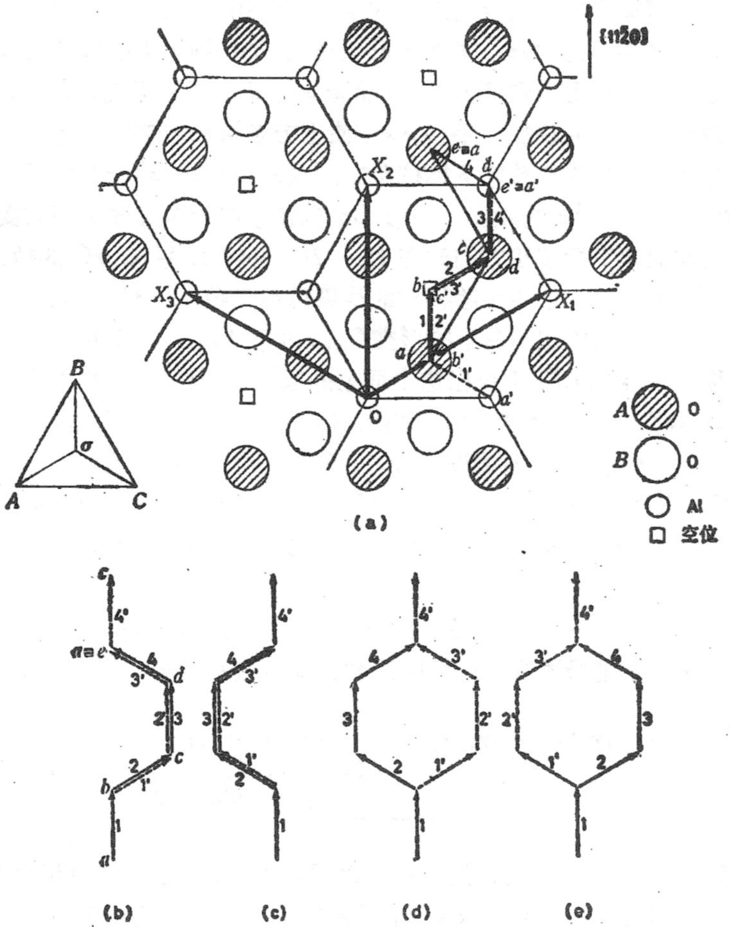

图 11.64

从图 11.61 中已看到，这里的间隙位置 γ 相当于密堆积的 C 位置. 与此相似，相当于密堆积 a, b 的间隙位置分别以 α, β 表示，见图 11.63(b).

现在以氧的密排层为参考基准，图 11.63(b) 中的三角形 ABC 是氧原子面上以原子球中心为顶点的三角形，它的中点记为 σ. 考虑一个氧原子层，它及它以上的半个晶体相对于它以下的半个晶体作一个整体的平移．如此平移矢量为 $\boldsymbol{B\sigma}$，则上半晶体各层的标志字符依字母表顺序改变，而希腊字的数字下标不变；平移 $\boldsymbol{\sigma B}$ 的效果与 $\boldsymbol{B\sigma}$ 的相反．平移 $\boldsymbol{A\sigma}$，使上方各层标志字符依字母表顺序改变，希腊字数字下标按负方向（3→2→1→3）改变；平移 $\boldsymbol{\sigma A}$ 的效果与 $\boldsymbol{A\sigma}$ 的相反．平移 $\boldsymbol{C\sigma}$ 也使字符依字母表顺序改变，希腊字数字下标按正方向改变（1→2→3→1）；平移 $\boldsymbol{\sigma C}$ 的效果与 $\boldsymbol{C\sigma}$ 的相反．这些平移操作的结果总结于图 11.63(c) 中．

氧化铝晶体在高温下的形变是 $(0\ 0\ 0\ 1)$-$\langle 1\ 1\ \bar{2}\ 0\rangle$ 系统的滑移．在图 11.64 中绘出这个面上的原子投影位置，其中 OX_1，OX_2，OX_3 分别表示连结等价的点阵点的最短矢量，也即是全位错的 Burgers 矢量．参看图 11.64，例如一个 a 层在 b 层之上位移 OX_2，其滑移路径可以有两种，即 (i) $a \to b \to c \to d \to e \equiv a$；(ii) $a \to c \to e \equiv a$．（注意勿与 a，b 层的标记相混淆）．

考查四步的滑移过程 (i)．

第一步 $a \to b$，平移矢量为 $\boldsymbol{\sigma B}$，会使氧基体点阵与铝亚点阵都产生一个堆垛层错．位移以后的结构可以表示为

$$
\begin{array}{l}
\cdots a\gamma_1 b\gamma_2 a\gamma_3 b\gamma_1 a\gamma_2 b\,|\gamma_3|\,a\gamma_1 b\gamma_2 a\gamma_3 b\gamma_1 a\gamma_2 b\gamma_3\cdots \\
\qquad\qquad\qquad\qquad\qquad\quad \downarrow\downarrow\ \downarrow\downarrow\downarrow\downarrow\ \downarrow\downarrow\downarrow\downarrow\downarrow\downarrow \\
\qquad\qquad\qquad\qquad\qquad\quad c\beta_1\, a\beta_2 c\beta_3\, a\beta_1 c\beta_2 a\beta_3\cdots,
\end{array}
\tag{11.60}
$$

观察 $|\cdots|$ 中的 γ_3，它是处于四面体间隙位置 $b\gamma_3 c$．现在设想再通过一对不全位错偶 $\boldsymbol{C\sigma}+\boldsymbol{\sigma C}$，让 $\boldsymbol{C\sigma}$ 在 $|\cdots|$ 中的 γ_3 铝层下面通过，而 $\boldsymbol{\sigma C}$ 在 γ_3 层上面通过，所以此 γ_3 层有位移 $\boldsymbol{C\sigma}$ 而无位移 $\boldsymbol{\sigma C}$．于是，上面那个序列自 c 以上标号不变，只有 $|\cdots|$ 中的 γ_3 层变为 α_1，即是变为序列

$$
\cdots a\gamma_1 b\gamma_2 a\gamma_3 b\gamma_1 a\gamma_2 b\,|\alpha_1|\,c\beta_1 a\beta_2 c\beta_3 a\beta_1 c\beta_2 a\beta_3\cdots. \tag{11.61}
$$

第二步 $b \to c$，平移矢量为 $\boldsymbol{A\sigma}$；再加上不全位错偶 $\boldsymbol{\sigma B}+\boldsymbol{B\sigma}$，使序列变为

$$
\cdots a\gamma_1 b\gamma_2 a\gamma_3 b\gamma_1 a\gamma_2 b\,|\gamma_1|\,a\gamma_3 b\gamma_1 a\gamma_2 b\gamma_3 a\gamma_1 b\gamma_2\cdots. \tag{11.62}
$$

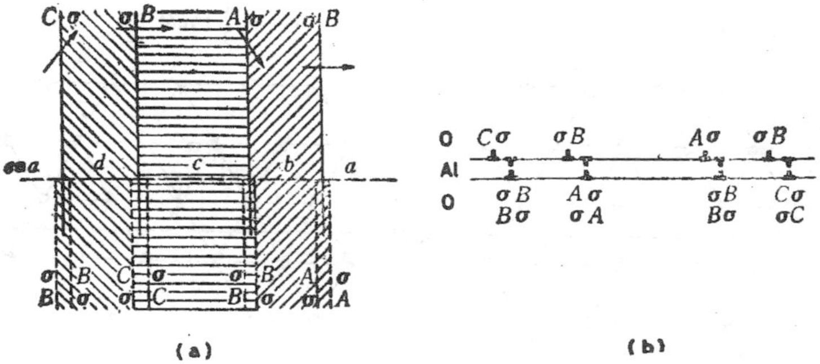

图 11.65

第三步 $c \to d$，平移矢量为 $\boldsymbol{\sigma B}$；再加上不全位错偶 $\boldsymbol{A\sigma} + \boldsymbol{\sigma A}$，使序列变为

$$\cdots a\gamma_1 b\gamma_2 a\gamma_3 b\gamma_1 a\gamma_2 b|\alpha_3|c\beta_3 a\beta_1 c\beta_2 a\beta_3 c\beta_1 a\beta_2\cdots. \quad (11.63)$$

最后，$d \to e \equiv a$，平移矢量为 $\boldsymbol{C\sigma}$，加上不全位错偶 $\sigma B + B\sigma$，显然使堆垛序列回复到最初的正常状态

$$\cdots a\gamma_1 b\gamma_2 a\gamma_3 b\gamma_1 a\gamma_2 \overset{\downarrow}{b}\gamma_3 a\gamma_1 b\gamma_2 a\gamma_3 b\gamma_1 a\gamma_2 b\gamma_3\cdots. \quad (11.64)$$

由此可见，其中每一步，为了使铝层调整至它应该占据的八面体间隙位置，必须再通过一个不全位错偶．这种一个不全位错加上一个不全位错偶的集合可以称为一个同步切变位错，它引起一个“同步切变运动”；如上文中所描述的一步．图 11.65 中示出这四步相应的位错集合组态，以及全位错的分解图式．

Kronberg 将序列

$$\cdots a\gamma_1 b\gamma_2 a\gamma_3 b\gamma_1 a\gamma_2 b|\gamma_1|a\gamma_3 b\gamma_1 a\gamma_2 b\gamma_3 a\gamma_1 b\gamma_2\cdots$$

称为静电错排，因为氧原子的框架结构堆垛次序是正确的，但带三个正电荷的铝离子的分布却是错误的．沿另一条滑移路径进行时还可能产生一种静电错排

$$\cdots a\gamma_1 b\gamma_2 a\gamma_3 b\gamma_1 a\gamma_2 b|\gamma_3|a\gamma_3 b\gamma_1 a\gamma_2 b\gamma_3 a\gamma_1 b\gamma_2\cdots. \quad (11.65)$$

前面那种称为不对称的静电错排，后面那种称为对称的静电错排；后者可能具有较高能量．反过来也可以这样看：第一种静电错排

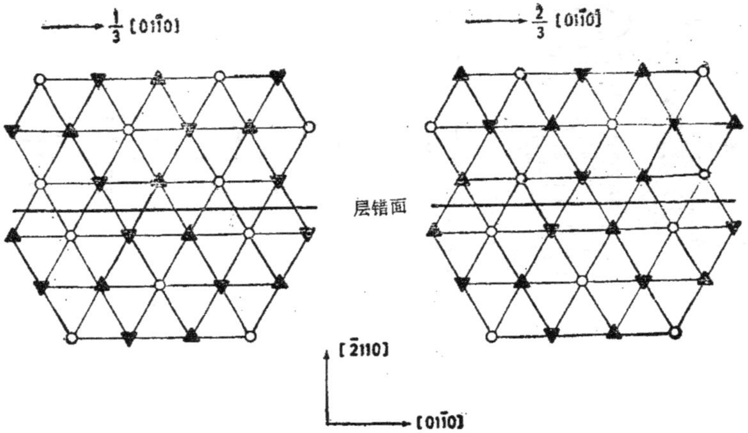

图 11.66

的层错区域是 $\cdots\gamma_2 b\gamma_1 a\gamma_3 b\cdots$，它恰好是正常次序 $\cdots b\gamma_3 a\gamma_1 b\gamma_2\cdots$ 的逆序；所以这个区域可以看作是一薄片孪晶结构，因而具有较低能量.

在高温（约 >1150℃）下，滑移系统 {21$\bar{1}$0}-⟨01$\bar{1}$0⟩ 起作用.此时，$\pm\frac{1}{3}$ [01$\bar{1}$0] 将使 (21$\bar{1}$0) 的 γ 面（铝）移至其能量相对极小处，这样的位移也将产生一种类型的静电错排. 在图 11.66 中示出原子组态的示意图.

在尖晶石型结构 (AB_2O_4) 中也能出现同步切变运动和同步切变位错[1].

下面描述锌晶体中的"zonal"位错[2].

锌是六角密积结构晶体，其易滑移面是基面 (0001). 但系统 (11$\bar{2}$2)-[$\bar{1}\bar{1}$23] 也是起作用的滑移系统，此面和方向示于图 10.4 中，用 § 10.1 中的记号；[$\bar{1}\bar{1}$23] 可写作 $\boldsymbol{AB}+\boldsymbol{ST}=\boldsymbol{AS}/\boldsymbol{BT}$，下面将此矢量记作 $\boldsymbol{b}$.

---

1) Honstra, J., *J. Phys. Chem. Solids*, **15** 311 (1960); *Mat. Sci. Res.*, **1**, 88 (1963).

2) Kronberg, M. L., *Actu Met.*, **9**, 970 (1961).

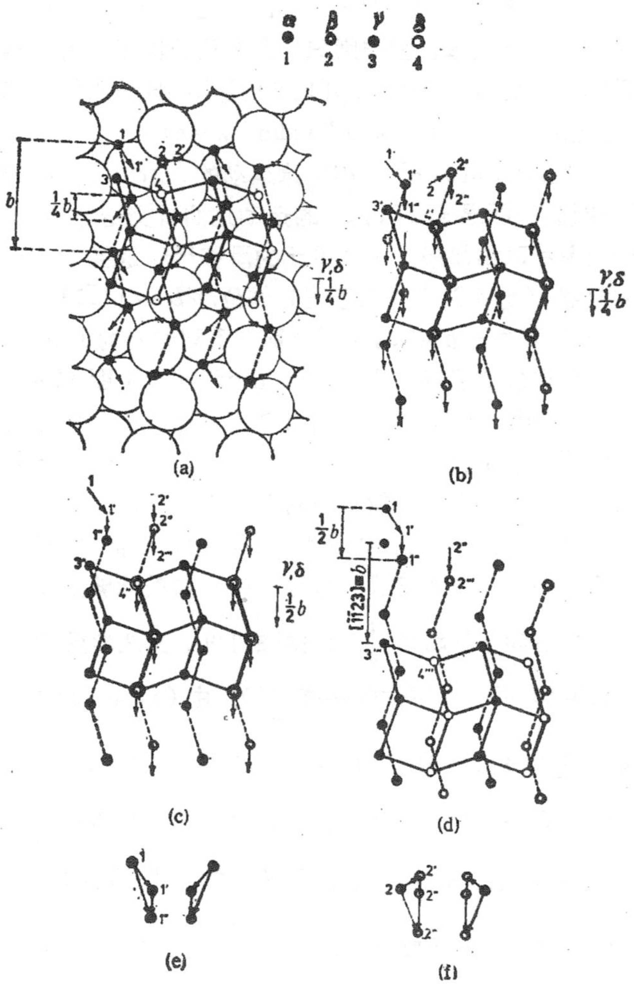

图 11.67

图 11.67 中绘出原子排列在 $(11\bar{2}2)$ 面上的投影． 在第一个图里绘出了六个原子层，最下面的两个层画成圆球的排列．向上的四层分别标作 α，β，γ，δ 或 1，2，3，4，画作不同形状的图点，示于图中．这是一个硬球模型．

现在设想层 γ，δ（即 3，4）以及它以上的所有诸层构成作整体运动的上半晶体，画作圆球的两个层及以下所有诸层构成设为不动的下半晶体．中间 α，$\beta(1, 2)$ 层中的原子将作协调合作的运动，把这两层称为"滑移带区"（glide zone）．

由于层 γ，$\delta(3, 4)$ 是作整体运动的，所以用实线把其上的原子联结起来；而层 α，$\beta(1, 2)$ 的运动是曲折交错的，现在把其上的原子用虚线联结起来．一个单元的滑移运动是层 γ，δ 相对于底面的两层（α，β 以下的原子层）作位移 $\boldsymbol{b} = [\bar{1}\bar{1}23]$．这要分成几步完成，其每一步中 α，β 层分别作不同方向的小位移，而 γ，δ 层从它们造成的能谷中通过．这几个步骤示于图 11.67(a) 至 (d) 中．由 (a) 至 (b)，排成一条曲折链的 α 层原子一套由位置 1 向右下方移至位置 $1'(1 \to 1')$，次一套原子向左下方移动；排成形状相似的 β 层原子一套由位置 2 向右上方移至位置 $2'(2 \to 2')$，次一套原子向左上方移动，如此等等．在图中用小箭号表示这些位移，这两条链的运动有如蛇状．这时，γ，δ 层就能够沿如此移动后所形成的能谷向下移动约 $\frac{1}{4}b$；由图可见，实线形成的网格在运动中没有变形，即是作整体的平移 $\frac{1}{4}b$．由 (b) 至 (c)，α 层原子由位置 $1'$ 向下移至位置 $1''(1' \to 1'')$ 等，β 层原子由位置 $2'$ 向下移至位置 $2''(2' \to 2'')$ 等；而 γ，δ 层再向下整体移动 $\frac{1}{4}b$．由 (c) 至 (d)，α 层原子不动，而 β 层原子继续由 $2''$ 移至 $2'''(2'' \to 2''')$，等；γ，δ 层继续向下整体移动 $\frac{1}{2}b$．最后到达图 11.67(d) 所示的组态，它与图 11.67(a) 所示的组态实际上相同，只是 γ，δ 层向下滑移了一个矢量 $\boldsymbol{b} = [\bar{1}\bar{1}23]$．图 11.67(e) 和 (f) 描出 α 层原子和 β 层原子的位移矢量．

图 11.68(a)—(e) 示出上述过程的侧视图．纸面是 $(\bar{1}100)$ 面；$(11\bar{2}2)$ 与纸面垂直，图中用一条水平线表示．(0002) 面也与纸面垂直，用字符 A，B 标志．图 11.68(a) 是原始的正规结

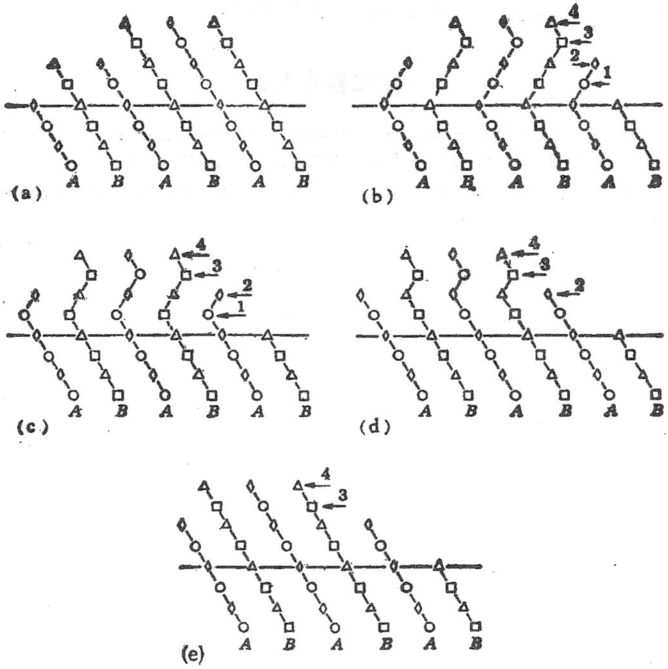

图 11.68

构。图 11.68(b) 至 (e) 表示一步滑移的几个中间步骤．小箭号表示各阶段位移沿 $[\bar{1}\bar{1}23]$ 方向的投影(参看图 11.67).

这种复杂的运动不能用一单个一般意义下的位错运动来描述，但可以用三个不全位错 $\frac{1}{4}\boldsymbol{b}$ 和一个“带型位错”$\left(\text{也是}\ \frac{1}{4}\boldsymbol{b}\right)$描述。其布置绘于图 11.69 中。可将此图与上图加以比较．

这就是“zonal”位错的一个例．另外一个例是 β 铀中的 zonal 位错。绿柱石的滑移也可以用 zonal 位错去说明.关于 zonal 位

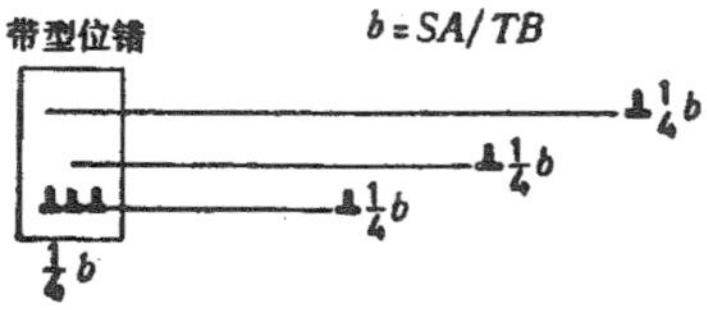

图 11.69

错的一般简化模型，Kronberg[1] 曾进行过讨论。

一般性参考文献

[1] Amelinckx, S., "Dislocations in Particular Structures", in Dislocations in Solids, ed. by F. R. N. Nabarro, North-Holland, vol. 2, 67(1979).

[2] Hirth, J. P. and J. Lothe, Theory of Dislocations, 2nd ed., John Wiley & Sons (1982).

1) Kronberg, M. L., *J. Nucl. Mat.*, **1**, 85(1959); *Acta Met.*, **9**, 970(1961),

附录A　弹性力学的几个问题

学习位错理论所要求的预备知识之一是弹性力学. 读者可以先阅读一本标准的弹性力学教材，例如本附录末所列书籍. 在这里仅限于说明所用的记号和定义，并就几个特别有关的问题略加讨论. 在一定意义上说，这个附录应看作是本书正文的一部分.

§A.1　记号和定义

在弹性力学中处理矢量场和张量场.

在没有特别指出时一般采用直角坐标 x, y, z 或 x_1, x_2, x_3. 矢量和张量分量的下角标的取值为 1 至 3 . 一般采用暗和约定，即是在某一项中重复出现的指标表示由 1 至 3 求和，例如

$$a_i b_i \equiv a_1 b_1 + a_2 b_2 + a_3 b_3. \tag{A.1}$$

用逗号表示对坐标的偏微商，例如

$$\frac{\partial u_i}{\partial x_j} \equiv \partial_j u_i \equiv u_{i,j}. \tag{A.2}$$

于是所熟悉的几个矢量分析的算符和公式就可以写为如下形式:

$$\operatorname{div} \boldsymbol{A} = \nabla \cdot \boldsymbol{A} = \partial_i A_i = A_{i,i}, \tag{A.3}$$

$$(\operatorname{rot} \boldsymbol{A})_i = (\nabla \times \boldsymbol{A})_i = \varepsilon_{ijk} A_{k,j}, \tag{A.4}$$

$$\Delta\phi = \nabla^2\phi = \nabla \cdot (\nabla\phi) = \phi_{,ii}. \tag{A.5}$$

散度定理写作

$$\int_V A_{i,i} dV = \int_S A_i dS_i \tag{A.6}$$

Stokes 公式取如下形式:

$$\oint_C A_k dl_k = \int_S \varepsilon_{klm} A_{m,l} dS_k. \tag{A.7}$$

这里 ε_{ijk} 是完全反称三阶单位张量，或称 Levi-Civita 记号. 仅当 $i \neq j \neq k$ 时，$\varepsilon_{ijk} \neq 0$

$$\varepsilon_{123} = \varepsilon_{231} = \varepsilon_{312} = 1, \tag{A.8}$$

$$\varepsilon_{132} = \varepsilon_{321} = \varepsilon_{213} = -1. \tag{A.9}$$

其它一切情况 $\varepsilon_{ijk}=0$。有

$$\varepsilon_{ijk}\varepsilon_{lmn}=\begin{vmatrix}\delta_{il} & \delta_{im} & \delta_{in}\\ \delta_{jl} & \delta_{jm} & \delta_{jn}\\ \delta_{kl} & \delta_{km} & \delta_{kn}\end{vmatrix}, \tag{A.10}$$

所以有

$$\varepsilon_{ijk}\varepsilon_{imn}=\delta_{jm}\delta_{kn}-\delta_{jn}\delta_{km}, \tag{A.11}$$

并

$$\varepsilon_{ijk}\varepsilon_{ijn}=2\delta_{kn}, \tag{A.12}$$

这里 δ_{kn} 是一般的 Kronecker 记号.

利用上面的记法,可以定义,例如,矢量场 $\boldsymbol{A}$ 的梯度,张量场 $\mathbf{T}$ 的散度、旋度等

$$\text{Grad}\,\boldsymbol{A}\equiv\nabla\boldsymbol{A}=\nabla_iA_j=A_{j,i},\ \text{(并矢式)}, \tag{A.13}$$

$$\text{Div}\,\mathbf{T}\equiv\nabla\cdot\mathbf{T}=\nabla_iT_{ij}=T_{ij,i}, \tag{A.14}$$

$$\text{Rot}\,\mathbf{T}\equiv\nabla\times\mathbf{T}=\varepsilon_{ijk}\nabla_jT_{kl}=\varepsilon_{ijk}T_{kl,j}, \tag{A.15}$$

这里被算符 ∇ 所作用的量不一定限于一阶张量(矢量)和二阶张量.

若在无限区间中定义张量场 $\mathbf{T}$,它在无限远处依适当的方式成为零,则可作如下唯一的分解:

$$\mathbf{T}=\nabla\boldsymbol{A}+\nabla\times\boldsymbol{\alpha}, \tag{A.16}$$

这里 $\mathbf{T}$ 和 $\boldsymbol{\alpha}$ 都是二阶张量,$\boldsymbol{A}$ 是一个矢量. 张量场 $\boldsymbol{\alpha}$ 也可以作类似的分解

$$\boldsymbol{\alpha\beta}=\nabla+\boldsymbol{\beta}\times\nabla, \tag{A.17}$$

$\boldsymbol{\beta}$ 是另一个二阶张量. 若令 $\nabla\times\boldsymbol{\beta}=\boldsymbol{C}$,即 $\nabla\cdot\boldsymbol{C}=0$,则 T 可以表示为

$$\mathbf{T}=\nabla\boldsymbol{A}+\boldsymbol{C}\nabla+\nabla\times\boldsymbol{\beta}\times\nabla, \tag{A.18}$$

这里 $\nabla\times\boldsymbol{\beta}\times\nabla$ 是张量 $\boldsymbol{\beta}$ 经过对坐标的二次微分所得到的阶数与之相同的张量,称为 $\boldsymbol{\beta}$ 的"歧度"以记号 Ink $\boldsymbol{\beta}$ (或 Inc $\boldsymbol{\beta}$) 表之(来自德文 Inkompatibilität)

$$(\text{Ink}\boldsymbol{\beta})_{ij}=(\nabla\times\boldsymbol{\beta}\times\nabla)_{ij}=\varepsilon_{ikl}\varepsilon_{jmn}\beta_{lm,kn}. \tag{A.19}$$

显然,对于 $\boldsymbol{\beta}$ 的对称部分和反称部分分别有

$$\text{Ink}\,\boldsymbol{\beta}^S=(\text{Ink}\,\boldsymbol{\beta})^S, \tag{A.20}$$

$$\text{Ink}\,\boldsymbol{\beta}^A=(\text{Ink}\,\boldsymbol{\beta})^A. \tag{A.21}$$

若以 $\boldsymbol{A}+\boldsymbol{C}=\boldsymbol{G}$,$\boldsymbol{A}-\boldsymbol{C}=\boldsymbol{G}'$,则 $\mathbf{T}$ 的分解式成为

$$\mathbf{T}^S=\frac{1}{2}(\nabla\mathbf{G}+\mathbf{G}\nabla)+\nabla\times\boldsymbol{\beta}^S\times\nabla, \tag{A.22}$$

$$\mathbf{T}^A=\frac{1}{2}(\nabla\mathbf{G}'-\mathbf{G}'\nabla)+\nabla\times\boldsymbol{\beta}^A\times\nabla. \tag{A.23}$$

定义

$$\operatorname{Def} \mathbf{G} \equiv \frac{1}{2}(\nabla \mathbf{G} + \mathbf{G}\nabla), \tag{A.24}$$

（此记号来自德文或英文 Deformation），则有

$$\mathbf{T}^S = \operatorname{Def} \mathbf{G} + \operatorname{Ink} \boldsymbol{\beta}^S. \tag{A.25}$$

不难验证

$$\operatorname{Ink} \operatorname{Def} \equiv 0, \tag{A.26}$$

$$\operatorname{Div} \operatorname{Ink} \equiv 0, \tag{A.27}$$

可以回忆矢量分析中的恒等式（div rot ≡ 0）.

任一反称二阶张量 β^A 可以按如下形式用它等价的矢量 β^A 表示:

$$\beta^A_{ij} = \varepsilon_{ijk}\beta^A_k, \quad \beta^A_k = \frac{1}{2}\varepsilon_{ijk}\beta^A_{ij}, \tag{A.28}$$

于是 $\mathbf{T}^A$ 可以表为

$$T^A_{ij} = \varepsilon_{ijk}(\varepsilon_{kmn}G'_{n,m} + \lambda_{,k}) \tag{A.29}$$

$$\lambda \equiv -\beta^A_{i,i}, \tag{A.30}$$

或可写作

$$T^A_k = \varepsilon_{kmn}G'_{n,m} + \lambda_{,k}, \tag{A.31}$$

即

$$T^A = \operatorname{rot} \mathbf{G} + \operatorname{grad} \lambda, \tag{A.31$'$}$$

这就是所熟悉的矢量场分解式.

最后，给出张量 β 的歧度的显式表达式. 令

$$\eta = \operatorname{Ink} \boldsymbol{\beta} = \nabla \times \boldsymbol{\beta} \times \nabla, \tag{A.32}$$

$$\begin{aligned}
\eta_{ij} &= -\varepsilon_{ikl}\varepsilon_{jmn}\beta_{ln,km} \\
&= -\varepsilon_{ikl}\varepsilon_{jmn}\beta_{pq,km}\delta_{pl}\delta_{qn} \\
&= -\varepsilon_{ikl}\varepsilon_{jmn}\beta_{pq,km}(\varepsilon_{npr}\varepsilon_{rql} - \delta_{pq}\delta_{ln}) \\
&= -(\delta_{ir}\delta_{kq} - \delta_{iq}\delta_{kr})(\delta_{jp}\delta_{mr} - \delta_{jr}\delta_{mp})\beta_{pq,km} \\
&\quad - (\delta_{ij}\delta_{km} - \delta_{im}\delta_{kj})\beta_{pp,km} \\
&= \beta_{ji,kk} + \beta_{kk,ij} - (\beta_{jk,ki} + \beta_{ki,jk}) \\
&\quad + (\beta_{kl,kl} - \beta_{kk,ll})\delta_{ij}.
\end{aligned} \tag{A.33}$$

§ A.2 弹性力学的基本公式

连续介质中质点的位置用直角坐标 $x_i(i = 1, 2, 3)$ 确定，坐标系的三个基矢是 e_i，此点的位矢是

$$r = x_i \hat{e}_i,\tag{A.34}$$

位矢长度是

$$r = (x_i x_i)^{1/2}.\tag{A.35}$$

r 点的位移矢量记作 $u(r)$，分量为 u_i. 定义

$$\beta_{ij} \equiv u_{i,j},\tag{A.36}$$

应变张量的诸分量是

$$e_{ij} = \beta^S_{ij} = \frac{1}{2}(u_{i,j} + u_{j,i}).\tag{A.37}$$

此时假定位移作为位置的函数 $u(r)$ 存在，并且单值，连续. 用上节的记法可以写作

$$e_{ij} = (\mathrm{Def}\, u)_{ij},\tag{A.37}$$

应变张量是一个对称二阶张量.

应力张量的诸分量记作 σ_{ij}，其中第一个下标表示力的方向，第二个下标表示面元法线方向. 若介质中的体力密度为 f，则弹性体的平移平衡条件为

$$\sigma_{ij,j} + f_i = 0.\tag{A.38}$$

用上节的记法，写作

$$\mathrm{Div}\,\sigma + f = 0.\tag{A.38$'$}$$

转动平衡条件是

$$\sigma_{ij} = \sigma_{ji},\tag{A.39}$$

即应力张量也是对称的.

在线性弹性理论中，应力张量与应变张量之间的关系可用广义 Hooke 定律表之

$$\sigma_{ij} = c_{ijkl} e_{kl},\tag{A.40}$$

式中 c_{ijkl} 是一个四阶张量. 对于均匀的弹性体，此张量的每一个分量都不随位置而变，是表征该物质特性的常数，故称弹性常数张量. 由于 σ_{ij} 和 e_{ij} 的对称性，因此有

$$c_{ijkl} = c_{jikl} = c_{ijlk},\tag{A.41}$$

所以

$$\sigma_{ij} = c_{ijkl} u_{k,l},\tag{A.42}$$

而平衡方程可以写作

$$c_{ijkl} u_{k,lj} + f_i = 0.\tag{A.43}$$

弹性能密度是

$$w=\frac{1}{2}\sigma_{ij}e_{ij}=\frac{1}{2}c_{ijkl}e_{ij}e_{kl},\tag{A.44}$$

若 w 是 e_{ij} 的单值连续函数，则可见

$$c_{ijkl}=c_{klij}.\tag{A.45}$$

由于 c_{ijkl} 对于下角标的对称性，(A.41)，因此可以将下标分为 ij 和 kl 两组，依如下方案加以简约，将 c_{ijkl} 表为 c_{rs}：

$$\begin{array}{lcccccc} ij,kl: & 11 & 22 & 33 & 23 & 31 & 12\\ r,s: & 1 & 2 & 3 & 4 & 5 & 6. \end{array}\tag{A.46}$$

例如 c_{1112} 应记作 c_{16}. 又由于对称性(A.45)，所以简约后的 $c_{rs}=c_{sr}(s,r=1,\cdots,6)$. 这样，各向异性均匀弹性介质的独立弹性常数最多为 21 个.

各向异性介质实际上是晶体，它具有一定的点群对称，分属于 7 个晶系. 由于对称性的要求，诸 $c_{rs}(r,s=1,\cdots,6)$ 中有些必须彼此相等或等于零. 例如，对于六角晶系有

$$c_{rs}=\begin{bmatrix} c_{11} & c_{12} & c_{13} & 0 & 0 & 0\\ & c_{11} & c_{13} & 0 & 0 & 0\\ & & c_{33} & 0 & 0 & 0\\ & & & c_{66} & 0 & 0\\ & & & & c_{66} & 0\\ & & & & & \frac{1}{2}(c_{11}-c_{22}) \end{bmatrix},\tag{A.47}$$

可见只有五个独立弹性常数. 对于立方晶系有

$$c_{rs}=\begin{bmatrix} c_{11} & c_{12} & c_{12} & 0 & 0 & 0\\ & c_{11} & c_{12} & 0 & 0 & 0\\ & & c_{11} & 0 & 0 & 0\\ & & & c_{44} & 0 & 0\\ & & & & c_{44} & 0\\ & & & & & c_{44} \end{bmatrix},\tag{A.48}$$

有三个独立的弹性常数. 各向同性介质只有两个独立的弹性常数.

7 个晶系弹性常数的 6×6 矩阵形式列于表 A.1 之中. 它们是在标准坐标系中表出的标准矩阵形式. 对于所谓标准坐标系有必要作如下说明. 立方晶系、四角(正方)晶系和正交晶系存在着三个相互正交的晶轴，把它们取作直角坐标轴. 四角晶系中 C_4, S_4 和 C_{4h} 三个晶类是将其单轴(四次轴)取作为 x_3 或 z 轴. 需要特别注意的是，三角晶系和六角晶系，一般仍是将单轴(即三次轴或六次轴)取作 x_3 或 z 轴. 在六角晶体中此轴是 c 轴；在与 c 轴

表 A.1　矩阵 $c_{r,s}$ 和 $s_{r,s}$ 的形式

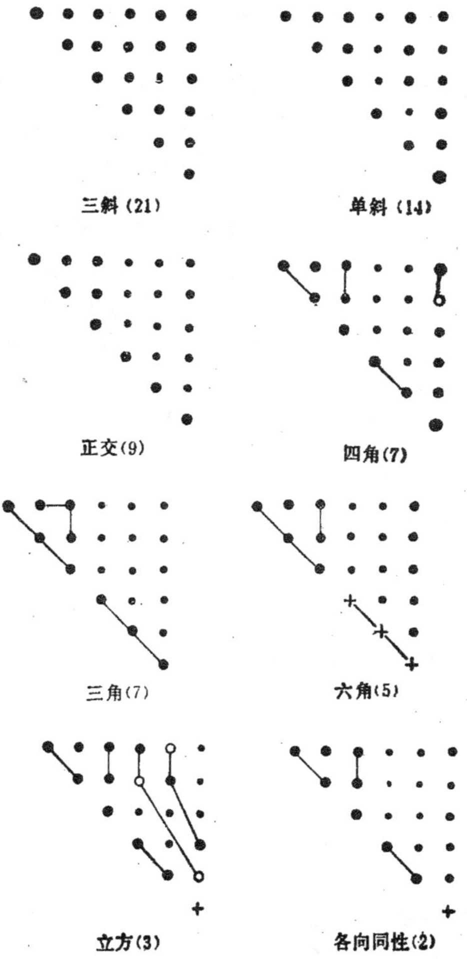

● 不为零的元

• 为零的元

●—● 数值相等，符号相同

●—○ 数值相等，符号相反

$+ = \frac{1}{2}(c_{11} + c_{12})$

+—+ 相等

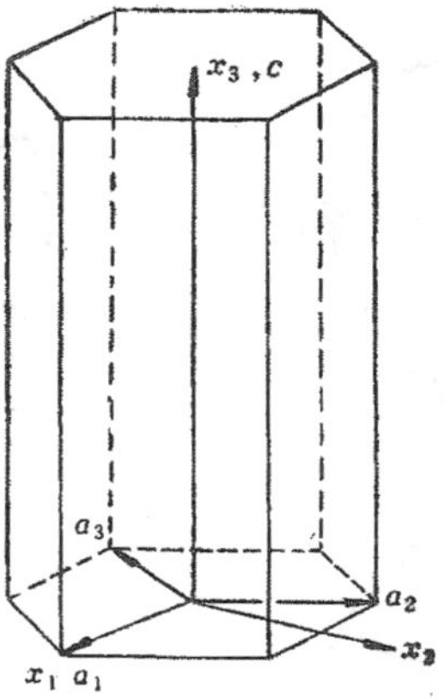

图 A.1

垂直的面，即基面上可取互为 $\frac{2\pi}{3}$ 的三个基矢 a_1, a_2, a_3, 有的教程（例如 Nye, 1958）记作 x, y, u. 但在表示弹性力学中的诸量时要用直角坐标（x_1, x_2, x_3), x_1, x_2 轴在基面上，它们与诸 a 的关系示于图 A.1 中。为了更具体起见，在图 A.2 中绘出 D_3, C_{3v}, D_{3d}, D_6, C_{6v}, D_{3h} 和 D_{6h} 七个晶类的对称元素和坐标轴的极射投影图。所有 32 个晶类的全图见 Nye* 附录 B.

如果在实际计算时所取坐标系不是标准坐标系，那么各个张量分量就要随坐标变换而进行变换。具体地讲，当坐标进行正交变换时，二阶张量 σ_{ij} 和 e_{ij}, 四阶张量 c_{ijkl} 和 s_{ijkl} 按协变方式随坐标变换。即当

$$x'_m = a_{mn}x_n \tag{A.49}$$

时，有

$$\sigma'_{ij} = a_{im}a_{jn}\sigma_{mn}, \tag{A.50}$$

$$e'_{ij} = a_{im}a_{jn}e_{mn}, \tag{A.51}$$

$$c'_{ijkl} = a_{im}a_{jn}a_{kp}a_{ls}c_{mnps}, \tag{A.52}$$

$$s'_{ijkl} = a_{im}a_{jn}a_{kp}a_{ls}s_{mnps}, \tag{A.53}$$

$$i,\ j,\ k,\ l;\ m,\ n,\ p,\ s = (1,\ 2,\ 3),$$

式中暗和约定不言而喻.

对于常见的各向同性情况还要具体说明. 上面已提到：此时只有两个

* J. F. Nye, Physical Properties of Crystals (1958).

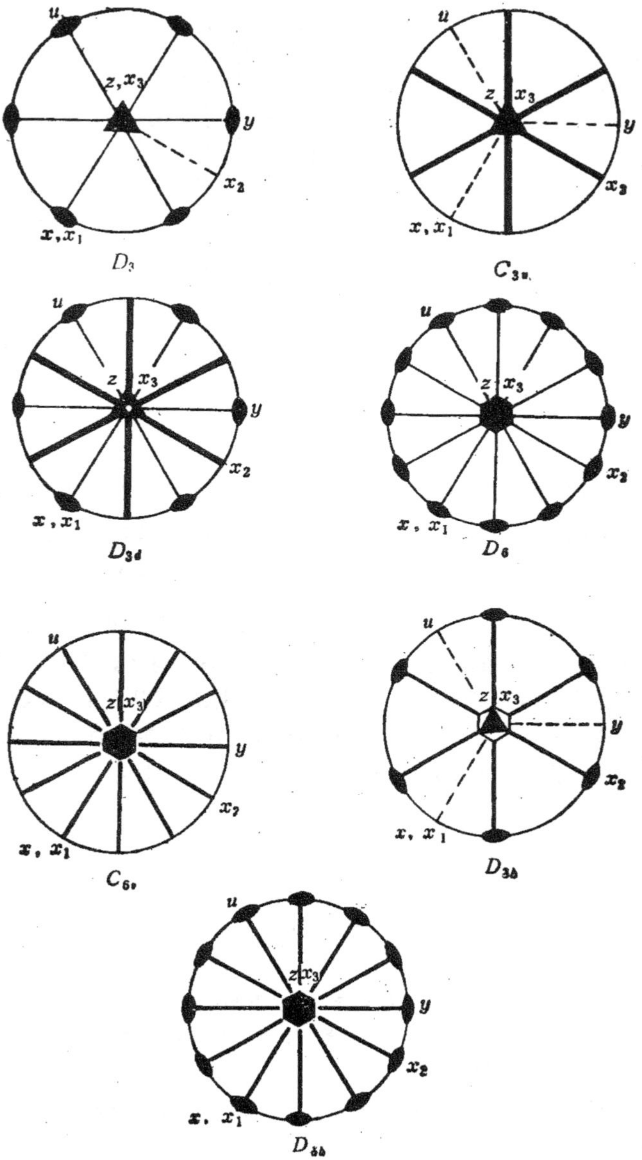

图 A.2

独立的弹性常数，记作 $\mu = c_{44}$，即是切变模量，$c_{12} = \lambda$，称为 Lamé 常数．有关系 $\frac{1}{2}(c_{11} - c_{12}) = c_{44}$。所以各向同性介质

$$c_{rs} = \begin{bmatrix} \lambda + 2\mu & \lambda & \lambda & 0 & 0 & 0 \\ & \lambda + 2\mu & \lambda & 0 & 0 & 0 \\ & & \lambda + 2\mu & 0 & 0 & 0 \\ & & & \mu & 0 & 0 \\ & & & & \mu & 0 \\ & & & & & \mu \end{bmatrix}, \quad (A.54)$$

用 c_{ijkl} 记号，写作

$$c_{ijkl} = \lambda\delta_{ij}\delta_{kl} + \mu(\delta_{ik}\delta_{jl} + \delta_{il}\delta_{jk}). \quad (A.55)$$

一般熟悉的杨氏模量 E 及泊松比 ν（ν 的倒数记作 m）与 λ 和 μ 的关系为

$$E = \frac{\mu(3\lambda + 2\mu)}{\lambda + \mu} = 2\mu(1 + \nu), \quad (A.56)$$

$$\nu = \frac{1}{m} = \frac{\lambda}{2(\lambda + \mu)} = \frac{E - 2\mu}{2\mu}. \quad (A.57)$$

Hooke 定律的形式成为

$$\sigma_{ij} = \lambda e_{kk}\delta_{ij} + 2\mu e_{ij}. \quad (A.58)$$

平衡方程的形式为

$$\mu u_{i,kk} + (\lambda + \mu)u_{k,ki} + f_i = 0, \quad (A.59)$$

或写为矢量形式

$$\mu\Delta \boldsymbol{u} + (\lambda + \mu)\mathrm{grad}\ \mathrm{div}\boldsymbol{u} + \boldsymbol{f} = 0. \quad (A.59)$$

最后，提请读者回忆弹性力学中的所谓应变的协调条件，如果应变 e_{ij} 是单值连续的位移函数 $\boldsymbol{u}(\boldsymbol{r})$ 导出，则它满足此条件．协调条件的具体表达可以有几种不同方式．应用上节的记号，此条件表示为

$$\mathrm{Ink}\ \mathbf{e} = 0, \quad (A.60)$$

写作分量的形式是

$$-\varepsilon_{ikl}\varepsilon_{jmn}e_{ln,km} = 0. \quad (A.60)'$$

简短论证如下：定义矢量 $\boldsymbol{\omega}$ 为位移 $\boldsymbol{u}(\boldsymbol{r})$ 旋度之半，称为旋转量

$$\boldsymbol{\omega} = \frac{1}{2}\nabla \times \boldsymbol{u}, \quad (A.61)$$

$$\omega_i = \frac{1}{2}\varepsilon_{ikl}u_{l,k}, \quad (A.61)'$$

故

$$\omega_{i,n}=\varepsilon_{ikl}e_{ln,k},\tag{A.62}$$

但旋转量本身仍应为坐标的单值连续函数．ω_i 在 P、Q 两点之间的变化为

$$\omega_i(P)-\omega_i(Q)=\int_P^Q\omega_{i,n}dx_n.\tag{A.63}$$

$\omega_i(r)$ 的单值性要求右端的积分不依赖于积分路径，也即是被积函数的旋度为零

$$\varepsilon_{jmn}\omega_{i,nm}=0,\tag{A.64}$$

即

$$-\varepsilon_{ikl}\varepsilon_{jmn}e_{ln,km}=0,\tag{A.65}$$

即为所证．这个结论，Inke ＝ 0，可以称作是协调形变的无歧条件．

§ A.3 平衡方程的基本解

以位移表示的平衡方程，或称 Navier 方程，是（A.43）

$$c_{ijkl}u_{k,lj}+f_i=0,$$

此时实际上已隐含地假定单值、连续、可微的位移函数 $\boldsymbol{u}(\boldsymbol{r})$ 之存在，由它导出的应变张量是满足协调条件的．

Navier 方程的积分问题可以借助于先求出该方程的所谓基本解来解决．这个基本解在数学物理中称为 Green 函数，在弹性力学中称为 Green 张量函数，记为 $G_{km}(\boldsymbol{r})(k,m=1,2,3)$．它表示在原点处沿 x_m 轴方向作用的单位集中力（点力）在无限均匀弹性介质中 $\boldsymbol{r}$ 处产生的弹性位移的 k 分量．$G_{km}(\boldsymbol{r})$ 所满足的方程是

$$c_{ijkl}G_{km,lj}(\boldsymbol{r})+\delta_{im}\delta(\boldsymbol{r})=0,\tag{A.66}$$

这也就是 $G_{km}(\boldsymbol{r})$ 的定义方程．

δ 函数具有如下性质，若 $\boldsymbol{r}$ 是 V 的内点，则

$$\int_T\delta(\boldsymbol{r}-\boldsymbol{r}')f(\boldsymbol{r}')dV'=f(\boldsymbol{r}),\tag{A.67}$$

式中 $f(\boldsymbol{r})$ 是任意函数，由此可以即刻得出 Navier 方程的解

$$u_k(\boldsymbol{r})=\int_V G_{km}(\boldsymbol{r}-\boldsymbol{r}')f_m(\boldsymbol{r}')dv',\tag{A.68}$$

这是由于

$$\begin{aligned}c_{ijkl}u_{k,lj}(\boldsymbol{r})&=\int c_{ijkl}G_{km,lj}(\boldsymbol{r}-\boldsymbol{r}')f_m(\boldsymbol{r}')dV'\\&=-\int\delta_{im}\delta(\boldsymbol{r}-\boldsymbol{r}')f_m(\boldsymbol{r}')dV'\\&=-f_i(\boldsymbol{r}),\end{aligned}$$

所以(A.68)中的 $u_k(r)$ 满足 Navier 方程(A.43)。

对于有限的区域 V，必须考虑它的表面 S。根据散度定理

$$\int_V T_{,i} dV = \int_S T dS_i,$$

有

$$\int_V c_{ijkl}[u_i(r')G_{km,l'j'}(r-r') - G_{im}(r-r')u_{k,l'j'}(r')]dV'$$
$$= \int_S c_{ijkl}[u_i(r')G_{km,l'}(r-r') - G_{im}(r-r')u_{k,l'}(r')]dS'_j, \tag{A.69}$$

即

$$\int_V [-u_i(r')\delta_{im}\delta(r-r') + G_{im}(r-r')f_i(r')]dV$$
$$= \int_S [u_i(r')c_{ijkl}G_{km,l'}(r-r') - G_{im}(r-r')\sigma_{ij}(r')]dS'_j. \tag{A.70}$$

若 r 为 V 的内点，则由此得到

$$u_m(r) = \int_V G_{im}(r-r')f_i(r')dV'$$
$$- \int_S [u_i(r')c_{ijkl}G_{km,l'}(r-r') - G_{im}(r-r')\sigma_{ij}(r')]dS'_j, \tag{A.71}$$

此式的解释很直观，即区域 V 内点上的弹性位移是由区域中的体力分布及区域边界上的位移分布及面力分布所决定。

可以用好几种方法计算 Green 张量函数。Leibfried 应用 Fourier 变换方法。定义

$$\bar{G}_{km}(\xi) = \int_\infty G_{km}(r)e^{i\xi\cdot r}dV, \tag{A.72}$$

则

$$G_{km}(r) = (2\pi)^{-3}\int_\infty \bar{G}_{km}(\xi)e^{-i\xi\cdot r}dV_\xi. \tag{A.73}$$

由于

$$c_{ijkl}\xi_l\xi_j\bar{G}_{km}(\xi) = c_{ijkl}\int \xi_l\xi_j G_{km}(r)e^{i\xi\cdot r}dV$$
$$= -c_{ijkl}\int G_{km,jl}(r)e^{i\xi\cdot r}dV$$
$$= \int \delta_{im}\delta(r)e^{i\xi\cdot r}dV$$

$$= \delta_{im},\tag{A.74}$$

所以 $\bar{G}_{km}(\xi)$ 满足

$$c_{ijkl}\xi_l\xi_j G_{km}(\xi) - \delta_{im} = 0.\tag{A.75}$$

定义一个矩阵 $D(\xi)$

$$D_{ik}(\xi) \equiv c_{ijkl}\xi_l\xi_j,\tag{A.76}$$

于是

$$D_{ik}(\xi)\bar{G}_{km}(\xi) = \delta_{im},\tag{A.77}$$

所以

$$\bar{G}_{km}(\xi) = D^{-1}_{km}(\xi),\tag{A.78}$$

即矩阵 $\bar{G}(\xi)$ 是矩阵 $D(\xi)$ 之逆矩阵.因此,对于任何晶系,求函数 $\bar{G}_{km}(\xi)$ 的问题就归结为求一个一个已知矩阵 $D(\xi)$ 之逆矩阵的问题，实际上不难解决. 主要困难在于通过逆变换(A.73)求 $G_{km}(r)$ 时计算积分的困难，一般情况下这个积分不能用初等函数表出.

对各向同性情况不难求出 $G_{km}(r)$. 此时,

$$c_{ijkl} = \lambda\delta_{ij}\delta_{kl} + \mu(\delta_{ik}\delta_{jl} + \delta_{il}\delta_{jk}),$$

所以

$$D_{ik}(\xi) \equiv c_{ijkl}\xi_l\xi_j = (\lambda + \mu)\xi_i\xi_k + \mu\xi^2\delta_{ik},\tag{A.79}$$

而

$$D^{-1}_{ik}(\xi) = \bar{G}_{ik}(\xi) = \frac{1}{\mu}\left[\frac{\delta_{ik}}{\xi^2} - \frac{\lambda + \mu}{\lambda + 2\mu}\frac{\xi_i\xi_k}{\xi^4}\right].\tag{A.80}$$

已知有定积分

$$A_1 = (\pi)^{-2}\int_\infty \frac{e^{i\xi\cdot r}}{\xi^2}dV_\xi = \frac{2}{r},\tag{A.81}$$

$$A_2 = (\pi)^{-2}\int_\infty \frac{e^{i\xi\cdot r}}{\xi^4}dV_\xi = -r.\tag{A.82}$$

经过微分可得

$$(\pi)^{-2}\int_\infty \frac{\xi_i\xi_k e^{i\xi\cdot r}}{\xi^4},\tag{A.83}$$

$$(\pi)^{-2}\int_{-\infty} \frac{e^{i\xi\cdot r}}{\xi^2}dV_\xi = r_{,pp},\tag{A.84}$$

于是得到

$$G_{ik}(r) = \frac{1}{8\pi\mu}\left[\delta_{ik}r_{,pp} - \frac{\lambda + \mu}{\lambda + 2\mu}r_{,ik}\right],\tag{A.85}$$

$$r_{,pp} = \left(\frac{\partial^2}{\partial x_1^2} + \frac{\partial^2}{\partial x_2^2} + \frac{\partial^2}{\partial x_3^2}\right) r = \frac{2}{r},$$

$$r_{,ik} = \frac{\partial^2 r}{\partial x_i \partial x_k} = \frac{\delta_{ik}}{r} - \frac{x_i x_k}{r^3},$$

所以

$$G_{ik}(r) = \frac{1}{8\pi\mu}\left[\frac{\lambda + 3\mu}{\lambda + 2\mu}\frac{\delta_{ik}}{r} + \frac{\lambda + \mu}{\lambda + 2\mu}\frac{x_i x_k}{r^3}\right], \qquad (A.86)$$

这就是一般采用的形式．若用常数 ν 表示，则上式成为

$$G_{ik}(r) = \frac{1}{16\pi\mu(1-\nu)}\left[\frac{(3-4\nu)\delta_{ik}}{r} + \frac{x_i x_k}{r^3}\right]. \qquad (A.87)$$

可见

$$G_{ik}(r) = G_{ik}(-r) = G_{ki}(r). \qquad (A.88)$$

§ A.4 Betti 定理及其推论

Betti-Raylcigh 互易定理是一个很普遍的定理，它将弹性体的两个不同弹性平衡态联系起来． 如用 $e_{ij}^{(1)}$，$\sigma_{ij}^{(1)}$ 和 $e_{ij}^{(2)}$，$\sigma_{ij}^{(2)}$ 分别表征这两个平衡态，则在线性弹性论的范畴内，由弹性常数张量对于下角标的对称性，容易证明

$$\sigma_{ij}^{(1)} e_{ij}^{(2)} = \sigma_{ij}^{(2)} e_{ij}^{(1)}. \qquad (A.89)$$

设弹性体 V 的内点上位移函数 $u(r)$ 存在，并单值连续可微，有

$$e_{ij} = \frac{1}{2}(u_{i,j} + u_{j,i}),$$

则

$$\sigma_{ij}^{(1)} e_{ij}^{(2)} = \sigma_{ij}^{(1)} u_{i,j}^{(2)} = (\sigma_{ij}^{(1)} u_i^{(2)})_{,j} + f_i^{(1)} u_i^{(2)}. \qquad (A.90)$$

根据散度定理，有

$$\int_V \sigma_{ij}^{(1)} e_{ij}^{(2)} dV = \int_V (\sigma_{ij}^{(1)} u_i^{(2)})_{,j} dV + \int_V f_i^{(1)} u_i^{(2)} dV$$

$$= \int_S \sigma_{ij}^{(1)} u_i^{(2)} dS_j + \int_V f_i^{(1)} u_i^{(2)} dV, \qquad (A.91)$$

于是，根据 (A.89)，得到

$$\int_V f_i^{(1)} u_i^{(2)} dV + \int_S T_i^{(1)} u_i^{(2)} dS = \int_V f_i^{(2)} u_i^{(1)} dV + \int_S T_i^{(2)} u_i^{(1)} dS, \qquad (A.92)$$

这就是 Betti-Ragleigh 互易定理的表达式．若弹性状态是由外加负载所引起，则此定理可表述为：如果弹性体经受两个力系 $(\boldsymbol{F}^{(1)}, \boldsymbol{T}^{(1)})$ 和 $(\boldsymbol{F}^{(2)}, \boldsymbol{T}^{(2)})$ 的

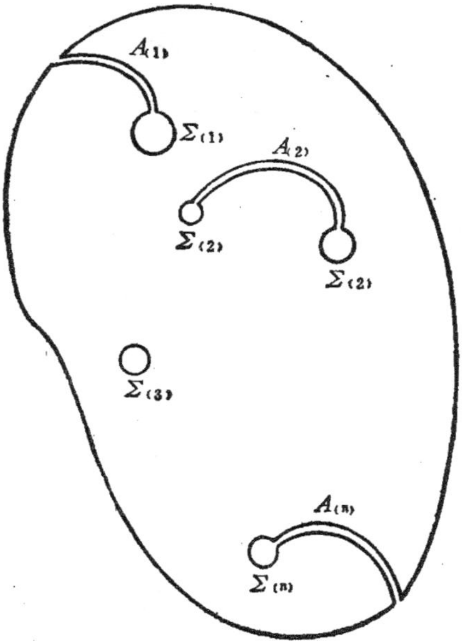

图 A.3

作用，则第一力系（$f^{(1)}$, $T^{(1)}$）在第二力系所产生的位移 $u^{(2)}(r)$ 上应作之功等于第二力系（$f^{(2)}$, $T^{(2)}$）在第一力系所产生的位移 $u^{(1)}(r)$ 上应作之功.

在位错理论中所特别关心的是内应力状态，这种状态的特点是弹性体内部某些区域中应变张量的歧度（Inke）不为零，这些地区便是内应力的源，使弹性体在外加负载不存在时仍处自受胁状态．这样，在某些地点就会出现弹性场的奇点，某些地区位移 u 也会成为多值函数．为了用经典的线性弹性论处理内应力状态的问题，必须假想将这些“不协调”的奇异地区从原来的弹性体中挖去，于是产生一系列“内”表面 $\Sigma_{(n)}$．其次，为了保证 $u(r)$ 的单值性，又必须假想引入一系列切割面 $A_{(m)}$，使跨过这些切割面时 $u(r)$ 的变化不连续．这样，原来由外表面包围的弹性体 V 就变得比较复杂，必须用剩下的 V' 来取代它．V' 的表面是原来的外表面 S 加上诸 $\Sigma_{(n)}$ 及诸 $A_{(m)}$ 之和．在此体积（区域）V' 内，经典线性弹性论的各个假设都是成立的．原弹性体的每一个内应力态均可通过给定 $\Sigma_{(n)}$ 上的一组应力或位移以及 $A_{(m)}$ 上的一组位移跃变来确定．经过这样处理，便可将上述 Betti 定理推广，应用于联系两个如此的平衡态，其中之一是由内应力源所产生的态．现在令 $F(1, 2)$ 表

示

$$F(1,2)=\int_{V'} f_i^{(1)}u_i^{(2)}dV'+\sum_n\int_{\Sigma(n)}\sigma_{ij}{}^{(1)}u_i^{(2)}dS_j$$

$$+\sum_m\int_{A(m)}\sigma_{ij}^{(1)}\Delta u_{i(m)}^{(2)}dS_j. \qquad (A.93)$$

外表面已包括在式中诸 $\Sigma_{(n)}$ 之列，$\Delta u_{(m)}$ 表示相应的 $A_{(m)}$ 上的位移跃变。这样，Betti-Rayleigh 定理便可表示如下式：

$$F(1,2)=F(2,1). \qquad (A.94)$$

实际上，$F(1,2)$ 就表示应力系统 1 和应力系统 2 的相互作用项（交叉项）

$$F(1,2)=\int_{V'}\sigma_{ij}^{(1)}e_{ij}^{(2)}dV=\int_{V'}\sigma_{ij}^{(2)}e_{ij}^{(1)}dV=F(2,1)$$

$$=\frac{1}{2}\int_{V'}(\sigma_{ij}^{(1)}e_{ij}^{(2)}+\sigma_{ij}^{(2)}e_{ij}^{(1)})dV. \qquad (A.95)$$

现在假定应力系统 1 是外加负载所引起，所以 $\Delta u_i^{(1)}\equiv 0$. 应力系统 2 是内应力源所引起，故 $f_i^{(2)}=0$，$\sigma_{ij}^{(2)}n_j\equiv 0$. 于是

$$F(1,2)=F(2,1)$$

$$=\int_{V'}f_i^{(2)}u_i^{(1)}dV+\sum_n\int_{\Sigma(n)}\sigma_{ij}{}^{(2)}u_i^{(1)}dS_j$$

$$+\sum_m\int_{A(m)}\sigma_{ij}^{(2)}\Delta u_i^{(1)}dS_j\equiv 0, \qquad (A.96)$$

此式表示外应力系统与内应力系统之间的弹性相互作用项为零。 这个论断是所谓 Colonnetti 定理的一种表述方式。

若外力系统 $f_i^{(1)}=0$，则上式成为

$$\sum_n\int_{\Sigma(n)}\sigma_{ij}^{(1)}u_i^{(2)}dS_j+\sum_m\int_{A(m)}\sigma_{ij}^{(1)}\Delta u_i^{(2)}dS_j=0. \qquad (A.97)$$

如果只考虑一个位错型内应力源，此时内表面就是沿位错线的环道表面 Σ，在其上没有外加负载的面力分布，因此在 Σ 上 $\sigma_{ij}^{(1)}n_j(\Sigma)=0$。 这样，式(A.97) 成为

$$\int_S\sigma_{ij}^{(1)}u_i^{(2)}dS_j=-\int_A\sigma_{ij}^{(1)}\Delta u_i^{(2)}dS_j, \qquad (A.98)$$

此式右端可以解释为当位错形成时外力所作的功 W_e，即

$$W_e=-\int_A\sigma_{ij}^{(1)}\Delta u_i^{(2)}dS_j \qquad (A.99)$$

这也是 Colonnetti 定理的一个表达式。

Colonnetti 定理是 Betti 定理的一个推论，它可表述如下：

一个既受外力，又含有内应力的 Hooke 固体的弹性能量由两部分组成，即是由外应力态相应的弹性能量及纯内应力态相应的弹性能量相加组成．由外力引起的弹性状态及由内应力源引起的弹性状态之间的相互作用能量为零．

§A.5 平面问题

平面问题及其解在位错理论中占有重要地位，无限长直线位错所产生的就是某一种平面弹性状态．本节对各向同性平面问题略述概要．

（1）平面应变问题 若弹性位移 $u_3=0$，u_1 和 u_2 只是 x_1，x_2 的函数即

$$\begin{cases} u_1(r)=u_1(x_1,x_2), \quad u_2(r)=u_2(x_1,x_2), \\ u_3(r)=0. \end{cases} \tag{A.100}$$

此时

$$\begin{cases} e_{33}=0, \ e_{31}=0, \ e_{23}=0, \\ e_{11}=u_{1,1}, \ e_{22}=u_{2,2}, \ e_{12}=\dfrac{1}{2}(u_{1,2}+u_{2,1}). \end{cases} \tag{A.101}$$

由此可见，一切位移都在 x_1x_2 平面内，而在所有平行于 x_1x_2 平面的平面内，应变都是一样的．这就是所谓平面应变．

根据各向同性的 Hooke 定律，有

$$e_{33}=\frac{1}{E}[\sigma_{33}-\nu(\sigma_{11}+\sigma_{22})]=0. \tag{A.102}$$

若令

$$E'=\frac{E}{1-\nu^2}, \quad \nu'=\frac{\nu}{1-\nu}, \tag{A.103}$$

应力应变关系则具有如下形式:

$$\begin{cases} e_{11}=\dfrac{1}{E'}(\sigma_{11}-\nu'\sigma_{22}), \\ e_{22}=\dfrac{1}{E'}(\sigma_{22}-\nu'\sigma_{11}), \\ e_{12}=\dfrac{1+\nu'}{E'}\sigma_{12}, \end{cases} \tag{A.104}$$

$$\sigma_{33}=\nu(\sigma_{11}+\sigma_{22}), \quad \sigma_{13}=\sigma_{23}=0. \tag{A.105}$$

平衡方程是

$$\begin{cases} \sigma_{11,1}+\sigma_{12,2}+f_1=0, \\ \sigma_{21,1}+\sigma_{22,2}+f_2=0. \end{cases} \tag{A.106}$$

协调方程是

$$e_{11,22}+e_{22,11}+2e_{13,12}=0. \tag{A.107}$$

用应力表示，它是

$$\sigma_{11,22}-\nu'\sigma_{22,22}+\sigma_{22,11}-\nu'\sigma_{11,11}-2(1+\nu')\sigma_{12,12}=0, \tag{A.108}$$

可以写作

$$\sigma_{11,22}+\sigma_{22,11}-2\sigma_{12,12}=\frac{\nu'}{1+\nu'}\nabla^2(\sigma_{11}+\sigma_{22}). \tag{A.109}$$

（2）平面应力问题 若假定 $\sigma_{33}=\sigma_{31}=\sigma_{32}=0$，其它应力与应变分量都不依赖于 x_3，则得到平面应力问题.

应变分量是

$$\begin{cases} e_{11}=\dfrac{1}{E}(\sigma_{11}-\nu\sigma_{22}), \\ e_{22}=\dfrac{1}{E}(\sigma_{22}-\nu\sigma_{11}), \\ e_{33}=\dfrac{-\nu}{E}(\sigma_{11}+\sigma_{22}), \\ e_{12}=\dfrac{1+\nu}{E}\sigma_{12}, \\ e_{23}=e_{13}=0. \end{cases} \tag{A.110}$$

代入协调方程（A.107），得到

$$\sigma_{11,22}-\nu\sigma_{22,22}+\sigma_{22,11}-\nu\sigma_{11,11}-2(1+\nu)\sigma_{12,12}=0, \tag{A.111}$$

可化为

$$\sigma_{11,22}+\sigma_{22,11}-2\sigma_{12,12}=\frac{\nu}{1+\nu}\nabla^2(\sigma_{11}+\sigma_{22}). \tag{A.112}$$

平衡方程是

$$\begin{cases} \sigma_{11,1}+\sigma_{12,2}+f_1=0, \\ \sigma_{21,1}+\sigma_{22,2}+f_2=0. \end{cases} \tag{A.113}$$

以上平面应变问题与平面应力问题不同，但用应力表述时，未知量都是 σ_{11}，σ_{22}，σ_{12} 三个，且方程（A.106），（A.109）和（A.113），（A.112）的形式完全一样，只不过是前者中出现系数 ν'，后者中出现 ν.

若体力是由保守势场 V 引起，则可以写

$$f_1=-V_{,1}, \quad f_2=-V_{,2}, \tag{A.114}$$

而平衡方程（A.106）或（A.113）为

$$\begin{cases} (\sigma_{11}-V)_{,1}+\sigma_{12,1}=0, \\ \sigma_{12,2}+(\sigma_{22}-V)_{,2}=0, \end{cases} \tag{A.115}$$

若对于(A.115)的第一、二两式，分别引入函数 $\psi(x_1, x_2)$ 和 $\varphi(x_1, x_2)$，使

$$\sigma_{11} - V = \psi_{,2}, \quad \sigma_{12} = -\psi_{,1}, \tag{A.116}$$

$$\sigma_{12} = \varphi_{,2}, \quad \sigma_{22} - V = -\varphi_{,1}, \tag{A.117}$$

则(A.115)被满足。但式(A.116)与(A.117)中的 σ_{12} 应相同，故

$$\psi_{,1} + \varphi_{,2} = 0,$$

即

$$\frac{\partial \psi}{\partial x_1} + \frac{\partial \varphi}{\partial x_2} = 0. \tag{A.118}$$

说明存在一个函数 $\chi(x_1, x_2)$，有

$$\psi = \chi_{,2}, \quad \varphi = \chi_{,1}. \tag{A.119}$$

此函数 χ 称为 Airy 应力函数，应力分量为

$$\begin{cases} \sigma_{11} = V + \chi_{,22}, \\ \sigma_{22} = V + \chi_{,11}, \\ \sigma_{12} = -\chi_{,12}. \end{cases} \tag{A.120}$$

若体力为零，则

$$\sigma_{11} = \chi_{,22}, \quad \sigma_{22} = \chi_{,11}, \quad \sigma_{12} = -\chi_{,12}. \tag{A.121}$$

将应力分量(A.120)代入协调方程(A.109)或(A.112)，即得

$$\nabla^4 \chi \equiv \frac{\partial^4 \chi}{\partial X_1^4} + 2\frac{\partial^4 \chi}{\partial X_1^2 \partial X_2^2} + \frac{\partial^4 \chi}{\partial X_2^4} = 0, \tag{A.122}$$

此处已用了 $\nabla^2 V = 0$ 的性质。(A.122)说明 Airy 应力函数是一个双调和函数。平面弹性问题于是归结为求解双调和方程(A.122)的问题。

另有一类更简单的平面问题是

$$\begin{cases} u_1 = u_2 = 0, \\ u_3 = u_3(x_1, x_2). \end{cases} \tag{A.123}$$

此时，若 $f = 0$，则直接可得

$$\nabla^2 u_3 = 0, \tag{A.124}$$

纯螺型位错产生的场就是如此。

现在回顾函数 χ 及其所满足的方程(A.122)。采用极坐标(r, θ)，应力分量的表示式为

$$\begin{cases} \sigma_{rr} = \dfrac{1}{r}\dfrac{\partial \chi}{\partial r} + \dfrac{1}{r^2}\dfrac{\partial^2 \chi}{\partial \theta^2}, \\ \sigma_{\theta\theta} = \dfrac{\partial^2 \chi}{\partial r^2}, \\ \sigma_{r\theta} = -\dfrac{\partial}{\partial r}\left(\dfrac{1}{r}\dfrac{\partial \chi}{\partial \theta}\right). \end{cases} \tag{A.125}$$

而双调和方程的形式是

$$\nabla^4\chi=\left(\frac{\partial^2}{\partial r^2}+\frac{1}{r}\frac{\partial}{\partial r}+\frac{1}{r^2}\frac{\partial^2}{\partial\theta^2}\right)^2\chi=0, \tag{A.126}$$

此方程可用分离变量法求解，即是，设 χ 具有如下形式：

$$\chi(r,\theta)=rR(r)\Theta(\theta) \tag{A.127}$$

代入(A.126)，经过整理，它变为

$$R\Theta^{\mathrm{IV}}+2A_1\Theta''+A_2\Theta=0, \tag{A.128}$$

其中

$$A_1(r)=R''r^2+R'r+R, \tag{A.129}$$

$$A_2(r)=R^{\mathrm{IV}}r^4+6R^{\mathrm{III}}r^3+5R''r^2-R'r+R. \tag{A.130}$$

(A.128) 可分解为两个方程

$$\Theta''+m^2\Theta=0 \tag{A.131}$$

$$\left(\frac{A_2}{R}\right)'+2m^2\left(\frac{A_1}{R}\right)'=0. \tag{A.132}$$

经过比较繁复的计算，可以求出应力函数的一般表达式，即方程(A.126)的通解

$$\chi=\chi_{01}+\chi_{02}+\chi_{11}+\chi_{12}+\chi_{03}+\chi_{04}+\chi_{m1}+\chi_{m2}, \tag{A.133}$$

式中

$$\chi_{01}=A_{01}r^2+B_{01}r^2\ln r+C_{01}+D_{01}\ln r,$$

$$\chi_{02}=(A_{02}r^2+B_{02}r^2\ln r+C_{02}+D_{02}\ln r)\theta,$$

$$\chi_{11}=(A_{11}r+B_{11}r^{-1}+C_{11}r^3+D_{11}r\ln r)\sin\theta,$$

$$\chi_{12}=(A_{12}r+B_{12}r^{-1}+C_{12}r^3+D_{12}r\ln r)\cos\theta,$$

$$\chi_{03}=(A_{03}r+B_{03}r\ln r)\theta\sin\theta,$$

$$\chi_{04}=(A_{04}r+B_{64}r\ln r)\theta\cos\theta,$$

$$\chi_{m1}=\sum_{m=2}^{n}(A_{m1}r^m+B_{m1}r^{-m}+C_{m1}r^{m+2}+D_{m1}r^{-m+2})\sin m\theta,$$

$$\chi_{m2}=\sum_{m=2}^{n}(A_{m2}r^m+B_{m2}r^{-m}+C_{m2}r^{m+2}+D_{m2}r^{-m+2})\cos m\theta, \tag{A.134}$$

此外还存在不能写成分离变量形式的解。

计算刃型位错应力场的应力函数可根据边界条件及位错条件由(A.133),(A.134)中选出，详见正文§2.7。

§ A.6 轴对称弹性问题

轴对称弹性问题采用圆柱坐标 (r,θ,z) 最为便利。变形关于迴转轴 z

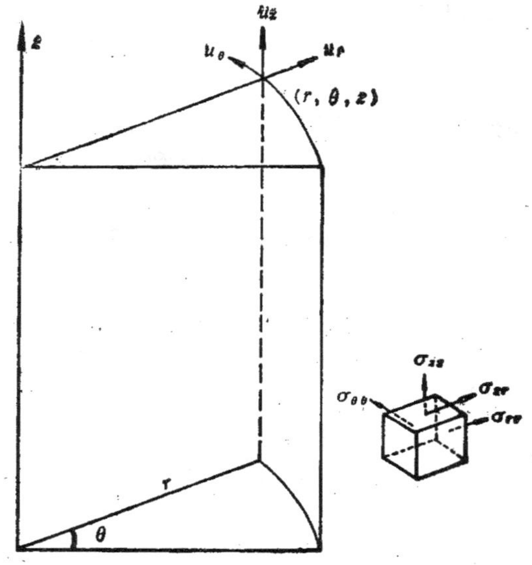

图 A.4

对称，故算子 $\partial/\partial\theta=0$. 应力分量 $\sigma_{r\theta}=\sigma_{\theta z}=0$，存留四个不为零的分量是 σ_{rr}，σ_{rz}，$\sigma_{\theta\theta}$，σ_{zz}. 位移分量 $u_\theta=0$，而 u_r，u_z 不为零.

平衡方程是

$$\frac{\partial\sigma_{rr}}{\partial r}+\frac{\partial\sigma_{rz}}{\partial z}+\frac{\sigma_{rr}-\sigma_{\theta\theta}}{r}=0, \tag{A.135}$$

$$\frac{\partial\sigma_{rz}}{\partial r}+\frac{\partial\sigma_{zz}}{\partial z}+\frac{\sigma_{rz}}{r}=0. \tag{A.136}$$

协调关系是

$$\nabla^2\sigma_{rr}-\frac{2}{r^2}(\sigma_{rr}-\sigma_{\theta\theta})+\frac{1}{1+\nu}\frac{\partial}{\partial r^2}\Theta=0 \tag{A.137}$$

$$\nabla^2\sigma_{\theta\theta}+\frac{2}{r^2}(\sigma_{rr}-\sigma_{\theta\theta})+\frac{1}{1+\nu}\frac{1}{r}\frac{\partial}{\partial r}\Theta=0, \tag{A.138}$$

$$\Theta_1=\sigma_{rr}+\sigma_{\theta\theta}+\sigma_{zz},$$

$$\nabla^2=\frac{\partial^2}{\partial r^2}+\frac{1}{r}\frac{\partial}{\partial r}+\frac{\partial^2}{\partial z^2}.$$

应力分量与位移分量之间的关系是

$$\begin{cases}\sigma_{rr}=\left[(\lambda+2\mu)\frac{\partial}{\partial r}+\frac{\lambda}{r}\right]u_r+\lambda\frac{\partial u_z}{\partial z},\\ \sigma_{\theta\theta}=\left[\lambda\frac{\partial}{\partial r}+\frac{\lambda+2\mu}{r}\right]u_r+\lambda\frac{\partial u_z}{\partial z},\\ \sigma_{zz}=\lambda\left(\frac{\partial}{\partial r}+\frac{1}{r}\right)u_r+(\lambda+2\mu)\frac{\partial u_z}{\partial z},\\ \sigma_{rz}=\mu\left(\frac{\partial u_r}{\partial z}+\frac{\partial u_z}{\partial r}\right).\end{cases}\tag{A.139}$$

若设存在一个函数 $\Phi=\Phi(r,z)$，并令

$$\begin{cases}u_r=-\frac{\lambda+\mu}{\mu}\Phi_{,rz},\\ u_z=\frac{\lambda+2\mu}{\mu}\nabla^2\Phi-\frac{\lambda+\mu}{\mu}\Phi_{,zz},\end{cases}\tag{A.140}$$

则诸应力分量是

$$\begin{cases}\sigma_{rr}=\lambda\nabla^2\Phi_{,z}-2(\lambda+\mu)\Phi_{,rrz},\\ \sigma_{zz}=(3\lambda+4\mu)\nabla^2\Phi_{,z}-2(\lambda+\mu)\Phi_{,zzz},\\ \sigma_{\theta\theta}=\lambda\nabla^2\Phi_{,z}-\frac{2}{r}(\lambda+\mu)\Phi_{,zr},\\ \sigma_{rz}=(\lambda+2\mu)\frac{\partial}{\partial r}\nabla^2\Phi-2(\lambda+\mu)\Phi_{,zzr}\end{cases}\tag{A.141}$$

将(A.141)代入协调方程(A.137)，(A.138)，便可发现：只要 $\Phi(r,z)$ 是双调和方程

$$\nabla^4\Phi=0\tag{A.142}$$

的解，协调方程便可满足．于是，轴对称弹性问题就归结为求双调和方程(A.142)的解，并使它满足某些边界条件．

应用 Hankel 变换理论，可将变量为 r 和 z 的双调和方程(A.142)化为 z 的四阶常微分方程，此时代替 r 的是一个参数，边界条件也如此处理．这样，含关于 r 与 z 的偏导数的关系式就化为一个只依赖于 z 的辅助函数的导数的关系式．

根据 Hankel 变换的基本关系，对于函数 f 有

$$\int_0^\infty r\nabla^2 fJ_0(\xi r)dr=\left(\frac{d^2}{dz^2}-\xi^2\right)\int_0^\infty rfJ_0(\xi r)dr.\tag{A.143}$$

令 $f=\nabla^2\Phi$，并再应用一次(A.143)，得到

$$\int_0^\infty r\nabla^4\Phi J_0(\xi r)dr=\left(\frac{d^2}{dz^2}-\xi^2\right)^2\int_0^\infty r\Phi J_0(\xi r)dr.\tag{A.144}$$

显然，双调和方程(A.142)与下面的常微分方程等价：

$$\left(\frac{d^2}{dz^2}-\xi^2\right)^2 G(\xi, z)=0, \tag{A.145}$$

$$G(\xi, z)=\int_0^\infty r\Phi J_0(\xi r)dr. \tag{A.146}$$

方程(A.145)的一般积分是

$$G(\xi,z)=[A+B_z]e^{-\xi z}+[C+D_z]e^{\xi z}, \tag{A.147}$$

A, B, C, D 是 ξ 的函数。

由(A.104)可得到

$$\int_0^\infty ru_r J_1(\xi r)dr=\frac{\lambda+\mu}{\mu}\xi\frac{dG}{dz}, \tag{A.148}$$

经过反演,

$$u_r=\frac{\lambda+\mu}{\mu}\int_0^\infty \xi^2\frac{dG}{dz}J_1(\xi r)d\xi. \tag{A.149}$$

同样,由(A.105),有

$$\int_0^\infty ru_z J_0(\xi r)dr=\frac{\lambda+2\mu}{\mu}\left(\frac{d^2}{dz^2}-\xi^2\right)G-\frac{\lambda+\mu}{\mu}\frac{d^2G}{dz^2}, \tag{A.150}$$

于是

$$u_z=\int_0^\infty \xi\left(\frac{d^2G}{dz^2}-\frac{\lambda+2\mu}{\mu}\xi^2 G\right)J_0(\xi r)d\xi. \tag{A.151}$$

应力分量 σ_{zz} 与 σ_{rz} 的表达式不难导出,利用(A.141)第二式,算得

$$\sigma_{zz}=\int_0^\infty \xi\left[(\lambda+2\mu)\frac{d^3G}{dz^3}-(3\lambda+4\mu)\xi^2\frac{dG}{dz}\right]J_0(\xi r)d\xi. \tag{A.152}$$

与此相似,可导出

$$\sigma_{rz}=\int_0^\infty \xi^2\left[\lambda\frac{d^2G}{dz^2}+(\lambda+2\mu)\xi^2 G\right]J_1(\xi r)d\xi. \tag{A.153}$$

求 σ_{rr} 与 $\sigma_{\theta\theta}$ 的计算较复杂. 首先将(A.141)第一式与第三式相加

$$\sigma_{rr}+\sigma_{\theta\theta}=\left[2(\lambda+\mu)\frac{\partial^2}{\partial z^2}-2\mu\nabla^2\right]\Phi_{,z}, \tag{A.154}$$

于是

$$\int_0^\infty r(\sigma_{rr}+\sigma_{\theta\theta})J_0(\xi r)dr=2(\lambda+\mu)\frac{d^3G}{dz^3}-2\mu\left(\frac{d^2}{dz^2}-\xi^2\right)\frac{dG}{dz}, \tag{A.155}$$

并应用如下形式的平衡方程

$$\frac{\partial}{\partial r}(r^2\sigma_{rr})=r(\sigma_{rr}+\sigma_{\theta\theta})-r^2\frac{\partial\sigma_{rz}}{\partial z}. \tag{A.156}$$

将(A.153)和(A.155)代入(A.156)，即

$$\frac{\partial}{\partial r}(r^2\sigma_{rr}) = 2r\int_0^\infty \xi\left(\lambda\frac{d^3G}{dz^3} + \mu\xi^2\frac{dG}{dz}\right)J_0(\xi r)d\xi$$

$$-r^2\int_0^\infty \xi^2\left[\lambda\frac{d^3G}{dz^3} + \xi^2(\lambda + 2\mu)\frac{dG}{dz}\right]J_1(\xi r)d\xi, \quad (A.157)$$

这样便可以得到

$$\sigma_{rr} = \int_0^\infty \xi\left[\lambda\frac{d^3G}{dz^3} + (\lambda + 2\mu)\xi^2\frac{dG}{dz}\right]J_0(\xi r)d\xi$$

$$-\frac{2(\lambda + \mu)}{r}\int_0^\infty \xi^2\frac{dG}{dz}J_1(\xi r)d\xi \quad (A.158)$$

以及

$$\sigma_{\theta\theta} = \lambda\int_0^\infty \xi\left(\frac{d^3G}{dz^3} - \xi^2\frac{dG}{dz}\right)J_0(\xi r)d\xi$$

$$+\frac{2(\lambda + \mu)}{r}\int_0^\infty \xi^2\frac{dG}{dz}J_1(\xi r)d\xi. \quad (A.159)$$

参 考 文 献

[1] Sokolnikoff, I. S., "Mathematical Theory of Elasticity" McGraw-Hill, NY(1956).
[2] Landau, L. D. & E. M. Lifshitz, "Theory of Elasticity", Pergamon, NY (1959).